“十二五”职业教育规划教材

冶金通用机械与冶炼设备

（第2版）

主　编　王庆春
副主编　王　禄

北　京
冶　金　工　业　出　版　社
2023

内容提要

本书分4篇，共14章。第1篇主要介绍冶金企业中通用机械设备如起重机械、运输机械、泵与风机、液压传动设备等的结构、工作原理和使用维护等内容；第2篇主要介绍高炉本体设备、供上料设备、装料设备、送风设备、煤气净化设备、渣铁处理设备、喷吹设备等的结构、工作原理和使用维护等内容；第3篇主要介绍转炉炼钢设备、电弧炉炼钢设备、精炼炉设备等的结构、工作原理和使用维护等内容；第4篇主要介绍连续铸钢设备的结构、工作原理和使用维护等内容。书中各章后均附有复习思考题，可供学生复习和自测。

本书理论联系实际，较好地反映了冶金通用机械与冶炼设备的现状与发展趋势，可作为职业技术院校冶金技术（钢铁冶金）专业教学用书，也可用作钢铁冶金企业职工培训教材或供相关专业工程技术人员参考。

图书在版编目(CIP)数据

冶金通用机械与冶炼设备/王庆春主编．—2版．—北京：冶金工业出版社，2015.3（2023.1重印）

“十二五”职业教育规划教材

ISBN 978-7-5024-6494-3

Ⅰ.①冶… Ⅱ.①王… Ⅲ.①冶金设备—高等职业教育—教材 ②冶炼设备—高等职业教育—教材 Ⅳ.①TF3

中国版本图书馆CIP数据核字(2014)第034832号

冶金通用机械与冶炼设备（第2版）

出版发行 冶金工业出版社　　**电　话** (010)64027926

地　址 北京市东城区嵩祝院北巷39号　　**邮　编** 100009

网　址 www.mip1953.com　　**电子信箱** service@mip1953.com

责任编辑 戈 兰　美术编辑 吕欣童　版式设计 葛新霞

责任校对 王永欣　责任印制 窦 唯

北京建宏印刷有限公司印刷

2004年2月第1版，2015年3月第2版，2023年1月第4次印刷

787mm×1092mm 1/16；27.5印张；666千字；426页

定价56.00元

投稿电话 (010)64027932　投稿信箱 tougao@cnmip.com.cn

营销中心电话 (010)64044283

冶金工业出版社天猫旗舰店 yjgycbs.tmall.com

（本书如有印装质量问题，本社营销中心负责退换）

第 2 版前言

钢铁产业是国民经济的重要支柱产业。其涉及面广、产业关联度高、消费拉动大，在经济建设、社会发展、财政税收、国防建设以及稳定就业等方面发挥着重要作用。国家钢铁工业“十二五”发展规划中指出，“十二五”期间我国经济发展仍处于可以大有作为的重要战略机遇期，也是中国钢铁工业进入转变发展方式的关键阶段，面临结构调整、转型升级的发展机遇；预计 2015 年中国粗钢消费量为 7.5 亿吨左右。钢铁产业巨大的发展前景为冶金技术专业（钢铁冶金）提供了广阔的发展和服务空间。

本书是职业技术院校冶金技术专业（钢铁冶金）的核心课程“冶金通用机械与冶炼设备”的配套教材，是教育部为贯彻落实《国家中长期教育改革和发展规划纲要（2010～2020 年）》，全面启动的“十二五”职业教育规划教材。本书的编写以国民经济和钢铁生产发展的要求为出发点，以职业标准和岗位要求为直接依据，积极学习借鉴国外职业技术教育教材改革的有益经验，把职业教育的特色作为根本目的。根据第 1 版多年的教学使用经验、编者长期的现场实践以及冶金通用机械与冶炼设备的现状，编者对书中各章内容都进行了仔细的调整：删减过时的技术，重点介绍应用广泛的各种设备和技术，并注意融入有发展潜力的新设备、新工艺、新方法，使内容和结构更趋合理，满足课堂教学的需求；把专业基础课的知识如炼铁学、炼钢学、连铸工艺理论与设备介绍相结合，有利于巩固学生的基础理论知识，也有利于培养学生知识运用能力和创新意识，符合职业教育及高端技能型人才成长规律和要求。

全书由山东工业职业学院王庆春教授担任主编并统稿，王禄担任副主编。参加本书编写的同志有：山东工业职业学院周广和山西工程职业技术学院张庭祥（第 1~3 章）；山东工业职业学院王庆春（绪论、第 4~8 章）；河北工业职业技术学院李文兴和张店钢铁总厂李明福（第 9、10 章）；山东工业职业学院王禄和山西工程职业技术学院张国华（第 11～13 章）；邢台职业技术学院赵建国和山东理工大学于先进（第 14 章）。

由于编者水平有限，本书存在的缺点和不足之处，敬请读者批评指正。

编　者

2014 年 9 月

第 1 版前言

“冶金通用机械与冶炼设备”作为职业技术学院钢铁冶炼专业的主干课程，以职业（岗位）需求为直接依据，以现行的职业技术教育教材的弊端为突破口，积极学习借鉴国外职业技术教育教材改革的有益经验，把职业教育的特色作为根本目的，因此教材内容更加趋于合理。

本书为高等职业技术学院钢铁冶炼专业教学用书，也可用于钢铁冶金企业职工培训或供其他专业及现场技术人员参考使用。

本书由山东工业职业学院王庆春主编。参加本书编写的有：山西工程职业技术学院张庭祥（第 1、2、3 章），山东工业职业学院王庆春（绪论、第 4、5、6、7、9、10 章），河北邢台职业技术学院赵建国（第 8 章），山西工程职业技术学院张国华、上海 10181 工程孙社成（第 11、12、13 章），山东工业职业学院郑金星、上海 10181 工程许唏（第 14、15 章）。

由于时间紧迫，加之编者水平有限，本书存在的缺点和不足之处，敬请读者批评指正。

编　者

2003 年 12 月

目　　录

第2篇　炼铁设备

第3篇　炼钢设备

第 4 篇 铸钢设备

0 绪　　论

0.1 钢铁工业与冶金工业

0.1.1 钢铁工业

钢铁工业（iron and steel industry）作为一个完整的工业门类，是以从事黑色金属矿山采选和黑色冶炼加工为主的工业生产单位的统称。钢铁工业是重要的基础工业部门，是发展国民经济与国防建设的物质基础。钢铁工业是庞大的重工业部门，它的原料、燃料及辅助材料资源状况，影响着钢铁工业规模、产品质量、经济效益和布局方向。钢铁产品是各国经济建设与发展以及人民生活环境条件改善优选或必选的材料。经济学家通常把钢产量或人均钢产量作为衡量各国经济实力的一项重要指标。

在我国现行的《国民经济分类》中，钢铁工业包括金属铁、铬、锰的矿山采选，烧结球团，炼铁，炼钢，连续铸钢，钢压延加工，铁合金冶炼，金属丝绳制造等多个专业门类。作为一个全面的生产系统，钢铁工业的生产必然涉及化学、建材和机械等一些其他工业门类，如焦化、耐火材料、炭素制品、环境保护和冶金机械等。这些工业产品直接关系到钢铁工业生产的实现，因此，它们与钢铁工业生产密切相关，在日常生产组织和管理工作中企业内部往往将它们与钢铁工业视为一个整体，但从严格意义上来说，它们不应划入钢铁工业范畴内。

0.1.2 冶金工业

冶金工业（metallurgical industry）按其规范含义应该包括黑色金属工业（钢铁工业）和有色金属工业两个工业门类，其水平也是衡量一个国家工业化的标志。钢铁工业和冶金工业两个概念在实际管理中往往混淆或相互代用。所以，在一些专业性较强的管理中，或在进行专业间、企业间、行业间和国际间的经济分析、比较和研究中，必须重视这两个概念的科学使用。

0.2 冶金通用机械与冶炼设备的概念

钢铁工业生产专业化较强，必须配备专门的冶炼设备。但作为一个产业系统，其生产的对象、手段、形式等多种多样，因此，钢铁工业生产又需要大量冶金通用机械设备。

（1）冶金通用机械设备（general machinery in metallurgical industry）。冶金通用机械设备是指在各种冶金工业部门均能使用的设备。它主要包括起重运输机械、泵与风机、液压传动设备等。

（2）冶炼设备（smelting equipment）。冶炼设备是钢铁工业专业生产设备，亦称专业设备，是指从事钢铁生产的某种专用设备（如炼铁的高炉、炼钢的转炉等），是钢铁冶金工艺的实现手段和载体，也是钢铁产品的制造工具。各种主要冶炼设备的数量、能力及技术水平是确定各种产品生产能力和质量保障的重要条件。一方面，钢铁冶金工艺的变化和发展是冶炼设备技术进步的主要推动力；另一方面，冶炼设备的技术进步有时也能引发和促进钢铁冶金工艺及产品的技术进步。

0.3 影响设备生产能力的因素

某种设备的生产能力的大小，决定于设备的数量、设备的有效工作时间和设备生产率三个因素。

（1）设备的数量（the number of devices）。设备的数量是企业可能使用的最大设备数量。因此，它必须包括企业已安装的全部设备，不论这些设备是正在生产、正在修理还是因某种原因暂时停止生产的，均应计算在内。

（2）设备的有效工作时间（the effective working time of equipment）。设备的有效工作时间是指设备全年最大可能运转的时间。不同的机械设备有效工作时间是不同的。

连续生产的设备有效工作时间=365×24-计划大修时间（时）

有些连续生产的设备，如不以时而以日为单位，则上式不必乘24。

非连续生产的设备有效工作时间=(365-全年节假日天数)×设备开动班次×每班应开动的时数-计划检修的时数

设备利用率是指每年度设备实际使用时间占计划用时的百分比。它是指设备的使用效率，是反映设备工作状态及生产效率的技术经济指标。

（3）设备生产效率（the production efficiency of equipment）。设备生产效率通常是指单台设备在单位时间内的最大可能产量。

根据上述三个基本因素，设备的生产能力一般按下式计算：

某种设备的生产能力=设备的数量×设备的有效工作时间×设备生产效率

0.4 提高设备利用指标

设备的安全管理工作是设备管理的一个重要组成部分，必须高度重视。设备发生事故不但对设备本身造成经济损失，而且会影响工程的工期和质量，造成企业的更大损失。为了保证设备的安全工作，首先要控制人的行为，加强思想安全教育，提高安全意识；其二要完善各种安全规章制度，严格执行设备操作规程；其三要加强事故易发点的检查控制，督促各项制度的落实，发现问题及时解决，把事故消灭在萌芽状态。

减少设备停车时间，提高设备的利用指标，是生产控制的重点之一，也是质量管理的重要手段。设备利用指标包括设备时间利用率、设备能力利用率和设备综合利用系数三方面。设备利用指标是反映设备工作状态及生产效率的技术经济指标。影响设备利用程度的因素有两个：一是操作人员的素质、设备的维护保养等管理水平；二是设备本身的质量、技术装备水平。因此，坚持集中维修、区域负责、点检定修、操检并重的方针，是提高设备利用指标的有效措施。冶金通用机械与冶炼设备维护工作大体可归纳为：

（1）保持整洁、井然。冶金生产现场环境复杂，除专用设备外，还有冶金通用机械设备，如起重、运输机械等，稍不注意就容易发生事故。因此，生产现场必须不定期清扫、检查，保持整洁的环境和井然的秩序。

（2）注意润滑。冶金生产现场环境差，高温、粉尘都对设备的润滑系统造成威胁，因此，润滑工作十分重要。要通过及时合理的润滑，减少部件磨损，延长维修周期，增加设备的使用寿命，进而提高设备的利用指标。

（3）严格执行操作规程。使用设备时，要严格遵守操作规程的要求，不允许超过设备规定的允许额定负荷，重要设备一般都有安全装置，一旦超负荷即自行停运，使设备卸去负荷，对这种安全装置必须重视，并加强管理。

（4）设备点检（equipment inspection）。为了提高、维持生产设备的原有性能，通过人的五感（视、听、嗅、味、触）或者借助工具、仪器，按照预先设定的周期和方法，对设备上的规定部位（点）进行有无异常的预防性周密检查的过程，以使设备存在的隐患和缺陷能够得到早期发现、早期预防、早期处理，这样的设备检查称为设备点检。设备点检是车间设备管理的一项基本制度，目的是通过点检准确掌握设备技术状况，维持和改善设备工作性能，预防事故发生，减少停机时间，延长设备寿命，降低维修费用，保证正常生产。设备点检的方法包括定点、定标、定期、定人和定法。

1）定点：详细设定设备应检查的部位、项目及内容，做到有目的、有方向地实施点检作业。

2）定标：制订标准，作为衡量和判别检查部位是否正常的依据。

3）定期：按设备重要程度、检查部位是否重点等制订点检周期。

4）定人：制订点检项目的实施人员（生产、点检、专业技术人员等）。

5）定法：对检查项目制订明确的检查方法，即是采用“五官”判别，还是借助于简单的工具、仪器进行判别。

检查设备点检的实施结果，在实绩分析、评价的基础上制订措施，自主改进、推广及控制。

0.5 安全色及安全标志

0.5.1 安全色

根据《安全色》（GB 2893—2008）的规定，安全色（safety colour）适用于工矿企业、交通运输、建筑业以及仓库、医院、剧场等公共场所，但不包括灯光、荧光颜色和航空、航海、内河航运所用的颜色。为了使人们对周围存在不安全因素的环境、设备引起注意，需要涂以醒目的安全色，提高人们对不安全因素的警惕。统一使用安全色，能使人们在紧急情况下，借助所熟悉的安全色含义，识别危险部位，尽快采取措施，提高自控能力，有助于防止事故发生。安全色有红、黄、蓝、绿四种。

（1）红色：表示禁止、停止、消防和危险的意思。禁止、停止和有危险的器件设备或环境涂以红色的标记，如禁止标志、消防设备、停止按钮、停车和刹车装置的操纵把手、仪表刻度盘上的极限位置刻度、机器转动部件的裸露部分、液化石油气槽车的条带及文字、危险信号旗等。

（2）黄色：表示注意、警告的意思。需警告人们注意的器件、设备或环境涂以黄色标记，如警告标志、道路交通路面标志、皮带轮及其防护罩的内壁、砂轮机罩的内壁、楼梯的第一级和最后一级的踏步前沿、防护栏杆及警告信号旗等。

（3）蓝色：表示指令、必须遵守的规定，如指令标志、交通指示标志等。

（4）绿色：表示通行、安全和提供信息的意思。可以通行或安全情况涂以绿色标记，如表示通行、机器启动按钮、安全信号旗等。

(5) 其他颜色：黑、白两种颜色一般作安全色的对比色，主要用作上述各种安全色的背景色，例如安全标志牌上的底色一般采用白色或黑色。

0.5.2 安全标志

安全标志（safety sign）是由安全色、几何图形和图形符号所构成，用以表达特定的安全信息。其目的是引起人们对不安全因素的注意，预防事故发生。但它不能代替安全操作规程和防护措施。安全标志不包括航空、海运及内河航运上的标志。

安全标志分为禁止标志、警告标志、指令标志和提示标志四类。

(1) 禁止标志。禁止标志的含义是不准或制止人们的某种行动。其几何图形为带斜杠的圆环，斜杠和圆环为红色，图形符号为黑色，背景色为白色。

(2) 警告标志。警告标志的含义是使人们注意可能发生的危险。其几何图形是正三角形。三角形的边框和图形符号为黑色，背景色为具有注意、警告意义的黄色。

(3) 指令标志。指令标志的含义是告诉人们必须遵守某项规定。其几何图形是圆形，背景色是具有指令意义的蓝色，图形符号为白色。

(4) 提示标志。提示标志的含义是向人们指示目标和方向。其几何图形是长方形，背景色为具有提示意义的绿色，图形符号及文字为白色。但是消防的 7 个提示标志（消防警铃、火警电话、地下消火栓、地上消火栓、消防水带、灭火器、消防水泵结合器），其底色为红色，图形符号为白色。

(5) 补充标志。补充标志是对前述四种标志的补充说明，以防误解。

补充标志分为横写和竖写两种。横写的为长方形，写在标志的下方，可以和标志连在一起，也可以分开；竖写的写在标志杆上部。

补充标志的颜色，竖写的，均为白底黑字；横写的，用于禁止标志的用红底白字，用于警告标志的用白底黑字，用于指令标志的用蓝底白字。

第 1 篇　冶金通用机械设备

在钢铁冶金工业的生产过程中，冶金通用机械设备处于不可或缺的重要地位。在生产过程中，原料、半成品及成品的搬运工作是必不可少的。在一个年产 3000 万吨的钢铁联合企业当中，各种物品的流通量就高达 21000 万吨左右，而且其中多数是要求在高温、快速的情况下完成运输工作的。为了完成这些任务，通常要装备各种类型的起重、运输机械。这些起重、运输机械是联系各工艺设备之间的重要组成环节，超出了辅助工作的地位。在生产中，各种起重、运输机械的投入使用，直接影响生产流程上各种工艺设备的配置情况。

钢铁冶金工业中的各种冶金炉，必须由泵和风机供给冷却水和助燃的空气。高炉炼一吨生铁需要供应 2200～2500m^3 的空气，炼钢炉炼一吨钢需要十几吨冷却水。可见，对一个冶金企业来说，没有具备相当能力的泵和风机来完成如此大量的流体输送任务，冶金生产是不可能进行的。

液压传动是近几十年来获得迅速发展的一门技术，在冶金机械中得到广泛的使用，如目前在应用着的高炉液压炉顶、液压传动泥炮、全液压炼钢电炉、转炉的液压烟罩提升机等。因此，从事冶金生产的工程技术和实际操作人员，必须熟悉液压传动的性质及有关知识，才能适应工作的需要。

1　起重运输机械

1.1　起重机械

1.1.1　起重机械概述

起重机械（hoisting machinery）是一种空间运输设备，主要作用是实现重物的位移。它可以减轻劳动强度，提高劳动生产率。起重机械是现代化生产不可缺少的组成部分，有些起重机械还能在生产过程中进行某些特殊的工艺操作，使生产过程实现机械化和自动化。

起重机械搬运物料时，经历上料、运送、卸料和回还的过程，这个过程称为一个工作周期。在一个周期内，起重机时停时转，搬运的物料时有时无，因此，起重机械是一种周期性间歇动作的机械。

起重机械由三大部分组成，即工作机构、金属结构和电气设备。工作机构包括的起升机构、运行机构、变幅机构和旋转机构，称为起重机械的四大机构。

（1）起升机构，是用来实现物料的垂直升降的机构，是任何起重机械都不可缺少的部分，因而是起重机械最主要、最基本的机构。

（2）运行机构，是通过起重机或起重小车运行来实现水平搬运物料的机构，有无轨运行和有轨运行之分，其按驱动方式不同分为自行式和牵引式两种。

(3) 变幅机构，是臂架起重机特有的工作机构。变幅机构通过改变臂架的长度和仰角来改变作业幅度。

(4) 旋转机构，是使臂架绕着起重机的垂直轴线作回转运动，在环形空间移动物料。

依靠这四个机构的复合运动，起重机械可以在所需的任何指定位置进行上料和卸料。但不是所有的起重机械中都同时具有这些机构，而是根据工作的需要，可以有其中的一个或几个。需要特别指出的是，不论起重机械中拥有多少个机构，起升机构是必不可少的。

金属结构是构成起重机械的躯体，是安装各机构和承受全部载荷的主体部分。电气设备是起重机械的动力装置和控制系统。

1.1.1.1 起重机械的种类

起重机械根据其所具有的运动机构，可以分为单动作和复杂动作两大类。单动作起重机械只有一个升降机构，复杂动作起重机械除了升降机构外，还有一个或几个水平移动机构。起重机械的种类见图1-1，构造见图1-2。

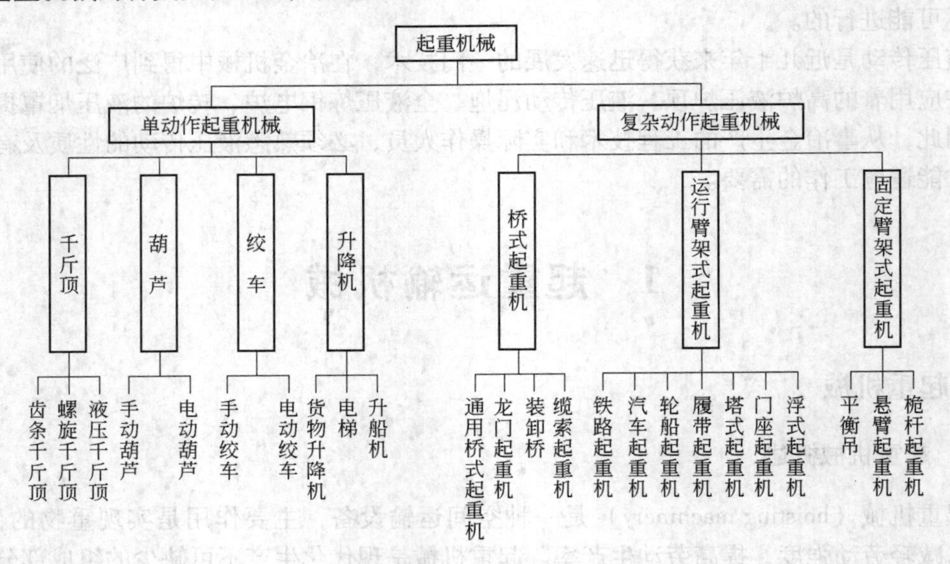

图1-1 起重机械的种类

1.1.1.2 起重机械的基本参数

起重机械的基本参数是反映起重机械工作性能和技术经济的指标，也是设计和选用起重机械的依据。它主要包括起重量、起升高度、跨度、幅度、各机构的工作速度、起重机械的工作级别、最大轮压和外形尺寸等。

(1) 起重量。额定起重量是指起重机在各种工况下安全作业所允许起吊的最大质量，简称为起重量，以 G 表示，单位为kg或t。国家标准规定，起重量不包括吊钩动滑轮及不可分吊具等的自重，但对于可分吊具，如抓斗、夹钳、电磁盘等取物装置的质量，则必须计入额定起重量内。

起重量较大的起重机常备有两套起升机构：起重量较大的称为主起升机构或主钩，较

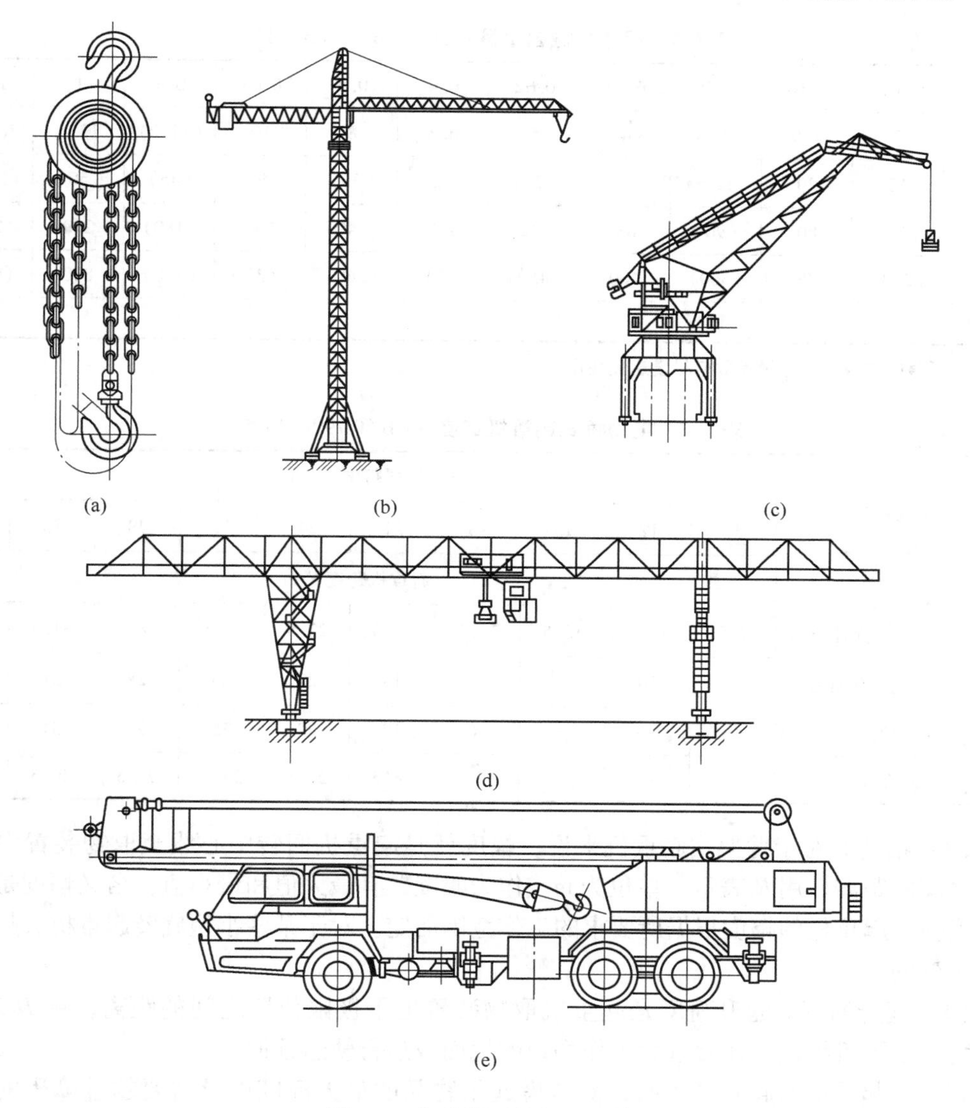

图 1-2 各种类型的起重机械
（a）手拉葫芦；（b）塔式起重机；（c）门座起重机；（d）装卸桥；（e）汽车起重机

小的称为副起升机构或副钩。一般副钩的起重量约为主钩的$\frac{1}{5}$~$\frac{1}{3}$。副钩的起升速度较高，以提高轻货的吊运效率。主副钩的起重量用一个分数表示，例如$\frac{15}{3}$，表示主钩 15t、副钩 3t。

表 1-1 列出了我国国家标准 GB/T 783—87 规定的起重量。

（2）跨度。跨度是桥式起重机的一个重要参数，它指的是起重机运行轨道轴线之间的水平距离，以 S 表示，单位是 m。桥式起重机的跨度 S 依厂房的跨度 S_c 而定。当 $G=3$~50t 时，$S=S_c-1.5$（m）或 $S=S_c-2$（m）；当 $G=80$~250t 时，$S=S_c-2$（m）。表 1-2 列出 GB/T 790—1995 规定的电动桥式起重机跨度标准值。

表1-1 起重机械起重量系列（GB/T 783—87） t

0.1	0.125	0.16	0.2	0.25	0.32	0.4	0.5	0.63	0.8	1	1.25
1.6	2	2.5	3.2	4	5	6.3	8	10	（11.2）	12.5	（14）
16	（18）	20	（22.5）	25	（28）	32	（36）	40	（45）	50	（56）
63	（71）	80	（90）	100	（112）	125	（140）	160	（180）	200	（225）
250	（280）	320	（360）	400	（450）	500	（560）	630	（710）	800	（900）
1000											

注：括号中的最大起重量参数应尽量避免使用。

表1-2 电动桥式起重机跨度（GB/T 790—1995）

额定起重量 G/t		厂房跨度 S_c/m									
		9	12	15	18	21	24	27	30	33	36
		起重机跨度 S/m									
≤50	无通道	7.5	10.5	13.5	16.5	19.5	22.5	25.5	28.5	31.5	34.5
	有通道	7	10	13	16	19	22	25	28	31	34
63～125		—	—	—	16	19	22	25	28	31	34
160～250		—	—	—	15.5	18.5	21.5	24.5	27.5	30.5	33.5

（3）幅度。对于臂架式起重机来说，幅度就是起重机回转中心线至取物装置中心铅垂线之间的距离，用 R 表示，单位为m。作为幅度，有最大值和最小值，名义幅度是指最大幅度值。起重机的幅度根据所要求的工作范围而定。对于某些小型旋转起重机，幅度通常是不变的。

（4）起升高度。起升高度是起重机取物装置上下极限位置之间的距离，用 H 表示，单位为m。下极限位置通常取为工作场地的地面或运行轨道顶面。

在确定起重机的起升高度时，除考虑起吊物品的最大高度以及需要越过障碍的高度外，还应考虑吊具所占的高度。

GB/T 790—1995规定了通用桥式起重机、慢速桥式起重机、防爆桥式起重机和绝缘桥式起重机的起升高度和电动单梁起重机、电动葫芦桥式起重机的起升高度，见表1-3和表1-4。

表1-3 桥式起重机的起升高度（GB/T 790—1995）

额定起重量 /t	吊 钩				抓 斗		电动吸盘
	一般起升高度/m		加大起升高度/m		起升高度/m		一般起升高度/m
	主钩	副钩	主钩	副钩	一般	加大	
≤5	16	18	24	26	18～26	30	16
63～125	20	22	30	32	—	—	—
160～250	22	24	30	32	—	—	—

表 1-4 电动单梁起重机和电动葫芦桥式起重机的起升高度（GB/T 790—1995）

起重机的名称	起升高度/m
电动单梁起重机	3.2~20
电动葫芦桥式起重机	

（5）工作速度。起重机各机构的工作速度 v 根据工作需要而定。一般用途的起重机采用中等的工作速度，这样可以使驱动电动机功率不致过大。装卸工作要求有尽可能高的速度。安装工作有时要求很低的工作速度，为此常备有专门的微速装置。

现代起重机技术的发展有逐步提高机构工作速度的趋势，特别是用于大宗散料装卸的起重机。货物升降速度已达 1.6~2.0m/s，钢轨上运行的小车速度达 4~6 m/s，在承载绳上运行的小车的运行速度达 6~10 m/s，起重机的回转速度达 3r/min。

表 1-5 列出了常用的起重机各机构工作速度的参考值。

表 1-5 常用工作速度

工作速度分类	起重机类型	工作速度/$m \cdot min^{-1}$
起升速度	一般用途起重机	6~25
	装卸用起重机	40~90
	安装用起重机	<1
运行速度	桥式起重机与龙门起重机小车	40~50
	装卸桥小车	180~240
	桥式起重机大车	90~120
	龙门起重机大车	40~60
	门座起重机及装卸桥大车	20~30
	轮胎起重机	10~20km/h
	汽车起重机	50~65km/h
变幅速度	门座起重机（工作性）	40~60
	浮式起重机（工作性）	25~40
	汽车及轮胎起重机（调整性）	10~30
旋转速度	门座起重机	$n \approx \frac{10}{\sqrt{R}}$（约 2r/min）
	汽车及轮胎起重机	$n \approx \frac{5 \sim 8}{\sqrt{R}}$（2~3.5r/min）
	浮游起重机	$n \approx \frac{3 \sim 6}{\sqrt{R}}$（0.5~2r/min）

（6）工作级别。起重机工作级别是表征起重机工作繁重程度的参数。对于同一型号的起重机，若具体使用条件不同，即工作在时间方面的繁忙程度和吊重方面的满载程度不同，则对起重机金属结构、机构的零部件、电动机与电气设备的强度、磨损和发热等影响也不同。为了能合理地选用、设计、制造起重机，取得较好的技术经济效果，我国国家标准 GB/T 3811—2008 对起重机及其机构，按照其利用等级和载荷状态分别进行了分级。起

重机的工作级别分为 $A_1 \sim A_8$ 八级；起重机机构的工作级别分为 $M_1 \sim M_8$ 八级。

起重机工作级别的划分见表1-6。其中，利用等级是按起重机整个有效寿命期内总的工作循环次数来划分的，分为十级，见表1-7；起重机的载荷状态是表征起重机受载的轻重程度，表1-8是起重机载荷状态分类的定性说明。

表1-6 起重机工作级别的划分

载荷状态	名义载荷谱系数 K_P	利用等级									
		U_0	U_1	U_2	U_3	U_4	U_5	U_6	U_7	U_8	U_9
Q_1—轻	0.125			A_1	A_2	A_3	A_4	A_5	A_6	A_7	A_8
Q_2—中	0.25		A_1	A_2	A_3	A_4	A_5	A_6	A_7	A_8	A_9
Q_3—重	0.5	A_1	A_2	A_3	A_4	A_5	A_6	A_7	A_8	A_8	A_8
Q_4—特重	1.0	A_2	A_3	A_4	A_5	A_6	A_7	A_8	A_8	A_8	A_8

表1-7 起重机的利用等级

利用等级	总的工作循环次数 N	说明
U_0	1.6×10^4	不经常使用
U_1	3.2×10^4	
U_2	6.3×10^4	
U_3	1.25×10^5	
U_4	2.5×10^5	经常休闲地使用
U_5	5×10^5	经常中等地使用
U_6	1×10^6	不经常繁忙地使用
U_7	2×10^6	繁忙地使用
U_8	4×10^6	
U_9	$>4\times10^6$	

表1-8 起重机载荷状态

载荷状态	说明
Q_1—轻	很少起升额定载荷，一般起升轻微载荷
Q_2—中	有时起升额定载荷，一般起升中等载荷
Q_3—重	经常起升额定载荷，一般起升较重载荷
Q_4—特重	频繁地起升额定载荷

起重机机构工作级别的划分见表1-9。其中，利用等级是按机构总使用寿命来划分的，见表1-10；机构的载荷状态用来表征机构的受载轻重程度，表1-11对机构载荷状态分类作了定性说明。

1.1.2 起重机械的主要零部件

起重机械是由众多的零部件构成的，例如有轴、螺栓、齿轮、减速器、联轴器等通用零部件，也有像钢丝绳、滑轮、吊钩、制动器、车轮与轨道等专用零部件。通用零部件已在先修课程内学习过，此处不再重复，本节只介绍专用零部件。

表 1-9 机构工作级别

载荷状态	机构工作级别									
	T_0	T_1	T_2	T_3	T_4	T_5	T_6	T_7	T_8	T_9
L_1			M_1	M_2	M_3	M_4	M_5	M_6	M_7	M_8
L_2		M_1	M_2	M_3	M_4	M_5	M_6	M_7	M_8	M_8
L_3	M_1	M_2	M_3	M_4	M_5	M_6	M_7	M_8	M_8	M_8
L_4	M_2	M_3	M_4	M_5	M_6	M_7	M_8	M_8	M_8	M_8

表 1-10 机构利用等级

机构利用等级	总使用寿命/h	说 明
T_0	200	不经常使用
T_1	400	
T_2	800	
T_3	1600	
T_4	3200	经常休闲地使用
T_5	6300	经常中等地使用
T_6	12500	不经常繁忙地使用
T_7	25000	繁忙地使用
T_8	50000	
T_9	100000	

表 1-11 机构载荷状态

载荷状态	说 明
L_1—轻	机构经常承受轻微载荷，偶尔承受最大载荷
L_2—中	机构经常承受中等载荷，较少承受最大载荷
L_3—重	机构经常承受较重载荷，也常承受最大载荷
L_4—特重	机构经常承受最大载荷

1.1.2.1 钢丝绳

钢丝绳是起重机上用的一种挠性零件，用于起重机的各个机构和捆扎物品。它一般由抗拉强度为 1.4～2.0kN/mm^2 的多根钢丝编绕而成。钢丝绳具有强度高、自重小、挠性好、极少骤然断裂等优点。

A 钢丝绳的构造

钢丝绳的种类很多，在起重机中广泛采用断面构造如图 1-3 和图 1-4 所示的形式。它由许多钢丝（常用 19 丝）按左旋方向捻绕成股，然后再把若干股（常用 6 股）围绕绳芯按右旋方向捻绕制成的双绕右旋交互捻绳，用 ZS 表示。图 1-3 所示的钢丝绳绳股中各层钢丝直径相同，而内外层钢丝的捻距不同，相互交叉，呈点接触状态（见图 1-5a），称为点接触钢丝绳。这种钢丝绳接触应力较高，在反

图 1-3 点接触钢丝绳

复弯曲时，钢丝易于磨损折断。点接触钢丝绳过去曾广泛用于起重机，现在多被线接触绳所代替。图1-4所示的钢丝绳绳股中所有钢丝具有相同的捻距，外层钢丝位于内层钢丝之间的沟槽内，内外层钢丝互相接触在一条螺旋线上，形成线接触状态（见图1-5b），称为线接触钢丝绳。在线接触钢丝绳中，改善了钢丝的接触情况，增加了有效钢丝总面积，因而这种绳的挠性好，承载能力大，使用寿命长，在起重机中得到日益广泛的应用。

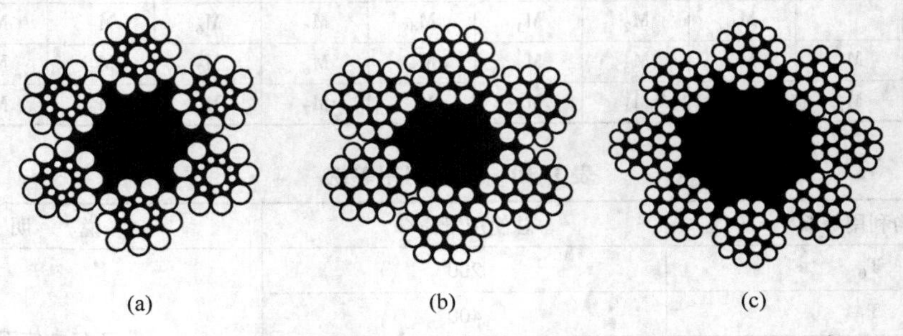

图1-4 线接触钢丝绳

（a）外粗型（西鲁型，S型）；（b）粗细型（瓦林吞型，W型）；（c）填充型（T型）

线接触钢丝绳根据绳股结构的不同，有三种常用形式（见图1-4）：瓦林吞型（又称粗细型），代号用W；西鲁型（又称外粗型），代号用S；填充型，代号用T。

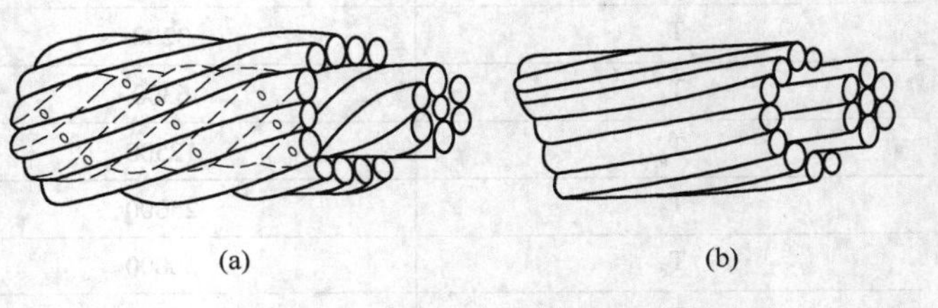

图1-5 点、线接触的钢丝绳

（a）点接触钢丝绳；（b）线接触钢丝绳

绳芯的作用是增加钢丝绳的挠性与弹性。由于制绳时绳芯浸泡有润滑油，工作时油液渗出，可起到润滑作用。常用的绳芯有两种：纤维芯和金属丝芯。纤维芯具有较高的挠性和弹性，但不能承受横向压力且不耐高温。纤维芯有天然纤维芯（NF，如麻、棉等）、合成纤维芯（SF，如聚乙烯、丙乙烯等）两种。金属丝芯也有两种，即金属丝绳芯（IWR）和金属丝股芯（IWS），其强度较高，能承受高温和横向压力，但挠性较差，适于在受热和受挤压条件下使用。

圆股钢丝绳的国家标准是GB/T 20118—2006。钢丝绳的标记方法举例如下：公称抗拉强度1770MPa，天然纤维绳芯，表面状态为光面的钢丝制成的直径为18mm，右向交互捻6股19丝瓦林吞型钢丝绳的标记为：

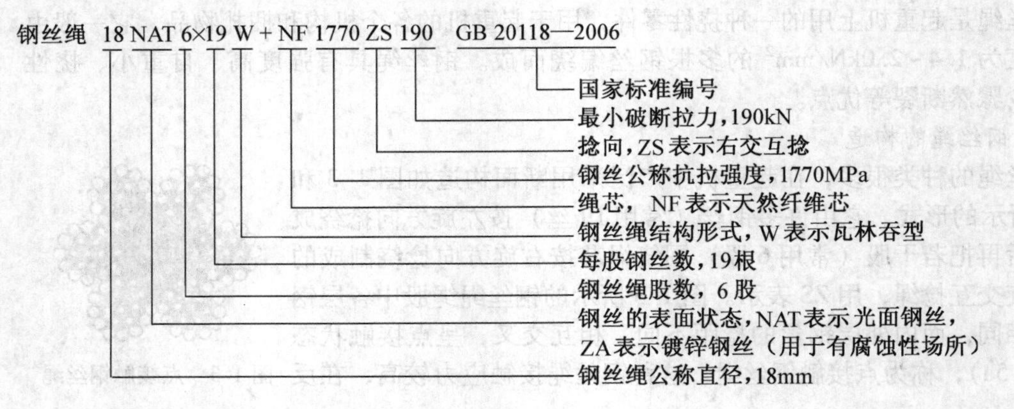

B 钢丝绳的选择计算

选用钢丝绳时，首先根据钢丝绳的使用情况（如一般、高温、潮湿、多层卷绕、耐磨等）确定类型，优先选用线接触的钢丝绳，在腐蚀性较强的场合采用镀锌钢丝绳，然后根据受力情况确定钢丝绳的直径。

钢丝绳的受力情况比较复杂，在工作中承受拉、压、弯、扭复合应力作用。除此之外还有冲击载荷影响，因此很难精确计算。为了简化计算，设计规范推荐了两种实用计算方法。

（1）安全系数法，即算出钢丝绳的工作拉力 S_{max}，然后乘以安全系数 n（见表 1-12），得出绳内破断拉力 $S_{破}$，以此作为选绳依据。

$$S_{破} \geqslant nS_{max} \tag{1-1}$$

根据算出的 $S_{破}$，在设计手册中，选取合适的钢丝绳，使钢丝绳的实际破断拉力大于或至少等于 $S_{破}$。

（2）最大工作拉力法，即钢丝绳直径是根据钢丝绳最大工作拉力用公式求出。

$$d = C\sqrt{S_{max}} \tag{1-2}$$

式中 d——钢丝绳最小直径，mm；

C——选择系数（见表 1-12）；

S_{max}——钢丝绳最大工作拉力，N。

计算出的 d 应根据钢丝绳的产品规范进行圆整，使其取为标准值。

当缺乏钢丝绳的资料时，钢丝绳的最大允许工作拉力（单位为 kN）可用经验公式 $S_{max} \approx 10d^2$ 估算，d 的单位用 cm。

表 1-12 选择系数 C 和安全系数 n

机构工作级别		钢丝公称抗拉强度 σ/MPa			安全系数
		1550	1700	1850	n
轻级	$M_1 \sim M_3$	0.093	0.089	0.085	4
	M_4	0.099	0.095	0.091	4.5
中级	M_5	0.104	0.100	0.096	5
	M_6	0.114	0.109	0.106	5
重级	M_7	0.123	0.118	0.113	7
特重级	M_8	0.140	0.134	0.128	9

所选钢丝绳除应满足强度条件外，还应满足与卷筒或滑轮直径的比例要求，才能保证钢丝绳的使用寿命。

C 钢丝绳的报废标准

由于钢丝绳在使用过程中要经常进入滑轮及卷筒绳槽而反复弯曲，造成金属疲劳，再加上反复磨损，就使外层钢丝磨损折断。随着断丝数的增加，破坏的速度逐渐加快。当一个捻距内的断丝数达到总丝数的 10%（交互捻绳）时，钢丝绳就需要报废。此外，当外层钢丝的径向磨损量或腐蚀量达钢丝直径的 40%时，不论断丝多少，均应报废。

1.1.2.2 滑轮与滑轮组

A 滑轮

滑轮用于支承钢丝绳。根据使用情况不同，它可以改变钢丝绳内工作拉力，或改变钢丝绳的运动速度和运动方向。滑轮可以作为导向滑轮，也常用作均衡滑轮，更多的是用来组成滑轮组。

滑轮的材料可以采用铸铁、铸钢、铝合金等。铸铁滑轮对钢丝绳寿命有利，但它的强度低，脆性较大，容易碰撞损坏。当工作级别高时，宜用铸钢滑轮。滑轮直径较大时，最好采用焊接滑轮以减轻自重。

滑轮的直径大小对于钢丝绳的寿命影响较大。滑轮的名义直径是指滑轮槽底直径。为了保证钢丝绳有足够的寿命，滑轮直径应满足以下条件：

$$D_0 \geqslant ed \tag{1-3}$$

式中 D_0——滑轮直径，mm；

d——钢丝绳的直径，mm；

e——与机构工作级别和钢丝绳结构有关的系数，见表1-13。

表1-13 系数 e

机构工作级别	$M_1 \sim M_3$	M_4	M_5	M_6	M_7	M_8
e	16	18	20	22.4	25	28

B 滑轮组

滑轮组由若干定滑轮和动滑轮组成。滑轮组有省力滑轮组和增速滑轮组两种。其中，省力滑轮组在起重机中应用最广，因为通过它可以用较小的拉力吊起较重的物品。电动与手动起重机的起升机构都是采用省力滑轮组。

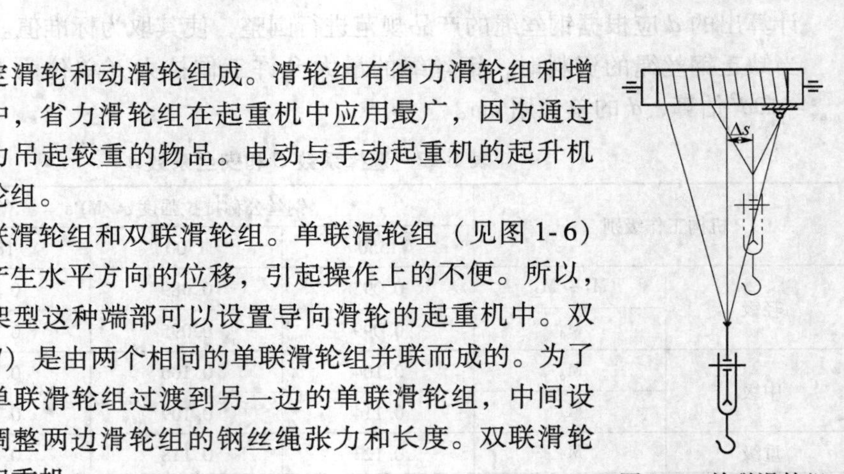

图1-6 单联滑轮组

滑轮组又分单联滑轮组和双联滑轮组。单联滑轮组（见图1-6）在吊钩升降时，会产生水平方向的位移，引起操作上的不便。所以，单联滑轮组用于臂架型这种端部可以设置导向滑轮的起重机中。双联滑轮组（见图1-7）是由两个相同的单联滑轮组并联而成的。为了使钢丝绳从一边的单联滑轮组过渡到另一边的单联滑轮组，中间设置了平衡滑轮，以调整两边滑轮组的钢丝绳张力和长度。双联滑轮组多用于桥架型的起重机。

滑轮组省力或减速的倍数用倍率 m 表示，即

$$m = \frac{P_Q}{S_0} = \frac{v_S}{v}$$

式中 P_Q——起重载荷；

S_0——理论提升力；

v_S——绳索速度；

v——重物速度。

对于单联滑轮组，只需牵引一条钢丝绳即可使重物移动，故有

$$m = P_Q / S_0$$

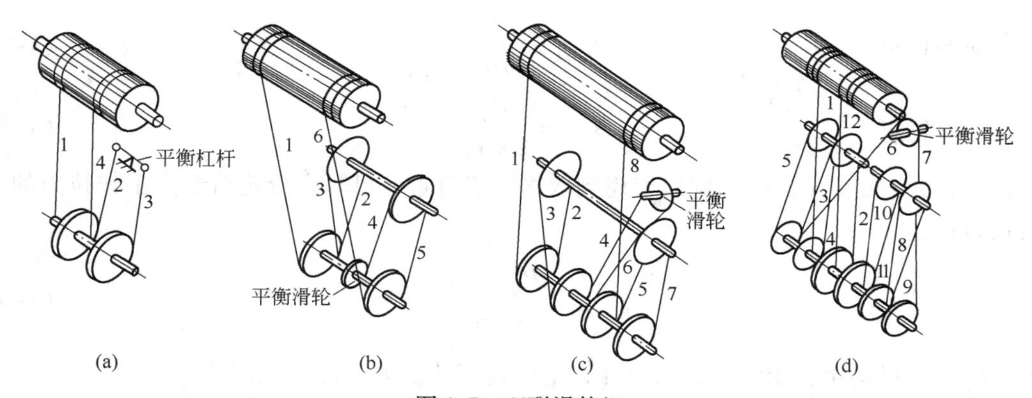

(a) (b) (c) (d)

图 1-7 双联滑轮组

(a) 平衡杆式；(b) 6 分支；(c) 8 分支；(d) 12 分支

即

$$S_0 = P_Q / m \tag{1-4}$$

对于双联滑轮组，需同时牵引两条钢丝绳才能使重物移动，所以

$$m = P_Q / 2S_0 \tag{1-5}$$

滑轮组倍率的合理确定是很重要的。选用较大的 m，可使钢丝绳的受力减小，从而使钢丝绳的直径、卷筒和滑轮的直径减小。但 m 过大，又使滑轮组滑轮数目增加，钢丝绳的绳量增加，从而使效率降低，钢丝绳寿命减短，卷筒增长。表 1-14 列出了滑轮组倍率的参考数值。

表 1-14 滑轮组倍率 *m*

起重量/t		≤5	8~32	50~100	125~250
m	单联滑轮组	1~4	3~6	6~8	8~12
	双联滑轮组	1~2	2~4	4~6	6~8

以上倍率的讨论忽略了各种阻力。实际上钢丝绳绕过滑轮运动时是存在着阻力的，这就使钢丝绳的实际拉力 S_{max} 比理论拉力 S_0 要大，即

$$S_{max} = \frac{S_0}{\eta_{组}} \tag{1-6}$$

式中，$\eta_{组}$ 即为滑轮组的效率，它与滑轮组的倍率有关，倍率越大，效率就越低。

表 1-15 列出了不同倍率时的滑轮组效率值。

表 1-15 滑轮组的效率

轴承形式	滑轮效率 η	阻力系数 e	m						
			2	3	4	5	6	7	8
			滑轮组效率 $\eta_{组}$						
滚动轴承	0.98	0.02	0.99	0.98	0.97	0.96	0.95	0.935	0.916
滑动轴承	0.95	0.05	0.975	0.95	0.925	0.90	0.88	0.84	0.80

将式（1-4）、式（1-5）分别代入式（1-6）中，即可得到钢丝绳最大工作拉力的计算公式。

单联滑轮组
$$S_{max}=\frac{P_Q}{m\eta_{组}} \tag{1-7}$$

双联滑轮组
$$S_{max}=\frac{P_Q}{2m\eta_{组}} \tag{1-8}$$

综合式（1-7）和式（1-8），同时考虑到取物装置自重，可写出滑轮组最大工作拉力的计算通式为：

$$S_{max}=\frac{P_Q+G_0}{Xm\eta_{组}} \tag{1-9}$$

式中 G_0——吊钩组自重载荷，对抓斗，电磁盘等的重力应计入 P_Q 内；

X——绕上卷筒的钢丝绳分支数，单联时 $X=1$，双联时 $X=2$。

1.1.2.3 卷筒

卷筒用来收放和储存钢丝绳，并把原动机提供的回转运动转换成所需的直线运动。

卷筒有单层卷绕和多层卷绕之分，一般起重机大多采用单层卷绕的卷筒。单层卷绕的卷筒（见图1-8b）表面通常切制螺旋槽，这样既增加了钢丝绳与卷筒的接触面积，又可防止相邻钢丝绳的相互摩擦，从而提高了钢丝绳的使用寿命。绳槽分标准槽和深槽两种形式。一般用标准槽，这样节距小，可使机构紧凑；深槽的优点是不易脱槽，但其节距较大，使卷筒长度增长，通常只在钢丝绳脱槽可能性较大时才采用。

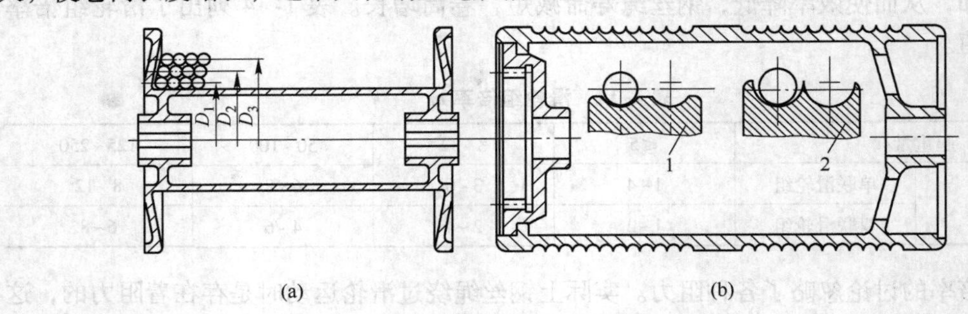

图1-8 绳索卷筒

（a）光面卷筒；（b）螺旋槽卷筒

1—标准槽；2—深螺旋槽

单层卷绕的卷筒又分单联和双联两种形式。单联卷筒只引出一支钢丝绳，卷筒上只有单螺旋槽，一般用右旋，用于单联滑轮组及悬于单支钢丝绳的吊钩。双联卷筒引出两支钢丝绳，具有对称的螺旋槽，一左旋一右旋，用于双联滑轮组。

多层卷绕的卷筒容绳量大，用于起升高度特大或特别要求紧凑的情况下，如一些工程起重机。多层卷绕的卷筒通常采用表面不切螺旋槽的光面卷筒（见图1-8a）。钢丝绳紧密排列，各层钢丝绳互相交叉，因而钢丝绳寿命不长。

卷筒一般采用灰铸铁铸造，采用铸钢时其工艺复杂，成本较高。大型卷筒多采用钢板焊接而成，重量可以大大减轻，特别适用于尺寸较大和单件生产。

1.1.2.4 取物装置

取物装置是起重机中把要起吊的重物与起升机构联系起来的装置。对于吊运不同物理性质和形状的物品，其形式也不同，常用的有吊钩、夹钳、抓斗和电磁吸盘等。

A 吊钩

吊钩是起重机中最常见的一种取物装置，通常与滑轮组中的动滑轮组合成吊钩组进行工作。

吊钩（见图1-9）有单钩和双钩两种。单钩制造与使用比较方便，用于起重量较小的情况；双钩受力合理，自重较轻，用于起重量较大的情况。目前，吊钩的材料主要采用低碳钢。吊钩根据制造方法不同可以分为由锻压而成的锻造吊钩和由多片钢板铆合而成的片式吊钩。锻造吊钩的断面形状比较合理，自重较轻，但限于锻压设备的能力，一般用于中小起重量的吊钩。片式吊钩比锻造吊钩工作更可靠，损坏的钢板可以及时发现和更换，但它断面形状不太合理，自重较大，一般用于大起重量的吊钩。至于铸造吊钩，由于铸造工艺技术上的缺陷，会影响吊钩的强度及其可靠性，因此目前不允许使用。同样，由于钢材在焊接时难免产生裂纹，因此也不允许使用焊接的方法制造和修复吊钩。对于铸造用起重机的片式吊钩，需要满足与钢包相配合的要求，即使起重量很大，仍然采用单钩。

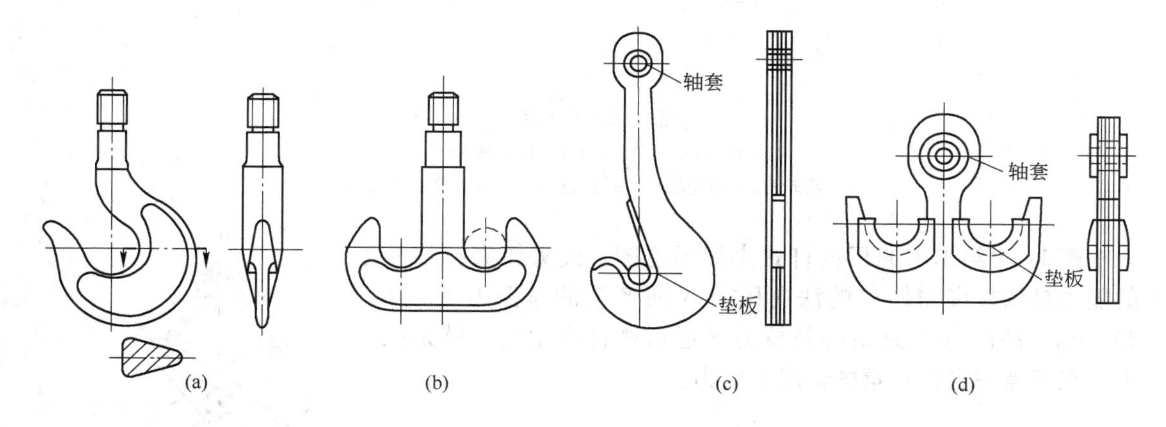

图1-9 吊钩

（a）锻造单钩；（b）锻造双钩；（c）叠板单钩；（d）叠板双钩

吊钩组是吊钩与滑轮组中动滑轮的组合体。吊钩组有长型和短型两种（见图1-10）。长型吊钩组中，支承吊钩5的吊钩横梁4与支承滑轮1的滑轮轴2是分开的，二者之间用拉板3联系起来，因而采用了钩柄较短的短吊钩。这种形式整体高度较大，使有效起升高度减小。短型吊钩组的滑轮轴和吊钩横梁是同一个零件，省掉了拉板，但滑轮必须安装在吊钩两侧，滑轮数必须是偶数。为使吊钩转动时不致碰到两边的滑轮，须采用钩柄较长的长吊钩。这种吊钩组的吊钩横梁过长，因而弯曲力矩过大。

为了系物方便，吊钩应能绕垂直轴线和水平轴线旋转。为此，吊钩采用止推轴承支承在吊钩横梁上，而吊钩横梁的轴端与定轴挡板相配处，制成环形槽。而滑轮轴的轴端则制成扁缺口，不允许滑轮轴转动。

B 夹钳

夹钳是用来吊装成件物品的取物装置。它一般是作为辅助装置悬挂在吊钩上工作，也可以直接取代吊钩而作为永久性的取物装置使用。夹钳的结构形式随吊装物品的不同有所改变，但都是靠钳口与物品之间的摩擦力来夹持和提取物品的。下面以通用杠杆式夹钳为例说明其工作原理。

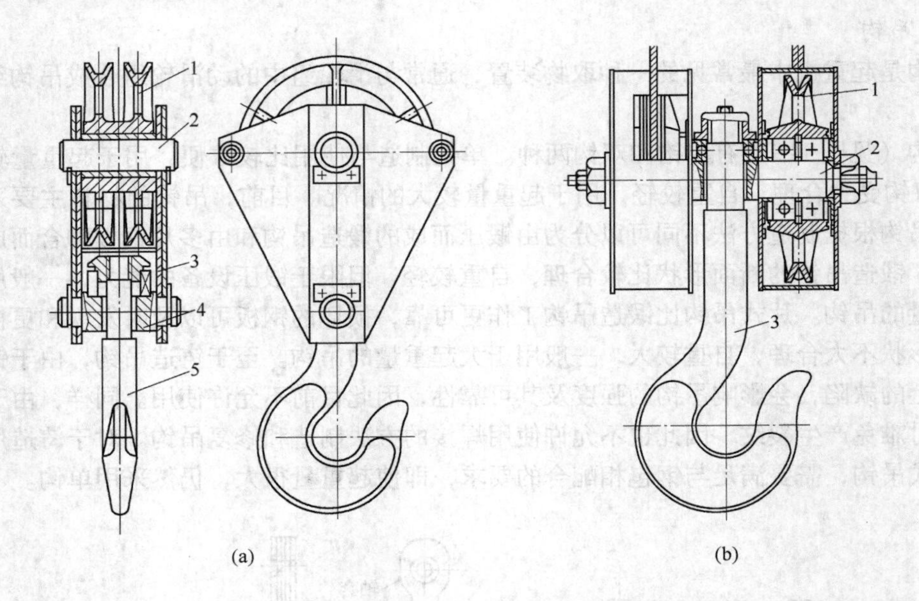

图 1-10 吊钩组

（a）长型吊钩组；（b）短型吊钩组

1—滑轮；2—滑轮轴；3—拉板；4—吊钩横梁；5—吊钩

图 1-11 给出了通用杠杆式夹钳示意图。此夹钳夹持物品的能力是依靠夹钳钳口的法向压力 N 所产生的摩擦力 F，即 $2F=P_Q$。法向力 N 是由链条拉力 S 通过杠杆产生的。链条拉力 S 在不考虑夹钳自重的情况下应为：

$$S=\frac{P_Q}{2\cos\alpha} \tag{1-10}$$

这种夹钳能够夹持物品的条件是：

$$F\leqslant\mu N$$

即

$$N\geqslant\frac{P_Q}{2\mu} \tag{1-11}$$

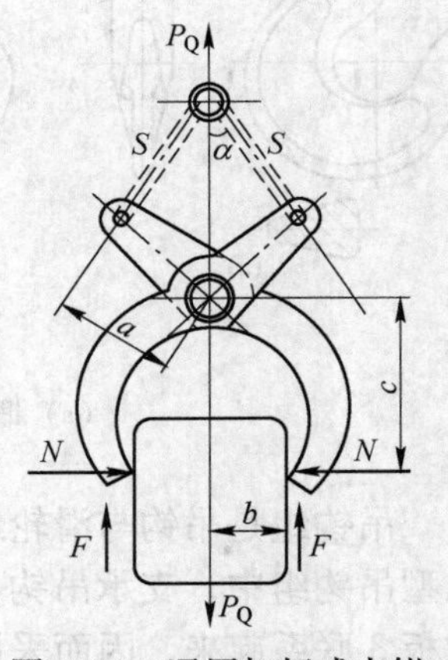

图 1-11 通用杠杆式夹钳

式中 μ——钳口与物品间的摩擦系数，见表 1-16。

表 1-16 摩擦系数 μ

钳口和货物材料	钳口表面光滑	钳口表面粗糙
钢和钢	0.12~0.15	0.3~0.4
钢和石	0.25~0.28	0.5~0.6
钢和木	0.30~0.35	0.7~0.8

C 抓斗

抓斗是一种自动的取物装置，主要用来装卸大量的散粒物料。根据抓斗开闭方式的不同，抓斗有单绳抓斗、双绳抓斗和电动抓斗，最常用的是双绳抓斗。

双绳抓斗（见图 1-12）由颚板、撑杆、上横梁和下横梁组成。它由两支钢丝绳来操纵其开闭和升降动作，这两支钢丝绳（起升绳和闭合绳）分别由两个卷筒（起升卷筒和闭合卷筒）来操纵。起升绳系于抓斗的上横梁，闭合绳以滑轮组的形式绕于上、下横梁之间，并与下横梁连接。其动作原理如下：抓斗以张开的状态下降到散粒物料上，起升卷筒停止不动，向上升方向来开动闭合卷筒，抓斗逐渐闭合（见图1-12a），在自重作用下抓斗颚板挖入料堆，抓取物料。当抓斗完全闭合时，立即开动起升卷筒，这时，起升与闭合卷筒共同旋转（见图1-12b），将满载抓斗提升到适当高度。当抓斗移动到卸料位置时，向下降方向开动闭合卷筒，起升卷筒停止不动，抓斗即张开卸料（见图1-12c）。总之，起升绳与闭合绳速度相同时，抓斗就保持一定的开闭程度起升或下降；当起升绳与闭合绳速度不同时，抓斗就开闭。

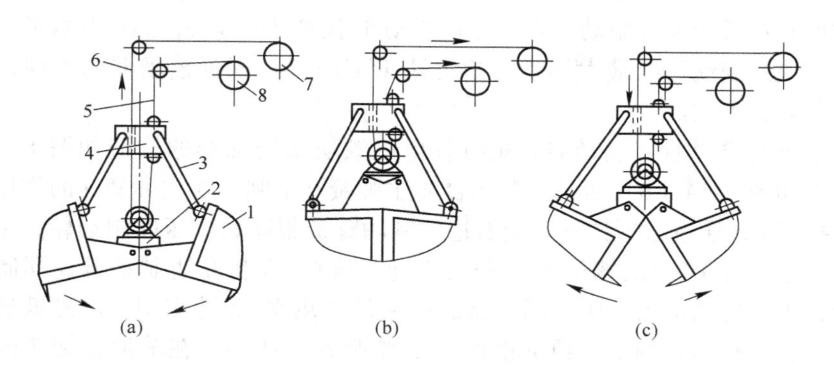

图1-12 双绳抓斗

1—颚板；2—下横梁；3—撑杆；4—上横梁；5—起升绳；6—闭合绳；7—闭合卷扬；8—起升卷筒

双绳抓斗工作可靠，生产率高，但它需要配备专门的双卷筒绞车。而单绳抓斗就可以用于普通单卷筒绞车。单绳抓斗结构与操作复杂，生产率低，用于兼运成件物品及散粒物料的起重机。

电动抓斗也不需要专门的双卷筒绞车，自身带有闭合机构。它是把标准电动葫芦装到抓斗上做闭合机构。其特点是抓取能力大，但需要附属的电缆卷筒。

D 电磁吸盘

电磁吸盘也是一种自动取物装置，用来搬运磁性物料。常用的有圆形电磁吸盘（见图1-13a）和矩形电磁吸盘（见图1-13b）两种形式。前者用来吊运钢锭、钢铁铸件及废钢屑等；后者用来搬运型钢和钢板等。如吊运件长度较大时，要在横梁上同时悬挂两个或几个电磁吸盘进行工作。电磁吸盘的吸取能力随着钢材温度的升高而降低，当温度达到730℃时，磁性接近于零，就不吸取了。此外，吸取能力还与钢铁的化学成分和形状有关。

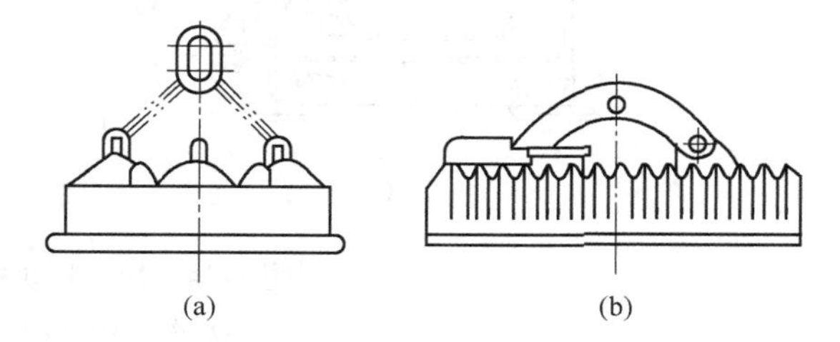

图1-13 电磁吸盘

（a）圆形电磁吸盘；（b）矩形电磁吸盘

电磁吸盘的供电为110~600V直流电，我国标准电磁吸盘为220V。电磁吸盘的供电用挠性电缆，随着电磁铁的升降，电缆应能伸缩，这时可采用由起升机构驱动的电缆卷筒。

1.1.2.5 制动器

起重机械是一种周期性间歇动作的机械，其工作特点是经常启动和制动，为此，起重机械中广泛应用了各种类型的制动器。

制动器是起重机各个机构所不可缺少的主要组成部分，它是利用摩擦副间的摩擦来产生制动作用的。制动器按其构造特征不同，有块式制动器、带式制动器和盘式制动器三种。

A 块式制动器

块式制动器主要由制动轮、制动瓦块、制动臂、上闸弹簧和松闸器等组成。为了利用较小的结构尺寸获得较大的制动力矩，保护制动轮不致磨损过快，制动瓦块的工作面上覆以摩擦衬料。块式制动器的最大制动力矩可达15kN·m。根据松闸器的不同，块式制动器有以下几种常见类型。

（1）短行程电磁铁块式制动器。短行程电磁铁块式制动器的构造如图1-14（a）所示，工作原理如图1-14（b）所示。制动器靠主弹簧9上闸，在主弹簧9的作用下，其左端顶住框形拉杆8，通过框形拉杆8使右边的制动臂带制动瓦块压向制动轮；主弹簧的右端是压在固定于推杆10上的螺母11；作用力通过推杆10将左边制动臂连同制动瓦块也压向制动轮，于是使制动器上闸。制动器的松闸是电磁铁12的作用。电磁铁通电后其衔铁被铁芯吸入，于是衔铁的上端顶动推杆10，将弹簧9压缩，在辅助弹簧7的作用下推开左边的制动臂带着制动闸瓦离开制动轮，此时右边的制动臂在电磁铁重量作用下也带着制动闸瓦离开制动轮，使制动器松闸。

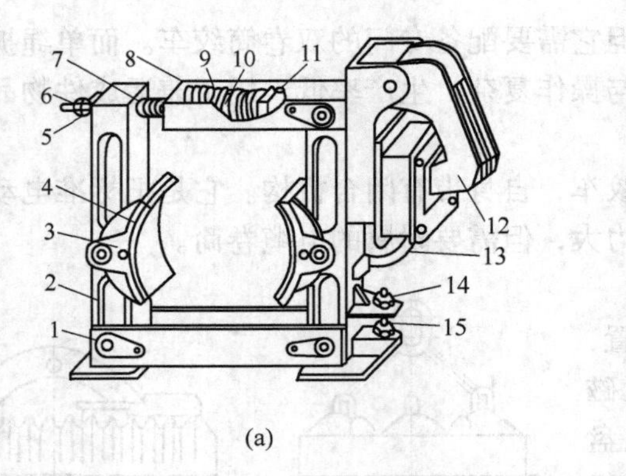

(a)

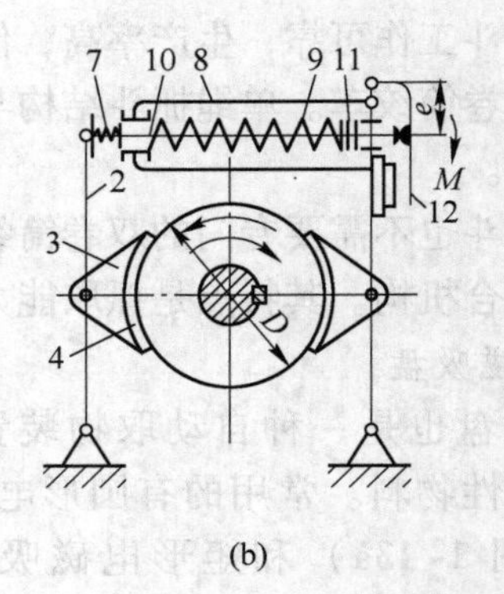

(b)

图1-14 短行程块式制动器

（a）构造图；（b）原理图

1—底座；2—制动杆；3—瓦块；4—制动片；5—夹板；6—小螺母；7—辅助弹簧；8—拉板；9—主弹簧；10—中心拉杆；11—螺母（共3个，紧贴主弹簧的那个是调整主弹簧长度用的，称为调整螺母；中间的是防止调整弹簧螺母松动的，称为背螺母；第3个是卸闸瓦时使制动杆张开的，称为张开螺母）；12—衔铁；13—导电卡子；14—背螺母；15—调整螺母

短行程制动器的优点是，由于电磁铁的行程小，因此其上闸、松闸动作迅速，重量轻，外形尺寸小。但因短行程电磁铁的吸力有限，所以它的制动力矩受到限制，通常只适

用于需要制动力矩较小的机构中（其制动轮直径在300mm以下）。

（2）长行程电磁铁块式制动器。这种制动器是电磁铁通过一系列的杠杆与制动臂相连接的，因而电磁铁的松闸行程较大，一般大于20mm，所以称之为长行程电磁铁块式制动器。其工作原理为：上闸时，被压缩的上闸弹簧左端推动框形拉杆，右端推动中心丝杆上的螺母，使左右制动臂同时压向制动轮而制动；松闸时，水平拉杆被电磁铁吸起，通过垂直拉杆推动三角杠杆作逆时针方向转动，并同拉杆一起使两个制动臂带动闸瓦块离开制动轮而松闸。

B　带式制动器

带式制动器的制动力矩是靠抱在制动轮外表面固定不动的挠性带与制动轮间的摩擦力来产生的。由于制动带的包角很大，因而制动力矩较大，对于同样制动力矩可以采用比块式制动器更小的制动轮，可以使起重机的机构布置得更紧凑。它的缺点是制动带的合力使制动轮轴受到弯曲载荷，这就要求制动轮轴有足够的尺寸。带式制动器主要用于对紧凑性要求高的起重机，如汽车起重机。

图1-15所示的是一种简单带式制动器的构造。这种制动器由制动轮1、制动钢带2和制动杠杆3等组成。制动杠杆上装有上闸用的重锤4和松闸用的长行程柱塞式电磁铁5。此外，还装有缓冲装置6，以减轻上闸时的冲击，保证制动的平稳性。

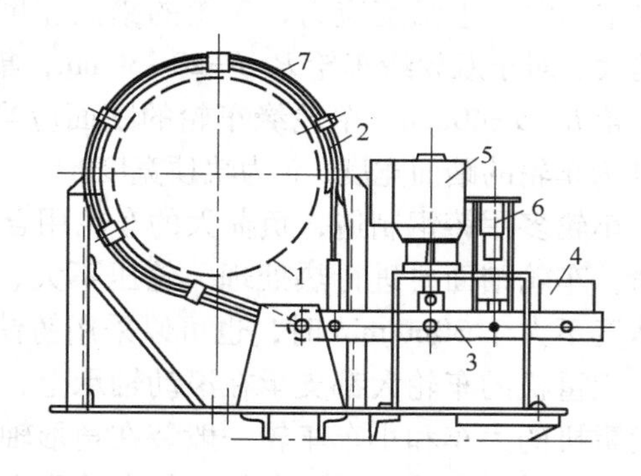

图1-15　电磁铁简单带式制动器

1—制动轮；2—制动钢带；3—制动杠杆；4—重锤；5—电磁铁；6—缓冲器；7—护板

为了能够按照带与轮松闸间隙的大小来调节带的长度，制动钢带与制动杠杆之间采用了可调的螺旋连接。在制动钢带的外围装有固定的护板7，并利用在其上均布的调节螺钉来保证松闸时制动钢带与制动轮离开的间隙均匀。为了增加制动轮与制动钢带间接触面的摩擦系数，在钢带的表面固定有一层石棉等摩擦衬料。

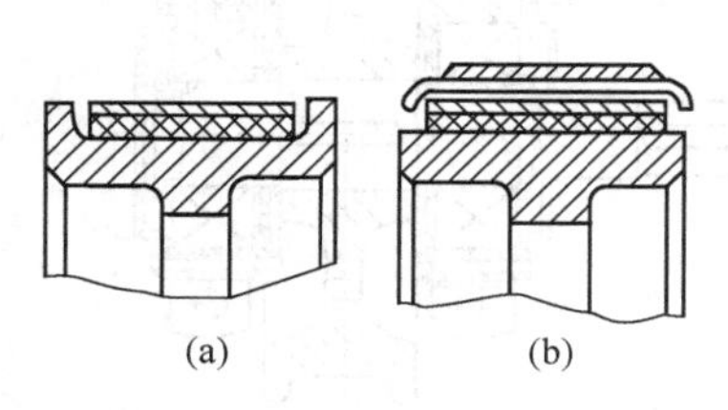

图1-16　制动轮与制动带

（a）轮缘结构；（b）焊接卡爪结构

为了防止制动钢带从制动轮上滑脱，可以将制动轮做成具有轮缘的结构（见图1-16a），但更多采用的是在挡板上装调节螺钉处焊接一些卡爪来挡住钢带的结构（见图1-16b）。

带式制动器除了简单式以外，还有综合式和差动式等形式，它们的零部件构造是相同的，区别仅在于制动钢带在制动杠杆上的固定位置不同，同时它们的性能也存在一些差异。

1.1.2.6　车轮与轨道

利用钢制车轮在专门铺设的轨道上运行，这种运行方式由于负荷能力大，运行阻力小，制造和维护费用少，因而成为起重机的主要运行方式。桥架型起重机就主要采用了这种运行方式。

A 车轮

为适应在不同轨道上运行及适用于不同的起重机形式，起重机的车轮有多种形式。

车轮踏面可加工成圆柱面或圆锥面，大都采用圆柱形踏面。集中驱动的桥式起重机大车驱动车轮采用圆锥踏面的车轮，锥度为 1∶10，以便消除因两边驱动车轮直径不同而产生的歪斜运行。此外，在工字梁下翼缘运行的小车车轮也采用锥形踏面的车轮。

为防止脱轨，车轮备有轮缘（见图 1-17）。通常轮缘高度为 15~25mm，带有 1∶5 的斜度。为了承受起重机因歪斜运行而产生的侧向压力，轮缘应有一定的厚度，为 20~25mm。除轨距较小的起重设备（如起重机的小车）可以采用单轮缘车轮外，一般采用双轮缘车轮。在设置了消除脱轨可能性的导向装置后，例如在车轮两侧装有水平导向滚轮，才可以采用无轮缘车轮。

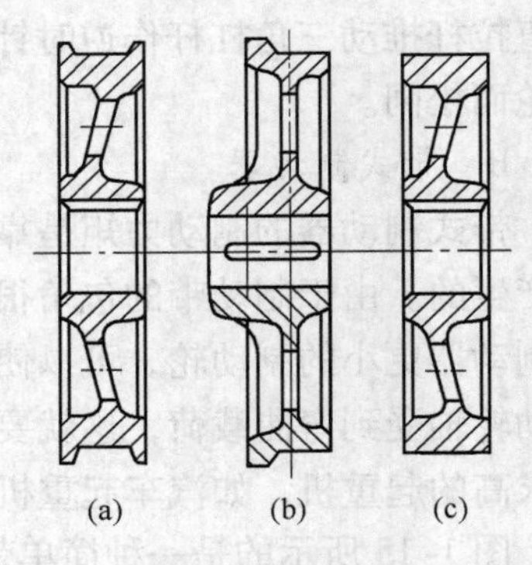

图 1-17 车轮形式

（a）双轮缘；（b）单轮缘；（c）无轮缘

为了补偿在铺轨或安装车轮时造成的轨距误差，避免在结构中产生温度应力，车轮的踏面宽度应比轨顶宽度稍大。对于双轮缘车轮 $B=b+20\sim30$mm；集中驱动的圆锥车轮 $B=b+40$mm；单轮缘车轮的踏面应当更宽些。式中 B 为车轮的踏面宽度，b 为轨顶宽度。

车轮多用铸钢制造，负荷大的车轮用合金铸钢制造。为了提高车轮的承载能力和使用寿命，车轮踏面要进行热处理。轮压不大、速度不高的车轮，例如轮压不大于 50kN、运行速度不大于 30m/min 时，也可以采用铸铁车轮。

起重机的车轮大都支承在滚动轴承上，运行阻力小，特别是启动时的阻力很小。桥架型起重机的大车和小车车轮一般装在角形轴承箱中，组成车轮组（见图 1-18）。这种车轮组制造容易，安装和拆卸方便，便于装配和维修。

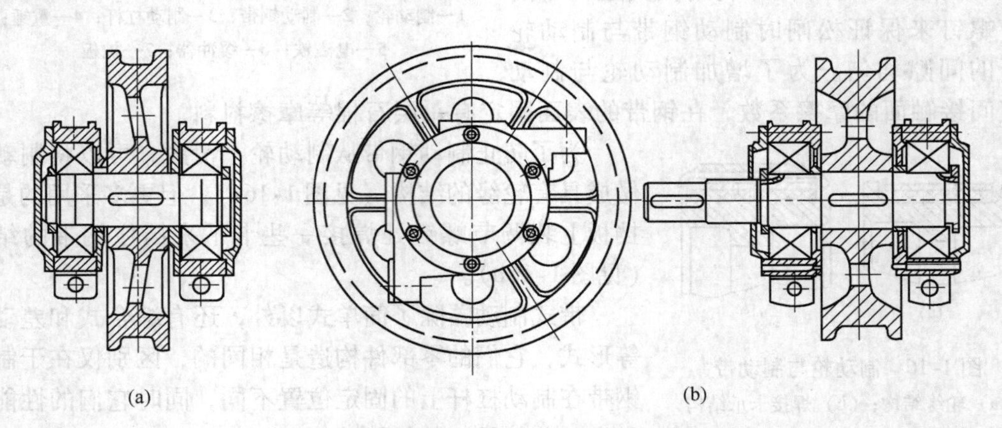

图 1-18 安装在角形轴承箱中的车轮组

（a）从动车轮；（b）主动车轮

B 轨道

轨道用来承受起重机车轮传来的集中压力，并引导车轮运行。起重机用的轨道都采用标准的钢轨或特殊轧制的型钢（见图 1-19）。起重机大量采用铁路轨道，轨顶是凸的。当轮压较大时，采用起重机专用轨道，轨顶也是凸的，曲率半径比铁路轨道的大，底部宽而高度小。支承在钢结构上的轨道，也可以用扁钢或方钢制成，轨顶是平的，但这种轨道的抗弯能力较差，耐磨性也较差。

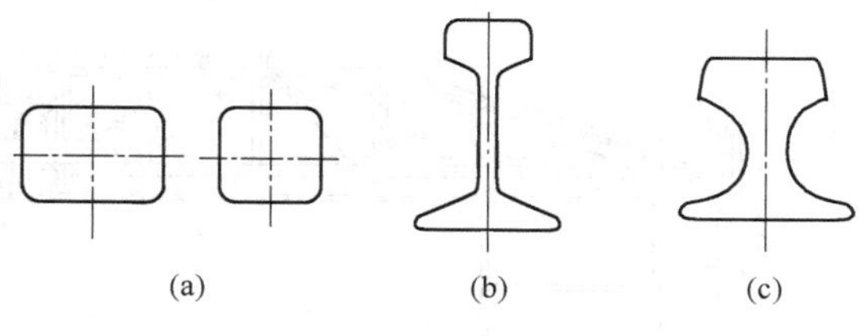

图 1-19 轨道形式

（a）扁钢、方钢；（b）铁路轨道；（c）起重机轨道

1.1.3 桥式起重机

桥式起重机是一种用途很广的起重机械，适用于所有工业部门的车间内部或料场仓库，特别是在机械制造工业和冶金工业中得到了更为广泛的应用。

1.1.3.1 桥式起重机的类型和主要参数

桥式起重机可以用人力或电力驱动。人力驱动只用在起重量不大（不超过 20t）而且工作很轻闲的场合，例如仅用于厂房内生产设备的检修，或用在没有电源的地方。在其他情况下，一般均使用电力驱动。

A 电动单梁桥式起重机

图 1-20 所示为电动单梁桥式起重机的一种典型构造。桥架由工字钢（或其他型材）主梁 1、槽钢拼接的端梁 2、垂直辅助桁架 3 和水平桁架 4 组成。4 个车轮是通过角形轴承箱连接在端梁上的，其中两个主动车轮由水平桁架中间平台上的电动机 5，经过二级圆柱齿轮的立式减速器 6 和传动轴 7 来驱动，桥架运行机构的制动器装在上述电动机和立式减速器之间带制动轮的柱销联轴器上。运行式电动葫芦 8 在主梁工字钢的下翼缘上行走，两端极限位置由固定在工字钢腹板上的挡木来限制。在桥架一侧的端梁上装有行程开关 9，以保证起重机在厂房内运行到两端极限位置或两台起重机相遇时自动切断电源而停车。

这种起重机根据使用需要有两种操纵方式，一种是地面上用电动葫芦上悬挂下来的电缆按钮盒 10 来控制；另一种是在桥架一侧的司机室 11 内进行操纵。后者桥架运行速度可快些，并且由于桥架运行机构采用绕线型电动机，启动时比较平稳。前者按钮控制用的是鼠笼型电动机，考虑到操纵者随车行走，故这时桥架运行速度不能很快，一般不超过 40m/min。起重机主电源由厂房一侧的角钢或圆钢滑触线引入，而电动葫芦的电源用软电缆供电。

电动单梁桥式起重机是与电动葫芦配套使用的，所以它的起重量取决于电动葫芦的规格，一般为 0.25～10t。起重机的跨度由于受轧制工字钢规格的限制，一般为 5～17m。LD 型单梁桥式起重机跨度可达 22.5m。这种起重机在我国已标准化，并由专业厂成批生产。由于电动葫芦不适宜频繁使用和在高温的环境下工作，故电动单梁桥式起重机都是按暂载率 JC = 25%使用来确定其工作级别的。

B 电动双梁桥式起重机

从上面介绍的电动单梁桥式起重机来看，由于电动葫芦的使用条件和桥架结构等原因，进一步提高它的起重量和增大它的跨度受到了限制。而电动双梁桥式起重机能很好地解决这个矛盾。所以电动双梁桥式起重机是我国生产的各种起重机中产量最大且应用最广的一种。

图 1-21 所示是我国现行生产的标准电动双梁桥式起重机的典型构造。该起重机从大

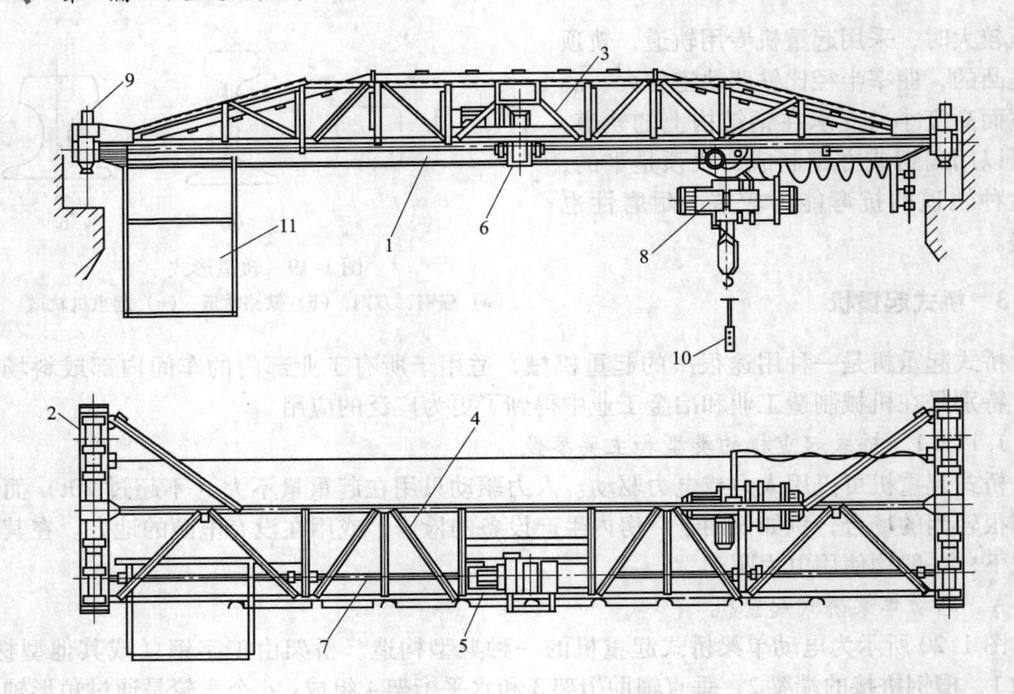

图1-20 电动单梁桥式起重机

1—工字钢主梁；2—槽钢拼接的端梁；3—垂直辅助桁架；4—水平桁架；5—电动机；6—立式减速器；7—传动轴；8—运行式电动葫芦；9—行程开关；10—电缆按钮盒；11—司机室

的方面可以分为起重小车1、桥架金属结构2、桥架运行机构3以及电气控制设备和司机室4等四部分。电动双梁桥式起重机的司机一般都是在司机室4内操纵。司机室的位置根据使用环境，可以固定在桥架的两侧或中间，特殊情况下也可以随起重小车移动。

根据操作安全、可靠的要求，起重机的所有机构都应具备制动器和行程终点限位开关。起重机的主电源由厂房一侧走台上的角钢或圆钢滑触线引进，或用软电缆供电。

在通常情况下，桥式起重机搬运的物品是多种多样的，用吊钩作取物装置辅以各种索具和吊具就能适应工作的需要。因此，我们把有吊钩的电动双梁桥式起重机称为通用电动双梁桥式起重机。当然，与之相对应的便有各种专用的桥式起重机，如用于搬运钢铁材料的电磁桥式起重机，搬运焦炭、矿石等散料用的抓斗桥式起重机以及使用吊钩、电磁盘和电动抓斗的三用桥式起重机等。以上这些都是从吊钩通用桥式起重机派生出来的。

通用电动双梁桥式起重机的起重量一般在5~500t之间。我国目前生产的标准桥式起重机的起重量范围为5~250t，它们分属于两个系列产品，其规格如下：

(1) 5、10、15/3、20/5、30/5、50/10t（属于中小起重量系列）；

(2) 75/20、100/20、125/20、150/30、200/30、250/30t（属于大起重量系列）。

其中，10t以上均有主、副两套起升机构，副钩起重量（分母的数字）一般取主钩的15%~20%，以便充分发挥起重机的经济效能。新产品的起重量系列将采用优先数列调整如下：

(1) 5、8、12.5/3、16/3、20/5、32/8、50/12.5t（属于中小起重量系列）；

(2) 80/20、100/32、125/32、160/50、200/50、250/50t（属于大起重量系列）。

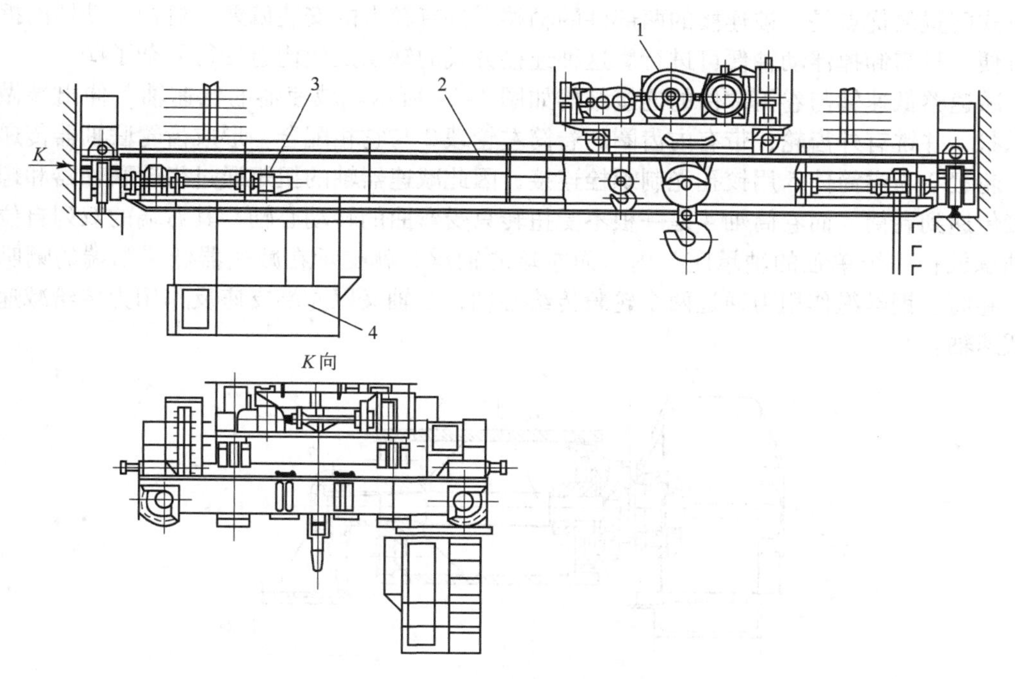

图 1-21 电动双梁桥式起重机

1—起重小车；2—桥架金属结构；3—桥架运行机构；4—电气控制设备和司机室

标准的电动双梁桥式起重机的跨度为 10.5~31.5m，每 3m 一个规格。其他的性能参数可查有关产品目录。

1.1.3.2 起重小车的构造

起重小车是桥式起重机的一个重要组成部分。它是桥式起重机中机械设备最集中的地方。起重小车（见图 1-22）包括起升机构（主起升机构和副起升机构）、小车运行机构和小车架等部分，此外还有一些安全防护装置。

A 起升机构

在图 1-22 中可以看出，主、副两套起升机构除所用的滑轮组倍率不同和制动器的形式不同外，两者的配置方式是完全相同的。电动机轴与二级圆柱齿轮减速器的高速轴之间采用两个半齿轮联轴器和中间浮动轴联系起来。半齿轮联轴器的外齿轮套固定在浮动轴的两端，并与各自的内齿圈相配。装在减速器轴端的半联轴器做成制动轮的形式，机构的制动器就装在这个位置。采用这

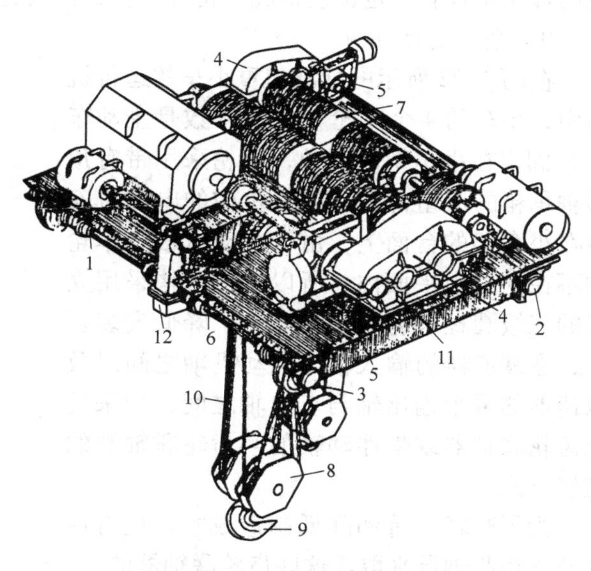

图 1-22 双梁桥式起重机小车

1—电动机；2，3—车轮；4—减速箱；5—制动器；6—联轴器；7—卷筒；8—滑轮；9—吊钩；10—钢丝绳；11—小车架；12—运行机构减速器

种方式配置的优点是，被连接的两部件的轴端允许有较大的安装偏差，机构制动器的拆装较方便，只需卸掉浮动轴便可进行。这种连接方式的缺点是使构造变得复杂了些。

减速器低速轴与卷筒部件的连接结构如图1-23所示。减速器的低速轴1伸出端做成喇叭状，并铣有外齿轮，带有内齿圈的卷筒左轮毂2与它相配合，形成齿轮联轴器传递运动；轮毂2与卷筒体5用铰孔光制螺栓连接，因此减速器轴的扭矩通过齿轮联轴器和螺栓直接传递到卷筒。而卷筒轴4是一根不受扭转只受弯曲的转动心轴，其右端的双列自位滚珠轴承放在一个单独的轴承座7内，而左端的轴承3就支承在减速器低速轴端的喇叭孔内。卷筒上钢丝绳作用力通过两个轮毂传给心轴，心轴又以左端支座反作用力传给减速器的低速轴。

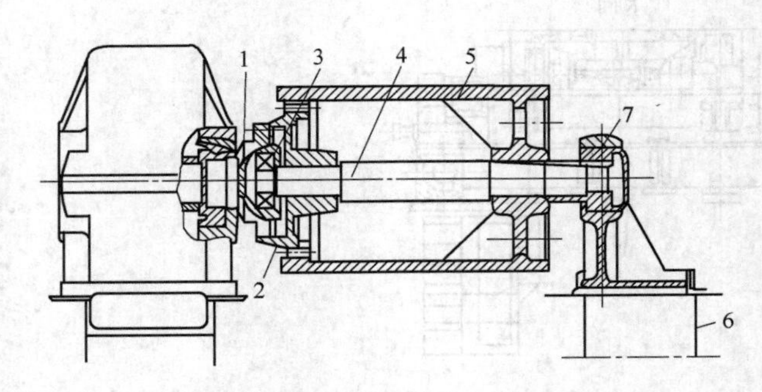

图1-23 减速器与卷筒的连接

1—减速器低速轴；2—卷筒左轮毂；3—轴承；4—卷筒轴；5—卷筒；6—车架；7—轴承座

卷筒的这种连接方式的最大优点是结构紧凑，部件的分组性较好，齿轮、联轴器允许在两轴端位置有一定偏差情况下正常工作，但构造比较复杂，制造比较费工。

B 小车运行机构

在图1-22所示的标准起重小车的运行机构中，小车的4个车轮（其中半数是主动车轮）固定在小车架的四角，车轮采用带有角形轴承箱的成组部件。运行机构的电动机安装在小车架的台面上，由于电动机轴和车轮轴不在同一水平面内，所以运行机构采用立式的三级圆柱齿轮减速器。为了降低安装要求，在减速器的输入轴与电动机轴之间以及减速器的两个输出轴与车轮轴之间，均采用全齿轮联轴器或带浮动轴的半齿轮联轴器的连接方式。

为了减轻自重和降低制造成本，也有用尼龙柱销联轴器来取代这些齿轮联轴器的。

在中小起重量的起重小车运行机构中常用的传动形式如图1-24所示。机构传动布置上有变化的原因主要与起重量的大小和起重

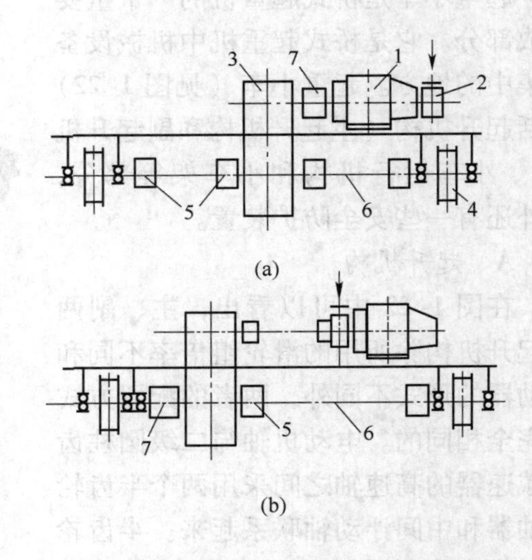

图1-24 小车运行机构传动简图

（a）减速器在小车架中间；（b）减速器在小车架一侧

1—电动机；2—制动器；3—立式减速器；4—车轮；5—半齿联轴器；6—浮动轴；7—全齿联轴器

小车的轨距有关。这两种传动布置形式在机构使用性能方面没有多大差别。在小车运行机构中采用电动液压推杆块式制动器比较理想，它能使机构制动平稳。考虑到制动时利用高速浮动轴的弹性变形能起缓冲作用，在图 1-24（b）中将制动器装在靠近电动机轴一边的制动轮半齿轮联轴器上。此结构与起升机构有所不同，起升机构以工作安全可靠性为出发点，当浮动轴断了后仍能将物品制动在空中，所以它的制动器都安装在靠近减速器的一边。

1.1.3.3 桥架金属结构

桥式起重机的桥架是一种移动的金属结构。它一方面承受着满载的起重小车的轮压作用，另一方面通过支承桥架的运行车轮，将满载起重机的全部重量传给厂房的轨道和建筑结构。桥架的重量往往占起重机自重的60%以上。因此，采用一些合理的桥架构造形式以减小自重，其意义不仅在于节约本身所消耗的钢材和降低成本，同时还因减轻了厂房建筑结构的受载而节省了基建费用。当然，自重是桥架结构质量优劣的一个重要指标，但是在桥架结构选型时还应该考虑到其他方面的要求，如要有足够的强度，垂直和水平刚性较好，外形尺寸紧凑，运行机构安装维护方便以及桥架结构的制造省工等。特别要指出的是，通用桥式起重机是一种系列化的标准产品，由产品的起重量和跨度的不同而形成多种规格，生产的批量又比较大，所以简化制造工艺的要求便成为桥架结构选型的不可忽视的因素。

电动双梁桥式起重机的桥架主要由两根主梁和两根端梁组成。主梁和端梁采用刚性连接，端梁的两端装有车轮，作为支承和移动桥架之用。主梁上有轨道供起重小车运行用。

桥架的构造形式主要取决于主梁的结构形式。目前国内外采用的桥架主梁形式繁多，其中比较典型的是四桁架式和箱形梁式两种，其他形式都是对这两种基本形式的发展。

A 四桁架式桥架

图 1-25 是应用较早的一种桥架形式，由两根主梁和左右两根端梁组成。两根主梁都是空间四桁架结构，由垂直桁架 1、辅助桁架 2、上水平桁架 3 及下水平桁架 4 和斜撑组成。而每个桁架均由上弦杆、下弦杆和腹杆（斜杆或竖杆）组成。

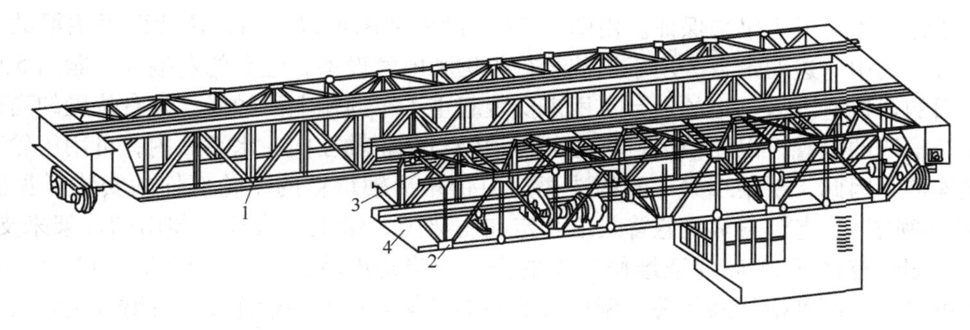

图 1-25 桁架式桥架

1—主桁架；2—垂直辅助桁架（副桁架）；3—上水平桁架；4—下水平桁架

各杆件连接之处称为节点，为了保证焊接质量，在节点上用节点钢板来连接各杆件（即将各杆件焊接在节点板上）。

在主梁横断面上，为了保证其空间刚度，设有斜撑杆。

各个桁架均由不同型号的型钢（角钢、槽钢等）焊接而成。小车轨道铺设在主桁架上，所以主桁架上承受大部分的垂直载荷。上下水平桁架承受水平力和保证桥架水平方向的刚性。在上水平桁架上铺有花纹钢板充当走台，走台钢板也同时加强了水平桁架上承载能力。在走台上面安装大车运行机构和电气设备。

在四桁架式桥架中，端梁都是用钢板或槽钢拼接成的（见图1-26），主、副桁架与端梁连接处均采用较大的垂直连接板，以增强起重小车轮压作用在跨端时的抗剪切强度。

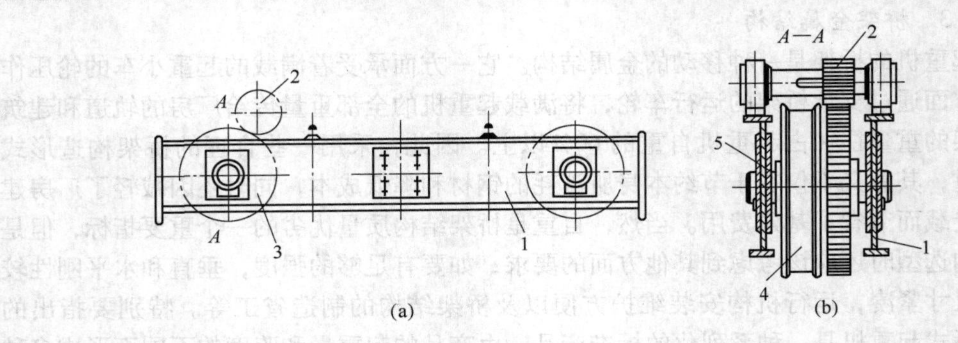

图1-26 四桁架式桥架的端梁

1—槽钢端梁；2—小齿轮；3—大齿轮；4—主动车轮；5—车轮心轴

由于四桁架式桥架运行机构的电动机、减速器和长传动轴均安装在一根主梁的上水平走台（见图1-26a）上，因而车轮采用固定心轴的构造形式，传动轴的两端通过一对开式齿轮来驱动主动车轮。由于开式大齿轮与车轮做成一体，因而车轮位置不在端梁截面的对称线上，使端梁受力不利（见图1-26b）。

B 箱形梁式桥架

箱形梁式桥架是我国生产的桥式起重机桥架结构的基本形式。桥架的主梁1采用由钢板组合的实体梁式结构（见图1-27），它由上、下盖板和两块垂直腹板组成封闭的箱形截面（见图1-27中的*C*—*C*剖面）。起重小车的轨道固定在主梁上盖板的中间，桥架结构的强度和刚性均由箱形主梁来保证。由图1-27中的俯视图可以看出，桥架两根主梁的外侧均有走台，其中一边的走台3用于安装运行机构和电气设备，走台的左端开有舱门5可以通到下面的司机室。另一边的走台4用来安装起重小车的输电滑触线。走台位置的高低取决于车轮轴线的位置，以便使运行机构的传动轴与车轮轴在同一水平面内，可用齿轮联轴器直接连接。因此，桥架端梁2的构造要适应带角形轴承箱的车轮部件的安装（见图1-27中*B*向视图）。走台通常是悬臂式地固定在主梁上，借主梁腹板上伸出的撑架来支托，走台的外侧装有栏杆11以保证维修工作的安全。当跨度较大时（一般大于17m），走台栏杆也可以用一面副桁架来代替，副桁架的两端必须与桥架端梁连接。悬臂式走台上的重量对主梁造成扭转力矩，而具有副桁架的走台可以改善主梁的受力情况。

为了减轻自重而又制造方便，主梁的外形很少做成抛物线形，一般做成两端向上倾斜的折线形。为了保证上盖板和垂直腹板受载时具有足够的稳定性，箱形主梁的内部要安排大、小垂直加劲板8和10以及水平加劲角钢9（见图1-27）。

桥架的端梁也采用钢板焊接的箱形结构。考虑到桥架的运输和安装方便，常把端梁制成两段（或三段），每一段都在制造厂与主梁焊接在一起成为半个桥架，在运送到使用地点安装时，再将两个半桥架用螺栓在端梁接头处连接起来，成为一台完整的桥架。

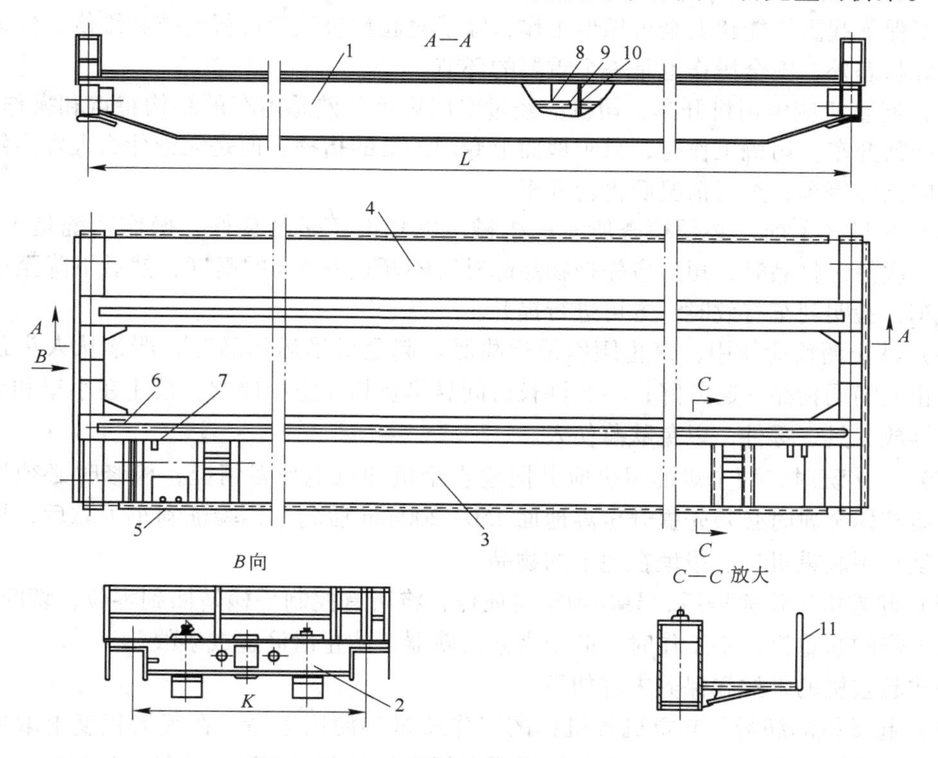

图 1-27 箱形梁式桥架结构

1—主梁；2—端梁；3—传动侧走台；4—输电侧走台；5—司机室舱门；6—缓冲器挡板；7—小车行程开关支座；8—小加劲板；9—水平加劲角钢；10—大加劲板；11—栏杆

对两种桥架的构造有了初步的认识以后，下面综合比较一下它们的优缺点，以便根据实际情况选用合理的桥架构造形式。

（1）在相同的强度和刚度条件下，桁架式桥架的主梁结构高度比箱形梁式桥架的大，因此在相同使用条件下厂房的建筑高度也必须随之增加。

（2）在相同的工作条件下设计出来的箱形梁式桥架的自重比桁架式桥架的大些，尤其是在起重量小（小于15~20t）而跨度又较大（大于17m）的情况下，这种差别更为显著，这时起重机作用在厂房轨道上的轮压可相差约20%，轮压的增大要求厂房及地基都随之加强。但是两种桥架的自重的差别是随着起重量增大和跨度减小而接近的。

（3）箱形梁式桥架比四桁架式桥架制造简单，可以节省人力和制造工时30%~60%，而且占用的施工场地也较少，对于专业化成批生产来说，这些都是选型时不可忽视的因素。

（4）箱形梁式桥架可以采用带角形轴承箱的车轮部件，这使运行机构的分组性和互换性比较好，安装和更换车轮比较方便，而桁架式桥架却不便于做到这一点。

综上所述，箱形梁式桥架虽然自重大些，但是从制造省工省场地、结构总高度小、运行机构安装维修方便以及对结构的疲劳强度有利等条件考虑，作为大批量生产的起重机桥架结构的主要形式是合理的。

1.1.3.4 桥式起重机的安全操作与维护

为了保证起重机能够安全可靠地工作，除了对起重机经常进行检查和维修，保证设备处于良好状态外，安全操作也是一个重要的环节。

(1) 起重机应由司机开车，司机应经过专门训练，熟悉本车的结构特点和操作方法。非司机严禁开车。司机工作时，只听地面上专门人员的指挥。但是无论什么人发出停车信号时都应立即停车，查明情况后再行开车。

(2) 每日开车前，必须检查所有的机械、电气设备是否良好，操作系统是否灵活。每班第一次吊运物品时，司机应先把物品起升至不超过0.5m的高度，然后下降至接近地面时刹车，验明刹车有效时，方可进行提升。

(3) 禁止超负荷使用，禁止倾斜吊运物品。起重机吊运物品时，严禁从人头顶上通过；禁止人随同物品一起升降；不允许长时间悬吊货物在空中停留。禁止在小车和大车的走台上堆放工具、零件，以免跌落伤人。

(4) 交接班时，两个班的司机应共同检查全机的机电设备情况；检修时必须切断电源。吊运液体金属时必须先提升至离地面150~200mm后刹车，验证刹车可靠后，再正式吊运。禁止用起重机拉、拔埋在地下的物品。

(5) 起重机工作完毕后，要开到指定地点，将所有控制手柄转回到零位，切断电源。在露天工作的起重机，不工作时，应当夹紧夹轨器，防止滑溜造成事故。

桥式起重机的维护和保养内容如下：

(1) 起重机的润滑。起重机各机构的工作质量和使用寿命，在很大程度上取决于经常且正确的润滑。润滑时，应按起重机说明书规定的日期和润滑油牌号进行润滑，并且应经常检查设备的润滑情况是否良好。

(2) 使用钢丝绳时，应注意钢丝绳断裂情况。如有断丝、断股和钢丝绳磨损量达到报废标准时，应立即更换新绳。

(3) 取物装置是起重机关键部位之一，必须定期检查，如果发现下列情况，应当将吊钩及其附件立即报废：表面出现任何断纹、破口或发裂；吊钩的危险断面或尾部有残余变形；钩尾部分退刀槽或过渡圆角附近，出现疲劳裂纹；螺母、吊钩横梁出现裂纹和变形。

(4) 对于滑轮组，主要检查绳槽磨损情况，轮缘有无崩裂以及滑轮在轴上卡住现象。

(5) 齿轮联轴器，每年至少检查一次，主要检查润滑、密封及齿轮磨损情况，发现轮齿崩落、裂纹以及齿厚的磨损达到原齿厚的20%以上时，就要更换新的联轴节。

(6) 对于车轮，要定期对轮缘和踏面进行检查。当轮缘部分的磨损或崩裂量达到厚度的30%时，要更换新轮。当踏面上两主动轮直径相差大于$D/600$或踏面上出现严重的沟槽、伤痕时，应重新车光，但车光后直径不得小于$D-10$mm。

(7) 对制动器，每班应当检查一次。检查时应注意制动装置应有准确的动作，销轴不许有卡死现象；闸瓦应正确地贴合在制动轮上，闸瓦的材料应良好，松闸时两侧闸瓦间隙应相等；电磁铁的温升不超过85℃；检查制动力矩，起升机构制动器应能牢固地支承额定起重量的1.25倍的负载（在下降制动时）；运行机构制动器应调到能及时闸住小车，又不发生打滑；当拉杆、弹簧有了疲劳裂纹，销轴的磨损量达到了公称直径的3.5%，制动瓦块衬层磨损达到2mm时，即应当更换。

（8）要经常检查限位开关是否起作用，控制位置是否合适，转动式限位开关的十字块联轴节和轴的连接有无松动。

（9）对于金属结构，要检查有无裂纹、断裂、焊缝开裂、下挠、旁弯、表面变形等缺陷。

1.1.3.5 桥式起重机的点检标准

表1-17列出了桥式起重机的点检标准。

表1-17 桥式起重机点检标准

部位	项目	点检内容	点检标准	点检周期	设备状态		点检方法		点检记录
					运转	停止	五感	仪器	
起升机构	制动器	制动架	开闭灵活，制动平稳	1/D					
		摩擦片	磨损厚度不大于50%	1/W					
		连接紧固	螺栓紧固，无松动	1/D					
		拉杆、孔配合	销轴孔径配合间隙不大于2mm	1/M					
	制动轮	制动轮	无跳动，无松动	1/D					
		外观	表面无裂纹	1/D					
		配合情况	与轴配合紧密	1/D					
	联轴器	连接螺栓挡圈	紧固良好无缺损	1/D					
		轴向窜动	窜动间隙不大于5mm	1/D					
		与轴配合情况	配合紧密，无退出现象	1/D					
		联轴器磨损	齿厚磨损不大于15%	1/M					
	卷筒	连接螺栓	紧固良好，无松动、缺损	1/D					
		轴承座	无异常、发热、振动现象	1/D					
		压板	无松动，紧固良好	1/D					
	减速机	固定螺栓	紧固良好，无松动、缺损	1/D					
		机壳、密封	无裂纹，外观清洁	1/D					
		轴承温度	无明显升温、温度小于85℃	1/W					
		轴承振动	振动无异常	1/D					
		轴承声音	无杂声	1/S					
		轴承间隙	小于0.6mm	1/Y					
		轴承磨损	无磨损	1/Y					
		齿轮磨损	齿面无塑性变形	1/Y					
		齿侧间隙	啮合面积大于80%	1/Y					
		油位情况	没过油标1/3	1/D					
		油质	10级以下	1/6M					
	滑轮组	转动情况	灵活无卡组、摆动现象	1/D					
		滑轮片	表面无缺损	1/D					

续表 1-17

部位	项目	点检内容	点检标准	点检周期	设备状态		点检方法		点检记录
					运转	停止	五感	仪器	
起升机构	钢丝绳	表面状况	无断丝、断股、打结现象	1/D					
		固定情况	压板、绳卡不松动，无缺损	1/D					
		磨损情况	公称直径磨损不大于7%	1/M					
	吊钩组	滑轮片	无缺损，无裂纹，转动灵活	1/D					
		吊钩表面状况	无裂纹，无缺陷	1/D					
		转动固定情况	转动灵活，固定牢固	1/D					
	旋转架	旋转情况	转动灵活，无卡阻现象	1/D					
		表面状况	无裂纹、变形	1/D					
		减速机、齿轮	紧固润滑良好，无异声	1/D					
		连接螺栓	紧固良好无缺损	1/D					
		电磁吸盘	无开焊现象	1/D					
运行机构	制动器	开闭、制动	灵活，平稳，制动距离符合要求	1/D					
		连接紧固	螺栓紧固良好	1/D					
		摩擦片	磨损厚度不超过50%	1/W					
	车轮	表面状况	轮缘磨损不大于50%	1/W					
		固定情况	键板无位移，固定可靠	1/D					
		运行及轴承箱	无裂纹，无异常声音	1/D					
	减速机	机壳、密封	无裂纹杂声，外观清洁	1/D					
		固定与连接螺栓	紧固良好，无松动、缺损	1/D					
		轴承温度	无明显升温、温度小于85℃	1/W					
		轴承振动	振动无异常	1/D					
		轴承声音	无杂声	1/D					
		油位情况	没过油标1/3	1/D					
	联轴器	连接螺栓、挡圈	紧固良好，无松动缺损，连接可靠	1/D					
		轴向窜动	轴向间隙正常不大于5mm	1/D					
		与轴配合情况	配合紧密，无退出现象	1/D					
转动部位	润滑	各点润滑	润滑泵运行正常，各点润滑到位	1/D					
金属结构及安全装置	轨道	密封情况	压板无缺损，螺栓紧固良好	1/D					
	主梁端梁	前后端盖	无变形、裂纹、开焊现象	1/D					
	驾驶室	运行	连接牢固，无开焊现象	1/D					
	缓冲器	密封情况	安装牢固，无缺陷	1/D					
	终端止挡	前后端盖	安装牢固，无缺陷	1/D					
	滑线挡板与扫轨板	运行	连接牢固，安装可靠	1/D					
	防护罩与护栏	密封情况	连接牢固、安装可靠	1/D					
重要情况说明：									点检人员

说明：Y—年，M—月，W—周，D—日，S—班，H—时；○—选定的设备状态，△—选定的点检方法，正常打“√”、异常打“×”

1.1.4 龙门起重机与装卸桥

1.1.4.1 龙门起重机

龙门起重机就是带腿的桥式起重机，如图 1-28 所示。它是在桥架下面增加了两个带运行机构的支腿，从而能沿铺设在地面的轨道行驶。为了扩大其工作范围，龙门起重机的主梁一般要延伸到支腿以外形成悬臂，这样可以直接从轮船、火车和汽车上装卸或转运货物。所以龙门起重机广泛地应用在露天仓库、料场、车站、码头等场所来装卸或吊运成件物品或矿石、煤、砂砾等散粒物料，也可以进行钢铁散料及废料等具有导磁性物料的搬运。

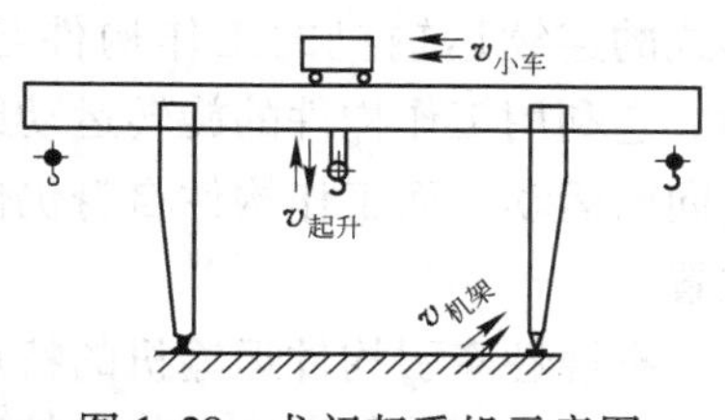

图 1-28 龙门起重机示意图

1.1.4.2 装卸桥

装卸桥的构造与龙门起重机有些相似，但由于用途不同，其结构与参数都有若干差异。装卸桥多用于冶金厂、发电厂等企业，用抓斗装运矿石、焦炭、煤等散粒物料；起重量不大，小于 30t；起升速度大于 60m/min；小车运行速度大于 150m/min，以保证高生产率；而大车只是调整工作位置时才开动的调整性机构，运行速度较低，为 20~30m/min；生产率指标是装卸桥的重要指标，一般达 500~1000t/h，个别还有更大的；装卸桥的跨度比较大，为 40~90m，为了避免在结构中产生温度应力，同跨度大于 35m 的龙门起重机一样，其金属结构做成一边刚性支腿，一边挠性支腿。

装卸桥的金属结构多用桁架结构。因为桁架结构迎风面积小，而装卸桥是在露天工作的且外形尺寸较大，这样可以减少风载荷对起重机的作用；桁架结构自重较小，可以减小轮压对基础的挤压作用。

1.2 运输机械

在钢铁冶金工业中，有大量的原料、半成品和成品需要运输。除了起重机械可以运送一部分外，大量的散粒物料和小件物品的运输是靠运输机械（transport machinery）来完成的。

运输机械的类型很多，这里只介绍连续运输机。连续运输机可以将物料沿一定的输送路线，从装载地点到卸载地点以恒定的或变化的速度进行输送。应用连续运输机可形成连续的物流或脉动性的物流。

连续运输机的主要优点是生产率高、设备简单、操作方便。但它也存在一些缺点，例如，一定类型的连续运输机只适合输送一定种类的物品；必须布置在物料的输送线上，而且只能沿着一定路线向一定的方向输送。因而在应用上连续运输机仍有一定的局限性。

1.2.1 运输机械概述

1.2.1.1 连续运输机的分类

连续运输机的形式很多，根据构造特点的不同，可分为以下两类（见图 1-29）：

（1）具有挠性牵引构件的连续运输机，这类连续运输机是把物品置于承载构件上或工作构件内，利用牵引构件的连续运动，使物品连同承载构件或工作构件一起向前运送。

（2）没有挠性牵引构件的连续运输机，这种形式的连续运输机的工作构件与物品是分别运动的。它利用工作构件的旋转运动或往复运动，使物料向前运动，而工作构件自身仍保持或回复到原来位置。

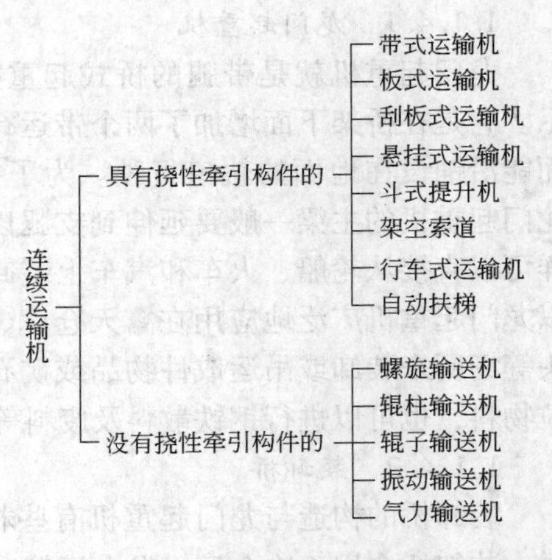

图1-29 常见的连续运输机分类

有挠性牵引构件运输机的特点是，将被运送的物料置于牵引构件上或工作构件内，利用牵引构件的连续运动使物料向一定方向运送，挠性构件被做成封闭的。图1-30所示为几种具有挠性构件输送机的结构形式。在这些类型的输送机中，其挠性牵引构件、支承装置、张紧装置和驱动装置是具有共性的主要零部件。

无挠性牵引构件的输送机的特点是，利用工作构件的旋转或往复运动，使物料向一定方向运送。螺旋输送机便属此类型，它是通过螺旋叶片来输送物料的。气力输送机是利用气流的能量在管道中输送物料的，也属于无挠性牵引构件的一种连续运输机。

1.2.1.2 连续运输机的主要参数

连续运输机的主要参数是用来说明其特性规格的，并作为选择使用和设计计算的依据。这些主要参数是：

（1）生产率 Q，单位为 t/h 或 m^3/h，因为连续运输机是连续工作的，其生产率为单位时间内运输物料的质量或体积。

（2）运输速度 v，单位为 m/s。

（3）运输线路的几何简图，包括运输线段的长度 L、垂直提升高度 H 或倾斜角 β 及外形尺寸等。

（4）被运物料的特性及名称。连续运输机输送的物料一般有成件物品和散粒物料两种。成件物品是指按件计算的物品，包括袋装、筒装、箱装及单件等。成件物品的主要特性包括单重和外形尺寸（长×宽×高）、对温度的敏感性、爆炸的可能性和着火的危险性等。散粒物料是指各种块状的、粒状的或粉状的物料。其主要特性有表示散料颗粒大小的粒度、表示单位容积散料质量的密度、表示散料撒到平面上自然形成的散料堆表面与水平面的最大夹角的堆积角、物料与承载构件间的摩擦系数等；此外，还有磨磋性、脆性、毒性、锈蚀性等。

（5）工作类型。连续运输机在选用电动机时应按 JC＝100%考虑。

1.2.2 带式运输机

带式运输机是应用最广泛的一种具有挠性牵引构件的连续运输机。它由挠性输送带作为物料的承载构件和牵引构件，在水平方向或倾角不大的倾斜方向输送散粒物料，有时也用来输送大批的成件物品。

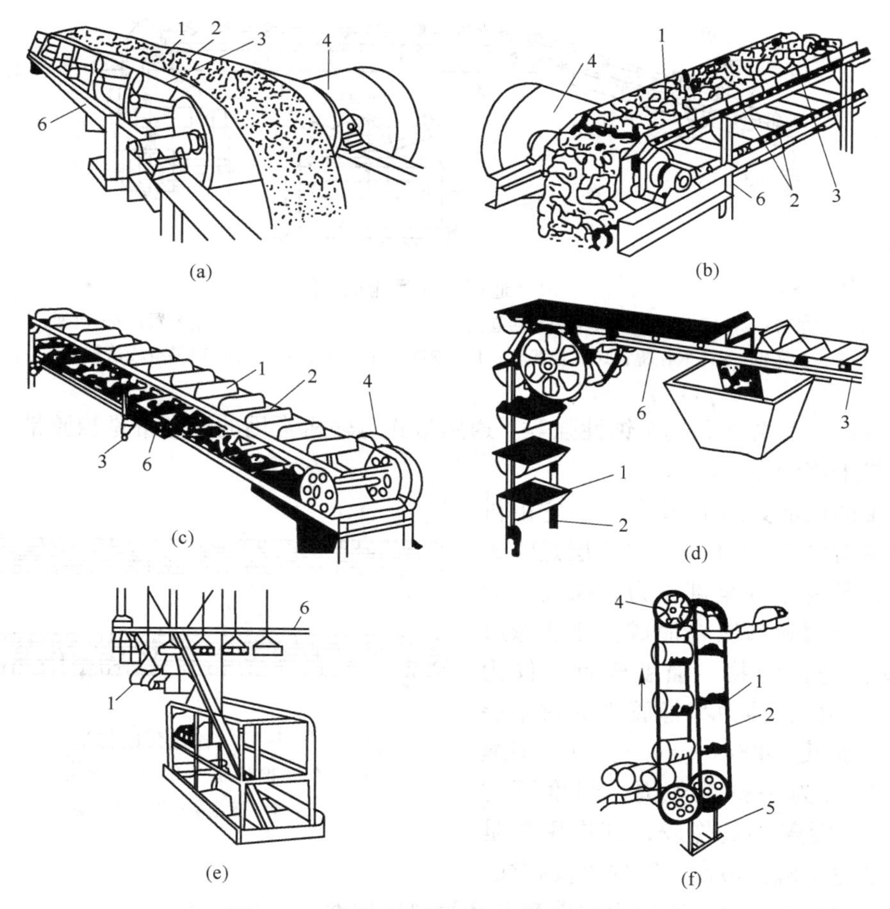

图 1-30 几种具有挠性牵引构件的输送机

（a）带式运输机；（b）板式运输机；（c）刮板式运输机；（d）斗式提升机；（e）悬挂输送机；（f）摇架运输机

1—承载构件；2—挠性牵引构件（在带式运输机中为运输带，其他各种运输机中均为链条）；3—支撑装置；4—驱动装置；5—张紧装置；6—支架、导轨或罩

带式运输机性能优良，它生产率高、物料适应性强、工作过程噪声较小、结构简单，所以被广泛应用于矿山、冶金、化工、港口、车站及建筑等部门。

1.2.2.1 通用带式运输机的总体构造及工作原理

图 1-31 是通用带式运输机的总体结构简图。作为牵引构件和承载构件的输送带 1 是封闭的，它支承在固定于机架 7 上的上托辊 8 和下托辊 9 上，并且绕过驱动滚筒 2 和张紧装置 6 中的张紧滚筒。驱动滚筒由驱动装置 5 驱动旋转，驱动滚筒与输送带之间是靠摩擦进行传动的。物料由装载装置 10 装在输送带上，并由卸载装置 11 卸下。为了清除黏附在输送带上的物料，在靠近驱动滚筒下边装有清扫器 12。

1.2.2.2 带式运输机主要零部件

A 输送带

输送带在带式运输机中，既是承载构件又是牵引构件，所以要求输送带强度高、延伸

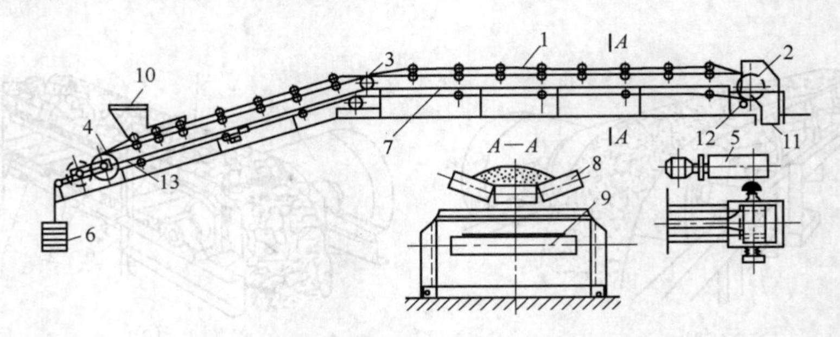

图 1-31 通用带式运输机简图

1—输送带；2—驱动滚筒；3，4—导向卷筒；5—驱动装置；6—重锤拉紧装置；7—机架；8—上托辊；9—下托辊；10—装载斗；11—卸料斗；12—清扫装置；13—空段清扫器

率小、挠性好、耐磨性和抗腐蚀性强等。通用带式运输机常用的输送带是橡胶带；钢绳芯带式运输机采用钢绳芯输送带。

输送带的构造如图 1-32 所示。它由衬垫层 2 和覆盖层 1、3 组成。衬垫层是输送带的骨架，承受带的全部拉力，橡胶带的衬垫层由若干层帆布胶合而成。普通橡胶带的衬垫层是棉织物，强度较低，仅为 560N/(cm·层)；强力型橡胶带的衬垫层是维尼龙，强度 1400N/(cm·层)；钢绳芯带的衬垫层为一排钢丝绳，强度可达 60000N/cm。覆盖层是橡胶，其作用只是保护输送带免受机械损伤、磨损以及腐蚀等。

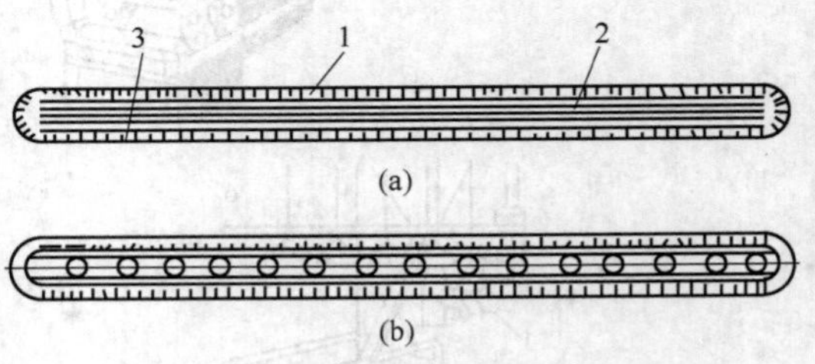

图 1-32 输送带的构造

(a) 橡胶带；(b) 钢绳芯带

1，3—覆盖层；2—衬垫层

通用带式运输机设计所采用的带宽 B 和衬垫层层数 i 见表 1-18。

表 1-18 带宽 B 和衬垫层层数 i

B/mm	500	650	800	1000	1200	1400
i/层	3~6	3~7	4~8	5~10	6~12	7~12

输送带的接头有机械接头和硫化接头两种。机械接头采用金属卡子连接，连接方便，但接头强度低；硫化接头采用硫化胶合，强度较高，但制造工艺复杂。

B 驱动装置

带式运输机的驱动装置一般由一个或若干个驱动滚筒、减速器、联轴器等组成。在倾斜运输的运输机上，还装有制动装置。

带条靠驱动滚筒的摩擦力来带动，而驱动滚筒则由电动机通过减速器来传动。图 1-33 即为一般带式输送机的驱动及传动形式。其驱动滚筒用铸铁或钢板制成。外形为圆柱形，中间略带凸起（凸起高度取为 1/200 筒宽，但最小要大于 4mm）。滚筒直径 D 取决于带条的衬布层数，可以用式（1-12）计算。

$$D \geqslant KZ \tag{1-12}$$

式中 Z——带条中衬布层数；

K——系数，对普通胶带，用硫化法接头时，$K=125$；用金属卡子法接头时，$K=100$。

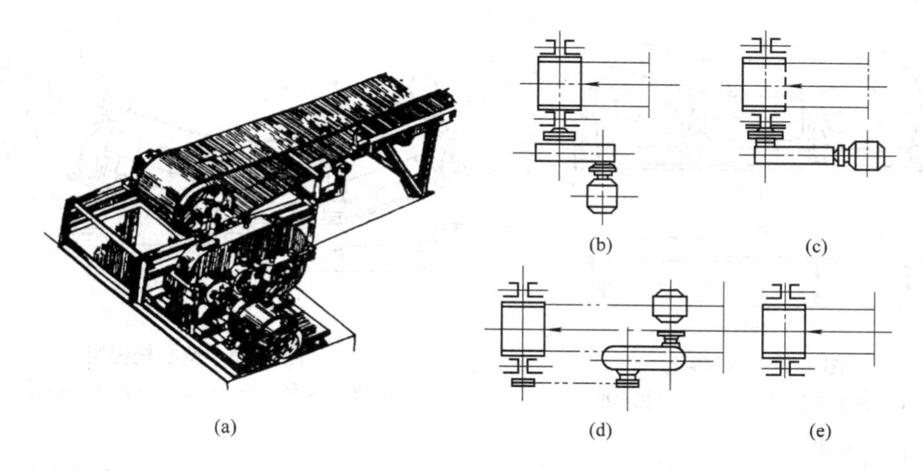

图 1-33 带式输送机的驱动装置

(a)，(b) 圆柱齿轮减速器；(c) 蜗轮蜗杆减速器；(d) 链传动；(e) 电动卷筒

滚筒直径过小，将增加带条的磨损，降低使用寿命，并增加带条的附加阻力。除按式(1-12) 计算外，滚筒直径也可以根据带宽参照表 1-19 确定。滚筒的长度应比输送带的长度长 100~200mm。

表 1-19 滚筒直径和带宽的关系

带宽 B/mm	500	650	800	1000	1200	1400
卷筒直径 D/mm	500	500 630	500 630 800	630 800 1000	630 800 1000 1250	800 1000 1250 1400

C 托辊

托辊用于支承输送带和输送带上所承载的物料，使输送带稳定地运行。一台输送机的托辊数量很多，托辊质量的好坏将直接影响输送机的运行，而且托辊的维修费用成为带式运输机运营费用的重要组成部分。所以要求它能经久耐用，周围的灰尘不进入轴承，密封装置必须可靠，轴承能得到很好的润滑，这样，可使输送机的运动阻力小，节省能源。

托辊有钢托辊和塑料托辊等。钢托辊多用无缝钢管制成。托辊直径随输送带宽度的增加而增加，一般为 89~200mm。

为了提高生产率，输送散粒物料的上托辊一般采用槽形托辊组（见图 1-34a），它的槽形角大都采用 30°。输送成件物品的上托辊和下托辊则采用平形托辊（见图 1-34b）。

输送机上托辊间距一般在 1000~1500mm 范围内，下托辊间距可按 2500~3000mm 取值。为了防止和克服输送带跑偏，以保证运输机的正常运行，上分支每隔 10 组槽形托辊布置一组调心托辊，下分支每隔 6~10 组布置一组调心托辊（见图 1-35）。这种调心辊的作用除了完成一般支承的作用外，还有一个绕垂直轴自由回转的作用。当输送带跑偏时输送带与立辊之间的摩擦力使支架转动一个角度，变成与输送带倾斜的方向，从而迫使输送带重回到中心位置。

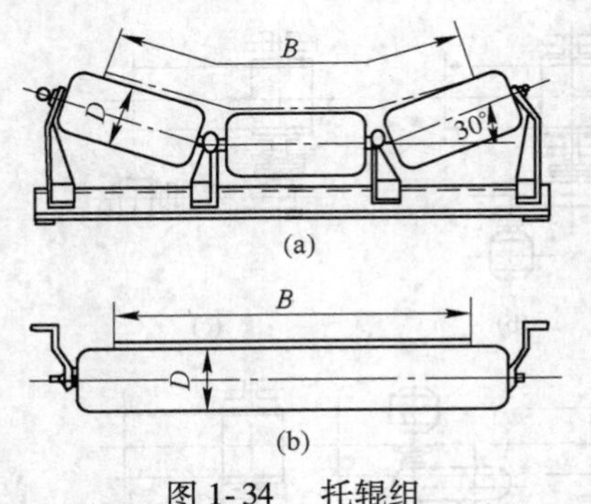

图 1-34 托辊组

（a）槽形托辊组；（b）平行托辊组

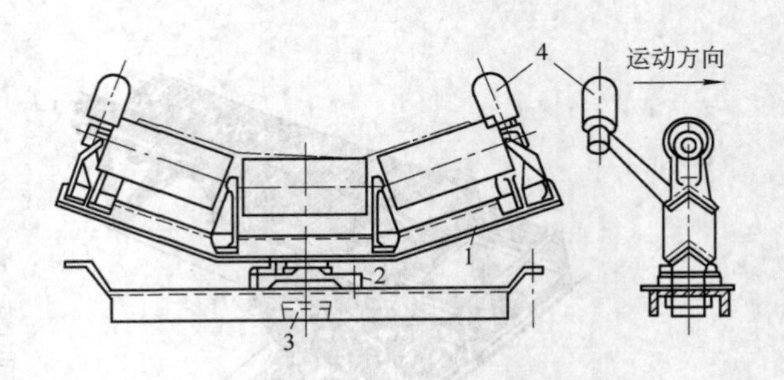

图 1-35 调心托辊组

1—旋转支架；2—支座；3—轴承；4—侧辊

D 张紧装置

张紧装置的作用是保证输送带具有一定的张力，以使输送带和驱动滚筒间产生必需的摩擦力，并限制输送带在托辊间的垂度，使运输机正常运转。带式运输机所用的张紧装置有螺旋式和重锤式两种，如图 1-36 所示。

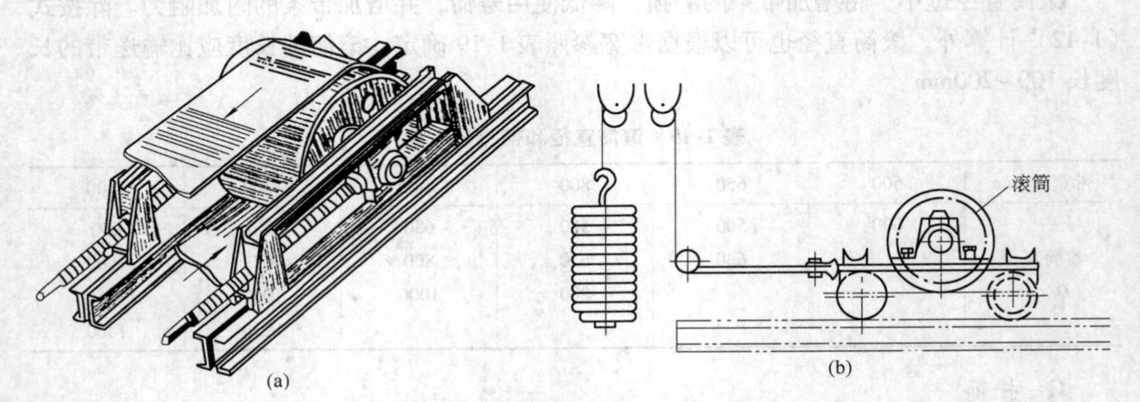

图 1-36 带式输送机的张紧装置

（a）螺旋式；（b）重锤式

螺旋式张紧装置虽然张紧行程不大，并且需要经常调整，但结构简单、紧凑、重量小，适用于小型和移动式带式输送机，且应用较多。它的构造如图 1-36（a）所示，它利用两根螺杆来移动张紧滚筒，从而达到张紧目的。张紧滚筒轴（它是不转的心轴）装在能够在导轨上滑动的滑块上，滑块与可调螺杆相连接。

重锤式张紧装置如图 1-36（b）所示，它适用于长度较大的输送机，其优点是不论带的伸长如何，始终能使带保持一定的张紧力。

E 制动装置

为了防止倾斜运输机停车时发生倒转，可装设制动装置。常用的制动装置可分为滚柱逆止器和带式逆止器。

（1）带式逆止器（见图 1-37a）：倾斜运输机停车时，在负载作用下，输送机反向运转，利用输送带的反转将制动斜带带入滚筒与输送带之间，斜带被楔住，运输机即被制动。

（2）滚柱逆止器（见图1-37b）：在输送机正常工作时，滚柱在切口最宽处，因此，它不妨碍星轮的转动。当运输机停车时，在负载重量作用下，输送带带动星轮反转。滚柱处在固定圈与星轮切口的狭窄处，滚柱被楔住，运输机被制动。

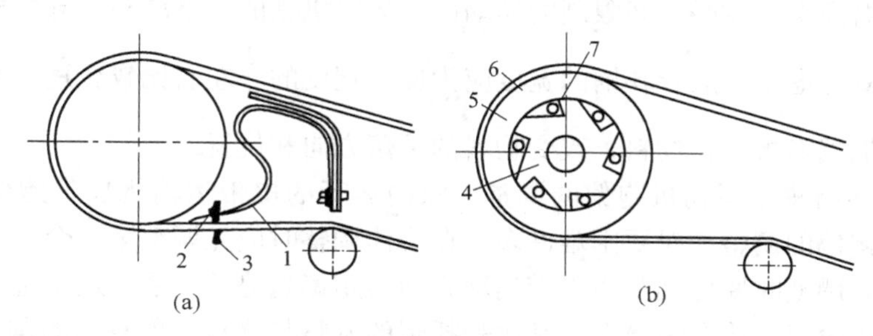

图1-37 制动装置

（a）带式逆止器；（b）滚柱逆止器

1.2.2.3 带式运输机常见故障及操作规程

A 常见故障及排除方法

带式运输机的常见故障是皮带跑偏。发生此故障时，可采用以下方法进行排除。

（1）调整承载托辊组。皮带机的皮带在整个皮带运输机的中部跑偏时可调整托辊组的位置来调整跑偏；在制造时托辊组的两侧安装孔都加工成长孔，以便进行调整。具体方法是：皮带偏向哪一侧，托辊组的哪一侧就朝皮带前进方向前移，或另外一侧后移；皮带向上方向跑偏则托辊组的下位处应当向左移动，托辊组的上位处向右移动。

（2）安装调心托辊组。调心托辊组有多种类型，如中间转轴式、四连杆式、立辊式等。其原理是采用阻挡或托辊在水平面内方向转动阻挡或产生横向推力使皮带自动向心达到调整皮带跑偏的目的。一般在皮带运输机总长度较短时或皮带运输机双向运行时采用此方法比较合理，原因是较短皮带运输机更容易跑偏并且不容易调整。而长皮带运输机最好不采用此方法，因为调心托辊组的使用会对皮带的使用寿命产生一定的影响。

（3）调整驱动滚筒与改向滚筒位置。驱动滚筒与改向滚筒的调整是皮带跑偏调整的重要环节。因为一条皮带运输机至少有2~5个滚筒，所有滚筒的安装位置必须垂直于皮带运输机长度方向的中心线，若偏斜过大必然发生跑偏。其调整方法与调整托辊组类似。对于头部滚筒如皮带向滚筒的右侧跑偏，则右侧的轴承座应当向前移动，皮带向滚筒的左侧跑偏，则左侧的轴承座应当向前移动，相对应的也可将左侧轴承座后移或右侧轴承座后移。尾部滚筒的调整方法与头部滚筒刚好相反。如此反复调整直到皮带调到较理想的位置。在调整驱动或改向滚筒前最好准确安装其位置。

（4）张紧处的调整。皮带张紧处的调整是皮带运输机跑偏调整的一个非常重要的环节。重锤张紧处上部的两个改向滚筒除应垂直于皮带长度方向以外还应垂直于重力垂线，即保证其轴中心线水平。使用螺旋张紧或液压油缸张紧时，张紧滚筒的两个轴承座应当同时平移，以保证滚筒轴线与皮带纵向方向垂直。具体的皮带跑偏的调整方法与滚筒处的调整类似。

（5）转载点处落料位置对皮带跑偏的影响。转载点处物料的落料位置对皮带的跑偏有非常大的影响，尤其是两条皮带机在水平面的投影成垂直时影响更大。通常应当考虑转载点处上下两条皮带机的相对高度。相对高度越低，物料的水平速度分量越大，对下层皮带的侧向冲击也越大，同时物料也很难居中，其在皮带横断面上偏斜，最终导致皮带跑偏。如果物料偏到右侧，则皮带向左侧跑偏，反之亦然。在设计过程中应尽可能地加大两条皮带机的相对高度。在受空间限制的移动散料运输机械的上下漏斗、导料槽等件的形式与尺寸更应认真考虑。一般导料槽的宽度应为皮带宽度的$\frac{2}{3}$左右比较合适。为减少或避免皮带跑偏可增加挡料板阻挡物料，改变物料的下落方向和位置。

(6) 双向运行皮带运输机跑偏的调整。双向运行的皮带运输机皮带跑偏的调整比单向皮带运输机跑偏的调整相对要困难许多，在具体调整时应先调整某一个方向，然后调整另外一个方向。调整时要仔细观察皮带运动方向与跑偏趋势的关系，逐个进行调整。调整重点应放在驱动滚筒和改向滚筒上，其次是托辊的调整与物料的落料点的调整。同时应注意皮带为硫化接头时应使皮带断面长度方向上的受力均匀，采用导链牵引时两侧的受力尽可能相等。

B 皮带工操作规程

(1) 要熟悉掌握本岗位电器、机械设备和安全生产设施性能，做到熟练操作，开车前必须检查确认安全防护装置齐全有效，设备上方四周无人，无异常，并发出开车示警信号后，方能开车。

(2) 开车前要加强确认，有报警设施的听到报警时岗位人员应迅速离开将要转动部位，报警装置报警30s后皮带自动启动。没有报警设施的皮带机要两次启动，第一次启动时间要短，等皮带停稳30s后方可第二次正常启动。

(3) 任何人员严禁跨越或钻越运行或静止的皮带，严禁人从皮带上行走，必须从横向安全渡桥通过或绕行。

(4) 皮带启动后，严禁更换零部件，严禁清扫转动部位及皮带下卫生（由于原燃料紧张造成皮带无法停下时，岗位人员应加强确认，严禁靠近转动部位，在确保安全的前提下清扫）。

(5) 皮带启动后精力要集中，信号联系要确认无误，工作期间严禁脱岗，并随时巡检，确保设备运转良好。严禁从高架皮带通廊向下抛丢物品及散料，必要时设专人监护。工作现场的备品备件要严格执行定置定位管理，摆放有序。

(6) 严禁用湿手或湿布开动和擦洗电器设备；各岗位配电室、配电盘应保持清洁，盘前盘后严禁停放各类车辆和杂物以及休息。

(7) 皮带硫化胶接、铆钉搭接的要及时查补，工作现场卫生应及时清扫，防止滑倒摔伤，巡查设备要确认行走安全。

(8) 皮带压料、电动机空转，操作工应及时关机，发现异常要立即按事故开关或事故警铃，并及时汇报，做到安全处理。

(9) 开皮带顺序严格执行先开前端皮带，后开后端皮带，并且操作开关要置于联动位置，以免发生生产事故。停车顺序相反。

(10) 设备检修时，必须严格执行检修停电挂牌确认制度，严禁单人操作，必须两人以上，同时加强确认，并保持通讯畅通。

1.2.3 斗式提升机

提升机应用于在垂直方向或在倾斜角很大时运输散粒或碎块物料和大量的成件物品。在运送散粒物料和碎块物料时，应用斗式提升机（见图 1-38a）；在运送成件物品时应用托架提升机（见图 1-38b）。

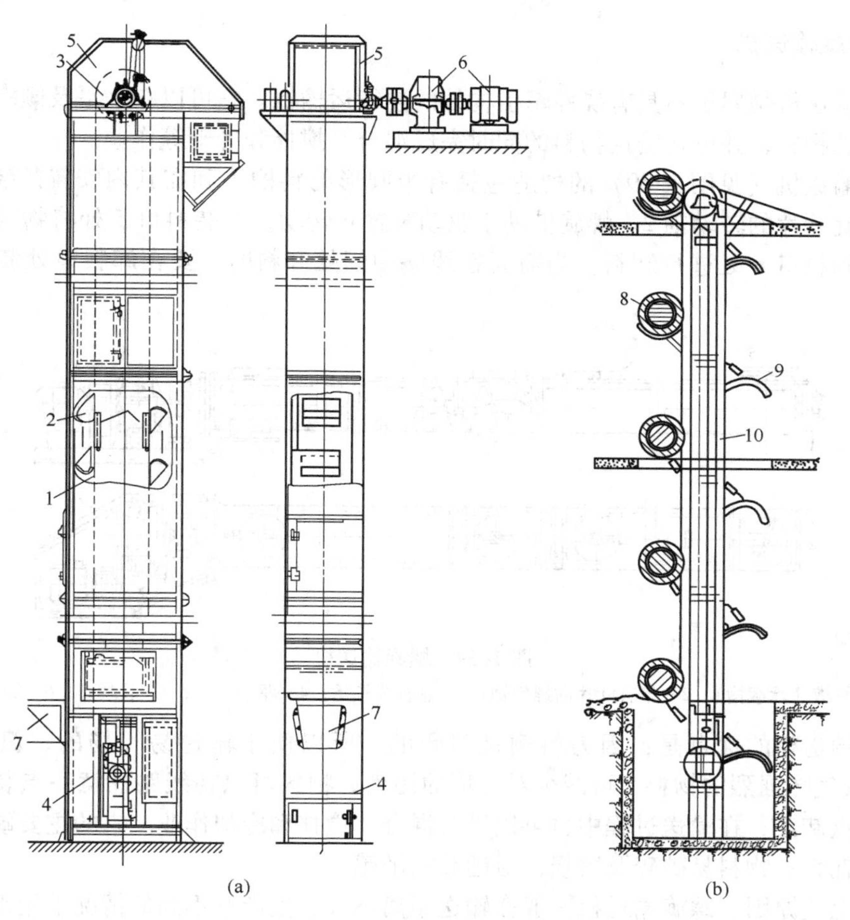

图 1-38 提升机
（a）斗式提升机；（b）托架提升机

斗式提升机的构造是：固接着一系列料斗 2 的挠性牵引构件 1（胶带、链条）环绕在提升机的驱动卷筒 3 与导向卷筒 4 之间构成闭合轮廓。驱动装置 6 驱动驱动卷筒，提升机获得动力并运转。张紧装置与导向卷筒相连，使牵引构件获得必要的初张力，以保证正常运转。物料从提升机底部装料口 7 供入，通过一系列料斗 2 向上提升至顶部，并在该处进行卸载，从而实现在垂直方向内运送物料。斗式提升机的料斗和牵引构件等行走部分以及驱动卷筒、导向卷筒等都安装在全封闭的罩壳 5 之内。

斗式提升机用于运送各种散粒物料和碎块物料，例如水泥、砂、耐火材料、粮食等。在各种建筑材料、化学工业、耐火材料工业、冶金等部门，斗式提升机获得了广泛的应用。例如炼钢厂的中小型氧气顶吹转炉，就采用了斗式提升机上料。

斗式提升机的优点是，能在垂直方向输送物料，而占地很小；能在全封闭罩壳内进行工作，不扬灰尘，避免污染环境。它的缺点是，输送物料的种类受到限制；过载的敏感性大，必须均匀给料。

斗式提升机的缺点，使它的发展受到了限制，它的生产率也只停留在300t/h左右范围内，提升高度由于牵引构件强度的限制也只能达到80m。

1.2.4 螺旋输送机

螺旋输送机是属于不具有挠性牵引构件的连续运输机。它可以在水平及倾斜方向或垂直方向输送物料，并可在输送物料的同时完成混合、搅拌和冷却等作业。

螺旋输送机（见图1-39）的构造包括有半圆形的料槽1和在其内安置的装在轴承3上的带螺旋叶片的转动轴2。螺旋借助于驱动装置4转动，在装料口5处将物料装入料槽内，而在卸料口6处进行卸料。当需要在线路中间处卸料时，要在卸料口处装设能关闭的闸门。

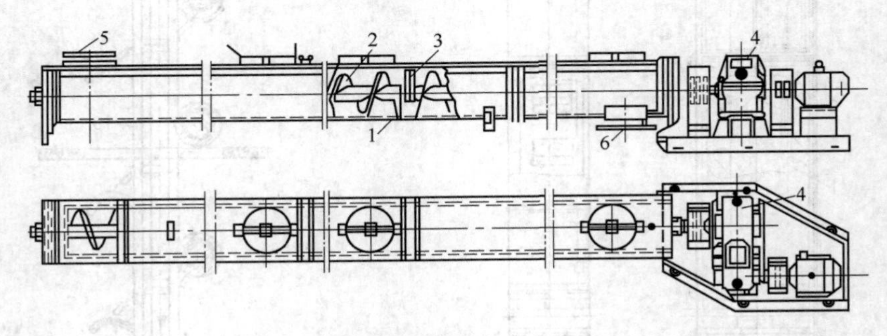

图1-39 螺旋输送机

1—料槽（承载槽）；2—带有叶片的螺旋轴；3—悬挂式轴承；4—驱动装置；5—装料口；6—卸料口

螺旋输送机的优点是：因为料槽是封闭的，所以便于输送易飞扬的、炽热的（达200℃）及气味强烈的物料，可减少对环境的污染；物料可以在线路任意一点装载，也可以在许多点卸载；在输送过程中也可以进行混合、搅拌和冷却作业。它的主要缺点是：单位功率消耗大；物料易破碎及磨损；对超载很敏感。

由于上述原因，螺旋输送机一般在输送距离不大、生产率不高的情况下用来输送磨磋性小的粉末状、颗粒状及小块状的散粒物料。其输送长度一般为30~40m，只有在少数情况下才达到50~60m。生产率一般不超过100t/h，最大可达380t/h。

螺旋输送机的工作原理是由带有螺旋片的转动轴在封闭的料槽内旋转，使装入料槽的物料由于本身重力及其对料槽的摩擦力的作用，而不与螺旋一起旋转，只沿料槽向前运送，其情况好像不能旋转的螺母沿着螺杆作直线运动一样。在垂直布置的螺旋输送机中，物料是靠离心力和对槽壁所产生的摩擦力向上运移的。

螺旋是螺旋输送机的基本构件，它是由轴和螺旋面组成的。根据被运送物料的种类及其物理特性，螺旋有各种形状，见图1-40。

实体式螺旋的形状随着被运送材料的性质而不同，它是最常用的一种形式，用于输送流动性好、干燥的、小颗粒或粉状的物料。带式螺旋适用于输送块状的或黏滞性的物料。叶片式螺旋适用于输送易被挤紧的物料。在采用叶片式螺旋的输送机上，物料的输送往往

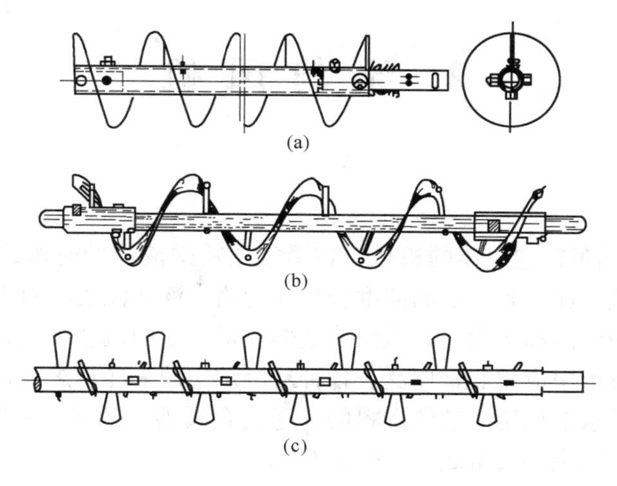

图 1-40 螺旋的形式
（a）实体式螺旋；（b）带式螺旋；（c）叶片式螺旋

与某种工艺过程相联系，如对若干种物料进行搅拌、揉捏及松散等。

复习思考题

1-1 选择钢丝绳时，如何决定它们的安全系数？为什么使用情况不同时，安全系数也不同？

1-2 怎样判断钢丝绳是否应报废？

1-3 桥式起重机上为什么采用双联滑轮组？

1-4 简述带式制动器的优点及其应用。

1-5 桥式起重机上的大车和小车轮轮缘，多采用什么形式，为什么？桥式起重机车轮安装时，轮缘应当在轨道里面还是在外面？这说明什么道理？

1-6 桥式起重机的主要参数是什么？这些参数有什么作用？

1-7 带式输送机由哪些基本部分组成？输送带有哪些类型？各有什么特点？如何连接带的两端？

1-8 斗式提升机由哪些主要部件组成？它有什么特点？

1-9 说明螺旋式输送机的特点和用途。

2 泵与风机

2.1 泵

泵（pump）是抽吸输送液体的机械。在沿管路输送液体的时候，必须使液体具有一定的压头，以便把液体输送到一定的高度和克服管路中液体流动的阻力。泵能将原动机的机械能转变成液体的动能和压力能，从而使液体获得一定的流速和压力。

泵在冶金生产过程中应用非常广泛。各种冶金炉中用来冷却炉壁及火焰喷出口等处水套的循环用水都需要水泵供给。液体燃料的输送、金属熔渣的输送有时也要由泵来完成。因此，泵是冶金生产的主要设备之一。

根据其工作原理和运动方式，泵可分为以下几种类型：

（1）叶片泵，依靠泵体内高速旋转的叶轮输送液体，如离心泵、轴流泵等；

（2）容积泵，依靠工作室容积的变化输送液体，如活塞式水泵、齿轮泵等；

（3）喷射泵，依靠工作液体的能量输送液体。

2.1.1 离心式水泵

2.1.1.1 离心式水泵的工作原理与分类

图2-1是一个单级离心泵的简图。泵的主要工作部件为安装在轴上的叶轮1，叶轮上均匀分布着一定数量的叶片2。泵的壳体3是一个逐渐扩大的扩散室，形状如蜗壳，工作时壳体不动。泵的入口与插入液池一定深度的吸入管8相连，吸入管的另一端装有底阀7，泵的出口则与阀门5和排出管6相连。

开动前泵壳内须先充满液体。叶轮旋转后，叶轮间的液体在叶片的推动下获得一定的动能和压力能后，以较高的速度自叶轮中心流向叶轮四周，并经扩散室流入排液管。叶轮间的液体向外流动时，叶轮的中心就形成了一定的真空，吸液池的液体在大气压力作用下，经吸入管上升而流入叶轮。这样，液体就连续地进入水泵，并在泵中获得必要的压头，然后从排液口排出。

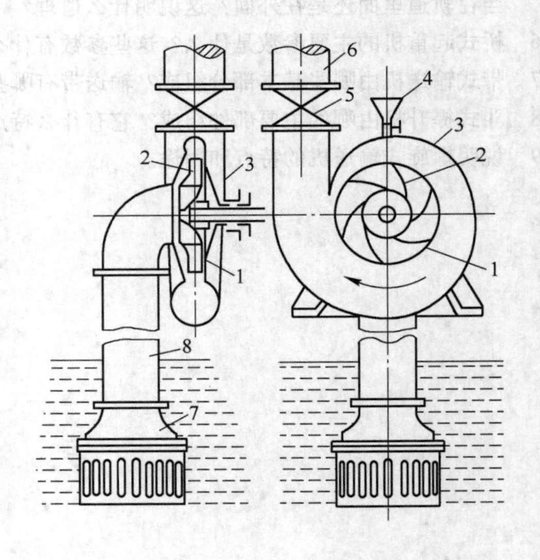

图2-1 离心泵简图

1—叶轮；2—叶片；3—泵壳；4—漏斗；5—阀门；6—排出管；7—底阀；8—吸入管

由于在不同的情况下要求采用不同结构和规格的离心泵，因此离心泵的类型很多，它可以根据各种指标来分类。

按离心泵的用途可分为：

（1）清水泵，适用于输送不含固体颗粒、无腐蚀性的溶液或清水。

（2）杂质泵，用于输送含有泥沙的矿浆、灰渣等。

（3）耐酸泵，用于输送含有酸性、碱性等有腐蚀作用的溶液。

（4）铅水泵，专门用于输送铅熔体，其使用温度可高达460℃。

按叶轮结构可以分为：

（1）闭式叶轮泵，泵中叶轮两侧都有盘板（见图2-2），适用于输送澄清的液体。

（2）开式叶轮泵，泵中叶轮两侧没有前、后盘板（见图2-3），它多用于输送泥浆。

（3）半开式叶轮泵，叶轮的吸入口一侧没有前盘板（见图2-4）。它适用于输送具有黏性或含有固体颗粒的液体。

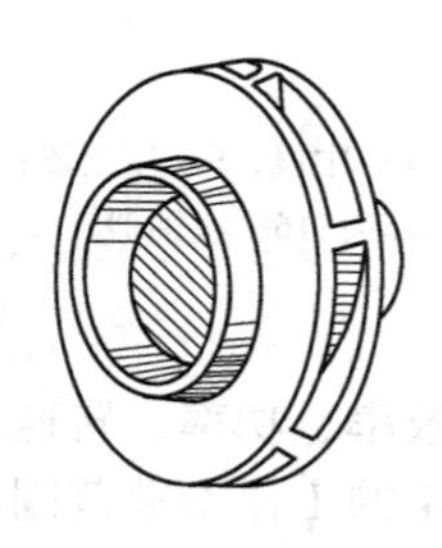

图2-2 闭式叶轮

图2-3 开式叶轮

图2-4 半开式叶轮

按泵的吸入方式可以分为：

（1）单吸式，液体从叶轮一侧进入叶轮（见图2-5a）。这种泵结构简单，易制造，但是叶轮两侧受力不均，有轴向力存在。

（2）双吸式，液体从叶轮两侧同时进入叶轮（见图2-5b）。这种泵制造较为复杂，但避免了轴向力，可以延长泵的使用寿命。

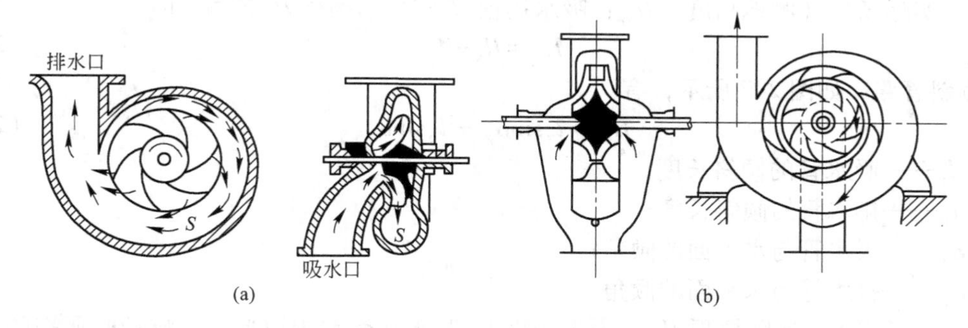

图2-5 泵的吸入方式

（a）单吸式泵；（b）双吸式泵

按转子的叶轮数目分为：

（1）单级泵，泵的转动部分（转子）仅有一个叶轮（见图2-1）。这种泵结构简单，但压头较小，一般不超过50~70m。

（2）多级泵，泵的转子由多个叶轮串联而成（见图2-6）。这种泵的压头可随叶轮的增多而提高，最大可达2000m。

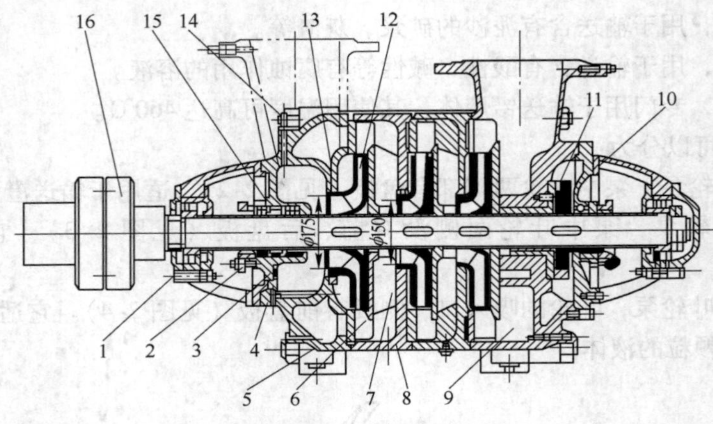

图2-6 多级式泵

1—轴承；2—填料压盖；3—盘根；4—水封管；5—吸入段；6—导叶；7—返水圈；8—中段；9—压出段；10—平衡盘；11—平衡盘衬环；12—叶轮；13—密封环；14—放气孔；15—填料环；16—联轴器

2.1.1.2 离心式水泵的工作参数

为表达泵的性能，在离心式水泵的铭牌上均刻有流量、扬程、效率、功率、转速等数据。这些表达离心泵性能的技术数据，称为泵的工作参数。泵在规定的工作参数范围内运转时，最为合理也最经济。

（1）流量。水泵在单位时间内所排出的水的体积，叫做水泵的流量，用符号 q 表示，单位为 m^3/s 或 m^3/h。

（2）扬程。单位重量的水通过水泵后所获得的能量，叫做水泵的扬程或压头，用符号 H 表示，单位为 m。

1）吸水扬程（吸水高度）H_x：水泵轴心线到吸水井水面之间的垂直高度。

2）排水扬程（排水高度）H_p：水泵轴心线到排水管出口中心之间的垂直高度。

3）实际扬程（测地高度）H_{sy}：吸水扬程 H_x 和排水扬程 H_p 之和，即

$$H_{sy}=H_x+H_p \tag{2-1}$$

对于倾斜管路，如图2-7所示，有：

$$H_{sy}=l_x\sin\alpha_x+l_p\sin\alpha_p \tag{2-2}$$

式中 l_x——吸水管的倾斜长度；

l_p——排水管的倾斜长度；

α_x——吸水管与水平面的倾角；

α_p——排水管与水平面的倾角。

4）总扬程 H：实际扬程 H_{sy}、损失扬程 h_w 和水在管路中以速度 v 流动时所需的速度水头 $\frac{v^2}{2g}$ 之和，叫做水泵的总扬程，即

$$H=H_{sy}+h_w+\frac{v^2}{2g} \tag{2-3}$$

（3）功率。水泵在单位时间内所做功的大小，叫做水泵的功率，用符号 P 表示，单位为 kW。

1）水泵的轴功率 P_a：电动机传递给水泵轴的功率（即水泵的输入功率）。

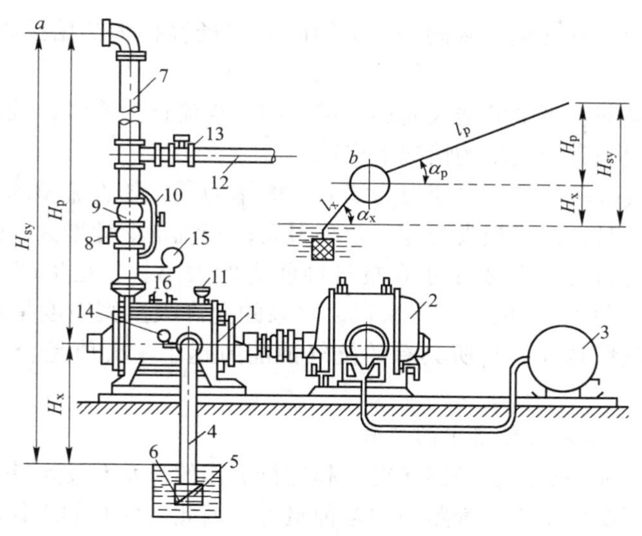

图 2-7 排水设备示意图

1—离心式水泵；2—电动机；3—启动设备；4—吸水管；5—滤水器；6—底阀；7—排水管；8—调节闸阀；9—逆止阀；10—旁通管；11—灌引水漏斗；12—放水管；13—放水闸阀；14—真空表；15—压力表；16—放气栓

2）水泵的有效功率 P_u：水泵实际传递给水的功率（即水泵的输出功率）。

$$P_u = \frac{\rho g q H}{1000} \tag{2-4}$$

式中 ρ——液体密度，水一般取 $10^3 kg/m^3$。

（4）效率。水泵有效功率与轴功率之比，叫做水泵的效率，用符号 η 表示。

$$\eta = \frac{\rho g q H}{1000 P_a} \tag{2-5}$$

（5）转速。水泵轴每分钟的转数，叫做水泵的转速，用符号 n 表示，单位为 r/min。

（6）允许吸上真空度。在保证水泵不发生气蚀的情况下，水泵吸水口处所允许的真空度，叫做水泵的允许吸上真空度，用符号 H_s 或 $(NPSH)_r$ 表示，单位为 m。

2.1.1.3 离心式水泵的性能曲线

图 2-8 为离心式水泵的性能曲线图，它包括扬程曲线 H（即实际压头特性曲线）、轴功率曲线 P_a、效率曲线 η 和允许吸上真空度曲线 H_s 或 $(NPSH)_r$。这些曲线反映了水泵在额定转速下，扬程 H、轴功率 P_a、效率 η 和允许吸上真空度 H_s 随流量 q 变化的规律。

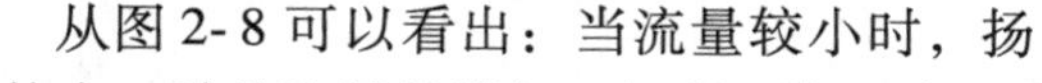

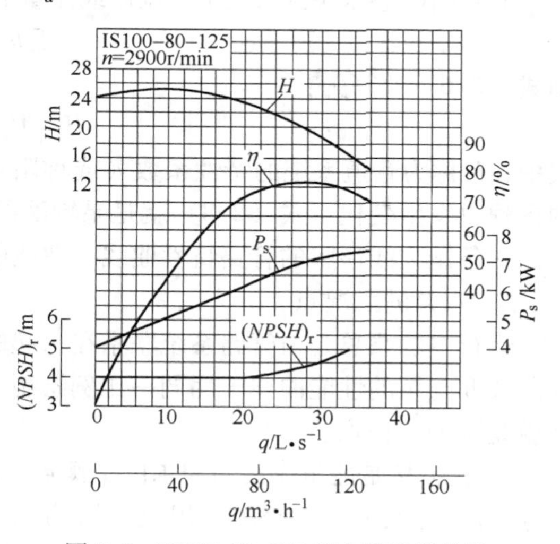

图 2-8 IS100-80-125 型水泵性能曲线

从图 2-8 可以看出：当流量较小时，扬程较大；随着流量的增加，扬程逐渐下降。对常用的后弯叶片水泵，其扬程曲线一般都是单调下降的。流量为零时（调节闸阀完全关闭时）的扬程称为初始扬程或零扬程，用 H_0 表示。

水泵的轴功率是随着流量的增大而逐渐增大的。当流量为零时，轴功率最小，所以离心式水泵要在调节闸阀完全关闭的情况下启动。

水泵的效率曲线呈驼峰状。当流量为零时，效率为零；随着流量的增大，效率急剧增加；当达到额定流量时，冲击损失为零，效率最高；若流量继续增大，效率则随之减小。

允许吸上真空度曲线 H_s 反映了水泵抗气蚀能力的大小。它是生产厂家通过气蚀试验并考虑 0.3m 的安全量后得到的。一般来说，水泵的允许吸上真空度是随着流量的增加而减小的，即水泵的流量越大，它所具有的抗气蚀能力越小。H_s 值是合理确定水泵吸上高度的重要参数。

2.1.1.4 离心式水泵在管路中的工作

每一台水泵都是和一定的管路连接在一起进行工作的。水泵使水获得的压头，不仅用于提高水的位置，还要用于克服管路中的各种阻力。因此，水泵的工作状况不仅与水泵本身性能有关，同时也与管路的配置情况有关，所以研究管路特性对用好水泵是很有必要的。

A 管路特性曲线和水泵的工况点

a 管路特性曲线

管路中通过的流量与所需扬程之间的关系曲线，叫做管路特性曲线。

图 2-7 所示的输液管路系统所需扬程的计算式为：

$$H = h_0 + \frac{p_2 - p_1}{\rho g}$$

当 $p_1 = p_2 = p_b$（大气压力），且 $v_1 \approx 0$、$v_2 \approx 0$ 时，上式改写为：

$$H = H_g + \sum h \tag{2-6}$$

而管路的总水头损失 $\sum h$ 与流速或流量的平方成正比，令

$$\sum h = Rq^2 \tag{2-7}$$

则式（2-6）改写为：

$$H = H_g + Rq^2 \tag{2-8}$$

式中，R 称为管道系统的特性系数（或称阻力系数）。从式中看出，当流量变化时，所需的扬程也发生变化。式（2-8）就是泵输液的管路特性曲线方程，根据这个方程式所作出的是一条抛物线形状的管路特性曲线，曲线的顶点在坐标 $H=H_g$、$q=0$ 的点上。

b 水泵的工况点

运行中的泵总是与管路系统联系在一起的，为确切地了解泵的工况，通常是将管道特性曲线Ⅱ与泵的性能曲线Ⅰ用同一比例绘制于一张图上，如图 2-9 所示，两条曲线的交点 M 就是泵的工作点。

工作点 M 是能量供给与需求的平衡点。过 M 点作垂直线与泵特性曲线 $q-H$、$q-P_a$、$q-\eta$、$q-H_s$ 或 $q-(NPSH)_r$ 相交，所得与 M 点相对应的 H_M、q_M、P_{aM}、η_M、H_{sM} 或 $(NPSH)_{rM}$ 等一组参数，就是泵运行时的工作参数或工况。当工作点对应于效率曲线的最高点时，称它为最佳工作点。

泵运行时应尽可能使工作点位于高效率区，否则不仅运行效率低，还可能引起泵的超

载或发生气蚀等事故。

B 气蚀现象和吸水高度

a 气蚀现象

目前，冶金工厂的排水设备，大多数安装在吸水井水面以上的泵房底板上。在这种情况下，水泵必须以吸水方式工作，如图 2-10 所示。

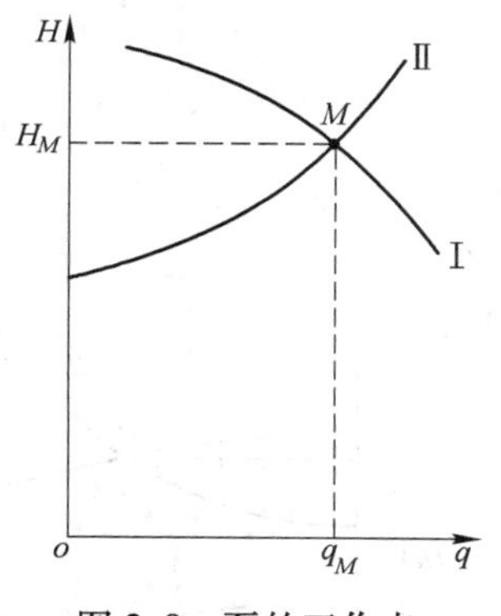

图 2-9 泵的工作点

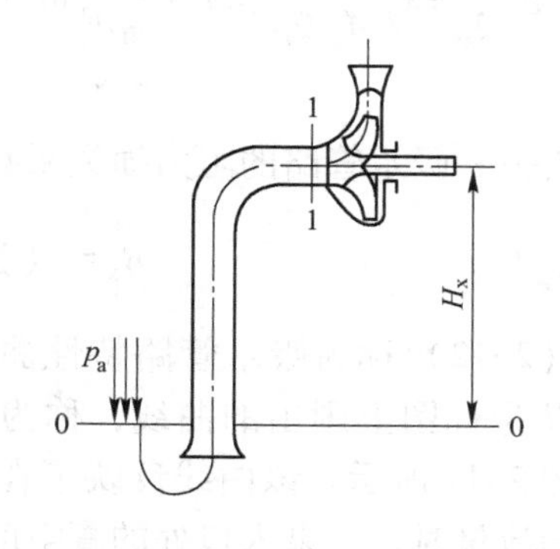

图 2-10 离心式水泵的吸水高度

取水泵入口处为 1—1 截面，吸水井水面为 0—0 面，并以 0—0 面为基准，列两截面的伯努利方程如下：

$$\frac{p_a}{\gamma}+\frac{v_0^2}{2g}=H_x+\frac{p_1}{\gamma}+\frac{v_1^2}{2g}+h_x \tag{2-9}$$

因为 $v_0\approx 0$，$v_1\approx v_x$，所以有：

$$\frac{p_1}{\rho g}=\frac{p_a}{\rho g}-H_x-\frac{v_x^2}{2g}-h_x \tag{2-10}$$

如水泵在某一流量下运转，则式（2-10）中的$\frac{v_x^2}{2g}$和 h_x 两项基本为定值，于是随着安装高度 H_x 的增加，水泵进口处的绝对压力 p_1 将减小。如果 p_1 减小到低于当时温度下水的饱和蒸汽压力 p_n（水开始汽化的压力）时，水就开始汽化。溶解在水中的气体也从水中逸出，从而形成许多蒸汽与逸出气体相混合的小气泡。这些小气泡随水流流入叶轮内压力超过饱和蒸汽压力 p_n 的区域时，气泡中的蒸汽又突然凝结成水，结果在气泡消失处形成空穴。于是周围的水便以极高的速度冲向空穴，产生巨大的水力冲击。由于气泡不断地形成和凝结，巨大的水力冲击以极高的频率反复地作用在叶轮上，时间一长，就会使金属表面逐渐因疲劳而剥落，这通常称之为剥蚀。另外，由于气泡中还有一些活泼气体（如氧气）要借助气泡凝结时所放出的热量，对金属起化学腐蚀作用。化学腐蚀与机械剥蚀的共同作用，使金属表面很快出现蜂窝状的麻点，并逐渐形成空洞，这种现象称为气蚀现象。

当发生气蚀时，水泵内会发出噪声和振动。同时，因水流中有大量气泡，破坏了水流的连续性，阻塞流道，增大流动阻力，使水泵的流量、扬程、功率和效率显著下降。随着气蚀程度的加强，气泡大量产生，最后会造成断流。因此，决不允许水泵在气蚀条件下工作。

b 不发生气蚀的条件

根据式（2-10），水泵入口处的真空度 H_s' 为：

$$H_s' = \frac{p_a - p_1}{\gamma} = H_x + \frac{v_x^2}{2g} + h_x \tag{2-11}$$

将 $h_x = \sum\xi_x \frac{v_x^2}{2g} + \lambda_x \frac{l_x}{d_x}\frac{v_x^2}{2g}$ 和 $v_x = \frac{4q}{\pi d_x^2}$ 带入上式并整理得

$$H_s' = H_x + R_x q^2 \tag{2-12}$$

式中 R_x——吸水管路的阻力损失系数，s^2/m^5。

$$R_x = \left[(\sum\xi_x + 1)\frac{1}{d_x^4} + \lambda_x \frac{l_x}{d_x^5}\right]\frac{8}{\pi^2 g}$$

式（2-12）称为吸水管路特性曲线方程，按此方程在 q-H 坐标图上画出的曲线，称为吸水管路特性曲线，如图2-11所示。该曲线反映了在确定的吸水管路下，不同流量时，水泵入口处的真空度大小。

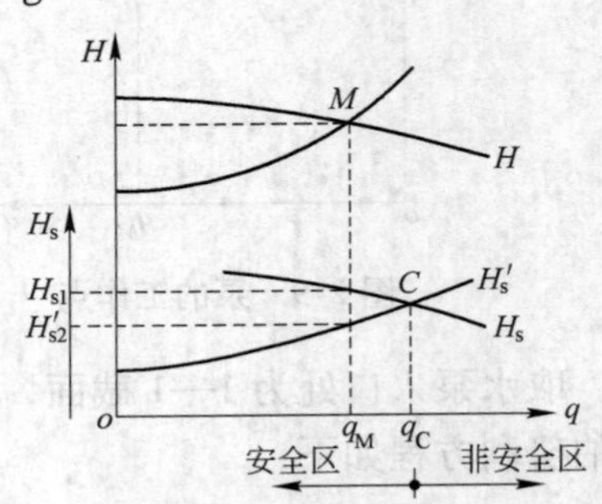

图2-11 不发生气蚀的条件

吸水管路特性曲线 H_s' 与水泵的允许吸上真空度曲线 H_s 的交点 C，称为临界气蚀点。该点把水泵特性曲线分为两部分：在 C 点的左边，水泵允许的吸上真空度 H_{s1} 大于水泵处的真空度 H_{s2}'，说明水泵在这种条件下工作时，其入口处的压力大于泵不发生气蚀所允许的最低压力，故不发生气蚀，所以称 C 点左边区域为水泵的安全区；反之，C 点右边区域称为水泵的非安全区。显然，为避免水泵在气蚀条件下工作，应使工况点 M 位于临界气蚀点 C 的左侧。即得水泵不发生气蚀的条件为

$$H_s > H_s' \tag{2-13}$$

式中 H_s——工况点 M 所对应的水泵允许吸上真空度；

H_s'——工况点 M 所对应的水泵入口处的真空度。

c 吸水高度

从式（2-12）可知，水泵入口处的真空度 H_s' 与水泵的吸入高度 H_x 和吸水管路阻力损失系数 R_x 有关。当 R_x 一定时，H_x 越大，H_s' 也越大，临界气蚀点 C 便沿 H 曲线左移，使水泵的安全区变小，工况点 M 就可能位于 C 点右侧而发生气蚀；但 H_x 太小，会增加水泵安装的难度。因此，必须合理确定吸水高度 H_x，以保证水泵工作时满足式（2-13）的要求。

将式（2-11）代入式（2-13）中，并经整理后即得保证水泵不发生气蚀的合理吸水高：

$$H_x < H_s - \frac{v_x^2}{2g} - h_x \tag{2-14}$$

由水泵的允许吸上真空度曲线知：H_s 值是随着流量的增加而减小的。为保证不发生气蚀，应将水泵运转期间可能出现的最大流量（常为运行初期）所对应的 H_s 值代入上式进行计算，而不能用水泵铭牌上所标定的 H_s 值。因为铭牌上所标注的是额定工况时的允许吸上真空度。

应该指出，从水泵性能曲线图上所查出的 H_s 值是生产厂家在水温为20℃和大气压

9.81×10⁴Pa 条件下得出的。若水泵使用地点的条件与上述条件不符，则应对曲线上查得的 H_s值加以修正，其修正公式如下：

$$[H_s]=H_s-[10-p_a/(9.81\times10^3)]+[0.24-p_n/(9.81\times10^3)] \tag{2-15}$$

式中 $[H_s]$——修正后的允许吸上真空度，m；

H_s——水泵性能曲线上查出的允许吸上真空度，m；

p_a——安装地点的大气压，Pa；

0.24——20℃温度时水的汽化压力，m；

p_n——水的饱和蒸汽压力，Pa。

由上式可知，水泵的允许吸上真空度与水泵的使用地点、水的温度有关。水的温度越高，水泵越容易发生气蚀；海拔高度越高，大气压力越低，水泵也越容易发生气蚀。不同海拔高度时的大气压力和不同温度时的饱和蒸汽压力见表 2-1 和表 2-2。

表 2-1　不同海拔高度时的大气压力

海拔高度/m	-600	0	200	300	400	500	600	700	800	900	1000	1500	2000
大气压力/Pa	111	101	100	99	96	95	94	93	92	91	90	84	79

表 2-2　不同温度时的饱和蒸汽压力

水温/℃	0	5	10	15	20	30	40	50	60	70	80	90	100
饱和蒸汽压力/Pa	0.58	0.88	1.18	1.67	2.35	4.21	7.35	12.25	19.82	31.10	47.28	70.04	101.34

于是，当使用地点的水温和大气压力与生产厂家试验时的条件不同时，应用修正后的 $[H_s]$ 代替式（2-14）中的饱和蒸汽压力 H_s。

2.1.1.5　水泵正常工作条件

水泵正常工作条件包括稳定工作条件、经济工作条件和不发生气蚀条件。前面对不发生汽蚀的条件已有讨论。下面着重分析水泵的稳定工作条件和经济工作条件。

A　稳定工作条件

为保证水泵稳定工作，水泵的初始扬程 H_0与实际扬程 H_{sy}之间应满足下列要求：

$$H_{sy}\leqslant 0.9H_0$$

因为水泵在工作时，电网电压不是绝对不变的。电网电压的升降都会导致电动机转速的变化。由比例定律知，转速的改变将使水泵的扬程曲线变化，从而引起水泵工况的变转速下降。如图 2-12 所示，当水泵在正常转速下运转时，水泵的零扬程 H_0大于实际扬程 H_{sy}，水泵扬程曲线与管路特性曲线只有一个交点 M，因而水泵的工作是稳定的。当电动机转速下降，致使水泵扬程曲线与管路特性曲线有两个交点时，由于电压不稳，扬程曲线上下波动，水量忽大忽小，因此水泵的工作是不稳定的。若电动机的转速继续下降，两曲线没有交点，则水泵的流量为零，效率亦为零。这时，电动机输送给水泵的能量全部转换为热能，使泵内水的温度迅速上升而引起水泵强烈发热，故不允许水泵长时间在零流量下运转。

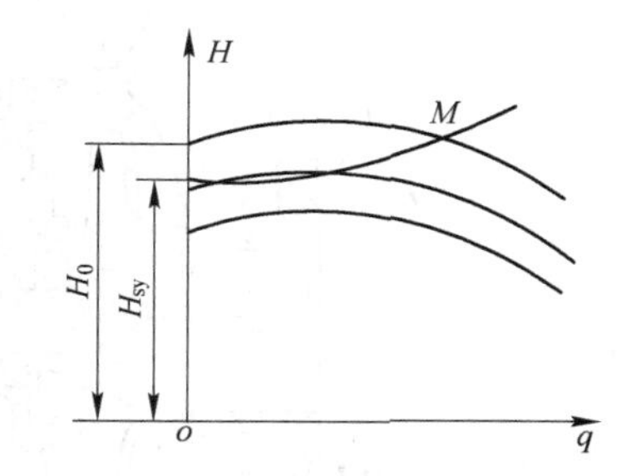

图 2-12　电网压降对排水泵工作的影响

B 经济工作条件

为了保证水泵运转的经济性，应使水泵在一定的效率下运转，即要求水泵的工况效率 η_M 不得低于最高效率 $\eta_{\max}$ 的 85%~90%，并以此划定水泵的工业利用区，如图 2-13 所示。

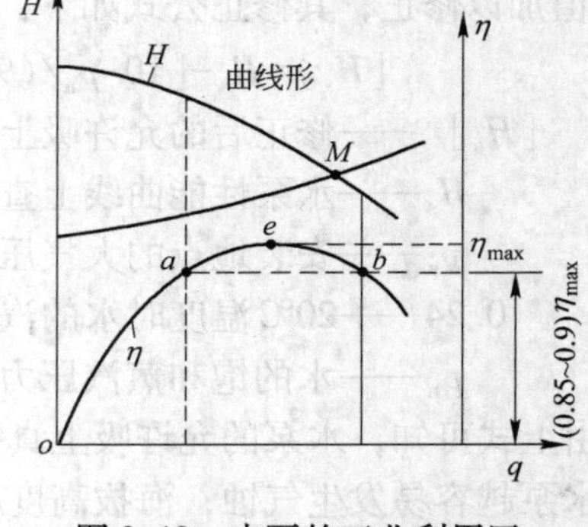

图 2-13 水泵的工业利用区

水泵的工业利用区可分为 *ae* 段、额定工况点 *e* 和 *eb* 段三部分。可以证明，水泵在 *eb* 段工作时的系统效率最高，因而称 *eb* 段为水泵工业利用区的合理使用段。故水泵运行时，应尽量使工况点落在 *eb* 段上。

2.1.1.6 冶金工厂常用的离心泵

在冶金工厂中常用的离心泵有清水泵、杂质泵和耐酸泵。

A 清水泵

清水泵用于输送清水和无腐蚀、不含矿物颗粒的溶液。常用的清水泵有 IS 型和 SH 型两种。

(1) IS 型单级单吸离心泵。IS 型泵适于工矿企业、城市给水、排水和农田排灌。供输送清水或物理、化学性质类似于清水的其他液体，其温度不高于 80℃。IS 型泵的流量 Q 为 6.3~400m/h；扬程 H 为 5~125m。

IS 型单级单吸清水离心泵（见图 2-14）是根据国际标准 ISO 2858 所规定的性能和尺寸所设计的。本系列泵共 29 个品种，其性能参数与 BA 型（或 B 型）老产品可比的有 14 种，其效率平均提高 0.67%。其结构主要由泵体、泵盖、叶轮、轴、密封环、轴套和悬架轴承部件组成。泵体和泵盖为后开门结构形式，其优点是检修方便，即不用拆卸泵体、管路和电动机，只要拆下加长联轴器的中间连接件，就可退出转子部件进行检修。悬架轴承部件支承着转动部件。为了平衡泵的轴向力，在叶轮前、后盖板处设有密封环，叶轮后

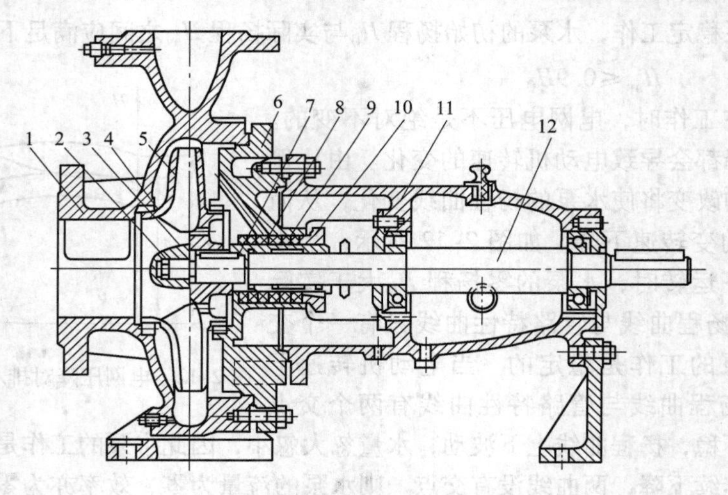

图 2-14 IS 型单级单吸离心泵结构图

1—泵体；2—叶轮螺母；3—制动垫片；4—密封环；5—叶轮；6—泵盖；7—轴套；8—填料环；9—填料；10—填料压盖；11—轴承悬架；12—轴

盖上设有平衡孔。滚动轴承承受泵的径向力和残余轴向力。

轴封为填料密封，由填料后盖、填料环和填料等组成，以防进气或漏水。在轴通过填料腔的部位装有轴套保护轴以防磨损。轴套与轴之间装有 O 形密封圈，也防进气和漏水。

泵的传动方式是通过加长弹性联轴器与电动机相连。从原动机方向看泵，泵为顺时针方向旋转。

（2）SH 型单级双吸离心泵。SH 型离心泵用来输送不含固体颗粒及温度不超过 80℃ 的清洁液体。其流量 Q 为 144~12500m^3/h，扬程 H 为 9~140m。

SH 型泵是单级、双吸、泵体为水平中开式的离心泵，吸入和吐出管与下半部泵体铸在一起，无需拆卸管路及原动机就能检修泵的转动部件。

SH 型泵的结构分甲、乙两种形式，甲式的采用滚动轴承，用油脂润滑；乙式的采用滑动轴承，用稀油润滑。轴向力由叶轮平衡，残余轴向力由轴承平衡。轴封采用软填料密封，少量的高压水通过水封管及填料环流入填料室中，起水封作用。从原动机方向看泵，泵为逆时针方向旋转。

（3）DA_1 型节段式多级离心泵（见图 2-15）。DA_1 型泵用来输送温度低于 80℃ 不含固体颗粒的清水，或物理、化学性质类似清水的液体，适合于矿山、城市和工厂等排、给水用。其流量 Q 为 12.6~198m^3/h，扬程 H 为 13~273m。

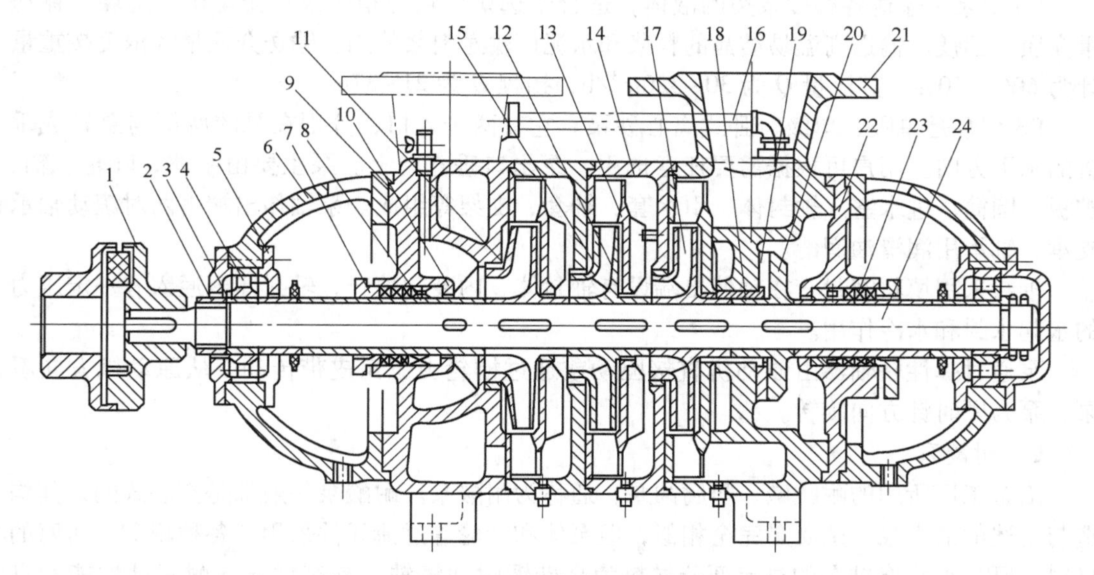

图 2-15 DA_1 型节段式多级离心泵结构图

1—泵联轴器；2—轴承盖；3—六角扁螺母；4—滚珠轴承；5—中间套；6—轴承体；7—填料压盖；8—填料环；9—进水段；10—轴套甲；11—密封环；12—叶轮；13—导叶；14—中段；15—导叶套；16—拉紧螺栓；17—出水段导叶；18—平衡套；19—平衡环；20—平衡盘；21—出水段；22—尾盖；23—轴套乙；24—轴

DA_1 型泵是卧式、单吸、分段式多级离心泵。入口为水平方向，出口为垂直方向。穿杠将吸入段、中段、吐出段连成一体。泵转子由装在轴上的叶轮、平衡盘等零件组成。转子两端由滚动轴承支承，轴承用油脂润滑。转子轴向推力由平衡盘平衡。轴两端有填料箱，采用软填料密封。填料箱中通入有一定压力的水起水封作用。轴在轴封处装有可更换的轴套，保护泵轴。泵通过弹性联轴器由原动机直接驱动。从原动机方向看泵，泵为顺时针旋转。

DA_1 型泵型号表示含义如下：

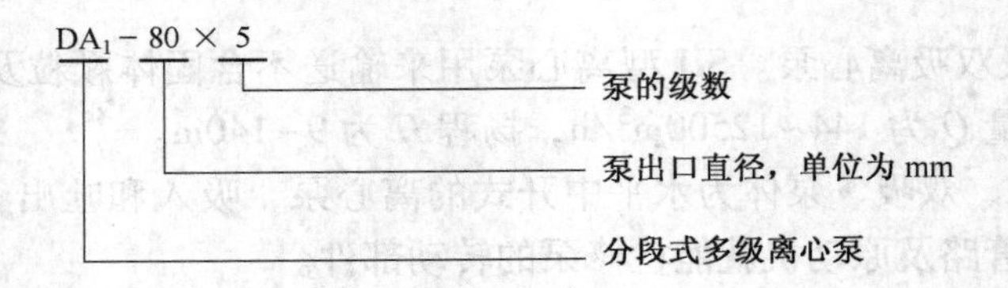

B 杂质泵

我国生产的定型杂质泵有 PNJ 型（胶泵）、PN 型（泥浆泵）、PS 型（砂泵）和 PH 型（灰渣泵）。这些泵的共同特点是具有耐磨材料（橡胶、镍铬钢或耐磨铸铁等）做成的泵体和叶轮，而且易拆卸，便于更换易磨零件。冶金工厂常用的杂质泵是 PS 型泵。杂质泵的代号是由排出口直径的英寸数（或 mm 数除以 25）和类型代号组成的。例如 4PS 型，即 4 英寸砂泵。

PS 型泵供输送各种砂浆类的液体，适合于选矿厂输送精矿浆和排尾矿、选煤厂输送重介质、铝镁厂输送高温易结晶的料浆和水泥厂输送料浆等用。输送介质最大浓度按重量计为 60%～70%。其流量 Q 为 30～320m^3/h；扬程 H 为 21～37m。

PS 型泵是单吸、单级、卧式离心砂泵。它有两个入口，分别在泵的两侧与泵轴成垂直的水平方向。用户可根据需要任意选用。泵出口垂直向上。泵主要由泵体、叶轮、轴、护板、圆筒、进水室、轴封体、引水套、轴套、支架等组成。泵轴伸出端由两对滚动轴承支承，轴承用润滑油润滑。

轴封采用填料密封，在轴伸出端设有轴封体，内装软填料，轴封体内通入有一定压力的水起水封和水冷作用。

泵通过弹性联轴器由原动机直接驱动或通过槽轮由三角皮带传动。从原动机方向看泵，泵为顺时针方向旋转。

C 耐酸泵

冶金工厂所用的耐酸碱、防腐蚀泵，通称为耐酸泵。耐酸泵一般都是离心式的，其构造与上述的清水泵、杂质泵完全相似，但泵体和叶轮等过流元件采用了各种耐酸、防腐的材料。FBG 型耐腐蚀泵的过流部分材料为高硅铜耐蚀铸铁，具有优异的耐腐蚀性能和良好的耐磨及抗冲刷性能，供输送温度不高于 105℃、物理和化学性质类似于水的液体，允许液体中含结晶粒子或其他焦、煤、沙等磨损性细微固体颗粒。它可用于冶金、化工、石油、造纸和工厂输送除氢氟酸、苛性碱、亚硫酸钠等以外的各种腐蚀性液体和工业废水等，适合在腐蚀和有磨蚀及冲刷的苛刻工作条件下使用。泵的流量 Q 为 3.6～360m^3/h，扬程 H 为 16～100m。

FBG 型泵为单吸、单级、悬臂式离心泵，其主要零部件有泵体、叶轮、后盖、托架、叶轮螺母、轴套、泵轴、轴套螺母和联轴器等。泵的吸入口和吐出口端为圆锥形法兰，分别由一副特殊的可卸式活动法兰盘与标准管道连接。轴承为单列向心滚珠轴承，采用黄甘油润滑。轴封为多道软填料或机械密封。传动形式为直接用爪型联轴器由电动机驱动。从电动机方向看泵，叶轮为逆时针方向旋转。

耐酸泵型号表示含义如下：

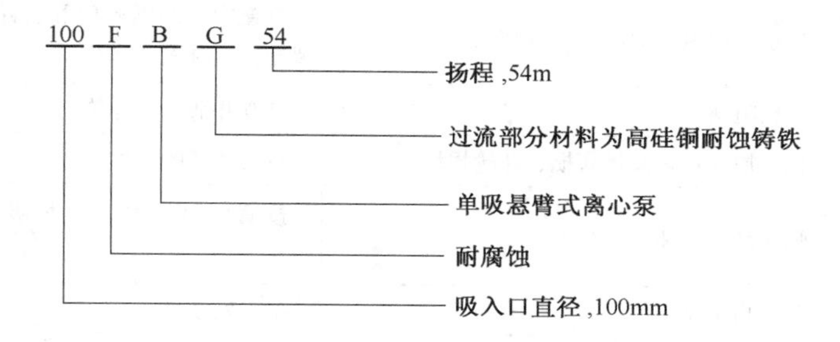

2.1.1.7 离心泵的操作与维护

A 启动及停车

离心泵在开动前必须做好下述准备工作：

（1）向水泵内注满水；

（2）检查泵是否符合安全规程，如轴承内润滑油是否达到油线，地角螺丝是否松动等；

（3）关闭出口闸阀，使流量为零，这样启动负荷即限制在最低水平上，以防启动时电动机负荷过大而发生事故。

上述准备工作完成后，开动电动机，待达到正常转速时，检查压力表是否正常，然后再渐渐开启闸阀。不应使水泵关闭闸阀时间过长，最多不超过2~3min。

离心泵停车时，应先关闭闸阀，然后停止电动机，该过程与启动时相反。

B 离心泵工作时的养护

离心泵工作时的养护如下：

（1）注意油环，要让它自由地随同轴转动；

（2）注意轴承温度，不能让它超过泵房室温以上40~50℃；

（3）按油面计读数，把轴承中油面维持在所需的高度，运转800~1000h后，应放出轴承盒内热油，清洗轴承盒，而后充以新油；

（4）注意填料的压紧程度，正常时应有水滴不断地渗出。这样既可以保证正常的水封作用，又可以减小泵的磨损。

C 水泵工作时可能发生的故障及其消除方法

表2-3中列出了离心泵在工作中常出现的一些故障、发生的原因及其排除方法，供修理时参考。

表2-3 离心泵常见故障及其排除方法

故障	可能发生原因	排除方法
启动后泵不输水	吸水管有漏隙	检查管路
	泵壳内有空气	再充水放出空气
	水封细管塞住	检查并清洗该细管

续表2-3

故 障	可能发生原因	排 除 方 法
在运转过程中输水量减少或压头降低	转速降低	检查管路、压紧或更换填料
	空气透入吸水管或经填料箱透入泵壳	检查管路、压紧或更换填料
	排水管中阻力增加或水管破裂	检查所有的闸阀门和管路中可能阻塞处、破裂处、及时清理修补
	叶轮阻塞	检查并清洗该叶轮
	机械损失：减漏环磨损、叶轮损坏	替换坏了的零件
	吸水高度增加	按真空计读数，查核吸水高度，检查吸水管路
发动机过热	转速高于额定值	检查发动机
	水泵输水量大于许可值，压头低于额定值	关小排水管路的闸门
	发动机或水泵发生机械损坏	检查发动机和水泵
发生振动和噪声	装置不当	检查机组
	叶轮局部阻塞	检查和清洗叶轮
	机械损坏：轴弯曲、转动部分咬住、轴承损坏	更换坏了的零件
	排水管或吸水管的紧固装置松动	拧紧紧固装置
	吸水高度过大发生气蚀现象	停泵采取减小吸水高度的措施

2.1.2 轴流泵

2.1.2.1 轴流泵工作原理和类型

A 轴流泵的工作原理

轴流泵是根据机翼原理制成的。图2-16（a）所示为机翼的截面，设将此机翼悬挂在流体中，流体以一定的速度 v 流过时，翼面发生负压，翼背发生正压，其正、负压力的大小与翼形及迎角 α（翼背与液流方向之倾角）以及流体速度的大小有关。如果流体不动，而机翼以相等速度 v 在流体中运动时，则翼背和翼面受到与前相同的正压和负压，即翼面（机翼上面）为负翼背为正压。在此压力作用下机翼将获得升力。如果将机翼形的桨叶固定在转轴上，形成螺旋桨，如图2-16（b）所示，并使之不能沿轴向移动，则当转轴高速旋转时，翼面（螺旋桨下侧）因负压而有吸流作用，翼背因正压而有排流作用，如此一吸一排造成了液体（或气体）的流动。这就是轴流泵和轴流式风机的工作原理。

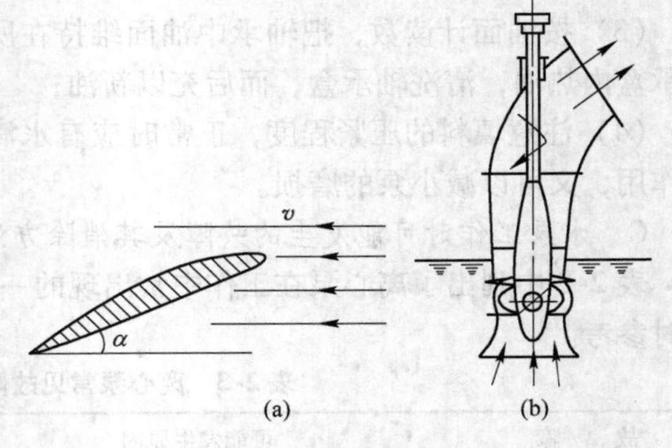

图2-16 轴流泵
（a）机翼截面；（b）轴流泵示意图

B 轴流泵的构造及其类型

轴流泵的类型虽多，但其结构均由下述主要零部件组成：吸水管、叶轮、叶轮外壳、导叶体、出水弯管、轴、橡胶轴承、填料函等，如图2-17所示。吸水管多为喇叭形，俗称喇叭管或进水喇叭。叶轮如图2-18所示，由轮毂体1和机翼形叶轮片2所组成。叶片角可以是固定式（见图2-18a）、半调节式（见图2-18b）和全调节式的。通过叶片迎角的变化可以调节泵的流量和扬程。在轴流泵的导叶体上固定有6~12片导叶。导叶的主要作用是把从叶轮中流出的流体的旋转运动转变为轴向运动。同时在圆锥形导叶体中能使流速逐渐减小，这样可以将流体的一部分动能转变为压力能，随之也可以减少能量损失。在导叶体内装有橡胶轴承4，对轴6起径向支承作用。在轴6联轴节上端装有推力轴承以支承转子的重量及叶轮上的轴向推力。

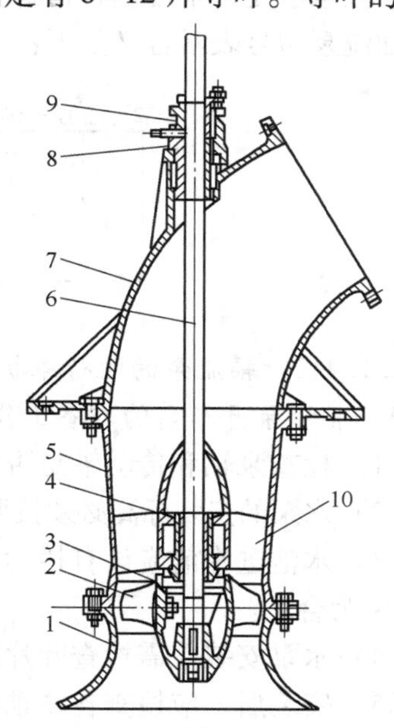

图2-17 轴流泵构造图
1—喇叭管；2—叶片；3—轮毂体；4，8—橡胶轴承；5—导叶体；6—轴；7—出水弯管；9—填料函；10—导叶

轴流泵有两种分类方法：一种是根据泵轴的相对位置分为立式（泵轴竖直放置）、卧式（泵轴水平放置）和斜式三种，其中立式轴流泵工作时起动方便，占地面积小，目前生产的绝大多数是立式的；另一种是根据叶片调节的可能性分为固定叶片轴流泵、半调节叶片轴流泵和全调节叶片轴流泵三种，其中半调式既能调节流量和扬程，结构又较简单便于制造，因此，多数轴流泵做成半调节式的。

C 轴流泵的特点及用途

轴流泵的特点是结构简单，流量大，扬程低；多数轴流泵的叶片安装角度可以改变，因而特性参数可以变化，运转的范围宽，使用效率高。轴流泵适用于农业排灌、城市给排水、热电站或冶金炉输送循环水或其他水利工程排水等。

在使用轴流泵中应该注意：轴流泵容易发生气蚀，应有适当的淹没深度；轴流泵在小流量时需要较大的功率，因此，应在阀门全开时启动。

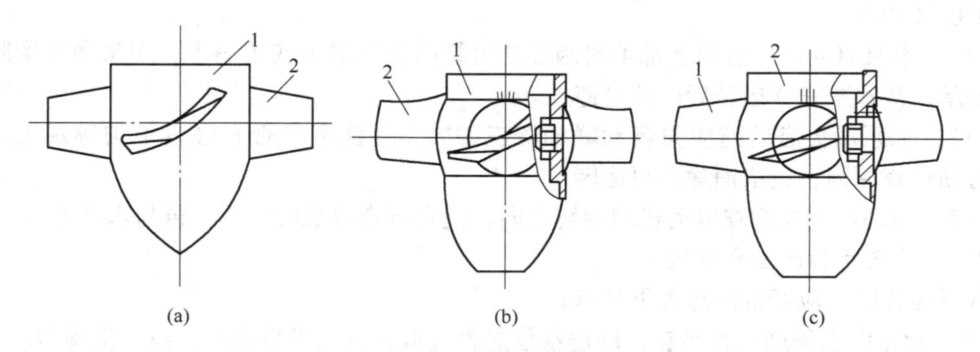

图2-18 轴流泵叶轮
（a）固定式；（b）半调节式；（c）全调节式
1—轮毂体；2—叶轮

ZLB型泵的特点流量大，扬程低，适于输送清水或物理、化学性质类似于水的液体，液体的温度不超过50℃，可供电站循环水、城市给水、农田排灌。

ZLB型泵系单级立式轴流泵。其结构分为泵体部分和传动部分。泵体部分有进水喇叭、叶轮、导叶体、泵座、弯管、轴承、填料函和联轴器。传动部分的传动轴的一端与电动机连接（通过弹性联轴器），另一端由刚性联轴器连接。泵的轴向力由电动机座或轴承座内的轴承承受，采用填料密封。

轴流泵型号表示含义如下：

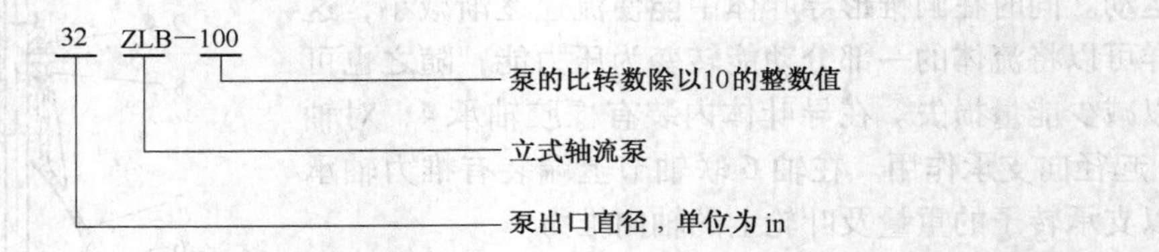

2.1.2.2 轴流泵的运行维护

A 轴流泵开车前的准备工作

（1）检查泵轴和传动轴是否由于运输过程遭受弯曲，如有则需校直。

（2）水泵的安装标高必须按照产品说明书的规定，以满足气蚀余量的要求和启动要求。

（3）水池进水前应设有拦污栅，避免杂物带进水泵。水经过拦污栅的流速以不超过0.3m/s为合适。

（4）水泵安装前需检查叶片的安装角度是否符合要求、叶片是否有松动等。

（5）安装后，应检查各联轴器和各底脚螺栓的螺母是否都旋紧。在旋紧传动轴和水泵轴上的螺母时要注意其螺纹方向。

（6）传动轴和水泵轴必须安装于同一垂直线上，允许误差小于0.03mm/m。

（7）水泵出水管路应另设支架支承，不得用水泵本体支承。

（8）水泵出水管路上不宜安装闸阀。如有，则启动前必须完全开启。

（9）使用逆止阀时最好装一平衡锤，以平衡门盖的重力，使水泵更经济地运转。

（10）对于用牛油润滑的传动装置，轴承油腔检修时应拆洗干净，重新注以润滑剂，其量以充满油腔的1/2~2/3为宜，避免运转时轴承温升过高。必须特别注意，橡胶轴承切不可触及油类。

（11）水泵启动前，应向上部填料函处的短管内引注清水或肥皂水，用来润滑橡胶或塑料轴承，待水泵正常运转后，即可停止。

（12）水泵每次启动前应先盘动联轴器三四转，并注意是否有轻重不匀等现象。如有，必须检查原因，设法消除后再运转。

（13）启动前应先检查电动机的旋转方向，使它符合水泵转向后，再与水泵连接。

B 轴流泵运行时注意事项

水泵运转时，应经常注意如下几点：

（1）叶轮浸水深度是否足够，即进水位是否过低，以免影响流量，或产生噪声。

（2）叶轮外圆与叶轮外壳是否有磨损，叶片上是否绕有杂物，橡胶或塑料轴承是否过紧或烧坏。

（3）固紧螺栓是否松动，泵轴和传动轴中心是否一致，以防机组振动。

C 轴流泵的常见故障及排除

轴流泵的常见故障及排除方法见表2-4。

表2-4 轴流泵的常见故障及排除方法

故障现象	原因分析		排除方法
启动后不出水或出水量不足	不符合性能要求	叶轮淹没深度不够，或卧式泵吸程太高	降低安装高度，或提高进水池水位
		装置扬程过高	提高进水池水位，降低安装高度，减少管路损失或调整叶片安装角
		转速过低	提高转速
		叶片安装角太小	增大安装角
		叶轮外圆磨损，间隙加大	更换叶轮
	零部件损坏，内部有异物	水管或叶轮被杂物堵塞	清除杂物
	安装、使用不符合要求	叶轮转向不符	调整转向
		叶轮螺母脱落	重新旋紧，螺母脱落原因一般是停车时水倒流，使叶轮倒转所致，故应设法解决停车时水的倒流问题
		泵布置不当或排列过密	重新布置或排列
	进水条件不良	进水池太小	设法增大
		进水形式不佳	改变形式
		进水池水流不畅或堵塞	清理杂物
动力机超载	不符合性能要求	因装置扬程过高、叶轮淹没深度不够、进水不畅等，水泵在小流量工况下运行，使轴功率增加，动力机超载	消除造成超载的各项原因
		转速过高	降低转速
		叶片安装角过大	减小安装角
	零件损坏或内部有异物	出水管堵塞	清除
		叶片上缠绕杂物（如杂草、布条、纱布、纱线等）	清理
		泵轴弯曲	校直或调换
		轴承损坏	调换
	安装、使用不符合要求	叶片与泵壳摩擦	重新调整
		轴安装不同心	重新调整
		填料过紧	旋松填料压盖或重新安装
		进水池不符合设计要求	若水池过小，应予以放大；若两台水泵中心距过小，应予以移开；若进水处有漩涡，设法消除；若水泵离池壁或池底太近，应予以放大

续表 2-4

故障现象	原因分析		排除方法
水泵振动或有异常声音	不符合性能要求	叶轮淹没深度不够或卧式吸程太高	提高进水池水位或重新安装
		转速过高	降低转速
	零部件损坏或内部有异物	叶轮不平衡或叶片缺损或缠有杂物	调整叶轮、叶片或重新做平衡试验或清除杂物
		填料磨损过多或变质发硬	更换或用机油处理使其变软
		滚动轴承损坏或润滑不良	调换轴承或清洗轴承，重新加注润滑油
		橡胶轴承磨损	更换并消除引起的原因
		轴弯曲	校直或更换
	安装、使用不符合要求	地脚螺丝或联轴器螺丝松动	拧紧
		叶片安装角不一致	重新安装
		动力机轴与泵轴不同心	重新调整
		水泵布置不当或排列过密	重新布置或排列
		叶轮与泵壳摩擦	重新调整
	进水条件不良	进水池太小	设法增大
		进水池形式不佳	改变形式
		进水池水流不畅或堵塞	清理杂物

2.2 风机

2.2.1 风机概述

风机（fan）是输送或压缩空气及其他气体的机械设备，它将原动机的能量转变为气体的压力能和动能。风机的用途非常广泛，在矿山、冶金、发电、石油化工、动力工业以及国防工业等生产部门都是不可缺少的。在冶金工业部门，它已成为关键设备之一，各种风机都获得了广泛应用。

2.2.1.1 风机的分类及应用

风机按压力和作用分为通风机、鼓风机和压缩机。通风机的排气压力较小，不超过0.015MPa；鼓风机的排气压力稍大，不超过0.2MPa；压缩机的排气压力最高，为1~100MPa或者更高。

风机按其工作原理可分为以下几种：

（1）离心风机是气流轴向进入风机的叶轮后主要沿径向流动。这类风机根据离心作用的原理制成，产品包括离心通风机、离心鼓风机和离心压缩机。

（2）轴流风机是气流轴向进入风机的叶轮近似地在圆柱形表面上沿轴线方向流动。这类风机包括轴流通风机、轴流鼓风机和轴流压缩机。

（3）回转风机是利用转子旋转改变气室容积而进行工作的。常见的品种有罗茨鼓风机、回转压缩机。

风机的产品用途、代号表示方法见表 2-5。

表 2-5 风机产品用途代号

序号	用途类别	代号		序号	用途类别	代号	
		汉字	简写			汉字	简写
1	工业冷却水通风	冷却	L	18	锅炉通风	锅通	G
2	微型电动吹风	电动	DD	19	锅炉引风	锅引	Y
3	一般用途通风换气	通用	T（省略）	20	船舶锅炉通风	船锅	CG
4	防爆气体通风换气	防爆	B	21	船舶锅炉引风	船引	CY
5	防腐气体通风换气	防腐	F	22	工业用炉通风	工业	GY
6	船舶用通风换气	船通	CT	23	排尘通风	排尘	C
7	纺织工业通风换气	纺织	FZ	24	煤粉通风	煤粉	M
8	矿井主体通风	矿井	K	25	谷物粉末输送	粉末	FM
9	矿井局部通风	矿局	KJ	26	热风吹吸	热风	R
10	隧道通风换气	隧道	SD	27	高温气体输送	高温	W
11	烧结炉烟气	烧结	SJ	28	化工气体输送	化气	HQ
12	一般用途空气传播	通用	T（省略）	29	石油炼厂气体输送	油气	YQ
13	空气动力	动力	DL	30	天然气输送	天气	TQ
14	高炉鼓风	高炉	GL	31	降温凉风用	凉风	LF
15	转炉鼓风	转炉	ZL	32	冷冻用	冷冻	LD
16	柴油机增压	增压	ZY	33	空气调节用	空调	KT
17	煤气输送	煤气	MQ	34	电影机械冷却烘干	影机	YJ

2.2.1.2 风机的主要参数

风机的主要参数和泵类似，我们把表征风机特性的物理量称为风机的参数，并将主要参数列在风机的性能表中和铭牌上，以便正确的选择和使用风机。

（1）流量。风机的流量是指单位时间内所输送的流体体积，以符号 q 表示，单位为 m^3/s、m^3/min、m^3/h。

（2）全风压。全风压是指单位体积的流体通过风机以后所获得的能量，也就是流出风机时，单位体积的流体所具有的能量减去流入时所具有的能量，也称为能量增量。风机的全压（或压头）以符号 p 表示，单位为 Pa。

流量和全风压表明了机械具有的工作能力，是风机最主要的性能参数。

（3）功率与效率。如前所述，风机的全压 p 是指单位体积的流体通过该机械后所获得的能量。所以在单位时间内通过风机的全部，流体所获得的总能量 qp，即为风机的功率。由于这部分功率完全传递给流过的流体，所以称为有效功率，以符号 P_e 表示，常用的单位为 kW。

$$P_e = \frac{qp}{1000} \tag{2-16}$$

式中 q——风机的风量，m^3/s；

p——风机的风压，Pa。

在风机的铭牌上，有时采用轴功率这一名称。轴功率指电动机传递给风机机轴的功率，以符号 P_{zh} 表示。风机的轴功率除了用于增加流体的能量之外，还有部分损耗掉了。这些损耗包括风机转动产生的机械摩擦损失；流体在风机中克服流动阻力所产生的能量损失；一部分流体沿风机叶轮周围及叶轮与吸风管连接处的间隙产生漏气现象所造成的能量损失；等等。显而易见，轴功率必然大于有效功率，即 $P_{zh}>P_e$，它们之间的比值称为风机的效率，以符号 η 表示，即

$$\eta=\frac{P_e}{P_{zh}}=\frac{qp}{1000P_{zh}} \tag{2-17}$$

从式（2-17）可以看出，η 越大，说明风机的能量消耗越少，效率愈高。因此，效率 η 是评价风机性能好坏的一项重要指标。

在风机的铭牌上，也采用配套功率或电动机容量这类功率名称。配套功率或电动机容量是指电动机的功率，以符号 P 表示，单位为 kW。由于风机在运转过程中，有时会出现超负荷的情况，所以在选择电动机时，电动机的功率一般要比风机的轴功率大一些，即 $P>P_{zh}$。它们之间的比值称为备用系数，以符号 K 表示，于是

$$P=KP_{zh}=K\frac{qp}{1000\eta} \tag{2-18}$$

备用系数通常取 1.15~1.50。

（4）转速。转速是指风机叶轮每分钟的转数，以符号 n 表示，常用的单位是 r/min。各种风机都是按一定的转速进行设计的。当使用时的实际转速不同于设计转速值时，则风机的其他性能参数（如 q、p、P_{zh} 等）也将按一定的规律产生相应的变化。常用的转速有 2900r/min、1450r/min、960r/min。在选用电动机时，电动机的转速应该和风机的转速相一致。

2.2.2 离心式通风机

2.2.2.1 离心式通风机的工作原理

离心式通风机（见图 2-19）与离心泵的工作原理类似。当电动机通过皮带轮 9 带动装于轴承 8 上的风机主轴 7 时，叶轮 4 将高速旋转（叶轮通过轮毂 6 用键装于 7 上），通过叶片 5 推动空气，使空气获得一定能量而由叶轮中心向四周流动。当气体路经蜗壳 3

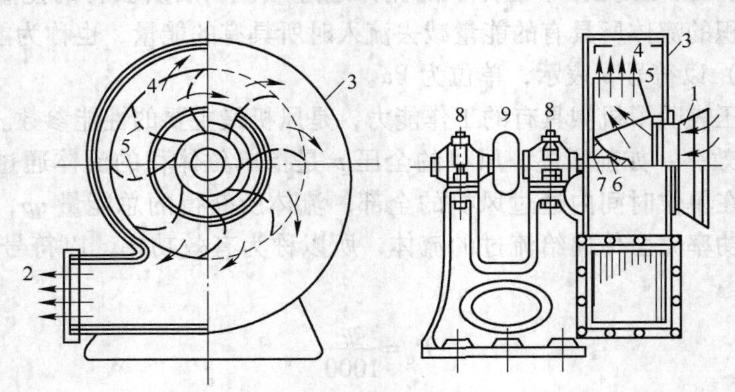

图 2-19 离心式通风机

1—吸气口；2—排风口；3—蜗壳；4—叶轮；5—叶片；6—轮毂；7—主轴；8—轴承；9—皮带轮

时，由于体积逐渐增大，部分动能转化为压力能，而后从排风口 2 进入管道。当叶轮旋转时，叶轮中心形成一定的真空度，此时吸气口 1 处的空气在大气压力作用下被压入风机。这样，随着叶轮的连续旋转，空气即不断地被吸入和排出，完成送风任务。

离心式通风机与离心泵的区别在于前者输送的是可压缩的气体，而后者输送的是不可压缩的液体。但是，对风机中的通风机而言，压力比极低，气体通过通风机时容积几乎不变，故通风机的计算与离心泵大致相同，仅因气体密度很小，其吸入高度不受限制，也不需要计算。离心式鼓风机和压缩机，由于压缩比 ε 较大，气体容积变化很显著，故在鼓风机和压缩机的设计计算中，必须考虑气体压缩的因素。

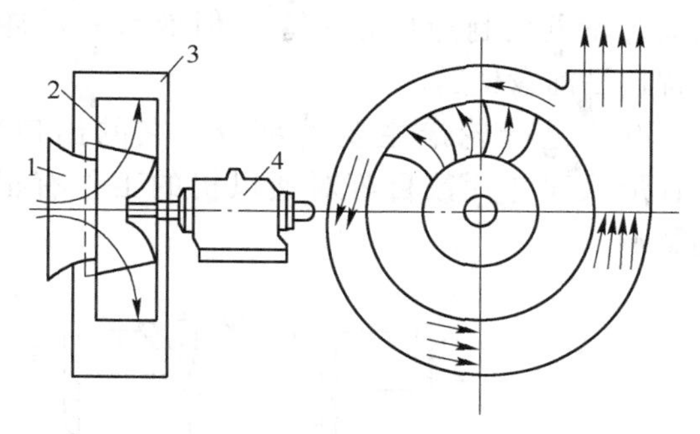

图 2-20 离心式通风机构造示意图
1—集流器；2—叶轮；3—机壳；4—传动部件

2.2.2.2 离心式通风机的结构

离心式通风机如图 2-20 所示，一般由四个基本机件组成：集流器、叶轮、机壳、传动部件。

A 集流器

集流器也称喇叭口，是通风机入口。它的作用是在损失较小的情况下，将气体均匀地导入叶轮。目前常用的集流器有如图 2-21 所示的四种类型：圆筒形、圆锥形、圆弧形及喷嘴形。

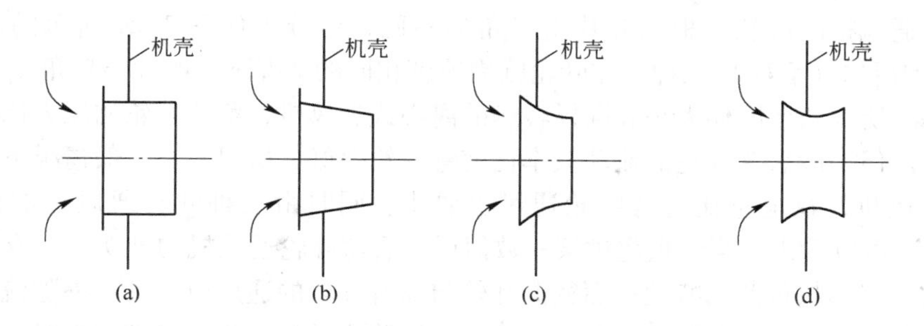

图 2-21 集流器形式示意图
（a）圆筒形集流器；（b）圆锥形集流器；（c）圆弧形集流器；（d）喷嘴形集流器

圆筒形集流器本身损失很大，且引导气流进入叶轮的流动状况也不好，其优点是加工简便。圆锥形集流器，略比圆筒形好些，但仍不佳。圆弧形集流器，较前两种形式好些，实际使用也较为广泛。双曲线形（或称喷嘴形）集流器，损失较小，引导气流进入叶轮的流动状况也较好。其缺点是加工比较复杂，加工制造要求较高，广泛采用在高效通风机上。

为了减小气流在机壳内的涡流损失，4-72 型通风机在集流器上又附装一扩压环（见图 2-22），起稳压作用。

B 叶轮

叶轮是通风机的主要部件，它的尺寸和几何形状对通风机的性能有着很大的影响。离心式通风机的叶轮由前盘、后盘、叶片和轮毂组成，一般采用焊接和铆接加工。叶轮前盘的形式有如图2-23所示的平前盘、圆锥前盘和圆弧前盘等几种。平前盘制造简单，但对气流的流动有不良影响，效率降低。圆锥前盘和圆弧前盘叶轮虽然制造比较复杂，但效率和叶轮强度都比平前盘优越。

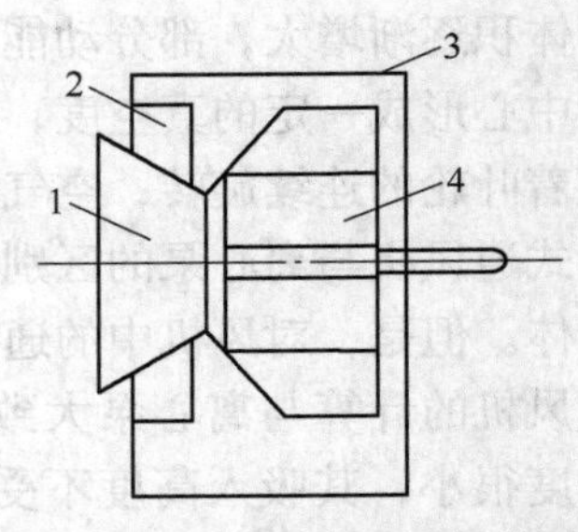

图2-22 4-72型离心式通风机扩压环结构
1—集流器；2—扩压环；3—机壳；4—叶轮

叶片是叶轮最主要的部分，它的出口角、叶片形状和叶片数目等对通风机的工作有很大的影响。

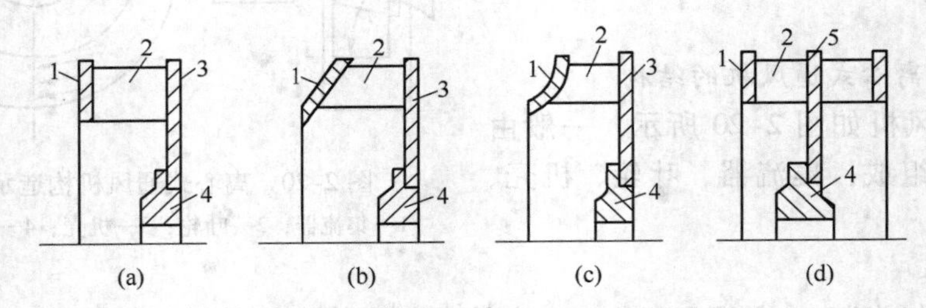

图2-23 叶轮的结构形式
(a) 平前盘；(b) 圆锥前盘；(c) 圆弧前盘；(d) 具有中盘
1—前盘；2—叶片；3—后盘；4—轮毂；5—中盘

离心式通风机的叶轮，根据叶片出口角的不同，可分为如图2-24所示的前向（前弯)、径向和后向（后弯）三种。在叶轮圆周速度相同的情况下，叶片出口角β_2越大，产生压力越高。所以两台同样大小和同样转速的离心式通风机，前弯叶轮的压力比后弯叶轮的压力要高。但一般后弯叶轮的流动效率比前弯叶轮要好，所以，在一般情况下，使用后弯叶轮的通风机，耗电量比前弯叶轮通风机要小。同时由三种叶轮通风机的性能曲线(见图2-25) 可以看出，当流量超过某一数值后，后弯叶轮通风机的轴功率具有下降的趋势，表明它具有不超负荷的特性；而径向叶轮与前弯叶轮的通风机，轴功率随流量的增加而增大，表明容易出现超负荷的情况。如果在通风除尘系统工作情况不正常时，后弯叶轮通风机由于有不超负荷的特性，因而不会烧坏电动机，而其他两类通风机，就会出现超负荷以致烧坏电动机的事故。

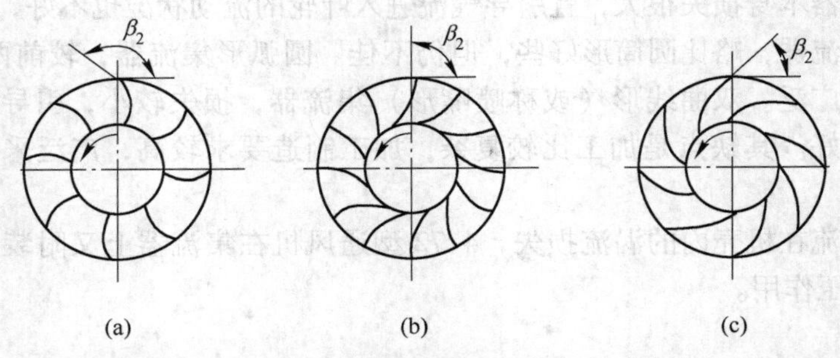

图2-24 离心式通风机叶轮结构的三种类型
(a) 前向式；(b) 径向式；(c) 后向式

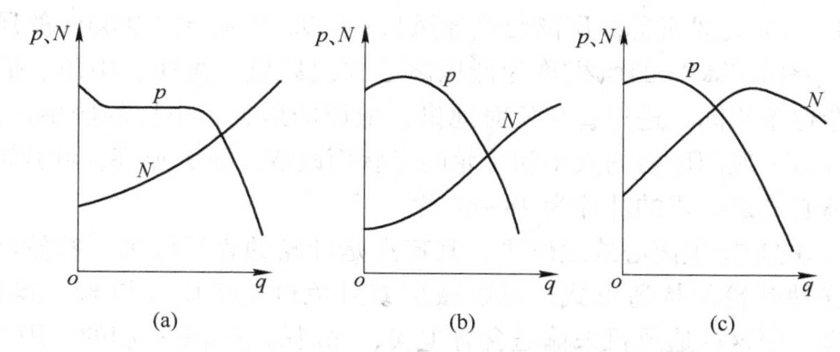

图 2-25 三种类型叶轮的离心式通风机性能曲线

（a）前向式叶轮通风机性能曲线；（b）径向式叶轮通风机性能曲线；（c）后向式叶轮通风机性能曲线

离心式通风机的叶片形状有板形、弧形和机翼形。板形叶片制造简单。机翼形叶片具有良好的空气动力性能，强度高，刚性大，通风机的效率一般较高。但机翼形叶片的缺点是输送含尘气流浓度高的介质时，叶片容易磨损，叶片磨穿后，杂质进入叶片内部，使叶轮失去平衡而产生振动。

C 机壳

离心式通风机机壳的形状如图 2-26 所示。机壳为包围在叶轮外面的外壳，一般多为螺线形。断面沿叶轮转动方向渐渐扩大，在气流出口处断面为最大。机壳可以用钢板、塑料板、玻璃钢等材质制成。机壳断面有方形及圆形。一般低、中压通风机的机壳多呈方形断面，高压通风机多呈圆形断面。

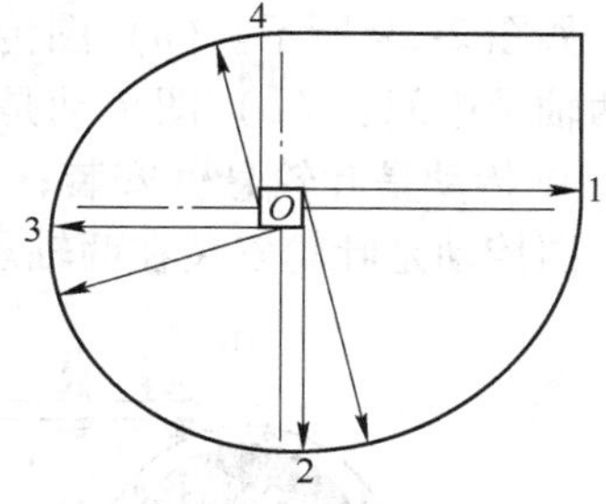

图 2-26 离心式通风机机壳的形状

机壳的作用在于收集从叶轮甩出的气流，并将高速气流的速度降低，使其静压力增加，以此来克服外界的阻力，将气流送出。

离心式通风机的机壳出口方向，可以向任何方向。使用时，一般由通风机叶轮旋转方向和机壳出口位置联合表示决定，如图 2-27 所示。

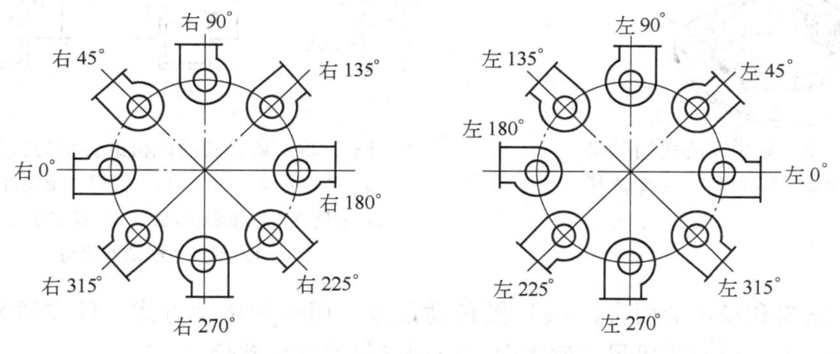

图 2-27 离心式通风机机壳出口位置表示法

由于通风机所产生的压力差很小（不大于 14.7kPa），所以，离心式通风机一般都是单级的，没有导轮装置；并且由于压力差小，漏气问题不大，故不需设填料函装置。

按离心式通风机的作用，全压可分为高压、中压、低压三类。在设计条件下，

$2.94\text{kPa}<p\leq 14.7\text{kPa}$ 的风机称高压离心式通风机；$0.98\text{kPa}<p\leq 2.94\text{kPa}$ 的风机称为中压离心式通风机；$p\leq 0.98\text{kPa}$ 的风机称为低压离心式通风机。高压、中压、低压离心式通风机的基本构造也不相同。进口直径相对地讲，低压的最大，中压的居中，高压的最小。叶轮上的叶片数目一般随压力的大小和叶轮的形状而改变。压力愈高，叶片数目愈少，愈长。一般低压离心式通风机的叶片为48~64片。

图2-28所示的是排尘离心式通风机，其特点是叶轮的直径较大，叶轮具有大片长向前弯的叶片，这种叶轮的构造形式，可以减少或避免机械杂质（屑末、碎粒、纤维等）对通风机的堵塞。用这种通风机来输送含有尘埃、碎屑的空气是有利的。因此，在选择通风机时，要注意根据输送空气的特点来选择相适合的通风机。

D 传动部件

离心式通风机的传动部件包括轴和轴承，有的还包括联轴器或皮带轮，它是通风机与电动机连接的构件。机座一般用生铁铸成或用型钢焊接而成。

通风机的叶轮用键或沉头螺钉固定在轴上，轴安装在机座上的轴承中，然后与电动机相连接。通风机的轴承用得最多的是滚动轴承。离心式通风机与电动机的连接方式共有六种，如图2-29所示。（a）图传动是风机叶轮直接装在电动机轴上；（b）图传动是皮带轮在两轴承中间；（c）图传动是皮带悬臂安装在轴的一端，叶轮悬臂安装在轴的另一端；（d）图传动是叶轮悬臂安装；（e）图传动是皮带轮悬臂安装，叶轮安装在两轴承之间；（f）图传动是叶轮安装在两轴承之间。

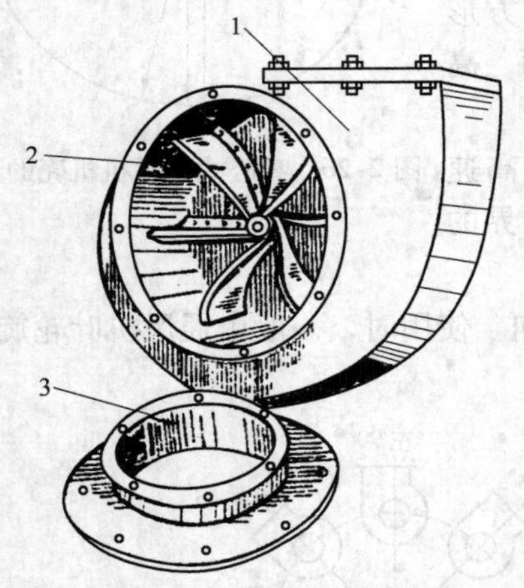

图2-28 排尘离心式通风机
1—机壳；2—叶轮；3—集流器

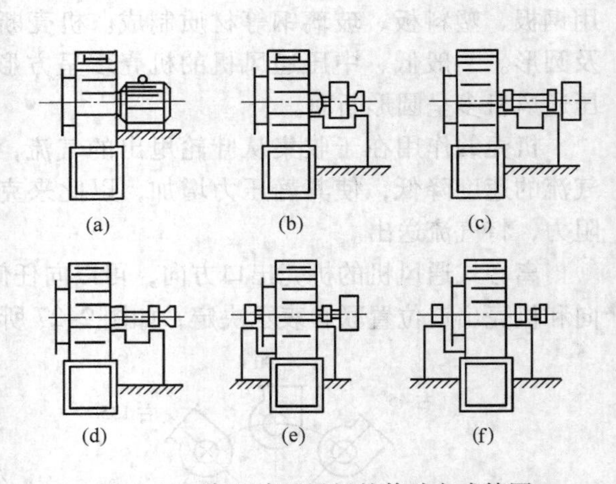

图2-29 离心式通风机的传动方式简图
（a）直联传动；（b），（c）悬臂支承皮带传动；
（d）悬臂支承联轴器传动；（e）双支承皮带传动；
（f）双支承联轴器传动

就可靠、紧凑和噪声低而言，（a）图传动最好，但这种传动方式，仅在通风机尺寸较小的条件下采用，当通风机尺寸较大时，应用皮带或联轴器传动。

2.2.3 轴流式风机

在供热通风工程中，离心式风机得到广泛的采用。对于某些要求风量大而风压低的工况，通常采用轴流式风机。

2.2.3.1 轴流式风机的构造和工作原理

图 2-30 为轴流式通风机的简图。轴流式通风机主要由圆筒形外壳 4、整流器 7、扩散器 8 以及进风口和叶轮组成。进风口由集风器 5 和流线体 6 组成，叶轮由轮毂 1 和叶片 2 组成。叶轮与轴 3 固定在一起形成通风机的转子。转子支承在轴承上。

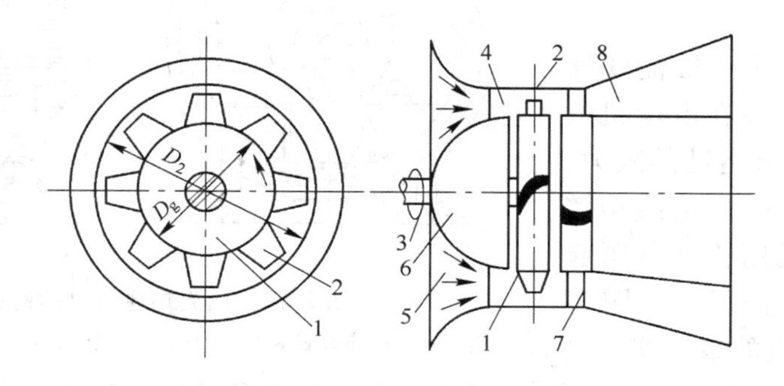

图 2-30 轴流式通风机的简图

1—轮毂；2—叶片；3—轴；4—外壳；5—集风器；6—流线体；7—整流器；8—扩散器

当电动机驱动通风机叶轮旋转时，就有相对气流通过每一个叶片，如图 2-31（a）所示。为了分析这种通风机的工作原理，现取一叶片断面（称叶片翼形）进行研究。

由图 2-31（b）知，翼形上表面为凸面，下表面为凹面，两端连线与水平面的夹角为安装角 θ。由于气流在同一瞬时相对流过上下表面的路程不同，所以流经较长路程的上表面的气流速度比下表面大。根据伯努利方程，气流对下表面的压力大于对上表面的压力。这样叶片的上下表面就存在一压差 Δp。Δp 可分解为两个分力：一个与轴平行推动叶轮向上的升力 Δp_y，另一个与叶轮旋转方向相反的阻力 p_x。因为轴流式通风机的轴端有止推轴承，限制了叶轮沿轴向移动，于是就给气流一个与 Δp_y 大小相等方向相反的力，使气流沿轴向下移动，从而在进风口形成负压。叶轮连续转动，气流就被连续推出。由于气流在这种通风机中是沿轴向流动的，故称这种通风机为轴流式风机。

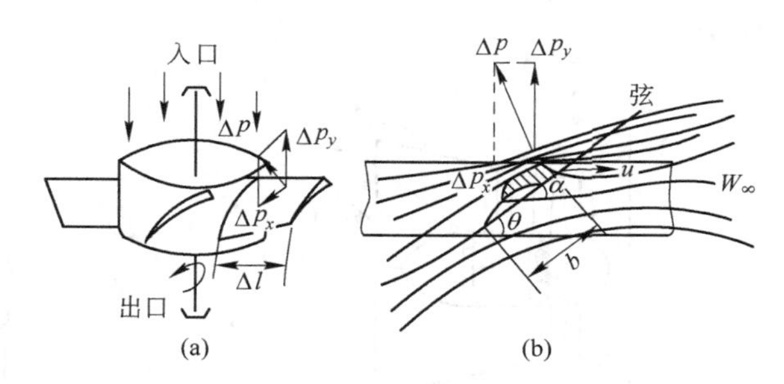

图 2-31 轴流式通风机原理图

轴流式风机的叶片靠近转轴的一端称为叶根，远离转轴的另一端称为叶梢。当叶片旋转时，叶片上各点的圆周速度是不相等的，叶梢的圆周速度大于叶根。如果叶片是非扭曲形的，从叶梢到叶根各处的安装角均相等，而绕流升力的大小与叶片圆周速度的平方成正比。因此，叶梢处造成的风压将大于叶根处，从而在风机的出风侧就产生由于压差而引起的旋涡运动。如叶片成扭曲形时，可减小叶梢处的安装角，就可使叶梢和叶根处的风压趋近于平衡，从而改善了出风侧的气流流动性能。

2.2.3.2 轴流式风机的结构

一般的轴流式风机如图 2-32 所示。

叶轮安装在圆筒形机壳中，当叶轮旋转的时候，空气由集流器进入叶轮，在叶片的作用下，空气压力增加，并接近于沿轴向流动，由排出口排出。

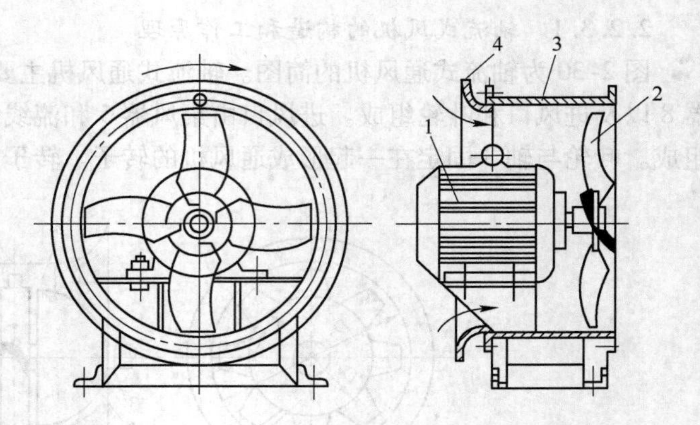

图2-32 轴流式通风机的构造
1—电动机；2—叶片；3—机壳；4—集流器

在一般的构造上，轴流式通风机的叶轮直接安装在电动机的轴上。为了减小气流运动的阻力，常在叶轮前面设置一个流线型整流罩，并把电动机用流线罩罩起来，也可起到整流作用（见图2-33）。轴流式通风机的集流器与离心式通风机集流器的作用相同。对轴流式通风机的机壳和叶轮、叶片，应根据不同用途，采用不同材质制作。目前，常用的材料有普通钢、不锈钢、塑料玻璃钢、铝合金等。

由于气流在轴流式通风机内是近似沿轴流动的，因此，轴流式通风机在通风系统中往往成为通风管道的一部分。它既可以水平放置，也可以垂直放置或倾斜放置。

在有些情况下，由于生产需要，也可以把电动机安装在机壳的外面。其构造形式如图2-34所示。

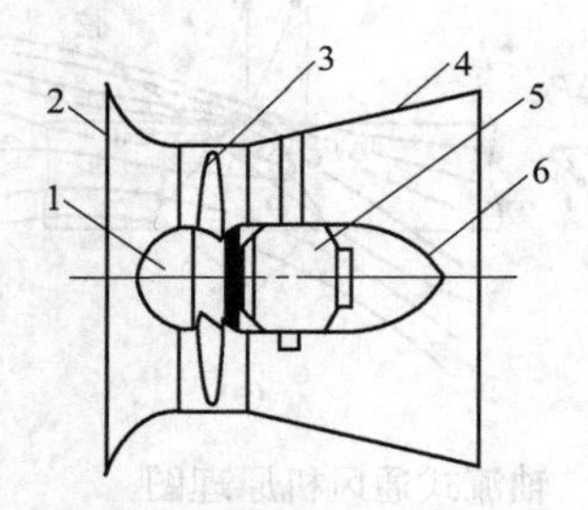

图2-33 整流较好的轴流式通风机的构造
1—前整流罩；2—集流器；3—叶片；
4—扩散筒；5—电动机；6—后整流罩

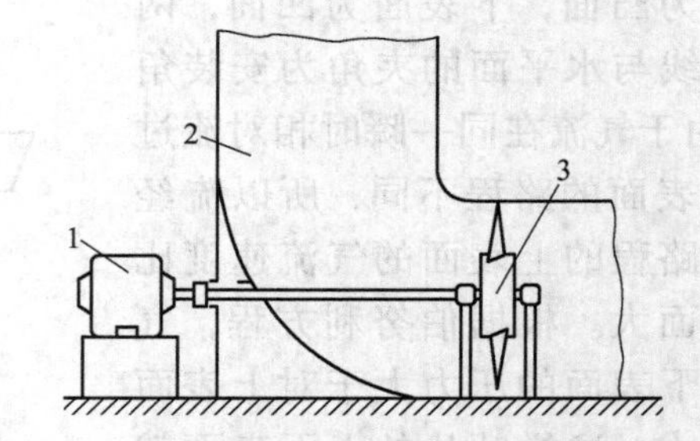

图2-34 电动机安装在机壳外面的轴流式通风机
1—电动机；2—机壳；3—叶轮

2.2.4 鼓风机

高炉冶炼首先要使炉内的燃料燃烧才能进行生产，而燃料燃烧所需的氧，要靠鼓风机供给足够的风，鼓风机供给的风还必须克服高炉内料柱的阻力，才能使燃烧生成的煤气上升和合理分布，才能使炉料顺利下降，由此可知鼓风机的风量和风压对高炉生产的重要性。

在设计中常以生铁生产任务来确定高炉容积，根据高炉容积和设备水平来选用鼓风型号。在高炉改造设计中，如风机能力不足，则采用更换大风机的办法，如风机能力大，则采用扩大炉容的办法，总之鼓风机的送风能力应与高炉容积相配合。

在高炉生产中，由于炉况波动需要增减风量，增减幅度有时较大，高压高炉也常改常压操作，压力波动也较大；在高炉操作中，调节风量、风压、风温是必要的正常调节炉况的手段，这就要求高炉鼓风机能适应其生产需要。

可见对鼓风机的要求如下：

（1）能稳定地按给定风量连续运行，并有宽广的送风范围；

（2）能长期连续安全运行和便于维修；

（3）原动机和鼓风机的运转效率要高；

（4）配置有自动控制和安全装置，调节性能良好。

一般排气压力在0.115~0.7MPa的风机称鼓风机。鼓风机是一种能量转换的装置，可分为叶轮式或透平式（离心式或轴流式）和容积式（活塞式和旋转式）两类。高炉用鼓风机的形式主要是离心式和轴流式，只有在炉容很小（小于28m³）的高炉上才有用定容式罗茨鼓风机的。随着高炉的大型化及炉顶压力的提高，高压高炉多采用轴流式鼓风机，而且风机容量也随高炉大型化迅速增大，驱动系统也由汽轮机向同步电动机发展，鼓风机向全静叶可调式发展，但在中、小型高炉上则绝大多数仍用离心式鼓风机。

A　D400-41型离心鼓风机

D400-41型离心鼓风机（见图2-35）主要用于100m³高炉鼓风，亦可用于输送其他无腐蚀性气体。此种风机系多级、单吸入、双支承结构，采用电动机通过弹性联轴器直联驱动。从电动机端看，鼓风机转子均为顺时针方向旋转。机壳用铸铁制成，轴承箱与机壳铸成一体。沿轴线水平中分面分为上下两部分，用螺栓紧固连接成一体。进、出风口方向皆垂直向下。

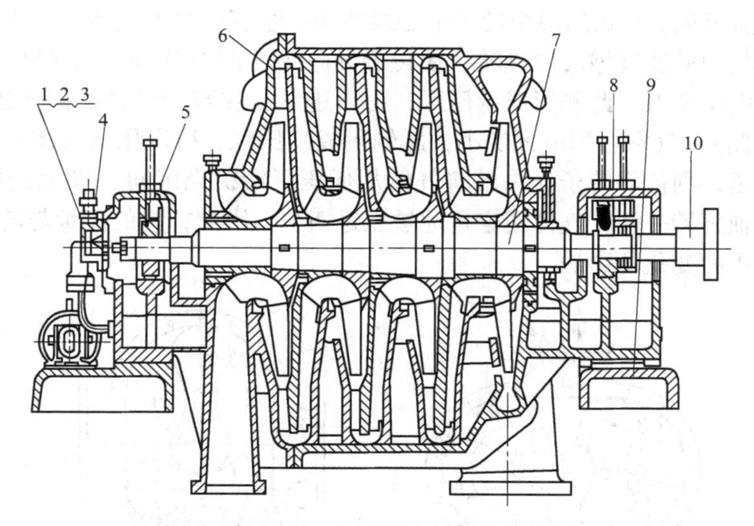

图2-35　D400-41型离心鼓风机结构图

1—主油泵；2—冷却器；3—油过滤器；4—电动泵；5—支承轴承；6—定子；7—转子；8—止推轴承；9—底座；10—联轴器

转子轴用优质碳素钢制成，叶轮用合金钢制成。鼓风机转子经过静、动平衡校正，运转平稳。

风机的两端轴设有梳齿形密封，以防止气体泄漏。

轴承有止推轴承和支撑轴承两部分，均采用压力供油强制润滑的滑动轴承。润滑系统包括主油泵、电动油泵、油冷却器、滤油器等。电动油泵除在启动或停机时使用外，当系统中油压降低至某一定值时尚能自动开启，保证机组正常润滑。

风机设有进口节流手动调节装置（包括节流网和传动装置）、逆止阀和排气阀。

该种型号的机组经用户运行证明，具有效率高、结构紧凑、运行平稳、易于维修等优点。

B 罗茨鼓风机

冶金企业常用的回转式鼓风机有罗茨式和叶式鼓风机两种，罗茨式和叶式鼓风机多用在小型高炉作为鼓风机使用。

罗茨鼓风机是容积式气体压缩机械中的一种。其特点是：在最高设计压力范围内，管网阻力变化时流量变化很小，工作适应性较强，故在流量要求稳定而阻力变动幅度较大的工作场合，可予自动调节。其叶轮与机体之间均具有一定间隙而不直接接触，结构简单，制造维护方便。

罗茨鼓风机适用于金属冶炼、气体自动输送、中小型氮肥厂、纺织工业、水泥及轻化工业输送干净的空气、干净煤气、二氧化碳及各种惰性气体；也可用于污水处理，水产养殖等液体搅拌系统；还适用于各种颗粒状物料的输送、港口吸粮、电报纸传递等负压设备。

a 罗茨鼓风机工作原理

图2-36为罗茨鼓风机工作原理，其主要工作元件是转子。随着转轴安装位置不同，罗茨鼓风机有W式（卧式）和L式（立式）之分。W式的两个转子中心线在同一水平面内，气流为垂直流向；L式的两个转子中心线在同一垂直面内，气流为水平流向。工作时耦合的转子以相同的速度做反向旋转，在转子分向侧（图中W式的下侧和L式的左侧），由于气室容积由小变大，此侧形成低压区，得以进气。在转子的合向侧（图中W式的上侧和L式的右侧），气室容积由大变小，此侧形成高压区，得以压送气体。气体从低压区向高压区的输送，则依靠转子任一端将气体从低压区沿机壳区间（图上的网线区间）扫入高压区。转轴旋转一转，气体便定量地被压送四次。因此，它的流量与转速成正比，同时不受高压区压力变化的影响。

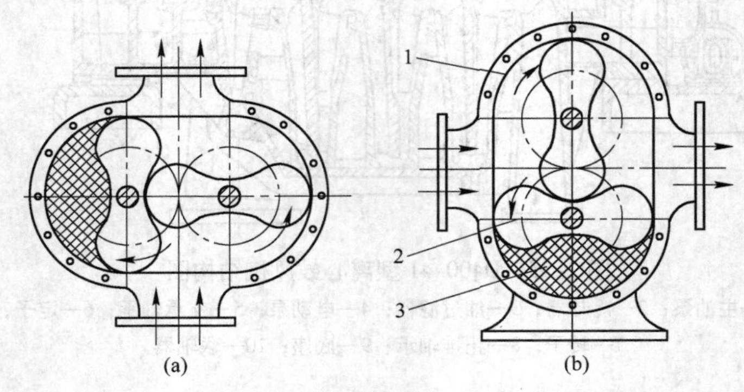

图2-36 罗茨鼓风机工作原理

（a）W式（卧式）；（b）L式（立式）

1—机壳；2—转子；3—机壳区间

b 罗茨鼓风机的特性和应用

罗茨鼓风机是一种低压（10～200kPa）、排风量较大（25～400m³/min）、效率较高（65%～80%）的风机。它的特性是：流量几乎不随风压改变而改变，即流量几乎不受管道阻力的影响，只要转速保持不变，流量也就基本不变（俗称“硬风”）。这是离心式和轴流式风机所没有的特性。因而它适用于要求风量稳定，而压力要求不太高的生产中。例如，它在铸工车间冲天炉的鼓风、化铁炉的鼓风、气力输送等方面得到较广的应用。

2.2.5 风机使用方法

A 风机使用的基本要求

（1）风机的基础要求水平、坚固，且基础高度不小于200mm。

（2）风机与风管采用软管（柔性材料且不燃烧）连接，长度不宜小于200mm，管径与风机进出口尺寸相同。为保证软管在系统运转过程中不出现扭曲变形，应安装得松紧适度。对于装在风机吸入端的帆布软管，可安装稍紧些，防止风机运转时被吸入，减小帆布软管的截面尺寸。

（3）风机的钢支架必须固定在混凝土基础上，风机其钢支架与基础之间必须增加橡胶减振垫。全部风机及电动机组件都安装在整块的钢支架上，钢地架安装在基础顶部的减振垫上，减振垫最好用多孔型橡胶板。

（4）风机出口的管径只能变大，不能变小，最后出风口要安装防虫网，偏向上出风时须增加风雨帽。

B 风机的保养与维护

正确的维护、保养，是风机安全可靠运行，提高风机使用寿命的重要保证。因此，在使用风机时，必须引起充分的重视。

在叶轮运转初期及所有定期检查的时候，只要一有机会，都必须检查叶轮是否出现裂纹、磨损、积尘等缺陷。

只要有可能，都必须使叶轮保持清洁状态，并定期用钢丝刷刷去上面的积尘和锈皮等，因为随着运行时间的加长，这些灰尘由于不可能均匀地附着在叶轮上，而破坏叶轮平衡，以至引起转子振动。

叶轮只要进行了修理，就需要对其再做动平衡。如有条件，可以使用便携式动平衡仪在现场进行平衡。在做动平衡之前，必须检查所有紧定螺栓是否上紧。因为叶轮已经在不平衡状态下运行了一段时间，这些螺栓可能已经松动。使用环境应经常保持整洁，风机表面保持清洁，进、出风口不应有杂物。定期消除风机及管内的灰尘等杂物。

只能在风机完全正挡情况下方可运转，同时要保持供电设施容量充足，电压稳定，严禁缺相运行，供电线路必须为专用线路，不应长期用临时线路供电。

风机在运行过程中发现风机有异常声、电动机严重发热、外壳带电、开关跳闸、不能启动等现象，应立即停机检查。为了保证安全，不允许在风机运行中进行维修。检修后应进行试运转5min左右，确认无异常现象再开机运转。

根据使用环境条件不定期对轴承补充或更换润滑油脂（电动机封闭轴承在使用寿命期内不必更换润滑油脂），为保证风机在运行过程中良好的润滑，加油次数不少于1000h/次，封闭轴承和电动机轴承，加油用ZL-3锂基润滑油脂填充轴承内外圈的2/3。严禁缺油运转。

风机应贮存在干燥的环境中，避免电动机受潮。风机在露天存放时，应有防雨措施。在贮存与搬运过程中应防止风机磕碰，以免风机受到损伤。

复习思考题

2-1 水泵各种扬程之间有何关系？试说明它们的物理意义。

2-2 机械损失、容积损失和水力损失的物理意义是什么？

2-3 管路特性曲线与哪些因素有关？

2-4 为什么说水泵特性曲线与管路特性曲线的交点就是水泵的工作点？

2-5 产生气蚀现象的原因是什么？如何防止气蚀现象的发生？

2-6 水泵的正常工作条件是什么？

2-7 离心式水泵在运转中常出现哪些故障，应怎样排除？

2-8 离心式水泵启动之前，为什么要先向泵内和吸水管内灌注引水？

2-9 试述离心式和轴流式通风机的工作原理。

2-10 试比较通风机和水泵工作参数的意义、单位的异同。

2-11 试述前弯、径向、压弯叶片叶轮的离心式通风机的优缺点。

2-12 什么叫通风机的全压、静压和动压？它们之间有何关系？

2-13 离心式通风机一般由哪几部分组成？

3 液 压 传 动

用液体作为工作介质来实现能量传递的传动方式称为液体传动（hydraulic transmission）。液体传动按其工作原理的不同分为两类：主要以液体动能进行工作的称为液力传动（如离心泵、液力变矩器等）；主要以液体压力能进行工作的称为液压传动。后者是本章所要讨论的内容。

3.1 液压传动概述

3.1.1 液压传动的工作原理

图3-1为液压千斤顶的原理示意图，我们以它为例来说明液压传动的工作原理。图中大小两个液压缸6和3的内部分别装有活塞7和2，活塞和缸体之间保持一种良好的配合关系，不仅活塞能在缸内滑动，而且配合面之间又能实现可靠的密封。当用手向上提起杠杆1时，小活塞2就被带动上升，于是小缸3的下腔密封容积增大，腔内压力下降，形成部分真空。这时钢球5将所在的通路关闭，油池10中的油液就在大气压力的作用下推开钢球4沿吸油孔道进入小缸的下腔，完成一次吸油动作。接着压下杠杆1，小活塞下移，小缸下腔的密封容积减小，腔内压力升高。这时钢球4自动关闭了油液流回油池的通路，小缸下腔的压力油就推开钢球5挤入大缸6的下腔，推动大活塞将重物8向上顶起一段距离。如此反复地提压杠杆1，就可以使重物（重力为G）不断升起，达到起重的目的。

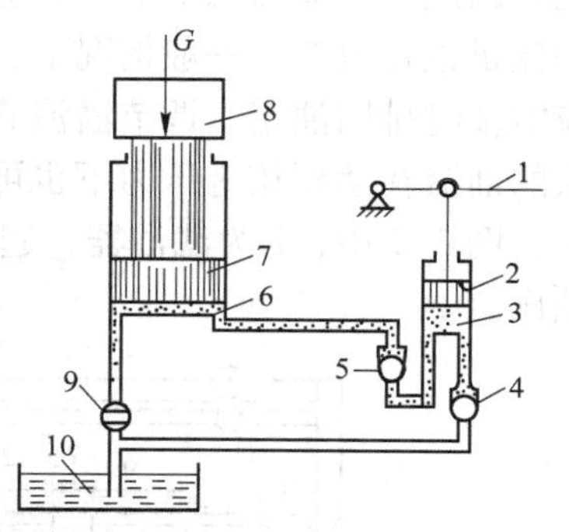

图3-1 液压千斤顶的工作原理

1—杠杆；2—小活塞；3，6—液压缸；4，5—钢球；7—大活塞；8—重物；9—放油阀；10—油池

若将放油阀9旋转90°，则在物体8的自重作用下，大缸中的油液流回油箱，活塞下降到原位。

从此例可以看出，液压千斤顶是一个简单的液压传动装置。分析液压千斤顶的工作过程，可知液压传动是依靠液体在密封容积中变化的压力能实现运动和动力传递的。液压传动装置本质上是一种能量转换装置，它先将机械能转换为便于输送的液压能，后又将液压能转换为机械能做功。

3.1.2 液压传动系统的组成及图形符号

图3-2为一台简化的机床液压传动系统图。液压缸8固定在床身上，活塞9连同活塞杆带动工作台10做往复运动，液压泵3由电动机驱动，从油箱1中吸油并把压力油输入管路，经节流阀6至换向阀7。当换向阀两端的电磁铁均不通电，其阀芯在两端弹簧力作用下处于中间位置（见图3-2a）时，管路中P、A、B、T均不相通，液压缸两腔油路被封闭。

若换向阀左端的电磁铁通电，衔铁吸合，将其阀芯推至右端（见图3-2b），管路P和A通，B和T通。液压缸进油路为：泵3→节流阀6→换向阀（P—A）→液压缸左腔；回油路为：液压缸右腔→换向阀（B—T）→油箱。这时，活塞9连同工作台10在左腔液压力推动下向右移动。当工作台上的挡铁11与行程开关12相碰时，控制左侧电磁铁断电，右侧电磁铁通电，换向阀芯移至左端（见图3-2c），管路P和B通，A和T通。液压缸进油路为：泵3→节流阀6→换向阀（P—B）→液压缸右腔；回油路为：液压缸左腔→换向阀（A—T）→油箱。这时，活塞带动工作台向左移动。当挡块13再碰到行程开关时，又可控制电磁铁通断，使换向阀芯换位，从而实现工作台自动往复运动。

工作台的移动速度通过节流阀6调节。当阀6开口较大时，进入液压缸的流量大，工作台移动速度较高。关小节流阀，工作台的移动速度即减慢。

工作台移动时需克服的负载（如切削力、摩擦力等）不同时，需要的工作压力亦不同，因此，泵输出油液的压力应能调整。另外，由于工作台速度要改变，所以进入液压缸的流量也在改变。一般情况下，泵输出的压力油多于液压缸所需要的油，因此，多余的油应能及时排回油箱，调节溢流阀5弹簧的预紧力，就能调整泵出口油液的压力；系统中多余的油液在达到相应压力下也可由打开的溢流阀回油箱。因此，溢流阀5起调压、溢流作用。图3-2中，2为滤油器，起过滤和净化油液的作用；4为压力表，用以测定泵出口的油压。

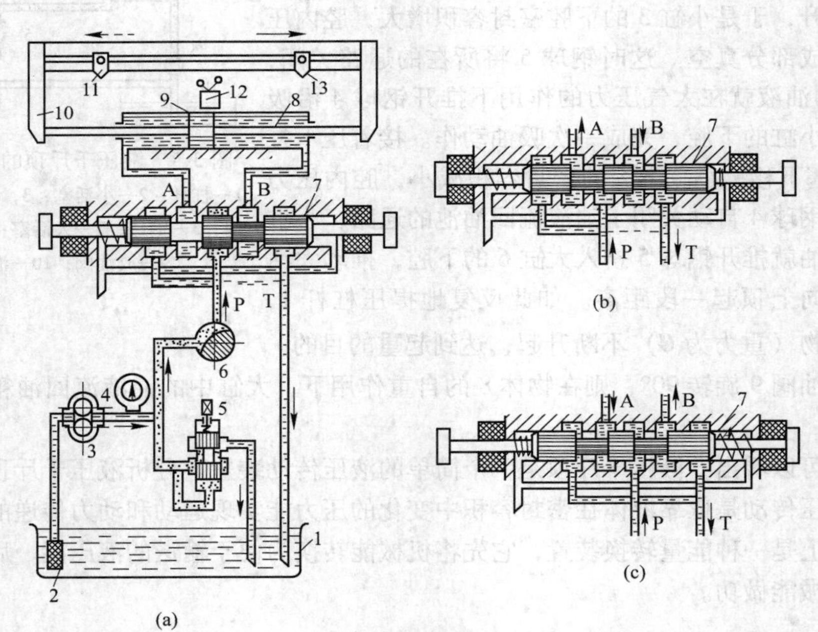

图3-2 简单机床液压传动系统图

1—油箱；2—滤油器；3—液压泵；4—压力表；5—溢流阀；6—节流阀；7—换向阀；8—液压缸；9—活塞；10—工作台；11，13—挡铁；12—行程开关

从上述例子可以看出，液压传动系统由以下四个部分组成：

（1）动力元件。动力元件即液压泵。它是将原动机输入的机械能转换为液压能的装置，其作用是为液压系统提供压力油，它是液压系统的动力源。

（2）执行元件。执行元件是指液压缸和液压马达，它是将液体的压力能转换为机械能的装置，其作用是在压力油的推动下输出力和速度（或力矩和转速），以驱动工作部件。

（3）控制调节元件。控制调节元件是指各种阀类元件，如溢流阀、节流阀、换向阀等。它们的作用是控制液压系统中油液的压力、流量和方向，以保证执行元件完成预期的工作运动。

（4）辅助元件。辅助元件指油箱、油管、管接头、滤油器、热交换器等。这些元件分别起贮油、输油、连接、过滤、冷却和加热作用，以保证系统正常工作，是液压系统不可缺少的组成部分。

上述实例所示的液压系统图（见图3-2a），其中的液压元件基本上是用半结构式图形画出来的，故称为结构原理图。这种图形比较直观，易为初学者接受，但图形比较复杂，当液压元件较多时就显得烦琐，也不易绘制。为此，国内外都广泛采用元件的图形符号来绘制液压系统原理图（图3-3即为用元件符号绘制的上例液压系统的原理图）。图形符号脱离元件的具体结构，只表示元件的职能，使系统图简化，原理简单明了，便于阅读、分析、设计和绘制。按照规定，液压元件图形符号应以元件的静止位置或零位来表示。若液压元件无法用图形符号表达时，仍允许采用结构原理图表示。我国目前液压元件的图形符号遵循GB/T 786.1—2009规定。

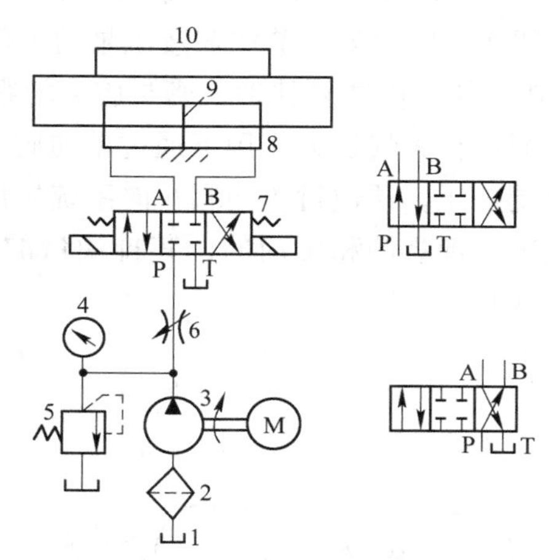

图3-3 液压传动系统图（用图形符号绘制）
1—油箱；2—滤油器；3—液压泵；4—压力表；5—溢流阀；6—节流阀；7—换向阀；8—液压缸；9—活塞；10—工作台

3.1.3 液压传动的优缺点

液压传动与其他传动方式相比较，有以下主要优点：

（1）液压传动能方便地实现无级调速，调速范围大，可达2000：1，很容易获得极低的速度。

（2）在相同功率情况下，液压传动能量转换元件的体积较小，重量较轻。

（3）工作平稳，便于实现过载保护。

（4）工作油液能使传动零件实现自行润滑，磨损小，寿命长。

（5）操纵简单，便于实现自动化。特别是和电气控制联合使用时，易于实现复杂的自动工作循环。

（6）液压元件易于实现系列化、标准化和通用化，便于设计、制造和推广使用。

液压传动的主要缺点是：

（1）液压传动中的泄漏和液体的可压缩性使传动无法保证严格的传动比。

（2）液压传动对油温的变化比较敏感，不宜在很高和很低的温度条件下工作。

（3）液压传动出现故障时不易找出原因。

3.2 液压泵和液压马达

液压泵是液压系统的动力元件，其功用是供给系统压力油。从能量观点看，它把原动机输入的机械能转换为输出油液的压力能。液压马达则是液压系统的执行元件，它把输入油液的压力能转换为输出轴转动的机械能，用来拖动负载做功。图3-4所示为用符号表示的泵和马达的能量转换关系。

3.2.1 液压泵概述

3.2.1.1 液压泵的基本原理及分类

图3-5所示为一单柱塞液压泵的工作原理。当偏心轮1由原动机带动旋转时，柱塞2便在泵体3内往复移动，密封腔a的容积随之发生变化。容积增大时造成真空，油箱中的油便在大气压力作用下通过单向阀4流入泵内，实现吸油；容积减小时，密封腔内的油受挤压，便通过单向阀5向系统排出，实现压油。由此可见，液压泵是靠密封容积变化来实现吸油和压油的，其排油量的大小取决于密封腔的容积变化。故液压泵又称容积式泵。

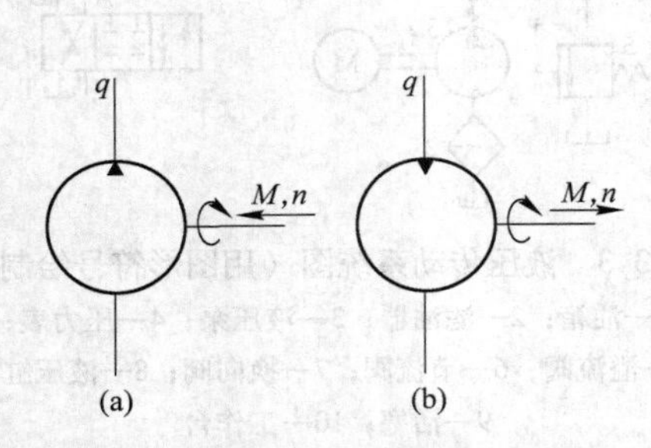

图3-4 泵和马达的能量转换关系

（a）液压泵；（b）液压马达

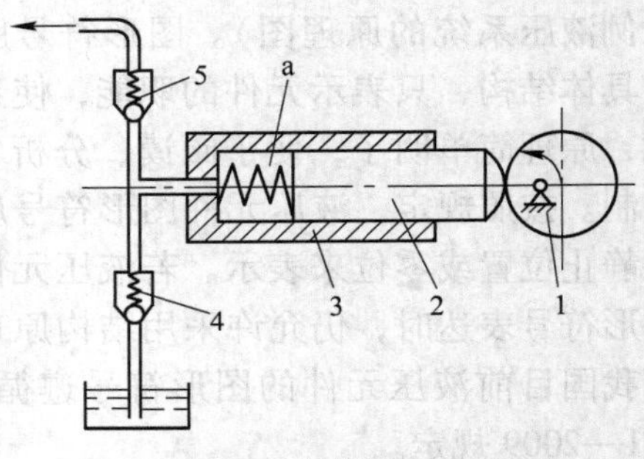

图3-5 单柱塞液压泵的工作原理

1—偏心轮；2—柱塞；3—泵体；4，5—单向阀

按照结构形式的不同，液压泵分为齿轮式、叶片式、柱塞式和螺杆式等类型；按照转轴每转一周所能输出的油液体积可否调节，液压泵又可分为定量式和变量式两类。

3.2.1.2 液压泵的性能参数

（1）压力。液压泵的压力参数主要是工作压力和额定压力。液压泵的工作压力是指泵工作时输出油液的实际压力。泵的工作压力决定于外界负载，外负载增大，泵的工作压力也随之提高。液压泵的额定压力是指泵在正常工作条件下，按试验标准规定能连续运转的最高压力。泵的额定压力受泵本身的泄漏和结构强度所制约。当泵的工作压力超过额定压力时，泵就会过载。工作压力用 p 表示，单位为 N/m^2 或 Pa、MPa 等。

由于液压传动的用途不同，系统所需要的压力也不相同，为了便于液压元件的设计、生产和使用，压力分为几个等级，见表3-1。

（2）排量和流量。由泵的密封容腔几何尺寸变化计算而得的泵的每转排油体积称为泵的排量。排量以 V_p 表示，常用单位为 mL/r。

表 3-1 压力分级

压力等级	低压	中压	中高压	高压	超高压
压力/MPa	≤2.5	>2.5~8	>8~16	>16~32	>32

由泵的密封容腔几何尺寸变化计算而得的泵在单位时间内排油体积称为泵的理论流量。理论流量以 q_p 表示，它等于排量和转速的乘积，即

$$q_p = V_p n_p \tag{3-1}$$

泵工作时的输出量称为泵的实际流量。在泵正常工作条件下，按试验标准规定必须保证的输出量称为泵的额定流量。

由于泵存在泄漏，所以泵的实际流量或额定流量都小于理论流量。

（3）功率。液压泵输入的是转矩和转速，输出的是油液的压力和流量。输出功率 P_{po} 和输入功率 P_{pi} 分别为

$$P_{po} = pq_p \tag{3-2}$$

$$P_{pi} = 2\pi n_p T_{pi} \tag{3-3}$$

式中 p——泵的工作压力；

n_p——泵的输入转速；

T_{pi}——泵的实际输入转矩。

若忽略泵在能量转换过程中的损失，则输出功率等于输入功率。即泵的理论功率

$$P_{pt} = pq_{pt} = 2\pi n_p T_{pt} \tag{3-4}$$

式中 T_{pt}——泵的理论输入转矩。

（4）效率。实际上液压泵在能量转换过程中是有损失的，输出功率总小于输入功率。两者之间的差为功率损失，它分为容积损失和机械损失两部分。

1）容积效率。容积损失是因内泄漏、气穴和油液在高压下的压缩而造成的流量上的损失。流量损失主要是内泄漏，它与工作压力有关，且随工作压力的增高而加大，所以泵的实际流量随工作压力的增高而减少，它总是小于理论流量。衡量容积损失的指标是容积效率，它是泵的实际输出流量与理论流量的比值，用 η_{pv} 表示。

$$\eta_{pv} = \frac{q_p}{q_{pt}} = 1 - \frac{\Delta q_t}{q_{pt}} \tag{3-5}$$

2）机械效率。机械损失是因为摩擦而造成的转矩上的损失。驱动液压泵的转矩总是大于其理论上所需的转矩。衡量机械损失的指标是机械效率，它是泵的理论转矩 T_{pt} 与其实际输入转矩 T_{pi} 的比值，用 η_{pm} 表示。

$$\eta_{pm} = T_{pt}/T_{pi} = pV_{pt}/2\pi T_{pi} \tag{3-6}$$

3）总效率。衡量功率损失的指标是总效率，它是泵的输出功率与输入功率的比值，用 η_p 表示。

$$\eta_p = \frac{p_{po}}{p_{pi}} = \eta_{pv}\eta_{pm} \tag{3-7}$$

由此可知：泵的总功率等于容积效率和机械效率的乘积。

3.2.2 齿轮泵

齿轮泵是一种常用的液压泵。它的主要优点是结构简单，制造方便，价格低廉，体积

小，重量轻，自吸性能好，对油液污染不敏感，工作可靠。其缺点是流量脉动大，噪声大，流量不可调（定量泵）。齿轮泵有外啮合和内啮合两种结构形式。本章着重介绍外啮合齿轮泵的工作原理和结构性能。

3.2.2.1 齿轮泵的工作原理和结构

CB-B型齿轮泵的结构如图3-6所示，它是分离三片结构，三片是指泵盖1、5和泵体4。泵体4内装有一对齿数相同、宽度和泵体相等而又互相啮合的齿轮3，这对齿轮与两端盖和泵体形成一密封腔，并由齿轮的齿顶和轮齿的啮合线把密封腔分为两部分，即吸油腔和压油腔。两齿轮分别用键固定在由滚针轴承支承的主动轴7和从动轴9上，主动轴由电动机带动旋转。

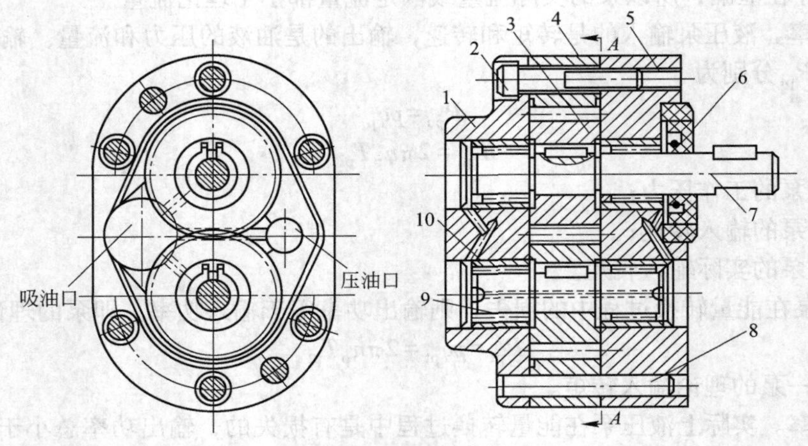

图3-6 CB-B型齿轮泵

1，5—泵盖；2—螺钉；3—齿轮；4—泵体；6—密封圈；7—主动轴；8—销钉；9—从动轴；10—滚动轴承

齿轮泵的工作原理如图3-7所示。当泵的主动齿轮按图示箭头方向做逆时针方向旋转时，齿轮泵右侧（吸油腔）齿轮脱开啮合，齿轮的轮齿退出齿间，使密封容积增大，形成局部真空，油箱中的油液在外界大气压的作用下，经吸油管路、吸油腔进入齿间。随着齿轮的旋转，吸入齿间的油液被带到另一侧，进入压油腔。这时轮齿进入啮合，使密封容积逐渐减小，齿间部分的油液被挤出，形成了齿轮泵的压油过程。齿轮啮合时的齿向接触线把吸油腔和压油腔分开，起配油作用。当齿轮泵的主动齿轮由电动机带动不断旋转时，轮齿脱开啮合的一侧，由于密封容积变大而不断从油箱中吸油，轮齿进入啮合的一侧，由于密封容积减小而不断地排油，这就是齿轮泵的工作原理。

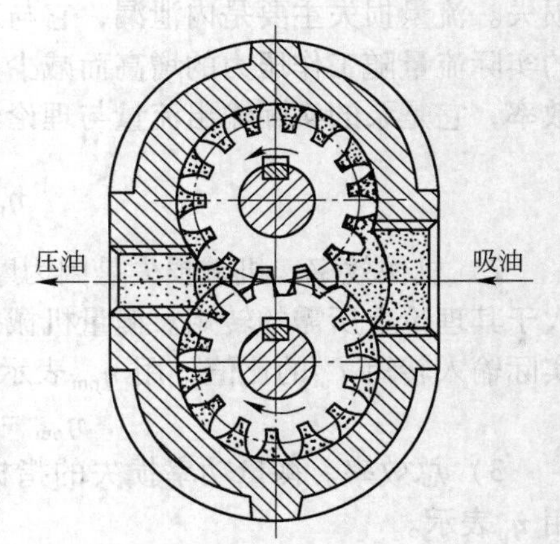

图3-7 齿轮泵的工作原理图

3.2.2.2 齿轮泵的排量和流量

齿轮泵的排量可看作是两个齿轮的齿槽容积之和。若假设齿槽容积等于轮齿体积，则当齿轮齿数为z、模数为m、节圆直径为d（其值等于mz）、有效齿高为h（其值等于

$2m$)，齿宽为 b 时，泵的排量为

$$V_{\mathrm{p}}=6.66zm^2b \tag{3-8}$$

齿轮泵的实际输出流量为

$$q_{\mathrm{p}}=6.66zm^2bn\eta_{\mathrm{v}} \tag{3-9}$$

式中的 q_{p} 是齿轮泵的平均流量。实际上，由于齿轮啮合过程中压油腔的容积变化率是不均匀的，因此齿轮泵的瞬时流量是脉动的。由计算得到的实际输出流量 q_{p}，其实是外啮合齿轮泵的平均流量。

3.2.3 叶片泵

叶片泵在机床、工程机械、船舶、压铸及冶金设备中应用十分广泛。和其他液压泵相比较，叶片泵具有结构紧凑、外形尺寸小、流量均匀、运转平稳、噪声小等优点；但也存在着结构复杂、吸油性能差、对油液污染比较敏感等缺点。

按照工作原理，叶片泵可分为单作用式和双作用式两类。双作用叶片泵不能变量，而单作用叶片泵可以变量。

3.2.3.1 双作用叶片泵

A 双作用叶片泵的工作原理

图 3-8 所示为双作用叶片泵的工作原理。定子 1 的两端装有配流盘，定子内表面形似椭圆，由两段大半径 R 圆弧、两段小半径 r 圆弧和四段过渡曲线所组成。定子和转子 2 的中心重合。在转子上沿圆周均布的若干个槽内分别安放有叶片 3，这些叶片可沿槽滑动。在配流盘上，对应于定子四段过渡曲线的位置开有四个腰形配流窗口，其中两个窗口 a 与泵的吸油口连通，为吸油窗口；另两个窗口 b 与压油口连通，为压油窗口。当转子由轴带动按图示方向旋转时，叶片在离心力和根部油压（叶片根部与压油腔相通）的作用下压向定子内表面，并随定子内表面曲线的变化而被迫在转子槽内往复滑动。转子旋转一周，每一叶片往复滑动两次，两个封油叶片之间的密封容积就发生两次增大和缩小的变化。容积增大，通过吸油窗口 a 吸油；容积缩小，通过压油窗口 b 压油。转子每转一周，吸、压油作用发生两次，故这种泵称为双作用叶片泵。又因吸、压油口对称分布，转子和轴承所受的径向液压力相平衡，所以这种泵又称为平衡式叶片泵。这种泵的排量不可调节，是定量泵。

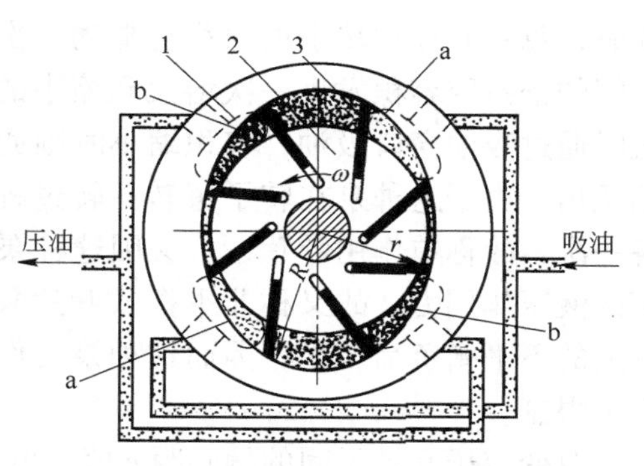

图 3-8 双作用叶片泵的工作原理
1—定子；2—转子；3—叶片

B 双作用叶片泵的排量和流量

由图 3-8 可知，当叶片每伸缩一次时，每两叶片间油液的排出量等于大半径 R 圆弧段的容积与小半径 r 圆弧段的容积之差。若叶片数为 z，则双作用叶片泵每转排油量应等于上述容积差的 $2z$ 倍。当忽略叶片本身所占的体积时，双作用叶片泵的排量可按下式计算：

$$V_{\mathrm{p}}=2\pi(R^2-r^2)b \tag{3-10}$$

泵输出的实际流量则为

$$q_{\mathrm{p}}=n_{\mathrm{p}}V_{\mathrm{P}}\eta_{\mathrm{v}}=2\pi(R^2-r^2)bn_{\mathrm{p}}\eta_{\mathrm{v}} \quad (3\text{-}11)$$

如不考虑叶片厚度，当 $z=12$ 时，则双作用叶片泵无流量脉动。这是因为在压油区位于压油窗口的叶片不会造成它前后两个工作腔之间隔绝不通（见图3-8），此时，这两个相邻的工作腔已经连成一体，形成了一个组合的密封工作腔。随着转子的匀速转动，位于大、小半径圆弧处的叶片均在圆弧上滑动，因此组合密封工作腔的容积变化率是均匀的。实际上，由于存在制造工艺误差，两圆弧有不圆度，也不可能完全同心；其次，叶片有一定的厚度，根部又连通压油腔，在吸油区的叶片不断伸出，根部容积要由压力油来补充，减少了输出量，造成少量流量脉动。但即使这样，它的脉动率除螺杆泵外是各泵中最小的。通过理论分析还可知，流量脉动率在叶片数为4的整数倍、且大于8时最小。故双作用叶片泵的叶片数通常取12。

3.2.3.2 单作用叶片泵

A 单作用叶片泵的工作原理

图3-9所示为单作用叶片泵的工作原理。与双作用叶片泵显著不同之处是，单作用叶片泵的定子内表面是一个圆形，转子与定子间有一偏心量 e，两端的配流盘上只开有一个吸油窗口和一个压油窗口。当转子旋转一周时，每一叶片在转子槽内往复滑动一次，每相邻两叶片间的密封腔容积发生一次增大和缩小的变化，容积增大时通过吸油窗口吸油，容积缩小时则通过压油窗口将油压出。由于这种泵在转子每转一转过程中，吸油压油各一次，故称单作用叶片泵。又因这种泵的转子受不平衡的液压作用力，故又称非平衡式叶片泵。由于轴和轴承上的不平衡负荷较大，因而这种泵工作压力的提高受到了限制。

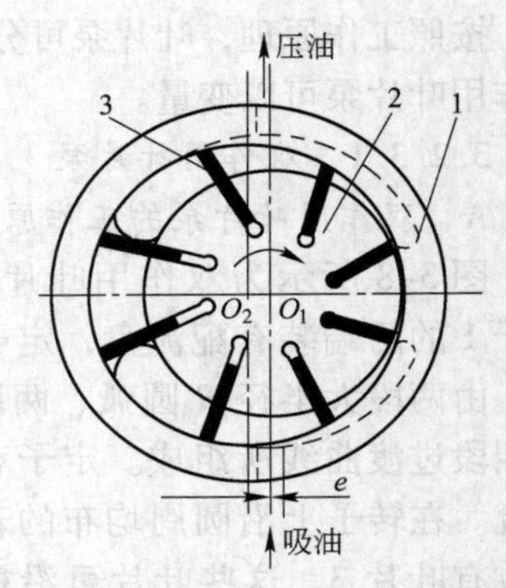

图3-9 单作用叶片泵的工作原理
1—定子；2—转子；3—叶片

改变定子和转子间的偏心距 e 值，可以改变泵的排量，故单作用叶片泵是变量泵。

B 单作用叶片泵的排量和流量

单作用泵的排量近似表达式为：

$$V_{\mathrm{p}}=2\pi beD \quad (3\text{-}12)$$

泵的实际流量为：

$$q_{\mathrm{p}}=2\pi beDn_{\mathrm{p}}\eta_{\mathrm{v}} \quad (3\text{-}13)$$

上式也表明，只要改变偏心距 e，即可改变流量。

单作用叶片泵的定子内缘和转子外缘都为圆柱面，由于偏心安置，其容积变化是不均匀的，故有流量脉动。理论分析表明，叶片数为奇数时脉动率较小。故一般叶片数为13或15。

C 限压式变量叶片泵

单作用叶片泵的变量方法有手调和自调两种。自调变量泵又根据其工作特性的不同分为限压式、恒压式和恒流量式三类，其中以限压式应用较多。

限压式变量叶片泵是利用排油压力的反馈作用实现变量的，它有外反馈和内反馈两种形式。

（1）外反馈式变量叶片泵的工作原理。如图 3-10 所示，转子 2 的中心 O_1是固定的，定子 3 可以左右移动，在限压弹簧 5 的作用下，定子被推向左端，使定子中心 O_2和转子中心 O_1之间有一初始偏心量 e_0。它决定了泵的最大流量 q_{max}。定子左侧装有反馈液压缸 6，其油腔与泵出口相通。在泵工作过程中，液压缸活塞对定子向右的反馈力 pA（A 为柱塞有效作用面积）。若泵的工作压力达到 p_B时，有 $p_B=kx_0$（k 为弹簧刚度，x_0为弹簧预压缩量），则 $p<p_B$，$pA<kx_0$，定子不动，最大偏心距 e_0保持不变，泵的流量也维持最大值 q_{max}；当泵的工作压力 $p>p_B$时，$pA>kx_0$。限压弹簧被压缩，定子右移，偏心距减小，泵的流量也随之迅速减小。

（2）限压式变量叶片泵的流量压力特性。限压式变量叶片泵的流量压力特性曲线如图 3-11 所示。曲线表示泵工作时流量随压力变化的关系。当泵的工作压力小于 p_B时，其流量变化用斜线 AB 表示，它和水平线的差值 Δq 为泄漏量。此阶段的变量泵相当于一个定量泵，AB 称定量段曲线。B 点为特性曲线的拐点，其对应的压力 p_B就是限定压力，它表示泵在原始偏心距 e_0时可达到的最大工作压力。当泵的工作压力超过 p_B以后，限压弹簧被压缩，偏心距减小，流量随压力增加而剧减，其变化情况用变量段曲线 BC 表示。C 点所对应的压力 p_C 为极限压力（又称截止压力）。

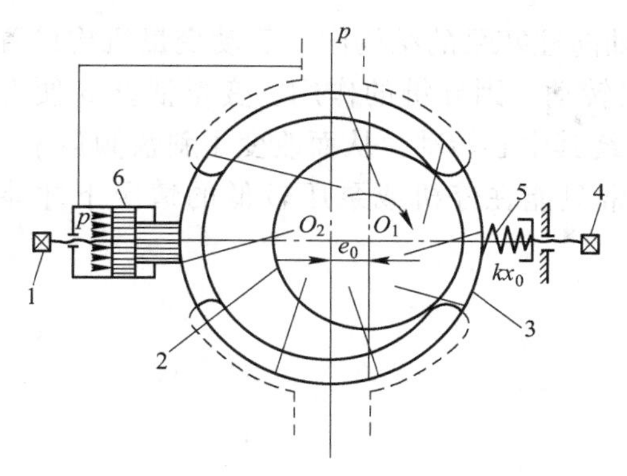

图 3-10 外反馈限压式变量叶片泵工作原理

1，4—调节螺钉；2—转子；3—定子；5—限压弹簧；6—反馈液压缸

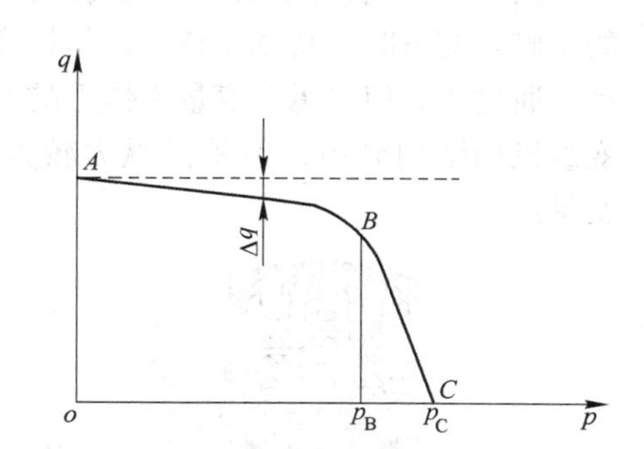

图 3-11 限压式变量叶片泵的特性曲线

泵的最大流量由螺钉 1（称最大流量调节螺钉）调节，它可改变特性曲线 A 点的位置，使 AB 线段上下平移。泵的限定压力由螺钉 A（称限定压力调节螺钉）调节，它可改变 B 点的位置，使 BC 线段左右平移。若改变弹簧刚度 k，则可改变 BC 线段的斜率。

限压式变量叶片泵常用于执行机构需要有快慢速的机床液压系统。

3.2.4 柱塞泵

柱塞泵是依靠柱塞在缸体内往复运动，使密封工作腔容积产生变化来实现吸油、压油的。柱塞泵分为轴向柱塞泵和径向柱塞泵两大类。轴向柱塞泵按其结构特点分为斜盘式和斜轴式两类，其中斜盘式应用较广。

3.2.4.1 轴向柱塞泵的工作原理

在图 3-12 中，斜盘 1 和配流盘 10 固定不动，斜盘法线和缸体 7 的轴线交角为 γ。缸体由轴 9 带动旋转。在缸体上有若干个沿圆周均布的轴向柱塞孔，孔内装有柱塞 5。芯套

4 在弹簧 6 作用下，通过回程盘 3 而使柱塞头部的滑履 2 和斜盘靠牢；同时套筒 8 则使缸体和配流盘紧密接触，起密封作用。当缸体转动时，由于斜盘和回程盘的作用，迫使柱塞在缸体内做往复运动，各柱塞与缸体间的密封腔容积便发生增大或缩小的变化，通过配流盘上的弧形吸油口 a 和压油窗口 b 实现吸油和压油。实际上，柱塞泵的输油量是脉动的。通过理论分析计算知道，当柱塞为奇数时，脉动较小，故轴向柱塞泵的柱塞数一般为 7 个或 9 个。

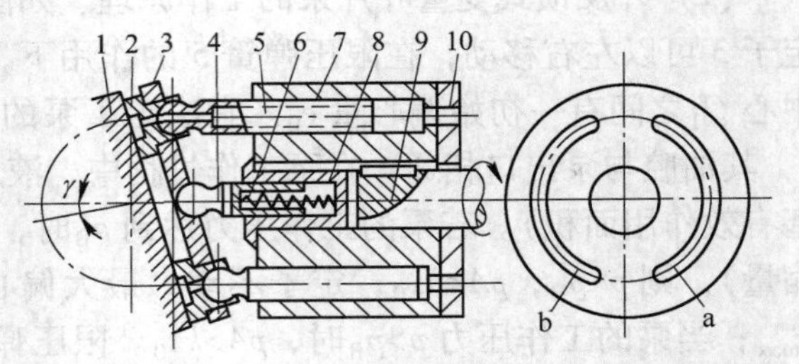

图 3-12 轴向柱塞泵的工作原理

1—斜盘；2—滑履；3—回程盘；4—芯套；5—柱塞；6—弹簧；7—缸体；8—套筒；9—泵轴；10—配流盘

3.2.4.2 轴向柱塞泵结构

在变量轴向柱塞泵中均设有专门的变量机构，用来改变斜盘倾角 γ 的大小以调节泵的排量。轴向柱塞泵的变量方式有多种，其变量机构的结构形式亦多种多样。这里只简要介绍手动变量机构的工作原理。

图 3-13 为装有手动变量机构的斜盘式轴向柱塞泵的结构图，手动变量机构设置在泵的左侧。变量时，转动手轮 1，丝杆 2 随之转动，因导键的作用，变量活塞 3 便上下移动，通过销 5 使支承在变量壳体上的斜盘 4 绕其中心转动，从而改变了斜盘倾角 γ。手动变量机构结构简单，但手操纵力较大，通常只能在停机或泵压较低的情况下才能实现变量。

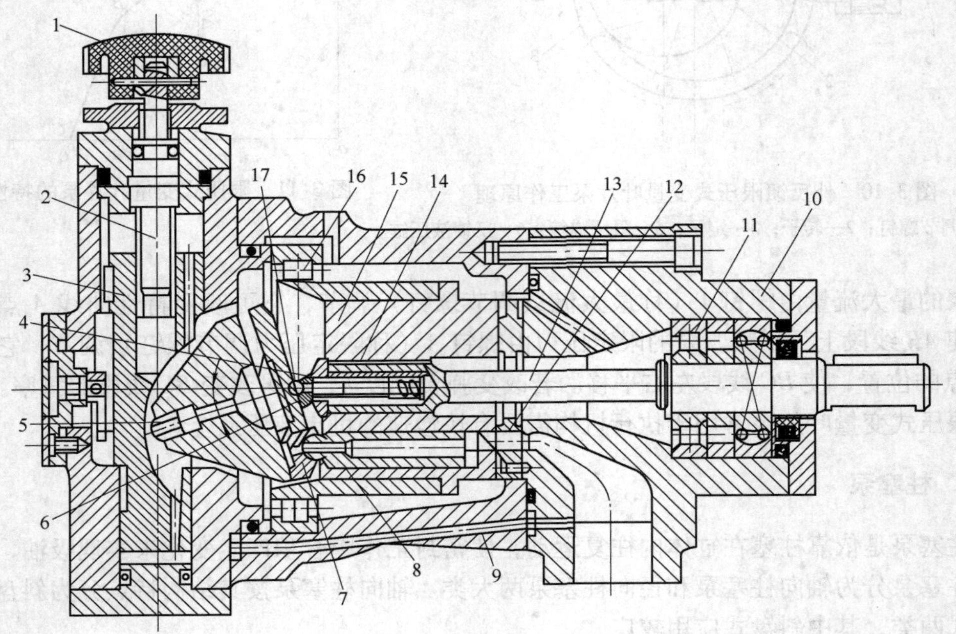

图 3-13 手动变量轴向柱塞泵

1—手轮；2—丝杆；3—变量活塞；4—斜盘；5—销；6—回程盘；7—滑履；8—柱塞；9—中间泵体；10—前泵体；11—前轴承；12—配流盘；13—轴；14—定心弹簧；15—缸体；16—大轴承；17—钢球

3.2.5 液压马达

液压马达和液压泵在结构上基本相同。常见的液压马达也有齿轮式、叶片式和柱塞式等几种主要形式。马达和泵在作用原理上是互逆的，当向泵输入压力油时，其轴理应转动，成为马达。但由于二者的任务和要求有所不同，故在实际结构上只有少数泵能作马达使用。

3.2.5.1 液压马达的性能参数

液压马达的容积效率 $$\eta_{mv}=q_{tm}/q_m \tag{3-14}$$

液压马达的转速 $$n_m=q_m\eta_{mv}/V_m \tag{3-15}$$

应当指出，当液压马达工作转速过低时，往往保持不了均匀的速度，进入时动时停的不稳定状态，这就是所谓的爬行现象。在额定负载下，不出现爬行现象的最低转速，是液压马达的最低稳定转速。它是衡量液压马达转速性能的重要指标，通常都希望最低稳定转速越小越好。

液压马达的机械效率 $$\eta_{mM}=\frac{T_m}{T_{tm}} \tag{3-16}$$

液压马达的理论转矩 $$T_{tm}=\frac{1}{2\pi}\Delta pV_m \tag{3-17}$$

液压马达的输出转矩 $$T_m=\frac{1}{2\pi}\Delta pV_m\eta_{mM} \tag{3-18}$$

液压马达的总效率 $$\eta_m=\eta_{mM}\eta_{mv} \tag{3-19}$$

液压马达的调速范围 $$i=\frac{n_{max}}{n_{min}} \tag{3-20}$$

式中 q_{tm}——液压马达的理论流量；
q_m——液压马达的实际流量；
V_m——液压马达的排量；
Δp——液压马达的进出口压差；
n_{max}——液压马达允许的最高转速；
n_{min}——液压马达的最低稳定转速。

3.2.5.2 轴向柱塞马达

一般认为，额定转速高于500r/min的马达属于高速马达，额定转速低于500r/min的马达属于低速马达。

高速液压马达的基本形式有齿轮式、叶片式和轴向柱塞式等，它们的主要特点是转速高，转动惯量小，便于启动、制动、调速和转向。通常高速马达的输出转矩不大（仅数十至数百N·m），故又称高速小转矩液压马达。下面说明常用的轴向柱塞式液压马达的工作原理。

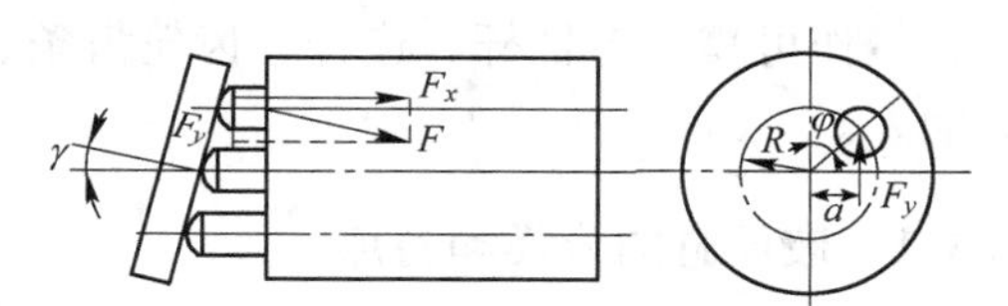

图3-14 轴向柱塞式液压马达的工作原理

如图3-14所示，当压力油输入马达时，处于压力腔（进油腔）的柱塞被顶出，压在斜盘上。设斜盘作用在某一柱塞上的反力为 F。F 可分解为两个方向的分力 F_x 和 F_y。其中，轴向分力 F_x 和作用在柱塞后端的液压力相平衡，垂直于轴向的分力 F_y 则使处于高压腔中的每个柱塞都对转子中心产生一个转矩，使缸体和马达轴旋转。

当马达的进、回油口互换时，马达将反向转动。当改变斜盘倾角 γ 时，马达的排量便随之改变，从而可以调节输出转速或转矩。

3.2.5.3 齿轮马达

一般情况下齿轮泵均可作马达使用，若将一定流量的压力油输入齿轮泵中，则齿轮轴可输出扭矩。扭矩是如何产生的呢?

图3-15中所示由两个齿轮的啮合点到齿根的距离分别为 a 与 b，由于 a 与 b 都比齿高 h 小，所以当油压作用到齿面时，在两个齿轮上就分别作用一个不平衡力 $pB(h-a)$ 和 $pB(h-b)$，式中 B 为齿宽。这两个作用力将使两个齿轮按图示方向旋转，扭矩由主轴输出，齿间的油液同时被带到低压腔排出。

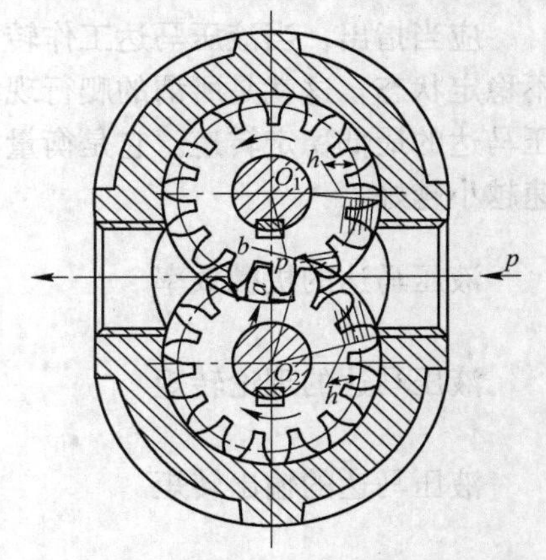

图3-15 齿轮马达的工作原理

齿轮马达的结构与齿轮泵差不多，但有以下几个特殊点：

(1) 进出油道对称，孔径相同，这使马达能正反转。

(2) 采用外泄油孔，因为马达回油腔的油压往往高于大气压力。如果采用内部泄油，可能会把轴端油封冲坏，特别是当马达反转时，原来的回油腔变成了高压腔，情况就更严重了。

(3) 多数应用滚动轴承，这不仅对减小摩擦有利，而且对改善启动性能也大有好处。

3.2.5.4 叶片式马达

叶片式马达的工作原理如图3-16所示。当压力油经过配油窗口进入叶片1、4之间时，叶片1、4的一边受高压油作用，另一边受低压油作用，同时由于叶片1伸出的面积大于叶片4伸出的面积，因此使转子产生顺时针力矩，同样，叶片2与3也使转子产生顺时针力矩，两者之和即为马达的输出扭矩。

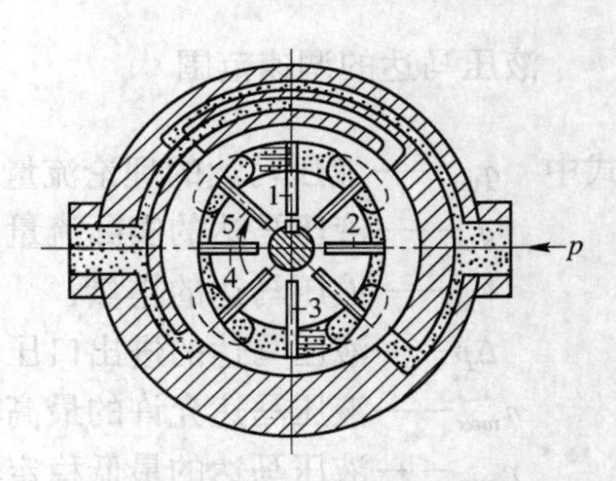

图3-16 叶片式马达的工作原理
1~5—叶片

3.3 液压缸

液压缸和液压马达同属于液压系统的执行元件。液压缸是将油液的压力能转换为机械能，用来驱动工作机构做往复直线运动或往复摆动的一种能量转换装置。液压缸结构简单，工作可靠，与杠杆、连杆、齿轮齿条、棘轮棘爪、凸轮等机构配合还能实现多种机械运动。

3.3.1 液压缸的分类和特点

液压缸有多种形式，按结构特点可分为活塞式、柱塞式和摆动式三大类：按作用方式又可分为单作用式和双作用式两种。单作用式液压缸只能使活塞(或柱塞)做单方向运动,即压力油只通向缸的一腔,反方向运动必须依靠外力(如弹簧力或自重等)来实现;双作用式液压缸两个方向的运动都由压力油的控制来实现。

3.3.1.1 活塞式液压缸

活塞式液压缸可分为双杆式和单杆式两种结构。其固定方式有缸筒固定和活塞杆固定两种。

A 双杆活塞式液压缸

图 3-17 为双杆缸的原理图。活塞两侧都有杆伸出。当两活塞杆直径相同、供油压力和流量不变时,活塞(或缸体)两个方向的运动速度和推力也都相等,即

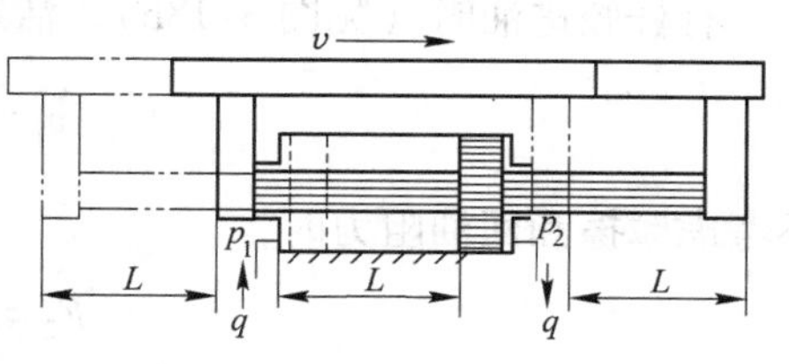

图 3-17 双杆活塞式液压缸

$$v_1 = v_2 = \frac{q}{A} = \frac{4q}{\pi(D^2 - d^2)} \tag{3-21}$$

不考虑摩擦和回油阻力,则

$$F_1 = F_2 = pA = \frac{\pi}{4}(D^2 - d^2)p \tag{3-22}$$

式中 v——活塞(或缸体)的运动速度,m/s;

q——进入液压缸的流量,m^3/s;

F——活塞(或缸体)上的液压推力,N;

p——进油压力,Pa;

A——活塞有效作用面积,m^2;

D——活塞直径,m;

d——活塞杆直径,m。

这种液压缸常用于要求往返运动速度相同的场合,如磨床等。

图 3-17 所示为缸体固定式结构,缸的左腔进油,推动活塞向右移动,右腔则回油;反之,活塞反向移动。其运动范围约等于活塞有效行程的三倍,一般用于中小型设备。

B 单杆活塞式液压缸

图 3-18 所示为双作用式单杆活塞缸。其一端伸出活塞杆,两腔有效面积不相等,当向缸的两腔分别供油,且供油压力和流量不变时,活塞在两个方向的运动速度和推力都不相等。

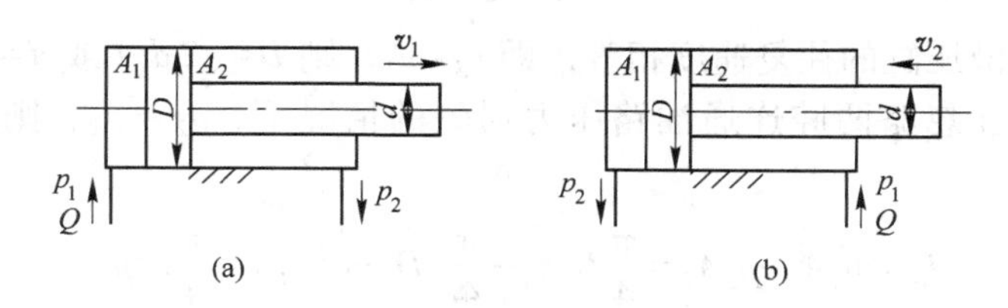

图 3-18 单杆活塞式液压缸

(a) 无杆腔进油;(b) 有杆腔进油

无杆腔进油时（见图3-18a），活塞的运动速度 v_1 和推力 F_1 分别为：

$$v_1=\frac{q}{A_1}=\frac{4q}{\pi D^2} \tag{3-23}$$

不考虑摩擦和回油阻力时，

$$F_1=A_1p=\frac{\pi}{4}D^2p \tag{3-24}$$

有杆腔进油时（见图3-18b），活塞的运动速度 v_2 和推力 F_2 分别为：

$$v_2=\frac{q}{A_2}=\frac{4q}{\pi\ (D^2-d^2)} \tag{3-25}$$

不考虑摩擦和回油阻力时，

$$F_2=A_2p=\frac{\pi}{4}(D^2-d^2)p \tag{3-26}$$

式中 q——输入液压缸的流量，m^3/s；

p——液压缸的工作压力，Pa；

D——活塞直径（即缸筒内径），m；

d——活塞杆直径，m；

A_1，A_2——分别为液压缸无杆腔和有杆腔的活塞有效作用面积，m^2。

比较以上各式，由于 $A_1>A_2$，所以 $v_1<v_2$，$F_1>F_2$。

液压缸往复运动时的速度比为：

$$\varphi=\frac{v_2}{v_1}=\frac{D^2}{D^2-d^2} \tag{3-27}$$

上式表明，当活塞杆直径愈小时，速度比愈接近于1，两个方向的速度差值愈小。

当单杆缸两腔同时通入压力油时，如图3-19所示，由于无杆腔受力面积大于有杆腔，活塞向右作用力大于向左作用力，则活塞杆做伸出运动，并将有杆腔的油液挤出，流进无杆腔，加快活塞杆的伸出速度，液压缸的这种油路连接称为差动连接。

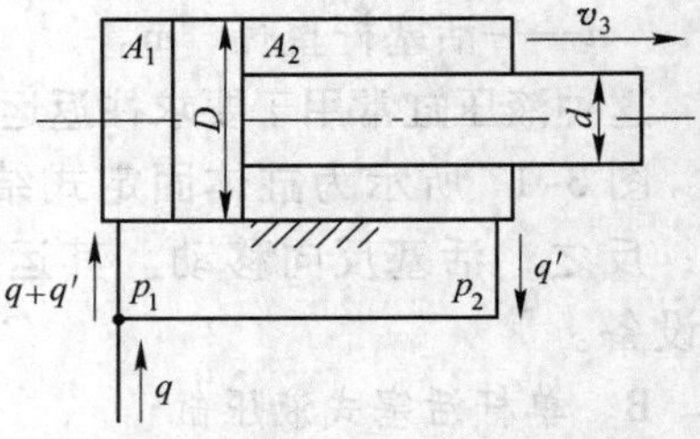

图3-19 液压缸的差动连接

差动连接时，有杆腔排出流量 $q=v_3A_2$ 进入无杆腔，则有：

$$v_3A_1=q+A_2v_3$$

故活塞杆的伸出速度 v_3 为：

$$v_3=\frac{q}{A_1-A_2}=\frac{4q}{\pi d^2} \tag{3-28}$$

欲使差动连接液压缸的往复速度相等，即 $v_3=v_2$，则 $D=\sqrt{2}d$（或 $d=0.71D$）。

差动连接时，在忽略两腔连通油路压力损失的情况下，$p_2\approx p_1$，则此时的活塞推力 F_3 为：

$$F_3=p_1A_1-p_2A_2=\frac{\pi}{4}D^2p_1-\frac{\pi}{4}(D^2-d^2)p_1=\frac{\pi}{4}d^2p_1 \tag{3-29}$$

由式（3-28）和式（3-29）可知，差动连接时实际起有效作用的面积是活塞杆的横截面积。与非差动连接无杆腔进油工况相比，在输入油液压力和流量相同的条件下，活塞杆伸出速度较大而推力较小。实际应用中，液压系统常通过控制阀来改变单杆缸的油路连接，采用不同的工作方式，从而获得“快进（差动连接）—工进（无杆腔进油）—快退（有杆腔进油）”的工作循环。差动连接是在不增加液压泵容量和功率的前提下，实现快速运动的有效办法。

单杆缸往复运动范围是有效行程的两倍，结构紧凑，应用广泛。

3.3.1.2 柱塞式液压缸

活塞缸的内孔精度要求很高，行程较长时加工困难，故此时应采用柱塞缸。如图3-20（a）所示，柱塞缸由缸筒1、柱塞2、导套3、密封圈4和压盖5等零件组成，柱塞和筒内壁不接触，因此缸筒内孔不需精加工，工艺性好，成本低。

柱塞缸只能制成单作用缸。在大行程设备中，为了得到双向运动，柱塞缸常成对用（见图3-20b）。柱塞端面是受压面，其面积大小决定了柱塞缸的输出速度和推力。为保证柱塞缸有足够的推力和稳定性，一般柱塞较粗，重量较大，水平安装时易产生单边磨损，故柱塞缸适宜于垂直安装使用。水平安装使用时，为减轻重量，有时制成空心柱塞。垂直安装时为防止柱塞自重下垂，通常要设置柱塞支承套和托架。

柱塞缸结构简单，制造方便，常用于长行程机床，如龙门刨、导轨磨、大型拉床等。

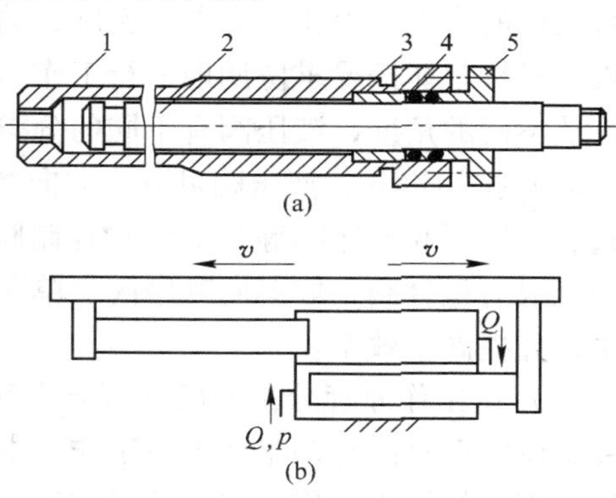

图3-20 柱塞式液压缸

1—缸筒；2—柱塞；3—导套；4—密封圈；5—压盖

3.3.2 液压缸的结构

图3-21所示为新系列液压滑台的液压缸结构。它由后端盖、缸筒、活塞、活塞杆、前端盖等主要部分组成。为防止油液向外泄漏，或由高压腔向低压腔泄漏，在缸筒与端盖、活塞与活塞杆、活塞与缸筒、活塞杆与前端盖之间均设置有密封圈。在前端盖外侧还装有防尘圈。为防止活塞快速退回到行程终端时撞击后端盖，液压缸端部还设置了缓冲装置。液压缸用螺钉固定在滑座上，活塞杆通过支架和滑台固定在一起，活塞杆移动时，即带动滑台往复运动。为增加连接刚度和改善连接螺钉的工作条件在支架和滑台的结合面处放置了一个平键。

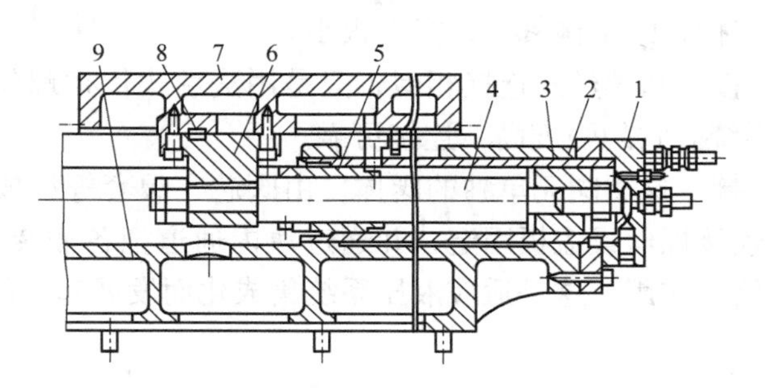

图3-21 液压滑台液压缸

1—后端盖；2—缸筒；3—活塞；4—活塞杆；5—前端盖；6—支架；7—滑台；8—平键；9—滑座

归结起来，液压缸由缸体组件（缸筒、端盖等）、活塞组件（活塞、活塞杆等）、密封件和连接件等基本部分组成。此外，一般液压缸还设有缓冲装置和排气装置。在进行液压缸设计时应根据工作压力、运动速度、工作条件、加工工艺及装拆检修等方面的要求综合考虑缸的各部分结构。

3.4 液压控制阀

3.4.1 液压控制阀的分类

液压控制阀是液压系统中控制油液方向、压力和流量的元件。借助于这些阀，便能对执行元件的启动、停止、方向、速度、动作顺序和克服负载的能力进行控制与调节，使各类液压机械都能按要求协调地进行工作。

从不同的角度，液压阀有不同的分类。

（1）按用途分：液压阀可分为方向控制阀（如单向阀和换向阀）、压力控制阀（如溢流阀、减压阀和顺序阀等）和流量控制阀（如节流阀和调速阀等）。这三类阀还可根据需要相互成为组合阀，如单向顺序阀、单向节流阀、电磁溢流阀等，使得其结构紧凑，连接简单，并提高了效率。

（2）按工作原理分：液压阀可分为开关阀（或通断）阀、伺服阀、比例阀和逻辑阀。开关阀调定后只能在调定状态下工作，本章将重点介绍这一使用最为普遍的阀类。伺服阀和比例阀能根据输入信号连续地或按比例的控制系统的数据。逻辑阀则按预先编制的逻辑程序控制执行元件的动作。

（3）按安装连接形式分：

1）螺丝式（管式）安装连接。阀的油口用螺丝管接头和管道及其他元件连接，并由此固定在管路上。这种方式适用于简单液压系统。

2）螺旋式安装连接。阀的各油口均布置在同一安装面上，并用螺丝固定在与阀有对应油口的连接板上，再用管接头和管道与其他元件连接；或者把这几个阀用螺丝固定在一个集成块的不同侧面上，在集成块上打孔，沟通各阀组成回路。由于拆卸阀时无需拆卸与之相连的其他元件，故这种安装连接方式应用较广。

3）叠加式安装连接。阀的上下面为连接结合面，各油口分别在这两个面上，且同规格阀的油口连接尺寸相同。每个阀除其自身的功能外，还起油路通道的作用，阀相互叠装便成回路，无需管道连接，故结构紧凑，损失很小。

4）法兰式安装连接。和螺丝式连接相似，只是用法兰式代替螺丝管接头。用于通径32mm以上的大流量系统。它的强度高，连接可靠。

5）插装式安装连接。这类阀无单独的阀体，由阀芯、阀套等组成的单元体插装在插装块的预制孔中，用连接螺丝或盖板固定，并通过块内通道把各插装式阀连接组成回路，插装块起到阀体和管路的作用。这是适应液压系统集成化而发展起来的一种新型安装连接方式。

3.4.2 方向控制阀

方向控制阀用以控制液压系统中的油液流动的方向或液流的通与断，它分为单向阀和换向阀两类。

3.4.2.1 单向阀

（1）普通单向阀。普通单向阀通常称为单向阀，它是一种只允许油液正向流动，不允许逆向倒流的阀，故又称逆止阀或止回阀。按进出油液流向的不同，普通单向阀可分为直通式和直角式两种结构，如图 3-22 所示。直通式仅有螺纹连接型。当液流从进油口 p_1 流入时，油液压力克服弹簧阻力和阀体 1 与阀芯 2 之间的摩擦力，顶开带有锥端的阀芯（小规格直通式阀有用钢球作阀芯的），从出油口 p_2 流出；当液流反向从 p_2 流入时，油液压力使阀芯紧密地压在阀座上，故不能逆流。单向阀中的弹簧仅用于使阀芯在阀座上就位，刚度较小，故开启压力很小（0.04~0.1MPa）。更换硬弹簧，使其开启压力达到0.2~0.6MPa，便可当背压阀使用。

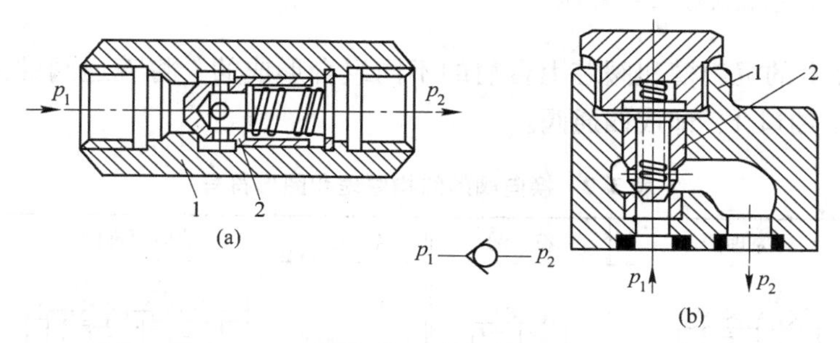

图 3-22 单向阀

（a）直通式；（b）直角式

1—阀体；2—阀芯

（2）液控单向阀。液控单向阀（见图 3-23）与普通单向阀相比，在结构上增加了控制油腔 a、控制活塞 1 及控制油口 K。当控制油口通以一定压力的压力油时，推动活塞 1 使锥阀芯 2 右移，阀即保持开启状态，使单向阀也可以反方向通过油流。为了减小控制活塞移动的阻力，控制活塞制成台阶状并设一外泄油口 L。控制油的压力不应低于油路压力的 30%~50%。

液控单向阀具有良好的单向密封性，常用于执行元件需要长时间保压、锁紧的情况下，也用于防止立式液压缸停止运动时因自重而下滑以及速度换接回路中。这种阀也称液压锁。

3.4.2.2 换向阀

A 换向阀的工作原理

换向阀通过变换阀芯在阀体内的相对工作位置，使阀体诸油口连通或断开，从而控制执行元件的启、停或换向。如图 3-24 所示位置，液压缸两腔不通压力油，处于停机状态。若使换向阀的阀芯 1 左移，阀体 2 上的油口 P 和 A 连通、B 和 T 连通。压力油经 P、A 进入液压缸左腔，活塞右移；右腔油液经 B、T 回油箱。反之，若使阀芯右移，则 P 和 B 连通、A 和 T 连通，活塞便左移。

B 换向阀的分类

按阀芯在阀体内的工作位置数和换向阀所控制的油口通路数分，换向阀有二位二通、二位三通、二位四通、二位五通、三位四通、三位五通等类型（见表 3-2）。不同的位数

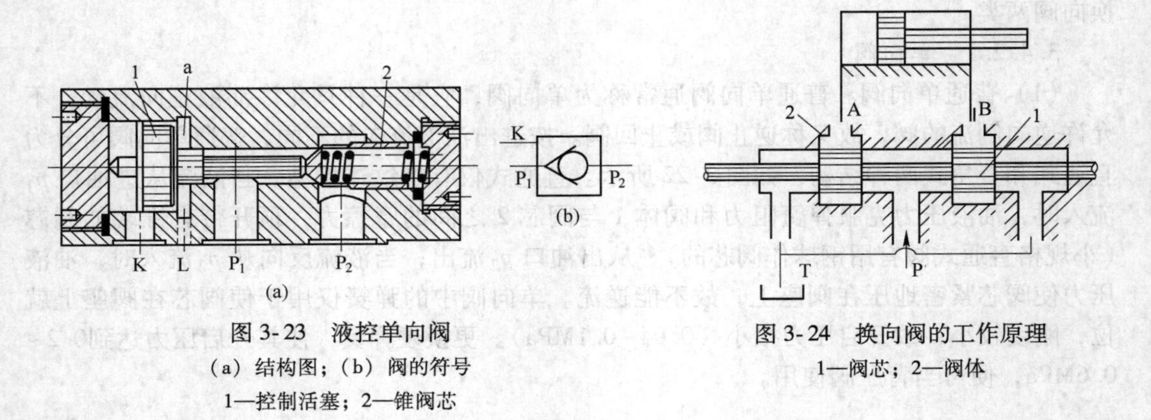

图 3-23 液控单向阀

（a）结构图；（b）阀的符号

1—控制活塞；2—锥阀芯

图 3-24 换向阀的工作原理

1—阀芯；2—阀体

和通数是由阀体上的沉割槽和阀芯上台肩的不同组合形成的。将五通阀的两个回油口 T_1 和 T_2 沟通成一个油口 T，即成四通阀。

表 3-2 换向阀的结构原理和图形符号

名 称	结构原理图	符 号	名 称	结构原理图	符 号
二位二通阀	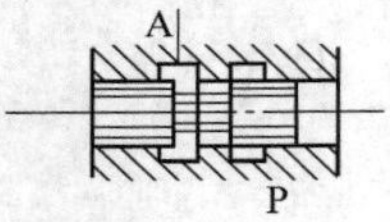 A P	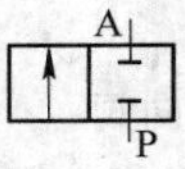 A P	二位五通阀	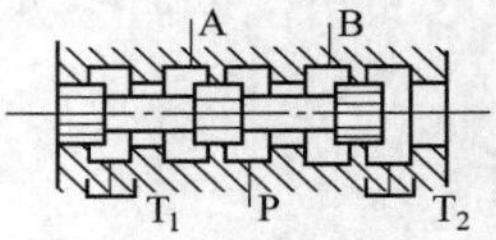 A B T_1 P T_2	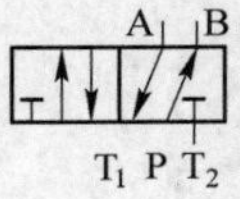 A B T_1 P T_2
二位三通阀	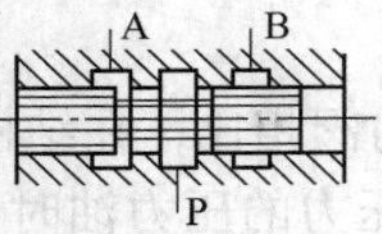 A B P	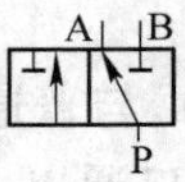 A B P	三位四通阀	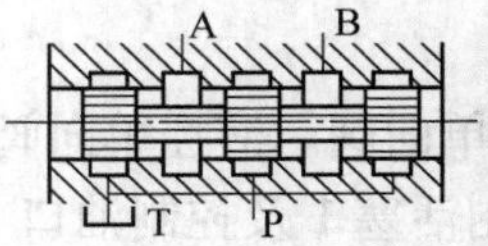 A B T P	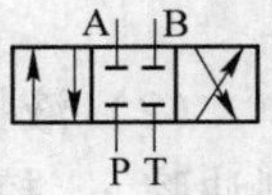 A B P T
二位四通阀	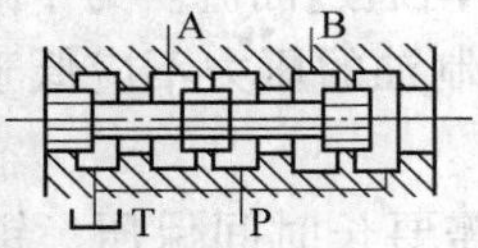 A B T P	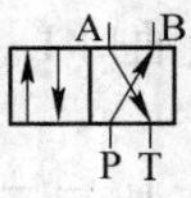 A B P T	三位五通阀	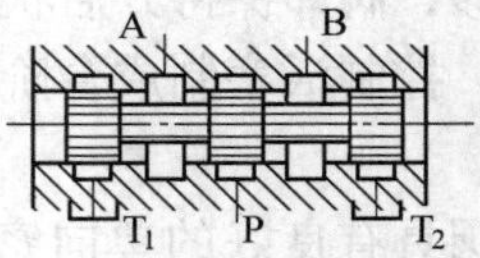 A B T_1 P T_2	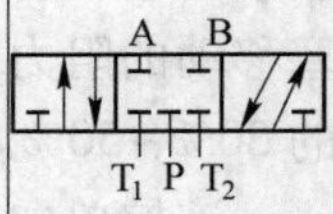 A B T_1 P T_2

按阀芯换位的控制方式分，换向阀有手动、机动、电磁动、液动和电液动等类型。

C 换向阀的符号表示（见表 3-2）

（1）“位”数用方格数表示，三格即三位。

（2）在一个方格内，箭头或堵塞符号“⊥”与方格的相交点数为油口通路数，即“通”数。箭头表示两油口连通，但不表示流向；“⊥”表示该油口不通流。

（3）控制方式和复位弹簧的符号画在方格的两侧。

（4）P 表示进油口，T 表示通油箱的回油口，A 和 B 表示连接其他两个工作油路的油口。

（5）三位阀的中格、二位阀画有弹簧的那一格为常态位。二位二通阀有常开型和常闭型两种，前者常态位连通，后者则不通。在液压原理图中，换向阀的符号与油路的连接一般应画在常态位上。

D 三位换向阀的中位机能

三位阀常态位各油口的连通方式称为中位机能。中位机能不同，中位时阀对系统的控制性能也不相同。不同机能的阀，阀体通用，仅阀芯台肩结构、尺寸及内部通孔情况有区别。

表 3-3 列出五种常用的中位机能形式、结构原理和符号。将结构图中沟通的油口 T 分接为两个油口 T_1 和 T_2，四通即成为五通。另外，还有 J、C、K 等多种形式中位机能；阀的非中位有时也兼有某种机能，如 OP、MP 等形式，它们的符号示例见表 3-3 右栏。

表 3-3 三位阀的中位机能

形式	结构原理图	中位机能符号		其他机能符号示例
		四通	五通	
O	A B T P	A B P T	A B T_1 P T_2	J C
H	A B T P	A B P T	A B T_1 P T_2	X U
Y	A B T P	A B P T	A B T_1 P T_2	N
P	A B T P	A B P T	A B T_1 P T_2	K OP
M	A B T P	A B P T	A B T_1 P T_2	MP

对中位机能的选用应从执行元件的换向平稳性要求、换向位置精度要求、重新启动时能否允许有冲击、是否需要卸荷和保压等多方面加以考虑。现就常用类型举例说明。

(1) O 型：油口全封。执行元件可在任意位置上被锁住，换向位置精度高。但因运动部件惯性引起的换向冲击较大。重新启动时因两腔充满油液，故启动平稳。泵不能卸荷，但系统能保持压力（因有泄漏，保压是暂时的）。

(2) H 型：油口全通。换向平稳，但冲击量大，换向位置精度低，执行元件浮动，重新启动时有冲击，泵卸荷，系统不能保压。

其余形式的性能可以类推，不再赘述。

E 几种常用的换向阀

(1) 机动换向阀。机动换向阀又称行程阀。它利用安装在运动部件上的挡块或凸轮，压住阀芯端部的滚轮使阀芯移动，从而使油路换向。这种阀通常为二位阀，并且用弹簧复位。图3-25所示为二位二通机动换向阀。在图示位置，阀芯2在弹簧作用下处于左位，P与A不连通；当运动部件上的挡块压住滚轮1使阀芯移至右位时，油口P与A连通。

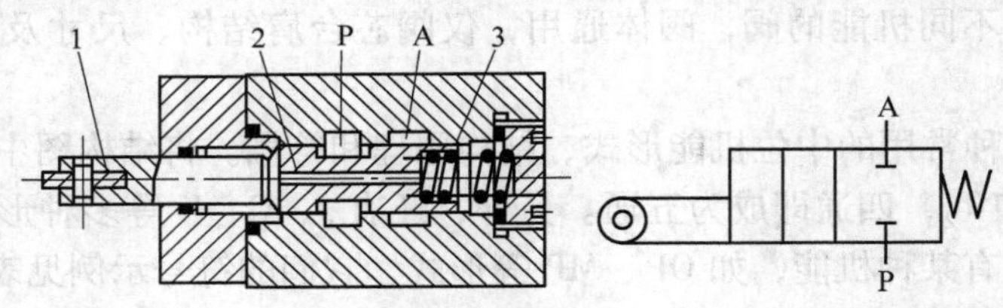

图3-25 机动换向阀
1—滚轮；2—阀芯；3—弹簧

机动换向阀结构简单，换向时阀口逐渐关闭或打开，故换向平稳、可靠，位置精度高。它常用于控制运动部件的行程，或快、慢速度的转换。其缺点是必须安装在运动部件附近，一般油管较长。

（2）电磁换向阀。电磁换向阀是利用电磁吸引力操纵阀芯换位的方向控制阀。图3-26所示为三位四通电磁换向阀的结构原理和符号。阀的两端各有一个电磁铁和一个对中弹簧，阀芯在常态时处于中位。当右端电磁铁通电吸合时，衔铁通过推杆将阀芯推至左端，换向阀就在右位工作；反之，左端电磁铁通电吸合时，换向阀就在左位工作。

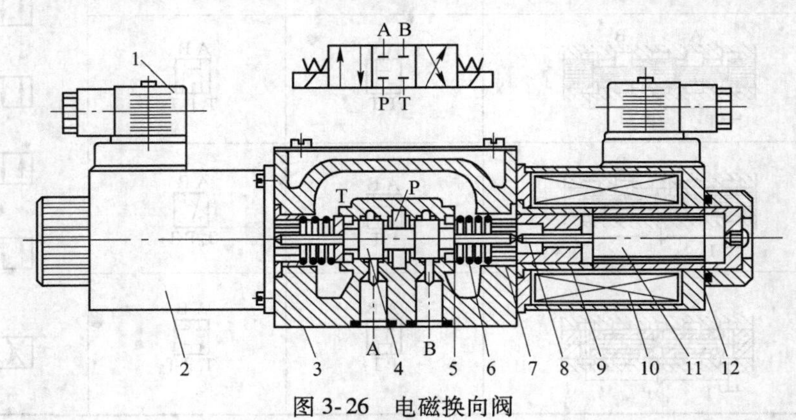

图3-26 电磁换向阀
1—插头组件；2—电磁铁；3—阀体；4—阀芯；5—定位套；6—弹簧；7—挡圈；8—推杆；9—隔磁环；10—线圈；11—衔铁；12—导套

图3-27所示为二位四通电磁阀的符号，图3-27（a）为单电磁铁弹簧复位式，图3-27（b）为电磁铁钢球定位式。二位电磁阀一般都是单电磁铁控制的，但无复位弹簧的双电磁铁二位阀由于电磁铁断电后仍能保留通电时的状态，从而减少了电磁铁的通电时间，延长了电磁铁的寿命，节约了能源。此外，当电源因故中断时，电磁阀的工作状态仍能保留下来，可以避免系统失灵或出现事故，这种“记忆”功能，对于一些连续作业的自动化机械和自动线来说，往往是十分需要的。

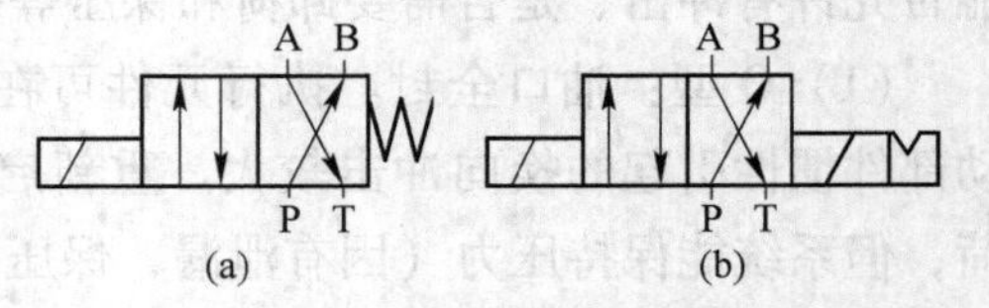

图3-27 二位四通电磁阀图形符号
（a）单电磁铁弹簧复位式；（b）电磁铁钢球定位式

电磁铁按所接电源的不同，分交流和直流两种基本类型。交流电磁铁使用方便，启动力大，但换向时间短（0.01～0.07s），换向冲击大，噪声大，换向频率低（约 30 次/min），而且当阀芯被卡住或由于电压低等原因吸合不上时，线圈易烧坏。直流电磁铁需直流电源或整流装置，但换向时间长（0.1～0.15s），换向冲击小，换向频率允许较高（最高可达 240 次/min），而且有恒电流特性，当电磁铁吸合不上时，线圈不会烧坏，故工作可靠性高。

（3）电液换向阀。电液换向阀是由电磁换向阀和液动换向阀组成的复合阀。电磁换向阀为先导阀，它用以改变控制油路的方向；液动换向阀为主阀，它用以改变主油路的方向。这种阀的优点是可用反应灵敏的小规格电磁阀方便地控制大流量的液动阀换向。

图 3-28（a）、（b）、（c）分别为三位四通电液换向阀的结构简图、图形符号和简化符号。当电磁换向阀的两电磁铁均不通电时（图示位置），电磁阀芯在两端弹簧力作用下处于中位。这时电液换向阀两端的油经两个小节流孔及电磁换向阀的通路与油箱（T）连通，因而它也在两弹簧的作用下处于中位，主油路中，A、B、P、T 油口均不相通。当左端电磁铁通电时，电磁阀芯移至右端，由 P 口进入的压力油经电磁阀油路及左端单向阀进入液动换向阀的左油腔，而液动换向阀右端的油则可经右节流阀及电磁阀上的通道与油箱连通，液动换向阀即在左端液压推力的作用下移至右端，即液动换向阀左位工作。其主油路的通油状态为 P 通 A、B 通 T；反之，当右端电磁铁通电时，电磁阀芯移至左端时，液动换向阀右端进压力油，左端经左节流阀通油箱，阀芯移至左端，即液动换向阀右位工作。其通油状态为 P 通 B、A 通 T。液动换向阀的换向时间可由两端节流阀调整，因而可使换向平稳，无冲击。

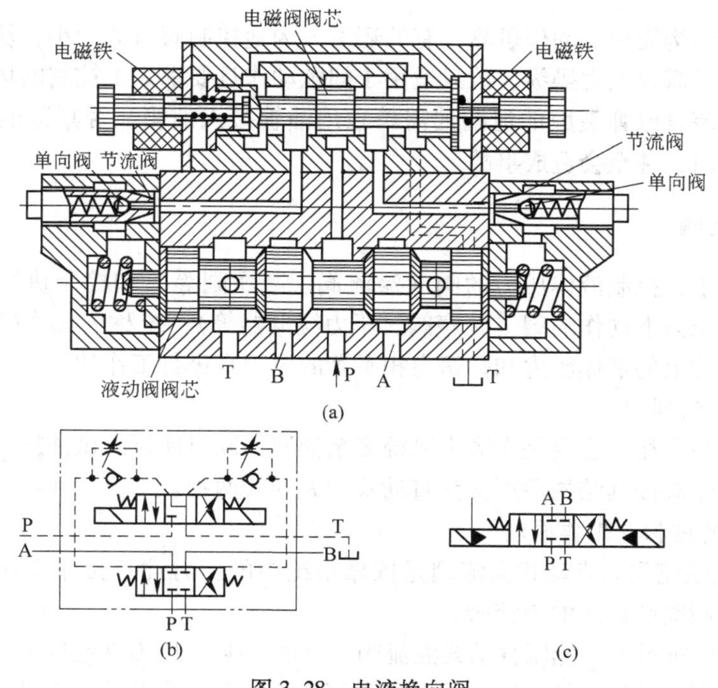

图 3-28　电液换向阀

若在液动换向阀的两端盖处加调节螺钉，则可调节液动换向阀芯移动的行程和各主阀口的开度，从而改变通过主阀的流量，对执行元件起粗略的速度调节作用。

(4) 手动换向阀。手动换向阀是用手推杠杆操纵阀芯换位的方向控制阀。按换向定位方式的不同，手动换向阀有钢球定位式和弹簧复位式两种（见图3-29）。当操纵手柄的外力取消后，前者因钢球卡在定位沟槽中，可保持阀芯处于换向位置；后者则在弹簧力作用下阀芯自动回复到初始位置。

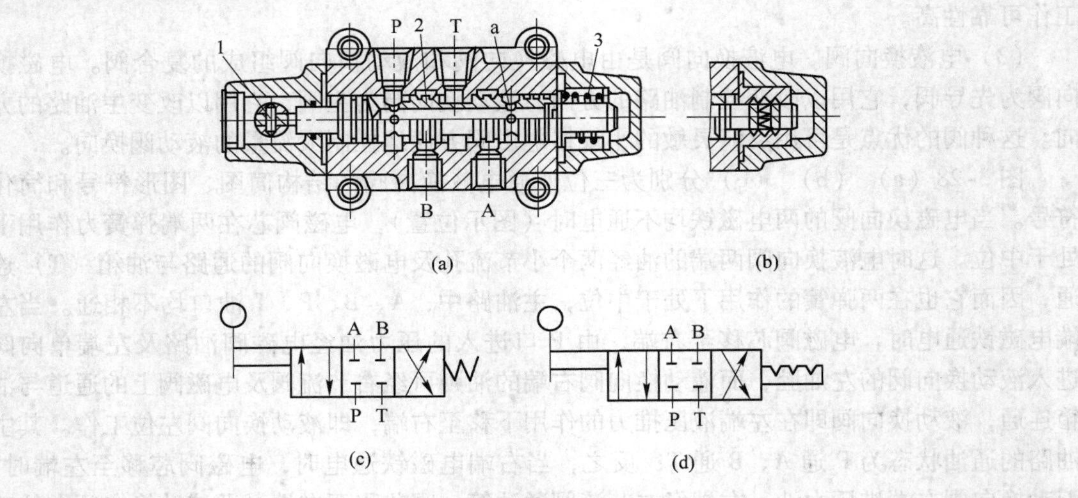

图3-29 手动换向阀

(a)，(c) 弹簧复位式；(b)，(d) 钢球定位式

1—手柄；2—阀芯；3—弹簧

手动换向阀结构简单，动作可靠，有的还可人为地控制阀口的大小，从而控制执行元件的速度。但由于需要人力操纵，故只适用于间歇动作且要求人工控制的场合。使用中需注意的是：定位装置或弹簧腔的泄漏油需单独用油管接入油箱，否则漏油积聚会产生阻力，以致不能换向，甚至会造成事故。

3.4.3 压力控制阀

在液压系统中，控制液体压力的阀（溢流阀、减压阀等）和控制执行元件及电气元件等在某一调定压力下动作的阀（顺序阀、压力继电器等），统称为压力控制阀。它们都是利用作用在阀芯上的液体压力和弹簧力相平衡的原理来进行工作的。

3.4.3.1 溢流阀

溢流阀有多种用途，主要是在溢去系统多余油液的同时使泵的供油压力得到调整并保持基本恒定。溢流阀按其结构原理分为直动式和先导式两种。

A 溢流阀的结构及工作原理

(1) 直动式溢流阀。直动式溢流阀是依靠系统中的压力油直接作用在阀芯上与弹簧力相平衡，来控制阀芯启闭的溢流阀。

图3-30 (a) 所示为一低压直动式溢流阀。进油口P的压力油经阀芯3上的阻尼孔a通入阀芯底部，当进油压力较小时，阀芯在弹簧2的作用下处于下端位置，将进油口P和与油箱连通的出油口T隔开，即不溢流。当进油压力升高，阀芯所受的油压推力超过弹簧的压紧力F_s时，阀芯抬起，油口P和T连通，多余的油液排回油箱，即溢流。阻尼孔a

的作用是提高阀工作的平稳性，减小油压的脉动，弹簧的压紧力可通过调整螺母1调整。

当通过溢流阀的流量变化时，阀口的开度也随之改变。但由于在弹簧压紧力 F_s 调好以后作用于阀芯上的液压力 $p=F_s/A$（A 为阀芯的有效作用面积），因而，当不考虑阀芯自重、摩擦力和液动力的影响时，可以认为溢流阀进口处的压力 p 基本保持为定值。故调整弹簧的压紧力 F_s，也就调整了溢流阀的工作压力 p。

若用直动式溢流阀控制较高压力或较大流量时，需用刚度较大的硬弹簧，结构尺寸也将较大，调节困难，油的压力和流量的波动也较大。因此，直动式溢流阀一般只用于低压小流量系统，或作为先导阀使用。

（2）先导式溢流阀。先导式溢流阀由先导阀和主阀两部分组成。在图3-31（a）中，此溢流阀由两部分组成，一部分是由带阻尼孔6的阀芯7组成的主阀部分；另一部分是由锥阀2及弹簧14组成的压力调节部分。当高压油从进油口10流入油腔的压力超过弹簧14的预调压力时，由油腔11经阻尼孔6、油腔12进入的高压油将锥阀2顶开，油液经阀芯7中心孔流出，油腔11和12之间由于阻尼孔6的作用产生压力差，使阀芯7上移，将进油腔11和回油腔9沟通，主阀开始溢流。若将外控口15与远程调压阀连接，则可进行远程调压，但必须注意，此时应把调压弹簧14调到最满紧状态。外控口如果与油箱连接，此时油泵处于卸荷状态，即油泵处于空载运转。

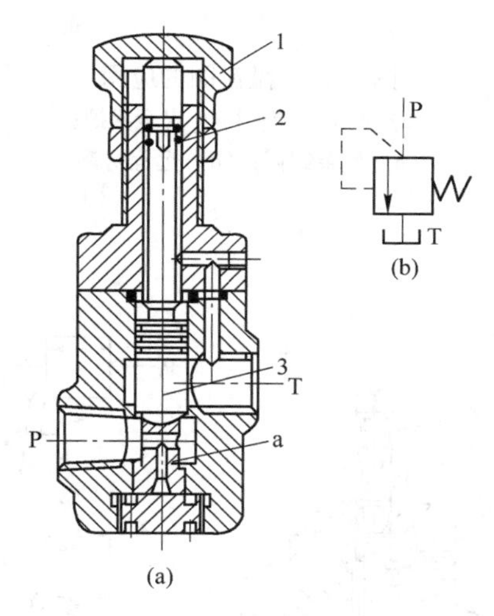

图3-30 直动式溢流阀

1—调整螺母；2—弹簧；3—阀芯

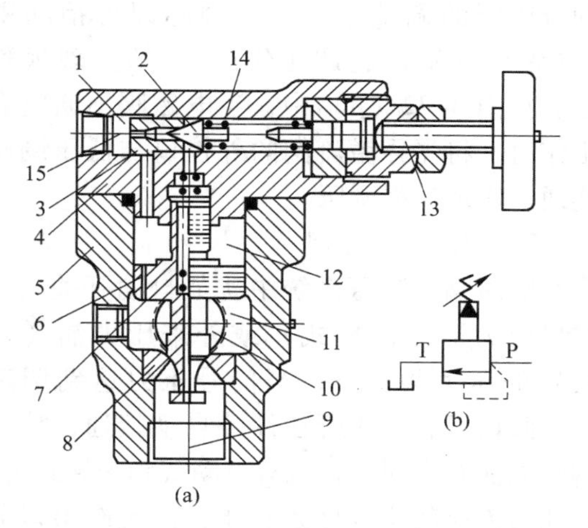

图3-31 先导型溢流阀

1—油腔；2—锥阀；3，8—阀座；4—先导阀体；5—主阀体；6—阻尼孔；7—阀芯；9—回油腔；10—进油口；11，12—油腔；13—螺杆；14—弹簧；15—外控口

图3-31（b）是先导式溢流阀的图形符号。

B 溢流阀在液压系统中的应用

（1）调压溢流。系统采用定量泵供油时，常在其进油路或回油路上设置节流阀或调速阀，使泵油的一部分进入液压缸工作，而多余的油须经溢流阀流回油箱，溢流阀处于其调压力下的常开状态。调节弹簧的压紧力，也就调节了系统的工作压力。因此，在这种情况下溢流阀的作用即为调压溢流，如图3-32(a)所示。

(2) 安全保护。系统采用变量泵供油时，系统内没有多余的油需溢流，其工作压力由负载决定。这时与泵并联的溢流阀只有在过载时才需打开，以保障系统的安全。因此，这种系统中的溢流阀又称作安全阀，它是常闭的，如图3-32(b)所示。

(3) 使泵卸荷。采用先导式溢流阀调压的定量泵系统，当阀的外控口K与油箱连通时，其主阀芯在进口压力很低时即可迅速抬起，使泵卸荷，以减少能量损耗。在图3-32(c)中，当电磁铁通电时，溢流阀外控口通油箱，因而能使泵卸荷。

(4) 远程调压。当先导式溢流阀的外控口(远程控制口)与调压较低的溢流阀(或远程调压阀)连通时，其主阀芯上腔的油压只要达到低压阀的调整压力，主阀芯即可抬起溢流(其先导阀不再起调压作用)，即实现远程调压。在图3-32(d)中，当电磁阀不通电右位工作时，将先导溢流阀的外控口与低压调压阀连通，实现远程调压。

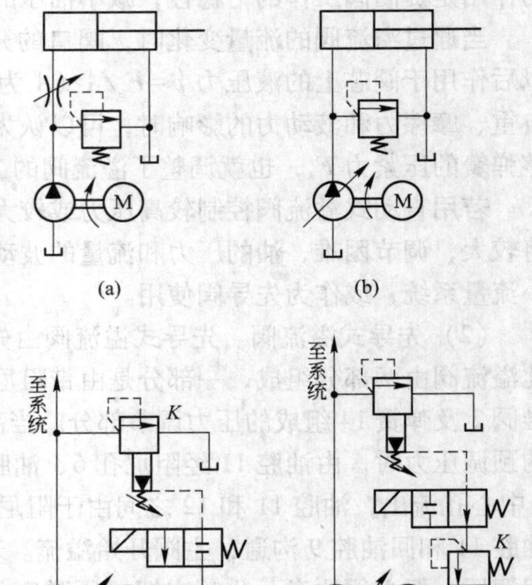

图3-32 溢流阀的应用

(a) 调节溢流；(b) 安全保护；(c) 使泵卸荷；(d) 远程协调

3.4.3.2 顺序阀

顺序阀在液压系统中犹如自动开关。它以进口压力油(内控式)或外来压力油(外控式)的压力为信号，当信号压力达到调定值时，阀口开启，使所在油路自动接通，故其结构和溢流阀类同，且也有直动式和先导式之分。它和溢流阀的主要区别在于：溢流阀出口通油箱，压力为零；而顺序阀出口通向压力的油路(卸荷阀除外)，其压力数值由出口负载决定。

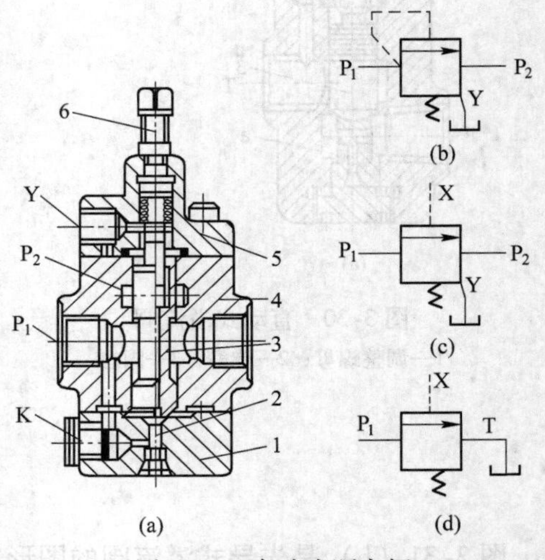

图3-33 直动式顺序阀

1—下盖；2—控制活塞；3—阀芯；4—阀体；5—上盖；6—调压螺钉

图3-33(a)所示为螺纹连接型直动式顺序阀。外控口K用螺塞堵住，外泄油口Y通油箱。压力油自进油口P_1通入，经阀体上的孔道和下盖上的阻尼孔流到控制活塞的底部，当其推力能克服阀芯上的调压弹簧阻力时，阀芯上升，进、出油口P_1和P_2连通，压力油便从阀口流过，经阀芯与阀体间的缝隙进入弹簧腔从外泄口Y泄入油箱。这样一种油口连通情况的顺序阀，称为内控外泄顺序阀，其符号见图3-33(b)。

将图3-33（a）中的下盖旋转90°或180°安装，切断进油流往控制活塞下腔的通路，并去除外控口的螺塞，接入引自他处的压力油（称控制油），便成为外控外泄顺序阀，符号见图3-33（c）。一般情况下，调压弹簧预压缩量可调得很小，使控制油压较低时便可开启阀口，且与进口压力无关。

若再将上端盖旋转90°安装，还可使弹簧腔与出油口B相连（阀体上开有沟通孔道，图中未剖出），并将外泄口Y堵塞，便成为外控内泄顺序阀，符号见图3-33（d）。外控内泄顺序阀只用于出口接油箱的场合，常用以使泵卸荷，故又称卸荷阀。

直动式顺序阀设置控制活塞的目的是缩小进口压力油的作用面积，以便采用较软的弹簧来提高阀的$p—q$性能。这种直动式顺序阀的最高工作压力可达14MPa，最高控制压力为7MPa。对性能要求较高的高压大流量系统，需采用先导式顺序阀。

先导式顺序阀的结构与先导式溢流阀大体相似，其工作原理也基本相同，这里不再详述。先导式顺序阀同样也有内控外泄、外控外泄和外控内泄等几种不同的控制方式以备选用。

3.4.3.3 减压阀

减压阀主要用于降低系统某一支路的油液压力，使同一系统能有两个或多个不同压力的回路。例如当系统中的夹紧支路或润滑支路需要稳定的低压时，只需在该支路上串联一个减压阀即可。

按工作原理，减压阀亦有直动式和先导式之分。直动式减压阀在系统中较少单独使用。采用直动式结构的定差减压阀仅作为调速阀的组成部分使用。先导式减压阀则应用较多。图3-34所示为一种先导式减压阀的典型结构，它能使出口压力降低并保持恒定，故称定值输出减压阀，通常简称减压阀。

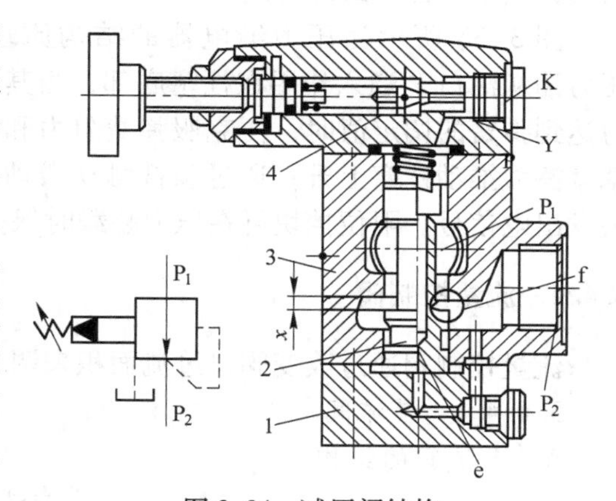

图3-34 减压阀结构

1—端盖；2—主阀芯；3—阀体；4—先导阀芯；P_1—进油口；P_2—出油口；K—外控口；Y—泄油口

图3-34中，压力油由阀的进油口P_1流入，经减压口f减压后由出油口P_2流出。出口压力油经阀体与端盖上的通道及主阀芯内的阻尼孔e引入到主阀芯的下腔和上腔，并以出口压力作用在先导阀上。当出口压力低于先导阀的调定压力时，先导阀关闭，主阀芯上、下两腔压力相等，主阀芯被弹簧压在最下端，减压口开度x为最大值，压降最小，阀处于非工作状态。当出口压力达到先导阀的调定压力时，先导阀被打开，主阀弹簧腔的泄油便由泄油口Y流往油箱，在主阀芯阻尼孔内形成流动，使主阀芯两端产生压力差，主阀芯便在此压力差作用下克服弹簧阻力抬起，减压口开度x值减小，压降增加，引起出口压力降低，直到等于先导阀调定的数值为止。出口压力若由于外界干扰而变动时，减压阀将会自动调整减压口开度x来保持调定的出口压力数值基本不变。

在减压阀出口油路的油液不再流动的情况下（如所连的夹紧支路的油缸运动到底后），由于先导阀泄油仍未停止，减压口仍有油液流动，阀就仍然处于工作状态，出口压力也就保持调定数值不变。

可以看出，与溢流阀、顺序阀相比较，减压阀的主要特点是：阀口常开，从出口引压力油去控制阀口开度，使出口压力恒定；泄油单独接入油箱。这些特点在图3-34的元件符号上都有所反映。

3.4.3.4 压力继电器

压力继电器是一种液-电信号转换元件。当控制油压达到调定值时，便触动电气开关发出电信号控制电气元件（如电动机、电磁铁、电磁离合器等）动作，实现泵的加载或卸载、执行元件顺序动作、系统安全保护和元件动作联锁等。任何压力继电器都由压力-位移转换装置和微动开关两部分组成。按前者的结构分，有柱塞式、弹簧管式、膜片式和波纹管式四类，其中以柱塞式最常用。

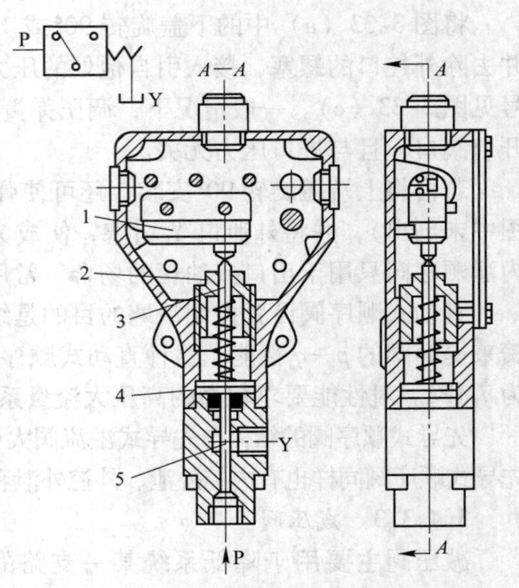

图3-35 压力继电器

1—微动开关；2—调节螺丝；3—顶杆；4—限位挡块；5—柱塞

图3-35所示为压力继电器的结构原理。压力油从油口P通入作用在柱塞底部，当其压力达到弹簧的调定值时，便克服弹簧阻力和柱塞摩擦力推动柱塞上升，通过顶杆触动微动开关发出电信号。限位挡块可在压力超载时保护微动开关。

3.4.4 流量控制阀

流量控制阀通过改变阀口过流面积来调节输出流量，从而控制执行元件的运动速度。

3.4.4.1 节流阀

A 节流阀的结构

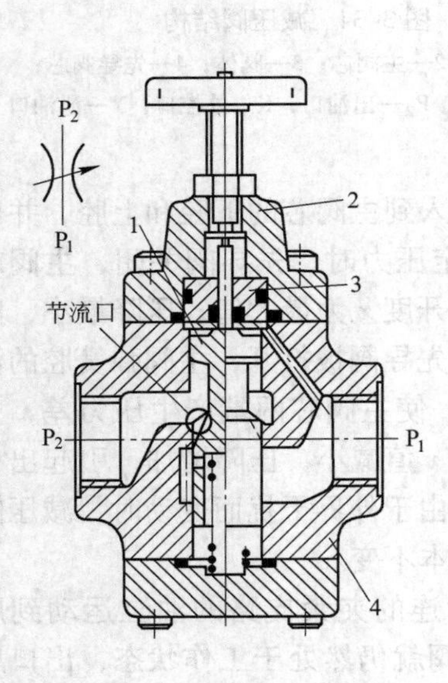

图3-36 节流阀

1—阀芯；2—顶盖；3—导套；4—阀体

节流阀的结构如图3-36所示。压力油从进油口P_1流入，经节流口从出油口P_2流出。节流口所在阀芯锥部通常开有2个或4个三角槽（节流口还有其他若干的结构形式）。调节手轮，进、出油口之间通流面积变化，即可调节流量。弹簧用于顶紧阀芯保持阀口开度不变。这种阀口的调节范围大，流量与阀口前后的压力差成线性关系，有较低的稳定流量，但流道有一定长度，流量易受温度影响。进口油液通过弹簧腔径向小孔和阀体上斜孔同时作用在阀芯的上下两端，使阀芯两端液压力平衡。所以，即使在高压下工作，它也能轻便地用于调节阀口开度。

B 节流阀的流量特性和影响稳定的因素

节流阀的输出流量与节流口的结构形式有关，实用的节流口都介于理想薄刃孔和细长孔之间，故其流量特性可用小孔流量通用公式 $q=KA\Delta p^m$ 来描述，其特性曲线见图3-37。

人们希望节流阀阀口的面积一旦调定，通过流量即不变化，以使执行元件速度稳定，但实际上做不到这点。其主要原因有二：

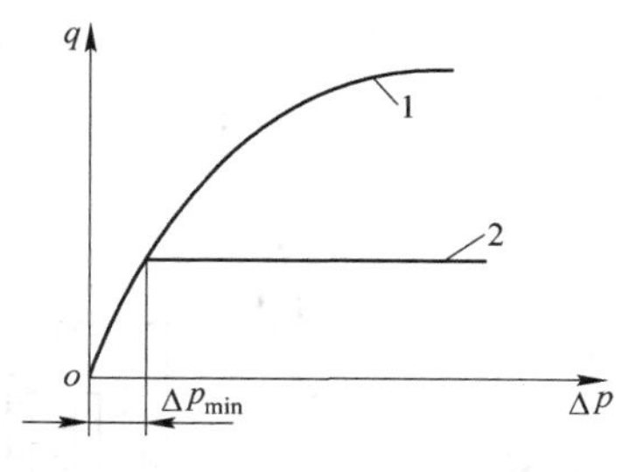

图 3-37 流量阀的流量特性曲线
1—节流阀；2—调速阀

（1）负载变化的影响。液压系统负载常非定值，负载变化后，执行元件工作压力随之发生变化，与执行元件相连的节流阀前后压差 Δp 即发生变化，流量也就随之变化。薄刃孔 m 值最小，故负载变化对薄刃孔流量的影响最小。

（2）温度变化的影响。油温变化引起油的黏度变化，小孔流量通用公式中的系数 K 就发生变化，从而使流量发生变化。显然，节留孔越长，影响越大；薄刃孔长度短，对温度变化最不敏感。

实验表明，在压差、油温和黏度等因素不变的情况下，当节流阀开度很小时，流量会出现不稳定，甚至断流，这种现象称为阻塞。产生阻塞的主要原因是：节流口处高速液流产生局部高温，致使油液氧化生成胶质沉淀，甚至引起油中碳的燃烧产生灰烬，这些生成物和油中原有杂质结合，在节流口表面逐步形成附着层，它不断堆积又不断被高速液流冲掉，流量就不断发生波动，附着层堵死节流口时则断流。

阻塞造成系统执行元件速度不均，因此节流阀有一个正常工作（指无断流且流量变化率不大于 10%）的最小流量限制值，称为节流阀的最小稳定流量。轴向三角槽式节流口的最小稳定流量为 30~50mL/min，薄刃孔则可低达 10~15mL/min（因流道短和水力直径大，减少了污染物附着的可能性）。

在实际应用中，防止节流阀的阻塞的措施是：

（1）油液要精密过滤。实践证明，5~10μm 的过滤精度能显著改变阻塞现象。为除去铁质污染，采用带磁性的滤油器效果更好。

（2）节流阀两端压差要适当。压差大，节流口能量损失大，温度高；对等同流量，压差大对应的过流面积小，易引起阻塞。设计时一般取压差 $\Delta p=0.2\sim0.3$MPa。

3.4.4.2 调速阀

A 调速阀的工作原理

由于节流阀前后的压差 Δp 随负载而变化，根据流量公式 $q=KA\Delta p^m$，则其输油量将受 Δp 变化的影响。所以在速度稳定性要求高的场合，一般节流阀是不能满足工作要求的。只有使节流阀两端的压差不随负载变化，才能使通过节流阀的流量保持常数。调速阀采用减压阀（定差减压阀）和节流阀串联组合的形式，用减压阀来保证节流阀的流量为定值。其工作原理图和图形符号如图 3-38 所示。

在图 3-38（a）中，压力为 p_1 的油液流经减压阀后（节流阀前）的压力为 p_2，压力为 p_2 的油液同时通入减压阀阀芯大端和小端的左腔。通过节流阀后的油液压力则为 p_3，压力为 p_3 的油液同时通入减压阀芯的右腔（有弹簧的一腔）。减压阀阀芯左端总有效作用面积 A_1 和右端有效作用面积 A 相等。若不考虑阀杆上的摩擦力和阀芯本身的自重，阀芯上受力的平衡方程式为：

$$p_2A_1=p_3A+F_S \tag{3-30}$$

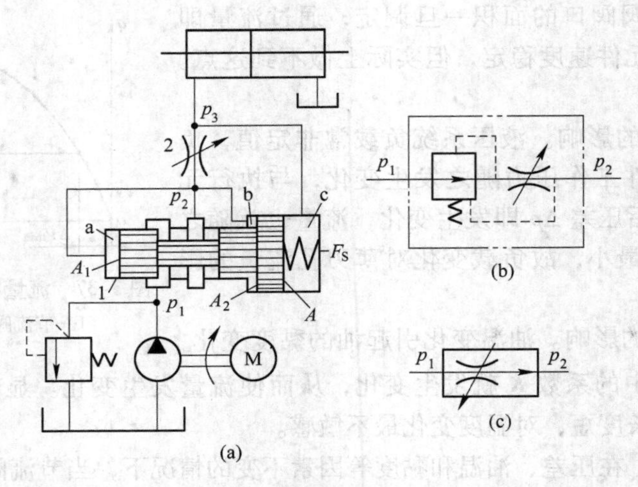

图3-38 调速阀的工作原理

(a) 工作原理图；(b)，(c) 图形符号

1—减压阀；2—节流阀

即
$$p_2 - p_3 = \frac{F_S}{A} \tag{3-31}$$

式中 F_S——弹簧力，N；

A——阀芯的有效作用面积，m^2。

B 调速阀的结构

图3-39所示为Q型调速阀的结构图。高压油从进油口进入环槽f，经减压阀的阀后到环槽e，再经孔g，节流阀2的三角沟节流口、油腔b、孔a从出油口（图中未表示）流出。节流阀前的压力油经孔d进入减压阀阀芯3大台肩的右腔，并经减压阀阀芯3的中孔流入阀芯小端的右腔。节流阀后的压力油则经孔a和孔c（孔a到孔c的通道图中未表示）通到减压阀芯3大端的左腔。转动手柄1，使节流阀阀芯轴向移动，就可以调节所需的流量。

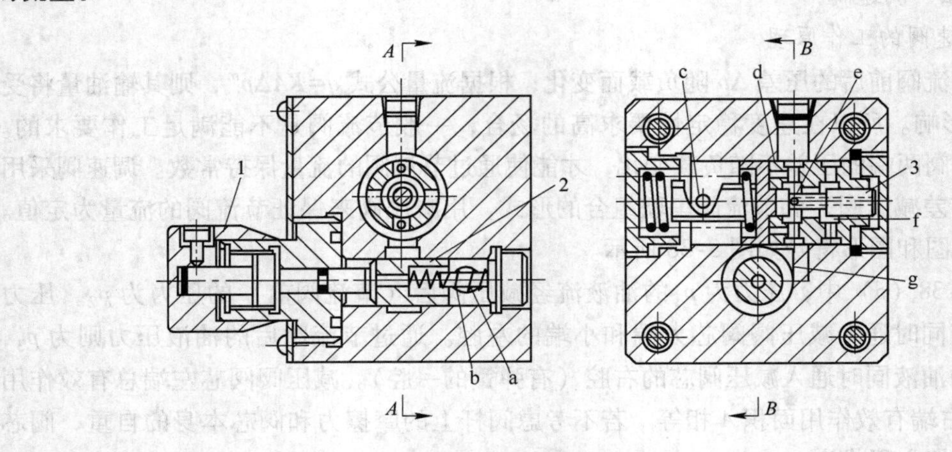

图3-39 Q型调速阀

1—手柄；2—节流阀；3—减压阀芯

Q 型调速阀工作压力为 0.5~6.3MPa。阀的进出油口不能调换。发现流量不稳定，应取出减压阀，清洗阀孔、阀芯，检查阻尼孔是否堵塞等。

3.4.5 二通插装阀

普通液压阀在流量小于 200~300L/min 的系统中性能良好，但用于大流量系统并不具有良好的性能，特别是阀的集成更成为难题。

A 二通插装阀的组成、结构和工作原理

图 3-40 所示为二通插装阀的结构原理，它由控制盖板、插装主阀（由阀套、弹簧、阀芯及密封件组成）、插装块体和先导元件（置于控制盖板上，图中未画）组成。插装主阀采用插装式连接，阀芯为锥形；根据不同的需要，阀芯的锥端可开阻尼孔或节流三角槽，也可以是圆柱形阀芯。

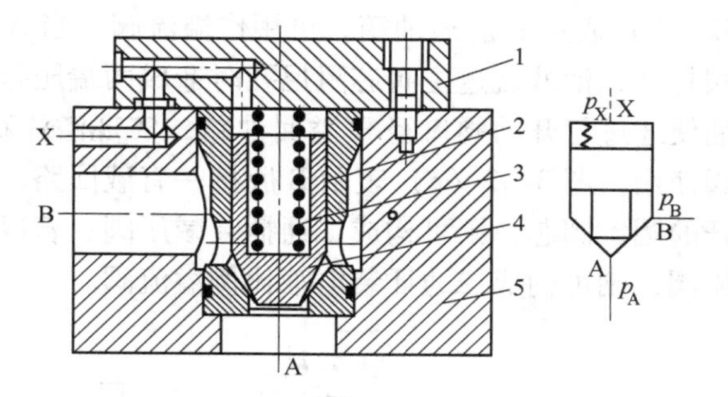

图 3-40 二通插装阀

1—控制盖板；2—阀套；3—弹簧；4—阀芯；5—插装块体

盖板将插装主阀封装在插装块体内，并沟通先导阀和主阀。通过主阀阀芯的启闭，可对主油路的通断起控制作用。使用不同的先导阀可构成压力控制、方向控制或流量控制，并可组成复合控制。若干个不同控制功能的二通插装阀组装在一个或多个插装块体内便组成液压回路。

二通插装阀相当于一个液控单向阀。A 和 B 为主油路仅有的两个工作油口（所以称为二通阀），X 为控制油口。通过控制油口的启闭和对压力大小的控制，即可控制主阀阀芯的启闭和油口 A、B 的流向与压力。

B 二通插装方向控制阀

图 3-41 示出几个二通插装方向控制阀的实例。

图 3-41（a）表示用作单向阀。设 A、B 两腔的压力分别为 p_A 和 p_B，当 $p_A>p_B$ 时，锥阀关闭，A 和 B 不通；当 $p_A<p_B$，且 p_B 达到一定数值（开启压力）时，油液便打开锥阀从 B 流向 A（若将图 3-41a 改为 B 和 X 腔沟通，便构成油液可从 A 流向 B 的单向阀）。

图 3-41（b）用作二位二通换向阀，在图示状态下，锥阀开启，A 和 B 连通；当二位三通电磁阀通电且 $p_A>p_B$ 时，锥阀关闭，A、B 油路切断。

图 3-41（c）用作二位三通换向阀，在图示状态下，A 和 T 连通，A 和 P 断开；当二位四通阀通电时，A 和 P 连通，A 和 T 断开。

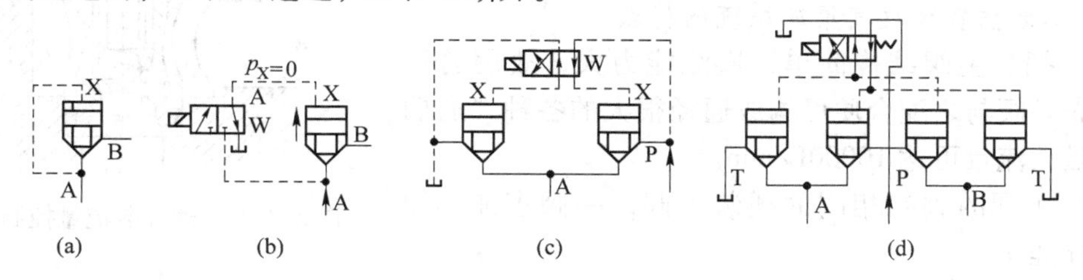

图 3-41 二通插装方向控制阀

图3-41（d）用作二位四通阀，在图示状态下，A和T、P和B连通；当二位四通阀通电时，A和P、B和T连通。

用多个先导阀（如上述各电磁阀）和多个主阀相配，可构成复杂位通组合的二通插装换向阀，这是普通换向阀做不到的。

C 二通插装压力控制阀

对X腔采用压力控制可构成各种压力控制阀，其结构原理如图3-42（a）所示。用直动式溢流阀作为先导阀来控制插装主阀2，在不同的油路连接下便构成不同的压力阀。图3-42（b）表示B腔通油箱，可用作溢流阀。当A腔油压升高到先导阀调定的压力时，先导阀打开，油液流过主阀芯阻尼孔时造成两端压差，使主阀芯克服弹簧阻力开启，A腔压力油便通过打开的阀口经B溢回油路，实现溢流稳压。当二位二通阀通电时便可作为卸荷阀使用。图3-42（c）表示B腔接一有载回路，则构成顺序阀。此外，若主阀采用油口常开的圆锥阀芯，则可构成二通插装减压阀；若以比例溢流阀作先导阀，代替图中直动式溢流阀，则可构成二通插装电液比例溢流阀。

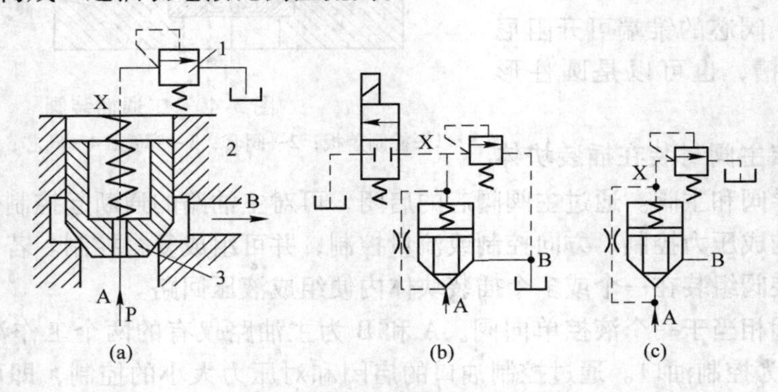

图3-42 二通插装压力控制阀

（a）结构原理；（b）B腔通油箱；（c）B腔接有载回路

1—直动式溢流阀；2—插装主阀；3—阀芯

D 二通插装控制阀

在二通插装方向控制阀的盖板上增加阀芯行程调节器以调节阀芯的开度（见图3-43），这个方向阀就兼具了可调节流阀的功能。阀芯上开有三角槽，以便于调节开口大小。若用比例电磁铁取代节流阀的手调装置，则可组成二通插装电液比例节流阀。若在二通插装节流阀前串联一个定差减压阀，就可组成二通插装调速阀。

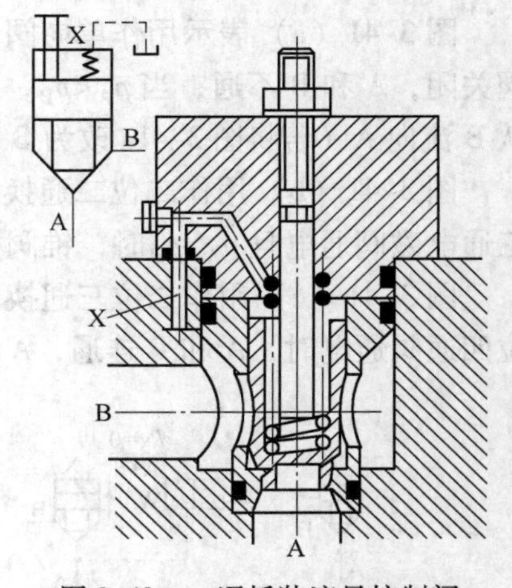

图3-43 二通插装流量控制阀

E 二通插装阀及其集成系统的特点

（1）插装主阀结构简单，通流能力大，故用通径很小的先导阀与之配合便可构成通径很大的各种二通插装阀，最大流量可达10000L/min。

（2）不同的阀有相同的插装主阀，一阀多能，便于实现标准化。

（3）泄漏小，便于无管连接，先导阀功率又小，具有明显的节能效果。

二通插装阀目前广泛用于冶金、船舶、塑料机械等大流量系统中。

3.5 液压辅助元件

液压系统的辅助元件包括滤油器、油箱、管件、密封件、热交换器和蓄能器等。除油箱通常需要自行设计外，其余皆为标准件。轻视“辅”件是错误的，事实上，它们对系统的性能、效率、温升、噪声和寿命的影响极大。

3.5.1 蓄能器

3.5.1.1 蓄能器的结构与性能

蓄能器是液压系统的储能元件，它储存多余的压力油，并在需要时释放出来供给系统。目前常用的是利用气体膨胀和压缩进行工作的充气式蓄能器，它主要有活塞式和气囊式两种。

（1）活塞式蓄能器。活塞式蓄能器的结构如图 3-44 所示。活塞 1 的上部为压缩空气，气体由气门 3 充入，其下部经油孔 a 通液压系统。活塞随下部压力油的储存和释放而在缸筒 2 内滑动。活塞上装有 O 形密封圈。这种蓄能器结构简单，寿命长，但因活塞有一定的惯性和摩擦力，反应不够灵敏，故不宜用于缓和冲击和脉动以及低压系统。此外，其密封件磨损后，会使气液混合，影响系统的工作稳定性。

（2）气囊式蓄能器。气囊式蓄能器结构如图 3-45 所示。气囊 3 用耐油橡胶制成，固定在耐高压的壳体 2 的上部。囊内充惰性气体（一般为氮气）。壳体下端的提升阀 4 是一个用弹簧加载的菌形阀。压力油从此通入，并能在油液全部排出时，防止气囊膨胀挤出油口。该结构气液密封可靠，气囊惯性小，反应灵敏，克服了活塞式的缺点，但工艺性较差。

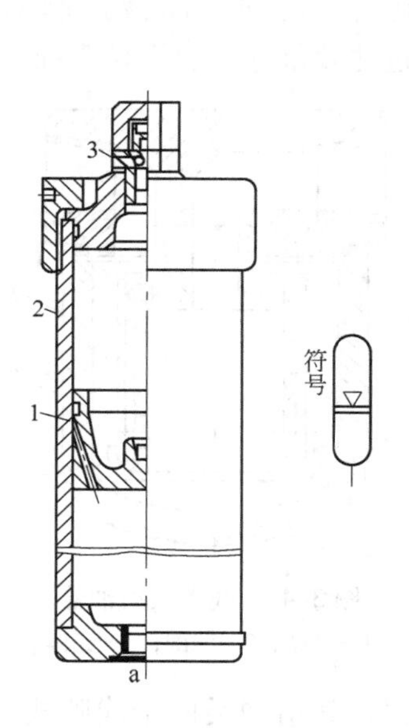

图 3-44 活塞式蓄能器

1—活塞；2—缸筒；3—气门

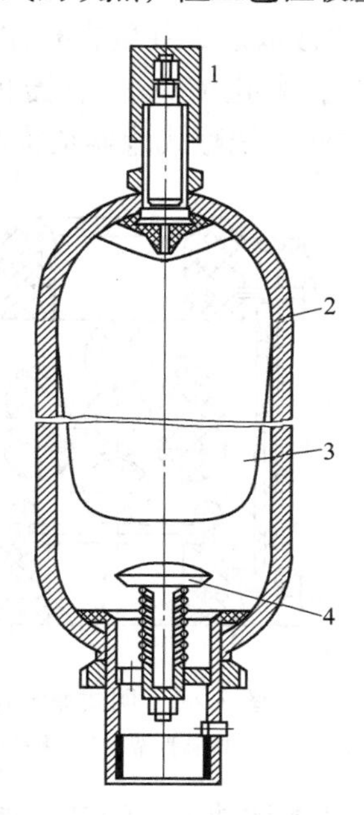

图 3-45 气囊式蓄能器

1—充气阀；2—壳体；3—气囊；4—菌形阀

3.5.1.2 蓄能器的功用

(1) 作辅助动力源。工作时间较短的间歇工作系统或一个循环内速度差别很大的系统，使用蓄能器作辅助动力源可降低泵的规格，增大执行元件的速度，提高效率，减少发热。

(2) 保压补漏。若液压缸需要在相当长一段时间内保压而无动作（例如机床夹具夹紧工件或液压机压制工件），这时可令泵卸荷，用蓄能器保压并补充系统泄漏。

(3) 作应急动力源。有的系统（如静压支承供油系统），当泵损坏或停电不能正常供油时可能发生事故，应在系统中增设蓄能器作应急动力源。

(4) 吸收系统脉动，缓和液压冲击。齿轮泵、柱塞泵和溢流阀等均会产生流量和压力脉动，系统在启、停或换向时也易引起液压冲击。必要时应在脉动和冲击源处设置蓄能器，以起缓冲作用。

3.5.2 滤油器

3.5.2.1 滤油器的主要类型及其性能

按滤芯的材料和结构形式的不同，滤油器可分为网式、线隙式、纸芯式、烧结式及磁性滤油器等。

(1) 网式滤油器。图3-46所示为网式滤油器，在周围开有很多窗孔的塑料或金属筒形骨架1上包着一层或两层铜线网2；过滤精度由网孔大小和层数决定，有80μm、100μm和180μm三个等级。网式滤油器结构简单，清洗方便，通油能力大，但过滤精度低，常用于吸油管路，对油液进行粗滤。

(2) 线隙式滤油器。图3-47所示为线隙式滤油器。它用铜线或铝线2密绕在筒形芯架1的外部组成滤芯，并装在壳体3内（用于吸油管路上的滤油器则无壳体）。油液经线间缝隙和芯架槽孔流入滤油器内，再从上部孔道流出。这种滤油器控制的精度在30~100μm之间。线隙式滤器结构简单，通油能力大，过滤效果好，但不易清洗。

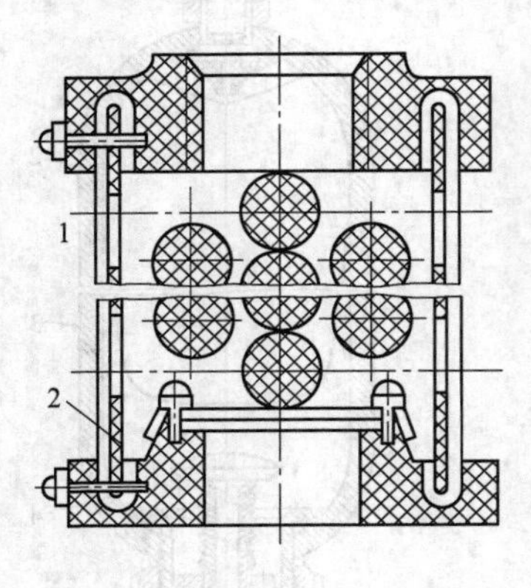

图3-46 网式滤油器
1—筒形骨架；2—铜线网

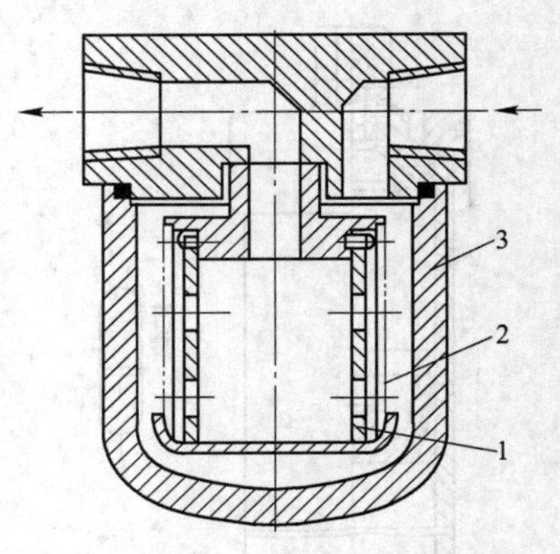

图3-47 线隙式滤油器
1—芯架；2—线圈；3—壳体

(3) 纸芯式滤油器。纸芯式滤油器又称纸质滤油器，其结构类同于线隙式，只是滤芯为纸质。图3-48所示为纸质滤油器的结构，滤芯由三层组成：外层2为粗眼钢板网，中层3为折叠成的星状滤纸，里层4由金属丝网与滤纸折叠组成。这样就提高了滤芯强度，延长了寿命。纸质滤油器的过滤精度高（5～30μm）可在高压（38MPa）下工作，结构紧凑，通油能力较大。其缺点是无法清洗，需经常更换滤芯。

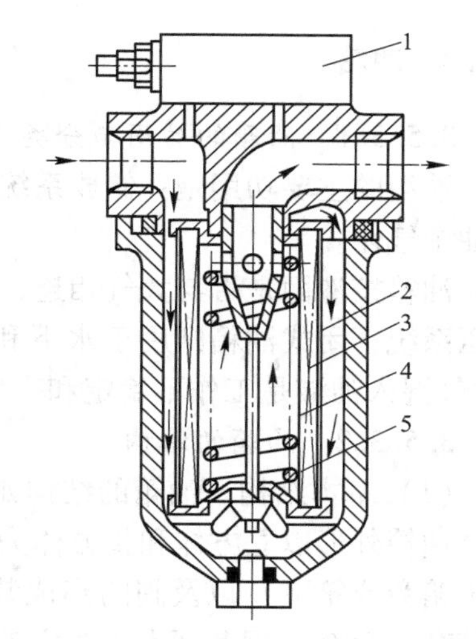

图 3-48 纸质滤油器
1—堵塞状态发讯装置；2—滤芯外层；3—滤芯中层；4—滤芯里层；5—支承弹簧

（4）烧结式滤油器。图 3-49 所示为金属烧结式滤油器。滤芯可按需要制成不同的形状。选择不同粒度粉末烧结成不同厚度的滤芯，可以获得不同的过滤精度（10～100μm 之间）。烧结式滤油器的过滤精度较高，滤芯的强度高，抗冲击性能好，能在较高温度下工作，有良好的抗腐蚀性，且制造简单。其缺点是易堵塞，难清洗，烧结颗粒在使用中可能会脱落。

3.5.2.2 滤油器的安装位置

（1）安装在泵的吸油口。这种安装主要用来保护泵不致吸入较大的机械杂质。视泵的要求可用粗的或普通精度的滤油器。为不影响泵的吸油性能，防止发生气穴现象，滤油器的过滤能力应为泵流量的两倍以上，压力损失不得超过 0.01～0.35MPa。必要时，泵的吸入口应置于油箱液面以下。

（2）安装在泵的出口油路上。这种安装主要用来滤除可能侵入阀类元件的污染物，一般采用 10～15μm 过滤精度的精滤油器。它应能承受油路上的工作压力和冲击压力，其压力降应小于 0.035MPa，并应有安全阀和堵塞状态发讯装置，以防泵过载和滤芯损坏。

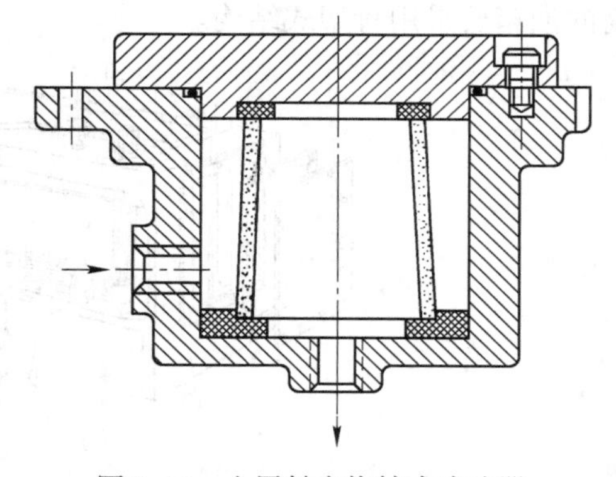
图 3-49 金属粉末烧结式滤油器

（3）安装在系统的回油管路上。这种安装可在油液流入油箱以前滤去污染物，为泵提供清洁的油液。因回油路压力极低，可采用滤芯强度不高的精滤油器，并允许滤油器有较大的压力降，故滤油器也可简单地并联一单向阀作为安全阀，以防堵塞或低温启动时高黏度油液流过所引起的系统压力的升高。

（4）安装在系统的分支油路上。当泵流量较大时，若仍采用上述各种油路过滤，滤油器可能过大。为此可在只有泵流量 20%～30%的支路上安装一小规格滤油器，对油液起滤清作用。

（5）安装在系统外的过滤回路上。大型液压系统可专设一液压泵和滤油器来滤除油液中的杂质以保护主系统。所谓滤油车即可供此用。研究表明，在压力和流量波动下，滤油器的功能会大幅度降低。显然，前述安装都有此影响，而系统外的过滤回路却没有，故过滤效果较好。

安装滤油器时应当注意，一般滤油器都只能单向使用，即进出油口不可反用，以利于滤芯清洗和安全。因此，滤油器不要安装在液流方向可能变换的油路上，必要时可增设单向阀和滤油器，以保证双向过滤。

3.5.3 油箱

3.5.3.1 油箱的功用与分类

油箱的主要功用是：储放系统工作用油；散发系统工作中产生的热量；沉淀污物并逸出油中气体。

油箱按液面是否与大气相连，可分为开式油箱与闭式油箱。开式油箱广泛用于一般的液压系统；闭式油箱则用于水下和高空无稳定气压或对工作稳定性与噪声有严格要求处（空气混入油液是工作不稳定和产生噪声的重要原因）。本书仅介绍开式油箱。

3.5.3.2 油箱的结构

（1）基本结构。油箱的结构如图3-50所示。为了在相同的容量下得到最大的散热面积，油箱外形以立方体和长方体为宜。油箱的顶盖上一般要求安放泵和电动机（也有的置于箱旁或箱下）以及阀的集成装置等，这基本决定了箱盖的尺寸；最高油面只允许达到箱高的80%。据此两点可决定油箱的三向尺寸。油箱一般用2.5~4mm的钢板焊成，顶盖要适当加厚并用螺钉通过焊在箱体上的角钢加以固定。顶盖可以是整体的，也可分列为几块。泵、电动机和阀的集成装置可直接固定在顶盖上，也可固定在图3-50所示安装板6上，安装板与顶盖应垫上橡胶板以缓和振动。油箱底脚高度应在150mm以上，以便散热、搬移和放油。油箱四周要有吊耳，以便直吊装运。油箱应有足够的刚度，大容量且较高的油箱要采用骨架式结构。

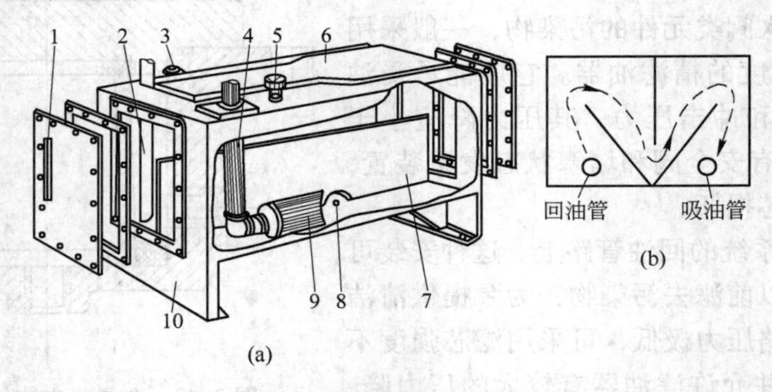

图3-50 油箱结构示意图

（a）结构示意图；（b）三隔板原理图

1—液面指示器；2—回油管；3—泄油管；4—吸油管；5—空气滤清器；6—盖板；7—隔板；8—放油口；9—滤油器；10—清洗窗

（2）吸、回、泄油管的设置。泵的吸油管4与系统回油管2之间的距离应尽可能远些，管口都应插入最低油面之下，但离箱底距离要大于管径的2~3倍，以免吸空和飞溅起泡。回油管口应截成45°斜角以增大通流截面，并面向箱壁以利散热和沉淀杂质。吸油管端部装有滤油器9，离箱壁要有3倍管径的距离，以便四面进油。阀的泄油管口3应在液面之上，以免产生背压；液压马达和泵的泄油管则应引入液面之下，以免吸入空气。为防止油箱表面泄油落地，必要时要在油箱下面或顶盖四周设盛油盘。

（3）隔板的设置。设置隔板7的目的是将吸、回油区隔开，迫使油液循环流动，利于散热和沉淀。一般设置一个隔板，高度可接近最大液面高。但现在有一种看法，认为隔板如图3-50（b）设置可以获得最长的流程，且与四壁都接触，效果更佳。图中三块隔板垂直焊在箱底。

（4）空气滤清器与液位计的设置。空气滤清器5的作用是：使油箱与大气相通，保证泵的自吸能力，滤除空气中的灰尘杂物；兼作加油口用。它一般布置在顶盖上靠近箱边处。液位计1用于监测油面高度，故其窗口尺寸应能满足对最高与最低液位的观察。两者皆为标准件，可按需选用。

（5）放油口与清洗窗的设置。图中油箱底面做成双斜面，也可做成向回油侧倾斜的单斜面，在最低处设放油口8，平时用螺塞或放油阀堵住，换油时将其打开放走污油。换油时为便于清洗油箱，大容量的油箱一般均在侧壁设清洗窗10，其位置安排应便于吸油滤油器9的装拆。

（6）防污密封。油箱盖板和窗口连接处均需加密封垫，各进、出油管通过的孔均需装密封圈。

（7）油温控制。油箱正常工作温度应在15~65℃之间，必要时应设温度计与热交换器。

（8）油箱内壁加工。新油箱经喷丸或酸洗表面清洁后，四壁可涂一层与工作液相容的塑料薄膜或耐油清漆。

3.5.4 管件

管件包括管道和管接头。管件的选用原则是要保证管中油液做层流流动，管路尽量短以减小损失；要根据工作压力，安装位置确定管材与连接结构；与泵、阀等连接的管件应由其接口尺寸决定管径。管接头有扩口式管接头、卡套式管接头和焊接式管接头等。

（1）管道的特点和适用场合见表3-4。

表3-4 管道的特点和适用场合

种类		特点和适用场合
硬管	钢管	价廉、耐油、抗腐、刚性好，但装配时不便弯曲；常在拆装方便处用作压力管道；中压以上用无缝钢管
	紫铜管	价高、抗振能力差，易使油液氧化，但易弯曲成形，只用于仪表和装配不便之处
软管	尼龙管	乳白色半透明，可观察流动情况；加热后可任意弯曲成形和扩口，冷却后即定形；承压能力因材料而异（2.5~8MPa），有发展前途
	塑料管	耐油，价低，装配方便，长期使用会老化，只用作压力低于0.5MPa的回油管与泄油管
	橡胶管	用于相对运动间的连接，分高压和低压两种；高压胶管由耐油橡胶夹钢丝编织或缠绕网（层数越多耐压越高）制成，价高，用于压力管路；低压胶管由耐油橡胶夹帆布制成，用于回油管路

（2）管道安装要求。

1）管道应尽量短，横平竖直，转弯少。为避免管道皱折，以减少压力损失，硬管装配时的弯曲半径要足够大。管道悬伸较长时要适当设置管夹（也是标准件）。

2）管道尽量避免交叉，平行管间距大于100mm，以防接触振动并便于安装管接头。

3）软管直线安装时要有30%左右的余量，以适应油温变化、受拉和振动的需要。弯曲半径要大于9倍软管外径，弯曲处到管接头的距离至少等于6倍外径。

3.6 液压回路

液压系统不论如何复杂，都可以分解成为一个个的液压回路。掌握典型液压回路的组成、工作原理和性能，可为设计新的液压系统和分析已有的液压系统打下基础。液压回路是实现某种规定功能的液压元件的组合，按功用可分为方向控制、压力控制、速度控制和多缸工作控制四类回路。下面介绍液压系统中的一些常见的液压回路。

3.6.1 方向控制回路

在液压系统中，工作机构的启动、停止和变换运动方向等都是通过控制进入元件液流的通、断及改变流动方向来实现的。实现这些功能的回路称为方向控制回路。

3.6.1.1 换向回路

各种操纵方式的换向阀都可组成换向回路，只是性能和适用场合不同。手动换向精度和平稳性不高，常用于换向不频繁且无需自动化的场合，如一般机床夹具、工程机械等。对速度和惯性较大的液压系统，采用机动阀较为合理，只需使运动部件上的挡块有合适的迎角和轮廓曲线，即可减小液压冲击，并有较高的换向位置精度。电磁阀使用方便，易于实现自动化，但换向时间短，故换向冲击大，尤以交流电磁阀更甚，只适用于小流量、平稳性要求不高处。流量超过63L/min、对换向精度与平稳性有一定要求的液压系统，常采用液动阀或电液动阀。

3.6.1.2 锁紧回路

锁紧回路是使液压缸能在任意位置上停留，且停留后不会在外力作用下移动位置的回路。在图3-51中，当换向阀处于左位或右位工作时，液控单向阀控制口K_1或K_2通入压力油，缸的回油便可反向流过单向阀口，故此时活塞可向右或向左移动。到了该停留的位置时，只要令换向阀处于中位，因阀的中位机能为H型，控制油直通油箱，故控制压力立即消失（Y形中位机能亦可），液控单向阀不再双向导通，液压缸因两腔油被封死便被锁紧。由于液控单向阀中的单向阀采用座阀式结构，密封性好，极少泄漏，故有液压锁之称。锁紧精度只受缸本身的泄漏影响。

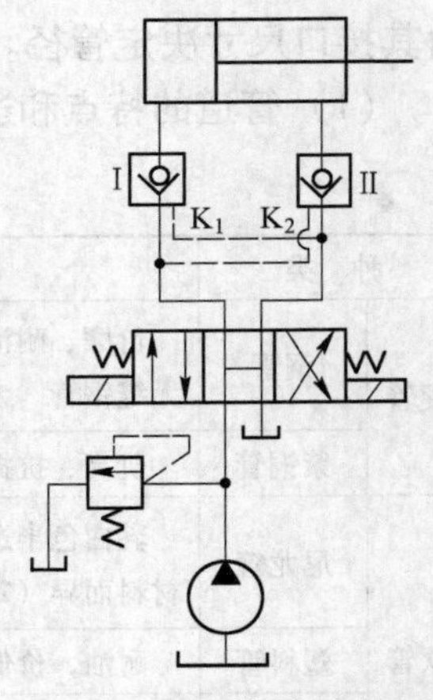

图3-51 锁紧回路

当换向阀的中位机能为O或M等型时，似乎无需液控单向阀也能使液压缸锁紧。其实由于换向阀存在较大的泄漏，锁紧功能差，只能用于锁紧时间短且要求不高处。

3.6.2 压力控制回路

压力控制回路是对系统整体或系统某一部分的压力进行控制的回路。这类回路包括调压、卸荷、保压、增压、减压、平衡等多种回路。

3.6.2.1 调压回路

为使系统的压力与负载相适应并保持稳定，或为了安全而限定系统的最高压力，都用到调压回路，这已在溢流阀的溢流稳压、远程调压与安全保护等应用实例中作过介绍。下面再介绍一种调压回路——双向调压回路。当执行元件正反行程需不同的供油压力时，可采用双向调压回路，如图 3-52 所示。在图 3-52（a）中，当换向阀在左位工作时，活塞为工作行程，泵出口由溢流阀 1 调定了较高压力，缸下腔油液通过换向阀回油箱，溢流阀 2 此时不起作用。当换向阀如图示在右位工作时，缸做空行程返回，泵出口由溢流阀 2 调定为较低压力，阀 1 不起作用。缸退抵终点后，泵在低压下回油，功率损耗小。图 3-52（b）所示回路在图示位置时，阀 2 的出口为高压油封闭，即阀 1 的远控口被堵塞，故泵压由阀 1 调定为较高压力。当换向阀在右位工作时，液压缸左腔通油箱，压力为零，阀 2 相当于是阀 1 的远程调压阀，泵压被调定为较低压力。图 3-52（b）回路的优点是：阀 2 工作中仅通过少量泄油，故可选用小规格的远程调压阀。

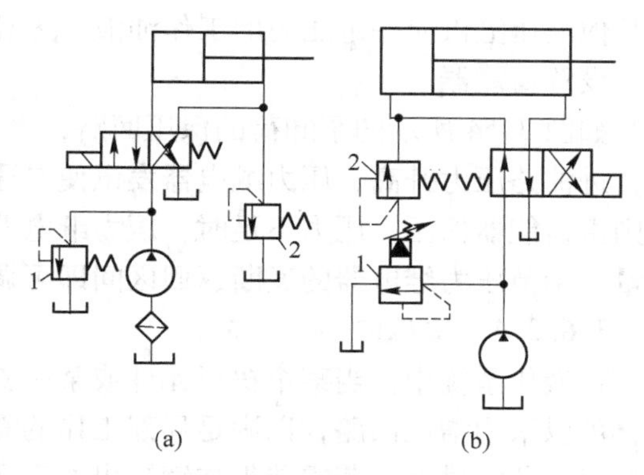

图 3-52　双向调压回路
（a）溢流阀调整回路；（b）远控调整回路
1，2—溢流阀

3.6.2.2　*卸荷回路*

在液压设备短时间停止工作期间，一般不宜关闭电动机，因频繁启闭电动机和泵，对泵的寿命有严重影响，而让泵在溢流阀调定压力下回油，又造成很大的能量浪费，使油温升高，系统性能下降。为此应设置卸荷回路解决上述矛盾。

卸荷时，泵的功率损耗应接近于零。功率为流量与压力之积，两者任一近似为零，功率损耗即近似为零，故卸荷有流量卸荷和压力卸荷两种方法。流量卸荷法用于变量泵，使泵仅为补偿泄漏而以最小流量运转，此法简单，但泵处于高压状态，磨损比较严重；压力卸荷法是使泵在接近零压下回油。

如换向阀卸荷回路：M、H 和 K 型中位机能的三位换向阀处于中位时，泵即卸荷，如图 3-53（a）所示。图 3-53（b）所示为利用二位二通阀旁路卸荷。二法均较简单，但换向阀切换时会产生液压冲击，仅适用于低压、流量小于 40L/min，且配管应尽量短。若将图 3-53（a）中的换向阀改成装有换向时间调节器的电液换向阀，则可用于流量较大的系统，卸荷效果将是很好的（注意：此时泵的出口或换向阀回油口应设置背压阀，以便系统能重新启动）。

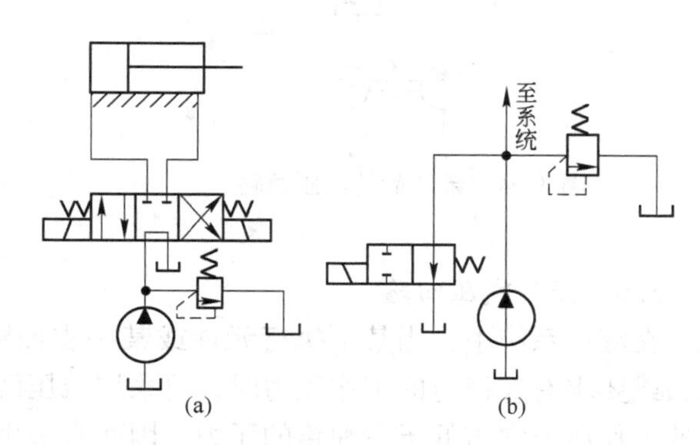

图 3-53　换向阀卸荷回路
（a）三位换向阀卸荷；（b）二位二通阀卸荷

3.6.2.3　*保压回路*

液压缸在工作循环的某一阶段，若需要保持一定的工作压力，就应采用保压回路。在保压阶段，液压缸没有运动，最简单的办法是用一个密封性能好的单向阀来保压。但是这种办法保压时间短，压力稳定性不高。由于此时液压泵常处于卸荷状态（为了节能）或给其他液压缸供应一定压力的工作油液，为补偿保压缸的泄漏和保持其工作压力，可在回路中设置蓄能器。

如图3-54所示的泵卸荷的保压回路，当主换向阀在左位工作时，液压缸前进压紧工件，进油路压力升高，压力继电器发讯使二通阀通电，泵即卸荷，单向阀自动关闭，液压缸则由蓄能器保压。压力不足时，压力继电器复位使泵重新工作。保压时间取决于蓄能器容量，调节压力继电器的通断返回区间即可调节缸压的最大值和最小值。

3.6.2.4 增压回路

在液压系统中，当某个执行元件或某一支油路所需要的工作压力高于系统的工作压力时，可以采用增压回路，以满足局部工作的需要。如双作用增压缸的增压回路。单作用增压缸只能断续供油，若需获得连续输出的高压油，可采用图3-55所示的双作用增压缸连续供油的增压回路。图示位置，液压泵压力油进入增压缸左端大、小活塞油腔，右端大油腔的回油通油箱，右端小油腔增压后的高压油经单向阀4输出，此时单向阀1、3被封闭。当活塞移到右端时，二位四通换向阀的电磁铁通电，油路换向后，活塞反向左移。同理，左端小油腔输出的高压油通过单向阀3输出。这样，增压缸的活塞不断往复运动，两端便交替输出高压油，从而实现了连续增压。

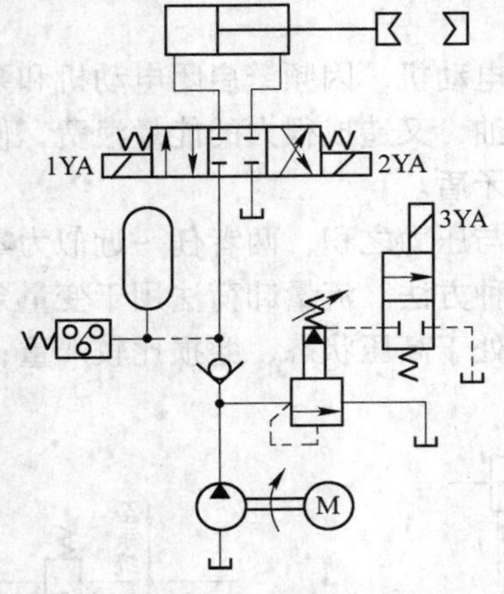

图3-54 泵卸荷的保压回路

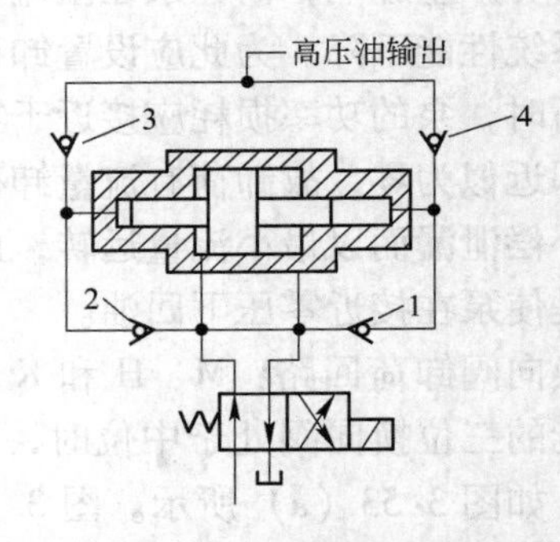

图3-55 双作用增压缸的增压回路

1~4—单向阀

3.6.2.5 减压回路

在液压系统中，当某个执行元件或某一支油路所需要的工作压力低于系统的工作压力，或要求有较稳定的工作压力时，可采用减压回路。如控制油路、夹紧油路、润滑油路中的工作压力常需低于主油路的压力，因而常采用减压回路。

图3-56是夹紧机构中常用的减压回路。回路中串联一个减压阀，使夹紧缸能获得较低而又稳定的夹紧力。减压阀的出口压力可以在0.5MPa至溢流阀的调定压力范围内调节，当系统压力有波动时，减压阀出口压力可稳定不变。图中单向阀是当主系统压力下降到低于减压阀调定压力（如主油路中液压缸快速运动）时，防止油倒流，起到短时保压作用，使夹紧缸的夹紧力在短时间内保持不变。为了确保安全，夹紧回路中常采用带定位的二位四通电磁换向阀，或采用失电夹紧的二位四通换向阀换向，防止在电路出现故障时松开工件出事故。

3.6.2.6 平衡回路

为了防止立式液压缸及其工作部件在悬空停止期间因自重而自行下滑，或在下行运动中由于自重而造成失控超速的不稳定运动，可设置平衡回路。

图 3-57（a）所示为采用单向顺序阀的平衡回路。顺序阀的开启压力要足以支承运动部件的自重。当换向阀处于中位时，液压缸即可悬停。但活塞下行时有较大的功率损失。为此可采用外控单向顺序阀，如图 3-57（b）所示，下行时控制压力油打开顺序阀，背压较小，提高了回路效率。但由于顺序阀的泄漏，悬停时运动部件总要缓缓下降。因此对要求停止位置准确或停留时间较长的液压系统，应采用图 3-57（c）所示的液控单向阀平衡回路。在图 3-57（c）中，节流阀的设置是必要的。若无此阀，运动部件下行时会因自重而超速运动，缸上腔出现真空致使液控单向阀关闭，待压力重建后才能再打开，这会造成下行运动时断时续和强烈振动的现象。

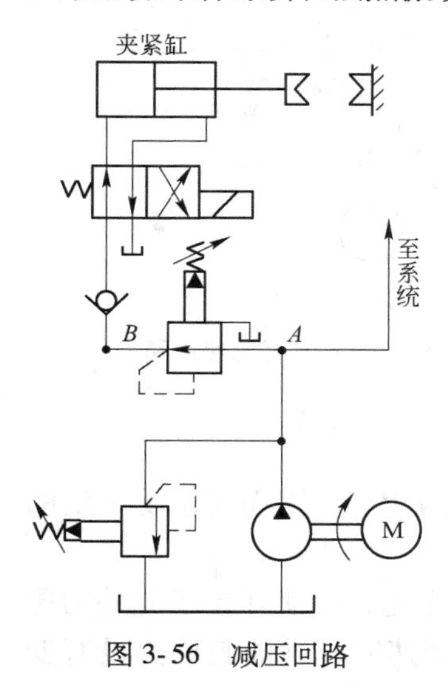

图 3-56 减压回路

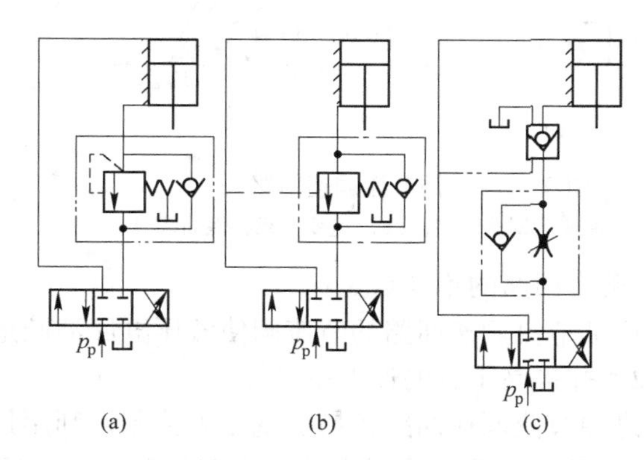

图 3-57 平衡回路

（a）采用单向顺序阀；（b）采用下行外控单向顺序阀；（c）采用液控单向阀

3.6.3 速度控制回路

液压系统执行元件的速度应能在一定范围内加以调节（调速回路）；由空载进入加工状态时速度要能由快速运动平稳地转换为工进速度（速度换接回路）；为提高效率，空载快进速度应能超越泵的流量有所增加（增速回路）。机械设备，特别是机床，对调速性能有较高的要求。

3.6.3.1 调速回路

对公式 $v=q/A$ 和 $n=q/V$ 进行分析可知，工作中改变面积 A 较难，故合理的调速途径是改变流量 q（用流量阀或用变量泵）和使用排量 V 可变的变量马达。据此调速回路有节流调速、容积调速和容积节流调速三种。对调速的要求是调速范围大、调好后的速度稳定性好和效率高。

节流调速回路是用定量泵供油，用节流阀或调速阀改变进入执行元件的流量使之变速。根据流量阀在回路中的位置不同，节流调速回路分为进油节流调速、回油节流调速和旁路节流调速三种回路。

（1）进油节流调速回路。在执行元件的进油路上串接一个流量阀即构成进油节流调速回路。图3-58（a）所示即为采用节流阀的液压缸进油节流调速回路。泵的供油压力由溢流阀调定，调节节流阀的开口，改变进油缸的流量，即可调节缸的速度。泵多余的流量经溢流阀回油箱，故无溢流阀则不能调速。

（2）回油节流调速回路。在执行元件的回油路上串接一个流量阀，即构成回油节流调速回路。图3-59所示为采用节流阀的液压缸回油节流调速回路。用节流阀调节缸的回油流量，也就控制了进入液压缸的流量，实现了调速。

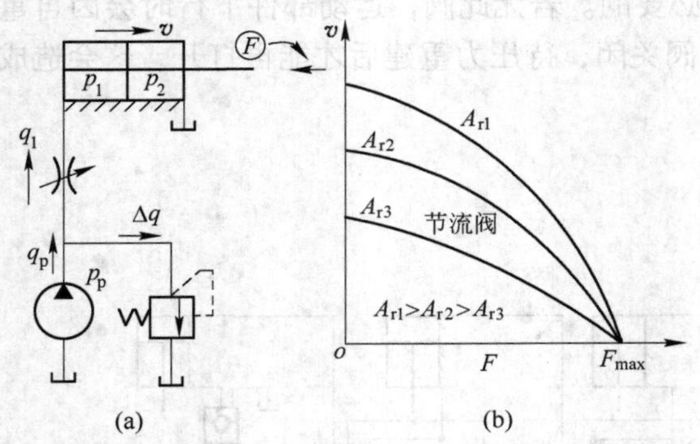

图3-58 进油节流调速回路

（a）进油节流调速回路；（b）速度负载特性曲线

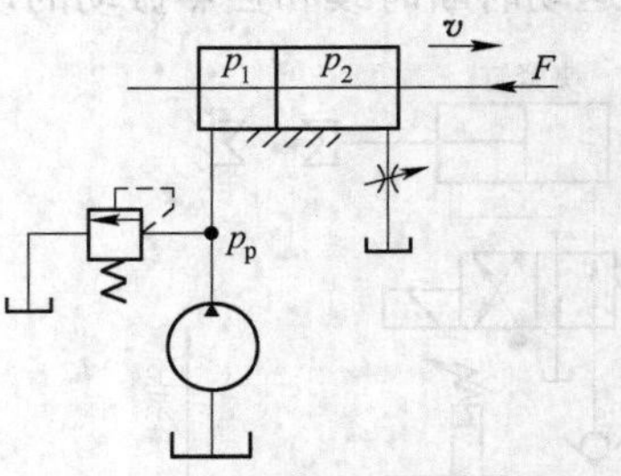

图3-59 回油节流调速回路

以上两个回路的不同点是：

1）回油节流调速回路的节流阀使液压缸回油腔形成一定的背压，因而能承受一定的负值负载，并提高了缸的速度平稳性。

2）进油节流调速回路较易实现压力控制，利用这个压力变化，可使并接于此处的压力继电器发讯，对系统的下步动作实现控制。而在回油节流调速时，进油腔压力没有变化，不易实现压力控制。虽然在工作部件碰死挡块后，缸的回油压力下降为零，可以利用这个变化值使压力继电器失压发讯，但电路比较复杂，且可靠性也不高。

3）若回油使用单杆缸，无杆腔进油流量大于有杆腔回油流量。故在缸径、缸速相同的情况下，进油节流调速回路的节流阀开口较大，低速时不易阻塞。因此，进油节流调速回路能获得更低的稳定速度。

为了提高回路的综合性能，实践中采用进油节流调速回路，并在回油路加背压阀，因而兼具了两回路的优点。

（3）旁路节流调速回路。将流量阀安放在和执行元件并联的旁油路上，即构成旁路节流调速回路。图3-60（a）所示为采用节流阀的旁路节流调速回路。节流阀调节了泵溢回油箱的流量，从而控制了进入缸的流量。调节节流阀开口，即实现了调速。由于溢流已由节流阀承担，故溢流阀实是安全阀，常态时关闭，过载时打开，其调定压力为最大工作压力的1.1~1.2倍。故泵压不再恒定，它与缸的工作压力相等，直接随负载变化，而且就等于节流阀两端压力差。即

$$p_p = p_1 = \Delta p = \frac{F}{A}$$

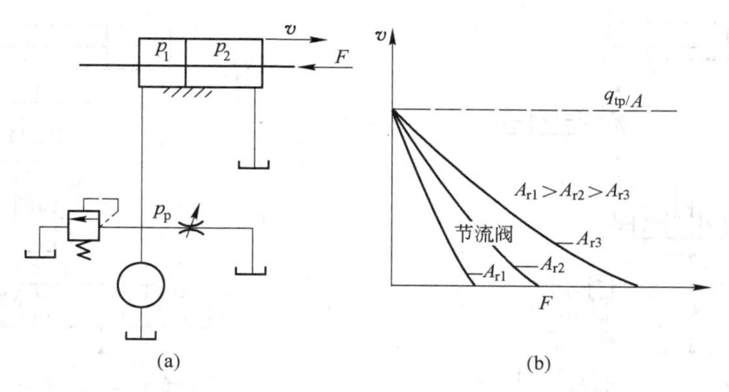

图 3-60 旁路节流调速回路

本回路的速度负载特性很软，低速承载能力又差，故其应用比前两种回路少，只用于高速、重载、对速度平稳性要求很低的较大功率的系统，如牛头刨床运动系统、输送机械液压系统等。

3.6.3.2 增速回路

增速回路又称快速回路，其功用在于使执行元件获得必要的高速，以提高系统的工作效率和充分利用功率。增速回路因实现增速方法的不同而有多种结构方案，下面介绍几种常用的增速回路。

（1）双泵供油增速回路。在图 3-61 所示的回路中，泵 1 为大流量泵，泵 2 为小流量泵，两泵并联。当主换向阀 4 在左位或右位工作时，阀 6 通电，双泵便同时向缸供油，缸获得大流量，做快进或快退运动。当快进完成后，阀 6 断电，缸的回油经过节流阀 5，因流动阻力增大，引起系统压力升高。当卸荷阀 3 的外控油路压力达到或超过某一调定值时，大泵 1 即通过打开的卸荷阀 3 卸荷。这时，单向阀 8 被高压封闭，液压缸只由小泵 2 供油，缸做慢速工进运动。回路中溢流阀 7 应根据最大负载调定压力，卸荷阀 3 的调定压力应比溢流阀 7 低，但快进时又不应打开。

双泵回路简单合理，在快慢速度相差很大的机床进给系统中应用很广。

（2）液压缸差动连接的快速运动回路。图 3-62 为采用单杆活塞缸差动连接实现快速运动的回路。当图中只有电磁铁 1YA 通电时，换向阀 3 左位工作，压力油可进入液压缸的左腔，亦经阀 4 的左位与液压缸右腔连通，因活塞左端受力面积大，故活塞差动快速右移。这时如果 3YA 电磁铁也通电，阀 4 换为右位，则压力油只能进入缸左腔，缸右腔则经调速阀 5 回油实现活塞慢速运动。当 2YA、3YA 同时通电时，压力油经阀 3、阀 6、阀 4 进入缸右腔，缸左腔回油，活塞快速退回。这种快速回路简单、经济，但快、慢速的转换不够平衡。

3.6.3.3 多缸工作控制回路

液压系统中，一个油源往往要能驱动多个液压缸。按照系统的要求，这些缸或顺序动作，或同步动作，多缸之间要求能在压力和流量上避免相互干扰。

A 顺序动作回路

顺序动作回路的功用是使多缸液压系统中的各液压缸按规定的顺序动作。它可分为行程控制和压力控制两大类。

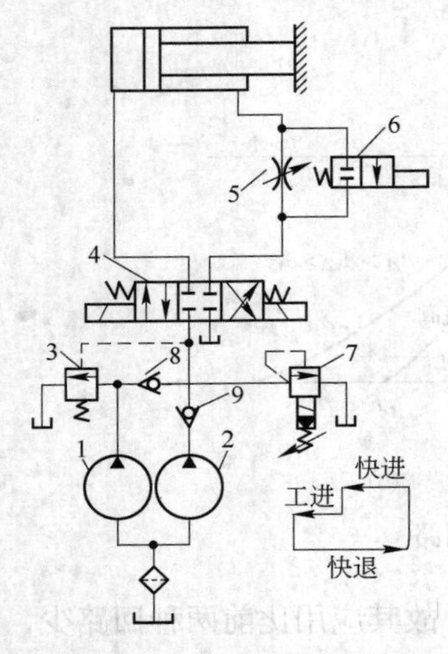

图 3-61 双泵供油增速回路

1—大泵；2—小泵；3—卸荷阀；
4—主换向阀；5—节流阀；6—二通阀；
7—溢流阀；8，9—单向阀

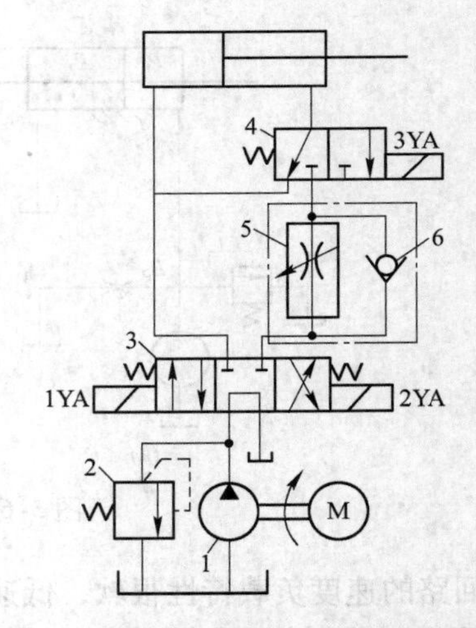

图 3-62 液压缸差动连接的快速运动回路

1—泵；2—溢流阀；3，4—电磁换向阀；
5—调速阀；6—单向阀

（1）行程控制的顺序动作回路：图 3-63 为用行程阀 2 及电磁阀 1 控制 A、B 两液压缸①②③④工作顺序的回路。在图示状态下 A、B 两液压缸活塞均处于右端位置。当电磁阀 1 通电时，压力油进入 B 缸右腔，B 缸左腔回油，其活塞左移实现动作①；当 B 腔工作部件上的挡块压下行程阀 2 后，压力油进入 A 缸右腔，A 缸左腔回油，其活塞左移，实现动作②。当电磁阀 1 断电时，压力油先进入 B 缸左腔，B 缸右腔回油，其活塞右移，实现动作③；当 B 缸运动部件上的挡块离开行程阀使其恢复下位工作时，压力油经行程阀进入缸 A 的左腔，A 缸右腔回油，其活塞右移实现动作④。

这种回路工作可靠，动作顺序的换接平稳，但改变工作顺序困难，且管路长，压力损失大，不易安装。它主要用于专用机械的液压系统。

（2）压力控制的顺序动作回路：图 3-64 所示用普通单向顺序阀 2 和 3 与电磁换向阀配合动作，使 A、B 两液压缸实现①②③④顺序动作的回路。图示位置，换向阀 1 处于中

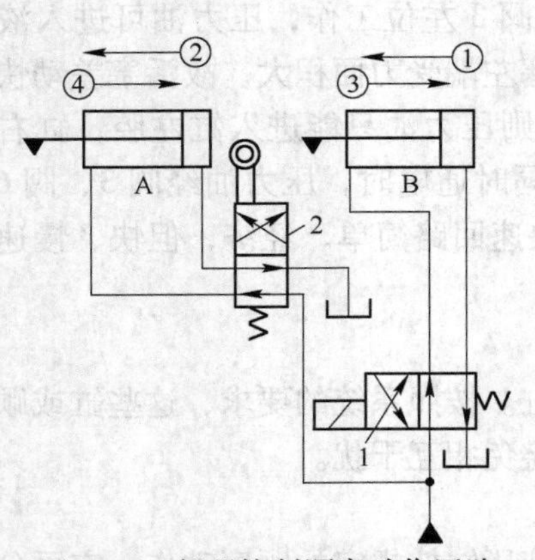

图 3-63 行程控制顺序动作回路

1—电磁阀；2—行程阀

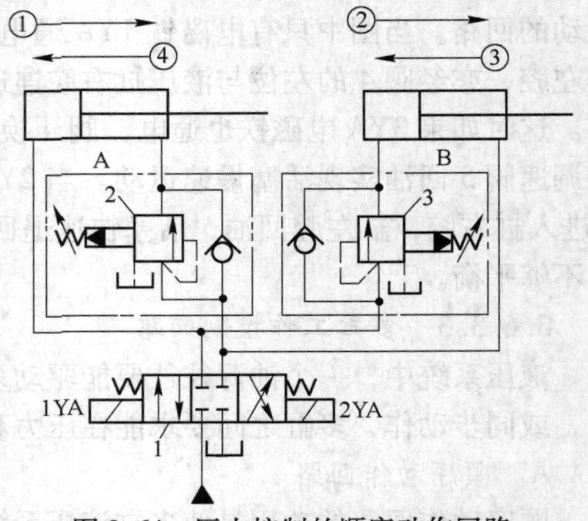

图 3-64 压力控制的顺序动作回路

1—电磁换向阀；2，3—单向顺序阀

位停止状态，A、B 两液压缸的活塞均处于左端位置。当 1YA 电磁铁通电阀 1 左位工作时，压力油先进入 A 缸左腔，其右腔经阀 2 中单向阀回油，其活塞右移实现动作①；当活塞行至终点停止时，系统压力升高。当压力升高到阀 3 中的顺序阀的调定压力时，顺序阀开启，压力油进入 B 缸左腔，B 缸右腔回油，活塞右移实现动作②。当 2YA 电磁铁通电，换向阀 1 右位工作时，压力油进入 B 缸右腔，B 缸左腔经阀 3 中的单向阀回油，其活塞左移实现动作③；当 B 缸活塞左移至终点停止时，系统压力升高。当压力升高到阀 2 中顺序阀的调定压力时，顺序阀开启，压力油进入 A 右腔，A 缸左腔回油，活塞左移实现动作④。当 A 缸活塞左移至终点时，可用行程开关控制电磁铁换向阀 1 断电换为中位为止，也可再使 1YA 电磁铁通电开始下一个工作循环。

这种回路工作可靠，可以按照要求调整液压缸的动作顺序。顺序阀的调整压力应比先动作的液压缸的最高工作压力高（中压系统高 0.8MPa 左右），以免在系统压力波动较大时产生错误动作。

B 同步回路

使两个或多个液压缸保持同步动作的回路称为同步回路，例如龙门机床的横梁、海洋钻井平台、轧机的压力系统高炉炉顶料钟升降系统均需多缸同步实现升降，并要求有很高的精度。从理论上讲，对两个工作面积相同的液压缸输入等量的油液即可同步，但泄漏、摩擦阻力、制造精度、外负载、结构弹性变形和油液中含气量等差异都会使同步难以达到。为此，要采取补偿措施，消除累积误差。

标准阀中有一种分流阀，它能自动补偿负载的变化，单独或同时对进入或流出的油液进行等量的或成比例的流量分配（结构原理从略）。图 3-65 中的阀 5 为等量出口分流阀。

该阀使进入两缸的流量相等而同步。换向阀 3 换向后两腔即快退回原位。炼铁高炉炉顶大料钟的液压系统中就采用分流集流阀使其达到同步。

分流阀同步回路的同步精度不高，单行程中为 2% ~5%（同步精度即多缸间最大位置误差与行程的百分比）。这种同步方法的优点是简单方便，能承受变载与偏载。

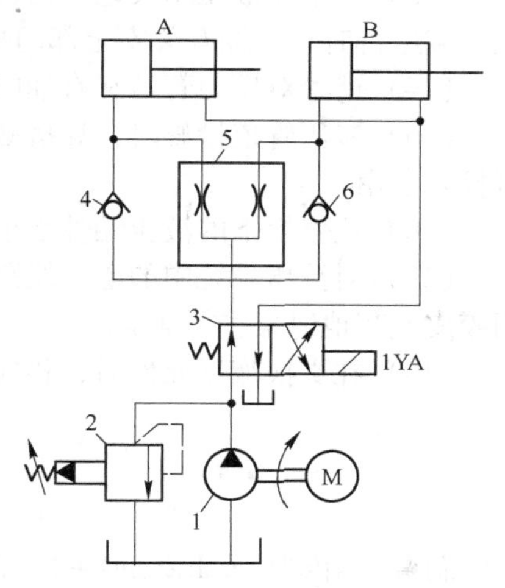

图 3-65 用等量分流的同步回路

1—泵；2—溢流阀；3—换向阀；4，6—单向阀；5—等量出口分流阀

3.7 液压传动设备的维护、检修管理

（1）新油必须经过滤后方可加入油箱，过滤精度不得低于系统精度，应保持滤油小车进出油管的清洁。

（2）系统中过滤器的滤芯应定期或按指示器的显示情况更换。如果没有指示器，一般每两个月更换一次。

（3）油箱上必须设置空气滤清器，滤芯一般每半年更换一次。

（4）油箱必须定期清理，一般每半年一次。严禁用棉纱等纤维织物擦拭油箱及其他液压元件。

（5）气动系统的分水滤清器每周放水一次，油雾器定期点检，并进行加油。

（6）液压介质污染度化验制度。

1）各液压站油品每月由责任单位自行取油样化验污染等级，作为日常维护的参考，每季度最末一个月30日各单位取油样交专业厂家对油品进行全方位理化指标的检验。

2）为保证化验结果的准确性，取样容器由化验室提供。取样时，要保持取样容器的清洁。

3）化验室负责化验室的准备工作，确保化验工作的正常进行。

4）如果液压系统出现异常情况，可进行不定期的化验。

（7）在维修过程中，不得任意改动各监控仪表调定参数，不得任意调整系统压力及蓄能器充氮压力。

（8）在分析、查找设备故障时，一定要将操作手柄打到手动位置，严禁在自动状态下处理故障。

（9）处理故障前必须停泵、泄压、断电，不得在有压力的情况下处理故障。处理故障时原则上不少于两人，其中一人监护。

（10）更换液压元件时，严格控制元件的清洁，防止液压系统污染。

（11）备用泵每周开启一次，检查是否正常，以确保起到备用作用。

（12）更换密封件的材质要与工作介质相容。

（13）严禁在液压站及地沟内进行焊接作业，防止火灾及其他事故发生，如必须在上述区域进行时，须经有关安全部门批准，并采取相应的安全措施后方可使用。

（14）严禁对压力管道和有油的管道进行焊接和切割。

（15）液压管道检修时，焊接必须用氩弧焊打底，管路必须经过酸洗、循环合格后方可投入使用。

（16）检修换下的液压元件必须对油口进行封口后定点存放，以便修复使用。

（17）对液压系统中的电气线路必须每月进行一次紧固，紧固方式必须合理，不得使用胶皮或其他绳索进行捆绑。

（18）在更换液压元件后，相应元件必须进行试车。

复习思考题

3-1 何谓液压传动？液压传动的基本工作原理是什么？

3-2 液压传动系统由哪几部分组成？试说明各部分的作用。

3-3 液压泵完成吸油和排油，必须具备什么条件？

3-4 液压泵的排量、流量、各决定于哪些参数？流量的理论和实际值有什么区别？

3-5 试述齿轮泵、叶片泵的工作原理，这些泵的压力提高受哪些因素的影响？采取哪些措施可以提高齿轮泵和叶片泵的压力？

3-6 试说明电液动换向阀的组成特点及各部分的功用。

3-7 溢流阀有哪些用途？

3-8 若先导式溢流阀主阀芯上的阻尼孔堵塞，会出现什么故障？若其先导阀锥座上的进油孔堵塞，又会出现什么故障？

3-9 溢流阀、顺序阀、减压阀各有什么作用？它们在原理上和图形符号上有何异同？顺序阀能否当溢流阀使用？

3-10 调速阀与节流阀在结构和性能上有何异同，各适用于什么场合？

第2篇 炼铁设备

高炉（blast furnace）为横断面为圆形的炼铁竖炉。它用钢板作炉壳，壳内砌耐火砖内衬。高炉本体自上而下分为炉喉、炉身、炉腰、炉腹、炉缸5部分。高炉炼铁技术由于经济指标良好，工艺简单，生产量大，劳动生产效率高，能耗低等优点，所以是目前最具有规模经济的炼铁法。

高炉生产的任务是把铁矿石还原成生铁，要求以最小的投入，获得最大的产出，即做到优质、高产、低耗、长寿，有良好的经济效益。

高炉生产是借助高炉本体及其辅助设备来完成的，是一个相当庞大且复杂的系统。它所使用的设备种类繁多，工作条件恶劣，不仅要承受巨大的载荷，而且还伴随有高温、高压和多灰尘等不利因素，设备零件容易磨损和侵蚀。为了确保高炉生产的顺利进行，炼铁机械设备必须满足以下要求：

（1）满足生产工艺要求。工艺上的革新是和设备上的改进分不开的。例如炉顶装料设备不仅要把大量的原、燃料装入高炉，而且还要符合高炉布料和炉顶密封等工艺要求；又如当高炉采用高压操作后，对于炉壳和管道以及炉顶设备都提出了耐高压的新要求。

（2）要有高度的可靠性。高炉生产的机械设备用途一般固定单一。高炉从开炉到停炉是不间断地进行生产的（一代炉龄大约在十年左右）。如果某一机械设备发生故障或者事故，就会引起整座高炉的休风甚至停产，给企业造成巨大经济损失。因此要求各种机械设备必须安全可靠，动作灵活准确，有足够的强度、刚度和稳定性等。

（3）能延长使用寿命并易于维修。许多冶金设备往往不是因为强度不够，而是由于磨损而损坏。特别是高炉生产中，各种原、燃料对设备的磨损作用很大，加上高温、高压煤气的冲刷作用，设备的磨损和寿命问题更加突出。因此要求炼铁设备不仅要耐磨，而且损坏后要容易修理，在平时要易于检查与维护。

（4）机械化、自动化程度要高。由于高炉是大规模连续生产，因此要有较高的机械化和自动化作保证。目前高炉上料系统正朝着皮带化方向迈进；工业电视已经陆续装备到炼铁生产的各个系统；很多高炉系统已逐渐进入整体微机控制阶段。

（5）设备的定型化和标准化。设备的定型化和标准化对于设计、制造、安装和维修管理等都有很大的好处。应该注意，设备的标准化并不妨碍对设备进行改进和采用新的设备。实际上，国内外的高炉设备一直处在变动和发展的过程中，定型化和标准化并不等于一劳永逸，同样要对设备不断改进或进行新的标准化工作。

高炉本体设备（blast furnace body）包括炉基、炉壳、炉衬、冷却设备及金属框架等，高炉生产除高炉本体设备之外，还包括以下辅助设备：

（1）供上料设备。其任务是把输入炼铁车间的原、燃料运到炉顶。

（2）装料设备。其任务是把运到炉顶的炉料按照一定要求装入炉内，同时防止炉顶煤气外溢。

（3）送风设备。其任务是将燃料燃烧所需的冷风，经热风炉预热后送往高炉。

（4）煤气净化设备。其任务是将高炉冶炼所产生的煤气，经过一系列净化处理后作为气体燃料。

（5）渣铁处理设备。其任务是将炉内放出的渣、铁，按要求进行处理。

（6）喷吹设备。其任务是将按一定要求准备好的燃料喷入炉内。

图A为高炉生产工艺流程和主要设备方框图，图B为高炉生产流程简图。

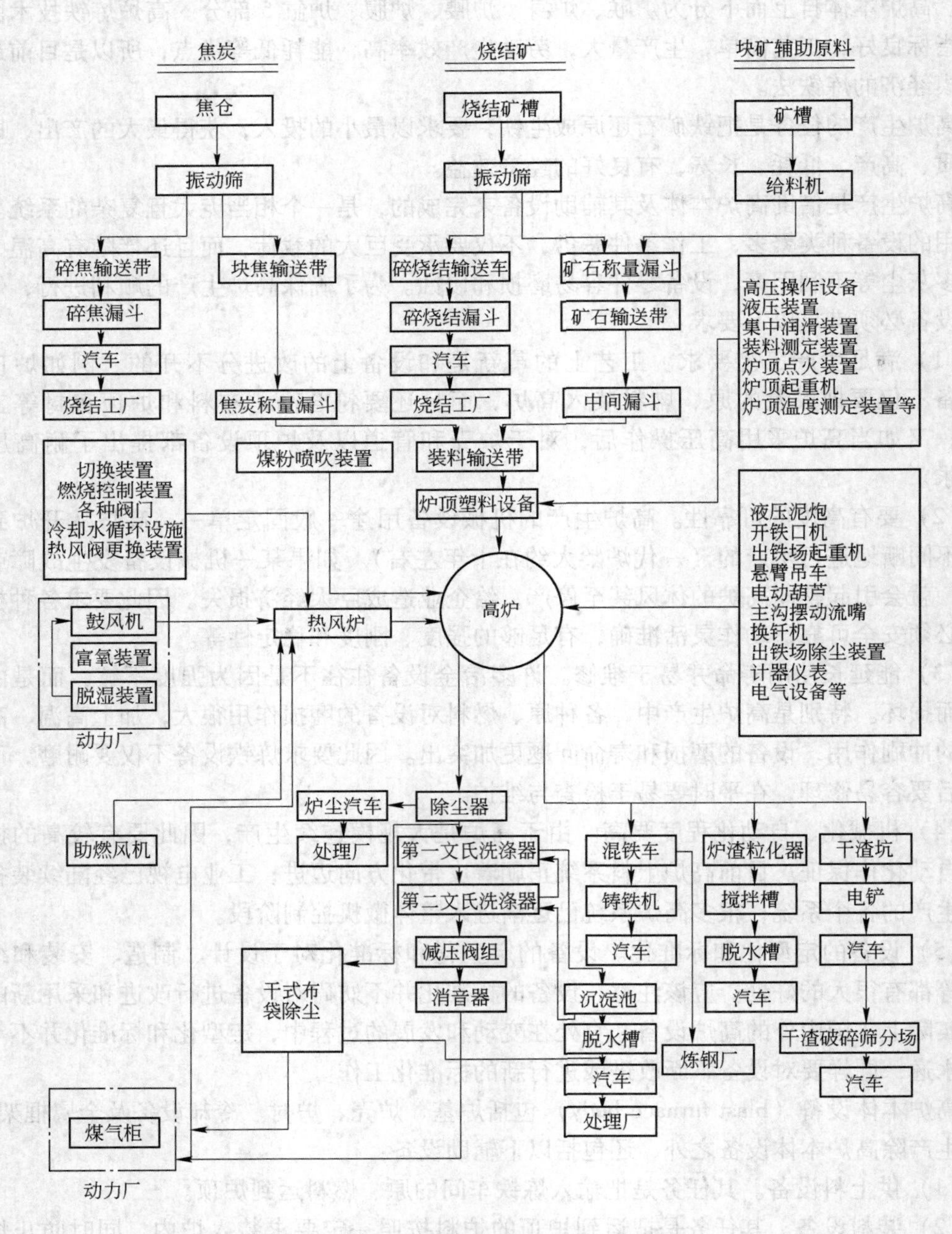

图A 高炉生产工艺流程和主要设备方框图

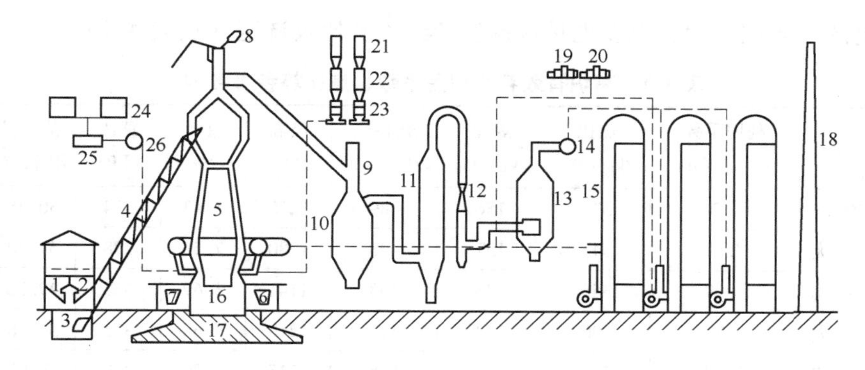

图 B 高炉炼铁生产工艺流程和主要设备

1—贮矿槽；2—焦仓；3—料车；4—斜桥；5—高炉本体：6—铁水包；7—渣罐；8—放散阀；
9—切断阀；10—除尘器；11—洗涤塔；12—文氏管；13—脱水器；14—净煤气总管；
15—热风炉（三座）；16—炉基基墩；17—炉基基座；18—烟囱；19—蒸汽透平；
20—鼓风机；21—煤粉收集罐；22—贮煤罐；23—喷吹罐；
24—贮油罐；25—过滤器；26—加油泵

4 高炉本体设备

4.1 炉型与炉衬

4.1.1 高炉座数及有效容积的确定

在设计高炉之前，首先要考虑高炉车间的生产能力，确定所需要的高炉座数和高炉有效容积。

高炉车间的生产能力是根据本钢铁企业中炼钢车间对炼钢生铁的需求及本地区对铸造生铁的产量和质量的需求而定。同时也应考虑到与高炉车间相配合的原料、燃料资源情况以及采矿、选矿、造块的生产能力相适应，充分发挥资源优势，适应市场经济。一般建厂时多采用分阶段建设的办法，以便能够尽快形成生产能力。

高炉座数的确定从两个方面考虑。如果从投资、生产效率、经营管理等方面考虑，则座数少些为好；如果从供应炼钢车间铁水及轧钢、烧结等用户所需的高炉煤气来看，则高炉座数宜多一些，以保证在一座高炉检修时，铁水和煤气的供应不会中断，故一般高炉座数选 2~4 座为宜。此外，还要考虑企业的发展和远景规划。

高炉有效容积希望尽可能相同和相近，以便于设备及备品备件的准备加工及生产管理。高炉有效容积的确定可用下式计算：

高炉车间生铁年产量=高炉座数×年平均工作日×高炉有效容积利用系数×高炉有效容积

确定生铁年产量时，应考虑到 1t 钢锭（或钢坯）要消耗钢水 1.015~1.02t，冶炼 1t 钢水消耗铁水 1.05~1.1t（根据设计任务书确定）。式中，年平均工作日是年日历天数（365 天）扣除高炉一代大修、中修、小修的时间后所得的每年实际生产天数，我国采用 355 天；高炉有效容积利用系数，通常是根据同类型高炉冶炼条件下的实际生产指标，经过比较确定的。焦比、冶炼强度也是根据生产经验和比较选定（见表4-1）。

表4-1 高炉有效容积利用系数、焦比等参考数据

炉容/m^3	区域	项目	利用系数/$t\cdot(m^3\cdot d)^{-1}$	焦比/$kg\cdot t^{-1}$	煤比/$kg\cdot t^{-1}$	燃料比/$kg\cdot t^{-1}$	风温/℃	富氧/%	顶压/kPa	煤气利用率/%	座数/座
5000	国内	平均	2.3	333	156	489	1270	5.43	274	50.45	2
		最大	2.3	343	157	498	1280	7.55	278	51.70	
	国外	平均	2.09	360	133	493	1141	3.69	333	49.72	6
		最大	2.21	400	157	511	1213	5.68	372	51.16	
4000	国内	平均	2.19	335	173	508	1215	3.70	232	50.09	8
		最大	2.50	402	193	540	1250	5.38	243	51.99	
	国外	平均	2.11	341	153	498	1138	5.30	247	48.11	13
		最大	2.37	445	226	536	1240	9.80	313	50.45	
3000	国内	平均	2.30	387	153	536	1167	3.26	215	45.70	11
		最大	2.73	443	175	577	1220	6.17	235	48.00	
	国外	平均	2.37	361	133	494	1147	3.89	212	49.69	14
		最大	2.49	396	155	513	1190	5.17	240	51.50	
2000	国内	平均	2.35	380	140	519	1158	2.54	186	45.44	15
		最大	2.61	503	172	587	1259	5.60	220	50.37	
	国外	平均	2.17	343	135	491	1130	5.10	157	48.10	27
		最大	2.93	414	233	525	1204	13.10	269	50.72	
1000	国内	平均	2.53	389	157	541	1168	1.82	175	46.26	25
		最大	3.15	534	204	646	1240	3.30	230	50.50	
	国外	平均	2.06	382	101	489	1058	2.97	109	49.06	33
		最大	2.50	427	128	518	1149	4.80	177	49.57	

注：以上数据来自国外87座、国内60座容积1000~5800m^3高炉。

4.1.2 高炉炉型

高炉是一个竖立的圆筒形炉子，其工作空间的内部形状称为高炉内型，即通过高炉中心线的剖面轮廓。现代高炉由炉缸、炉腹、炉腰、炉身和炉喉五部分组成（见图4-1）。

4.1.2.1 有效高度和有效容积

我国高炉料线零位是指大钟开启位置下缘线的标高，或无料钟炉顶旋转溜槽垂直状态下端的标高。料线零位至铁口中心线之间的高度称为高炉的有效高度。在有效高度内的空间容积称为高炉的有效容积，亦指炉缸、炉腹、炉腰、炉身和炉喉五部分容积之和。高炉的有效容积表示高炉的大小，在我国有100m^3以下的小型高炉；有300m^3、620m^3、750m^3和1000m^3以下的中型高炉；还有1000m^3以上的大型高炉。截至2012年，全国重点钢铁企业1000m^3以上大型高炉297座。其中3000m^3以上高炉34座，2000~2999m^3高炉75座，1000~1999m^3高炉188座。宝钢4966m^3高炉、首钢曹妃甸5500m^3高炉和沙钢5800m^3等15座4000m^3以上高炉，使得我国特大型高炉在世界上占据一席之地。

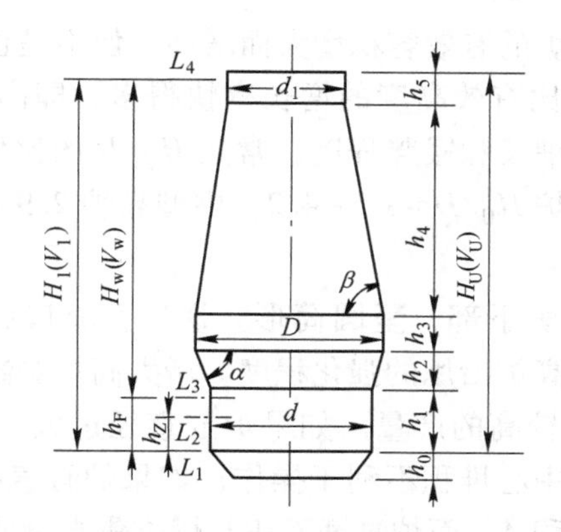

图 4-1 高炉炉型尺寸表示法

d—炉缸直径，mm；D—炉腰直径，mm；d_1—炉喉直径，mm；h_F—铁口中心线至风口中心线距离，mm；

h_Z—铁口中心线至渣口中心线距离，mm；V_1—高炉内容积，m³；V_w—高炉工作容积，m³；

V_U—高炉有效容积，m³；H_U—高炉有效高度，mm；h_1—炉缸高度，mm；h_2—炉腹高度，mm；

h_3—炉腰高度，mm；h_4—炉身高度，mm；h_5—炉喉高度，mm；h_0—死铁层高度，mm；

α—炉腹角，(°)；β—炉身角，(°)；L_1—铁口中心线；L_2—渣口中心线；L_3—风口中心线；

L_4—大钟下降位置底面以下 1000mm（日）或 915mm（美）的水平面单位，直径、高度、距离均为 mm

4.1.2.2 炉型各部分的作用及尺寸确定

确定了高炉有效容积之后，便可以进行炉型设计。炉型设计是根据同类型高炉的生产实践，进行分析和比较来确定的。所设计的炉型应接近于操作炉型，即高炉开炉一段时间变化后的炉型。

（1）有效高度。高炉的有效高度决定着煤气热能和化学能的利用，也影响着顺行。增加有效高度能延长煤气与炉料的接触时间，有利于传热与还原，使煤气能量得到充分利用，从而有利于降低焦比。但有效高度过高，煤气流通过料柱的阻力增大，不利于顺行。所以，实际确定高炉有效高度时，首先应考虑原、燃料质量，其次是炉容和鼓风机性能。一般大中型高炉高度在 25~32m，其关系式为：

$$H_U = \frac{V_U}{Kd^2}$$

式中 H_U——有效高度，m；

V_U——高炉有效容积，m³；

d——炉缸直径，m；

K——系数，参考数据见表 4-2。

表 4-2 K 的取值

V_U/m^3	100	200	300	600	1000	1500	2000
K	0.90	0.91	0.87	0.79	0.76	0.715	0.70

有效高度也可用下述统计公式计算：

对于大型高炉 $H_U = 6.44V_U^{0.2}$

620m³ 以下的中小型高炉 $H_U = 4.05V_U^{0.265}$

高炉的有效高度随着高炉的有效容积增大而增高，但不是正比关系。近年来高炉大型化发展，有效容积的增长率比有效高度的增长率快得多，即高炉向着大型化、矮胖型发展。为了反映和掌握高炉的细长和矮胖程度，常用 H_U/D 的比值来校核。H_U/D 与高炉的有效容积有关，对于小型高炉 $H_U/D=3.5\sim4.2$，中型高炉 2.9~3.5，大型高炉 2.5~3.1，$2000m^3$ 以上高炉 2.0~2.6。

（2）炉缸。炉缸位于高炉下部，呈圆筒形。铁口、渣口和风口都布置在炉缸部位。炉缸直径在很大程度上影响高炉冶炼的强化程度。增大高炉炉缸直径有利于高炉在单位时间内燃烧较多的燃料，获得较高的产量。如果炉缸直径过大，将导致炉腹角 α 过大，易造成边缘煤气流过分发展和中心堆积不利于操作；如果炉缸直径过小，则不利炉料下降。炉缸直径 d 决定了炉缸截面积 A，而炉缸截面积与燃烧焦炭量成正比，这个比例系数称燃烧强度。它是指每小时每平方米炉缸截面积所燃烧焦炭的吨数，记为 i_r，一般为 1.0~1.3t/(m^2·h)。大高炉选上限，甚至可达 1.4t/(m^2·h)，但目前原料条件下最大不得超过 1.6t/(m^2·h)，小高炉则用下限。另外，燃烧强度还与风机能力和原、燃料条件有关。所以选择好燃烧强度是确定合理炉缸直径的关键。

炉缸直径的计算公式为：

$$d=\sqrt{\frac{4IV_U}{24\pi i_r}}$$

式中 d——炉缸直径，m；

i_r——燃烧强度，t/(m^2·h)；

I——冶炼强度，t/(m^3·d)；

V_U——高炉有效容积，m^3。

炉缸直径确定是否合适，可以由 V_U/A 比值来校核。根据炉容大小，合适的 V_U/A 比值为：大型高炉 22~28，中型高炉 15~22，小型高炉 11~15。

炉缸高度设计分为三段考虑，一般先求渣口高度（h_Z），然后再求风口高度（h_F），最后求出炉缸高度（h_1）。

1）渣口高度（h_Z）。铁口中心线到渣口中心线的距离称为渣口高度。它取决于原料条件，渣量大小，放渣次数，这段容积能存放一次的出铁量，还应保证容纳由于种种原因而导致出铁时间延误所生成的铁量，一般出铁量波动系数取 1.2，此外还应容纳下渣量。渣口高度过大，从铁口出来的下渣量过大而对铁口维护不利；反之，渣口高度过低，通常会因渣中带铁而烧坏渣口。如果已知渣铁比 Q（t/t），则渣口高度可用下式计算：

$$h_Z=\frac{Pb(1/\gamma_T+Qm/\gamma_Z)}{AN}$$

式中 P——生铁产量，t/d；

b——生铁波动系数，一般取 1.2；

A——炉缸截面积，m^2；

N——每昼夜出铁次数；

γ_T，γ_Z——铁水、渣水密度，分别取 7.1 和 1.4~1.8t/m^3；

m——下渣率，常取 0.3。

如若不知渣铁比，渣口高度可用下式计算：

$$h_Z = \frac{Pb}{AN\gamma_T f}$$

式中 f——渣口以下炉缸容积利用系数，多采用0.55～0.60，渣量大、炉容大，则选低值。

2）风口高度（h_F）。铁口中心线到风口中心线的距离称为风口高度。设计时常用渣口高度同风口与渣口中心线高度差之和来确定。

$$h_F = h_Z + a$$

式中 a——风口与渣口中心线高度差，一般大型高炉 a=1.25～1.45m，中型高炉 a=1.0～1.25m，小型高炉 a=0.4～0.8m。

3）炉缸高度（h_1）。炉缸高度为风口高度加上安装风口的结构尺寸，即风口中心线到炉腹下缘的距离。

$$h_1 = h_F + b$$

式中 b——安装风口的结构尺寸，大中型高炉0.35～0.5m，小型高炉小于0.35m。

4）死铁层高度（h_0）。铁口中心线到炉底砌砖表面之间的距离为死铁层高度。即铁口中心线高于炉底表面，在炉底表面保留一铁水层，起到隔离炉渣以及煤气与炉底的接触，防止和减轻炉渣及煤气对炉底的侵蚀和冲刷的作用，并有利于炉底温度均匀稳定，从而延长炉底寿命的作用。死铁层高度一般按统计数据选取，小型高炉0.15～0.3m，中型高炉0.4～0.8m，1000m^3以上高炉为1.0m左右，个别高炉达1.5m，巨型高炉1.5～2.5m。

5）渣口数目。根据高炉有效容积和原料条件确定。一般小型高炉设一个渣口。渣量较大且只有一个铁口的大中型高炉，宜设两个渣口，渣口高度可以相同，也可以彼此相差100～200mm。铁口数目多、原料条件好、渣铁比低的高炉可以不设渣口。

6）铁口数目。铁口数目随着高炉出铁量和出铁次数的增加而增加。特别是高炉强化冶炼之后，高炉有效容积利用系数提高，出铁次数增加，所以大型高炉可设2～4个铁口，各个铁口轮换出铁，可有效地保证准时出铁和安全出铁；一般中小型高炉设1个铁口。

7）风口数目（N）。炉缸上的风口数目影响整个炉缸断面上的活跃程度。风口数目主要取决于相邻两风口中心线之间的弧长（S），最小的S应能满足结构上的要求，即满足更换风口，承受一定载荷及安装必需的冷却设施。

$$N = \pi d / S$$

式中 d——炉缸直径，m；

S——相邻两风口中心线之间的弧长，一般1.0～1.5m，常用1.1～1.3m，高炉有效容积越大，越宜取小值。

风口数目一般为支柱数目的整数倍，一般为偶数。

（3）炉腹。炉腹呈倒圆台形，它的形状适应了矿石还原、熔化、成渣、成铁体积收缩的特点，同时又使风口前高温区所产生的高温煤气流远离炉墙，既不致烧坏风口上面的炉衬，又有利于渣皮的稳定，也有利于炉内煤气流的合理分布与高炉顺行。

1）炉腹高度（h_2）。炉腹高度过高，会使未熔化的炉料进入体积逐渐缩小的炉腹区，易悬料；过低，又会使炉墙受到煤气的冲刷，并引起边缘煤气流过分发展。现代大中型高炉炉腹高度一般为2.8～3.6m，小型高炉为1.5～2.5m。

2）炉腹角（α）。炉腹角一般为80°~82°。炉腹角过小不利于炉料下降，影响顺行；炉腹角过大不利于煤气流分布，容易使边缘煤气流过分发展，同时不利于产生稳定的渣皮保护炉衬。

3）炉腹角与炉腹高度的关系。设计时当选定炉腹角后，可用下式计算出炉腹高度：

$$h_2=(D-d)\tan\alpha/2$$

（4）炉腰。炉腰位于炉腹和炉身之间，呈圆柱形，是炉腹和炉身之间的过渡段。炉腰直径（D）是高炉炉型中直径最大的部分。为改善初成渣使炉料透气性恶化的情况，需适当扩大炉腰直径，从结构上看为顺行创造了良好基础。但过分扩大炉腰直径D，则会导致边缘煤气流难于控制。

炉腰直径可由D/d确定，一般大型高炉1.10~1.15，中型高炉1.15~1.25，小型高炉1.25~1.50。

炉腰高度（h_3）对高炉冶炼过程影响并不明显，设计时参照同类型高炉的数据选取，一般大型高炉2.0~3.0m，中型高炉1.0~1.8m，小型高炉小于1.0m。炉腰高度常用来调整高炉有效容积，所以计算时当其他各段直径和高度确定后，可以用各段容积之和应等于高炉有效容积的关系式求出炉腰高度。

（5）炉身。炉身由自上向下截面逐渐扩大的正圆台形空间构成。它适应炉料由上而下逐渐加热后体积膨胀、煤气由下而上（将热量传给炉料后，本身温度逐渐降低）体积收缩的规律。由此可见，炉身尺寸既影响炉料顺行又影响煤气流的合理分布与利用。炉身在设计时主要确定炉身角（β）和炉身高度（h_4）。

炉身角小，则使靠近炉墙处的料柱松动，沿炉墙形成一个透气性好的环带，一方面减小炉料与炉墙的摩擦力，另一方面又适当发展边缘煤气流，有利于高炉顺行。但炉身角过小，使边缘煤气流过分发展，煤气与炉料接触不好，下料速度过快，不能很好地利用煤气的热能和化学能。反之，炉身角过大，有利于控制边缘煤气流，但不利于炉料下降，影响高炉顺行。目前巨型高炉炉身角减少到81°30′左右，大型高炉82°~85°，中小型高炉84°~85°。

炉身高度是炉型各段中最高的一段，当d_1、D和β确定后，炉身高度即已确定。按经验h_4约为H_U的55%~65%。炉身高度可由下式计算：

$$h_4=(D-d_1)\tan\beta/2$$

（6）炉喉。炉喉为圆柱形空间，炉料和煤气由此进出，所以它影响布料和煤气分布。一定的炉喉高度可保证收拢煤气和满足布料，但炉喉高度过高会使炉料压紧而影响下料；过低不利于改变装料制度以调节煤气分布。炉喉高度（h_5）一般参照同类型高炉数据选取，大型高炉2.0~2.5m，中型高炉1.5~2.0m，小型高炉0.6~1.5m。

合适的炉喉直径（d_1），一定要与炉腰直径、炉身角相配合，而且要有合适的炉喉间隙$(d_1-d_0)/2$。炉身角大，炉喉间隙小炉料堆尖紧靠炉墙，对发展边缘煤气流不利，阻碍顺行；反之亦然。对大型高炉有时使用可调炉喉。炉喉直径可用d_1/D的比值确定，大中型高炉d_1/D为0.65~0.70，300m³以下的高炉取0.70~0.75为宜。

（7）炉喉间隙（δ）。炉喉直径可按大钟直径（d_0）与大钟间隙来确定。

$$\delta=(d_1-d_0)/2$$

式中 δ——炉喉与大钟间隙，m；

d_1——炉喉直径，m；

d_0——大钟直径，m。

不同炉容的炉喉间隙见表4-3；不同炉容炉型设计的主要参数见表4-4。

表4-3 不同有效容积炉喉间隙

有效容积/m^3	55	100	250	620	1000	1500	2000
炉喉间隙/mm	500	550	600	700	800	900	950~1000

表4-4 高炉炉型设计的主要参数

炉容/m^3	100~300	600~1000	1000~2000	2000~4000	约7400
V_U/A	15~18	22~25	22~26	26~28	28~30
H_U/D	3.5~4.2	2.9~3.2	2.7~3.1	2.2~2.5	2.2~2.9
D/d	1.15~1.25	1.15~1.25	1.1~1.15	1.07~1.10	1.07~1.09
d_1/D	0.70~0.75	0.65~0.70	0.65~0.70	0.65~0.69	0.65~0.67
h_0/m	0.3~0.45	0.45~0.75	0.75~1.0	1.0~1.5	1.5~2.5
K	0.90~0.87	0.79~0.76	0.76~0.70	0.70~0.68	0.70~0.68
β/(°)	84~85	84~85	83~85	82~85	81~82
α/(°)	80~82	80~82	80~82	80~82	81~82

4.1.2.3 现代高炉炉型的特点

现代化的高炉有较高的机械化与自动化水平，在操作方面以精料为基础，以强化冶炼为手段，适应大风量、高风温、大喷吹量。现代高炉炉型的发展趋势应能满足和适应上述发展方向和要求：

(1) H_U/D比值减小。目前H_U/D比值小型高炉为3.5左右，中型高炉为3.0左右，大型高炉为2.5~2.9，巨型高炉为1.9~2.5。如$100m^3$高炉$H_U/D=3.5$，$1000m^3$高炉$H_U/D=3.0$，$2000m^3$高炉$H_U/D=2.7$，$5000m^3$高炉$H_U/D=2.4$。

近年来，随着高炉大型化，高炉高度变化很小，主要是横向发展，出现了矮胖型高炉。有些高炉大修时为了扩容或是为了进一步强化，主要是减小了H_U/D比值，扩大了炉腰直径，有的还降低了有效高度，取得了提高利用系数的良好效果。在煤气的热能和化学能的利用方面，已有精料、喷吹、富氧、高风温、高压操作等技术相应发展，大大改善了炉内还原和热交换过程。实践表明，炉料在炉内的停留时间只与冶炼强度和焦比有关，而高炉高度大只会使炉料通过的时间长，增加与煤气接触的机会，但不会增加接触时间。所以上述措施都为相对降低有效高度提供了条件。但H_U/D比值过小，将导致煤气与炉料接触时间过短和煤气分布恶化，还易造成"管道行程"，使煤气能量利用率降低，燃料比升高。对小高炉而言，有效高度和炉缸截面积本来就小，煤气能量利用率低，焦比高，如果人为地降低有效高度，所带来的不利影响将比大高炉更为严重。

(2) V_U/A比值减小。即相对而言使用了大炉缸。扩大炉缸直径辅以多风口来配合。风口数目多能减少炉缸"死区"，使各个风口的燃烧带连成完整的圆环，煤气流在炉缸内分布更趋均匀合理。促进料面均匀下降，也有利于喷吹燃料。

(3) 炉身角β值减小。高炉大型化之后，炉身角和炉腹角趋于接近。这是由于大型和巨型高炉的炉喉直径和大钟直径增加，炉料分布到炉墙附近较多，高炉越大炉料横向膨胀也就越厉害。为了保证有适当的边缘煤气流，而且防止炉料受热膨胀引起拱料，所以必须采用较小的炉身角，对于中小型高炉而言，出于对高炉强化冶炼和顺行的考虑，也应适当缩小炉身角。

(4) 炉腰、炉缸直径之比，炉喉、炉腰直径之比减小。这些比值的减小，也是与前边所述特点变化相适应，使炉型尺寸的比例关系更趋合理。

值得注意的是，小高炉的具体比值和角度有其特殊性，主要是料柱矮，焦比高，所以料柱透气性好。成渣带对料柱透气性影响也小，故炉型比大高炉更接近直筒形，即炉身角可大些，H_U/D 值也相对大些。其次，燃烧带易伸向炉子中心，炉缸工作面活跃而均匀，可以扩大炉缸直径而保证中心煤气流不过分发展，故 V_U/A 比值相对小些。

4.1.3 高炉炉衬

4.1.3.1 高炉炉衬工作条件及破损机理

炉体结构是指炉壳、冷却器和高炉炉衬三部分组成的整体。

高炉炉衬的作用在于构成高炉的工作空间，直接抵抗冶炼过程中机械、热和化学的侵蚀，减少热损失，并保护炉壳和其他金属结构免受热和化学的侵蚀作用。

炉壳起密封渣、铁和煤气的作用，并承担一定建筑结构的任务。

冷却器用来保护炉衬、炉壳，其布置轮廓在很大程度上决定着高炉操作炉型。

显然三者密切联系，相互影响。实践表明，三者中任一损坏，都有可能导致炉墙的全面损坏。

A 炉衬的工作条件

影响高炉寿命的因素很多，当冶炼制度和冷却条件等因素相对稳定时，高炉炉衬的寿命是决定高炉需要大修或中修的一个主要依据。高炉内衬的破损程度是影响高炉寿命的根本因素。图4-2示出了不同冷却结构的炉衬破损情况。

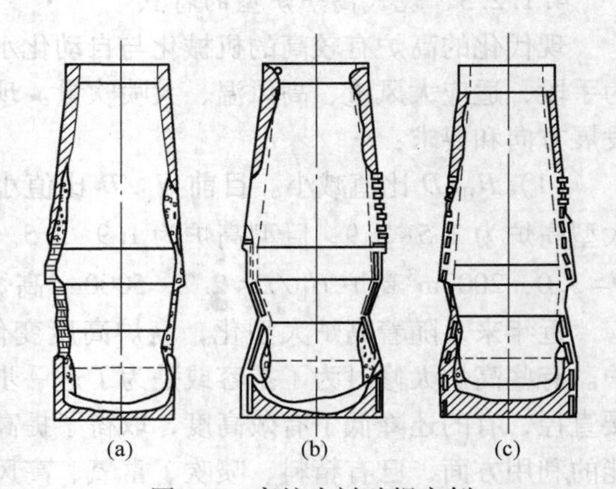

图4-2 高炉内衬破损实例
(a) 采用冷却板的炉缸；(b)，(c) 采用冷却壁的炉缸

高炉不同部位冶炼进程各不相同，各部位炉衬所处工作环境不同，因而炉衬各部位被侵蚀破坏的因素也不同。概括起来主要有以下几个方面：

(1) 热力作用。温度升高，耐火材料可能发生膨胀，个别情况下也会因晶体组织改变而产生体积收缩。温度波动超过一定限度，将因热冲击（即热震）引起耐火砖的破裂。温度高，也会引起耐火砖软化甚至熔化。

(2) 化学作用。主要是碱金属及其化合物对炉衬的化学侵蚀、高温下液态渣铁的化学侵蚀、锌和氟的破坏以及适宜温度下发生炭素沉积等的破坏作用。

(3) 物理作用。装料时炉料对炉衬的冲击，炉料下降时对内衬的摩擦以及高温含尘煤气流和高温液态渣铁的机械冲刷，渗入砖缝的液态物质对砖的浮力、静压力，高压煤气的压力等作用。

（4）操作因素。因操作不当，给炉衬带来损坏。

此外，高炉炉衬的材质质量、砌筑质量、炉型构造、烘炉质量等因素也能够影响炉衬寿命。

上述起破坏作用的各种因素，随高炉的部位、使用的内衬材料不同，起主要破坏作用的因素也不同。一般来说，一切热的、化学的、压力的作用都只是炉衬损坏的基本条件，而冲刷、摩擦和渗入等动力因素则是直接或迅速造成炉衬损坏的主要原因。

B 高炉各部位炉衬的破损机理

（1）炉底。高炉炉底长期处于高温和高压条件下，工作条件极其恶劣，其耐久性是一代高炉寿命的决定性因素。高炉停炉后炉底破损状况和生产中炉底温度检查表明，其破损的主要原因是机械冲刷与化学侵蚀。破损过程可分为两个阶段。第一阶段是在开炉初期，铁水渗入使砖漂浮形成平地锅形深坑；第二阶段是熔融层形成后的化学侵蚀。

由于在开炉初期，一方面炉底砖砌体存在着砖缝和裂缝，另一方面炉底砖承受着液态渣铁、煤气压力、料柱重力，因此，铁水在高压下渗入砖缝，缓慢冷却，于1150℃凝固。在冷凝过程中析出石墨碳，体积膨胀，又扩大了砖缝。如此互为因果，铁水可渗入很深。由于铁水密度大大高于砖砌体密度，所以，在铁水静压力作用下炉底砖砌体会漂浮起来。

当炉底侵蚀到一定程度之后渣铁水的侵蚀逐渐减弱，坑底下的砖砌体在长期的高温和高压作用下，部分软化重新结晶，形成一熔结层。渗铁后砖砌体导热性变好，增强了散热能力，从而使铁水凝固的等温线上移。由于熔结层中砖砌体之间已烧结成为一个整体，坑底面的铁水温度亦较低，所以熔结层能抵抗铁水渗入，砖缝已不再是薄弱环节。此时炉底侵蚀主要原因转化为铁水中的碳将砖中的二氧化硅还原成硅，并被铁所吸收。

$$SiO_{2砖}+2[C]+[Fe]═══[FeSi]+2CO$$

从炉基温度后期上升十分缓慢来看，这种化学侵蚀是很慢的。此外，有些高炉的综合炉底周边的碳砖与中心的高铝砖咬砌，而高铝砖的膨胀率比碳砖高，易使碳砖被高铝砖顶起，碳砖上下层之间的缝隙加宽，铁水渗入。

（2）炉缸。炉缸下部是贮存液态渣铁的地方，其工作条件与炉底上部相近。液态渣铁周期性地聚集和排出，高温煤气流等对炉衬砖砌体的冲刷是主要的破坏因素。特别是渣口、铁口附近的砖衬经常有液态渣铁流过，侵蚀更为严重。另外，由于高炉炉渣偏于碱性而炉衬常用的耐火砖偏于酸性，故在高温情况下发生化学性渣化，对炉缸炉衬也是一个重要的破坏因素。

炉缸上部的风口带，是整个高炉的最高温度区域，温度可达1800~2000℃，当提高风温或富氧鼓风时温度会更高，因此长期高温作用是这个部位耐火砖砌体破坏的主要因素。

（3）炉腹。炉腹位于风口之上，这部分的炉衬不仅承受高温以及温度波动引起的热冲击，而且还承受由上部落入炉缸的渣铁水和高速向上运动的高温煤气流的冲刷、化学侵蚀及氧化作用，以及炉料料柱的压力、摩擦力、坐料和崩料时的巨大冲击力。所以，实际上开炉几个月之后，此部位的炉衬即被侵蚀掉，仅靠在冷却壁上通过冷凝作用形成的一层熔铁、焦炭和渣的混合物，即渣皮保护层，代替炉衬工作。炉腹渣皮保护层的厚度多在几十到一百毫米范围内波动。

(4) 炉腰。炉腰紧靠炉腹，故侵蚀类似。而该处有含有大量 FeO 和 MnO 的初渣生成，所以炉渣的侵蚀作用更为严重。从炉型上看，炉腰上下部都有折角，所以气流冲刷作用比其他部位更强，当边缘气流过分发展和原料粉末多时，破坏作用更大。

(5) 炉身。由于炉身高度比较大，炉身上下部炉衬的破坏因素也不相同。炉身上部炉衬主要承受炉料打击、带有棱角的炉料下降时的摩擦作用，以及夹带着大量炉尘的高速煤气流的冲刷作用。炉身下部除了要承受炉料和煤气的摩擦和冲刷作用之外，还要承受初渣侵蚀、炭素沉积以及用特种矿石冶炼时产生的特殊的化学侵蚀作用。

炭素沉积是炉身部位炉衬破损的重要因素。炭素沉积反应（$2CO = CO_2 + C\downarrow$）在400~700℃之间进行最快，而整个炉身炉衬正好都处于这一温度范围。在砖缝中发生炭素沉积，体积膨胀，从而破坏炉身部位的炉衬。游离铁的存在能够加速碳素沉积反应的进行。

在使用特种矿石冶炼时，如含有 Zn、F、K、Na 等元素，还有特殊的化学侵蚀作用，钾盐、钠盐能与耐火材料生成低熔点化合物，碱金属的氯化物能与 Fe、Al、Ca 等作用，使炉衬侵蚀成蜂窝状。

(6) 炉喉。炉喉主要承受炉料频繁撞击和高温含尘煤气流的冲刷作用。为维持其圆筒形状不被破坏，控制炉料和煤气流合理分布，维持高炉正常生产，所以要用金属做成炉喉保护板，即炉喉钢砖。

4.1.3.2 高炉用耐火材料

A 对耐火材料的质量要求

根据高炉炉衬工作条件和破损机理分析可知，高炉炉衬用耐火材料的性质是影响高炉寿命的重要因素之一。为延长高炉炉龄，对高炉炉衬用耐火材料提出如下要求：

(1) 耐火度要高，高温下的结构强度要大，高温下的体积稳定性要好，以抵抗高温和高压条件下破坏作用。

(2) 组织致密，体积密度大，气孔率小，特别是显气孔率要小，并没有裂纹，以抵抗煤气的渗入和熔渣的化学侵蚀。

(3) Fe_2O_3含量低，以防止与 CO 在炉衬内作用，降低砖的耐火性能和在砖的表面上形成黑点、熔洞、熔疤、鼓胀等外观和尺寸的缺陷。

(4) 良好的化学稳定性，以提高抵抗炉渣化学侵蚀的能力。

(5) 机械强度高，具有良好的耐磨性和抗冲击能力。

(6) 外形尺寸准确，以确保施工质量。

B 高炉用耐火材料

高炉常用的耐火材料主要有陶瓷质耐火材料（包括黏土砖、高铝砖、耐热混凝土以及近几年使用的硅线石砖、合成莫来石、烧成刚玉、不定形耐火材料等）及碳质耐火材料（包括炭砖、炭捣、石墨砖以及新型炭质材料，如自结合与氮结合的碳化硅砖、氮化硅砖、铝碳砖）两大类。

(1) 黏土砖。黏土砖是高炉上应用最广的耐火砖，具有良好的物理力学性能，化学成分与炉渣接近，不易与炉渣起化学反应，不易被磨损腐蚀，成本较低。表 4-5 列出了部分高炉用黏土质耐火制品的理化性质。

表 4-5 高炉用黏土质耐火砖的理化指标

指 标	黏土砖		
	XGN-38	GX-41	GN-42
Al_2O_3含量(≥)/%	38	41	42
Fe_2O_3含量(≤)/%	2.0	1.8	1.8
耐火度(≥)/℃	1700	1730	1730
0.2MPa 荷重软化开始温度(≥)/℃	1370	1380	1400
残余线变化率(1400℃,3h)(≤)/%	0.3	0.3	0.2
显气孔率/%	20	18	18
常温耐压强度(≥)/MPa	30	55	40

高炉砌体用黏土砖的外形质量也非常重要，特别是高炉中下部精细砌筑部位要求更为严格，对于制品按尺寸允许偏差及外形分级规定见表 4-6。

表 4-6 高炉黏土耐火制品尺寸允许偏差及外形分组

项 目		单位	一级	二级
长度		%	±1.0	±1.5
炉底砖长度		mm	±2	±3
宽度		%	±2	±2
厚度		mm	±1	±2
扭曲	炉底砖（不大于）	mm	1	1
	其他部分（不大于）	mm	1.5	2
缺角：深度（不大于）		mm	3	5
缺棱：深度（不大于）		mm	3	5
熔洞：直径（不大于）		mm	3	5
渣蚀			不准有	不准有
裂纹	宽度不大于 0.25mm	mm	不限制	不限制
	宽度 0.26~0.50mm	mm	15	15
	宽度不小于 0.50mm	mm	不准有	不准有

（2）高铝砖。高铝砖含 $Al_2O_3$48%以上，其理化性能优于黏土砖，故多用于风口带、铁口区及炉腹至炉身下部，也有用于炉底上部，防止炭砖上浮。其不足之处是热稳定性差，另外，由于其耐磨性好（这是优点），所以加工费用较高。

近年来，为延长炉衬寿命，新型耐火材料在高炉上得到广泛应用。在炉身下部到炉腹区使用超高氧化铝耐火材料。表 4-7 列出了超高氧化铝耐火砖的主要特性。纯 Al_2O_3的熔点大约为 2030℃，在高温下是稳定的。此特性有利于改善炉衬抗渣和熔融铁水侵蚀的能力，提高抗振能力，并几乎消除了 CO 的破坏作用，但当高温并有碱金属存在时，Al_2O_3有从 α-Al_2O_3向 β-Al_2O_3转变的问题，此时伴有体积变化，从而导致砌体破裂。

解决此问题，最早取得进展的是用莫来石结合含 $Al_2O_3$87%~92%的高铝砖。莫来石的加入，使 α-Al_2O_3向 β-Al_2O_3转变的问题大大减小。后来用 Al_2O_3-Cr_2O_3作结合物耐火砖中 SiO_2降低到 0.5%以下，使碱金属蒸气对优质高铝砖的破坏作用降低到最低程度，抗渣冲刷和抗腐蚀性能进一步提高。

用莫来石结合的高铝砖使用效果很好。用 Cr_2O_3结合的高铝砖，其使用效果尚待生产实践中进一步考验。

表 4-7 超高氧化铝耐火砖主要特性

项 目	莫来石结合烧成高铝砖		Al_2O_3结合烧成高铝砖	Cr_2O_3结合烧成高铝砖	熔铸高铝砖
Al_2O_3含量/%	88	94	99	92	91.8
Fe_2O_3含量/%	<0.5	<0.5	<0.5	<0.5	<0.5
Cr_2O_3含量/%				7.5	
熔化物/%	<2.5	<1.5	<0.5	<0.5	
密度/g·cm^{-3}	3.00	3.20	3.15~3.20	3.25	3.34
显气孔率/%	15	13.5	13~16	16~19	6.5
冷压强度/MPa	>100		>100	>100	>100
450℃时，抗 CO 分解度	完全不分解		完全不分解	完全不分解	完全不分解
重烧线收缩率(1600℃,2h)/%	稳定		稳定	稳定	稳定

(3) 炭质耐火材料。炭质耐火材料是高炉炉衬较为理想的耐火材料，发展也快。它不仅有效地用于炉缸和炉底，也成功地应用于炉腹，还有向高炉上部使用的趋势。炭质耐火材料具有很多优点，它的唯一缺点是对氧化作用敏感，所以使用炭砖时对暴露出来的部分都要砌保护层。

我国和其他一些国家使用的炭砖理化性能列入表 4-8。近几年，国内外均在提高炭砖质量上做了大量工作，主要是提高炭砖的导热性能和抗碱、抗 CO_2性能。研制的主要方向是加入 Si、SiC、Al_2O_3等添加剂，同时改进生产工艺，制作成微孔炭砖。见表 4-9。

表 4-8 炭砖的理化性能

序号	项 目		单位	半石墨质炭砖	石墨砖	高导热炭砖	微孔炭砖	超微孔炭砖
1	固定炭	≥	%	78	98	—	—	—
2	灰分	≤	%	8	0.5	7	20	22
3	体积密度	≥	g/cm^3	1.50	1.52	1.6	1.60	1.68
4	显气孔率	≤	%	20	20	18	18	14
5	真密度	≥	g/cm^3	1.90	2.10	—	1.90	—
6	耐压强度	≥	MPa	30	19.6	30	36	36

续表 4-8

序号	项　目		单位	半石墨质炭砖	石墨砖	高导热炭砖	微孔炭砖	超微孔炭砖
7	抗折强度	≥	MPa	7.8	6	8	8	—
8	铁水溶蚀指数	≥	%	—	—	32	30	30
9	平均孔半径	≤	μm	1.5	—	—	0.25	0.1
10	<1μm 孔容积	≥	%	20	—	—	70	80
11	氧化率	≤	%	30	—	20	28	8
12	透气度	≤	mDa	5.2	—	70	11.0	1
13	导热系数	室温	W/(m·K)	—	—	25	7	—
		300℃		—	—	—	10	—
		600℃		—	—	30	14	20
		800℃		7	—	—	12	—
14	抗碱性			U 或 LC	U 或 LC	U	U 或 LC	U 或 LC

注：1. 透气度、氧化率、铁水溶蚀指数作为参考指标。

2. 抗碱性分为 4 个等级：未受影响（U）级，未见到裂纹；轻微开裂（LC）级，毛细裂纹；开裂（C）级，裂纹宽度大于 0.4mm；崩裂（D）级，碎成两块或两块以上。

表 4-9　加不同添加剂的炭砖性能

项　目	固定碳 /%	灰分 /%	总气孔率 /%	抗压强度 /MPa	气孔径 /μm	热导率 /kJ·(m·h·℃)$^{-1}$	抗碱金属性能	铁渗透系数
普通炭砖	95.5	3.5	17.8	430	4.0	41.9	侵蚀低	100
加 Al_2O_3	91.0	8.1	17.2	424	3.5	41.9	侵蚀低	80
加 Al_2O_3和金属硅	82	17.0	17.5	450	0.4	41.0	侵蚀低	13
备注						350℃	ASTM	

（4）不定形耐火材料。它是形状不固定耐火材料的总称。与成型砖相比，其优点是可以综合采用耐火原料的资源，制造工艺简单，能耗低，产量高，维修施工方便，同时易形成整体，抗热振和剥落性能好，线膨胀系数小，利于提高炉衬寿命。它主要用于高炉内衬修补即灌浆、喷补；填塞砖缝，使高炉内衬砌体黏结为一个整体；填料，用于内衬砌体与炉壳之间，内衬砌体与周围冷却壁之间；喷涂炉壳内表面，防炉壳龟裂变形。

C　炉衬砌筑和砖量计算

a　炉衬砌筑

砌筑质量直接影响内衬寿命，因为砖衬损坏往往源于砖缝。所以砌筑炉衬时要求：

（1）高炉砌砖必须符合设计要求，以便保证工艺需要。我国高炉用高铝砖和黏土砖的尺寸要求列于表 4-10 中。砌体的实际尺寸和设计尺寸的误差应符合表 4-11 的规定。

（2）高炉各部位砌体的砖缝厚度应在表 4-12 规定范围。

（3）垂直或水平砖缝必须设法错开砌筑。

国产碳砖最大断面为(400×400)mm，最大长度 3200mm。宝钢 1 号高炉所用炭砖最大外形尺寸(500×600×3500)mm。目前，日本能够制造的最大炭砖为(600×700×4000)mm。美国炭砖最长可达 6500mm。

表4-10 高炉用高铝砖和黏土砖形状及尺寸

制品形状及名称	砖号	尺寸/mm				体积/cm^3	质量/kg		
		长 a	宽 b	宽 b_1	厚 c		黏土砖	(GL)-55	(GL)-48
直形砖	G-1	230	150		75	2588	5.7	6.1	6.0
	G-7	230	115		75	1984	4.4	—	—
	G-2	345	150		75	3881	8.4	9.1	8.9
	G-8	345	115		75	2976	6.5	—	—
楔形砖	G-3	230	150	135	75	2458	5.4	5.8	5.6
	G-4	345	150	125	75	3557	7.8	8.3	8.7
	G-5	230	150	120	75	2329	5.2	—	—
	G-6	345	150	110	75	3364	7.4	—	—

表4-11 砌体的实际尺寸与设计尺寸的误差（不超过）规定

误差名称	项次	内容		误差值/mm	备注
表面平整误差：用2m长靠尺检查，靠尺与砌体间的间隙应不大于误差值	1	高炉炉底、炉底个砌层上表面	（1）高铝砖或黏土砖（用3m精确靠尺检查）	3	
			（2）炭砖（用3m精确靠尺检查）	2	
			（3）用测量仪器检查各点相对标高差	5	
	2	高炉炉缸各砖层上表面	（1）高铝砖和黏土砖	5	
			（2）高铝砖和黏土砖径向倾斜	7	
			（3）炭砖	2	
	3	高炉炉腹、炉腰和炉身各砖层上表面	（1）高铝砖和黏土砖	10	用与炉墙厚度相当长度的靠尺
			（2）高铝砖和黏土砖径向倾斜	10	
			（3）炭砖	2	方法与第2项相同
半径误差	4	炉缸，厚壁炉身和炉腰	（1）高铝砖或黏土砖	±20	
			（2）炭砖	±15	

表4-12 高炉各部位砌体砖缝厚度

序号	砌砖部位			砖缝厚度（不大于）/mm
1	黏土砖或高铝砖砌体	炉底		0.5
2		炉缸（包括铁口、渣口、风口通道）		0.5
3		炉腹和薄壁炉腰		1
4		厚壁炉腰		1
5		炉身	上部冷却水箱区域以下	1.5
			上部冷却水箱区域以上	2
6		炉喉钢砖区域		3
7		炉顶砌砖		2
8		耐热混凝土周环的环形砌体		3

续表 4-12

序 号	砌 砖 部 位			砖缝厚度（不大于）/mm
9	炭砖砌体	炉底	薄缝	2.5（0.5 小炭砖）
			顶端斜接缝	1.5
10		炉缸薄缝		2（0.5 小炭砖）
11		其他部位薄缝		2.5
12	保护层砌体			3

b　砖量计算

根据标准砖形尺寸对各部位炉衬进行计算。

炉底按砌砖总容积除以每块砖的体积求得。求出总砖数后再乘以每块砖的质量，即得出砖的总质量。一般考虑砖的损耗，增加 2%~5%的富余量。

自炉缸到炉喉都为环行砌体，都要砌出环圈来。由于环圈的直径不同，故直形砖和楔形砖的配合数目也不同。一般采用 G-1 与 G-3 和 G-5 砖相配合；G-2 与 G-4 和 G-6 砖相配合。

使用标准砖平砌时，每环砖数可查图 4-3。其计算原理是：用楔形砖两头的宽度差去弥补砖环外圆周长差。故每环所用楔形砖的数目（x）的计算式如下：

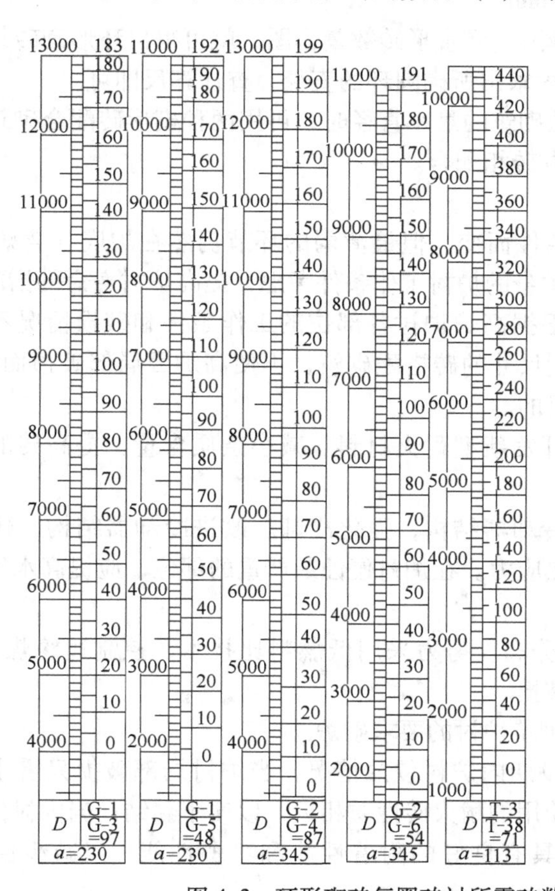

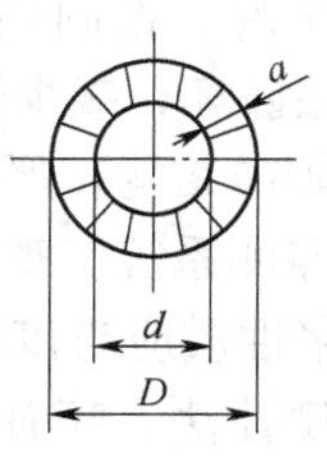

图 4-3　环形砌砖每圈砖衬所需砖数计算尺

$$x=\pi\times(D-d)/(b-b_1)=\pi\times 2a/(b-b_1)$$

式中 x——每环楔形砖的砖数，块；

D——砖环外径，mm；

d——砖环内径，mm；

a——每环楔形砖的长度，mm；

$b-b_1$——每环楔形砖两头宽度之差，mm。

楔形砖数与砖环内外径无关，只与砖型有关。当砖型一定时，每环楔形砖的砖数是一常数。又由于标准的楔形砖宽度差是一定的，因此它可砌出的环圈最小内径就是一定的。如用97块G-3砖，可砌成内径4090mm的砖环；用48块G-5砖可砌成内径1840mm的砖环。

为了得到更大内径的砖环，就需要插入一定数量的直型砖，其所需的直型砖数（y），可用下式计算：

$$y=(\pi d-b_1 x)/b$$

式中 y——环所需直形砖的砖数，块；

d——砖环内径，mm；

b_1——所用楔形砖小头的宽度，mm；

b——所用直形砖的宽度，mm。

将不同砌体直径所需的各种楔形砖和直形砖数量作图，就可得出环形砌砖每圈砖衬所需砖数计算尺（见图4-3）。只要先求出所砌圆环的直径，查计算尺即可。

当砌体直径小于各楔形砖单独砌筑的最小直径时，可用两种楔形砖配合砌筑，如G-3砖与G-5砖相配合；G-4砖与G-6砖相配合。

D 提高炉衬寿命的措施

实践表明，炉衬寿命随冶炼条件而变，但最薄弱的环节仍然在炉底（含炉缸）和炉身。因此，从炉底（含炉缸）和炉身的炉衬工作条件考虑，提高炉衬寿命的措施有：

（1）均衡炉衬。均衡炉衬是根据高炉炉衬各部位的工作条件和破损情况不同，在同一座高炉上，采用多种材质和不同尺寸的砖搭配砌筑，不使高炉因局部破损而休风停炉，达到延长炉衬寿命和降低成本的目的。

（2）改进耐火砖质量，不断开发新型耐火材料。减小杂质含量，提高砖的密度，从而提高耐火砖理化性能。

（3）控制炉衬热负荷，改进冷却器结构，强化冷却。改进冷却器结构，建立与炉衬热负荷相匹配的冷却制度，减小热应力。在炉衬侵蚀最严重的部位，应提高水压并采用软水冷却。

（4）稳定炉况、控制煤气流分布。努力采用低燃料比技术，控制边缘煤气流发展，有利于减少热振破坏，减少炉衬破损。

（5）改进砌砖结构。严格按砌筑炉衬的要求砌炉。

（6）完善监测系统。观察炉役期内炉衬侵蚀情况，当炉衬局部破损只需小修补时可用灌浆法，泥浆性质应与该处所使用的耐火砖性质相近，以便于黏结；当内衬修补面积较大时，可用热喷补法，喷补料应具有良好的附着性能和可塑性能，以减少回弹力和回弹量。

4.2 高炉冷却

在高炉生产过程中，必须对炉体进行合理的冷却，同时对冷却介质进行有效的控制，以便达到有效冷却，使之既不危及耐火炉衬的寿命，又不会因为冷却元件的泄漏而影响高炉操作。

4.2.1 冷却的作用

高炉冷却的作用主要有以下几点：

（1）降低炉衬温度，使炉衬保持一定的强度，维护合理操作炉形，延长高炉寿命和安全生产。

（2）形成保护性渣皮、铁壳和石墨层，保护炉衬并代替炉衬工作。

（3）保护炉壳、支柱等金属结构，免受高温的影响，有些设备如风口、渣口、热风阀等用水冷却以延长其寿命。

（4）有些冷却设备可起支撑部分砖衬的作用。

4.2.2 冷却介质与冷却设备

4.2.2.1 冷却介质

目前，高炉常用的冷却介质有水、风、汽水混合物，即水冷、风冷和汽化冷却三种。

水是较理想的冷却介质，它具有热容大、传热系数大、便于输送和成本低等优点。

冷却系统与冷却介质密切相关，同样的冷却系统采用不同的冷却介质可以得到不同的冷却效果。因此，合理地选定冷却介质是延长高炉寿命的因素之一。现代化的大型高炉除使用普通工业净化水冷却和强制汽化冷却外，还逐步向软水或纯水密闭循环冷却方向发展，而且对水的纯度要求愈来愈严格。根据不同处理方法所得到的冷却用水分为普通工业净化水、软水和纯水。

（1）普通工业净化水。天然水（含有多种杂质，即悬浮物及溶解质）经过沉淀及过滤处理后，去掉了水中大部分悬浮物杂质，而溶解杂质并未发生变化的称为普通工业净化水。

（2）软化水。将钠离子经过离子交换剂与水中的钙、镁离子进行置换，而水中其他的阴离子没有改变，软化后水中碱度未发生变化，而水中含盐量比原来略有增加。

（3）纯水（脱盐水）。将净化水通过氢型阳离子交换器，使交换器中的 H^+ 与水中的 Ca^{2+}、Mg^{2+}、Na^+ 等阳离子进行置换，出交换器的水呈酸性，经脱碳器排除 CO_2，并经过羟型阴离子交换器，使交换器中的 OH^- 置换水中所有阴离子，H^+ 与 OH^- 结合而形成纯水。

4.2.2.2 冷却设备

各部位工作条件不同，通过冷却达到的目的也不尽相同，所以所采取的冷却设备也不同。高炉冷却设备按结构不同可分为：外部喷水冷却设备、内部冷却设备以及风口、渣口热风阀等专用冷却设备的冷却以及炉底冷却。

A 外部喷水冷却装置

此装置是利用环形喷水管或其他形式通过炉壳冷却炉衬。喷水管直径为 50~100mm，管上有直径 5~8mm 的喷水孔，喷射方向朝炉壳斜上方倾斜 45°~60°。为了避免水的喷溅，炉壳上安装防溅板，防溅板下缘与炉壳间留8~10mm缝隙，以便冷却水沿炉壳向下流入排水槽。这种冷却装置简单易于维修，对水质要求不高，但冷却不能深入，只限于炉壳和炭砖炉衬的冷却。为提高喷水冷却效果，必须对炉壳进行定期清洗。

B 内部冷却装置

内部冷却装置的冷却元件安装在炉壳与炉衬间或炉衬中，以增强砖衬的冷却效果。该元件结构因使用部位和目的的不同而异。

（1）插入式冷却器。插入式冷却器有支梁式水箱、扁水箱和冷却板等形式，均埋设在砖衬内。其优点是冷却强度大；缺点为点式冷却，炉役后期，炉衬工作面凹凸不平，不利于炉料下降，此外在炉壳上开孔多，降低炉壳强度并给炉壳密封带来不利影响。

1）支梁式水箱：为铸有无缝钢管的楔型冷却器（见图4-4）。它有支撑上部炉衬的作用，并可维持较厚的炉衬；质量轻，便于拆换。支梁式水箱安装在炉身中部用以托砖，常为2~3层，呈棋盘式布置。上下两层间距离600~800mm，同一层相邻两块之间，一般相距1300~1700mm，其端面距炉衬工作表面230~345mm。

2）扁水箱：多为铸铁的，内部铸有无缝钢管（见图4-5）。扁水箱一般用于炉腰和炉身，呈棋盘式布置有密排式和一般式。后者上下两层间距离500~900mm，同一层相邻两块之间不应超过150~500mm，其端面距炉衬工作表面230~345mm。扁水箱的进出水管若与炉壳焊接，砖衬膨胀，进出水管可能被切断或破裂。

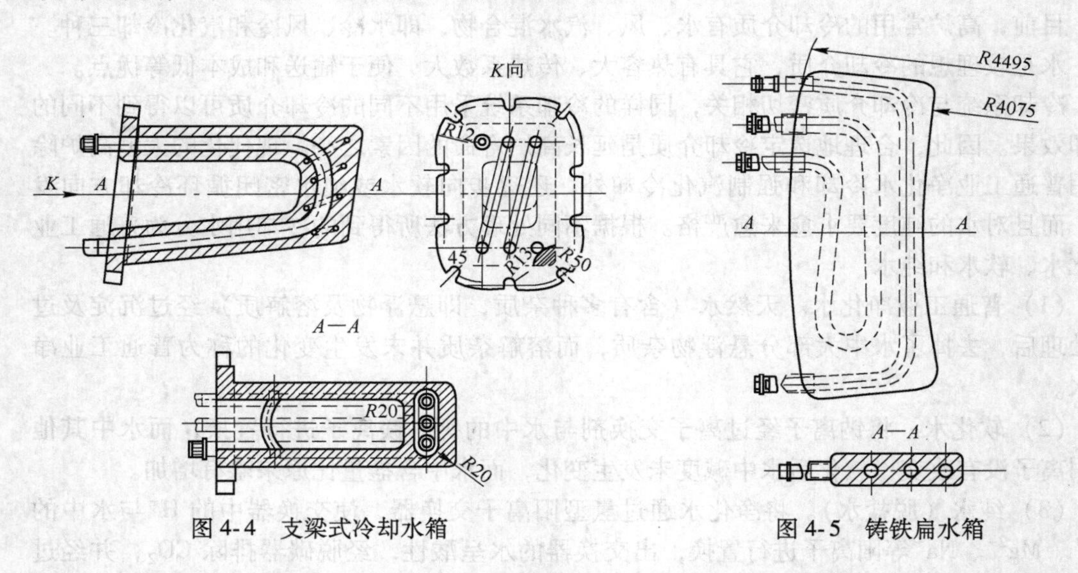

图4-4 支梁式冷却水箱　　图4-5 铸铁扁水箱

3）冷却板：冷却板材质有铸钢、铸铁和铸铜三种，结构形式有两种（见图4-6），其内采用隔板将冷却水形成一定的回路。显然，A型水速较B型快，有利于提高冷却强度，更适用于高热负荷的部位。为增大冷却能力，在炉身下部改用“双进四路”和“双进六路”形式的冷却板（见图4-7），并增加冷却水配入量，冷却板损坏量几乎为零。

（2）冷却壁。冷却壁是安装在炉衬与炉壳之间的壁形冷却器，内部铸有无缝钢管，铸铁板用螺栓固定在炉壳上。冷却壁有光面和镶砖两种（见图4-8、图4-9）。光面冷却壁用于炉底和炉缸，厚度为80~120mm。镶砖冷却壁用于炉腹，也有用于炉腰和炉身下部的，目的在于保护冷却壁铸件不直接被炉料冲刷，并使渣皮易于附在上面。其厚度

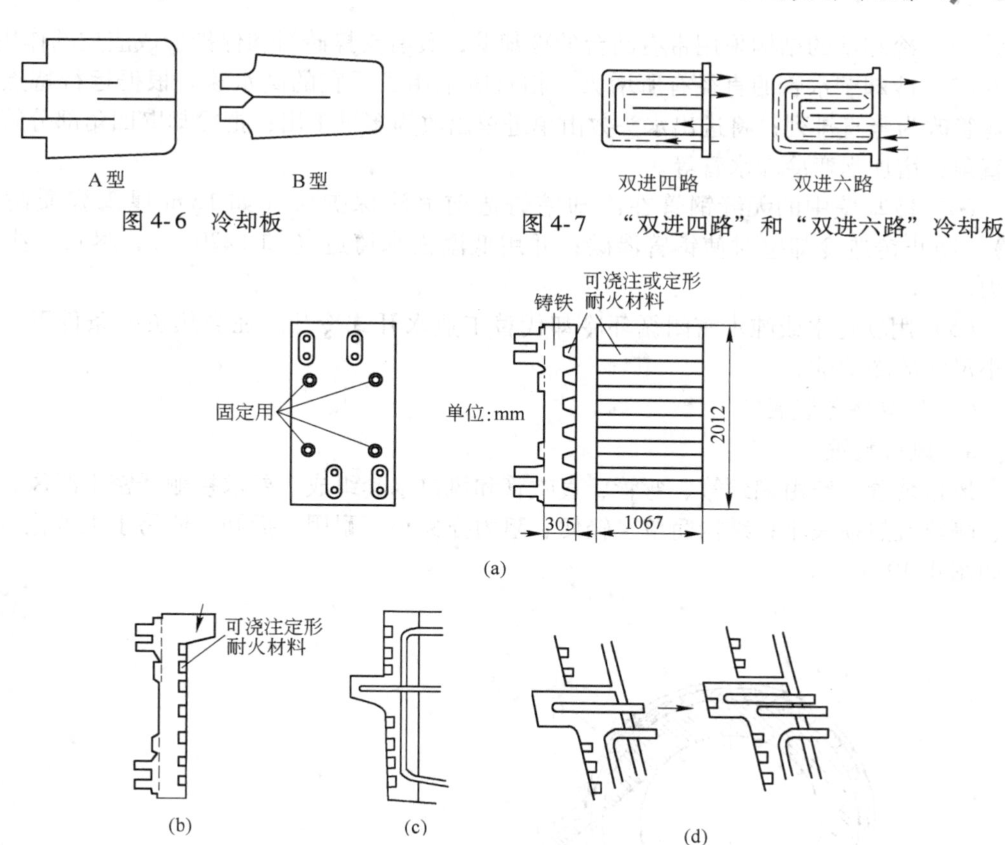

图 4-6 冷却板

图 4-7 “双进四路”和“双进六路”冷却板

图 4-8 冷却壁

（a）曲形铸铁冷却壁；（b）Γ 形冷却壁；（c）鼻形冷却壁；（d）单管、双管 Γ 形冷却器

包括镶砖在内，一般为 250～350mm。冷却壁宽度为 700～1500mm，高度视炉壳折点和炉衬情况而定，一般不应大于 3000mm。每个冷却壁多用四个 ϕ36～42mm 的螺栓固定在炉壳上。

冷却壁的排列最好上下排能错开，避免四个角集中成十字缝。

冷却壁的特点是：冷却面积大，炉壳开孔小，密封性好，不损坏炉壳强度；砖衬侵蚀后所形成的操作炉型内壁光滑；异形或 Γ 形冷却壁有支撑上部砖衬的作用；更适用于顶压达 0.2～0.5MPa 的高炉。但它损坏时不易更换，故需辅以喷水冷却；另外，此处也不宜砌厚炉墙。

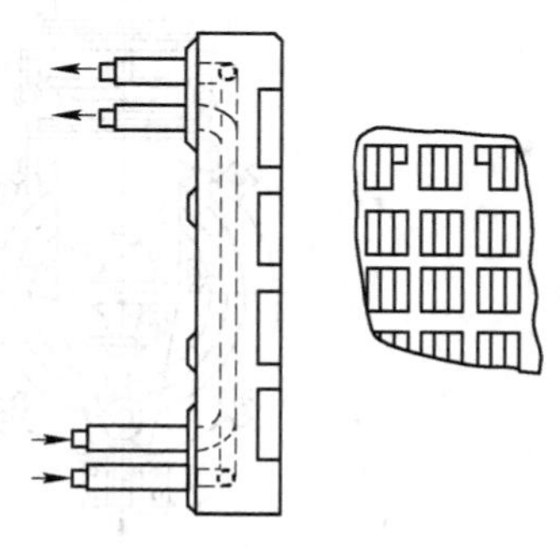

图 4-9 框式镶砖冷却壁示意图

为了增强冷却壁的冷却能力，延长其使用寿命，国内外进行了许多研究，在以下方面作了改进：

（1）冷却壁的材质由一般的铸铁改为耐热性能好、抗热振性好、不易产生裂纹的球墨铸铁，根据工况需要，可采用铸钢材质。

（2）冷却壁的结构采用带有凸台的冷却壁，具有支撑砖衬和保护形成渣皮的作用。

（3）冷却壁水管的直径有所增大，相对应采用了适宜的高水速。根据运行特点把蛇形弯管改为竖直排列；将进出水头数由单进单出改为多进多出；把冷却壁四角部分管子弯成直角；增加拐弯冷却水管等。

（4）冷却壁中的无缝钢管在冷却壁铸造前喷涂保护层（如1mm厚陶瓷质耐火材料），防止铸造冷却壁时使钢管渗碳；并用低温铁水铸造（如1220℃），尽量减少铸造应力。

（5）用软化水或纯水密闭循环冷却代替工业水开式冷却。在高热负荷条件下，使用较小尺寸的冷却壁。

C 风口冷却装置

a 风口装置

风口装置一般由鹅颈管、弯管、直吹管和风口水套组成。要求接触严密不漏风、耐高温、隔热且热损失小；结构简单、轻便、阻力损失小；耐用、拆卸方便易于机械化。其构造如图4-10所示。

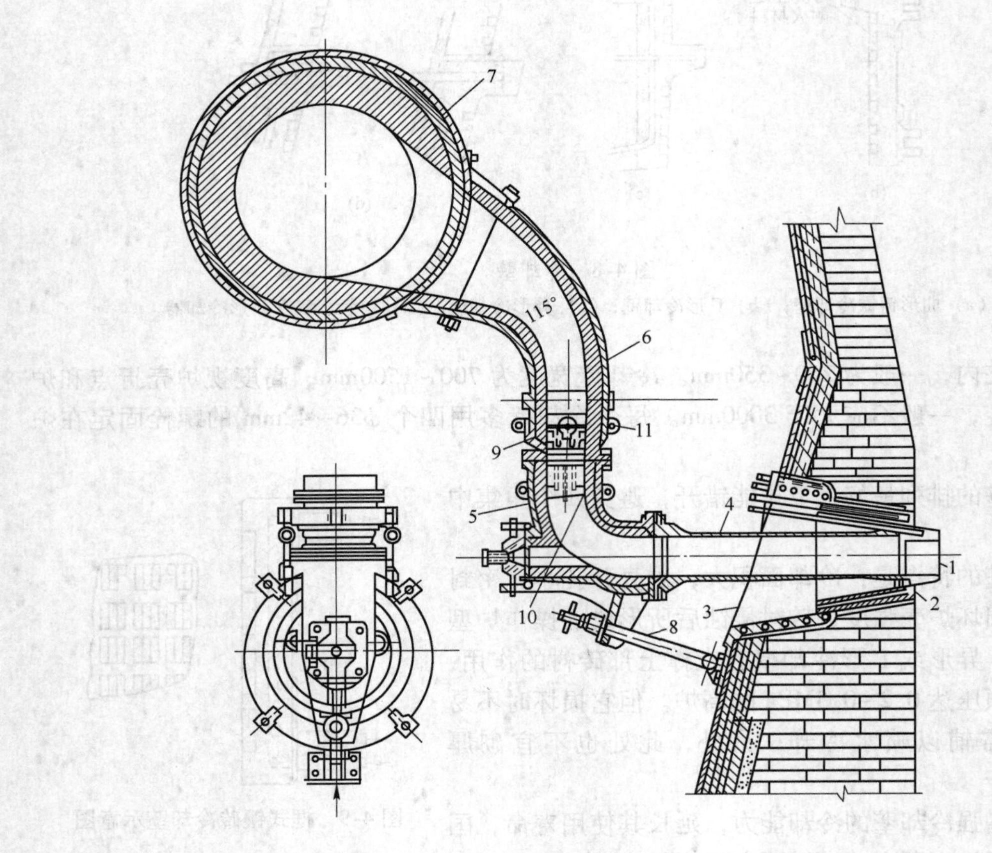

图4-10 风口装置

1—风口；2—风口二套；3—风口大套；4—直吹管；5—弯管；6—鹅颈管；7—热风围管；8—拉杆；9—吊环；10—销子；11—套环

热风围管用钢板焊成，内砌1～2层115mm厚的黏土砖，在砖与钢板之间充填一层10～20mm厚的绝热材料（石棉板）。为了适应砖衬的膨胀，每隔10m留出一个宽约40mm的膨胀缝，内外两圈的膨胀缝要错开。热风围管吊挂在炉缸支柱或大框架上。

鹅颈管是上大下小的异径弯管，其形状应保证局部阻力越小越好，大中型高炉用铸钢作成，内砌黏土砖，使之耐高温且热损失小，下端与短管球面接触，两套吊环销子，从两侧分别固定。由于它结构复杂且密封不严，在大型高炉上改为两头法兰。鹅颈管设有两个膨胀圈，以补偿围管对高炉的相对位移，解决了由于胀缩、错位引起的密封不严的问题。

弯头用插销吊挂在鹅颈管上，为铸钢件，内衬黏土砖，后面装有观察风口的窥视孔，下端有为拉紧固定用的带肋板。

直吹管采用铸钢管，带内衬，其内衬一般用耐热混凝土捣固，能防止直吹管被烧红或烧穿，既减少热量损失又保证安全。为防止烧坏，在直吹管的两端球面接触处采用耐热钢（GX20CrNiMo）或不锈钢。

为了便于更换并减少备件消耗，风口做成锥台形的三段水套，即风口大套、风口二套、风口。风口大套是铸有蛇形无缝钢管的铸铁冷却器。它有法兰盘装凸缘，用螺钉固定在炉壳上。风口二套和风口一般为青铜（Cu 97.8%，Sn 1.5%，Fe 0.7%）或无氧铜铸成。因为这里需要较大的冷却强度，故应选取导热性好的材料。风口的数目、形状和结构尺寸对高炉的冶炼过程有很大影响，中小高炉常用的风口形状是空腔锥形风口，在空腔锥形风口的基础上又出现了一些其他结构：有扩张的文杜里式风口（喇叭形）、椭圆形风口、斜风口等。风口直径是根据风量、风速和风口数目来确定的，一般大型高炉风口风速以100～120m/s为宜，中小型高炉以60～90m/s为宜。

b　风口破损机理

风口是一个热交换极为强烈的冷却元件。风口破损是造成高炉休风率高的重要原因之一。因此延长风口寿命是高炉工作者的重大课题之一。

风口损坏的部位，几乎总是露在炉缸的风嘴部分，大部分是在外圆柱的上面、下面和端面上。在这里风口处在炉墙、冷却水、高温中心、高温熔体四者温差悬殊且波动的条件下。从外表特征看风口损坏可分为熔损、破损和磨损三类。

（1）熔损：是由于受热增加，散热恶化，风口壁热量积累导致温度升高所造成的。当温度高于铜开始强烈氧化的温度（900℃）时，甚至达到铜的熔点（1083℃）时，风口便被烧坏。风口损坏的大部分情况是熔损。

（2）破损：主要是由风口本身结构与材质问题引起的。风口前炉墙、冷却水、高温中心、高温熔体四者温差悬殊且波动是造成风口热应力的外因，而水室壁不均（如前壁与侧壁相接处厚度不同，圆角曲率过小等），风口材质不纯，表面粗糙，晶粒粗大组织疏松，存在气孔夹杂等铸造缺陷是造成热应力的内因。风口破损的外表特征常常是前壁与侧壁相接的外接圆和内接圆会裂开，或前面出现龟裂，这样的裂纹扩大或氧化，就会使风口损坏。

（3）磨损：主要是由于焦块和熔融物料在下降时从风口划过所致。铜质风口壁表面的氧化铁皮极易在渣铁流冲击下和巨大热负荷作用下剥落，而风口内部冷却水的不均匀分布，直至气膜层的作用，是决定磨损部位的重要因素。

c 提高风口寿命的措施

提高风口寿命的措施主要是改进风口结构；在风口外表面喷涂覆盖层；提高材质纯度，减小杂质；制造时要避免和消除气孔、砂眼、裂纹等制造缺陷；由铸造改为锻造等。

D 渣口冷却装置

渣口冷却装置如图4-11所示，它由四个水套（小型高炉一般为三个）及其压紧固定件组成。渣口是用青铜或紫铜铸成的空腔式水套，直径为50~60mm，高压操作的高炉则缩小为40~45mm。渣口二套是用青铜铸成的中空水套，渣口三套和渣口大套是铸有螺旋形水管的铸铁水套。渣口大套固定在炉壳的法兰盘上，并用铁屑填料与炉缸内的冷却壁相接，保证良好的气密性。渣口和各套的水管都用和炉壳相连的挡板压紧。高压操作的高炉，内部有巨大的压力，会将渣口各套抛出，故在各套上加了用楔子固定的挡杆。

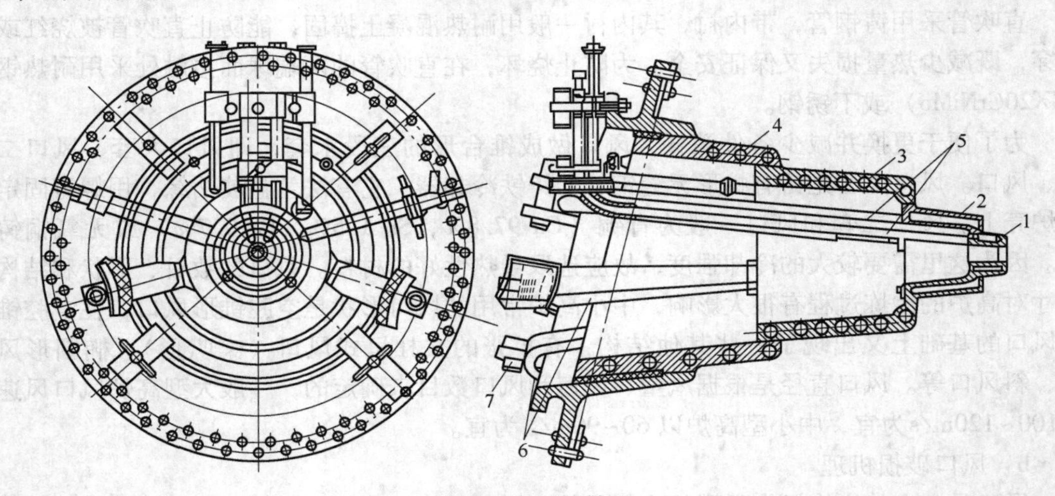

图4-11 渣口装置

1—小套；2—二套；3—三套；4—大套；5—冷却水管；6—压杆；7—楔子

E 炉底冷却

炉底冷却多采用冷却管。一种是介质由中心往外径向辐射式的流动；另一种是介质由一侧通过平行管道流向另一侧。在管子的末端都设有闸阀，以便控制流经每根管子的冷却介质。同时，从散热的角度出发，中间管子应密排，边缘可疏排。现代大型高炉使用的综合炉底多采用风冷，全碳炉底多采用水冷。

4.2.2.3 冷却方法

(1) 水冷。水冷可分为工业水冷却和软化水（或纯水）冷却两种。

采用工业水冷却方式是敞开的，要经常对冷却器进行清洗。因此这种冷却方式冷却设备的使用寿命低，且耗水量大，能耗大，冷却效果差，所以一般用于外部喷水冷却。

采用软化水（或纯水）冷却是强制循环冷却，具有设备不结垢，节水、节能，冷却设备使用寿命长，污染小等优点；但设备复杂，一次性投资大。

(2) 风冷。目前风冷主要用于炉底冷却，其他部位使用得不多。风冷设备主要有鼓风机、风冷管等。

(3) 汽化冷却。汽化冷却是将接近饱和温度的软化水送进冷却件内，水在汽化时吸收大量的热量，从而达到冷却设备的目的。

1）汽化冷却自然循环原理（见图4-12）。当U形管内充以相同密度和压头的水时，为一个静止系统。若其中一管受热，所装之水吸收热量，密度减小，从而在系统内产生了一个推动力系统开始循环。

借助循环动压头实现汽化冷却，称为自然循环。它在开炉初期热负荷不足时，为了启动，可在上升管内作蒸汽引射。如果靠装在下降管上的水泵推动进行循环冷却，称为强制循环。一般采用自然循环方式居多。

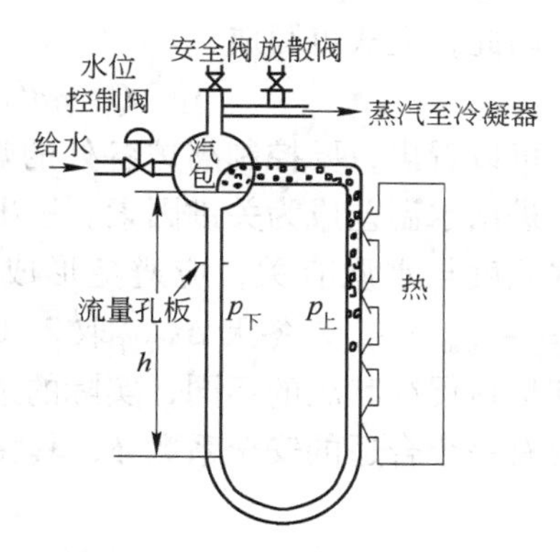

图4-12 汽化冷却自然循环原理

循环流速是指循环水在冷却件内或管路中的速度。流速过低会降低传热能力，特别在水平布置或小于30°布置的冷却件内，流动中易产生蒸汽与水分层的现象。流速过大时，则增加了管道阻力。一般自然循环的速度要求大于0.2m/s，强制循环时大于0.3m/s。

循环倍率是循环系统的一个主要运行参数。循环回路中的水流量 G（kg/h）与单位时间内循环回路中产生的蒸汽量 D（kg/h）之比，称为循环倍率 K，即

$$K=G/D$$

循环倍率表示水在循环回路中全部变为蒸汽所需循环的次数。其值的大小与流动压头、系统阻力、汽包工作压力、冷却件热流强度等因素有关。一般认为 K 值取30~60较好。

汽包工作压力也是循环系统的运行参数之一，在一定的热负荷范围内，利于系统循环的汽包工作压力有一最佳值。

2）汽化冷却系统。高炉汽化冷却系统包括汽水循环回路、水的准备处理、供水、蒸汽利用等。

汽化冷却多采用冷却壁循环回路和风渣口循环回路，都有单独的下降管和上升管分别进入汽包。循环回路又分为两种：一种是下降管和上升管均为单回路，它具有互不干扰、安全可靠的优点，特别在各部分热负荷差别大的系统中，更具有其优越性，但系统复杂，投资高；另一种是下降管和上升管均为集管形式，其特点是系统简化，检修方便。

4.2.2.4 *冷却工作制度*

冷却工作制度主要是根据工艺、设备以及各部位炉衬的工作情况、各部位所用冷却设备特性等来确定，另外还要通过水量、水速、进出水温差、水压、水质等参数保证。

（1）水量。由冷却器的热平衡分析可知，冷却水带走的热量与水量、进出水温差、水的比热容成正比关系：

$$Q = M \cdot (t - t_0) \cdot C \times 10^3$$

式中 Q——总的热负荷，对局部来说可写作 $q \times F$，即局部热流强度（kJ/(m^2·h)）与相应的冷却面积（m^2）的乘积，kJ/h；

M——冷却水耗量，对局部来说可写作 $\pi d^2 v/4$，即水管通道面积（m^2）与水速（m/s）的乘积，m^3/s；

t——出水温度，℃；

t_0——进水温度，℃；

$C \times 10^3$——水的比热容，kJ/(m^3·℃)。

因此，上式可写成：

$$Q=\pi d^2 v \cdot (t-t_0) \cdot C\times10^3\times3600/4$$

可以看出，要控制高炉各处的热流强度，就要控制水速和进出水温差。当水速一定时，进出水温差成为关键因素。进出水温差中的进水温度与大气温度和回水状况有关，而出水温度与水质有关，应避免形成水垢，导致冷却壁损坏。所以允许的进出水温差为 $\Delta t_{允许}=t_{max}-t_{实入}$，冬天 $\Delta t_{允许}$ 取25℃，夏天 $\Delta t_{允许}$ 取15℃。在实际工作中考虑到热流的波动和炉衬侵蚀状况的不同，实际的进出水温差应该比允许的进出水温差适当低些，各个部位要有一个合适的安全系数 ϕ，其关系式如下：

$$\Delta t_{实际}=\phi \cdot \Delta t_{允许}$$

式中的 ϕ 值见表4-13。

表4-13 高炉各部位安全系数及进出水温差参考数据

部　位	ϕ（安全系数）	冬天 $\Delta t_{允许}$：25℃	夏天 $\Delta t_{允许}$：15℃
		$\Delta t_{实际}$/℃	$\Delta t_{实际}$/℃
炉身、炉腹	0.4~0.6	15	8
风口带	0.15~0.3	8	5
风口小套	0.3~0.4	10	6
渣口以下炉缸、炉底	0.08~0.15	4	3

我国部分高炉各部分水温差允许范围见表4-14。

表4-14 高炉各部分水温差允许范围 ℃

部位 \ 炉容/m^3	100	255	620	>1000
炉身上部	—	10~14	10~14	10~15
炉身下部	10~14	10~14	10~14	8~12
炉腰	10~14	8~12	8~12	7~12
炉腹	10~16	10~14	8~12	7~10
风口带	4~6	4~6	3~5	3~5
炉缸	<4	<4	<4	<4
风口、渣口大套	3~5	3~5	3~5	5~6
风口、渣口小套	3~5	3~5	3~5	7~8

高炉炉体冷却用水量，通常用每立方米有效容积每小时消耗的水量来表示。高炉有效容积越大，消耗水量相对越小。

（2）水速。从传热速率方面考虑，水速既要保证热平衡的要求，又要满足局部换热的需要。水的速度，首先要保证水中机械混杂的悬浮物不沉淀下来（见表4-15），高炉用冷却水的悬浮物要求小于200mg/L；其次，要保证不能产生局部沸腾。

表 4-15 悬浮物不沉降所需最低水速

悬浮物粒度/mm	0.1	0.3	0.5	1.0	3.0	4.0	5.0
最低水速/$m \cdot s^{-1}$	0.02	0.06	0.1	0.2	0.3	0.6	0.8

不产生局部沸腾的最低水速为：

$$v_{局沸} = q \times d^{0.2} / 10^5$$

式中 $v_{局沸}$——不产生局部沸腾的最低水速，m/s；

q——热流强度，kJ/($m^2 \cdot h$)；

d——通道的水力学直径，mm。

（3）冷却水水压。冷却水水压决定于冷却器的阻损和炉内压力。它既要保证要求的水速，又要防止冷却器内渗入煤气时，把冷却水排出冷却器之外，引起冷却器大量烧坏。

（4）冷却水水质。高炉冷却对水质的要求是：暂时硬度越小越好，良好的高炉冷却水，其新水的硬度应不大于15°，循环水的硬度不大于8°；另外还要注意水的清洁，对使用江湖水的应注意过滤。或者说冷却水的pH值一般要求不小于6.5，但也不能大于7.5。

4.2.3 冷却设备的检查与维护

4.2.3.1 冷却设备的检查

为了实现高炉长寿，在炉体内安装有大量形式各异的冷却装置，并采用不同的冷却介质进行冷却。不论哪种冷却均有漏水的可能，漏水可造成耐火材料过早损坏，造成恶性事故，如炉凉、炉缸冻结等。因此，高炉冷却设备检漏工作是一项重要的工作。常用检漏方法与处理如下：

（1）风口检漏方法与处理。高炉风口区供水压力较大。因此，风口漏水对高炉生产威胁很大，后果严重。风口漏水在风口水套间有少量冷水流出，轻微时有气泡和汽，观察风口有挂渣现象；漏水严重时，除外部来水外，风口暗红，甚至发黑，风口前端有气体产生。也可进行关水检查，即关小风口进水使进水压力小于该处煤气压力，风口漏水时，出水管划有明显的白色风线，风口出水管喘气，冒煤气，出水管颤动，各水套间同时伴有来水、来汽现象。风口漏水轻微时关水检查很难判断。不论风口是轻微漏水或是严重烧损，都要做好风口更换准备工作。首先检查风口管丝扣是否完好，准备好备品备件，同时将进出水管的活接打松等待更换，在更换时应做好安全防范工作。

（2）渣口检漏方法与处理。渣口烧损的主要原因是渣中带铁。渣口漏水时，渣口水套间有来水、来汽，并伴有红黄火焰出现；有时伴有爆鸣声，并有水渣流出；堵渣机端部潮湿或带水。为进一步确认，应将水关小检查。如果判断渣口已经漏水，应准备更换，同时应检查各管件是否完好，连接是否牢固，将渣口进出水管的活接打松，待出铁后更换。

（3）内部冷却设备漏水检查与处理。目前我国许多高炉冷却设备上都没有安装检漏装置，因此内部冷却设备漏水的检查工作主要是靠生产实践经验判断。日常检查冷却设备漏水有以下几种方法：

1）关水检查法。关小冷却设备进水压力，使煤气能从冷却设备破损处排除，依据冷却设备出口水管发白（风线）、喘气等现象来判断冷却设备是否破损，已经破损可适当关小进水。

2）点燃法。关小或短时间关闭冷却设备进水阀门，在冷却设备破损严重时，排出口有烟气，此时可用火点燃，如能点燃说明冷却设备漏水比较严重，应堵死进出口水管。同时该处外部应大量喷水冷却，防止炉壳烧穿事故发生。

3）打压法。由于冷却壁漏水时间长，而且面积又比较大，在短时间内很难判定是哪块冷却壁漏水，应使用打压的办法检查冷却设备漏水。将冷却壁出口水管堵死，将压力泵出水管接冷却壁进水管进行打压，试压压力大于冷却介质压力即可。

在使用打压的办法检查冷却设备漏水时严禁在高炉长期休风时进行，尤其中小高炉。因为中小高炉炉内热储备小，漏水可能导致炉子大凉，炉缸冻结。

4）局部关小法。有时在休风后发现炉内大量漏水，但很难找出漏水冷却壁，此时应根据漏水大小、方向和部位分析大致漏水的冷却壁，将认为有可能漏水的冷却壁进水阀门关闭，直至外部来水见小，冒火时火焰见小为止。待送风后每次可打开一到二个冷却壁进水阀门，逐步依次打开，直至查明准确的漏水冷却壁，根据破损的程度不同关小进水、关闭进水、堵死出水管。

5）局部控水法。在正常生产中，有时炉壳外部来水、来汽，很难确定是哪一块冷却壁漏水，可对来水、来汽方向部位，水量大小等情况进行详细分析后，将认为有可能漏水的冷却壁进水关小，小于该处煤气压力，但不能断水，控水时间不宜过长。控水后观察来水情况，如来水见小，可每次打开一块冷却壁进水阀门，之后看来水有无变化，如无变化可打开另一块冷却壁进水阀门，直至查找出漏水冷却壁为止。

4.2.3.2 冷却设备的清洗

清洗冷却设备是延长冷却设备使用寿命、提高冷却强度的一个重要手段，清洗冷却设备常用方法有以下四种：

（1）用高压水冲洗。当高炉冷却水温差有所升高，超过规定上限时，冷却设备内可能有轻微结垢等，此时可用高压水进行冲洗，其压力应大于冷却介质压力1.5倍以上。

（2）用1.0~1.2MPa蒸汽冲洗。此种清洗方法，适用于轻微结垢时。

使用上述两种清洗方法，管件连接一定要牢固，避免在清洗时管件脱扣打伤人。

（3）酸洗。酸洗方法是解决冷却设备结垢行之有效的办法之一。

1）酸洗方法为：配备电动或手动酸洗泵，并备有一个酸槽，酸水浓度为10%~15%盐酸溶液加入2%的缓蚀剂（即废柴油），加温到65~80℃后，即为合格酸洗溶液。酸泵的出口管和冷却壁的进口管应采用胶管连接为好。

2）注意事项：

①清洗人员必须佩戴好防酸劳动保护用品。

②用于清洗冷却设备的盐酸溶液必须严格按照配比要求进行。浓度太大易腐蚀管件；浓度过低使清洗效果变差。

③清洗前将冷却设备内存水吹扫干净，以利提高清洗效果。

④每个水头清洗10~15min。

⑤酸洗后的冷却设备立即通水，将残留在冷却壁内的盐酸溶液尽快冲洗掉，以防止腐蚀管件。

⑥用后的盐酸溶液不得随意排放，要妥善处理，防止造成环境污染。

（4）砂洗。砂洗冷却壁的原理是：米石在空压机的作用下，在冷却壁内进行高速滚动，将冷却壁内的水垢冲刷掉，使冷却管进水面积增大，以提高传热速度而改善冷却效果。

砂洗冷却壁的要点是：

1）用于砂洗冷却壁的米石应选择硬度大的石英砂为好，粒度应控制在 3~5mm。

2）所用米石应干燥、洁净，不得有异物混入。

3）清洗前用空压机将冷却设备内存水吹扫干净，并利用高炉内的温度烘干冷却壁内的水管后方可进行清洗，正常生产时停水时间不得超过 20min。

4）用于砂洗冷却壁的压缩空气，风压必须大于冷却介质的压力，清洗过程中防止停电或其他原因的停风造成冷却设备灌砂，清洗时必须备有风源，在两条空压机的风管道上须有止回阀控制。

5）每个水头清洗 10~15min。

6）每个水头用砂量以 3~5kg 为宜。

7）给砂后应立即检查冷却壁出口有无米石喷出，如果只进不出，要立即停止给砂，查明原因处理后，方可进行清洗。

8）给砂后用手触摸管内有砂滚动，说明清洗正常。砂洗必须间断给砂，防止造成冷却水管狭小处堵塞。清洗后必须检查管道、管件有无泄漏，清洗后应尽快给水冷却。

4.2.3.3 冷却设备的点检标准

冷却设备点检标准见表 4-16~表 4-19。

表 4-16 冷却壁冷却系统点检标准

点检部位	点检项目	点检方法	点检标准	点检周期	执行人
各种阀门	把柄状况	目测、手试	清洁、灵活	1周	配管工
	阀板指示	目测	完整、准确	1周	配管工
	螺栓	目测、手试	完整、无松动	1周	配管工
	法兰	目测	无泄漏	1周	配管工
管道	输送介质状况	观察、手试	畅通	2周	配管工
	密封状况	目测	无破坏、无泄漏	2周	配管工
	锈蚀状况	目测	不大于管壁厚 10%	2周	配管工
	支架	目测	完整、牢固	2周	配管工
	软连接管	目测	完整无损	日	配管工
膨胀缸	液位计	目测	无积灰、显示准确	日	配管工
脱气缸	压力计	目测	无积灰、显示准确	日	配管工
	安全阀	目测	工作正常	1周	配管工
	减压阀	目测	工作正常	1周	配管工
管网附属计	温度、压力、流量计	目测	无积灰，工作正常	1周	配管工

表 4-17 炉底冷却系统设备

点检部位	点检项目	点检方法	点检标准	点检周期	执行人
各种阀门	把柄状况	目测、手试	清洁、灵活	1周	配管工
	阀板指示	目测	完整、准确	1周	配管工
	螺栓	目测、手试	完整、无松动	1周	配管工
	法兰	目测	无泄漏	1周	配管工
管道	输送介质状况	观察、手试	畅通	2周	配管工
	密封状况	目测	无破坏、无泄漏	2周	配管工
	锈蚀状况	目测	不大于管壁厚10%	2周	配管工
	支架	目测	完整、牢固	2周	配管工
附属件	测量计器	目测	无积灰、指示准确	1周	配管工

表 4-18 风口冷却系统

点检部位	点检项目	点检方法	点检标准	点检周期	执行人
阀门	手柄状况	目测、手试	灵活、完整	1小时	配管工
	阀板指标	目测	准确	1小时	配管工
	螺栓	目测、手试	完整、牢固	1小时	配管工
	法兰、接点	目测	无泄漏	1小时	配管工
管道	供排水状况	观察	畅通	1周	配管工
	密闭状况	目测	无泄漏	1周	配管工
	锈蚀状况	目测	不大于管壁厚10%	1周	配管工
	支架	目测	完整、牢固	1周	配管工
风口	进出水状况	目测	畅通、正常	随时	配管工
	压力计、流量表	目测	无积灰、工作正常	随时	配管工
	窥视孔状况	目测	明亮、无挂渣	随时	配管工
	紧固件	目测	正确、完整牢固	随时	配管工
	连接管	目测	无损、牢固无泄漏	随时	配管工
事故水管	阀门状况	目测、手试	灵活好用	班	配管工
	连接件、管道及胶管	目测、手试	完整、牢固、无泄漏	班	配管工
	供水状况	目测	正常	班	配管工

表 4-19 炉体工业水系统

点检部位	点检项目	点检方法	点检标准	点检周期	执行人
各种阀门	开关状况	手试	灵活	一周	配管工
	阀板指示	目测	完好、准确	一周	配管工
	螺栓	观察	完整、无松动	一周	配管工
	法兰	目测	无泄漏	一周	配管工
	阀体	观察	无漏点、清洁完好	一周	配管工

续表 4-19

点检部位	点检项目	点检方法	点检标准	点检周期	执行人
管道	输送介质状况	观察、目测	无堵塞、畅通	一周	配管工
	密封状况	目测	无泄漏	一周	配管工
	锈蚀状况	目测	不大于壁厚 10%	一周	配管工
	支架	目测	完整、牢固	一周	配管工
附属件	测量计器	目测	无积灰、指示准确	一周	配管工
排水系统	排水槽	观察	无杂物、无积灰、无泄漏	一周	配管工
	排水管	观察	畅通、无堵塞	一周	配管工

4.3 高炉基础

高炉基础由埋在地下的钢筋混凝土基座和露出地面耐热混凝土基墩两部分组成。它的作用是将所承受的力均匀地传给地层。

4.3.1 炉基的负荷及对炉基的要求

4.3.1.1 炉基的负荷

经常影响高炉基础强度的负荷有静负荷、动负荷和热负荷，其中温度造成的热应力作用影响最大。

（1）静负荷。高炉基础承受的静负荷约为高炉有效容积的 13~15 倍。它包括高炉内部的炉料、渣和铁，耐火材料砌体、炉基、金属构筑物、冷却水及冷却设备，附属设备（炉顶装料设备、煤气导出管、热风围管、各层平台、走梯）等，还有炉前建筑物、斜桥、料车卷扬机等，此外还有风、雪造成的活荷重。上述荷重中有的是对称的，有的是不对称的。不对称的荷重是引起力矩的因素，可能产生不均匀下沉。

（2）动负荷。高炉生产中，常有崩料、人工坐料、煤气爆炸等引起的动负荷。

（3）热负荷。即高温造成的热应力。由于炉缸内贮存着高温渣铁水使炉基的温度里高外低、上高下低，从而产生热应力；另外，炉基材料本身受热时也会损坏。

4.3.1.2 对炉基的要求

（1）高炉基础应能把全部载荷传给地基而不发生过度沉陷，特别是不均匀下沉。

（2）高炉基础本身要有足够的强度和耐热性。

（3）结构简单、造价低。

4.3.2 炉基的构造

高炉基础的结构如图 4-13 所示。它由耐热混凝土基墩和钢筋混凝土基座两部分组成。高炉炉底和基座之间的耐热混凝土基墩，起隔热和传力的作用，形状为圆柱体，其直径与炉底相同，都包于炉壳之内，其高度不小于其直径的四分之一。基墩材料一般用硅酸盐水泥耐热混凝土，它采用硅酸盐水泥做胶结料，黏土熟料粉、废耐火砖粉做掺和料，用黏土熟料、废耐火黏土砖粉做骨料，整体浇灌而成。其最高使用温度为 1000~1200℃。在其周围砌一圈 345mm 厚的耐火砖，再外层即为炉壳，在炉壳与耐火砖之间留100mm宽的缝隙，内填铬碳质填料。为了防止基墩周围开裂和保证有足够的强度，整体基墩应配以环形钢筋。

基座是炉基的承重部位，其水平截面以圆形最好，可使温度均匀分布减小热应力。但为了施工方便，常以多边形（如八边形、十六边形）代替，基座上表面的圆面积应能放置下基墩和支柱，而其下表面的面积应保证地基的承载力不超过地层耐压力的允许值。由基座上表面过渡到其下表面，截面逐渐加大，其倾斜角一般为25°左右。

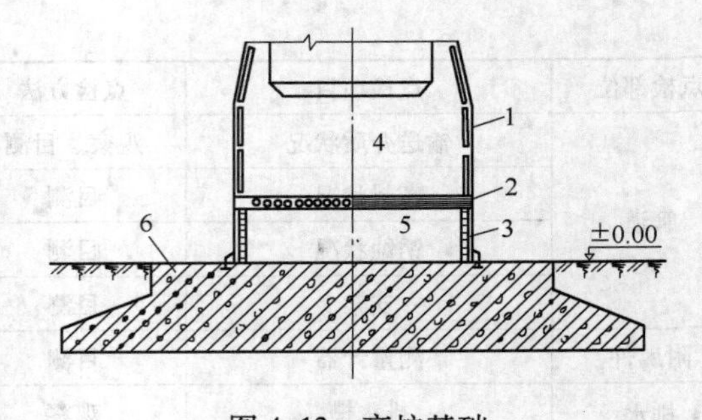

图4-13 高炉基础

1—冷却壁；2—风冷管；3—耐火砖；4—炉底砖；5—耐热混凝土基墩；6—钢筋混凝土基座

在基墩和基座之间，由于上下处于不同的温度条件，为避免热应力的影响，故二者之间留有膨胀缝，其内填以特殊的填料，如纯石英砂和白色耐火黏土（高岭土）等调制的硬质塑性砂浆，抹平后再撒上10mm厚的石墨粉。在基墩下端与基座相接处有炉壳气封结构，以避免炉内煤气的逸出和炉外冷却水的流入。煤气封板与炉壳之间的间隙为100~150mm，内填炭素填料。基座的上表面抹上砂浆泄水坡，以利排水。

4.3.3 高炉地基处理

高炉基础最好建筑在天然的地面岩石上，或者在允许承压为0.2~0.5MPa的冲击土壤上。当土壤的承载压力低于设计要求时，需要进行地基处理。地基处理的方法有加垫层、打桩、沉箱法等。基座的埋置深度应使基座底面在冰冻线以下0.1~0.25m。基础的下端打入地下20~40m达到支持层。

4.4 高炉金属结构

高炉金属结构主要包括炉缸、炉身和炉顶支柱或框架、炉腰支圈、炉壳、各层平台、走梯、过桥炉顶框架、安装大梁，此外，还有斜桥、热风炉炉壳、各种管道除尘器等。一般大中型高炉车间每立方米高炉有效容积的结构用钢材（包括建筑用钢筋）在2t左右。

4.4.1 高炉金属结构的设计原则

（1）分离原则。从长期的生产实践中认识到高炉金属结构设计基本的原则是受热（或受蚀）部分不承重，承重部分不受热（或受蚀）。即操作部分和结构部分分开。实质是力求将金属结构和砖衬从“力”和“热”的角度分开。

（2）利于操作和维修。避免由于结构布置拥挤而给操作和维修带来不便，延长工作时间。

（3）安全可靠。在各种荷载的（包括静负荷、动负荷及事故状态下的特殊荷载）作用下，保证正常作业。尽量减少腐蚀的影响与避免积灰。

4.4.2 高炉金属结构的基本类型

（1）炉缸支柱式（见图4-14）。因为承重和受热最突出的部位在高炉下部，所以首先引出了这种结构。此结构多用于中小高炉。荷载传递途径为：

炉顶负荷、装料设备→炉顶钢圈→上部炉壳→炉腰支圈→炉缸支柱

上部砌体、冷却器等 ——————————→炉缸支柱

炉腹和炉缸的炉衬只用来维持冶炼，厚度可适当减薄。

这种结构节省钢材，但炉身炉壳易受热、受力变形，一旦失稳，更换困难，并可导致装料设备偏斜。同时高炉下部净空紧张，不利风、渣口的更换。

（2）炉缸炉身支柱式（见图4-15）。随着高炉冶炼的不断强化，承重和受热的矛盾在高炉上部也逐步突出，所以出现了炉身支柱。此时，炉顶装料设备和导出管部分设备负荷仍由炉顶钢圈和炉壳传递至基础。而炉顶框架和大小钟等设备及导出管支座放在炉顶平台上，经炉身支柱通过炉腰支圈传给炉缸支柱以下基础。这种结构减轻了炉身炉壳的载荷，在炉衬脱落炉壳发红变形时不致使炉顶偏斜。但仍未改进下部净空的工作条件；高炉开炉后炉身上涨，被抬离炉缸支柱；炉腰支圈与炉缸、炉身支柱连接区形成一个薄弱环节，容易损坏。国内20世纪60年代初建成的大型高炉常采用这种结构。

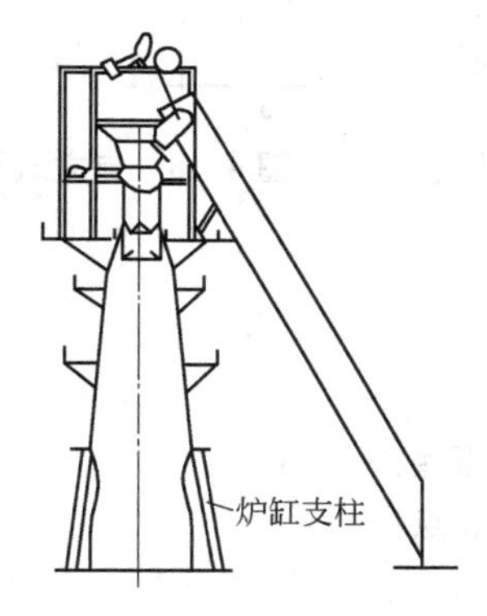

图4-14 炉缸支柱式结构

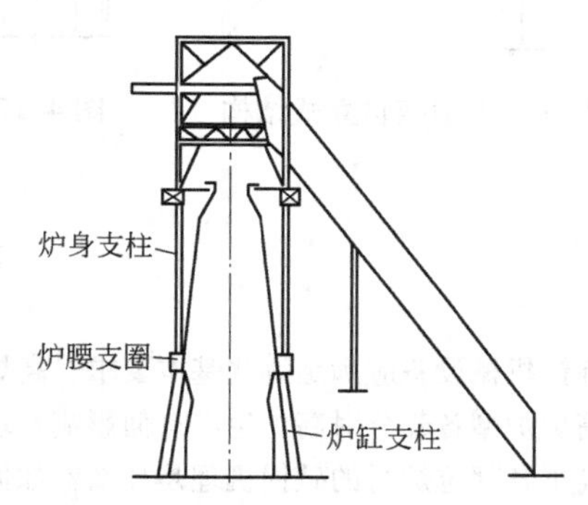

图4-15 炉缸炉身支柱式结构

（3）框架（或塔）式。针对炉身部分（由于炉衬上涨）被抬起，炉缸支柱与炉腰支圈分离的现象，加之炉容大型化，炉顶载荷增加，出现了大框架支撑炉顶的钢结构。

大框架是一个从炉基到炉顶的四方形（大跨距可用六方形）框架结构。它承担炉顶框架上的负荷和斜桥的部分负荷。装料设施和炉顶煤气导出管的载荷仍由炉壳传到基础。框架式按框架和炉体之间力的关系可分为：

1）大框架自立式（见图4-16）：框架与炉体间没有力的关系。故要求炉壳曲线平滑，类似一个大管柱。

2）大框架环梁式（见图4-17）：框架与炉体间有力的联系。用环形梁代替原炉腰支圈，以减少上部炉壳载荷。环形梁则支撑在框架上。也有的将环形梁设在炉身部位，用以支撑炉身中部以上的载荷。

大框架式的特点是：风口平台宽敞，适应多风口、多出铁场的需要，有利于炉前操作和炉底炉缸的维护；大修时易于更换炉壳及其他设备；斜桥支点可以支在框架上，与支在

单门型架上相比，稳定性增加；但缺点是钢材消耗较多。

目前，大中型高炉采用框架自立式结构。

(4) 自立式（见图4-18）。其特点是炉顶全部载荷均由炉壳承受，炉体四周平台、走梯也支撑在炉壳上，因而操作区工作空间大，结构简单，钢材消耗量小。但未贯彻分离原则，由此带来诸多麻烦，如炉壳更换困难等。所以，设计时工艺上要考虑：尽量减少炉壳的转折点并使之变化平缓；增大炉腹以下砌体和冷却设备之间的炭素填料间隙，以保证砌体有足够的膨胀余地，防止由于砌体上涨而将炉壳顶起或使炉壳承受巨大应力；加强炉壳冷却，努力保证正常生产时炉壳的表面温度（60~100℃），防止炉壳由于高温而变形。

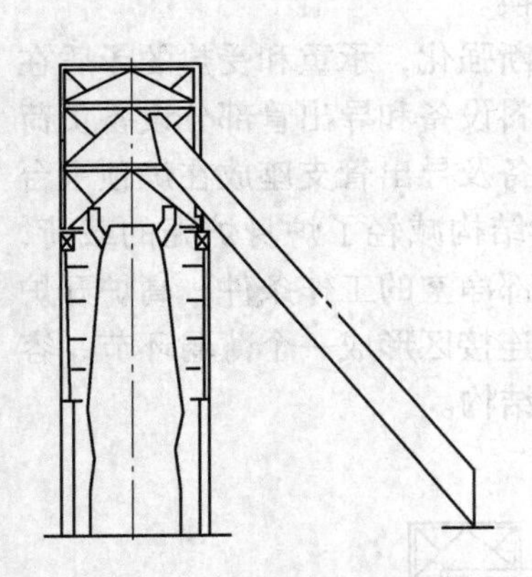

图4-16 大框架自立式结构

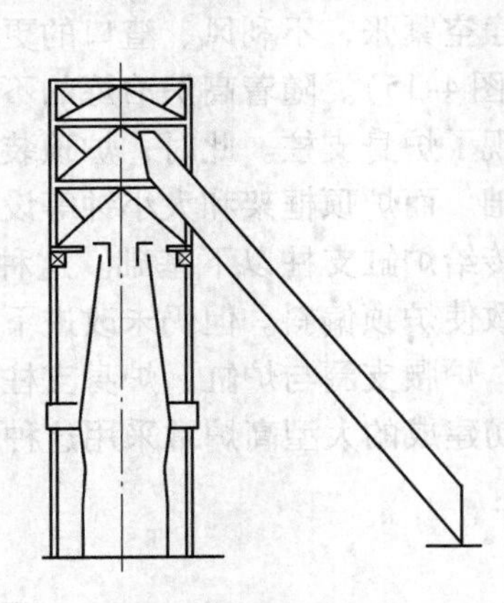

图4-17 大框架环梁式结构

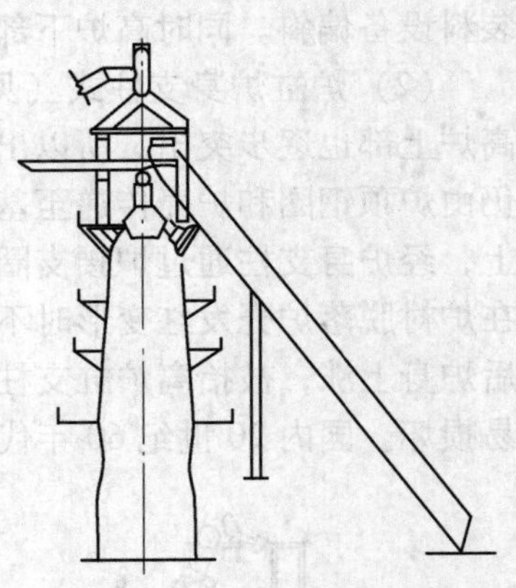

图4-18 自立式结构

复习思考题

4-1 炼铁机械设备应满足哪些基本要求？高炉炼铁的辅助设备有哪些？
4-2 高炉炉型各部分对高炉生产有何影响？现代高炉炉型有什么特点？
4-3 高炉各部位炉衬的破损机理是什么？如何提高炉衬寿命？
4-4 高炉对耐火材料有什么要求？常用的耐火材料及填料有哪些？
4-5 高炉冷却的意义是什么？常用的冷却设备有哪些？它们使用在高炉哪些部位？
4-6 冷却设备的检查和清洗有哪些方法？
4-7 试分析风口的工作条件，破损机理和改进措施。
4-8 对高炉基础的要求是什么？
4-9 高炉金属结构的设计原则是什么？高炉金属结构的基本类型有哪几种？

5 供上料设备

5.1 供料设备

在高炉生产中，料仓上下所设置的设备，是为高炉上料设备服务的，称为供料设备(feeding equipment)。供料设备的基本职能是：根据冶炼要求，将以不同质量计量的原燃料组成一定的料批，按规定程序往高炉上料设备装料。因此，供料设备必须满足以下要求：

(1) 供料设备应能适应多品种的要求；

(2) 易于实现机械化和自动化操作；

(3) 为保证高炉连续生产，供料设备应简易可靠；

(4) 在组成料批时，对供应原料进行最后过筛。

5.1.1 贮矿槽及其附属设备

5.1.1.1 贮矿槽

贮矿槽位于卷扬机的一侧，与炉列线平行，与斜桥垂直，是高炉供料设备的核心。

A 贮矿槽的作用

(1) 解决高炉连续上料与车间间断供料之间的矛盾。高炉冶炼要求各种原料要按一定数量和顺序分批加入炉内，每批料的间隔只有6~8min。所以，直接由贮料场按需要加入高炉是不可能的。因此，贮矿槽对高炉上料起到缓冲和调节作用。

(2) 起到原料贮备的作用。由于原、燃料生产和运输系统设备检修或发生故障，会暂时中断原、燃料的供应。因此，为使高炉正常生产，贮矿槽起到原料贮备的作用。一般要求贮存量：焦炭为6~8h用量，烧结矿为12~24h用量。

(3) 供料设备易于实现机械化和自动化。设置贮矿槽可以使原、燃料供应的运输线路缩短，控制系统相对集中，往高炉上料设备装料易于实现机械化和自动化。

(4) 容积大的贮矿槽有混匀作用，利于成分的稳定。

B 贮矿槽贮存能力的确定

贮矿槽贮存能力是指贮矿槽的贮存量或者贮存可供生产的时间。决定贮矿槽贮存能力的因素有以下几个方面：

(1) 与原、燃料原始贮存能力有关。炼铁车间有专用原料场，原、燃料生产能力大的，贮矿槽贮存能力可小些；反之，贮矿槽贮存能力要大。

(2) 与外部运输方式有关。用火车运输装卸，调运环节多，贮矿槽贮存能力要大些；用皮带输送到贮矿槽，贮矿槽贮存能力可小些。

(3) 与高炉有效容积有关。因大型高炉操作和管理加强，有专用原料场，原、燃料运输能力大，贮矿槽贮存能力可相对减小。

(4) 与运输线路长短有关。运输线路长，贮矿槽贮存能力要大；反之，贮存能力可小些。

表5-1列出了矿焦槽与高炉有效容积的关系。贮矿槽的数目一般不少于10个，最多可达30个；焦槽的数目一般为两个，分别在斜桥左右，考虑到大型高炉焦炭要分级使用，为了提高系统的可靠性，也可以均设两个备用焦槽，而且装有防雨装置。贮矿槽槽底应有一定的倾斜角度，避免死料柱的存在。

表5-1 矿槽、焦槽的容积

高炉容积/m^3	255	600	1000	1500	2000	2500
矿槽相当于高炉容积的倍数	>3.0	2.5	2.5	1.8	1.6	1.6
焦槽相当于高炉容积的倍数	1.1	0.8	0.7	0.5~0.7	0.5~0.7	0.5~0.7

C 贮矿槽结构

贮矿槽的结构有钢筋混凝土和混合结构两种。我国多采用钢筋混凝土结构。混合结构是指支柱和槽用钢筋混凝土结构，漏嘴和轨道梁用钢结构。为了保护贮矿槽内表面不被磨损，采用的衬板有：焦槽内衬以废耐火砖，废铁槽内衬以旧铁轨，生矿槽内衬铁屑混凝土或铸铁衬板。对装热料的贮矿槽则衬以废耐火砖。对于北方矿槽的防冻措施，是向槽内通蒸汽，在漏嘴处用高炉煤气进行局部烘烤。

5.1.1.2 闭锁装置

一般每个贮矿槽设有两个漏嘴，漏嘴上装有闭锁装置，即闭锁器。其作用是开关漏嘴，并调节流量。为此，对闭锁器的基本要求是：应有足够的供料能力；料流均匀连续且稳定并可以调节；能正确锁住料流，不卡不漏；结构简单，易于维修。

目前，常用的闭锁装置基本上有两种：启闭器和给料机。

(1) 启闭器。其供料是借炉料本身的重力，故难以控制料流，易跑料和卡料，特别是当物料粒度不均匀时更是如此，破坏了称量的准确性。因此，启闭器一般用于机械化程度较低的中小高炉。

启闭器（见图5-1）按结构形式可分为单扇型板式（a）、双扇型板式（b）、S型翻板式（c）和溜嘴式（d）四种。S型翻板式启闭器，由于关闭时其上翼板和下翼板强制关闭，利于克服跑料和漏料，广泛应用于中小高炉。溜嘴式启闭器可以完全清除跑料和漏料。其向上转动则关闭，物料不可能利用重力排出；向相反方向转动，漏嘴向下倾斜，物料则沿漏嘴方向排出。但因启闭动作不敏捷，排料量调节不便，转动时整个漏嘴及其内部

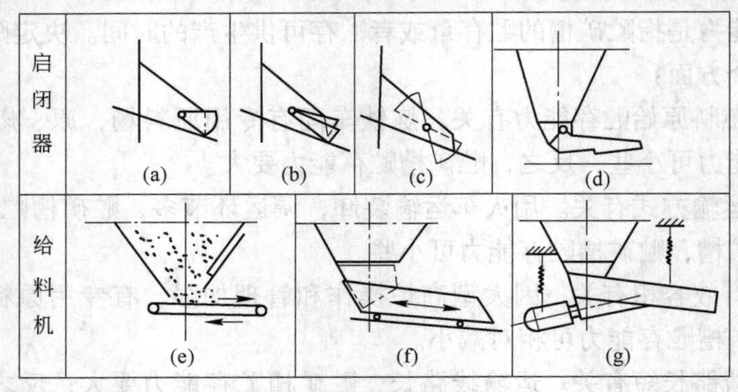

图5-1 启闭器和给料机

物料都要转动，而且占据空间比较大，溜嘴式启闭器不适合大型高炉应用。

（2）给料机。由于给料机是利用炉料自然堆角自锁（见图5-2），所以关闭可靠。当自然堆角被破坏时，物料借自重落到给料器上，然后又靠给料器运动，迫使炉料向外排出。故它能均匀、稳定且连续地给料，从而也保证了称量精度。因此，它被广泛用于现代高炉生产中。

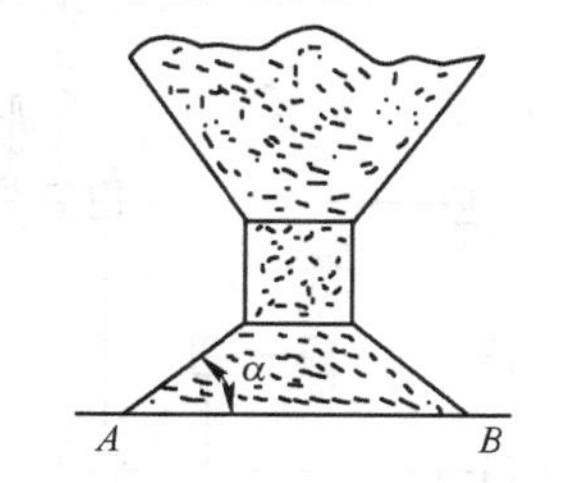

图5-2　散料仓利用堆角的自锁原理

给料机（见图5-1）按结构形式可分为链板式给料机（e）、往复式给料机（f）和电磁振动给料机（g）三种。广泛应用的是电磁振动给料机。这种给料机由槽体、激振器、减振器三部分组成，减振器与槽体之间通过弹簧连接在一起，如图5-3所示。由于减振器的作用，槽体产生连续不断地振动，驱使槽内物料连续产生向前跳跃运动。由于槽体的振动频率很高，振幅很小，物料被抛起的高度也很小。只能看到物料在槽内连续不断地向前流动。

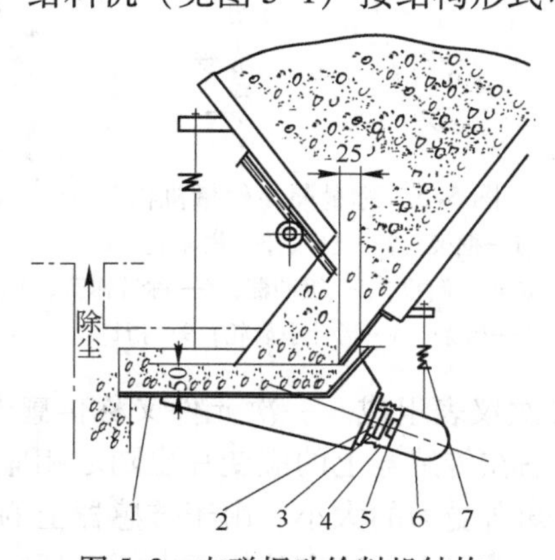

图5-3　电磁振动给料机结构

1—料槽；2—连接叉；3—衔铁；4—弹簧组；5—铁芯；6—激振器；7—减振器

电磁振动给料机由于采用电磁力驱动和利用弹性系统近似共振原理工作，它没有转动的零部件，没有润滑点，结构简单、设备质量小，驱动功率小，维修方便；还有给料均匀，能与电子式称量装置联锁，便于自动控制等优点，所以被广泛采用。其缺点是不能使用于有较大黏滞性的湿的粉状物料。

5.1.2　槽下称量及运输、筛分设备

在贮矿槽下将原料按品种和数量称量后，运到料车的方法有称量车和皮带机运输（用称量漏斗称量）两种。

5.1.2.1　称量设备

根据称量传感原理不同，槽下称量设备可分为机械秤（即杠杆秤）和电子秤（即用电阻应变仪）。

（1）称量车。根据高炉有效容积不同，国内称量车装料量有3t、10t 、25t、30t和40t几种。称量车上称量机构杠杆系统如图5-4所示，料斗壳体及其框架、底开卸料门及其结构和称量机构，由平衡重荷4来平衡，量称弹簧6用来平衡料斗中的料重。

杠杆式称量系统存在一个共同缺点，即由于各种原因，支点上的刀口变钝是不可避免的。当刀口磨损和变钝之后，称量精确度降低。此外，杠杆式称量系统比较复杂，整个尺寸结构庞大。因此，电子称量装置，目前在国内外广泛应用。

（2）称量（焦）漏斗。称量（焦）漏斗固定在物料筛和上料料车之间，漏斗用柱子支托在秤的平台上，四个支点将物料负荷传递到秤头的指针上，杠杆系统的结构如图5-5所示。

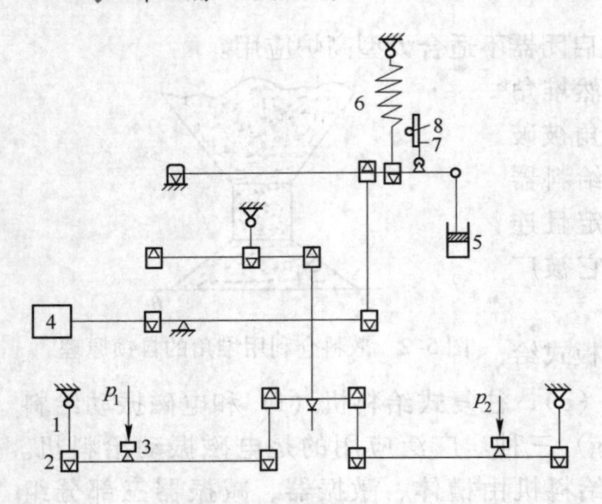

图5-4 称量车称量机构的杠杆系统

1—车架上的吊杆；2—支托座子；3—料斗的支点；4—平衡料斗一部分的平衡重；5—缓冲器；6—称量弹簧；7—齿条；8—指针小齿轮

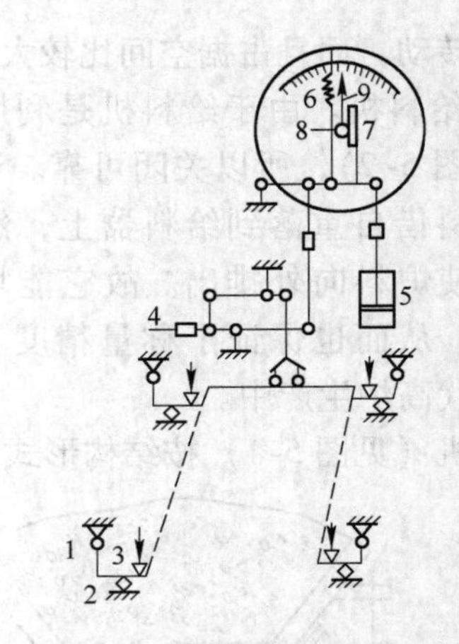

图5-5 称量漏斗称量机构

1—框架；2—支座；3—焦斗支点；4—焦斗平衡重；5—缓冲器；6—称量弹簧；7—齿条；8—指针小齿轮；9—指针

(3) 电子秤。电子秤的基本装置由一次元件和二次仪表组成。一次元件又称传感器，在上面贴有电阻应变片。当传感器元件受热变形时，贴在传感器上的应变片也随之相应变形，其电阻值随其变形量而变化，故测量电阻值就可知所受力的大小。由于传感器上的应变片电阻值变化很小，必须将其放大，因此，将贴在传感器上的应变片构成电桥以便输出较大信号（见图5-6、图5-7），这就是二次仪表。

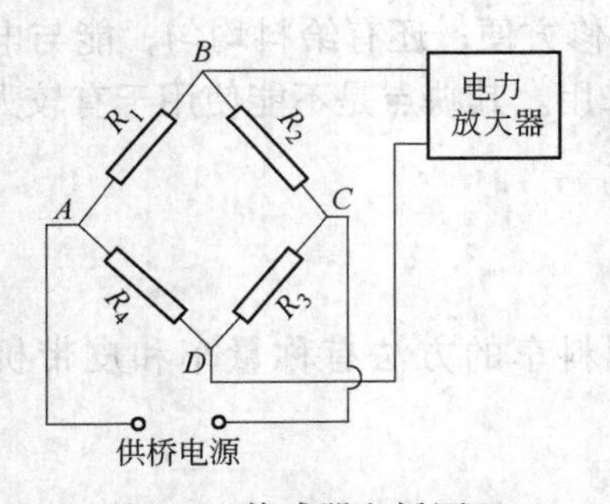

图5-6 传感器电桥原理

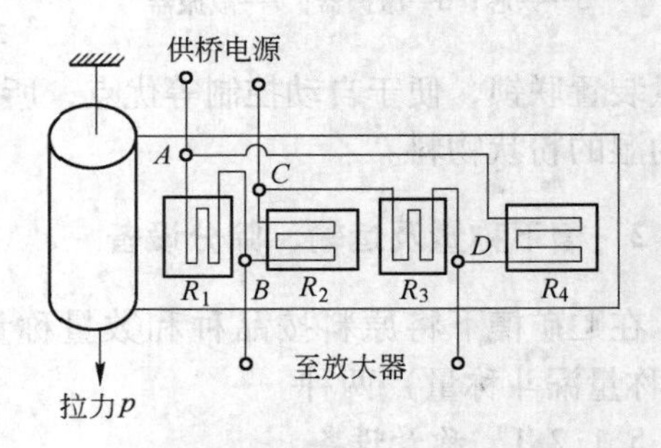

图5-7 传感器侧面展开图

电子秤质量小，体积小，结构简单，拆除方便，计量精度较高，所以应用广泛。

电子式称量漏斗由传感器1、固定支座2、称量漏斗本体3以及启闭闸门组成。在称量漏斗外面设有三个互成120°角的三个传感器1构成的稳定受力平面，如图5-8所示。

5.1.2.2 运输设备

(1) 称量车运输设备。称量车机架是由纵向和横向梁组成的金属结构，上铺金属板，机架安装在两台铁道行走小车上，每台小车装有电力驱动装置和气动制动器，刚性漏斗通过四根竖杆支撑在称量机构的杠杆上，称量机构则挂在机架上。在称量车上还有称量漏斗启闭器的操纵机构、料仓启闭机构等。

当进行称量作业时，将称量车开到指定的矿槽下面，对准闭锁器后，打开闭锁器使其漏料，取料完毕后，返回到料车坑口，按规定上料程序将料卸入料车，完成取料、称量、

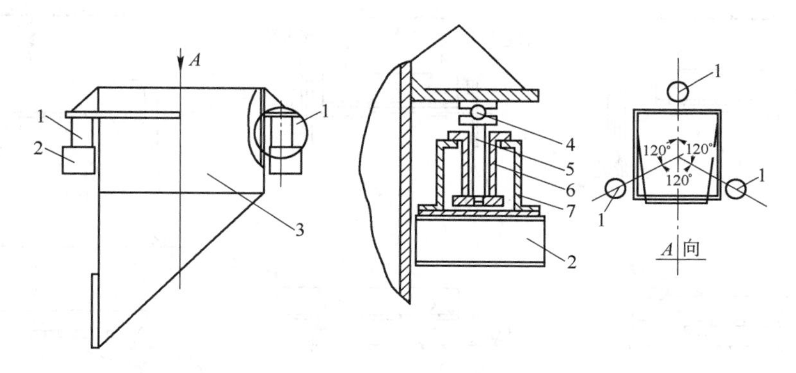

图 5-8 电子式称量漏斗

1—传感器；2—固定支座；3—称量漏斗；4—传力滚珠；
5—传力杆；6—传感元件；7—保护罩

运输、卸料等作业。此法缺点是：供料能力有限，设备复杂庞大，不易实现机械化和自动化，人工操作条件差。所以在新建高炉槽下极少采用。对已有称量车的高炉，许多企业都进行了改造，将手动称量车改造为采用程序控制的自动称量车，其控制系统包括程序、走行、取料、信号等部分。控制电器元件分有触点（继电器-接触器）和无触点（半导体逻辑元件）两种。

（2）带式运输设备。槽下的带式运输设备主要是指胶带运输机，只有用热矿时才使用钢板做的链板式运输机或热矿振动输送机。链板式运输机由于笨重且易变形，目前已淘汰。胶带运输机自动化程度高，生产能力大，可靠性强，劳动条件改善，所以应用广泛。

5.1.2.3 筛分设备

槽下筛分设备常用振动筛和辊筛两种。辊筛过去常用于焦炭的筛分。但由于辊筛结构复杂，消耗电能多，而且焦炭破碎率大，焦末量增加，所以，近年来我国新建的多数高炉已不采用辊筛而改用振动筛。

现有的振动筛种类比较多，如图 5-9 所示，根据筛体在工作中的运动轨迹来分，可分为平面圆运动和定向直线运动两种。属于平面圆运动的有半振动筛（a）、惯性振动筛（b）和自定中心振动筛（c）；属于定向直线运动的有双轴惯性筛（d）、共振筛（e）和电磁振动筛（f）。

从结构运动分析来看，自定中心振动筛较为理想。它的转轴是偏心的，平衡重与偏心轴是对应的，在振动时，皮带轮的空间位置基本不变，它只做单一的旋转运动，皮带不会因时紧时松而疲劳断裂。其缺点是筛箱运动没有给物料向前运动的推力，要依靠筛箱的倾斜角度使物料向前运动。为此出现定向直线振动的双轴惯性筛、共振筛和电磁振动筛。

自定中心振动筛由框架、筛体和传动部分组成。框架是钢结构件内设衬板，筛底选用高锰合金板架设在底脚弹簧上。筛体包括单层和双层筛两种。

设备构造由传动部分（电动机、三角皮带、振子传动轴）和辅助设备（润滑管路、冷却水管、蜗牛减速机、给油泵等）组成。

5.1.3 某高炉供料系统网络图

某高炉供料系统网络图如图 5-10 所示。

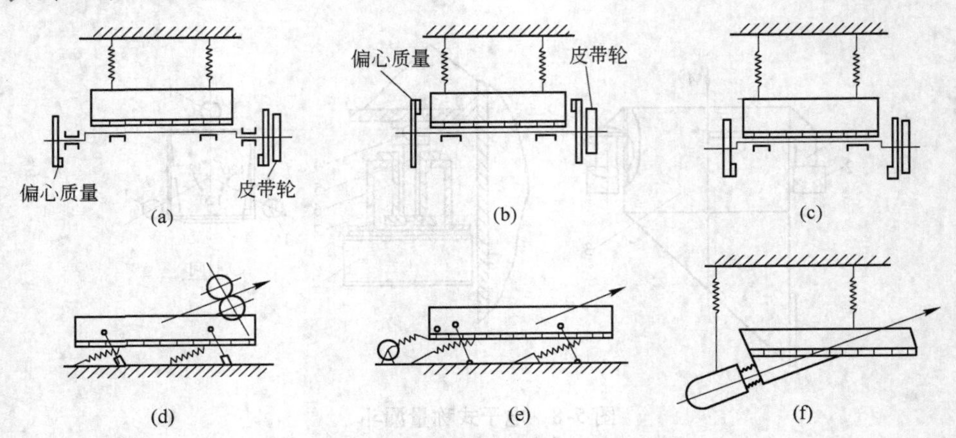

图5-9 各种振动筛机构原理

（a）半振动筛；（b）惯性振动筛；（c）自定中心振动筛；（d）双轴惯性筛；（e）共振筛；（f）电磁振动筛

5.1.4 供料设备的维护检查及故障处理

5.1.4.1 供料设备的日常维护检查要点

（1）认真执行设备点检制度，填写记录。

（2）经常检查各焦、矿振动筛工作情况，注意各电动机温度，发现问题及时处理。

（3）经常检查各焦、矿闸门磨损程度，开关是否灵活。

（4）经常检查皮带机磨损程度，托辊是否齐全、全部转动。

（5）注意观察中心翻板工作情况，有无刮卡现象，溜槽及中心漏斗衬板磨损情况。

（6）注意观察各部机电设备固定螺栓是否齐全，有无松动。

（7）定期校核称量设备。

（8）对于检修和停用的设备，必须切断电源。

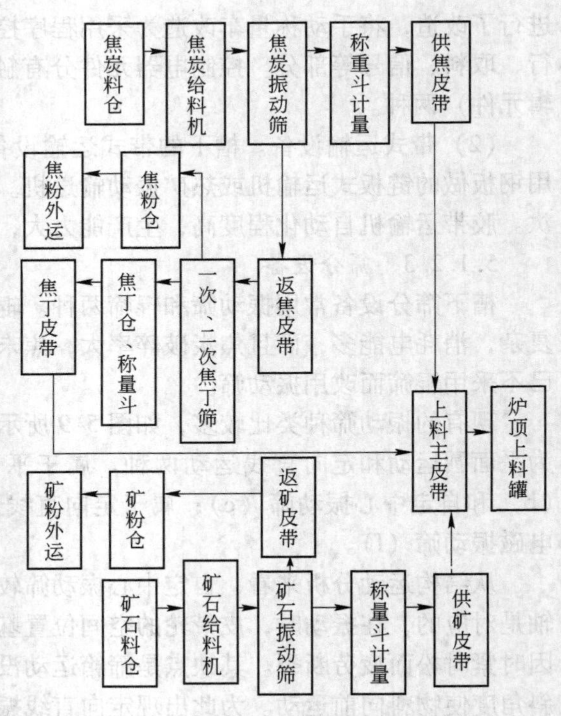

图5-10 某高炉供料系统网络图

5.1.4.2 槽下装料系统一般故障的处理

槽下装料系统一般故障的处理见表5-2。

表5-2 槽下装料系统一般故障的处理

故障现象	原　因	处理方法
皮带压料		皮带压料后先不要盲目启动皮带，防止撕皮带或烧电动机；应将皮带上的料清理干净，再逐步启动皮带

续表 5-2

故障现象	原　因	处理方法
振动筛不启动	电动机烧坏	立即更换
	电缆断或电线端子烧坏	立即联系电工处理
	机械问题	全面查看是否能投入使用，如不能使用应联系检修人员进行处理
皮带跑偏	（1）皮带首尾轮滚筒磨损严重，首尾轮不在一条中心线上； （2）皮带机架变形； （3）在同一皮带上两种不同型号皮带胶接使用； （4）下料口不正冲击皮带； （5）上下托辊坏死过多； （6）皮带接头胶接时尺寸不一致，造成皮带受力不匀	（1）矫正头尾轮使其在一条中心线上； （2）发现皮带机架变形立即矫形及更换； （3）严禁两种不同型号的皮带胶接在一起； （4）调整漏料嘴位置并找正，使皮带减少跑偏； （5）随时更换坏死托辊
皮带打滑	（1）物料超皮带运转设计负荷； （2）皮带陈旧强度降低而拉长； （3）拉紧装置过轻造成皮带松弛； （4）皮带机首尾轮包胶损坏严重； （5）阴雨天气皮带轮积水太多	（1）视物料状况，逐步清理皮带上的物料启动皮带； （2）用风管吹干皮带反面的泥水； （3）及时更换陈旧皮带； （4）调整拉紧装置使其发挥作用； （5）及时更换皮带机首尾轮包胶； （6）人为增加皮带首尾轮摩擦力
皮带损坏	（1）漏嘴下挡板与皮带卡有异物，造成撕皮带； （2）皮带蛇形跑偏刮擦首尾轮框架，造成皮带起毛边； （3）损坏、断裂的托辊造成皮带表面划痕； （4）皮带运转时未启动除铁器，皮带上存有铁器造成撕皮带	（1）随时注意挡板的挡皮磨损情况，一旦磨损立即更换； （2）随时调正皮带，杜绝皮带跑偏； （3）及时更换损坏的托辊； （4）在皮带运转前，先启动皮带除铁器
电动机烧坏	（1）皮带压料后强行超负荷启动电动机，线圈被烧； （2）电动机地线接触不良而单相烧坏线圈； （3）电动机运转时间过长老化； （4）电动机长时间缺油	倒备用电动机，立即查明原因进行更换
皮带机跑料	（1）皮带机控制联锁失灵； （2）皮带机打滑，空转电动机； （3）皮带跑偏； （4）皮带中心纵向撕裂； （5）皮带电动机烧坏，空转电动机； （6）对轮接手脱开，尼龙柱销断裂； （7）皮带横向拉断	发现异常情况及时找人检查确认故障并处理

续表 5-2

故障现象	原　因	处理方法
皮带机自动不转	（1）保护装置未复位受限制； （2）联锁条件不满足	（1）保护装置复位； （2）满足联锁条件
料斗漏嘴堵塞	（1）炉料中夹杂有异物； （2）遇雨雪天气，炉料黏结堵塞下料口； （3）冬季出现冻料大块，漏嘴不下料造成堵塞	冬夏两季增加清理次数，提前做好保温做好漏嘴堵塞预防工作，防止堵料影响生产
称量斗闸门打不开	（1）闸门被异物挤卡； （2）闸门框架变形； （3）油缸销子脱落； （4）闸门限位开关位移； （5）闸门限位开关损坏未来信号； （6）PLC 模块程序故障； （7）称量斗料满值未来； （8）称量斗电子传感器损坏	称量斗破损立即联系检修人员焊补；称量斗位移用倒链找正
称量斗秤故障	称量不准确	（1）倒换备用秤，且校对零位与设定值； （2）对故障称量斗及时进行维修处理
PLC 程序死机	死机	机旁将料排空，重新启动 PLC 或系统重新启动
系统保护装置，检测装置报警	报警	立即到现场确认后联系处理或运转

5.2 上料设备

一般把按品种、数量称量好的炉料运送到炉顶的生产机械称为上料设备（charging equipment）。目前，高炉上料方法主要有料车上料和皮带上料两种。高炉上料设备应满足下列要求：

（1）有足够的上料速度，既能满足工艺操作的要求（如赶料线），又能满足生产率进一步增长的要求。

（2）运转可靠、耐用，以保证高炉连续生产。

（3）有可靠的自动控制和安全装置，最大限度地实现上料自动化。

（4）结构简单、合理、便于维护和维修。

5.2.1 料车式上料设备

料车上料设备主要由料车、斜桥和卷扬机三部分组成。就料车和卷扬机安装位置而言，料车式上料设备大致分为两种形式，一种为卷扬机安装在斜桥下面，另一种为卷扬机安装在斜桥上面。

5.2.1.1 料车

一般每座高炉都配备有两个料车。料车容积一般为高炉有效容积的0.6%~1.0%（见

表5-3)。需扩大料车容积时，大多以增加料车宽度和高度，并扩大开口的办法，而很少用加长料车的办法，因为它受到料车倾翻、曲轨长度以及运行时稳定性的限制。料车结构如图5-11所示，它由车体、车轮、辕架三部分组成。

表5-3 料车有效容积与高炉有效容积的比值

高炉有效容积/m^3	焦炭批重范围/kg	料车有效容积/m^3	$\frac{料车有效容积}{高炉有效容积}\times 100\%$
100	350~1000	1.0或1.2	1.0或1.2
255	900~2500	2.0	约0.8
620	1800~4500	4.5	0.725
1000	3000~6500	6.5	0.65
1500	4500~9000	9.0~10.0	0.6~0.667
2000	5000~11000	12.0	0.60
2500	5500~14000	15.0	0.60

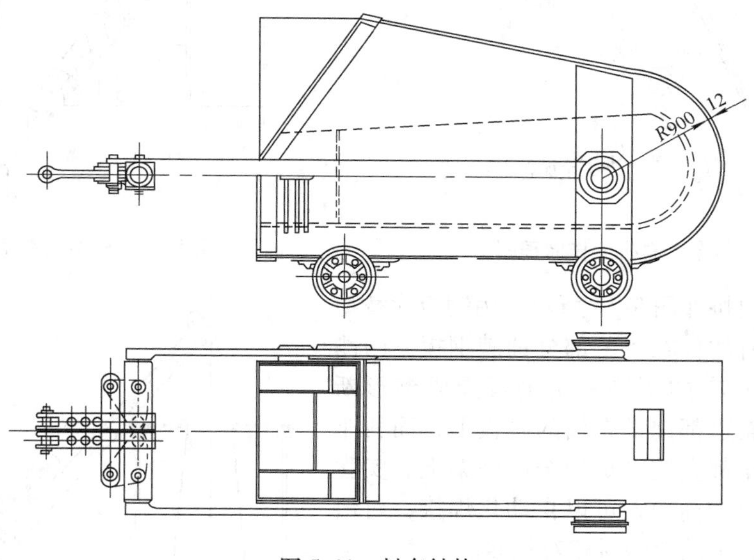

图5-11 料车结构

料车的车体一般由10~12mm钢板焊成，在车的底部和侧壁均镶有铸钢或锰钢保护衬板，以防止车体磨损。车体后部作成圆角以防矿粉黏结，在尾部上方有一个小窗口，供撒在料车坑内的料装回料车。

料车的前后两对车轮结构不同，如图5-12所示，前轮只能沿主轨道滚动，后轮不仅沿主轨道滚动，而且在炉顶曲轨段还要沿辅助轨道滚动，以便倾翻卸料。所以，前轮只有一个踏面，轮缘在斜桥轨道的内侧；后轮做成两个踏面，轮缘在两个踏面之间。当料车在斜桥料坑段和中间段行驶时后轮内踏面与轨道相接触，后轮进入炉顶卸料曲轨段时，外踏面开始与轨距较宽的辅助轨道相接触，此时内踏面则脱离主曲轨，料车开始边上升边倾翻倒料。料车上的四个轮子，可以单独转动，也可以作成轮子与轴固定的转轴式。单独转动的轮子采用双列向心球面轴承，它能避免车轮滑行、啃边及不均匀磨损。

辕架是一个金属的门形框架，它与车体活动连接，便于辕架与车体做相对转动，在车体的前面焊有防止料车仰翻的挡板，钢丝绳与辕架的连接是通过能调整钢丝绳长度的调节器来进行的。一般牵引料车采用双钢丝绳结构。

5.2.1.2 斜桥

斜桥大都采用桁架式和实腹梁式两种结构。前者用角钢或型钢以一定的方式焊接成长方体框架，料车就在这个框架内移动（见图5-13），轨道设备在桁架下弦的钢梁上，而料车钢绳的导向轮则安装在桁架的顶端。这种桁架质量比较小，结构比较简单。

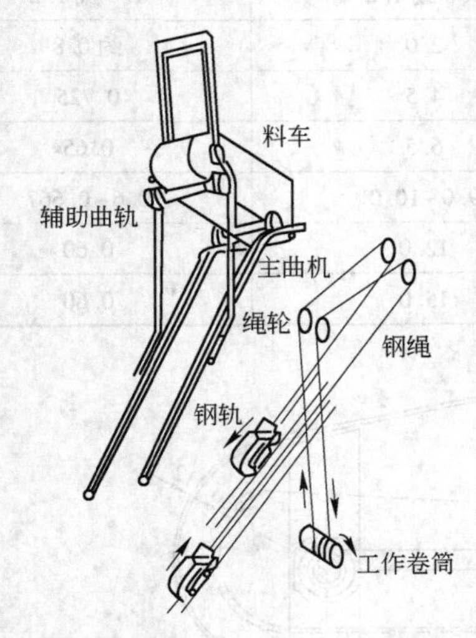

图5-12 料车上料机工作原理图

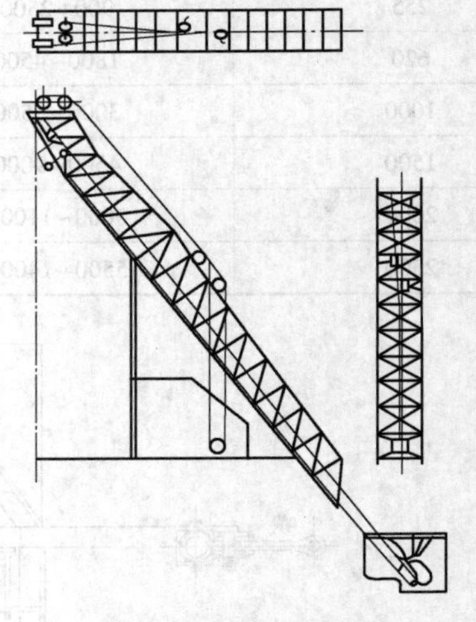

图5-13 桁架式斜桥

实腹梁式斜桥如图5-14所示，用钢板代替型钢铆焊的桁架有的仅在下弦部分铺满钢板，两侧仍用角钢桁架；有的两侧采用钢板围成槽形断面，料车行走轨道都铺设在槽的底板上，而料车钢绳的顶部绳轮都安装在炉顶金属框架上。实腹梁式斜桥结构比较简单，可以自动化焊接，对斜度小跨度大的高炉消耗钢材相对较多。

为了防止料车脱轨和确保卸料安全，在桁架上安装了与轨道处于同一垂直面且与之平行的护轮轨。

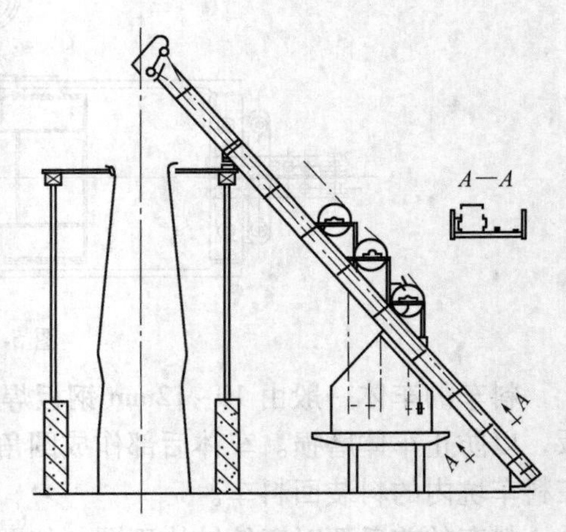

图5-14 实腹梁式斜桥

斜桥的倾角主要取决于桥下铁路数目和高炉的平面布置形式，一般为55°~65°。应该指出倾角不能过大，以免通过料车重心的垂线可能落在后轴上，前轮出现负轮压，使料车走行不稳定。斜桥走行轨道通常分为三段：料坑段（倾角$\alpha \leqslant 66°$）、中间段（倾角$\alpha = 45° \sim 60°$）和卸料曲轨段（见图5-15）。

卸料曲轨段是保证料车到达炉顶后进行倾翻卸料的重要装置，它应该满足下列要求：

（1）料车在曲轨上运行平稳，钢绳张力无急剧变化，保证料车后轮压在滚道上。

（2）禁止出现严重冲击现象，以免出现“料车上天”事故。

（3）重车行至卸料位置时要有足够的倾斜角度（一般 55°～60°），保证卸料迅速、干净，炉料偏析最小。

（4）料车卸料时应保证炉料卸在受料漏斗之内，保证料车不与炉顶金属结构碰撞。

（5）保证料车在自重的作用下，从曲轨的上限位置迅速返回，避免出现钢绳松弛现象。

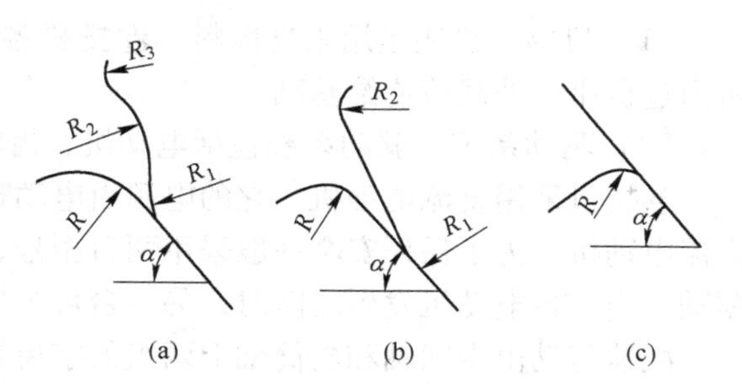

图 5-15 卸料曲轨形式

5.2.1.3 卷扬机

料车卷扬机的结构如图 5-16 所示，主要由机座、驱动系统、工作卷筒和安全保护装置四部分组成。

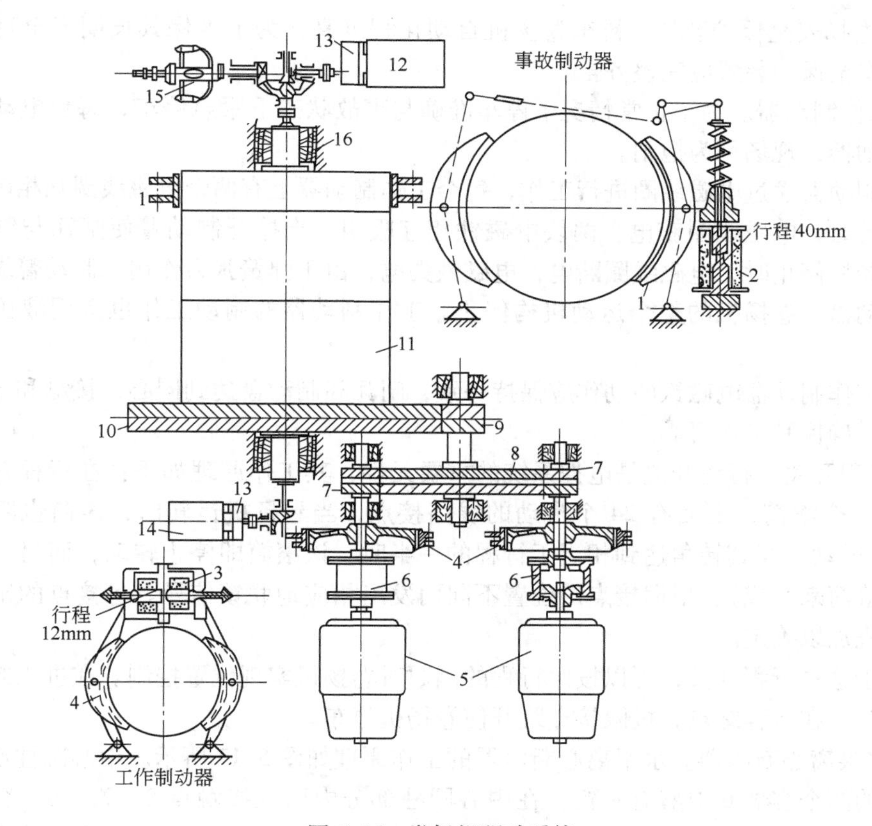

图 5-16 卷扬机驱动系统

1—事故制动器的制动块；2—事故制动器的电磁铁；3—工作制动器的电磁铁；4—工作制动器；5—电动机；6—齿轮联轴节；7～9—传动齿轮；10—大齿轮；11—卷筒；12—行程开关；13—减速箱；14—第二行程开关；15—速度继电器；16—轴承

卷扬机是料车上料的驱动设备，其工作特点是：能够频繁地启动、制动、停车、反向；能够按照一定的速度图运行；能够广泛地调速；启动与制动过程中，要求转速平稳，时间短；在进入卸料曲轨段及离开料坑时不能有高速冲击；系统工作可靠，停车准确。

(1) 机座。机座是用来支撑料车卷扬机各部件之间的相对位置和正常工作的，卷扬机通过机座把外载荷传给基础。

(2) 驱动系统。驱动系统包括电动机、齿轮传动装置和工作制动器等部件。

卷扬机采用直流电动机，它的电源由电动机-直流发电机组提供，或直接采用可控硅-直流电动机。为了保证安全一般采用两台型号、特性完全相同的直流电动机进行双电动机驱动。当一台电动机发生故障时，另一台可维持70%的工作量。

减速传动由中间轴和卷筒轴上两组人字齿轮完成。作为减速装置的减速机，其箱体实际是一个密封的油槽。

在电动机出来的第一根轴上装有工作制动器的制动盘。

(3) 卷筒。主卷扬机的卷筒是铸铁的，在它上面车有左旋绳槽，用来绕两根平行的驱动钢绳，钢绳的一头固定在卷筒上，卷筒的一端装有供传动用的齿环，另一端为事故制动盘。

(4) 卷扬安全保护装置。料车卷扬机自动化程度高，为了确保其长期安全稳定的运行，卷扬安全保护装置应完整齐全。

1) 工作制动器。为了正常情况下停车准确与事故状态下紧急停车，每台电动机均装有工作制动器，现场称为抱闸。

工作制动器通过电磁线圈进行工作，每个工作制动器上有两个电磁线圈互相串联。当卷扬机运转时，电磁线圈获电，两块电磁铁相互吸引，支撑开制动臂使闸瓦与制动盘脱离。当卷扬机停止时，电磁线圈断电，电磁铁失电，由于弹簧张力作用，制动臂靠拢将闸瓦抱紧制动盘，卷扬机的整个运动机构停止。工作制动器的制动工作也有用液压传动实现的。

两个工作制动器电磁铁的动作应保持一致，闸瓦和制动盘达到同心，接触和分离时其间隙均匀，确保其工作可靠。

2) 行程开关。行程开关是电控系统的重要元件，其工作原理如下：在行程开关的壳体内装有 2 个滚筒，上面有 24 个滑动的线路接点，当卷扬机运转时，滚筒也跟着转动（起先一个转动，当其转角达到相当于行程的一半时，该滚筒即停止转动，而另一半行程由另一个滚筒来完成），根据接点的位置不同而发出相应地联锁信号。各接点的定位根据料车的行程加以确定。

借助于这种行程开关，可以按照行程的函数对卷扬机实现位置控制。在进入卸料曲轨前进行减速，在行程终点，极限接点跳开使卷扬机停车。

3) 水银离心断电器。水银离心断电器的工作原理如图 5-17 所示。中心圆柱部分 7 和与其连通的两个容器 6 中盛有水银，在中心圆柱部分内引入接触点 8、9、10，容器通过轴 5 以及锥形齿轮 3、4 高速转动，轴 2 用联轴节 1 和卷扬机的卷筒轴相连接。当卷扬机停车时，水银呈一个静止的水平面，卷筒转动时，由于离心力的作用，两侧容器内的水银面上升而中心部分水银下降，从而切断相应的接点。当转速为名义转速的 50%时，接触点 8 的电路断开，以此控制料车在斜桥上的速度；当转速为名义转速的 120%时，接触点 9 的电路断开，工作制动器制动，卷扬机停车，以此来控制料车在斜桥直线段的速度。实际使用表明，这种水银离心断电器工作相当可靠。

4) 钢绳松弛断电器。钢绳松弛断电器如图 5-18 所示，主要用来防止钢绳松弛。如果由于某种原因，料车下降时被卡住，钢绳松弛，一旦故障排除料车突然下降，将产生巨大冲击，钢绳可能断裂，料车掉道。钢绳松弛断电器有两个，安装在卷筒下的每一边，分别供左右料车的钢绳使用。当钢绳松弛时，钢绳压在横梁 1 上，通过杠杆 2 使断电器 3 起作用，卷扬机便停车。

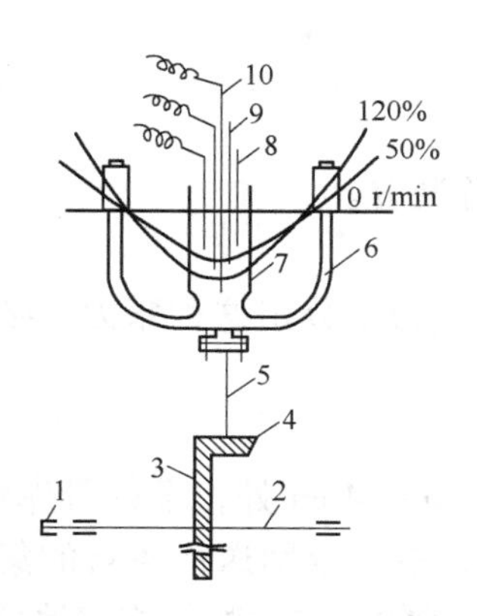

图 5-17 水银离心断电器

1—联轴节；2，5—轴；3，4—高速齿轮；6—容器；7—圆柱；8~10—触点

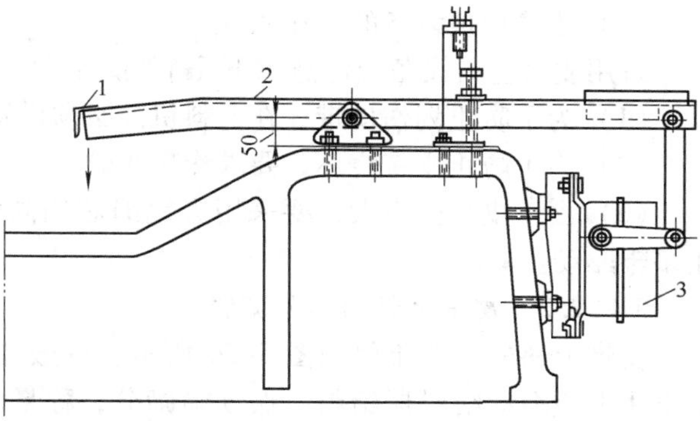

图 5-18 钢绳松弛断电器

1—横梁；2—杠杆；3—断电器

5.2.1.4 料车运动分析

料车在斜桥上的运行分为启动、加速、稳定运行、减速、倾翻、制动六个阶段，整个运动过程速度为“二加二减二匀”（见图 5-19）。

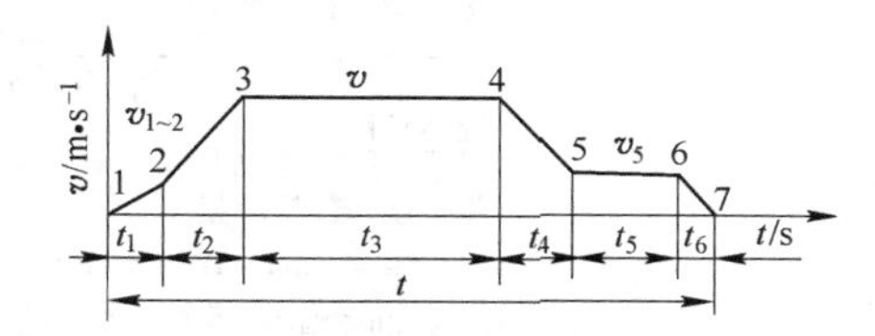

图 5-19 料车速度图与加速度图

在 t_1时间内，空料车自炉顶倾翻状态返回，重料车开始上升，为了防止空料车钢绳松弛，钢绳从卷筒绕出的速度不应超过空料车返回时所产生的加速度，故加速度应小一些。

在 t_2时间内，为了在较短时间内过渡到最大速度，加速度应大一些。

在 t_3时间内，料车以最大速度运行。

在 t_4时间内，因为重车进入卸料曲轨前必须要减速，所以为减速段。

在 t_5时间内，为重车的匀速倾翻段。

在 t_6时间内，为重车的减速到停车段。

料车提升一次所需时间（$t=t_1+t_2+t_3+t_4+t_5+t_6$）为 35~55s。实际上在料车提升一次所需时间中，料车启动和停车时间占了近一半，所以用提高料车运行速度来提高生产能力效果是不大的，大多数采用增加料车有效容积的办法解决。

5.2.2 皮带式上料设备

5.2.2.1 皮带上料的优点及注意事项

近年来，随着高炉大型化，料车上料设备已不能满足要求，故新建的大型高炉都采用皮带上料设备。皮带上料有以下优点：

（1）生产能力大，效率高，灵活性大，变料车的间断上料为连续上料，炉料破损小，配料可实现自动控制。

(2) 采用皮带运输设备代替昂贵的料车上料设备，既减轻设备质量，又简化控制系统，维修简单，投资小。

(3) 皮带上料设备是高架结构，占地面积小，坡度在10°~18°，高炉周围的空间大，可布置两个或环型出铁场，适应高炉大型化的要求。

(4) 控制技术简单，易于实现全部自动化。

(5) 改善炉顶设备的工作条件。

采用皮带上料设备应注意以下几个问题：

(1) 为了防止划伤皮带，在上料机前必须设置铁片清除装置。

(2) 为了防止皮带烧坏，要求冷矿入炉。

(3) 由于皮带张力大，要采用夹钢绳芯的高强度胶带，为了分担这种张力，必须采用多辊驱动。

5.2.2.2 皮带上料的工艺流程

皮带上料的工艺流程如图5-20所示。一般在离高炉270~340m处，设称量库配料，槽下用电磁振动给料器给料，振动筛筛分，称量漏斗称量，然后分别送往各自的集中漏斗，按照上料程序和装料制度，开动集中漏斗下面的电磁振动给料器，将料均匀地分布在不停运转的皮带机上，运到炉顶装入炉内。

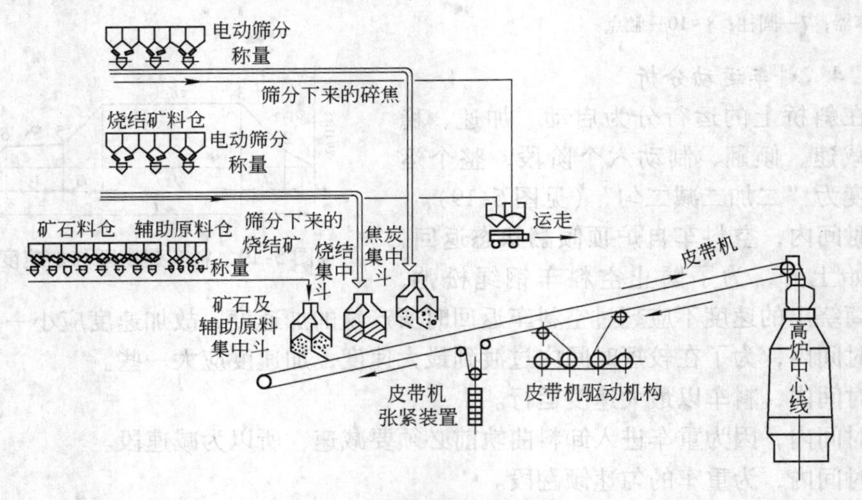

图5-20 高炉皮带机上料流程

5.2.2.3 皮带上料的运送设备

(1) 传动装置。一般情况下，皮带机头轮设置在炉顶上，尾轮设置在矿槽下部，机械传动装置和电器控制室设置在偏于尾轮一侧的中部。由于皮带上有炉料及其自身的荷重，再加上张紧装置的作用，皮带与中间摩擦驱动机之间产生摩擦力而被驱动。皮带上料设备的传动装置多采用装有备用电动机的多驱动方式，传动机构一般是串联驱动。如图5-21是用四台电动机驱动的传动装置简图。正常工作时采用三台，其中一台备用。

(2) 胶带的种类。由于炉料提升高度比较大，而倾角又不能太大，所以皮带要拉得很长，因此，必须采用高强度皮带。过去曾采用过厚25mm的帆布皮带作主皮带，但强度不够容易断裂，现在采用夹钢丝绳芯的强张力型胶带。夹钢丝绳芯的胶带所用的钢丝除应有一定的抗拉强度和疲劳强度外，还应与橡胶之间有较大的黏着力，有较好的柔软性。由于夹钢丝绳芯的胶带沿横向无骨架，故这种胶带有横向强度小的缺点，使用时要注意，防止胶带横向撕裂。

（3）料位检测。为了准确检测原料位置，在皮带机长度方向上设有原料位置检测装置，如图 5-22 所示，共设有四个检测点。四个检测点的功能如下：

1）焦炭终点检测点发出信号是允许下批料中的焦炭开始排放到主皮带上的信号。

2）矿石终点检测点发出信号是允许下批料中的矿石开始排放到主皮带上的信号。

3）炉顶准备点给出的信号是为了检查在炉料从主皮带卸下时，炉顶各有关设备是否处于受料的准备状态。

4）原料到达炉顶的检测点给出炉料确实已到达炉顶的信号。

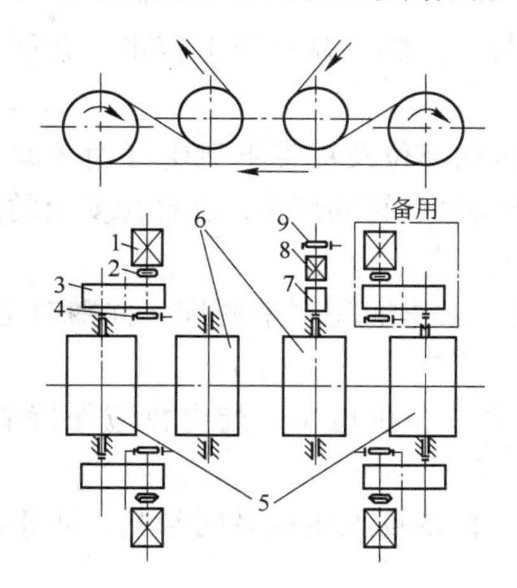

图 5-21　皮带传动机构

1，8—电动机；2—液力耦合器；
3—减速机；4，9—制动器；5—驱动滚筒；
6—导向滚筒；7—行星减速机

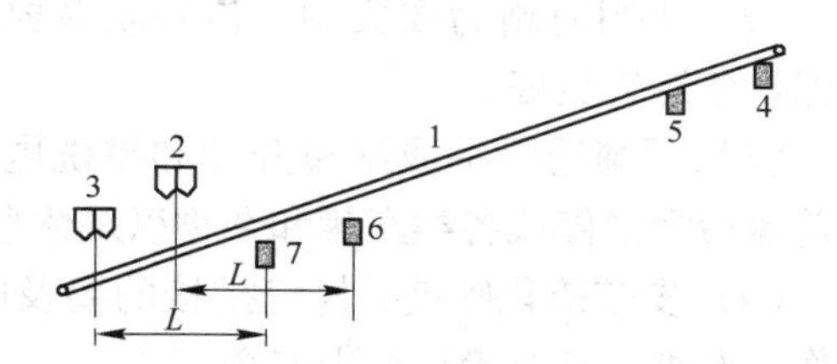

图 5-22　原料位置检测点

1—装料皮带机；2—矿石斗；3—焦炭斗；
4—原料到达炉顶监测点；5—炉顶准备监测点；
6—矿石终点检测；7—焦炭终点检测

（4）皮带上料控制系统。皮带上料控制系统的电路大体分为如下几种形式：

1）单独运转电路。每台电动机单独运转、试运转、调整、检查，各台电动机、闸门等都有自己的操作开关，可以相互联锁，也可以单独运转。

2）自己运转电路。它根据制定出的运转程序自动运行，可以任意调整所制定的运转程序，也可以在任何时间内，使程序从零开始，再根据情况自由变更，重新启动。

3）共同控制电路。除了大小钟的原料指示、装料次数指示、称量斗装料指示的电路外，还有各种保护电路。在下面几种情况下，事故灯报警、各机器同时紧急停车：手动紧急停车时；大小钟料尺的限位开关动作时；各种电动机过载时；主皮带机速度继电器动作时；在校对运转程序执行中，各种操作到达规定时间仍未终止时；向小钟上装入两层原料时；原料检测位置发生故障时；原料到达炉顶时间的校对。

4）时间自动控制电路。它根据时间程序，指令各电动机开始工作并控制工作延续时间。

5）旋转角度控制电路。它给布料器选出角度，并指令其开、停、正转、反转等。

5.2.2.4 某高炉供料系统皮带工操作规程

(1) 班前按规定着装，扎好袖口，衣服不得有飘荡部位，防止被设备绞住。

(2) 接班人员应提前15min到岗，当面交接班，并检查设备、安全生产设施是否处良好状态，发现问题及时处理。

(3) 要掌握本岗位电器、机械设备和安全生产设施性能，做到熟练操作。开车前必须检查确认安全防护装置齐全有效、设备上方四周无人、无异常，并发出开车示警信号后，方能开车。

(4) 开车前要加强确认，有报警设施的听到报警时岗位人员应迅速离开将要转动部位，报警装置报警30s后皮带自动启动。没有报警设施的皮带机要两次启动，第一次启动时间要短，等皮带停稳30s后方可第二次正常启动。

(5) 任何人员严禁跨越或钻越运行或静止的皮带；严禁人从皮带上行走，必须从横向安全渡桥通过或绕行。

(6) 皮带启动后，严禁更换零部件，严禁清扫转动部位及皮带下卫生（由于原燃料紧张造成皮带无法停下时，岗位人员应加强确认，严禁靠近转动部位，在确保安全的前提下清扫）。

(7) 上料时精力要集中，信号联系要确认无误，工作期间严禁脱岗，并随时巡检，确保设备运转良好。

(8) 严禁用湿手或湿布开动和擦洗电器设备；各岗位配电室、配电盘应保持清洁，盘前盘后严禁停放各类车辆和杂物以及休息。

(9) 皮带硫化胶接、铆钉搭接的要及时查补，工作现场卫生应及时清扫，防止滑倒摔伤，巡查设备要确认行走安全。

(10) 皮带压料、电动机空转，操作工应及时关机，发生异常要立即按事故开关或事故警铃，并及时汇报，做到安全处理。

(11) 开皮带顺序严格执行先开前端皮带，后开后端皮带，并且操作开关要置于联动位置，以免发生生产事故。停车顺序相反。

(12) 设备检修时，必须严格执行检修停电挂牌确认制度，严禁单人操作，必须两人以上，同时加强确认，并保持通讯畅通。

(13) 交接班时，要选择单动位置试车，正常上料时要联系清楚，确定使用自动或联动一种方式上料。

(14) 严禁从高架皮带通廊向下抛丢物品及散料，必要时设专人监护。工作现场的备品备件要严格执行定置定位管理，摆放有序。

5.2.3 上料设备的维护检查

上料设备的日常维护检查要点是：

(1) 室外。

1) 经常检查主卷扬料车在轨道上的运行情况、衬板及车轮磨损情况。

2) 经常检查布料器旋转情况及旋转角度。

3) 经常检查绳轮运转情况。

4）经常检查斜桥、护轨、曲轨有无变形、开焊、摩擦、移位情况。

5）经常检查固定受料漏斗衬板磨损情况。

6）经常检查大小钟开关是否同步、声响是否正常。

7）经常检查炉顶液压系统的所有管路、油罐等是否漏油和有无异常现象。

（2）室内。

1）经常检查减速机运转声音是否正常、变速箱有无漏油现象。

2）经常检查工作制动器工作是否正常。

3）经常检查大小钟钢丝绳、料车钢丝绳的磨损、毛刺情况。

4）经常检查油泵站系统各阀组、油泵蓄油器工作情况。

（3）电器部分。

1）经常检查各电动机运转情况、温度是否在规定范围内。

2）经常检查整流子及电刷情况。

3）经常检查各安全装置是否灵敏可靠。

4）经常检查各接触器、继电器接点烧损情况。

5）经常检查各电阻及接线头情况。

6）经常检查各电压、电流表的指示是否正常。

复习思考题

5-1 供料设备应满足哪些要求？

5-2 贮矿槽的作用是什么？

5-3 叙述电磁振动给料器的基本原理和特点。

5-4 振动筛有哪几种形式？各有何特点？

5-5 上料设备应满足哪些要求？

5-6 料车卷扬机由哪些设备组成？

5-7 叙述工作制动器的工作原理。

5-8 料位检测的作用及各检测点的功能是什么？

5-9 供料设备、上料设备的日常维护检查要点包括哪几方面？

6 装料设备

通常把运到炉顶的炉料按照一定的工艺要求装入炉内，同时能够防止炉顶煤气外溢的装置称为炉顶装料设备（charging apparatus）。炉顶装料设备按炉顶煤气压力可分为常压炉顶和高压炉顶两种形式；按炉顶装料结构分为双钟式、钟阀式和无料钟式等几大类。

对炉顶装料设备的要求如下：

（1）保证炉料在炉内合理分布，在高炉产生偏料和管道行程等失常炉况时，能将炉料堆尖灵活、准确地调整到需要的地方。

（2）应力求结构简单、体积小、质量轻、密封可靠，便于检修与更换。

（3）具备耐高温和温度剧烈变化、高压、冲击、摩擦的能力，坚固耐用。

（4）操作灵活、使用方便、运行安全可靠，易于实现机械化、自动化，满足高炉生产的需要。

6.1 双钟式炉顶装料设备

双钟式炉顶装料设备由受料漏斗、布料器、装料器三大部分以及均压装置、探尺和料钟传动装置等组成。目前使用较多的是马基式炉顶，即双钟带小料斗旋转布料器的炉顶装料设备（见图6-1）。

6.1.1 装料器

6.1.1.1 装料器的组成

装料器是双钟式炉顶装料设备的主要组成部分，包括大料钟、大料斗、煤气封盖、大钟拉杆等。它能满足常压高炉以及炉顶压力不很高的（<0.15MPa）高炉的基本要求，其结构如图6-2所示。

（1）大料钟。大料钟多用中碳钢整体铸造，一般选用ZG35。为了防止磨损在钟背面上堆焊硬质合金。大钟壁厚一般为55~60mm，大型高炉达60~80mm。大钟倾角一般在45°~55°之间，我国定型设计规定为53°。大钟直径与炉喉直径配合，以保证合适的炉喉间隙。大钟直径在我国已定型化。在大钟的内壁下部有水平刚性环和垂直加强筋，以减小扭曲变形。大钟与大料斗的接触面，是一个环形带，带宽100~150mm，堆焊5~8mm厚的硬质合金。接触带的间隙要小于0.08mm。

（2）大料斗。大料斗用ZG35整体浇注，壁厚50~55mm，料斗壁的倾角大于70°，一般为85°~86°，料斗下缘无水平刚性环和垂直加强筋，目的是使料斗的下口具有良好的弹性便于与钟斗良好地吻合。大料斗与大钟的接触处，也堆焊硬质合金。大料斗的容积约为高炉有效容积的3%、料车容积的5~6倍。

（3）大钟拉杆。大钟拉杆一般用低碳钢的无缝钢管做成。大钟与大钟拉杆间的连接方式有铰式连接和刚性连接两种。铰式连接采用铰链连接或球面头连接，大钟可以自由活动，当大钟与大料斗中心线不一致时，仍能保持二者之间的密合，并且当二者之间尚有料块存在时，不会引起大钟杆弯曲。其缺点是当大料斗内炉料分布不均匀时，容易引起大钟的偏斜和摆动，使炉料分布不均。刚性连接是大钟与大钟杆之间用楔子来固定（见图 6-2），以便使大钟无法摆动，从而保证炉料更合理地装入炉内，同时可以减少大钟关闭时对大料斗的偏心冲击。其缺点是容易使大钟拉杆弯曲。

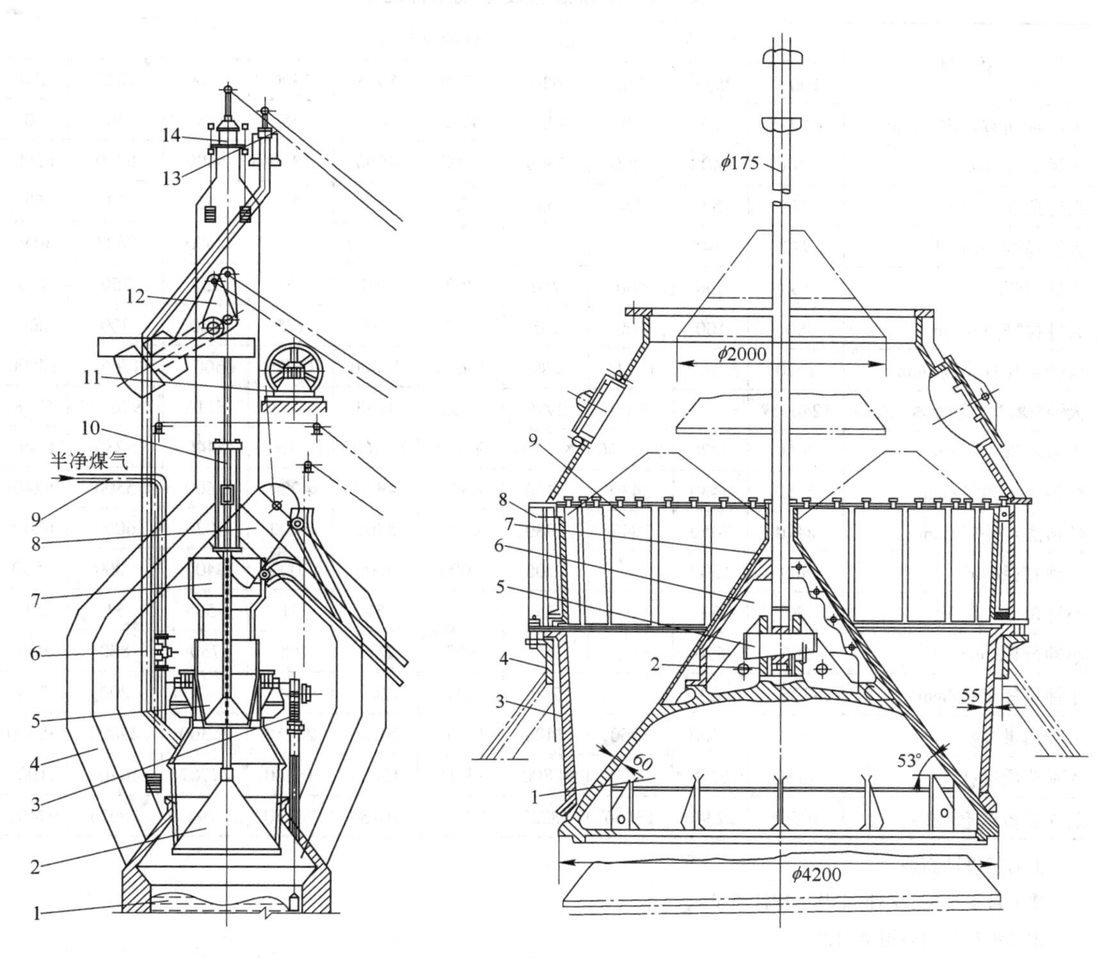

图 6-1　马基式双钟装料设备

1—料面；2—大钟；3—探料尺；
4—煤气上升管；5—布料器；6—大钟均压阀；
7—受料漏斗；8—料车；9—均压煤气管；
10—料钟吊架；11—绳轮；12—平衡杆；
13—放散阀；14—大气阀

图 6-2　大料钟与大料斗安装图

1—大料钟；2—大钟拉杆；3—大料斗；
4—炉顶支圈；5—连接楔；6—保护钟；
7—钢板保护罩；8—筒形环圈；9—衬板

（4）煤气封盖。煤气封盖与大料斗连接，是封闭大小钟之间的外壳，一般是由钢板焊接而成。它的上端有法兰盘与布料器的支托架相连接，下端也有法兰盘与炉顶支圈相连接。煤气封盖实际上是由上下两部分组成，下部分为圆筒形，内壁衬以锰钢板保护层；上部为圆锥形，主要起密封作用，上面开有两个均压阀的管道接头孔、检修孔以及产生煤气爆炸时孔盖能自动被高压气流顶开的爆炸孔等。

（5）炉顶支圈。炉顶支圈又称炉顶钢圈，它装在高炉炉口上，是整个炉顶设备安装的基础。

我国不同容积高炉炉顶装料设备特性列于表6-1。

表6-1 炉顶装料设备技术性能

项目	高炉容积/m^3									
	100①	255①	255	620	1000	1513	1800	2000	2025	2516
大小钟间有效容积/m^3	约3.5	10	10	22.5	33.5	45	45	45	50	60
大钟直径/mm	1400	2400	2400	3300	4200	4800	4800	5400	5200	6200
大钟角度/(°)	50	53	53	53	53	53	53	53	53	53
大钟高度/mm	940	1145						2000	2823	3040
大钟行程/mm	500	600	600	750	750	750	750	750	750	750
大钟拉杆直径/mm	80	100	100	135	175	175	175	160	200	200
大钟及拉杆全高/mm	9920	5420③	11145	12895	15010	16600	16600	6500③	17657	17590
大钟与料斗接触处内径/mm	1240.57		2000	2999	3853	4453	4453	5116	4976.28	5748
大料斗上口内径/mm	2050	3220	约3350	约3200	约3920	约4600	约4600	5440	5280	6040
炉顶法兰内径/mm	2150	3430	3430	3400	4300	4900	4900	5600	5500	6240
炉顶法兰外径/mm	2470	3450	3840	3880	4780	5400	5400	6020	6000	6740
小钟直径/mm	800	1300		1500	2000	2000	2000	2400	2000	2500
小钟角度/(°)	50	51		55	51	51	51	50	51	51
小钟行程/mm	500	650		900	900	900	900	750	850	900
小钟拉杆直径/mm	125	60		245	241	241	245		200	273
大钟质量/kg	890	3600	3360	7426	16877	20750	20750	25300	29000	35000
大料斗质量/kg	1780	6240	6900	约8000	13080	15080	15080	19707	16400	21000
装料设备总重②/kg	10605	22340	18566	38327	57772	70150	70150	约79477	79014	94400

①通用设计高炉。

②未包括小钟、小料斗及小钟杆质量。

③大钟拉杆为扁担梁结构。

6.1.1.2 大钟与大料斗的破损原因及提高寿命的措施

A 大钟与大料斗破损的原因

大钟在常压下可以使用3~5年，大料斗可以工作8~10年。可是在高压操作（炉顶压力大于0.2MPa）时，大钟一般只能工作1~2年，有的甚至几个月。大钟与大料斗损坏的主要原因是荒煤气通过大钟与大料斗接触面的缝隙时产生磨损以及炉料对其工作表面的冲击磨损。

大钟与大料斗之间产生缝隙的主要原因：

（1）设备制造及加工带来的缺陷。大钟与大料斗之间的间隙达不到设计要求。

（2）安装设备时质量上的问题。运输和吊装过程出现碰撞和变形，安装时大料斗与高炉中心线、大钟与大料斗中心线、大料斗与炉顶法兰中心线不吻合等。

（3）炉料的摩擦对设备的损坏。

（4）温度对设备的影响。

（5）炉内压力对缝隙的影响。炉内煤气压力高，通过大料钟与大料斗之间的接触缝隙煤气流速快，煤气中的粉尘加速大钟的损坏。

B 提高大钟与大料斗寿命的措施

（1）采用刚性钟柔性斗相配合，使大钟与大料斗之间接触更加紧密。

（2）采用双折角大钟。一般大钟倾角为53°，如果将大钟下段倾角加大（60°~68°），则大钟与大料斗之间接触更加紧密。注意角度不能过大，否则大钟可能被大料斗楔住。

（3）采用大钟与大料斗接触边缘煤气导向段的合理结构。由此可以使荒煤气在流经大钟与大料斗之间的接触缝隙时有一个平缓的过渡，避免荒煤气直接冲刷大钟与大料斗之间的接触缝隙，同时可以减少大钟关闭时对大料斗的冲击。

（4）在大钟与大料斗的接触面上堆焊硬质合金。由此可以提高接触带的耐磨性，为了避免焊接层形成裂纹，必须加温焊接。

（5）消除大钟上下的压力差。如果大钟上下的压力相等，便可消除荒煤气对大钟与大料斗的冲刷，因此，必须设置均压装置。

（6）改善炉料从小钟落下的下落点。合理的下落点应正好位于大钟与大料斗相接触的区域，先落下的炉料起到垫底的作用，而且还可以减少炉料的粉碎。

6.1.2 布料器

布料器位于大钟上面，它由小钟、小料斗、受料漏斗及旋转驱动装置组成。其作用是消除布料偏析，达到炉料沿炉喉圆周方向均匀分布的目的。

6.1.2.1 旋转布料器（马基式布料器）

马基式旋转布料器由小钟和小料斗组成，上面设有受料漏斗，整个布料器由电动机通过传动装置驱动旋转（见图6-3）。小料斗分上下两部分，上部分为单层。在小料斗下部外层的上缘固定着两个法兰，在法兰之间装有三个支撑辊和三个压辊（又称逆止辊，是防

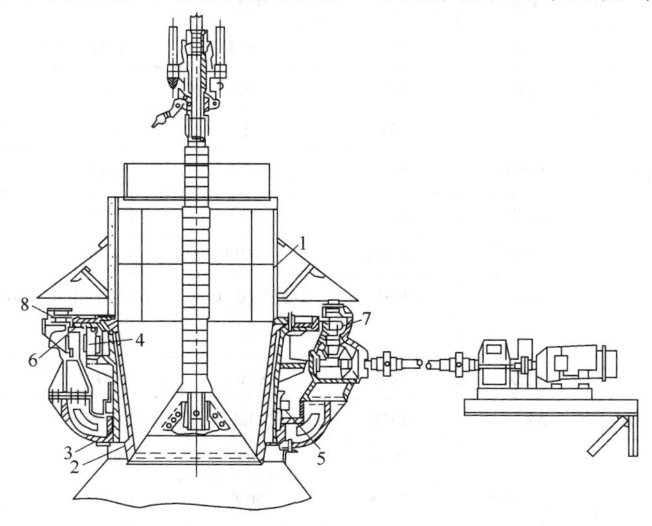

图6-3 旋转布料器总图

1—漏斗上部；2—漏斗下部内层；3—漏斗下部外层；4—压辊和支撑辊；5—干式填料密封；6—大齿轮；7—小齿轮；8—定位辊

止料斗向上移动的压轮），两种辊子直径相同，只是支撑辊安装比压辊高2~3mm，并在三个支撑辊的架子上安有定心辊，使小料斗旋转中心不会发生偏离。在法兰外固定着一个大齿圈，电动机的轴通过减速箱、联轴节、轴承架和伞形齿轮将垂直的旋转运动改为水平的旋转运动，并通过小齿轮与大齿轮啮合，实现传动。因为小钟关闭时与小料斗互相压紧，小钟与小钟杆连接成一体，所以小料斗旋转时，小钟、小钟杆也一起旋转。

小料钟一般用焊接性能好的ZG35Mn2钢铸成，为了增加耐磨性，也有用ZG50Mn2铸钢件，倾角50°~55°，壁厚60mm。与小料斗接触处，甚至整个小料钟表面都堆焊有硬质合金。为了拆卸、更换方便，小钟一般由两个半瓣组成，两瓣通过垂直结合面用螺栓从内侧连接。

小钟杆用厚壁钢管制成，为了防止炉料的冲击、磨损，外面均用两个半环组成的锰钢保护套保护，小钟杆与小钟是螺纹连接，属于刚性连接，小钟杆（小钟杆为空心拉杆，中心可自由通过大钟拉杆）上部通过悬挂装置与小钟平衡杆相连，悬挂装置支持在止推滚动轴承上。

采用旋转布料器之后，要求在旋转的小钟杆与不旋转的大钟杆之间增加密封装置。常用的是油压干式填料密封或用胶圈密封，效果甚好。由于布料器是旋转的，因此，与固定支座之间也存在密封问题，一般采用两层油压干式填料密封。填料为中心夹有铜丝的石棉绳。

马基式旋转布料设备的优点是：小料斗装料后可旋转60°，六点布料，可以逆转和定点。但由于存在布料不灵活，旋转和密封的矛盾问题，新建的高炉基本不采用这种方式。表6-2列出了旋转布料器的特性。

表6-2 我国旋转布料器设备性能

项目		高炉有效容积/m^3					
		255	620	1053	1513	2025	2516
布料器有效容积/m^3		2.0	4.5	7.5	10	13	15
小钟直径/mm		1300	1500	2000	2000	2000	2500
小钟行程/mm		650	900	900	900	850	900
小钟角度/（°）		51	51	51	51	51	51
布料器料斗上口内径/mm		1210	2000	2300	2300	2885	2800
布料器高度①/mm		2300	2710	3180	3800	3920	3800
布料器旋转速度/$r \cdot min^{-1}$		2.788	2.60	3.499	3.499	3.84	3.449
电动机	型号	JZ31-6	JZR31-6	JZR40-6	JZR40-6	JZRB52-8	
	功率/kW	11	11	28	28	30	28
	转速/$r \cdot min^{-1}$	920	953	970	970	725	980
保护罩直径/mm		3400	3700	约4800	约4800	4800	4800
小钟拉杆直径/mm		168	245	241	241	200	273
布料器全高②/mm		6220	7965	7905	9155	约8950	约9700
布料器重量/kg		1400	25900	55200	57200	69259	62726

①布料器高度指从大料斗罩顶面到螺旋料斗顶面。

②布料器全高包括拉杆及气封。

6.1.2.2 快速旋转布料器

快速旋转布料器如图6-4所示，它又称快速旋转漏斗，为了达到均匀布料和解决小料斗日益严重的密封问题，我国一些中小高炉采用这种布料器。这种布料器的结构原则是旋转部分不密封和密封部分不旋转，即受料漏斗下面、小料斗上面安装一个快速旋转漏斗，当料车向受料漏斗卸料时，炉料通过正在快速旋转的漏斗，均匀分布在小钟上，消除堆尖。

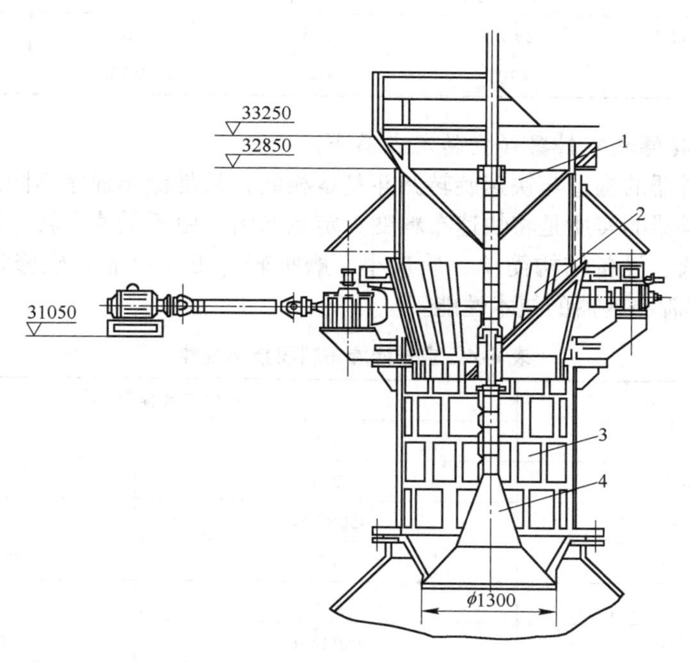

图6-4 255m³高炉快速旋转布料器

1—固定受料漏斗；2—旋转布料器；3—小料斗；4—小钟

快速旋转漏斗的容积为料车容积的0.3~0.4，转速与炉料粒度及漏斗开口尺寸有关：过慢布料不均匀；过快则受离心力的作用炉料漏不下去，漏斗停止转动后，炉料又集中落下造成尖峰。一般转速为10~30r/min。漏斗开口直径与形式对布料也有直接影响，开口小，布料均匀，容易卡料；开口大情况相反。快速旋转漏斗的传动方式有摩擦传动和齿轮传动两种。表6-3列出了快速旋转布料器的技术性能。

表6-3 我国一些快速旋转布料器的技术性能

项　目	高炉容积/m³			
	100	255	1800	2000
旋转漏斗容积/m³	1.0	1.3	2.0	3.6
旋转漏斗转速/r·min⁻¹	36.5	29	21~25	正常15~25，定点3.59
布料器上口直径/mm	1430	1900	2000	2300
卸料口尺寸/mm	400×350 两个		700×600 两个	800×450 两个
支撑辊与传动辊数/个	3	3	3	3

续表 6-3

项目		高炉容积/m^3			
		100	255	1800	2000
挡辊数/个		3	3	3	3
传动方式		摩擦	齿轮	齿轮	齿轮
电动机	型号	JZ21-6		ZZ-40	ZZ-51
	容量/kW	2×3.5	7.5	10	19
布料器质量/kg		4203	6744	25762	64233

6.1.2.3 空转螺旋布料器（空转定点漏斗）

空转螺旋布料器的构造与快速旋转漏斗基本相同，只是操作程序不同而已。

空转螺旋布料器的实质是将快速布料变为定点布料，由于低速空转，所以具有电动机容量小、耗电量低、设备结构简单、质量小、磨损轻、工作可靠、检修量小等优点。表 6-4 列出了空转螺旋布料器的技术性能。

表 6-4 空转螺旋布料器技术性能

项目		高炉有效容积/m^3	
		255	620
旋转漏斗转速/$r \cdot min^{-1}$		2.4	3.0
旋转漏斗开口尺寸/mm		450×1200	600×800
无定点布料角度/(°)		62	50，53，55
定点布料角度/(°)		—	30，60
电动机	型号	JZB22-6	JZB22-6
	功率/kW	7.5	7.5
	转速/$r \cdot min^{-1}$	905	905
	JC/%	25	25
减速器	型号	WHC21-31.5-Ⅲ-5	WHC21-31.5-Ⅲ-5
	速比	31.5	31.5
	总速比	378	291
自整角机型号		—	BD500
布料器总重/kg		6800	10600

6.1.2.4 受料漏斗

双料车上料的高炉上，受料漏斗上口呈矩形，下面收缩为圆形漏料口，其直径比转动漏斗稍小些。为了便于漏料，在纵断面上漏斗下部倾角一般为 45°~50°，最好是 60°，便于炉料顺利下滑。一般受料漏斗都采用钢板焊接件结构，漏斗内壁衬有可更换的耐磨钢板（厚 10~15mm），一般为 ZGMn13，也有采用钢轨作衬板的。为了便于安装，受料漏斗通常由两个半壳体用螺钉连接而成，漏斗口的尺寸应保证不卡料。

6.1.2.5 布料设备的维护检查

布料设备的日常维护检查要点是：

（1）注意观察电动机及其机构的声音、温度、齿轮啮合以及负载电流的变化情况。
（2）经常检查旋转速度是否符合规定值。
（3）经常检查各密封点的密封是否严密。
（4）注意观察各部位螺钉是否紧固，有无松动现象。
（5）注意观察润滑设备油路是否畅通，油量是否充足。
（6）注意观察电控信号、显示仪表的变化情况是否正常。
（7）经常检查其他设备的工作情况是否正常。
（8）注意观察布料器冷却设备工作是否正常。

6.1.3 大小钟的操纵装置

大小钟的操纵装置要按照生产程序的要求及时、准确地进行大小钟的启闭工作。大小钟的操纵装置可分为机械传动（卷扬机钢绳传动）和液压传动两种。

6.1.3.1 大小钟的机械传动装置

根据布料及工艺密封要求，钟与杆必须做绝对垂直运动，因此在钟杆吊挂系统中必须有直线运动机构。一般有两种方法：一种是用挠性件（如链条）挂在扇形板上（见图 6-5a），扇形板上的 AB 弧必须以转轴 O 为圆心，使钟杆永远保持在水平半径的切线方向上；另一种常用的是瓦特双曲线直线机构（见图 6-5b），大钟挂在 AB 杆的中点 O，而 $O_1A=O_2B$在一定的距离内，O 点做近似直线运动，摆动不大于±2mm。

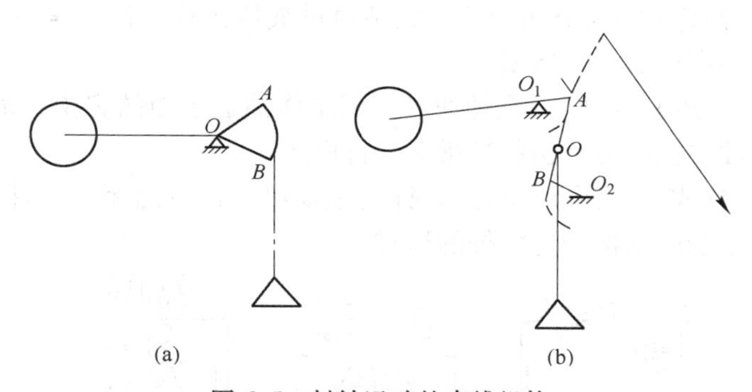

图 6-5 料钟运动的直线机构

根据上述的吊挂方式不同，其操纵的方法也不相同。图 6-5（a）所示为自由下降，即料钟是借助自重和料重下降，能保持垂直升降。其结构简单，炉顶质量小，料钟密合性好。其缺点是当炉顶压力较大或料钟与料斗黏在一起时，料钟不易打开，链条与扇形轮磨损后会产生料钟的偏移。图 6-5（b）所示为强迫下降，它是靠传动钢绳迫使料钟下降，因为它的结构都是刚性构件，当大钟上下部压差较大或均压装置失灵时，料钟强迫下降，容易使钟杆顶弯。

常用的料钟吊挂机械传动系统如图 6-6 所示，大小钟分别由钟杆吊挂在各自的平衡杆上，用电动卷扬机通过钢绳操纵平衡杆来控制大小钟上升或下降。

平衡杆是用以升降大小钟的杠杆。其短臂悬挂着料钟，在它的前端系有通到电动卷扬机的钢绳。长臂的平衡锤保证在料钟上有料的情况下，料钟仍能压向料斗，在料钟开启后，能将料钟迅速关闭。

平衡杆一般用焊接的板梁制成。大钟平衡杆做成弓形杠杆，相互间以平衡锤连接，并固定在公共轴上，该轴在轴承中转动，以保证大小钟能相对运动而不同时动作。轴承应很好地密封，平衡杆轴承座可前后左右调整其位置，以便调节料钟的位置，使其与料斗中心线吻合。为此，轴承座的梁要做成可移动的，用多个水平布置的千斤顶定位器来调整移动，其允许调整范围为150~200mm。

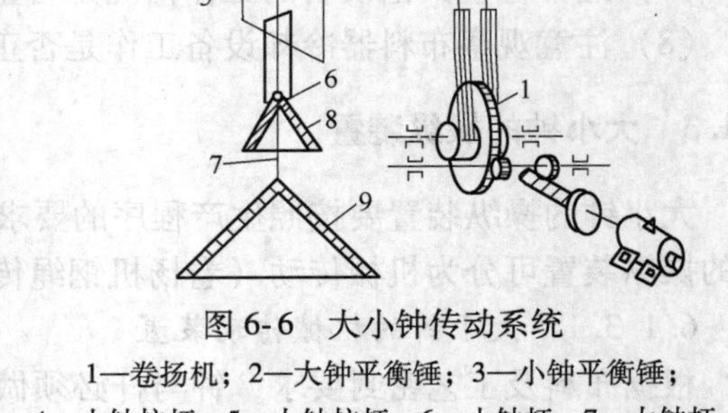

图6-6 大小钟传动系统

1—卷扬机；2—大钟平衡锤；3—小钟平衡锤；4—小钟拉杆；5—大钟拉杆；6—小钟杆；7—大钟杆；8—小钟；9—大钟；10—平衡杆的轴与轴承

6.1.3.2 大小钟的液压传动装置

20世纪60年代以前广泛采用的炉顶设备是平衡杆式的机械传动装置，其缺点在于设备高大而笨重，操作中冲击负荷大。近年来在国内高炉改造和新建的高炉上，相继采用了液压传动的炉顶装料设备。

A 料钟液压传动的结构形式

利用液压传动的大小钟的双钟炉顶，根据结构的不同可以分为以下三种形式（见图6-7）：

(1) 扁担梁-平衡杆式（见图6-7a）。大钟通过液压工作油缸上面的扁担状横梁1进行启闭，小钟通过平衡杆3进行启闭。

(2) 扁担梁式（见图6-7b）。大钟通过液压工作油缸上面的扁担状横梁1进行启闭，小钟通过液压工作油缸上面的扁担状横梁2进行启闭。

(3) 扁担梁-拉杆式（见图6-7c）。大钟通过横梁1进行启闭，小钟通过横梁2进行启闭，但是大小钟本身的结构均为穿杆的形式。

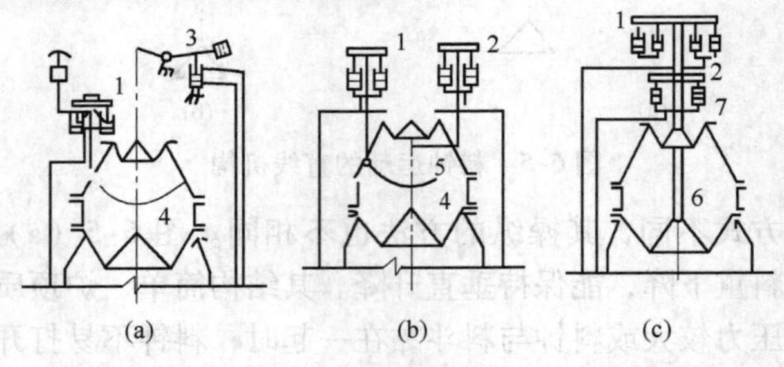

图6-7 大小钟液压传动炉顶结构图

1—大钟扁担状横梁；2—小钟扁担状横梁；3—小钟平衡杆；4，5—大小钟托梁；6—大钟拉杆；7—小钟拉杆

B 液压传动装置的结构

料钟的液压传动装置主要由动力源、油箱、液压工作油缸及其相应的液压控制元件、管路等部件组成。图6-8所示为$255m^3$高炉的液压传动装置。

C 液压传动装置的特点

液压传动装置与机械传动装置比较主要有如下优点：

（1）结构轻巧，可省去大小钟卷扬机和平衡杆系统，从而使炉顶设备和钢结构大大减小。节省基建投资、节约生产用电。

（2）传动平稳，消除了冲击和振动，很容易实现无级调速。

（3）容易实现自动化，而且能有效地防止过载，自行润滑好，使用寿命长。

（4）容易安装和维护，元件已经标准化、系列化。

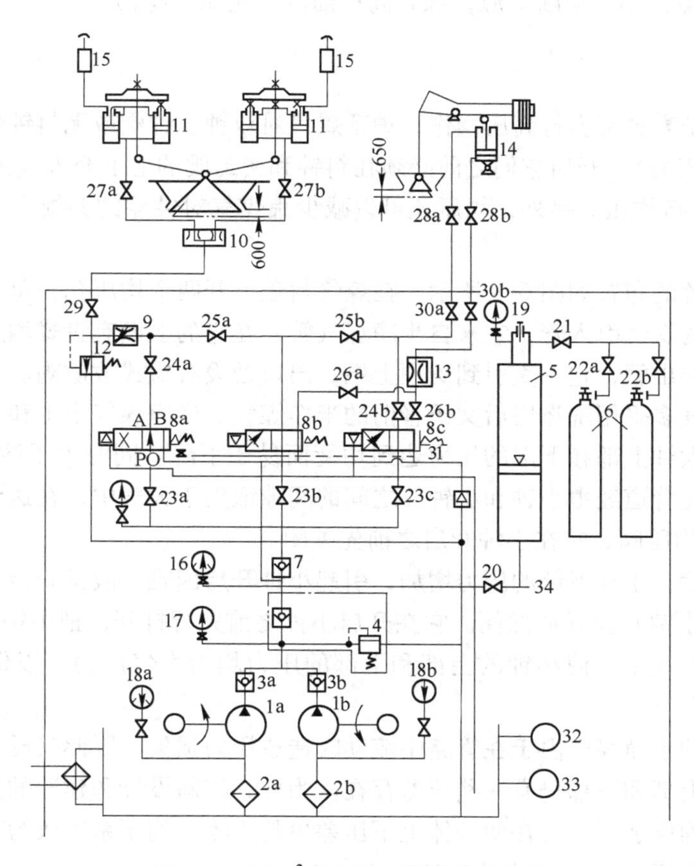

图 6-8 255m³高炉炉顶液压传动装置

1a，1b—齿轮泵；2a，2b—滤油器；3a，3b，7—单向阀；4—溢流阀；5—蓄能器；6—氮气瓶；8a，8b，8c—电液换向阀；9，13—节流阀；10—分流阀；11—大钟油缸；12—溢流安全阀；14—小钟油缸；15—高架油箱；16—电接点压力表；17，19—压力表；18a，18b—压力真空表；20～31—截止阀；32—浮标式液位信号器；33—电接点指示温度计；34—放油截止阀

D 液压传动装置的维护检查

液压传动装置的日常维护检查要点是：

（1）经常检查油标、油温是否合适。

（2）注意观察电动机的声音、振动、温度及负载电流的变化情况。

（3）注意观察油泵的声音、振动、温度及油封的变化情况。

（4）观察系统卸荷和补油的工作过程，并检查卸荷用电磁阀的吸合与释放是否灵活、迅速，有无刮卡、漏油现象。

（5）正常工作时检查蓄压器，判断是否每个活塞都处在同一水平位置。

（6）检查室内外的管路及各部接头（如截止阀、角阀、分流阀）有无漏油、渗油现象。

（7）注意观察各个液压工作油缸工作是否正常、同步。

（8）注意观察液压工作油缸的冷却水循环装置工作是否正常。

（9）处理故障，必须切断电源，躲开高压油流，避免人身伤亡。

6.2 均压设备

现代的大中型高炉都实行高压操作，炉顶煤气对双钟、钟阀或无料钟炉顶的钟和阀产生很大的托力（压力）。开启它们之前必须在料钟和密封阀的上下充入（或放出）高压煤气（或氮气），进行均压。另外，均压还可以减少荒煤气对钟斗的磨损，大大延长装料设备的寿命。

炉顶均压系统的布置如图6-9所示。在煤气封盖上开两个均压孔，每个孔的引出管又分成一个均压用的煤气引入管，它来自半净煤气管，在它的上面有盘式均压阀，另外一个是排压用的煤气导出管，它一直引到炉顶上端，出口处设有盖式放散阀。

均压用的煤气多采用洗涤塔后文氏管前的半净煤气。半净煤气由1和2引入钟室以提高钟室压力，使大钟上部和下部的压力达到均衡而易于下降。同时为了防止小钟打开时，大量半净煤气沿此管道经由小钟和小钟斗之间的间隙散失于大气中，在送半净煤气管上安装（大钟）盘式均压阀，它在小钟开启之前先关闭。

在钟室冲压后，小钟下部的压力增加，引起小钟开启困难，故又安装了用于排压的煤气放散管6和（小钟）盖式放散阀。它在开启小钟之前先行打开，把小钟下部（钟室内）的高压煤气放入大气中，使小钟的上部和下部的压力均为大气压力，以保证小钟的顺利开启。

上述均压用的半净煤气由于在管路中流动时造成压力损失，因此其压力低于炉顶煤气压力，所以大钟上部和下部仍有一些压差存在。为此，在新设计和建造的大型高炉上都设置和安装了二次均压装置，旨在使钟体上下压差更趋于零。均压系统改为一次均压用半净煤气、二次均压用氮气进行（见图6-10）。

现行的均压制度有三种：

（1）基本工作制。料钟空间常保持大气压，只有在大钟下降前才冲压，大钟关闭后马上排压，因此，大小钟之间容易产生爆炸性气体，所以需要通蒸汽防止爆炸。同时如果大钟和大料斗密合不好，就会使炉喉的煤气穿过缝隙，缩短装料设备的使用寿命。其优点是对布料器工作有利，减轻了对布料器各密封点的吹蚀磨损。

（2）辅助工作制。料钟间经常具有高压煤气，仅在小钟下降前把煤气放掉。这种工作制均压阀工作次数等于小钟工作次数，所以易磨损，不利于布料器和大小钟拉杆的密封。这种工作制的优点恰与基本工作制相反，它适用于布料器密封较好而大钟磨损严重以及炉尘吹出量较大的情况。

（3）混合工作制。两钟空间保持大气压，大钟均压阀按第一种工作制工作，小钟均压阀按第二种工作制工作，它能减少上述两种工作制的缺点。

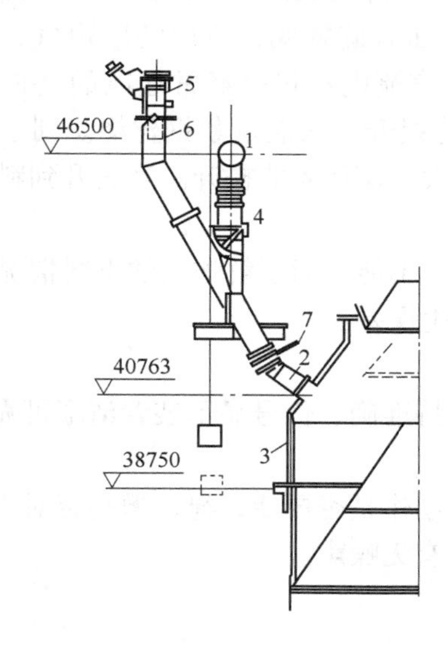

图 6-9 炉顶均压系统的布置图

1—送半净煤气到大钟均压阀的煤气管；2—管道接头；
3—装料器；4—大钟均压阀；5—小钟均压阀；
6—把煤气放到大气去的垂直管；7—闸板阀

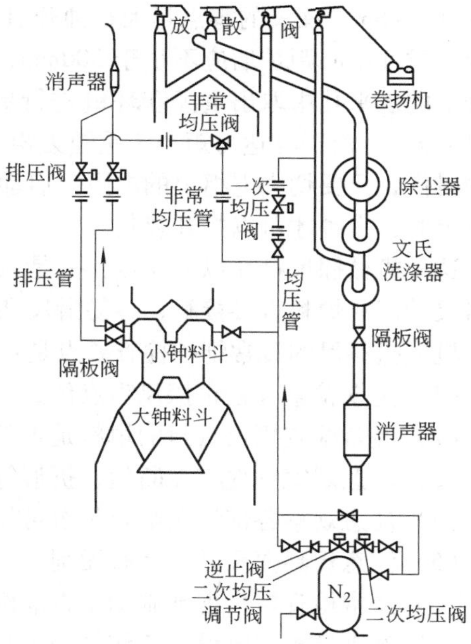

图 6-10 大型高炉均压系统

6.3 探料设备

在高炉冶炼过程中，保持稳定的料线是达到准确布料和高炉正常工作的重要条件之一。如果料线过高，对于强迫下降的大钟是十分危险的；料线过低，会使炉顶煤气温度显著升高，对于炉顶设备的使用寿命造成不利影响。为了及时、准确地探测和掌握炉料在炉喉的下降速度和位置，给高炉装料提供可靠的依据，必须设置高炉探料装置，并使其工作自动化。

探料装置的种类较多，主要有机械探料尺、放射性同位素探料以及激光探料等。目前应用较多的是机械探料尺。

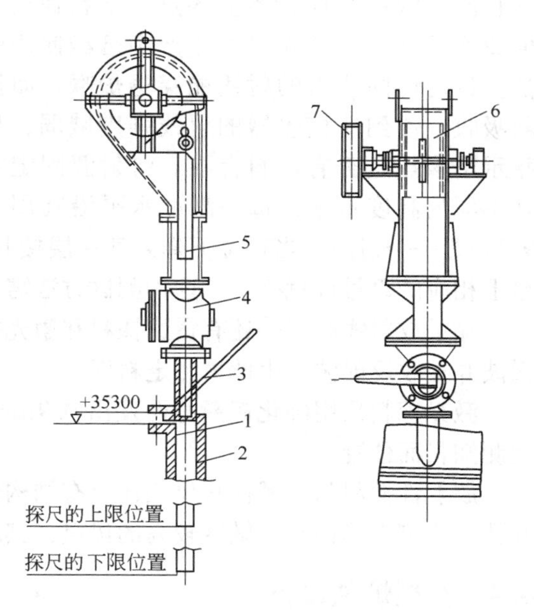

图 6-11 用于高压操作的探料尺（链尺）

1—炉喉的支持环；2—大钟料斗；3—煤气封罩；
4—旋塞阀；5—重锤（在上面的位置）；
6—链条的卷筒；7—通到卷扬机上的钢绳的卷筒

6.3.1 机械探料尺

中型高炉一般都采用链式探料尺（见图 6-11）。它将整个料尺密封在与炉内相同的壳内，只有转轴伸出处采用干式填料密封，探料深度4~6m，探尺的零点是大料钟开启位置的下缘，探料尺从大料斗外侧炉头内侧伸入炉内，重锤中心距炉墙应不小于300mm，探尺卷筒下面有旋塞阀，可以切断煤气，以便由阀上的水平孔中取出重锤和环链进行更换。探尺的直流电动机是经常通电的（向提升料尺方向），由于马达力矩小于重锤力矩，故重锤不能提升，只能拉紧钢丝绳。到了该提升的时候，只要切去电枢上的电阻，启动力矩随之增大，探尺才能提升。当提升到料线零点以上时，大钟才可以打开装料。

这种机械探尺存在以下缺点：一是只能测量两点，不能全面了解炉喉的下料情况；二是料尺端部与炉料直接接触，容易滑尺和陷尺从而产生误差。

机械探料尺的日常维护检查要点是：

（1）定期检查和校正探尺零点位置，确保零点保持准确、信号显示装置清晰可靠。

（2）经常检查探尺汽封的填料是否密封良好。

（3）注意观察钢绳有无断丝、折痕等现象，滑轮动作是否灵活，绳、槽是否对中。

（4）注意观察各部齿轮啮合是否可靠、传动装置有无噪声。

（5）注意观察探尺升、降有无刮、卡现象。

（6）经常检查探尺抱闸制动是否准确可靠。

（7）经常检查供电设备工作是否正常。

6.3.2 用放射性同位素测量高炉料线位置

一些国家早已使用放射性同位素Co^{60}来测量料面形状和炉喉直径上各点的下料速度。图6-12所示为一种简单且在生产中已经使用的方法。放射性同位素的射线能穿透炉喉，而被炉料吸收，使到达接收器的射线强度减弱，从而指示出该点是否有炉料存在。将射源固定在炉喉不同的高度水平，每一高度水平沿圆周每隔90°安置一个射源。当料位下降到某一层接收器以下时，该层接受的射线突然增加，控制台上相应的讯号灯就亮了。这种测试方法需要配备有自动记录仪器。

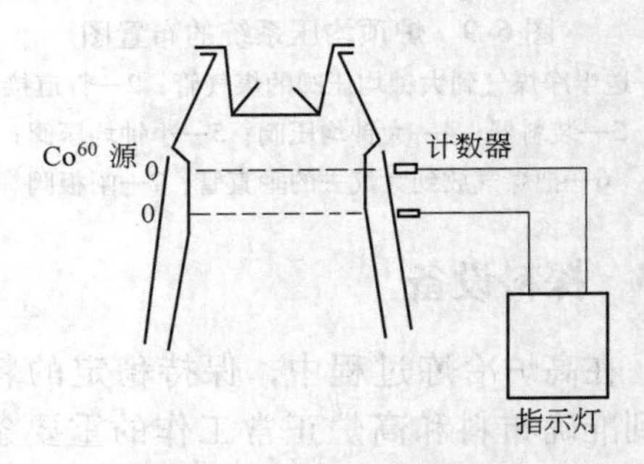

图6-12 射线仪测量高炉料线

除了放射线测定外还有雷达探料和激光探料。雷达探料是在炉喉设一天线，连续发出微波并接收反射波，由此来测定料面。

激光探料采用砷化镓激光器发出0.9μm波长的激光源，利用光的通断变换为电信号而测知料面位置。

放射性探料与机械探料尺相比，有结构简单、体积小、可以远距离控制、无需在炉顶开孔、检测准确性和灵敏度较高的优点；其缺点是射线对人体有害，需要加以防护。

6.4 新型炉顶设备

钟式炉顶和钟阀式炉顶虽然基本满足高炉冶炼的需要，但仍由小钟、大钟布料。随着高炉的大型化和炉顶压力的提高，炉顶装料设备日趋庞大和复杂。首先是大型高炉大钟直径在6000mm以上，大钟和大料斗重达百余吨，使加工、运输、安装、检修极为不便；其次为了更换大钟，在炉顶上设有大吨位的吊装工具使炉顶钢结构庞大；其三是随着大钟直径的日益增大，在炉喉水平面上被大钟遮盖的面积愈来愈大，布往中心的炉料因此减少，因而在高炉大型化初期出现了不顺行、崩料多等现象。在20世纪60年代末通过使用可调炉喉才使上述现象得以好转，但炉顶装置却进一步复杂化，而且仍然不能满足大型化高炉进一步强化所需布料手段。为了进一步简化炉顶装料设备、改善密封状况，增加布料手段，卢森堡PW公司于20世纪70年代初推出了无料钟炉顶装置，彻底解决了布料和密封问题。无料钟炉顶的特点是：

（1）建设投资低。无料钟炉顶的高度较钟阀式炉顶低1/3，设备重量比钟阀式炉顶减少1/3~1/2。

（2）密封阀代替料钟，密封性能得到改善，可进一步提高炉顶压力和延长炉顶寿命。

（3）布料采用可摆动旋转溜槽，提高了布料的多样化和调剂手段，可实现快速旋转布料、螺旋布料、定点布料和扇形布料等。

6.4.1 无料钟炉顶的结构组成

无料钟炉顶按其料罐的布置形式可分为并罐式和串罐式两种。

6.4.1.1 并罐式无料钟炉顶

并罐式无料钟炉顶（见图6-13）分为五个主要部分。

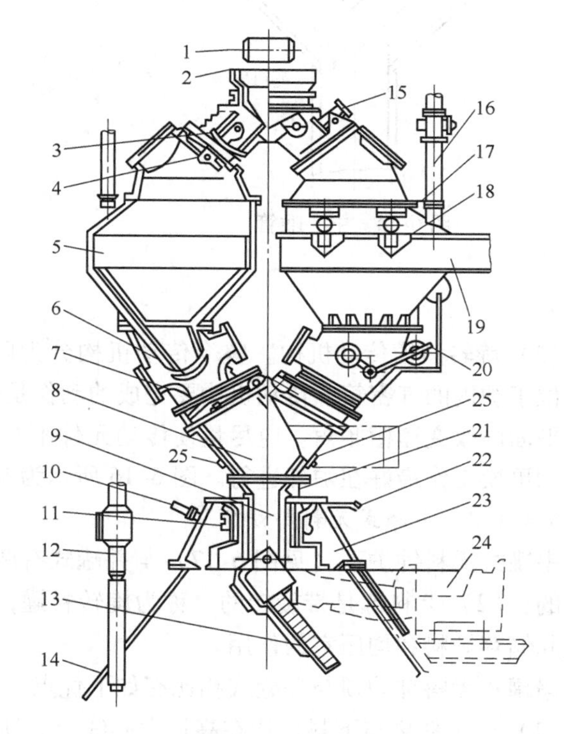

图6-13 无料钟炉顶装置

1—皮带运输机；2—受料漏斗；3—上闸门；4—上密封阀；5—料仓；6—下闸门；7—下密封阀；8—叉型管；9—中心喉管；10—冷却气体充入管；11—传动齿轮机构；12—探尺；13—旋转溜槽；14—炉喉煤气封盖；15—闸门传动液压缸；16—均压或放散管；17—料仓支撑轮；18—电子秤压头；19—支撑架；20—下部闸门传动机构；21—波纹管；22—测温热电偶；23—气密箱；24—更换溜槽小车；25—消声器

（1）受料漏斗。受料漏斗的形式由上料方法决定。受料漏斗外壳系钢板焊接结构，内衬为含铬25%的高铬铸铁衬板。

（2）料仓。一般有两个料仓，其作用是接受和贮存炉料。料仓内壁装有耐磨衬板，材质为含铬25%的铸铁板。料仓上部有上密封阀，下部装有下密封阀，在下密封阀的上部设有调节料流的闸门（下闸门），一般用油缸驱动密封阀和调节料流的闸门。

（3）叉型管和中心喉管。在中心喉管上面有一个叉型管与上面的料仓连接。叉型管和中心喉管内均装有衬板，材质与料仓的衬板相同。为了减少炉料对中心喉管衬板的磨损及防止炉料将中心喉管磨偏，在叉型管下部焊有一定高度的挡板，造成死料层（见图6-14）以保护衬板。中心喉管要尽量长一些，以免出口处炉料偏行，内径尽可能小，但要以能满足下料速度而又不能卡料为限。

(4) 旋转溜槽。旋转溜槽为半圆形，其长度为 3～3.5m。槽的本体由耐热铸钢 4Cr10Si2Mo 做成；在槽内衬有鱼鳞衬板，材质为 ZGCr9Si2；在衬板口堆焊 8mm 的耐热耐磨材料，材质为含 Cr25%、Mo5%的合金。旋转溜槽用四个销轴挂在 U 形卡具中（见图 6-15）。U 形卡具通过它本身的两个耳轴吊挂在旋转圆套筒下面，一侧伸出的耳轴上固定有扇形齿轮，以便传动并驱动溜槽。

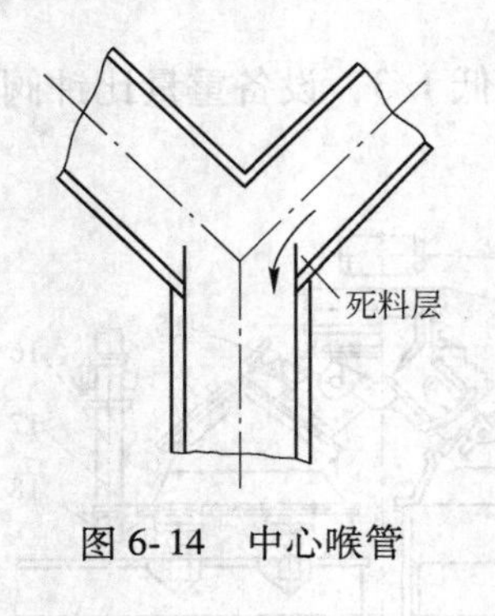

图 6-14 中心喉管

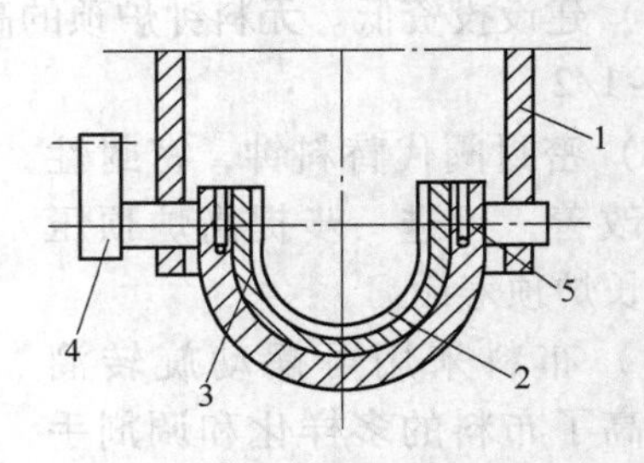

图 6-15 旋转溜槽吊挂形式

1—旋转圆环；2—溜槽；3—吊挂；4—扇形齿轮；5—键槽

(5) 旋转溜槽传动机构。整个传动机构分为两部分：一部分为行星减速器，另一部分是位于炉内的气密箱。传动机构要完成的动作是：使溜槽绕高炉中心线做旋转运动和在垂直平面内改变溜槽倾角。应尽量使传动元件不在炉内高温、高压、多尘的煤气中工作，检修和更换工作最好在炉外进行。图 6-16 所示为旋转溜槽传动装置。

6.4.1.2 串罐式无料钟炉顶

串罐式无料钟炉顶（见图 6-17）与并罐式有两点不同：(1) 两个料罐的布置是上下串联的；(2) 上料罐是带旋转的，称为旋转料罐，而下料罐是带称量的，称为称量料罐。料罐起储存炉料和均压室的作用。

串罐式无料钟炉顶与并罐式相比有如下优点：

(1) 由于料罐与下料口均在高炉中心线上，所以在下料过程中不出现“蛇形动”现象，从而进一步改善布料效果，同时减轻了中心喉管磨损。

(2) 串罐式无料钟炉顶在胶带机头部装有挡料板，且在装料时上罐旋转，因此克服了炉料粒度偏析。旋转罐和称量罐内装有导料器，改善了下料条件，消灭了下料堵塞现象。

(3) 进料口和排料口高度要比并罐式低，从而降低了炉顶高度。旋转罐为常压罐，从而节省一套上下密封阀、料流调节阀和均压放散设施，可节省投资 15%～20%。

虽然串罐式无料钟炉顶具有上述优点，但它仍有些地方需要改进和完善，例如：对料流调节阀缺乏调节手段，需要建立完整的料流调节模型；在环形布料时出现首尾接不上的现象；需要建立必要的、完整的布料模型。

串罐式无料钟炉顶的各部件与并罐式炉顶相似，由受料斗、旋转料罐、料流调节阀、下密封阀、齿轮传动箱、中心喉管、旋转溜槽、均压设施、冷却设施及其测量元件等组成。

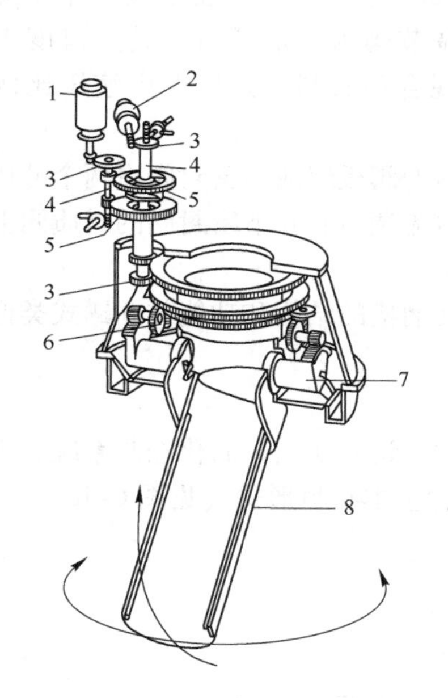

图 6-16 旋转溜槽传动装置

1—旋转电动机；2—倾动电动机；3—蜗轮；
4—蜗杆；5—齿轮；6—旋转装置；
7—倾动装置；8—旋转溜槽

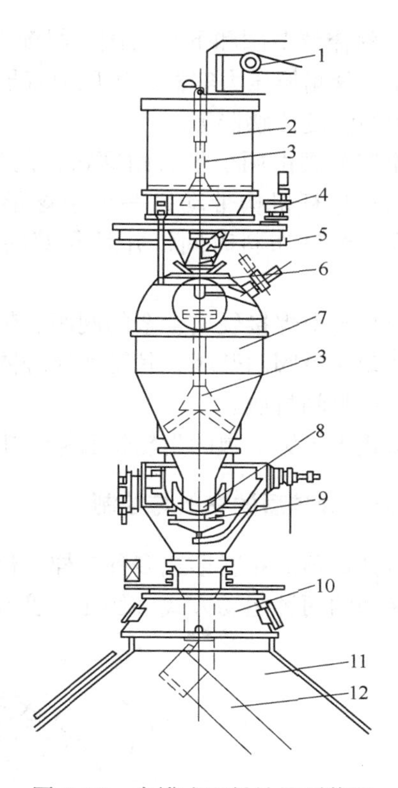

图 6-17 串罐式无料钟炉顶装置

1—胶带机；2—旋转料罐；3—插入件；4—驱动装置；
5—上部料闸；6—上密封阀；7—称量料罐；8—料流调节阀；
9—下密封阀；10—齿轮箱；11—高炉；12—旋转料罐

（1）旋转料罐。在料罐内设有防止炉料偏析的插入件，插入件固定在料罐内壁上部，同料罐一起旋转。

（2）上部料闸和上密封阀。上部料闸由两个半球形闸门组成，用耐磨材料或衬有耐磨衬板制作。上部料闸用两个液压缸同时驱动一个半球形闸门，通过连杆传动机构带动另一个半球形闸门使料闸开闭。

上密封阀装在称量料罐上部罐头内。阀的壳体焊在罐头上，由堆焊硬质合金的阀座、带硅橡胶密封圈的阀板及传动装置组成。密封阀用两个液压缸驱动完成两个动作：压紧缸完成阀门的垂直方向的动作，回转缸完成阀板的旋转动作。当关闭阀板时，首先回转缸动作使阀板回转到位后，由限位开关联锁压紧缸动作使阀板压紧密封，开启时则相反。

（3）称量料罐。称量料罐既起称量作用也起钟式炉顶中的均压室作用，设有均压管和均压放散管。罐内上部装有上密封阀，罐中心设有防止炉料偏析、改善下料条件的插入件（导料器），其固定在料罐壁上，并可以上下调整高度。料罐下部设有三个防扭转装置、两个抗振装置和三点吊挂装置并用三个电子秤称量料罐重量。内有耐磨材料铸造衬板，其材质同旋转料罐衬板。称量料罐属压力容器，应用压力容器钢板焊接而成，按压力容器的标准加工验收。旋转料罐和称量料罐容积应大于最大矿批和最大焦批重量所占有的容积，才能既满足最大矿批又满足最大焦批。

（4）料流调节阀和下密封阀。料流调节阀和下密封阀均装在阀箱内，箱内设有耐磨锥形漏斗。阀箱属压力容器，用压力容器钢板焊接而成。阀箱上装有称量用的压力传感器和测温用的温度传感器等。

料流调节阀由两个带有耐磨衬板的半球形闸门组成，由一个液压缸驱动一个半球形闸门，通过连杆机构带动另一个半球形闸门。料流调节阀为方形开口，其开口度大小决定其布料量和布料时间，并且与旋转溜槽配合实现合理布料。开口度由液压比例阀控制。

下密封阀由焊接硬质合金的阀座、带有硅橡胶密封的阀板组成。密封阀由两个液压缸完成两个动作使阀门开闭，其动作原理同上密封阀。料流调节阀和下密封阀的材质同上部料闸和上密封阀材质。

串罐式无料钟炉顶的齿轮传动箱、中心喉管、旋转溜槽的结构和功能与并罐式类似。

6.4.2 无料钟炉顶的布料与控制

无料钟炉顶的布料形式多种多样，但为了操作方便、讲究实效、简化控制系统、工作可靠，溜槽的两种运动方式（固定和变动）可实现四种基本布料形式（见图6-18）。

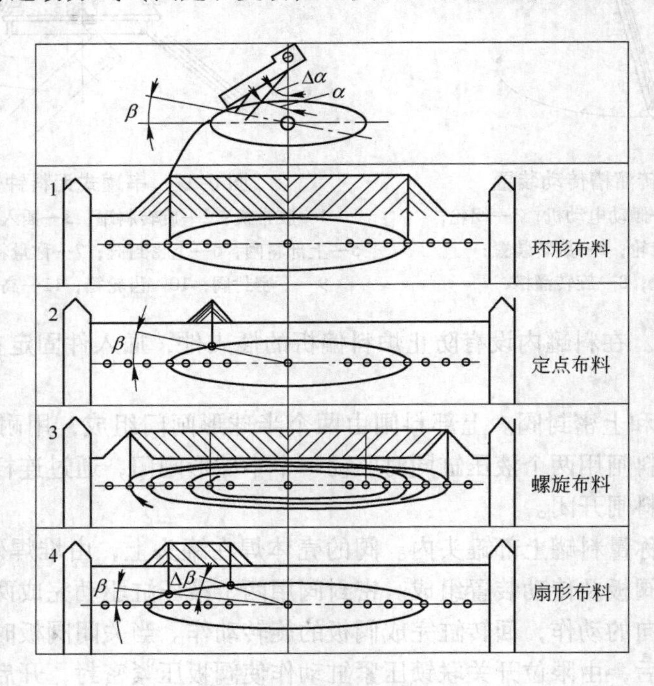

图6-18 往高炉内装料的基本方式

（1）定点布料：高炉内部截面某个点或某个部位发生过吹时，使用固定布料，操作时溜槽 α 角和定点方位由人工手动控制。

（2）环形布料：类似钟式布料，环形布料能自由选择倾角，所以，可以在炉喉任一部位做单、双和多重环形布料。随着溜槽倾角的改变，可将炉料布在距中心不同的部位上，借以调整边缘或中心的煤气分布。作环形布料时，副传动电动机不转动，只开动主传动电动机。

（3）扇形布料：溜槽可以以任意半径和角度向左右旋转（最小为10°），反复布料。当产生偏析或局部崩料时使用扇形布料。

（4）螺旋布料：这种布料是倾角变化的旋转运动，倾角变化分为倾角渐变的螺旋形布料和倾角跳变的同心圆布料。

布料器溜槽倾角一般规定溜槽垂直为0°，水平为90°，通常是在10°~60°之间。无料钟布料器的控制包括溜槽倾角控制盘、布料周期控制盘、定点和扇形布料控制盘（这二者都是控制溜槽方位角的），并要有两个角位置的显示仪表。通常控制系统由传动齿轮、减速箱、自整角机控制盘组成。

6.4.3 无料钟炉顶的事故处理

（1）炉顶系统停电。

1）当发生炉顶系统停电时，高炉作业长应立即酌情减风降压，直至休风（先出铁、后休风）。

2）严密注视炉顶温度，通过减风，打水，通氮或通蒸汽等手段将其控制在350℃以下，并严密注视齿轮箱温度的变化。

3）联系有关人员尽快排除故障，及时回风恢复。恢复时注意摆正风量与料线的关系。

（2）传动齿轮箱停水。

1）齿轮箱停水时，应立即通知有关人员检查，并到现场进行确认处理。

2）最大程度地增加通入齿轮箱的氮气量。

3）密切注视传动齿轮箱温度，尽量控制较低的炉顶温度。当齿轮箱温度过高时，炉内应打水处理。

（3）炉顶系统停氮。

1）炉顶系统停氮时，应立即联系有关人员处理。

2）严密监视传动齿轮箱温度和阀门箱温度，并尽量控制炉顶温度。必要时要人工对齿轮箱阀门箱外箱体进行喷水冷却，或立即休风。

3）加大齿轮箱内冷却水流量。

（4）传动齿轮箱温度过高。

1）当传动齿轮箱温度升到“高温报警”（>70℃）时，应立即检查其测温系统、炉顶温度、炉顶洒水系统、齿轮箱水冷系统和氮气系统，查明原因，及时处理。

2）当该温度升高到“大报警”（>95℃）时，手动开炉顶洒水系统，向料面洒水，以降低炉顶煤气温度。如该温度持续20min以上或继续升高，则必须马上停止溜槽旋转，并将其置于垂直状态，要人工对齿轮箱外箱体进行喷水冷却，同时高炉应减风降压直至休风处理。

3）最大限度地加大齿轮箱冷却水及氮气的流量。

（5）阀门箱温度过高。

1）当阀门箱温度升到“高位报警”（>120℃）时，立即向箱内通（或加大）氮，人工对阀门箱外箱体进行喷水冷却。

2）检查测温元件、下密封阀和节流阀的“开、关”情况及炉顶温度等，查明原因并及时处理。必要时，修改料罐阀门开关联锁条件及顺序关联（如料罐均压、放散等）。

3）如布料过程中温度升高，则要对下罐密封进行检查，确认均压放散是否泄漏，及时作出处理。

（6）布料溜槽旋转、倾动故障。

1）在“自动”方式时，发生布料溜槽旋转故障，应切（转）换为“键盘手动”方式采用单环布料。

2）“手动”也无效时，应立即减风降压，视时间长短再决定低压、休风。

3）及时查明原因尽快联系电气检修人员进行处理，控制好料线及炉顶温度。

4）必要时到现场进行人工盘车。

5）当发生布料溜槽倾动故障时，利用2、4、6、8几个点进行手动布料，维持上料。

6）必要时，变更料线调整炉料堆尖位置。若倾角值远离正常单环角度，则应酌情休风，避免布料失常引起炉况恶化。

（7）布料溜槽旋转电动机电流异常。布料溜槽旋转电动机电流异常有两种情况：

第一种情况是电流偏小。此时应怀疑布料溜槽磨损磨破漏料，可结合炉内料面分布、温度分布以及炉况等情况，综合分析，酌情采取相应措施，必要时休风更换溜槽。

第二种情况是电流偏大，并波动范围大。此时，一方面严格控制炉顶温度和齿轮箱温度，保证水冷强度和氮气量；另一方面，检查“自动润滑”系统工作情况，并改“自动”润滑为“持续”润滑。如以上工作均无效，则组织有关人员检查电动机及“齿轮系”工作情况，确定故障原因并进行处理。

（8）料罐“料空”信号不来。料罐“料空”信号不来时，立即检查BLT称量系统，若称量工作正常，做以下工作：

1）若料罐重量接近“料空”，则人工通过“料空”键发出“料空”信号，使系统继续运行（严禁原因不明而盲目人工发“料空”信号，以防发生“重料”事故）。

2）若显示称值较多，则可能是料罐排料口或中心喉管堵塞，或料罐“崩料”所引起的。此时通过反复开关料流调节阀、反复开关均压放散阀、现场敲打等手段进行判断及处理。

若整个称量系统失常，则BLT改“重量”方式为“时间”方式布料，或改“手动”控制实行“单环”布料，待称量系统恢复正常后，再恢复正常布料。

（9）炉顶系统液压故障。当炉顶液压部分发生故障时，必须立即通知高炉作业长及有关人员处理，可到炉顶阀台人工捅电磁阀临时上料，且炉内应进行适量减风或压料配合，待故障处理完毕后，再恢复正常。在处理故障时要听专人指挥，做到上下联系无误。

（10）炉顶各阀门按近开关故障。炉顶系统各阀门接近开关故障时，必须通知高炉作业长及电气人员，在确保安全的情况下可临时听专人指挥短接信号或选择备用接近开关维持上料，待故障处理完或更换新接近开关后恢复正常。

（11）溜槽倾动或下料闸自整角机故障。在倾动或下料闸自整角机故障时，必须立即通知高炉作业长及有关人员，并倒用对应的另一组自整角机维持上料。

（12）均压放散阀漏，或一均阀打不开，均不上压力。确认油路和电磁阀无问题后，立即联系检修倒备用系统，炉内配合减风。

（13）一均阀漏，料罐压力放散不到零。此故障可能会造成料罐崩料、下阀箱温度升高。应立即关均压碟阀，临时用二均阀维持上料，同时联系检修倒备用系统，炉内配合减风操作。

6.4.4 无料钟炉顶点检标准

无料钟炉顶点检标准见表6-5~表6-10。

表6-5 无料钟炉顶点检标准（上料闸阀）

周期：m—月 d—日

设备名称	点检部位	点检项目	点检方法	点检基准	点检周期	执行者
上料闸阀体	闸板	关位	观察	关到位	m	专检员
		耐磨衬板	休风时检查	磨损在允许范围内	3m	
	传动连杆	连接螺栓	观察、敲试	齐全、紧固	m	
		端盖密封	观察、敲试	齐全、紧固	m	
		前后轴承	观察	无卡阻、无异响	d	
		铰接点铜瓦	观察	无卡阻	d	
油缸	油缸	活塞杆	观察	接头紧固	d	
		前后端盖	观察	螺栓齐全、紧固、不漏油	d	
		保压状况	观察	不内泄、不外泄	d	
	液压管线	活接	敲试	紧固、不漏油	d	
		球阀	观察	不内泄、不外泄	d	
		软管	观察	不老化、不磨损	d	
		钢管	观察	无砂眼、不漏油	d	
	油缸支座	连接螺栓	敲试	齐全、紧固	d	
		耳轴铜瓦	观察	无卡阻	d	

表6-6 无料钟炉顶点检标准（上密封阀）

周期：d—日 m—月

设备名称	点检部位	点检项目	点检方法	点检基准	点检周期	执行者
密封阀	阀盖	关位密封	观察	无煤气泄漏	d	专检员
	阀座	连接螺栓	休风观察	齐全、紧固	m	
		密封接面	休风观察	无积料	m	
油缸	油缸	前后端盖	观察	螺栓齐全、紧固、不漏油	d	
		活塞杆	观察	接头紧固	d	
		保压状况	观察	不内泄、不外泄	d	
	液压管线	活接	敲试	紧固、不漏油	d	
		球阀	观察	不漏油	d	
		软管	观察	不老化、无磨损	d	
		钢管	观察	无砂眼、不漏油	d	
	油缸支座	连接螺栓	观察	齐全、紧固	d	
		耳轴铜瓦	观察	无卡阻	d	

表6-7 无料钟炉顶点检标准（下密封阀）

周期：d—日 m—月

设备名称	点检部位	点检项目	点检方法	点检基准	点检周期	执行者
密封阀	阀盖	关位密封	观察	无煤气泄漏	d	专检员
	阀座	连接螺栓	休风敲试	齐全、紧固	m	
		密封接触面	休风观察	无积料	m	
油缸	油缸	前后端盖	观察	螺栓齐全、紧固、不漏油	d	
		活塞杆	观察	接头紧固	d	
		保压状况	观察	不内泄、不外漏	d	
	液压管线	活接	观察	紧固、不漏油	d	
		球阀	观察	不漏油	d	
		软管	观察	不老化、不磨损	d	
		钢管	观察	无砂眼、不漏油	d	
	油缸支座	连接螺栓	观察	齐全、紧固	d	
		耳轴铜瓦	观察	无卡阻	d	

表6-8 无料钟炉顶点检标准（高炉料流调节阀）

周期：a—年 m—月 d—日

设备名称	点检部位	点检项目	点检方法	点检基准	点检周期	执行者
料流调节阀体	阀板	关位	休风开人孔检查	关到位	a	专检员
		耐磨衬板	休风开人孔检查	磨损在允许范围内	3m	
	传动连杆	连接螺栓	休风开人孔检查	齐全、紧固	m	
		端盖密封	观察、敲试	螺栓紧固、不漏煤气	d	
		前后轴承	观察	无卡阻、无异响	d	
		铰接点铜瓦	观察	无卡阻	d	
油缸	油缸	活塞杆	观察	接头紧固	d	
		前后端盖	观察	螺栓齐全、紧固、不漏油	d	
		保压状况	观察	不内泄、不外泄	d	
	液压管线	活接	敲试	紧固、不漏油	d	
		球阀	观察	不内泄、不外泄	d	
		软管	观察	不老化、无磨损	d	
		钢管	观察	无砂眼、不漏油	d	
	油缸支座	连接螺栓	敲试	齐全、紧固	d	
		耳轴铜瓦	观察	无卡阻	d	

表 6-9 无料钟炉顶点检标准（高炉眼镜阀）

周期：d—日

设备名称	点检部位	点检项目	点检方法	点检基准	点检周期	执行者
眼镜阀	阀板	密封硅胶圈	观察	无破损、不漏煤气	d	专检员
	阀体	连接螺栓	敲、试	齐全、紧固		
		链轮辊道、导向杆	观察	无卡料		
		连接法兰螺栓	敲、试	齐全、紧固		
		保存状况	观察	无内泄、无外泄		
油马达	液压管线	液压管道	观察	无漏油	d	
		球阀	观察	无漏油		
	驱动轮	链轮	观察	无松动、缺损		
		驱动杆	观察	无断裂		
冲程油缸	油缸	保压状况	观察	无内泄、无外泄	d	
	液压管线	管道	观察	无漏油		
		球阀	观察	无内泄、不外泄		
		连接螺栓	敲试	齐全、紧固		
阀座	上阀座	连接螺栓	敲试	齐全、紧固	d	
		密封硅胶圈	观察	完整、不漏煤气		
		四个导向杆及螺栓的距离	观察	导向杆无弯曲，螺栓距离适当		
	下阀座	连接螺栓	敲试	齐全、紧固		
		密封硅胶圈	观察	完整、不漏煤气		

表 6-10 无料钟炉顶点检标准（布料溜槽传动齿轮箱）

周期：d—日 a—年 m—月

设备名称	点检部位	点检项目	点检方法	点检基准	点检周期	执行者
上齿轮箱	旋转电动机	法兰螺栓	敲试	螺栓无松动	d	专检员
		接手及皮圈	观察	螺栓齐全、紧固皮圈无破损	d	
		机体温度	手摸	<65℃	d	
		制动闸	观察	松紧适当	d	
	倾动电动机	法兰螺丝	敲试	齐全、紧固	d	
		接手及皮圈	观察	螺栓齐全、紧固，皮圈无破损	d	
		机体温度	手摸	<65℃	d	
		制动闸	观察	松紧适当	d	
	行星齿轮箱（减速机）	法兰螺丝	敲试	齐全、紧固	d	
		油位指示器	观察	在规定刻度之上	d	
		润滑油泵	观察	工作正常	d	
		自动润滑点	观察	见油	d	
		运行状况	耳听、目测	平稳，无异响	d	
		机体温度	手摸	<65℃	d	
		与大齿轮啮合的两个齿轮	开齿轮箱的方人孔观察或压铅	啮合间隙在规定范围，齿面无严重磨损缺损	a	

续表 6-10

设备名称	点检部位	点检项目	点检方法	点检基准	点检周期	执行者
中间齿轮	控制旋转的	法兰螺栓	敲试	齐全、紧固	d	专检员
		运行状况	耳听、目测	平稳，无异响	d	
		定位精度	开大人孔测量	（定位误差）<±5°	a	
	控制倾动的	法兰螺栓	敲试	齐全、紧固	d	
		运行状况	耳听、目测	平稳，无异响	d	
		定位精度	开方人孔检测	（定位误差）<±0.1mm	a	
传动齿轮箱	齿轮箱外壳	上下法兰螺栓	敲试、观察	紧固不漏气	d	
		两侧方人孔螺栓	敲试、观察	紧固、不漏气	d	
		润滑油管线	观察	给油器工作正常	d	
		冷却给排水管线	观察	水量正常	d	
	齿轮箱外壳	氮气管线	观察	氮气压力在正常范围内	d	
		温度计	观察	无破损，指示正常	d	
	齿轮箱传动体	两个传动大齿圈	观察	齿轮无磨损无异响	m	
		箱内润滑油	观察、清理	残油及时清理油到位润滑正常	m	
		旋转底座	观察、清理	无变形无摩擦无残油	m	
		冷却板管线	观察、清理	法兰不漏水	m	
		上下水槽	观察、清理	不积污、不溢水	m	
	倾动齿轮箱（减速机）	油位指示计	观察	正常范围	m	
		点动干油润滑	观察	正常工作	m	
		运行工况	观察	平稳、无异响	m	
		限位销	观察	卡板完整	m	
		溜槽插销及偏心拉紧装置	观察	完整无松动	m	
		倾动角度指示牌	校对	刻度准确	m	
中心喉管	中心喉管	衬板	定修、看、校对	磨损在允许范围内	m	
		喉管保护层	定修、看	烧损不严重	m	
布料溜槽	布料溜槽	衬板	定修、观察	磨损在允许范围内	m	
		漏热保护板	定修、观察	无烧垮、无烧掉	m	
		结构柜架	定修、观察	无烧损	m	

复习思考题

6-1 炉顶装料设备应具备哪些基本要求？

6-2 大钟和大料斗的结构如何？

6-3 大钟和大料斗损坏的主要原因是什么？

6-4 如何提高大钟和大料斗的寿命，应采取哪些措施？

6-5 叙述马基式布料器、快速旋转漏斗、空转螺旋布料器的工作过程及注意事项。

6-6 液压传动炉顶与机械传动相比有哪些优点？

6-7 液压传动装置的日常维护检查要点包括哪几方面？

6-8 探料装置有哪几种形式？比较其特点。机械探料装置日常维护检查要点包括哪几方面？

6-9 无料钟炉顶的溜槽是如何旋转的，如何摆动的？

7 送风设备

高炉送风设备（air supply equipment）包括鼓风机、热风炉、冷风管道、热风管道、混风管道、煤气管道以及各种管道上的阀门。

7.1 高炉炼铁用鼓风机

高炉用鼓风机主要有轴流式和离心式两大类。

7.1.1 高炉炼铁对鼓风机的要求

（1）足够的送风能力。高炉鼓风机的出口风量包括高炉入炉风量及送风管路系统的漏风损失。

$$q_v=(1+k)q_0$$

式中 q_v——高炉鼓风机的出口风量，m^3/min；

k——送风管路系统的漏风损失系数，在正常情况下，大型高炉 $k=0.1$，中型高炉 $k=0.15$，小型高炉 $k=0.2$；

q_0——高炉入炉风量，即在高炉风口处进入高炉内的标准状态下的鼓风流量，m^3/min。

高炉的入炉风量由下式计算：

$$q_0=V_u\times I\times v/1440$$

式中 V_u——高炉有效容积，m^3；

I——冶炼强度，$t/(m^3\cdot d)$；

v——每吨干焦的耗风量，m^3/t。

每吨干焦的耗风量主要与焦炭灰分和鼓风湿度有关，一般在 $2450\sim2800m^3/t$，它可根据炉料及生铁、煤气的成分计算。

$$v=\frac{22.4\times[K(P_jC_j+P_lC_l+P_aC_a)-C_t]\times1000}{12w(CO_2+CO+CH_4)P_j\alpha}$$

式中 K——焦炭、石灰石及烧结矿损耗系数，采用 0.95～0.98；

P_j——每吨生铁消耗的湿焦炭量，t/t；

P_l——每吨生铁消耗的石灰石量，t/t；

P_a——每吨生铁消耗的烧结矿量，t/t；

C_j——焦炭的固定碳含量，%；

C_l——石灰石的含碳量，%；

C_a——烧结矿的含碳量，%；

C_t——生铁的含碳量，%；

α——氮气在空气中的含量与在煤气中的含量的比值，一般采用 1.35～1.40；

$w(CO_2+CO+CH_4)$——CO_2、CO 和 CH_4 在高炉煤气中的体积含量，%。

高炉鼓风机的出口风量也可根据燃烧强度（要扣除富氧）计算燃烧所需要的最大风量，加上热风炉换炉时风机自动补风的要求，再加上漏风损失。

常用的参数是风量参数，是指每立方米炉容每分钟鼓入的风量数（m^3）。风量不仅与炉容有关，而且与高炉的强化程度有关。各类型高炉单位炉容的风机出口风量见表7-1。

鼓风机的出口风压应能满足克服炉内料柱阻力损失和送风系统阻力损失以及保证足够高炉炉顶压力的需要。鼓风机的出口风压 P 可用下式表示：

$$P = P_t + \Delta P_{BF} + \Delta P_{HS}$$

式中 P_t——炉顶压力，Pa；

ΔP_{BF}——炉内料柱阻力损失，Pa；

ΔP_{HS}——送风系统阻力损失，一般为 $0.1\times10^5 \sim 0.2\times10^5$ Pa。

ΔP_{BF} 与炉容大小、炉型有关，还取决于原料条件、装料制度和冶炼强度。ΔP_{HS} 主要取决于送风管路的布置形式、气流速度和热风炉形式。不同高炉的炉顶压力、料柱阻力和送风系统的阻力损失、高炉所需风压见表7-2。

表 7-1 高炉单位炉容所需风机出口风量

炉 容	原料条件	风机出口风量/$m^3 \cdot m^{-3} \cdot min^{-1}$	
		平原地区	高原地区
大型	50%烧结矿	2.3~2.6	2.6~2.9
	100%烧结矿	2.6~2.9	2.9~3.2
中型	100%天然矿	2.8~3.2	3.2~3.5
	100%烧结矿	3.2~3.5	3.5~3.8
小型	100%烧结矿	4.0~4.5	5.0~6.6

表 7-2 不同容积高炉所需的风压参考数据

炉容/m^3	原料条件	料柱阻损/Pa	送风系统阻损/Pa	炉顶压力/Pa	风机出口压力/Pa
4000	自熔性烧结矿	$(1.5\sim1.7)\times10^5$	0.2×10^5	2.5×10^5	$(5.1\sim5.5)\times10^5$
2500	自熔性烧结矿	$(1.4\sim1.6)\times10^5$	0.2×10^5	$(1.5\sim2.5)\times10^5$	$(3.1\sim4.3)\times10^5$
2000	自熔性烧结矿	$(1.4\sim1.5)\times10^5$	0.2×10^5	$(1.5\sim2.0)\times10^5$	$(3.1\sim3.7)\times10^5$
1500	自熔性烧结矿	$(1.3\sim1.4)\times10^5$	0.2×10^5	$(1.0\sim1.5)\times10^5$	$(2.5\sim3.1)\times10^5$
1000	自熔性烧结矿	$(1.1\sim1.3)\times10^5$	0.2×10^5	$(1.0\sim1.5)\times10^5$	$(2.3\sim3.0)\times10^5$
620	自熔性烧结矿	$(1.0\sim1.1)\times10^5$	0.2×10^5	$(0.6\sim1.2)\times10^5$	$(1.8\sim2.5)\times10^5$
255	自熔性烧结矿	$(0.65\sim0.85)\times10^5$	0.15×10^5	$(0.25\sim0.8)\times10^5$	$(1.05\sim1.8)\times10^5$
100	30%烧结矿 70%铁矿石	0.55×10^5	0.15×10^5	$(0.2\sim0.25)\times10^5$	$(0.9\sim0.95)\times10^5$

（2）送风均匀稳定有良好的调节性能。当高炉要求固定风量操作时，风量应不受风压波动的影响；当高炉要求定风压操作时，风压应保证稳定不受风量变动的影响。

（3）有一定的风量、风压调节范围。由于操作和气象条件的变化，需要变动风量和顶压，从而要求风机的出口风量和风压能在较大的范围内变动。因之形成了鼓风机的运行工况区，该区应尽量包含在风机特性曲线的有效使用范围内。

（4）应尽量使鼓风机安全、经济运行。应尽可能选择额定效率高、高效区较广的鼓风机，以使鼓风机能够长期连续稳定地安全、经济运行。

7.1.2 高炉鼓风机的选择

7.1.2.1 高炉和鼓风机配合原则

(1) 在一定的冶炼条件下，高炉和鼓风机选配得当，能使二者的生产能力都能得到充分的发挥。既不会因为炉容扩大受制于风机能力的不足，也不会因风机能力过大而让风机经常处在不经济运行区运行或放风操作，浪费大量能源。选择风机时给高炉留有一定的强化余地是合理的，一般为10%~20%。

(2) 鼓风机的运行工况区必须在鼓风机的有效使用区内。高炉在不同季节和不同冶炼强度操作时，或在料柱阻力发生变化的条件下，鼓风机的实际出风量和风压能在较大范围内变动。这个变动范围，一般称之为"运行工况区"（见图7-1）。

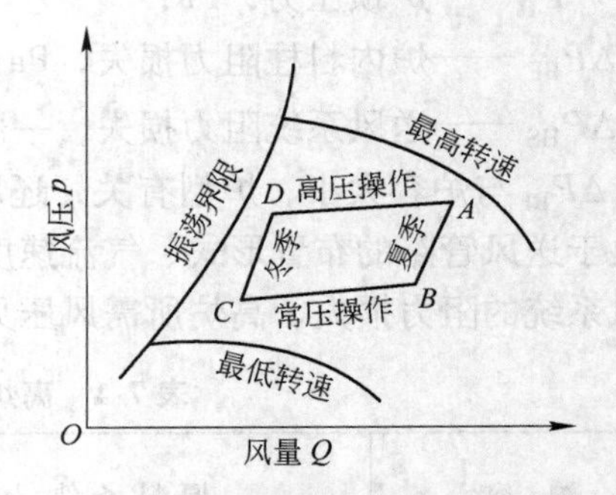

图7-1 高压高炉鼓风机的工况区示意图

7.1.2.2 风机运行工况区的确定

(1) 计算高炉的风量和风压。前面计算的高炉风量是按标准状态下计算的，但是大气的温度、压力和湿度因时因地而异，鼓风机的吸气条件并非标准状态，因此工况点的确定必须用气象修正系数来修正。考虑大气状况影响的鼓风机出口风量和风压换算公式为：

$$q_V = KQ$$

式中 q_V——鼓风机出口风量，m^3/min；

Q——鼓风机特性曲线上工况点的容积流量，m^3/min；

K——风量修正系数。

$$P = K'P'$$

式中 P——某地区鼓风机实际出口风压，MPa；

P'——鼓风机特性曲线上工况点的风压，MPa；

K'——风压修正系数。

我国各类地区风量修正系数K值及风压修正系数K'值见表7-3。风量修正系数K值可按$\frac{PV}{T}=\frac{P'V'}{T'}$的理想气体状态方程式计算，再扣除大气中湿分所占的体积。

表7-3 我国各类地区风量修正系数K值及风压修正系数K′值

季节	一类地区		二类地区		三类地区		四类地区		五类地区	
	K	K'	K	K'	K	K'	K	K'	K	K'
夏季	0.55	0.62	0.70	0.79	0.75	0.85	0.80	0.90	0.94	0.95
冬季	0.68	0.77	0.79	0.89	0.90	0.96	0.96	1.08	0.99	1.12
全年平均	0.63	0.71	0.73	0.83	0.83	0.91	0.88	1.00	0.92	1.04

注：地区分类按海拔标高划分。对于高原地区，一类是指海拔约3000m以上地区，如昌都、拉萨等；二类是指海拔1500~2000m的地区，如昆明、兰州、西宁等；三类是指海拔800~1000m的地区，如贵阳、包头、太原等。对于平高原地区，四类是指海拔高度在400m以下地区，如重庆、武汉、湘潭等；五类是指海拔高度在100m以下地区，如鞍山、上海、广州等。

（2）考虑管网特性曲线。确定鼓风机的运行工况区还要考虑管网特性曲线（见图7-2），风机在一定转速下的特性曲线 AB，随着外界阻力增大，工况点自然是由 A 到 B 移动，即风压上升风量减小，直到最高点 B，产生倒风现象，风机严重振动，此即飞动点。至于工况点是 AB 上的哪一点，这就看管网特性，即在气体流动的管网中的压量关系。一般随风量增加风压也相应增加，如图中 OC（常压操作时）、OD（高压操作时）。显然管网特性曲线是要通过 O 点的，具体确定的工况点则是管网特性曲线与风机特性曲线的交点 E 和 F。不同的工况点组成风机运行工况区。

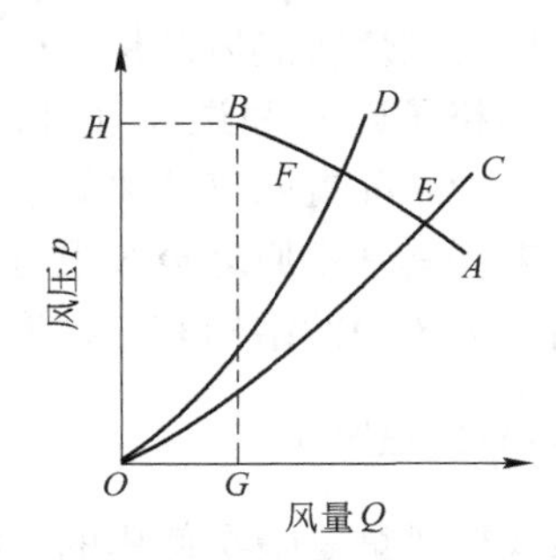

图7-2 风机特性和管网特性的关系

7.1.3 提高风机出力的措施

对于已建成的高炉，由于生产条件的改变，常感到风机能力不足，或新建的高炉缺少配套的风机，都要求采取措施提高现有风机的出力，以满足高炉生产的需要。

提高风机出力的措施主要有：改造现有鼓风机本身的性能，如改变驱动力，增大其功率，使风量、风压增加；提高转子的转速使风量、风压增加；还可以改变风机叶片尺寸，叶片加宽或改变其角度均可改变风量。改变吸风参数，改变吸风口的温度和压力，如吸风口处喷水降温，设置前置加压机，均可提高风机的出力。通常使用的办法是同性能风机的串联或并联。

（1）风机串联。所谓风机串联，即在风机吸风口前置一加压机，使主风机吸入的空气密度增加，由于离心式鼓风机的容积流量是不变的，因而通过主风机的空气量增大，不仅提高了压缩比，而且提高了风量，提高了风机出力。串联用的加压风机，其风量可比主风机稍大，而风压较低。两个风机的串联，风机的特性曲线低于二者的叠加，并受两风机串联距离、管网的影响。同时应在加压风机后设冷却装置，否则主风机温度过高。一般串联是为了提高风压。

（2）风机并联。所谓风机并联就是把两台鼓风机出口管道顺着风的流动方向合并成一根管道送往高炉。并联的效果，原则上是风压不变，风量叠加。为了保证并联效果，除两台风机应尽量采用同型号或性能相同外，每台鼓风机的出口，都应设逆止阀和调节阀。逆止阀是用来防止风的倒灌，调节阀是用来在并联时将两台风机调到相同的风压。同时，由于并联后风量增加，其送风管道的直径也要相应扩大。

串联、并联的送风方法只是在充分利用现有设备的情况下采用的，它们提高风机的出力程度是有限的，虽然能够提高高炉产量，但风机的动力消耗也增加，是不经济的。

7.2 热风炉

现代热风炉是一种蓄热式换热器。热风炉供给高炉的热量约占炼铁生产耗热的四分之一。目前的风温水平，一般为1000～1200℃，高的为1250～1350℃，最高的可达1450～1550℃。高风温是高炉最廉价的、利用率最高的能源，风温每提高100℃降低焦比4%～7%，产量提高2%。

借助煤气燃烧将热风炉格子砖烧热，然后再将冷风通入格子砖，冷风被加热。由于燃烧（即加热格子砖）和送风（即冷却格子砖）是交替工作的，为保证向高炉连续供风，每座高炉至少需配置两座热风炉，一般配置三座，大型高炉以四座为宜。自从使用蓄热式热风炉以来，其基本原理至今没有改变，而热风炉的结构、设备及操作方法却有了重大改进。当前，热风炉的结构有三种形式：内燃式热风炉、外燃式热风炉和顶燃式热风炉。

7.2.1 内燃式热风炉

内燃式热风炉是最早使用的一种形式，由考贝发明，故又称为考贝蓄热式热风炉。

考贝蓄热式热风炉包括燃烧室、蓄热室两大部分，并由炉基、炉底、炉衬、炉箅子、支柱等构成，见图7-3。

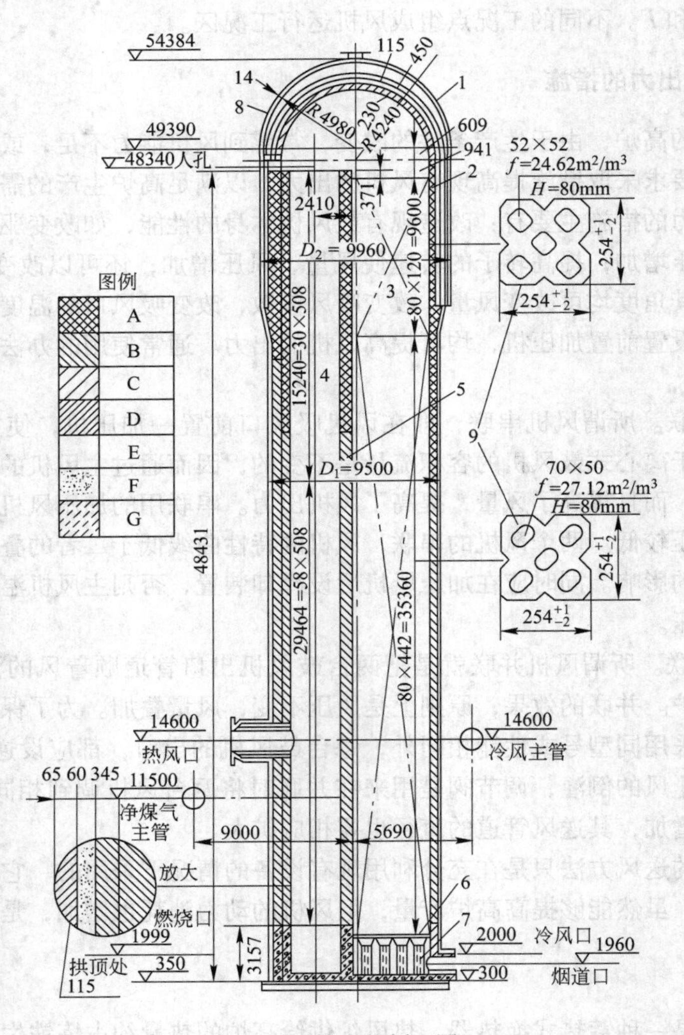

图7-3 热风炉剖面图

1—炉壳；2—大墙；3—蓄热室；4—燃烧室；5—隔墙；6—炉箅；7—支柱；8—炉顶；9—格子砖；

A—磷酸-焦宝石耐火砖；B—矾土-焦宝石耐火砖；C—高铝砖 Al_2O_3 65%～70%；

D—黏土砖（RN）-38；E—轻质黏土砖；F—水渣硅藻土；G—硅藻土砖

（1）炉基。热风炉主要由钢结构和大量的耐火砌体及附属设备组成，具有较大的荷重，对热风炉基础要求严格，地基的耐压力不小于 $2.96\times10^5\sim3.45\times10^5$ Pa，地基耐压力不足时，应打桩加固。为防止热风炉产生不均匀下沉，使管道变形或撕裂，将同一座高炉的热风炉组基础的钢筋混凝土结构做成一个整体，高出地面 200~400mm，以防水浸。基础的外侧为烟道，它采用地下式布置，两座相邻高炉的热风炉组可共用一个烟囱。

（2）炉壳。炉壳的作用：一是承受砖衬的热膨胀力；二是承受炉内气体的压力；三是确保密封。热风炉的炉壳由 8~14mm 厚度不等的钢板连同底封板焊成一个不漏气的整体。在其内部衬以耐火砖砌体，并用地脚螺丝将炉壳固定在基础上，以防止底封板由于砌体膨胀作用向上抬起。

（3）大墙。大墙即热风炉外围炉墙，一般为三环，内环砌以 230~345mm 厚的耐火砖砌体，要求砖缝小于 2mm；外环是 65mm 厚的硅藻土砖的绝热层；两环之间是 60~145mm 厚的干水渣填料层，以吸收膨胀，填装时，应分段捣实，沿高度方向每隔 2~2.5m 砌两层压缝砖，避免填料下沉。现代大型热风炉炉墙为独立结构，可以自由膨胀。在稳定状态下，炉墙仅成为保护炉壳和降低热损失的保护性砌体。

炉墙的温度是由下而上逐渐升高的。在不同的温度范围应选用不同材质和厚度不同的耐火砖或隔热砖，分段砌筑。

（4）拱顶。拱顶是连接燃烧室和蓄热室的空间，它长期处于高温状态下工作，除选用优质耐火材料外，还必须在高温气流作用下保持砌体结构的稳定性，燃烧时的高温烟气流均匀地进入蓄热室。此外，还要求砌体质量好，隔热性能好，施工方便。

目前国内外热风炉的拱顶形式多种多样。内燃式热风炉拱顶有半球形、锥形、抛物线形和悬链形。一般为半球形（见图 7-4），它可使炉壳免受侧向推力，拱顶荷重通过拱脚正压在大墙上，以保持结构的稳定性。拱顶由大墙支撑显然不利于提高它的稳定性和寿命，因此随着高温热风炉的发展，拱顶与大墙分开，支在环形梁上，使拱顶砌体成为独立的支承结构（见图 7-5）。

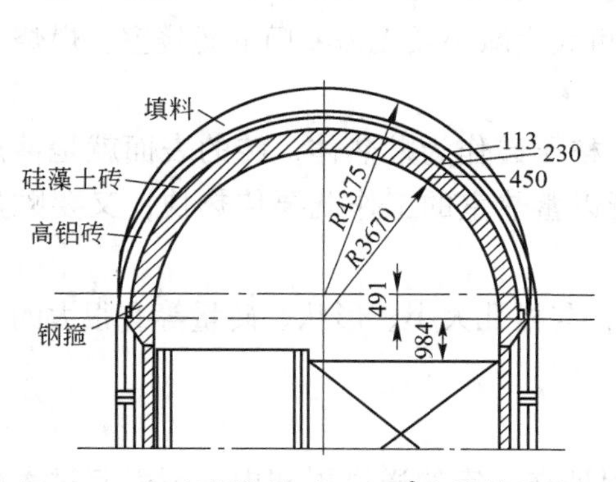

图 7-4 半球形拱顶（$1200m^3$ 高炉热风炉）

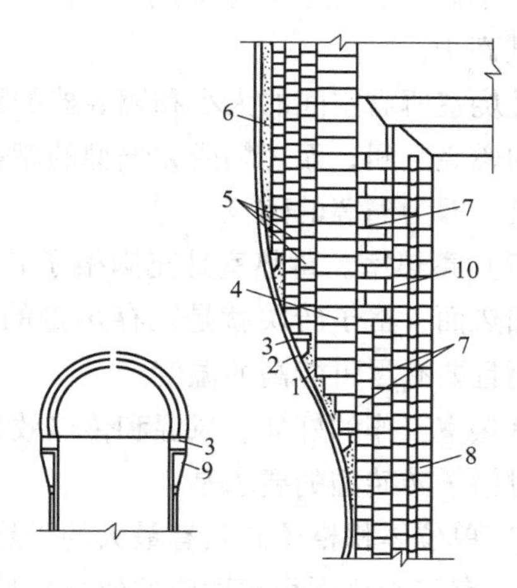

图 7-5 拱顶砌体独立支撑结构

1—SiC 填料；2—喷涂层；3—砖托；4—拱顶耐火砖；5—拱顶绝热层；6—陶瓷纤维；7—炉墙绝热砖；8—炉墙耐火砖；9—环形梁；10—填料

拱顶内衬的耐火砖材质，决定了炉顶温度水平（见表7-4）。为了减少结构的质量和提高拱顶的稳定性，应尽量缩小拱顶的直径，并适当减薄砌体的厚度。拱顶砌体厚度减薄后，其内外温差降低，热应力减小，可相应延长拱顶寿命。

表7-4 热风炉拱顶耐火砖材质与炉顶温度的关系

材质	黏土砖	高铝砖		硅砖
标号	RN-38	RL-48	LZ-65	DG-95
炉顶温度/℃	1250	1350	1450	1550

（5）隔墙。隔墙即燃烧室与蓄热室之间的砌体，一般为575mm或460mm，两层砌砖之间不咬缝，以免受热不均造成破坏，同时便于检修时更换。隔墙与拱顶之间不能完全砌死相互抵触，要留有200~250mm的膨胀缝。为了气流分布均匀，隔墙要比蓄热室的格子砖高400~700mm。

（6）燃烧室。煤气燃烧的空间即燃烧室。内燃式热风炉的燃烧室位于炉内一侧。其断面形状有圆形、眼睛形和复合形。三种燃烧室的形状见图7-6。圆形燃烧室结构稳定，煤气燃烧较好，但占地面积大，蓄热室死角面积大，相对减少了蓄热面积。目前，除了外燃式外，新建的内燃式热风炉均不采用圆形燃烧室结构。眼睛形占地面积小，烟气流在蓄热室分布均匀，但燃烧室当量直径大，烟气流阻力大，对燃烧不利，在隔墙与大墙的咬合处容易开裂，故一般多用于小高炉。复合形也叫苹果形，兼有上述二者的优点，但砌砖复杂，一般多用于大中型高炉。

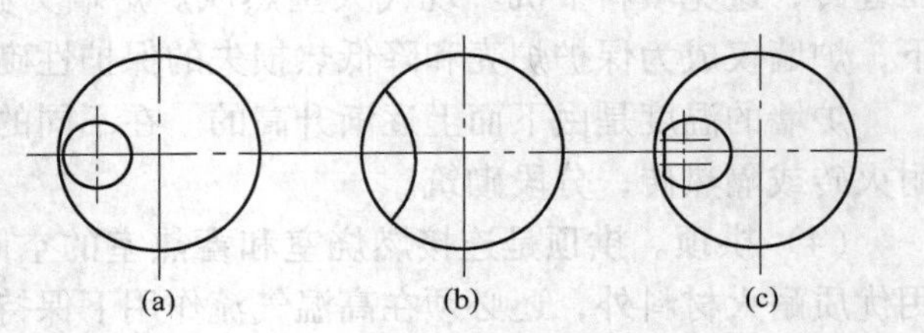

图7-6 燃烧室断面形状
（a）圆形；（b）眼睛形；（c）苹果形

燃烧室所需空间的大小和燃烧器的形式有关。套筒式燃烧器是边混合边燃烧，要求有较大的燃烧空间；而短焰或无焰型的燃烧器，则可大大减小或无需专门的燃烧室。燃烧室的砌筑，即为隔墙的砌筑。

（7）蓄热室。蓄热室是充满格子砖的空间。格子砖作为贮热体，砖的表面就是蓄热室的加热面，格子砖块就是贮存热量的介质，所以蓄热室的工作既要传热快，又要贮热多，而且要有尽可能高的温度。

蓄热室工作的好坏、风温和传热效率的高低，与格孔大小、形状、砖量等有很大的关系。对格子砖砖型的要求是：

1）单位体积格子砖具有最大的受热面积；

2）有和受热面积相适应的砖量来贮热，以保证在一定的送风周期内，不引起过大的风温降落；

3）尽可能地引起气流扰动，保持较高流速，以提高对流换热速度；

4）有足够的建筑稳定性；

5）便于加工制造、安装、维护，成本低。

格子砖可分为板状砖和块装砖。板状砖砌筑的格孔砌体稳定性差，已被淘汰。块装砖有六角形和矩形两种，它是在整块砖上穿有圆形、方形、三角形、菱形和六角形的孔，其中普遍采用的是五孔砖（见图 7-7）和七孔砖（见图 7-8）。这类砖建筑稳定性好、砌筑快、受热面积大。

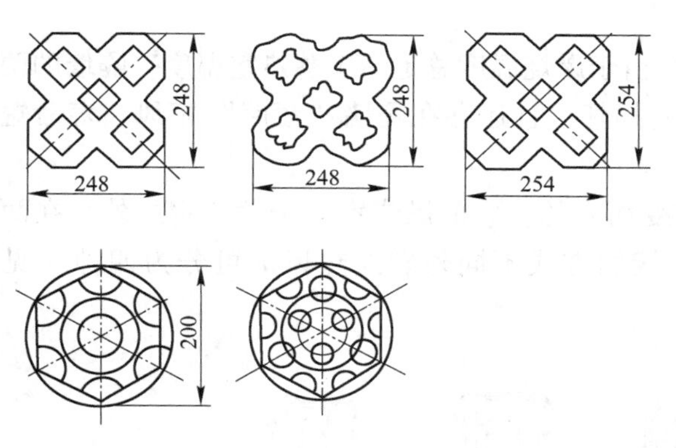

图 7-7 块状格子砖砖型

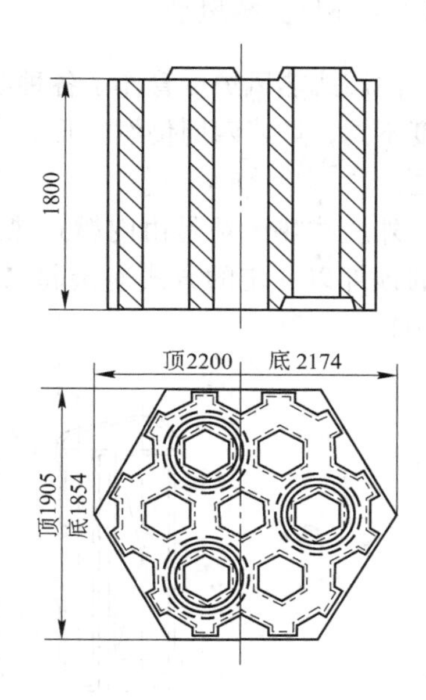

图 7-8 地得式七孔砖

（8）支柱及炉箅子。蓄热室全部格子砖都通过炉箅子支承在支柱上，当废气温度不超过 350℃，短期不超过 400℃时，用普通铸铁件能稳定地工作。当废气温度较高时，可用耐热铸铁（Ni 0.4%～0.8%，Cr 0.6%～1.0%）或高锰耐热铸铁。

为了避免堵塞格孔，支柱及炉箅子的结构应和格孔相适应，故支柱做成空心的（见图 7-9）。支柱高度要满足安装烟道和冷风管道的净空需要，同时保证气流畅通。炉箅子的块数与支柱数相同，而炉箅子的最大外形尺寸，要能从烟道口进出。

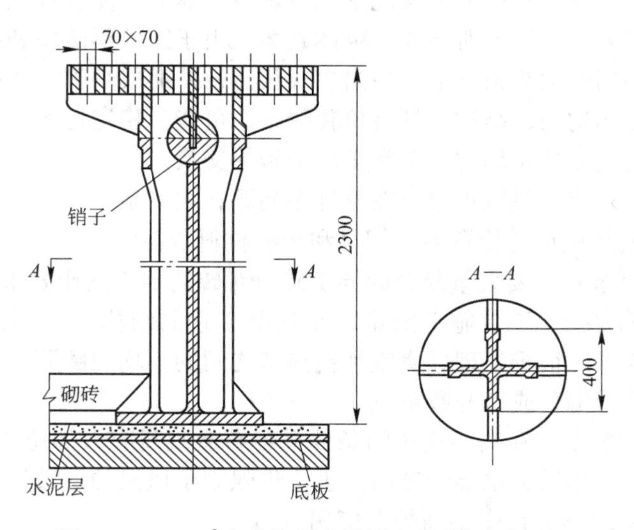

图 7-9 1513m^{3}高炉热风炉蓄热室的支柱和炉箅子

（9）人孔。人孔是为检查、清灰、修理而设的。对于大中型高炉热风炉，在拱顶部分蓄热室上方设有两个人孔，布置成120°，以供检查格子砖、格孔是否畅通，清理格孔表面的附着灰。为清灰工作，在蓄热室下方也设有两个人孔，布置时应避开炉箅子支柱及下部各口。为了便于清理燃烧室，在燃烧室的下部应设置一个人孔。

7.2.2 外燃式热风炉

内燃式热风炉尽管作了各种改进，但由于燃烧温度总是高于蓄热室温度，隔墙的两侧温度不同，炉墙四周仍然变形，拱顶仍有损坏，且还存在隔墙“短路”窜风、寿命短等问题。

外燃式热风炉是由内燃式热风炉演变而来的。它的燃烧室设于蓄热室之外，在两个室的顶部以一定的方式连接起来。就连接的方式不同外燃式热风炉可分为四种（见图7-10）。

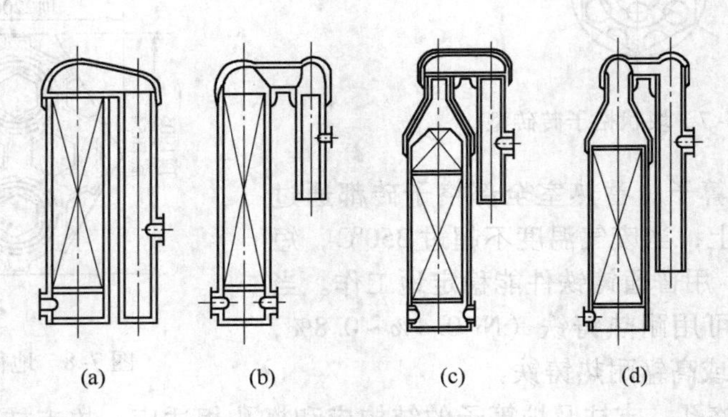

图7-10 外燃式热风炉形式

（a）地得式；（b）考伯斯式；（c）马琴式；（d）新日铁式

外燃式热风炉的优点是它取消了燃烧室和蓄热室的隔墙，使燃烧室和蓄热室都各自独立，从根本上解决了温差、压差所造成的砌体破坏。由于圆柱形砖墙和蓄热室的断面得到了充分的利用，在相同的加热条件下，与内燃式相比，外燃式炉壳与砖墙直径都较小，故结构稳定。此外它受热均匀，结构上都有单独膨胀的可能，稳定性大大提高。由于两室都做成圆形断面，炉内气流分布均匀，有利于燃烧和热交换。

生产实践表明，外燃式热风炉也存在着许多问题，主要是：

（1）它比内燃式热风炉的投资多，钢材和耐火材料消耗大。

（2）砌砖结构复杂，需要大量复杂的异型砖，对砖的加工制作要求很高。

（3）拱顶钢结构复杂，不仅施工困难，而且由于它的结构不对称，受力不均匀，不适应高温和高压的要求。很难处理燃烧室和蓄热室之间的不均匀膨胀，在高温高压的条件下容易产生炉顶连接管偏移或者开裂窜风。

（4）由于钢结构复杂，在高温高压的条件下容易造成高应力部位产生晶间应力腐蚀，钢壳开裂，从而限制了热风炉顶温的升高，进一步限制了风温的继续提高。

（5）外燃式热风炉不宜在中小高炉上使用。

各种外燃式热风炉的特性见表7-5。

表 7-5 外燃式热风炉特性比较

热风炉形式	拱顶结构	优 缺 点	首次使用时间、地点
地得（Didier）式	由两个不同半径接近1/4的球形和半个截头圆锥组成，整个拱顶呈半卵形整体结构，燃烧室上部或下部设有膨胀补偿器	（1）高度较低，占地面积较小； （2）拱顶结构较简单，砖型较少； （3）晶间应力腐蚀问题较易解决； （4）气流分布比其他外燃式热风炉差； （5）拱顶结构庞大，稳定性较差	1959年在联邦德国
考伯斯（Koppers）式	燃烧室和蓄热室均保持各自半径的半球形拱顶，两个球顶之间由配有膨胀补偿器的连接管连接	（1）高度较低，占地面积较小； （2）钢材及耐火材料消耗量较少，基建费用较省； （3）气流分布较地得式好； （4）砖型多； （5）连接管端部应力大、容易开裂	1950年考伯斯公司由化学工业引用于高炉
马琴（Martin & Pagenstecher）式	蓄热室顶部有锥形缩口，拱顶由两个半径相同的1/4球顶和一个平底半圆柱连接管组成	（1）气流分布好； （2）拱顶尺寸小，结构稳定性好； （3）砖型少； （4）使用材料较多，散热面较大； （5）燃烧室与蓄热室之间没有膨胀补偿器，燃烧室高度选择不当时拱顶应力大，易产生裂缝	1965年在沃古斯特-蒂森公司使用
新日铁式	蓄热室顶部具有锥形缩口，拱顶由两个半径相同的1/2球顶和一个圆柱形连接管组成，连接管上没有膨胀补偿器	（1）气流分布好； （2）拱顶对称，尺寸小，结构稳定性好； （3）使用材料较多，散热面积较大； （4）砖型较多，投资较高； （5）占地面积最大	20世纪60年代末在新日铁八幡制铁所洞岗高炉使用

7.2.3 顶燃式热风炉

顶燃式热风炉的燃烧器安装在热风炉炉顶，在拱顶空间燃烧，不需专门的燃烧室，它又称无燃烧室式热风炉（见图7-11）。

顶燃式热风炉将煤气直接引入拱顶空间燃烧。为了在短时间里，保证煤气与空气很好地混合完全燃烧，需采用燃烧能力大的短焰或无焰烧嘴。烧嘴的数量和分布形式应满足燃烧后的烟气在蓄热室内均匀分布的要求，通常采用炉顶侧面双烧嘴或四烧嘴的结构形式。烧嘴向上倾斜25°，由切线方向相对引入燃烧，火焰呈涡流状流动。常用的为半喷射式短焰烧嘴。

由于顶燃式热风炉的热风出口高，导致热风总管的安装平面要求高，从而对支柱结构强度要求较高，故采用热风炉呈矩形组合的平面布置（见图7-12）。

顶燃式热风炉吸收了内燃式、外燃式热风炉的优点并克服了它们的一些缺点。

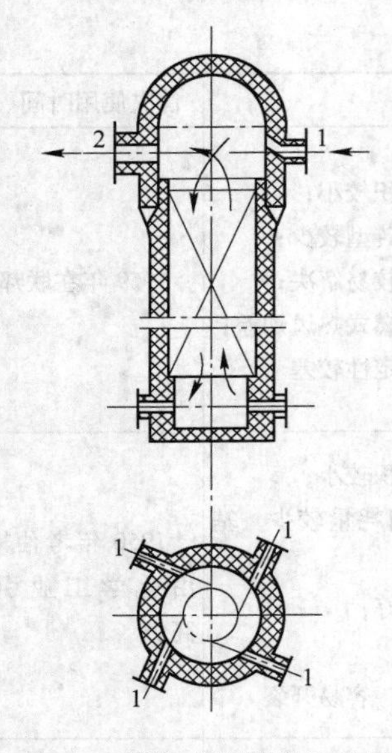

图7-11 顶燃式热风炉结构形式

1—燃烧口；2—热风出口

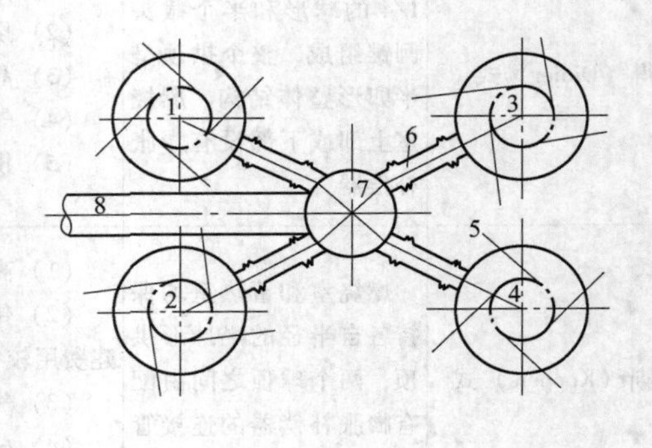

图7-12 顶燃式热风炉布置图

1~4—四座顶燃式热风炉；5—各炉燃烧器的安装中心线；6—设在炉顶平台上的热风支管；7—与热风炉等高的热风竖管；8—接向高炉的热风总管

与内燃式热风炉相比较顶燃式热风炉：

(1) 取消了燃烧室，根除了燃烧室隔墙开裂窜风和隔墙上部倒塌的问题；

(2) 扩大了蓄热室容积，可增加蓄热面积25%~30%，有利于提高风温；

(3) 气流分布均匀，可以满足大型化的要求；

(4) 保留了内燃式热风炉钢壳均匀对称的优点。

与外燃式热风炉相比较顶燃式热风炉：

(1) 投资小，可节省大量的钢材和耐火材料；

(2) 砌砖结构简单，节省大量的异型砖，对于砖的制造和施工都有利；

(3) 拱顶结构简单，而且均匀对称，稳定性好，能够充分适应高温和高压的要求；

(4) 钢结构简单，可以免除应力集中，因而可以避免或减少晶间应力腐蚀的可能性。

顶燃式热风炉的结构能适应现代高炉向高温、高压和大型化发展的要求，因此，它代表了新一代高风温热风炉的发展方向。

7.2.4 球式热风炉

球式热风炉以自然堆积的耐火球代替格子砖。其加热面积大，热交换好，风温高，体积小，节省材料，节省投资，施工方便，建设周期短。它属于顶燃式热风炉。

球式热风炉要求耐火球质量好，煤气净化程度高，煤气压力大，助燃风机的风量风压大。否则煤气含尘量多时，会造成耐火球孔隙堵塞，表面渣化黏结甚至变形破损，使阻力损失增大，热交换变差，风温降低。煤气压力和助燃空气压力大，才能保证发挥球式热风炉的优越性。

球式热风炉球床使用周期短，需定期换球卸球（卸球后90%以上的耐火球可以继续使用），但卸球劳动条件差，休风时间长，加之阻力损失大，功率消耗大，当量厚度小，这是限制推广使用的主要原因，在大中型高炉上不宜使用。

7.2.5 热风炉用耐火材料的选用原则

热风炉砌体工作条件十分恶劣。引起其破损的主要原因有：高温作用所产生的压应力和拉应力；温度反复波动引起的温度应力；燃烧产物对拱顶和炉墙的直接冲刷；烟气中尘粒与砖产生化学反应形成低熔点化合物；在使用温度下，长期载荷作用引起的变形收缩（蠕变性）；下部砌体承受很大的自身压缩载荷；煤气在蓄热室燃烧使格子砖过热等。

因此，热风炉所用耐火材料，应依其工作温度、操作条件、热风炉形式及使用部位不同而选择。一般的选用原则是：

（1）砌体砖的最高表面温度作为选择耐火材料耐火度的标准。

（2）耐火砖的抗蠕变性能是最重要的质量指标。耐火材料的蠕变温度应较实际使用温度高100~150℃，若考虑砌体厚度上的温降，则工作温度可较蠕变温度低50~100℃。该温度以燃烧末期的温度和实际使用的荷载为基准，耐火材料在50h产生的蠕变值应小于1%。

（3）耐火砌体的膨胀缝主要取决于温度和耐火材料的线膨胀特性。在温度波动幅度较大的部位应选择线膨胀系数小、热稳定性好的耐火砖。

（4）热风炉下部耐火砖承受很大的压力，故此处应选择抗压强度大的耐火材料。

（5）绝热砖应选择导热系数低、气孔率大、密度小的耐火材料，且其使用温度以重烧线收缩率小于2%的温度再加50℃为基准。

7.2.6 热风炉管道、阀门和燃烧器

热风炉是高温、高压装置，其燃料易燃、易爆且有毒。因此，热风炉的管道与阀门必须工作可靠，能够承受高温及高压，具有良好的密封性；设备结构简单，便于维修，方便操作；阀门的启闭传动装置均应设有手动操作机构，启闭速度应能满足工艺操作要求。热风炉的装备水平见表7-6。热风炉管道、阀门等设备的配置情况如图7-13所示。

表7-6 热风炉的装备水平

高炉容积/m^3	100	300	620	1200	2500	4000
热风炉座数/座	3	3	3	4	4	4
热风炉结构形式	内燃式	内燃式	内燃式	外燃式	外燃式	外燃式
燃烧器形式	金属燃烧器	金属燃烧器	陶瓷燃烧器	陶瓷燃烧器	陶瓷燃烧器	陶瓷燃烧器
助燃风机供风形式	一机一炉	一机一炉	一机一炉	一机一炉	一机二炉	一机二炉
送风制度	单炉送风	单炉送风	单炉送风或交错并联送风	双炉交错并联送风	双炉交错并联送风	双炉交错并联送风
阀门传动方式	手动	电动	电动或液压传动	电动、气动或液压传动	电动、气动或液压传动	电动、气动或液压传动

续表 7-6

高炉容积/m³	100	300	620	1200	2500	4000
控制方式	（1）燃烧手动控制；（2）送风自动调节	（1）燃烧手动控制；（2）送风自动调节	（1）自动点火；（2）燃烧手动控制；（3）送风自动调节；（4）逻辑电路控制半自动化换炉	（1）自动点火；（2）燃烧手动控制；（3）送风自动调节；（4）逻辑电路控制半自动化换炉	（1）自动点火；（2）燃烧手动控制；（3）送风自动调节；（4）逻辑电路控制半自动化换炉	（1）自动点火；（2）燃烧手动控制；（3）送风自动调节；（4）逻辑电路控制半自动化换炉

7.2.6.1 管道

热风炉系统设有冷风管、热风管、混风管、燃烧用净煤气管、助燃风管和倒流休风管等。

冷风管应保证密封，常用4~12mm钢板焊成。为了消除由于冷风温度在夏季和冬季的不同而产生的热应力，在冷风管道上设置伸缩圈。冷风管的支柱要远离伸缩圈，而支柱上的管托与风管间制成活接，以免妨碍冷风管自由伸缩。

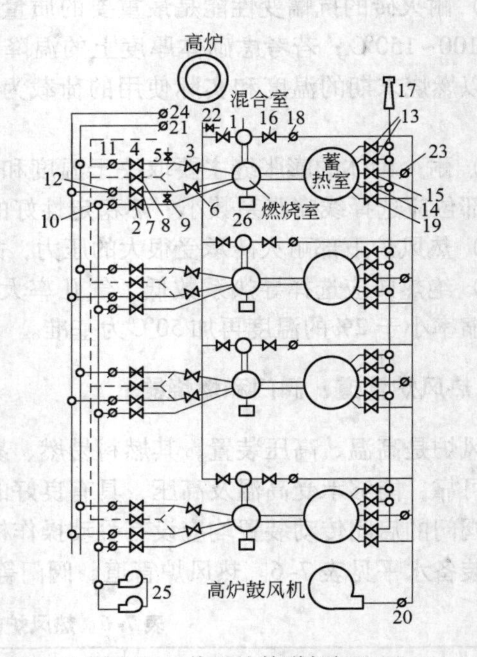

图7-13 热风炉管道阀门配置

1—热风阀；2—空气切断阀；3—高炉煤气燃烧阀；4—高炉煤气阀；5—高炉煤气放散阀；6—焦炉煤气燃烧阀；7—焦炉煤气阀；8—吹扫阀；9—焦炉煤气放散阀；10—空气流量调节阀；11—高炉煤气流量调节阀；12—焦炉煤气流量调节阀；13—烟道阀；14—废风阀；15—冷风阀；16—混风阀；17—烟囱；18—混风流量调节阀；19—充风阀；20—放风阀；21—高炉煤气压力调节阀；22—热风放散阀；23—冷风流量调节阀；24—焦炉煤气压力调节阀；25—助燃风机；26—点火装置

热风管道由3~10mm厚的普通钢板焊成，要求管道的密封性好，热损失小。热风管道一般用标准砖砌筑，内砌黏土砖或高铝砖，外层砌隔热砖（轻质黏土砖或硅藻土砖），最外层垫石棉板以加强绝热，大中型高炉还在管道内壁喷涂不定形耐火材料。耐火砖应错缝砌筑，砖缝不大于1.5mm。一般每隔3~4m留20~30mm的膨胀缝，缝内填塞石棉绳，内外两圈砌筑的膨胀缝位置要相互错开并不得留设在叉口与人孔的砌体上。热风管及其支柱之间采用活动连接，管子托在辊子上允许自由伸缩。

混风管是为了稳定热风温度而设，它根据热风炉的出口温度而掺入一定数量的冷风，安装位置见图7-14。若采用双炉并联（一炉为主送，一炉为副送）送风，高低风温互相配合调节，可取消混冷风操作。

倒流休风管实际上是安装在热风总管上的烟囱，其外壳用10mm厚的钢板焊成，因为倒流气体温度很高，所以下部要砌一段耐火砖，并安装有水冷阀门（与热风阀同），平时关闭，倒流休风时打开。

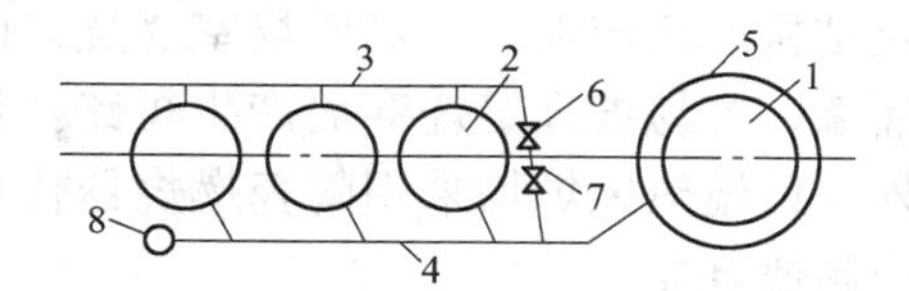

图7-14 混风阀安装位置

1—高炉；2—热风炉；3—冷风管；4—热风管；5—热风围管；6—混风调节阀；7—混风大闸；8—倒流休风管

净煤气管道应有千分之五的排水坡度，并在进入支管前设置排水装置。我国高炉热风炉各管道内径见表7-7。

表7-7 我国高炉热风炉管道内径 mm

高炉容积/m^3	100	255	620	1000	1500	2000
净煤气总管	500	800	1300	1400	1600	1500
净煤气支管	400	700	900	1100	1100	1100
冷风总管	520	700	1000	1400	1400	1500
冷风支管	400	700	900	1200	1200	1200
热风总管	500	700	900	1500	1522	2000
热风围管	500	700	850	1200	1222	2000
冷风混风管	400	400	900	1200	1200	800
混风阀后						1600

7.2.6.2 燃烧器

燃烧器是用来将煤气与空气混合并送进燃烧室进行燃烧的设备。它应具有足够的燃烧能力和足够的调节范围。燃烧器种类很多，通常采用的燃烧器为套筒式金属燃烧器和陶瓷燃烧器。

套筒式金属燃烧器的构造见图7-15。它由带煤气连接管的外壳（外套筒）、助燃风机（内管）、进风调节门和操作风门的执行机构组成。燃烧时，煤气自上而下通过煤气调节阀、煤气隔断阀，进入燃烧器外套筒。助燃空气由风机供给，通过可旋转的风门调节，进入内管。为了加强煤气与空气的混合，一般在套筒的前端增加锥形帽（见图7-16）。

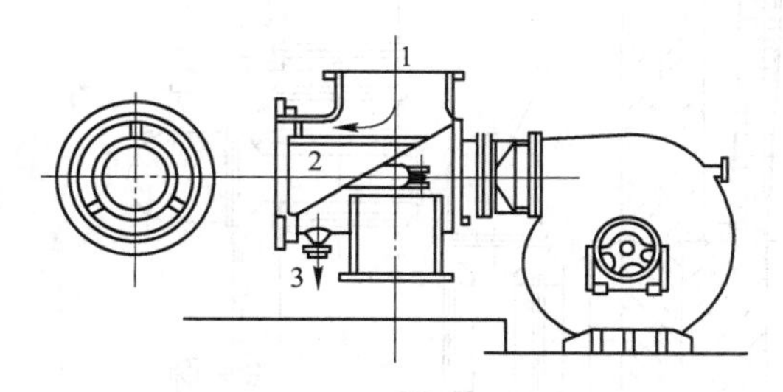

图7-15 套筒式燃烧器

1—煤气；2—空气；3—冷凝水

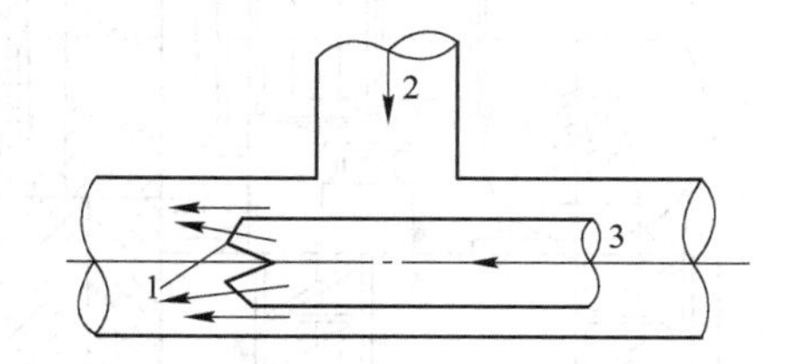

图7-16 套筒式燃烧器用的锥形帽示意图

1—锥形帽；2—煤气；3—助燃空气

套筒式金属燃烧器的主要优点是：结构简单，压头损失小，对煤气含尘量要求不严格，煤气与助燃空气混合比例调节范围大，且不易产生回火现象。其主要缺点是：煤气与助燃空气混合不均匀，需要较大体积的燃烧室；燃烧不稳定，火焰跳动，使炉体结构振动危及结构的稳定性；正对燃烧室燃烧口的热风炉隔墙，容易被火焰烧穿而产生短路。目前国内外高风温热风炉均采用陶瓷燃烧器代替套筒式金属燃烧器。

陶瓷燃烧器是由耐火砖和耐热混凝土等材料砌成的，要求其上部耐火度高，下部体积稳定性好，当隔墙断裂时可避免漏气回火和爆炸。一般陶瓷燃烧器上部用高铝砖、莫来石砖，下部用硅线石砖、黏土砖，也有整体用磷酸盐耐热混凝土预制块的。内燃式热风炉和外燃式热风炉用的陶瓷燃烧器结构分别见图7-17和图7-18。

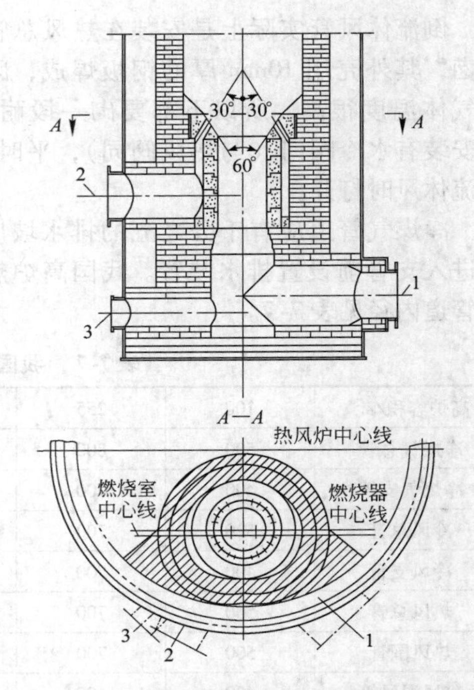

图7-17 内燃式热风炉用的陶瓷燃烧器

1—煤气入口；2—空气入口；3—人孔

陶瓷式燃烧器的特点有：

(1) 煤气和助燃空气混合较好，燃烧完全，克服了燃烧振动现象。

(2) 由于燃烧器设在燃烧室的下部，气流直接向上，因此避免隔墙的烧损和冲刷。

(3) 煤气和助燃空气流量调节范围大，混合均匀，故能在较低的空气过剩系数下达到完全燃烧，与金属燃烧器相比，当采用发热值相同的煤气燃烧时，可提高燃烧温度40~80℃。

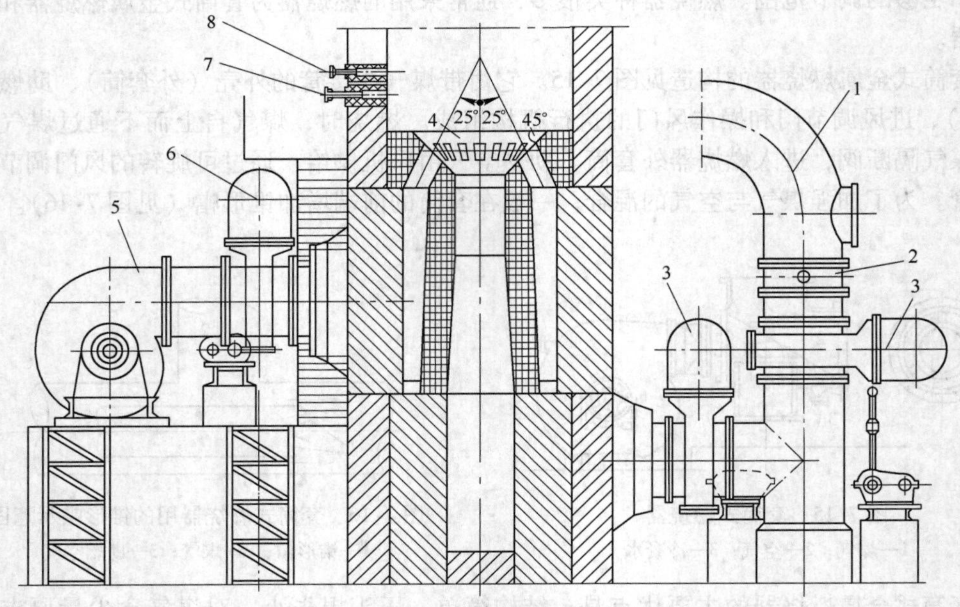

图7-18 外燃式热风炉用的陶瓷燃烧器

1—煤气管；2—煤气流量调节阀；3—煤气切断阀；4—陶瓷燃烧器；5—助燃风机；6—空气切断阀；7—点火孔；8—窥视孔

（4）虽然燃烧器在较低的空气过剩系数下达到完全燃烧，但因为陶瓷燃烧器可以获得更高的风温，强化了燃烧，所以一般需要配置较大能量的助燃风机。

7.2.6.3 阀门

根据热风炉周期性工作的特点，可将热风炉用的阀门分为控制燃烧系统阀门和控制鼓风系统阀门。控制燃烧系统阀门主要有燃烧器、煤气调节阀、煤气切断阀、烟道阀等；控制鼓风系统阀门主要有放风阀、混风阀、冷风阀、热风阀、废风阀等。热风炉用的阀门按构造形式分为三类：

（1）蝶式阀。它是中间有轴可以自由旋转的翻板，利用转角的大小来调节流量。其具有调节灵活、密封性差的特点。因翻板在气流中，气流会产生旋涡，故阻力最大。

（2）盘式阀。阀盘开闭的运动方向与气流方向平行，构造比较简单，多用于切断含尘气体，密封性差，气流经过阀门时转90°，故阻力较大。

（3）闸式阀。闸板开闭的运动方向与气流方向垂直，构造比较复杂，但密封性好。由于气流经过闸式阀门时气流方向不变，故阻力最小。

热风炉阀门的传动有手动、液压传动、电动、气动等多种。为了提高热风炉设备的利用率，缩短换炉时间，保证安全生产，减轻劳动强度，大中型高炉热风炉阀门普遍采用自动联锁操作。

（1）煤气调节阀（见图7-19）。它属于蝶式阀，安装在与燃烧器连接的煤气支管上。它是用一个椭圆形或圆形的阀板绕其本身轴线转动，来改变煤气通道的断面积而达到调节流量的目的。关闭时不必另设密封圈，转轴伸出阀外的部分，有转角指示针，还有驱动拉杆相连。一般用电气控制进行自动调节。

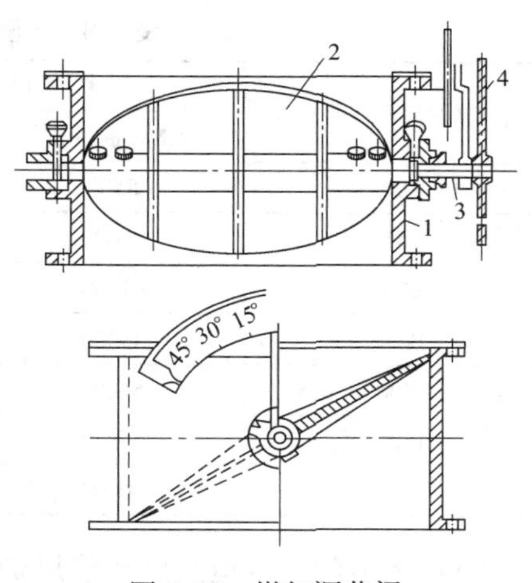

图7-19 煤气调节阀
1—外壳；2—阀板；3—轴；4—杠杆

（2）煤气隔断阀（见图7-20）。它又称为曲柄

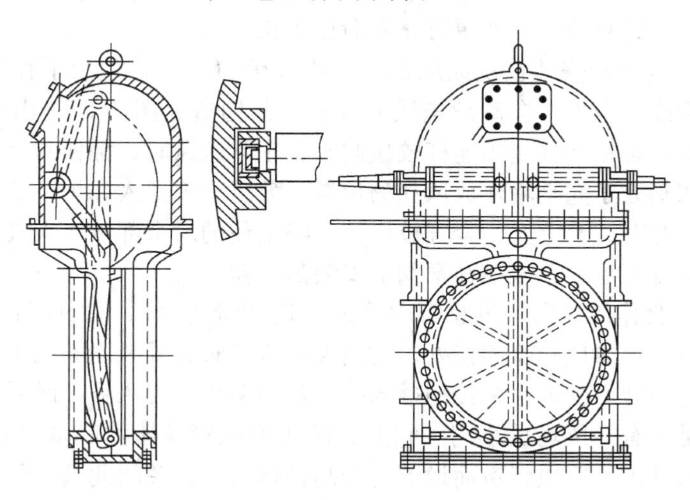
图7-20 煤气隔断阀

阀（俗称大头阀）。当轴转动时，曲柄将阀盘和阀盘座分离，与曲柄铰接的杠杆中间铰接在阀盘背面的中心销孔内，下端有一水平向滚轴，两端伸在阀壳两侧的导槽内。阀门打开的过程，并不沿阀座滑动，而是沿曲柄旋转弧线上升，先离开后升起，关闭时先落下后靠紧，并借助轴伸出阀盖外的部分上面固定的重锤压紧，故磨损小，密封性好。

(3) 燃烧器大闸（又称燃烧阀）。它也是曲柄阀，其构造与煤气隔断阀一样，只是增加了通水冷却管，但仍有时会因受热变形不易打开，或不能保证密封而跑风。因此有时采用与热风阀结构完全相同的水冷闸式阀。

(4) 助燃风机。一般均采用离心式通风机，其能力是根据燃料燃烧所需的助燃空气量及燃烧生成的烟气在整个流路系统中所需克服的压头损失来确定的，此外还应考虑到工作制度的改变、周期中的燃烧不均匀性以及采取强化燃烧等措施的可能性。我国一些高炉热风炉配用的助燃风机特性见表7-8。

表7-8 我国一些热风炉的助燃风机特性表

高炉容积/m^3	风机		电动机	
	风量/$m^3\cdot h^{-1}$	全风压/Pa	功率/kW	转速/$r\cdot min^{-1}$
100	8500	0.022×10^5	7.5	—
255	25000	0.028×10^5	40	—
620	41200	0.032×10^5	55	1450
1000	48000	0.029×10^5	75	980
1200	64200	0.046×10^5	125	1500
1500	55840	0.047×10^5	130	980
2025	60100	0.088×10^5	115	1500

(5) 烟道阀。烟道阀设在热风炉与烟道之间，热风炉送风时烟道阀关闭，使热风炉与烟道隔开。烟道阀一般为盘式阀，其构造见图7-21。阀盘放在水冷阀座上，打开时阀盘转起，停在阀盖里面。这种阀构造简单，密封性尚可。但当废气温度高于400℃以上时，容易变形漏风。另外转轴安装在阀壳上，开闭阀盘时，常将固定的地脚螺栓拔松而漏气，所以也有采用闸式阀的，工作更可靠寿命也较长。

(6) 放风阀。放风阀安装在从鼓风机来的冷风管道上。它是为了在不停止鼓风机运转的情况下，减少或完全停止向高炉送风而设的。其构造见图7-22，由一个蝶形阀和一个柱塞阀组成。蝶形翻板和柱塞用连杆铰接起来，正常送风时，翻板水平放置，没有挡风的作用，这时柱塞阀处于完全堵住放风孔的位置，鼓风全部送入高炉。放风时，翻板转起将冷风管道遮断，此时柱塞上升，全开放风孔，将堵住的风全部放入大气。为了减小放风时的噪声，可将风排至烟道，或在柱塞阀上安装消声器。

(7) 混风阀。其作用是向热风总管内掺入一定数量的冷风，以保持热风温度稳定不变。其位置在混风管与热风总管相接处，它由混风调节阀和混风隔断阀组成。混风调节阀系蝶式阀，利用它的开启度大小来控制掺入冷风量的多少。混风隔断阀系闸式阀，构造与冷风阀相似，只是没有冷风均压小门。它是为防止冷风管道压力降低（如高炉休风）时热风或高炉炉缸煤气进入冷风管道而设的，当高炉休风时，关闭此阀，可以切断高炉和冷风管道的联系，故此阀又叫混风保护阀。高风温、高风压的大中型高炉热风炉常用带有水

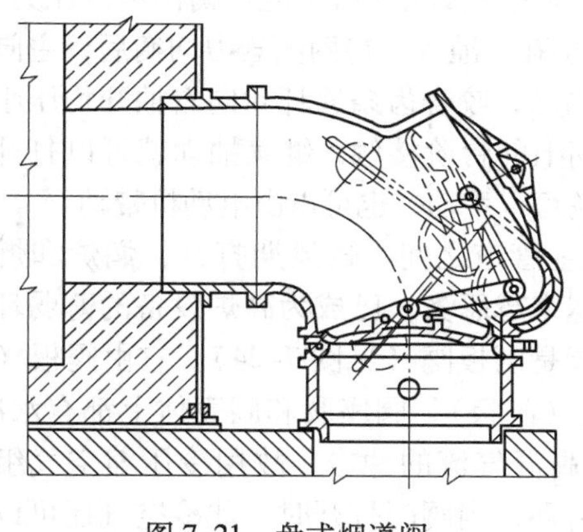

图 7-21　盘式烟道阀

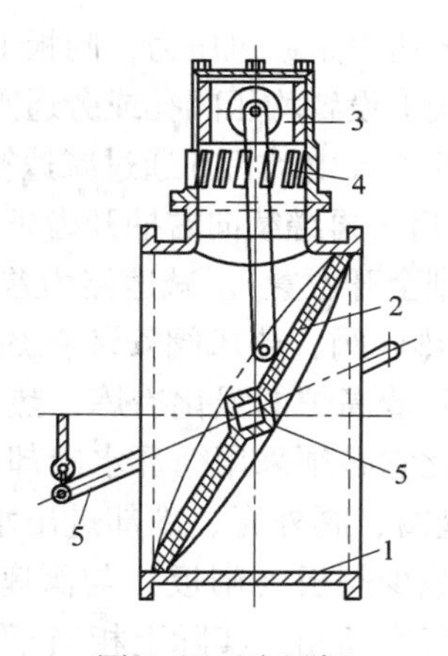

图 7-22　防风阀

1—外壳；2—蝶式阀（处于关闭位置）；
3—活塞；4—放风孔；5—开闭用的杠杆

冷闸板与水冷阀体的混风保护阀。

（8）冷风阀。它安装在冷风进入热风炉前冷风支管上，为闸式阀，构造见图 7-23。它是用来在燃烧期将冷风管道与热风炉隔开、送风期打开的开闭器。在大闸板上带有均压用小阀，这是由于烧好的热风炉，关闭烟道阀前后，炉内处于与烟道相同的负压水平，冷

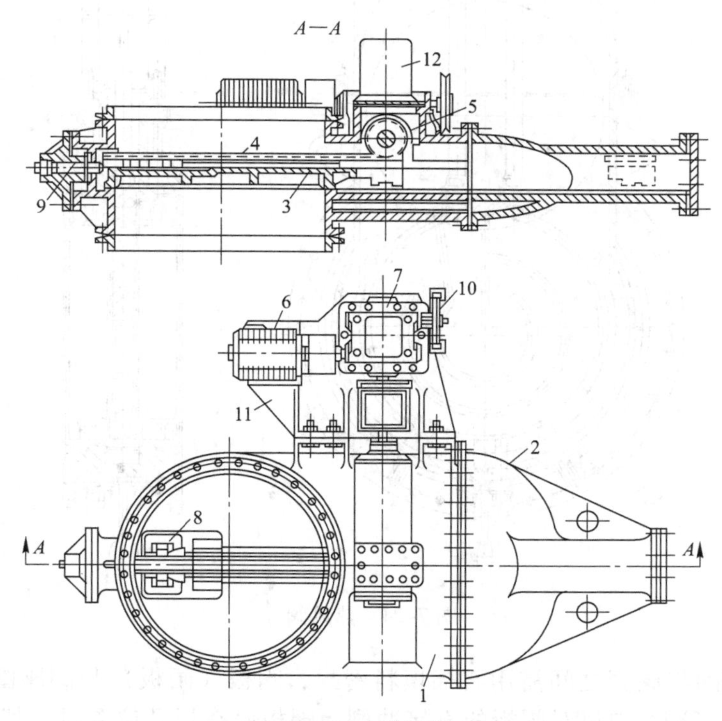

图 7-23　冷风阀

1—阀壳；2—阀盖；3—闸板；4—齿条连杆；5—小齿轮；6—电动机；7—减速器；
8—均压小阀；9—弹簧缓冲器；10—链轮；11—底座；12—主令控制器

风支管内的压力是鼓风压力，闸板上下压差很大。为使闸板在开启时能均衡两侧的压力差，故在主体阀上设置均压阀孔或旁通阀。使冷风先从小孔中灌入，待两侧压力均衡后，主阀就很容易打开了（电动机6通过减速箱7，带动小齿轮5，咬合齿条连杆4向右抽开均压小阀8，待均压后，再继续向右抽开齿条，则小阀与主阀上的台阶接触，继续抽动就可以打开主阀闸板直到全开位置）。减速器为差动齿轮箱，链轮可以手动，也可以由电动机带动。

（9）热风阀。热风阀安装在热风出口和热风主管道之间。送风期打开，焖炉和燃烧期关闭。随着高炉的强化冶炼，热风阀工作条件越来越恶劣，已成为高炉设备的薄弱环节之一。因此它必须采用循环水冷却。常用的热风阀是闸板阀（见图7-24）。它由阀板（闸板）、阀座圈、阀外壳、冷却进出水管组成。阀板（闸板）、阀座圈和阀壳体上都有水冷。另外为了减少阀板（闸板）与阀座圈接触表面受高温气流的冲击，故用冷压缩空气组成辅助的空气冷却圈，实际上相当于一圈冷空气密封环，当阀门打开时，此冷空气还可以吹热风阀阀板的下部。

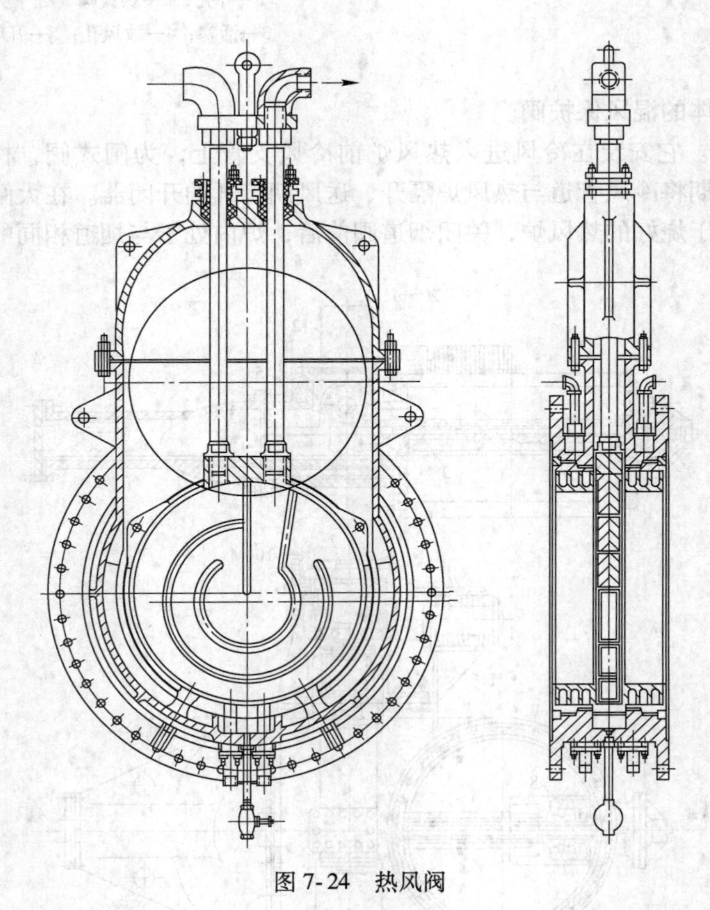

图7-24　热风阀

安装时阀座圈与阀壳之间需用石棉填料密封，阀板（闸板）与阀座圈间要留有3~5mm的间隙。为了减少热风对阀板的直接冲刷，阀板停在提升位置时，其下端要比管道孔高出100~150mm。

阀板一般用钢板焊成，焊接后退火，再加工，最后在表面喷涂一层薄铝。阀板最容易损坏的部位是阀板的下缘，因为此处受高风温作用的时间长，冷却水容易在该处产生水垢，水中的杂质容易在此沉积。为此阀体内可采用螺旋形隔板，以及加大冷却水的速度来减少沉积或在回水管中定期插入压缩空气细管来清除。另一个影响热风阀寿命的因素是阀板内隔板的布置形式，它决定了冷却水的流通状况。合理的布置形式应能保证冷却水各处水量分布均匀，水速大，温度最低的水先通过阀板的底边和外缘，流股通道没有死角，没有剧烈的转折，防止产生旋涡气泡等。常用的热风阀阀体隔板形式有直立式、曲线式、迷宫式、螺旋式等（见图7-25）。

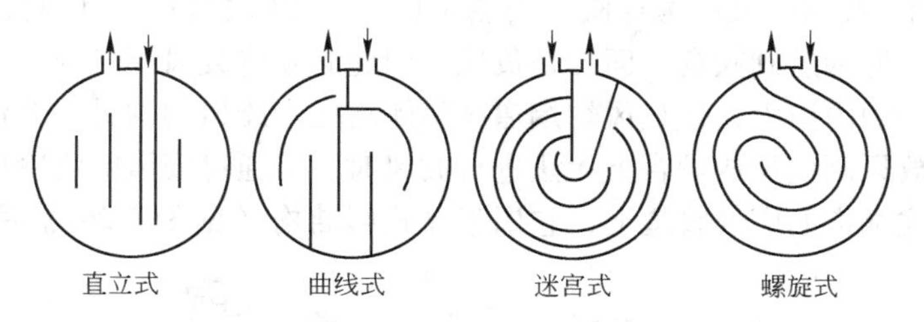

图7-25 热风阀阀体隔板形式

两个阀座圈置于闸板的两侧，材质与阀板相同。每个阀座圈从下部引入冷却水，流过一圈后仍从下部引出。为了避免在阀座圈内形成气泡，冷却水应具有足够的压力，最好将阀座圈改成双进双出的形式。

尽管如此，热风阀仍然常被烧坏，热风阀结构的改进方向是：加强阀板和阀座的冷却，改善冷却水的质量（采用软水），提高水的流速；改善材质，阀板和阀座圈采用薄壁结构；阀体的法兰加厚，密封垫采用紫铜片等。新设计的热风阀，为了防止阀体与阀板的金属表面直接与高温气流接触，都在阀的非接触工作表面喷涂不定形耐火材料，这样减少金属材料直接在高温下的工作表面，同时也降低高温气流的热损失，从而提高热风阀的使用寿命，降低冷却水的消耗量。另外，提高阀板的开启行程，也是改善阀板在开启时的工作条件的有效措施之一。

热风阀点检标准见表7-9。

表7-9 热风炉热风阀、倒流休风阀点检标准

<table>
<tr><th>设备名称</th><th>点检部位</th><th>点检项目</th><th>点检方法</th><th>点检基准</th><th>点检周期</th><th>执行人</th></tr>
<tr><td rowspan="6">传动装置</td><td rowspan="3">电动头</td><td>各部螺栓紧固</td><td>敲</td><td>紧固，齐全</td><td rowspan="3">1d</td><td rowspan="3">专检员</td></tr>
<tr><td>电动机电流</td><td>看、听</td><td>电流正常</td></tr>
<tr><td>润滑油</td><td>看</td><td>无异响，油位可靠</td></tr>
<tr><td rowspan="3">链传动</td><td>各传动链轮</td><td rowspan="3">看</td><td>不破损，转动自如</td><td rowspan="3">1d</td><td rowspan="3">专检员</td></tr>
<tr><td>链条</td><td>不破损，不断裂</td></tr>
<tr><td>销轴</td><td>不窜动，不破损</td></tr>
<tr><td rowspan="5">阀体装置</td><td rowspan="5">阀本体</td><td>各连接螺栓</td><td>敲</td><td>紧固齐全</td><td rowspan="5">1d</td><td rowspan="5">专检员</td></tr>
<tr><td>拉杆浮动密封</td><td>试</td><td>不泄漏，有润滑油</td></tr>
<tr><td>法兰间隙</td><td>看</td><td>均匀，不漏风</td></tr>
<tr><td>水冷系统</td><td>问</td><td>无异常，水温正常</td></tr>
<tr><td>阀外壳</td><td>看</td><td>无漏水，无裂缝</td></tr>
</table>

续表 7-9

设备名称	点检部位	点检项目	点检方法	点 检 基 准	点检周期	执行人
阀体装置	传动架及重砣	各连接螺栓	敲	紧固齐全	2d	专检员
		各连接焊缝	观	无裂纹		
		传动滑轮	看	无破损，有润滑转动自如		
		钢绳		不起刺，不断股		
		重砣		完整，阀开不着地		

（10）废风阀。废风阀又叫旁通阀。当热风炉由送风转焖炉为燃烧时，由于热风炉内部充满高压空气，但烟道阀阀盘下面却是负压，因此必须将废风阀打开，将高压废风引入烟道，降低热风炉炉内压力，使热风炉烟道阀两侧均压。废风阀的另一个作用是当高炉需要紧急放风，而放风阀失灵或炉台上无法进行放风时，可通过废风阀将冷风放掉。废风阀安装在热风炉通往烟道的废气管道上，它属于盘式阀结构（见图7-26）。尽管废风温度高，

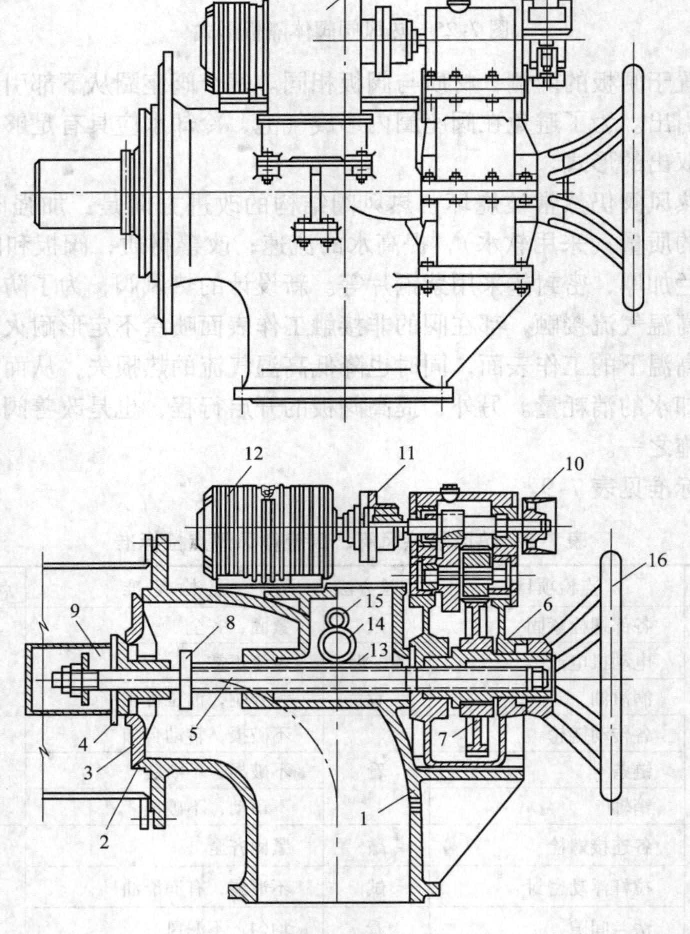

图7-26 废风阀

1—阀壳；2—阀顶部；3—阀盘；4—小阀盘；5—螺杆；6—螺帽；7，14，15—齿轮；8—挡环；9—弹簧；10—制动轮；11—联轴节；12—电动机；13—齿条；16—手轮

但由于作用时间短，故无需水冷。对于大型高压高炉，废风阀盘中央有一小的均压阀，其工作原理与冷风阀相同。

（11）消声器：在大中型高炉和热风炉系统中，有时需将大量的炉顶煤气或鼓风机送出的冷风放散，此时会发出强烈的叫嚣声，造成噪声污染，因此必须设置消声器，来降低噪声。

图7-27是放风阀用的标准消声器。它是一种扩张缓冲式消声器，内部有矿渣石棉絮作减压阻尼材料。这种消声器结构简单，制造方便，在实际使用中，初期消声效果很好，但长期使用后常因矿渣石棉絮被高压气体吹掉，消声效果逐步降低。国内新建的大型高炉使用的为卧式消声器。这是一种隔板式消声器，消声隔板由多孔板、玻璃布、吸音材料组成，当高炉煤气经过消声隔板时，煤气压力逐渐降低，起到消声阻尼作用；另外，隔板式消声器用在煤气清洗除尘之后，还可起到过滤脱湿作用。消声器的下部附设有排水孔。

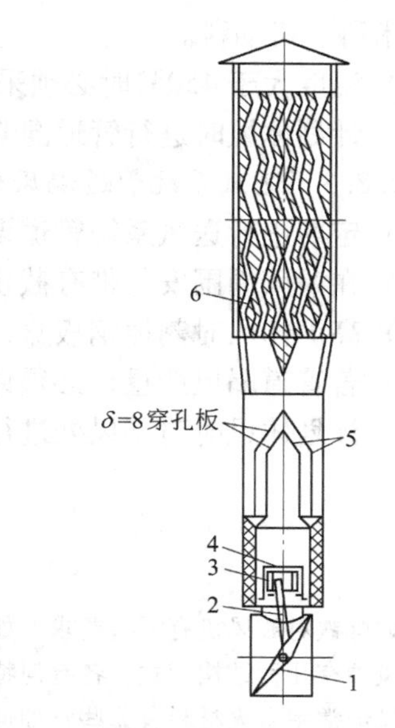

图7-27 放风阀及消声器

1—蝶形阀板；2—连杆；3—活塞；4—阀壳；5—厚度为8mm的穿孔钢板；6—玻璃纤维

7.2.7 热风炉管道、阀门和燃烧器的维护检查

（1）热风炉设备及各种阀门应保持清洁。

（2）经常检查热风炉的外壳、各种阀门、法兰及管道，不允许有漏风、漏气现象。

（3）定时检查、测量热风阀等水冷阀门的水冷系统工作是否正常、水温是否合适。

（4）对运转设备及各种阀杆、轴头等部位定期加油润滑。

（5）助燃风机的电动机温度不允许超过规定值，电流不得超过额定电流。

（6）注意观察助燃风机的电动机轴承和风机轴承有无杂声以及温度是否正常。

（7）经常检查有关阀门的钢丝绳是否有断头或松弛现象。

（8）对所属有关设备执行日常点检制度。

7.2.8 热风炉事故（故障）处理

7.2.8.1 助燃风机突然停机操作

（1）立即关闭燃烧炉的煤气调节阀及煤气切断阀。

（2）关闭燃烧炉的空气调节阀、空气切断阀。

（3）开氮气依次吹扫燃烧炉10min后，关燃烧炉煤气燃烧阀。

（4）分别打开燃烧炉空气调节阀、空气切断阀，每座热风炉各与大气接通10min后再关闭阀门。

（5）开助燃风机放散阀。

（6）待风机故障排除后（或倒风机后）按程序恢复烧炉。

7.2.8.2 送风系统管道温度过热处理

（1）定期进行送风系统管道温度检测，发现管道温度大于300℃时必须采用风冷，并通知技术科、机动科。

(2) 温度大于450℃时必须采用水冷。

(3) 计划休风时进行管道灌浆。

7.2.8.3 送风系统管道漏风处理

(1) 定期进行送风系统管道设备点检，发现管道漏风立即通知检修车间。

(2) 在漏风周围安装带有截止阀的钢板盒子，焊接完毕后关闭截止阀。

(3) 高炉休风时割掉钢板盒，焊补漏风处。

(4) 若管道漏风严重，必须休风处理。

(5) 计划休风时对漏风处进行管道灌浆。

复习思考题

7-1 高炉炼铁对鼓风机有哪些要求？如何选择和使用鼓风机？提高风机出力的措施有哪些？

7-2 热风炉有几种结构形式？各有何特点？

7-3 热风炉常用耐火材料有哪些？如何选择使用？

7-4 热风炉管道、阀门有哪些？掌握其位置。

7-5 陶瓷燃烧器有何特点？

7-6 如何进行热风炉管道、阀门和燃烧器的维护检查？

8 煤气净化设备

高炉是钢铁企业的主要污染源之一。在其生产过程中，产生大量的粉尘、废气和废水，对其周围的人体和生物造成了损害，也污染了环境，同时产生的热辐射和噪声，还对人体构成了一定的危害。因此，钢铁联合企业，如何开展综合利用工作，变废为宝，变害为利，显得十分重要。

首先要利用除尘后的高炉煤气。高炉煤气含有20%以上的一氧化碳、少量的氢和甲烷，发热值一般为3345～4182kJ/m^3（800～1000kcal/m^3），可作为炼焦、热风炉、锅炉、均热炉以及其他各种冶金炉的燃料，在钢铁冶金联合企业的燃料中占有25%～30%的比例，其地位是极其重要的。

其次要回收高炉炉尘。炉尘是随高速上升的煤气带离高炉的细颗粒炉料，一般含铁30%～50%，含碳10%～20%，经煤气除尘器回收后，可用作烧结矿原料。

再次是高炉煤气透平发电。炼铁产生的高炉煤气，以前人们只知道利用其化学能，作为钢铁厂的主要热能来源之一，而其物理能却没有利用。设置高炉煤气透平发电的目的就是大力利用高炉煤气物理能——压力能和热能，进行能源回收。

煤气净化设备（gas purification equipment）阐述了高炉煤气回收及煤气除尘系统的主要设备、附属设备和煤气透平发电技术，并简述了设备的检修、维护和保养等实践知识。

8.1 煤气净化主要设备

8.1.1 除尘基本原理

高炉炉尘是随高速上升的煤气带离高炉炉顶的细颗粒炉料（尘粒为0～500μm），由于颗粒细小，其沉降速度并非随重力加速度（9.8m/s^2）而不断增加的。当它遇到气体的阻力（由于气体具有一定的黏度）和其重力相等时，沉速就以等速度而进行了。显然粒度愈小、密度愈小的颗粒，具有相对较大的表面积，受气体黏度产生的拖曳阻力的作用就愈大，所达到的沉降速度就愈低，就愈不容易沉积，10μm以下的颗粒沉降速度只有1～10mm/s。由于气体的黏度随气温的升高而增加，因此，较高气温不利于尘粒沉降。

除尘的基本原理，都是借外力的作用达到使尘粒和气体分离的目的，这些外力有：

（1）惯性力——当气流方向突然改变时，尘粒具有惯性力，使它继续前进而与气体分离开来。

（2）加速变力——即靠尘粒具有比气体分子更大的重力、离心力和静电引力而分离出来。

（3）束缚力——主要是用机械阻力，比如用过滤和过筛的办法，挡住尘粒继续运动。

8.1.2 除尘设备的分类

煤气回收和除尘系统包括炉顶煤气上升管、下降管、煤气遮断阀或水封、重力除尘器、洗涤塔与文氏管（或双文氏管）、电除尘、脱水器。干式除尘的高炉有布袋除尘箱，有的有旋风除尘器。高压操作的高炉还有高压阀组等。

除尘设备按照不同的标准，其分类方法也不同。

(1) 按除尘后煤气所能达到的净化程度，除尘设备分为三类。

1) 粗除尘设备：一般尘粒粒度在60~100μm及其以上的颗粒除尘设备称粗除尘设备。常采用重力除尘器、离心式除尘器等。除尘后煤气含尘量在1~6g/m³。

2) 半精细除尘设备：粒度在20~60μm的颗粒除尘设备称半精细除尘设备。常用洗涤塔、一级文氏管、一次布袋除尘等。除尘后煤气含尘量为0.05~1g/m³。

3) 精细除尘设备：粒度小于20μm的颗粒除尘设备称精细除尘设备。常用静电除尘器、二级文氏管、二次布袋除尘等高能量除尘器。

(2) 按粗除尘和精除尘分，有干法和湿法两种除尘系统。

1) 湿法除尘系统：重力除尘器—离心除尘器—洗涤塔—文氏管—电除尘器；

2) 干法除尘系统：重力除尘器—旋风除尘器—布袋除尘器。

干法除尘系统由于具有节约用水、节约投资等优点，正广泛受到重视。目前干法除尘主要技术关键是布袋除尘器的布袋材质问题。

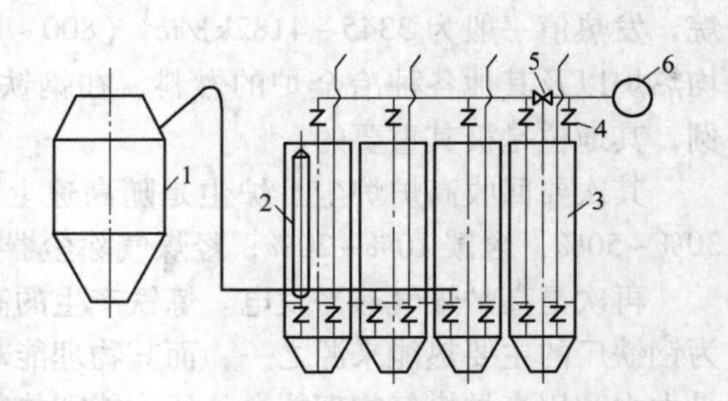

图8-1 高炉煤气干法除尘系统

1—重力除尘器；2—1次滤袋除尘；3—2次滤袋除尘；4—蝶阀；5—闸阀；6—净煤气管道

近年来普遍采用的高炉煤气干法除尘系统见图8-1。现代大型高炉（当炉顶压力为147~245kPa时）采用的大型高压高炉的煤气清洗系统见图8-2。大型高炉普遍采用的除尘系统见图8-3和图8-4。

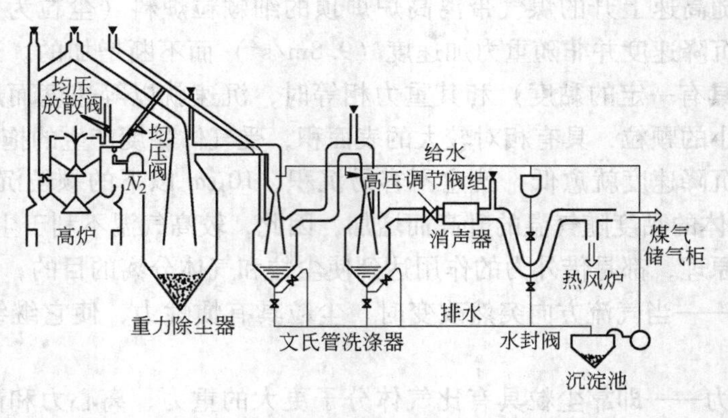

图8-2 大型高炉煤气除尘设备流程

(3) 按作用分，除尘设备有两类。

1) 煤气净化主要设备：包括重力除尘器、洗涤塔、文氏管、静电除尘器、布袋除尘器等。

2) 煤气净化附属设备：包括喷水嘴、脱水器、煤气遮断阀、煤气压力阀组、荒煤气管道、螺旋清灰器等。

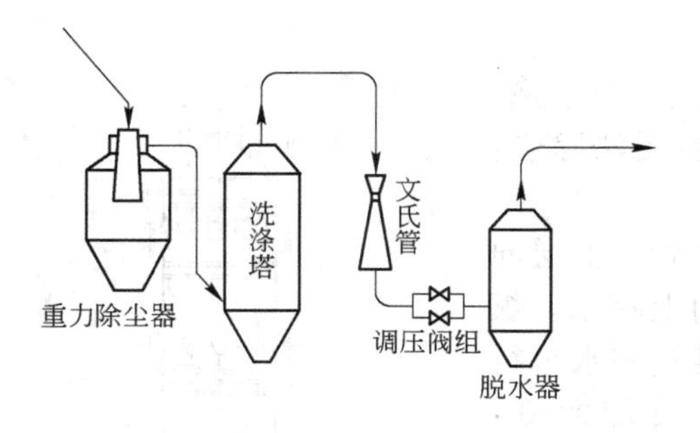

图 8-3 塔后文氏管系统

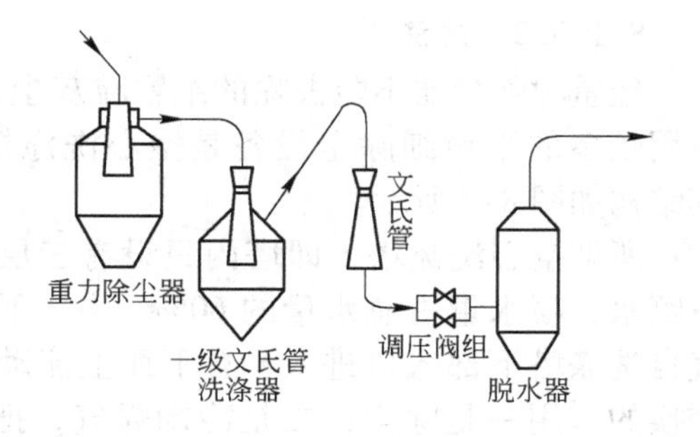

图 8-4 串联双级文氏管系统

8.1.3 煤气净化主要设备

8.1.3.1 重力除尘器

重力除尘器是荒煤气首先进行粗除尘的装置，其结构如图8-5所示。

重力除尘器的工作原理是：荒煤气自高炉顶部下降管流出，进入重力除尘器中心导入管的上端，并沿中心导管下降，在中心管的下端出口处转向 180°向上流动，流速也因截面的扩大而减慢，荒煤气中的灰尘和烟气由于重力和惯性力的不同而分离开来。灰尘靠自重的作用沉降到除尘器底部而堆集，从清灰口定期排出；烟气从除尘器的上端导出。

重力除尘器的特点是：结构简单；除尘效率可达 80%~85%，出口含尘量为 2~10g/m^3；阻力较小，只有 0.196~0.245kPa；其尺寸不能过大，尺寸越大，虽然煤气流速越小，除尘效率越高，但体积和投资大；设计除尘器的尺寸时，保证煤气在除尘器内的流速不超过 0.6~1.0m/s，在其停留时间为 12~15s，贮灰体积，能满足三天灰量的要求。

重力除尘器只适用粗除尘。

在除尘器的底部排灰口处通常设置一个清灰阀，当灰尘积至一定数量时，打开清灰阀将灰放出。除尘器中的灰尘又细又干，由于除尘器内压力大，当在高压操作时，灰尘飞扬，不仅劳动环境恶劣，而且运输也困难，故多数高炉均采用螺旋清灰器清灰（见图 8-6）。

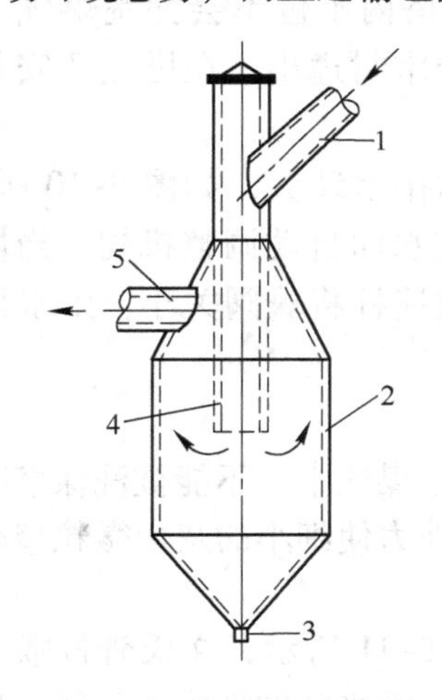

图 8-5 重力除尘器

1—煤气下降管；2—除尘器；3—清灰口；4—中心导入管；5—塔前管

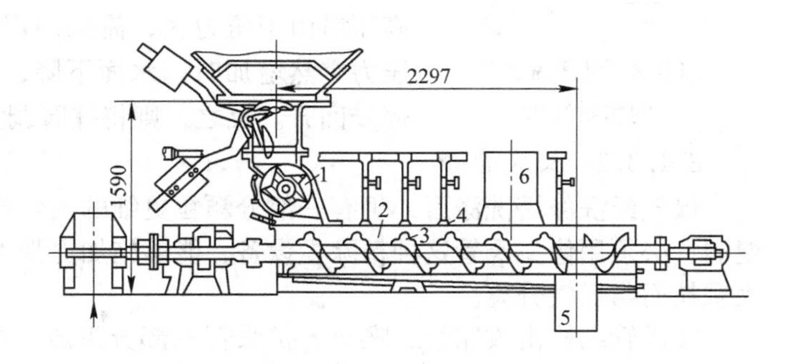

图 8-6 螺旋清灰器

1—筒形给料器；2—出灰槽；3—螺旋推进器；4—喷嘴；5—加水后灰泥的出口；6—排气管

8.1.3.2 洗涤塔

经重力除尘器不能去除的细颗粒灰尘，要进一步清除，应用较多的半精细除尘设备是空心洗涤塔，属湿法除尘。其结构如图8-7所示。

所谓空心洗涤塔，即塔内只设有三层喷水管，上层向下喷水，喷水量占总水量的60%，中、下层向上喷水。煤气自洗涤塔下部入口进入，自下而上流动。煤气和水进行交换的作用一是除尘；二是冷却煤气，把煤气冷却到30～40℃，以降低其中的水汽含量。

为保证除尘效率，最上层水压不应小于0.15MPa，这样就可以将煤气含尘量由2～8g/m³降至0.8g/m³左右，除尘效率可达80%～90%。压力损失为78～196Pa，煤气在塔内的平均流速一般为1.8～2.5m/s。

洗涤塔除尘原理既靠水滴和灰粒碰撞将灰粒吸收，又靠除尘过程中形成的蒸汽以灰粒为中心冷藏，促使灰粒凝聚成大颗粒。在重力的作用下，这些大颗粒灰尘离开煤气流随水一起流向洗涤塔下部，与污水一起经塔底水封排走。在水与煤气进行热交换的同时，降低煤气温度，经冷却和洗涤后的煤气由塔顶导管导出。

空心洗涤塔具有结构简单、节约木材、投资小、建设速度快、不易堵塞、容易维修等特点。

洗涤塔只适用于湿法半精细除尘。

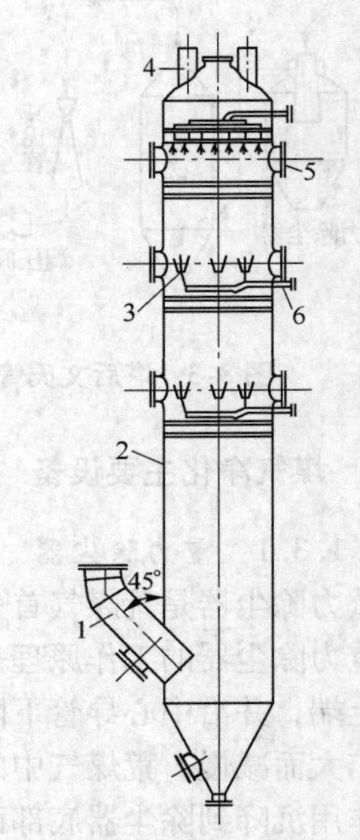

图8-7 洗涤塔
1—煤气导入管；2—洗涤塔外壳；3—喷嘴；4—煤气导出管；5—人孔；6—给水管

常压高炉洗涤塔可采用水封排水装置。如图8-8所示，水封高度与煤气压力相适应，不小于29.4kPa。当塔内煤气压力加上洗涤水超过29.4kPa时，水就不断从排水管排出，当小于29.4kPa时则停止，这样既保证了塔内水位不会把荒煤气入口封住，又能保证了塔内煤气不会经水封逸出。在塔底还安装有排放淤泥的放灰阀（见图8-9）。

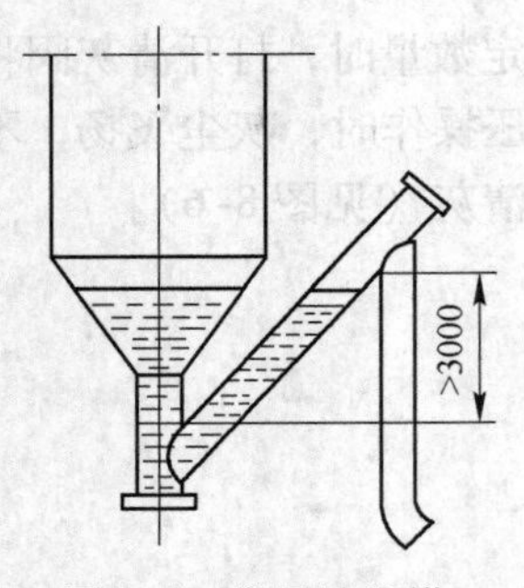

图8-8 常压洗涤塔的水封装置

高压洗涤塔上设有自动控制的排水装置，如图8-10所示。高压塔由于压力大，需采用浮子式水面自动调整机构，当塔内压力突然增加时，水面下降，通过连杆将蝶阀关小，则水面又逐步回升。反之，则将蝶阀调大。

8.1.3.3 文氏管

煤气经洗涤塔洗涤后，仍有一部分颗粒更细的灰尘悬浮于煤气中，不能被洗涤塔喷水湿润，必须用像文氏管这种精除尘设备，能够施加更强大的外力使细小的灰尘微粒聚合成大颗粒而与煤气分离。

文氏管结构由收缩管、喉口、扩张管三部分组成。如图8-11所示，文氏管按喉口有无溢流水膜可分为两类：喉口有均匀水膜的称为溢流文氏管，无水膜的称为文氏管；另外按喉口有无调节装置也可以分为两类：喉口装有调节装置的称为调径文氏管，无调节装置的称为定径文氏管。

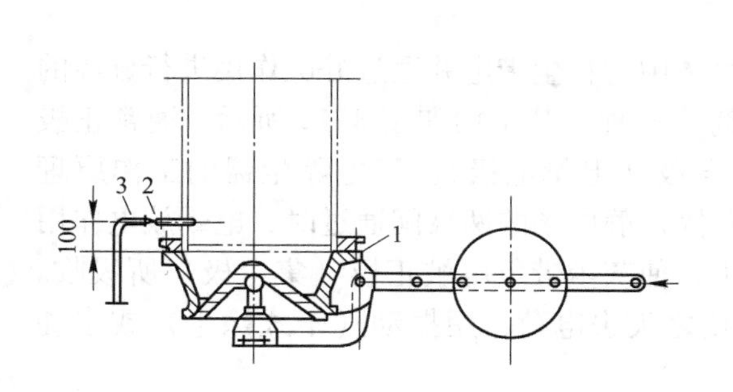

图 8-9 放灰阀
1—放灰阀；2—闸阀；3—排污管

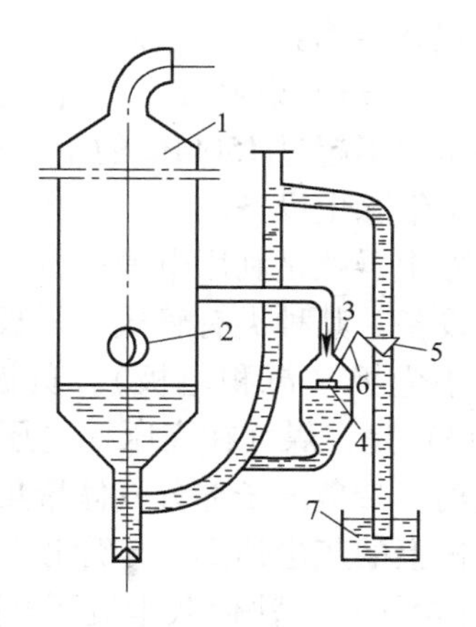

图 8-10 高压煤气洗涤塔的水封装置
1—洗涤塔；2—煤气入口；3—水位调节器；4—浮标；
5—蝶式调节阀；6—连杆；7—排水沟

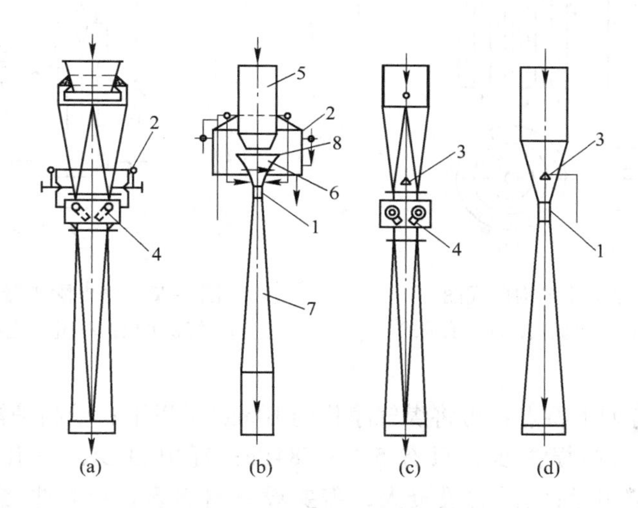

图 8-11 文氏管的类型
（a）溢流调径文氏管；（b）溢流定径文氏管；（c）调径文氏管；（d）定径文氏管
1—喉口；2—溢流水箱；3—喷水嘴；4—调径机构；5—煤气入口；
6—收缩管；7—扩张管；8—溢流口

文氏管的工作原理是：当水和煤气以极大的流速通过文氏管的收缩口时，水滴被高速煤气流雾化，煤气中的灰尘被细小的水雾浸湿，灰粒和水滴凝聚在一起，最后在重力式灰泥捕集器内脱离煤气流。

定径或溢流调径文氏管多用于清洗高温的未饱和的荒煤气。文氏管口上部设有溢流水箱或喷淋冲洗水管，在喉口周边形成一层连续不断的均匀水膜，避免灰尘在喉口壁上聚积，同时起到保护文氏管和降温的作用。

文氏管除尘不仅具有结构简单、重量轻、操作和维护及制造安装极为方便的特点，而且省电、节水、除尘效率高。

因此，只要能够满足高炉炉顶煤气压力用作除尘系统的要求，作为精细除尘设备的文氏管既合理又经济。

8.1.3.4 静电除尘器

炉顶压力不超过150kPa的中、小型高炉，为了得到含尘量更低的煤气，可用静电除尘器作为精细除尘设备。

静电除尘器就是利用电晕放电，使含尘气体中的粉尘带电并通过静电作用进行分离的一种除尘设备。其种类有管式、平板式和套筒式三种。其结构如图8-12所示。通常正极接地称为集尘极（沉积电极），负极称为放电极（电晕电极）。静电除尘器的工作原理（见图8-13）是：煤气在高压（电压可达数万伏）静电场的两极间通过时，电晕放电作用使煤气电离。带负离子部分气体聚集在灰尘上，使灰尘带负电被正极（集尘极）所吸收。沉积在正极上的灰尘达到一定厚度后，断电使之失去电荷，用振动（干式除尘）或水冲（湿式电除尘）的办法使灰尘流下排除。

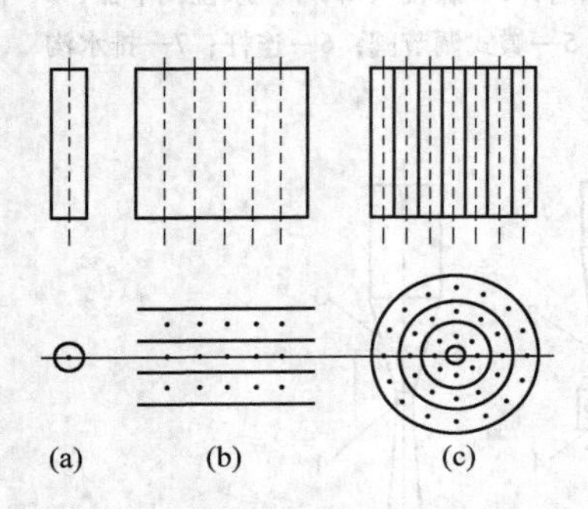

图8-12 静电除尘器结构形式图
（a）管式（单管）；（b）平板式；（c）套筒式

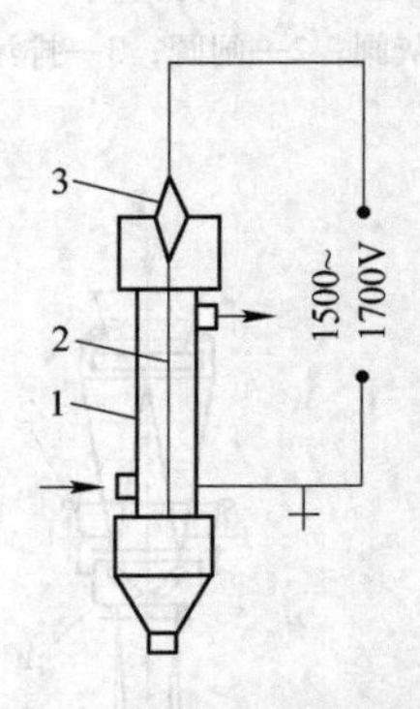

图8-13 静电除尘器原理示意图
1—沉积电极；2—电晕电极；3—绝缘子

静电除尘器具有如下特点：可将煤气净化到10mg/m^{3}以下；受高炉操作影响小；流经静电除尘器的煤气压头损失少，只有588~784Pa；耗电量少，一般每立方米煤气为0.7kW·h。但安装静电除尘器的投资大，需要设备材料多，可根据各厂具备的条件来使用。

电除尘器一般常见故障及其处理方法见表8-1。

表8-1 电除尘器常见故障及其处理

序号	常见故障	故障原因	处理方法
1	送电后电场不能升压	绝缘套管、阴极绝缘连板、阴极绝缘连杆积灰过多或受潮或击穿	清扫积灰，并干燥，或进行更换处理
		电缆线终端积灰或受潮	清扫积灰，并干燥
		零部件破损	修复或更换零部件
2	运行中高压设备跳闸	电晕线断造成短路	处理断的电晕线
		灰斗积灰过多短路	清理灰斗积灰

续表 8-1

序号	常见故障	故障原因	处理方法
3	只能在低压下工作，高压时火花放电，工作时电流低	放电极积灰严重	清除积灰加强振动
		极间距缩小	调整极间距
4	工作时发生周期性击穿现象	间距固定螺栓松动	调整框架
		电晕线断	剪断电晕线

8.1.3.5 干式布袋除尘器

前述四种湿法除尘器所需设备多，投资高，耗水量大，对于缺水地区供水问题难解决。干式除尘是在高温条件下进行煤气净化的设备。因此可以充分利用高炉煤气所具有的物理能（高温和高压），又能提高煤气质量，节省投资，减少污染，克服湿法除尘的不足。它已成为当代炼铁新技术的一项重要内容。

干式除尘的形式基本有三种：布袋除尘器、颗粒层过滤装置和电除尘器，其中最优越的是布袋除尘器，其结构和工艺流程如图 8-14 和图 8-15 所示。

布袋除尘的工作原理是：含尘气体通过滤袋，煤气中的尘粒附着在织孔和袋壁上，并逐渐形成灰膜，当煤气通过布袋和灰膜时得到净化。灰膜随着过滤的进行不断增厚，阻力增加，达到一定数量时，必须进行反吹，才能抖落大部分灰膜，并使阻力降低，恢复正常的过滤。反吹是利用自身的净煤气进行的，一个除尘系统要设置多个（4~10 个）箱体，分箱体轮流进行，以保持煤气净化过程的连续性和满足工艺上的要求。反吹后的灰尘落到箱体下部的灰斗中，经卸、输灰装置排出外运。布袋除尘的特点是：除尘效率高，一般均在 99.8% 以上；煤气质量好，净煤气含尘量为 $10mg/m^3$ 以下（一般在 $6mg/m^3$ 以下），而且比较稳定。

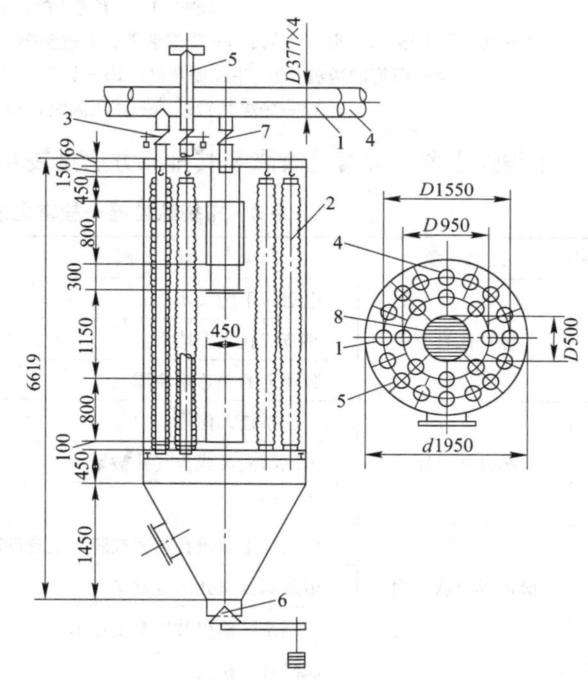

图 8-14 布袋除尘器

1—脏煤气管；2—滤袋；3—电动密闭蝶阀；4—净煤气管；5—放散管；6—放灰阀；7—密闭蝶阀；8—操作平台

布袋的材质是布袋除尘器的关键。目前我国自行研制的布袋材质有无碱玻璃纤维滤袋和合成纤维滤袋两种。无碱玻璃纤维滤袋可耐高温（280~300℃），使用寿命一般在 1.5 年以上。其优点是价格便宜，缺点是抗折性能较差。其规格有 ϕ230mm、ϕ250mm、ϕ300mm 三种，广泛应用在中小型高炉上。合成纤维滤袋的特点是过滤风速高，是玻璃纤维的 2 倍；抗折性能好，但耐温低，一般为 204℃，瞬间可达 270℃；价格较高，是玻璃纤维滤袋的 3~4 倍。合成纤维滤袋目前仅在大型高炉使用。

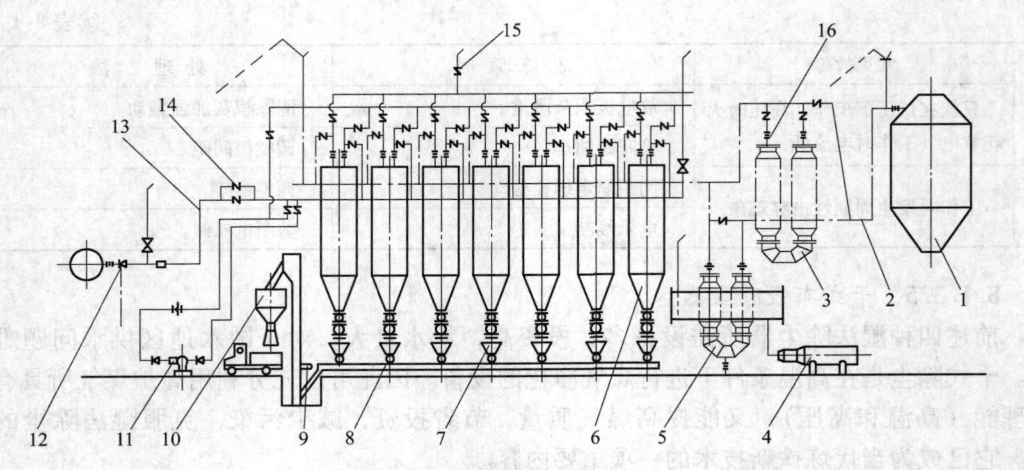

图8-15 布袋除尘工艺流程

1—重力除尘器；2—脏煤气管；3—降温装置；4—燃烧炉；5—换热器；6—布袋箱体；7—卸灰装置；8—螺旋输送机；9—斗式提升机；10—灰仓；11—煤气增压机；12—叶式插板阀；13—净煤气管；14—调压阀组；15—蝶阀；16—翻板阀

布袋除尘器一般常见故障及其排除方法见表8-2。

表8-2 布袋除尘器一般常见故障及其排除方法

编号	故障现象	原因	排除方法
1	脉冲阀常开	电磁阀不能关闭	检修或更换电磁阀
		小节流孔完全堵塞	清除节流孔中污物
		膜片上的垫片松脱漏气	重新安装脉冲阀垫片，更换失效弹簧
2	脉冲阀常闭	控制系统无信号	检修控制系统
		电磁阀失灵或排气孔被堵	检修或更换电磁阀
		膜片破损	更换膜片
3	脉冲阀喷吹无力	大膜片上节流孔过大或膜片上有砂眼	更换膜片
		电磁阀排气孔部分被堵	检查系统排气孔
		控制系统输出脉冲宽度过窄	调整脉冲宽度
4	清灰不良	滤袋过于拉紧	调整滤袋
		滤袋松弛	调整滤袋
		滤袋潮湿	压缩空气进一步脱水或升温
		粉尘潮湿	监控保证烟气温度在露点上
		清灰中滤袋处于膨胀状态（密封不良或发生故障）	检查处理密封
		清灰机构发生故障	检修排除故障
		脉冲阀发生故障	检修或更换脉冲阀
		清灰程序控制器时间设定值有误或发生故障	检查排除故障
		压缩空气风量或压力不足	检查排除故障

续表 8-2

编号	故障现象	原　　因	排 除 方 法
5	电磁阀不动作或漏气	接触不良或线圈断路	调换线圈
		阀内有脏物	清洗电磁阀
		弹簧橡胶件失去作用或损坏	更换弹簧或橡胶件
6	气缸动作不良	电磁阀动作不良	检修或更换电磁阀
		气缸漏气	更换气缸
		活塞杆锈蚀	更换气缸
		行程不足	更换气缸
		压缩气体管路破损	更换管路
		压缩气体管路连接处开裂、脱离	更换连接头
		压缩空气压力不足	检查排除故障
		压缩空气管路上截止阀关闭	检查并打开
7	卸灰阀电动机被烧毁	灰斗积灰过多	及时排除灰斗内积灰
		叶片被异物卡住	清除叶片内的异物
		减速机故障	排除减速机故障
8	排放浓度显著增加	滤袋破损	更换滤袋
		滤袋口与花板之间漏气	重新安装滤袋
9	进出口阻力过大	脉冲阀发生故障	检查更换脉冲阀
		因气体温度变化而清灰困难	控制气体温度
		清灰机构发生故障	检查排除故障
		粉尘湿度大，发生堵塞或清灰不良	使用振打和人工清灰
		清灰程序控制器时间设定有误	调整
		气缸用压缩空气压力过低	检查排除故障
		灰斗内积存大量粉尘	尽快放灰
		风量过大	调整风门
		滤袋阻塞，糊袋	更换堵塞布袋
		因漏水使滤袋潮湿	更换潮湿布袋
		气缸用电磁阀动作不良	检查更换电磁阀
10	进出口阻力过小	滤袋严重破损	更换破损滤袋
		喷吹过于频繁	调整喷吹周期

8.1.4　煤气除尘设备的检修、维护和保养

煤气干除尘设备检修、维护和保养的基本内容包括炉顶煤气温度控制、清灰和卸灰、煤气切断和检修、检漏、箱体内检修和安全注意事项等。

8.1.4.1　布袋除尘器煤气进口温度控制

当布袋除尘器煤气进口温度大于或等于230℃时，应通知高炉降低炉顶煤气温度；当其温度大于或等于280℃时，应通知高炉并进行切煤气操作。

8.1.4.2 清灰和卸灰的检修

清灰和卸灰的检修包括其前的准备及安全操作等事项。

清灰前要做好准备工作，检查干除尘系统的设备、电器、信号显示器等是否完好，如发现缺陷应及时通知有关人员检修。清灰的操作可分自动和手动清灰。对于自动清灰，可将控制操作手柄、出口蝶阀打到自动位置。当自动失灵时，将出口蝶阀打到手动位置操作。根据各箱体工作程序，依次操作脉冲及出口蝶阀。当主管压力大于炉顶压力时，及时通知切断煤气，全关出口蝶阀。煤气压力大于10kPa时，打开各放散阀。规定箱体煤气流量达到1200m^3/h，布袋入口温度达到100～280℃。如果出现中高料位将卸灰球阀打开，向中间灰斗卸灰。

卸灰前的准备工作：检查中间灰斗料位，打开中间灰斗上部气动球阀卸灰，完成卸灰，开清堵氮气阀，关中间灰斗。卸灰操作时，用气动螺旋卸灰机、斗式提升机、加湿搅拌机将灰逐个箱体输送并集中到大灰仓，并加湿搅拌机水管阀门，开叶轮给料机。此过程中根据下灰量、湿度、扬尘程度，微调加湿水量。卸灰仓空15min后，停加湿水，并关闭机器。

8.1.4.3 煤气切断和检修

图8-16所示为高炉煤气布袋除尘基本流程。当高炉休风时，关闭煤气总管进出口眼镜阀，这时煤气管道和设备用氮气吹扫，不能用蒸汽。在不影响其他除尘器正常运转的情况下，当某一个布袋除尘器需检修时，关闭降尘器进出口管的眼镜阀。在没有湿式清洗系统作备用的情况下，应留两个布袋除尘器，一个在清灰，另一个在检修。

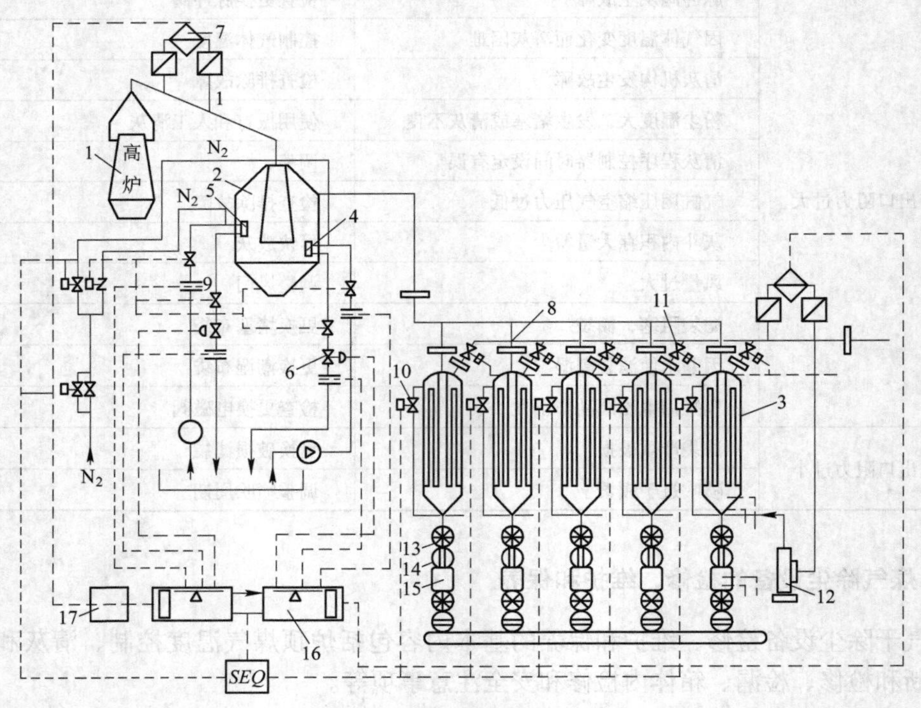

图8-16 干式布袋除尘流程图

1—高炉；2—重力除尘器；3—布袋除尘器；4—第1段喷嘴；5—第2段喷嘴；6—回流量调节阀；7—高位选择器；8—布袋除尘器入口眼镜阀；9—布袋除尘器出口眼镜阀；10—反吹清灰入口阀；11—布袋除尘器出口切断阀；12—反吹风机；13—叶轮阀；14—球阀；15—中间贮灰槽；16—温度调节器；17—时间延迟器

要重视布袋除尘器的安全可靠性。可采用微机处理进行控制和运算。布袋除尘器装置不能影响高炉生产，可在重力除尘器后的荒煤气管道上设煤气放散装置。为加强对布袋除尘器维护检修的安全，煤气切断设备应采用密封性能好和操作方便的阀门。

8.1.4.4 检漏

检漏工作很重要，它关系着煤气质量的好坏。检漏方法可分两种：一种是根据含尘量的变化，当对布袋除尘器一个一个清灰时，总管出口煤气含尘量增高，而只对一个布袋除尘器清灰时，含尘量较低，据此就可判定此除尘器的布袋有损漏；另一种是利用自动检漏仪检漏。

除尘检漏仪（WKD-Ⅱ型）工作原理：在流动粉体中，颗粒与颗粒、颗粒与布袋之间因摩擦碰撞产生静电荷，其电荷量的大小即反映粉尘含量的变化，检漏仪就是测量电荷量的大小变化，并以此来判断布袋除尘系统是否有损漏的。

当出现下列情况之一者，就可判断该箱体布袋有破损：

（1）该箱体出口的自动检漏仪发出布袋破损声光报警信号；

（2）该箱体出口的流量显示值明显超出正常值。

操作人员必须认真详细记录检漏情况和时间，如果发现布袋有破损，应立即通知有关人员，停止该箱体运行。

8.1.4.5 进箱体内检修操作及安全事项

停箱体操作：

（1）停箱体前，先按清灰操作程序前1、2步进行清灰，而后关闭该箱体进气管道上的切断蝶阀，盲板阀和出气管道上的盲板阀。

（2）打开该箱体放散阀。

（3）打开该箱体上下人孔，使其自然通风进行凉箱。

（4）经煤气防护人员测试CO含量合格后方可进入箱体内工作。

进箱体内检修应注意事项：

（1）检修箱体，必须可靠地切断煤气，经煤气检测人员确认安全后方可工作。

（2）进入箱体内，必需两人以上，由专人指挥。

（3）关闭箱体人孔必须在检修工作完毕后，在检查箱体内是否有人或工具杂物，无误后方可关上人孔。

（4）多箱体检修时必须分工明确，检修完毕时要清点人数。

（5）在箱体平台上从事1h以上工作时，必须对平台空气作CO含量测定，并携带氧气呼吸器备用，严禁一人在平台作业。

8.2 煤气净化附属设备及其维修与保养

8.2.1 煤气净化附属设备

煤气净化附属设备包括喷水嘴、脱水器、煤气遮断阀、煤气放散阀、煤气压力调节阀组和荒煤气管道等。它们的结构及其特点如下。

8.2.1.1 喷水嘴

常用的喷水嘴可分渐开线形、碗形和辐射形等。

（1）渐开线形喷水嘴（见图8-17a）。渐开线形喷水嘴又名蜗形喷水嘴或螺旋形喷水嘴。其特点是：结构简单；不易堵塞；但喷淋中心密度小，周围密度大，不均匀，且供水压力愈高愈明显；流量系数小；喷射角为68°。它适用于洗涤塔。

（2）碗形喷水嘴（见图8-17b）。其特点是：雾化性能好，水滴细，喷射角大（67°~97°），但结构复杂，易堵塞，对水质要求高，喷淋密度不均。它常用于静电除尘器和文氏管。

（3）辐射形喷水嘴（见图8-17c）。其特点是：结构简单，其中心圆柱体是空心的，沿周边钻有ϕ6mm的1~2排水孔。在前端圆头部分沿中心线钻一个ϕ6mm的小孔或3个ϕ6mm的斜孔，以减少堵塞。它适用于文氏管喉口处。

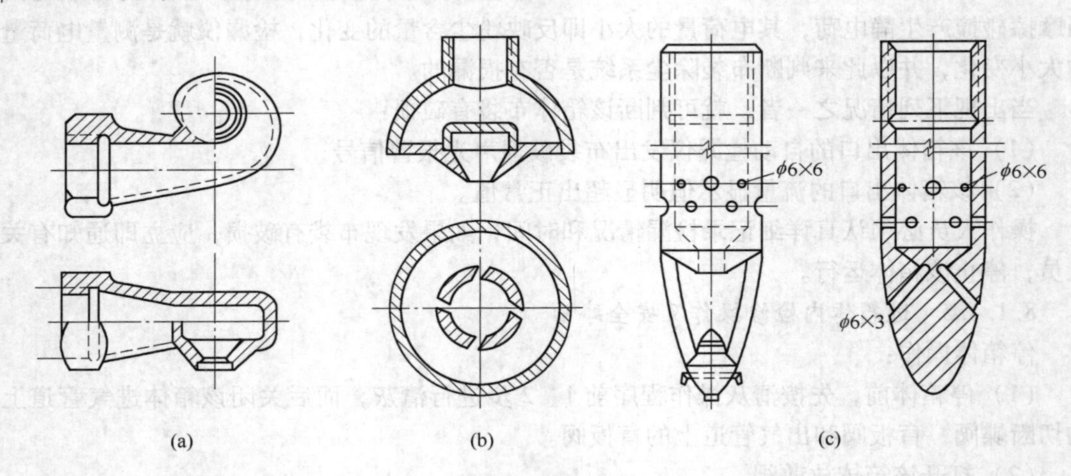

图8-17 喷水嘴
（a）渐开线形喷水嘴；（b）碗形喷水嘴；（c）辐射形喷水嘴

8.2.1.2 脱水器

高炉煤气经湿法清洗设备洗涤塔、文氏管等除尘后，常带有一定的灰泥和水分。水滴所带的灰尘会影响煤气的除尘效果，水分又会降低煤气的发热值，因此必须用脱水器把水除去。

脱水器的工作原理是：使水滴在本身重力或离心力的作用下或直接碰撞使水滴失去动能而凝集，与煤气分离。

常用脱水器的种类有重力式脱水器、旋风式脱水器、填料式脱水器和挡板式脱水器等。

（1）重力式脱水器（见图8-18a）。其工作原理和重力除尘器相同，煤气在脱水器的流速为4~6m/s。

（2）旋风式脱水器（见图8-18b）。其工作原理是利用水滴在离心力作用下与器壁碰撞，使水滴失去动能而与煤气分离。它多安装在文氏管之后，应用于中、小型高炉。

（3）填料式脱水器（见图8-18c）。煤气由文氏管流出后经填料层脱水器脱水，一般设两层填料，填料层内填充塑料杯。

（4）挡板式脱水器（见图8-18d）。所谓挡板式脱水器，是利用改变煤气流方向，使水滴撞于挡板而与气体分离的脱水设备。煤气沿切线方向从入口进入，然后在脱水器内一面旋转一面沿伞形挡板曲折上升，借助重力、离心力和直接碰撞而脱水。入口煤气流速不小于12m/s，筒体内流速为4~5m/s，产生的压力降为490~980Pa，脱水效率为80%。它一般安装在高压调节阀组之后，应用于高压操作的高炉煤气系统中。

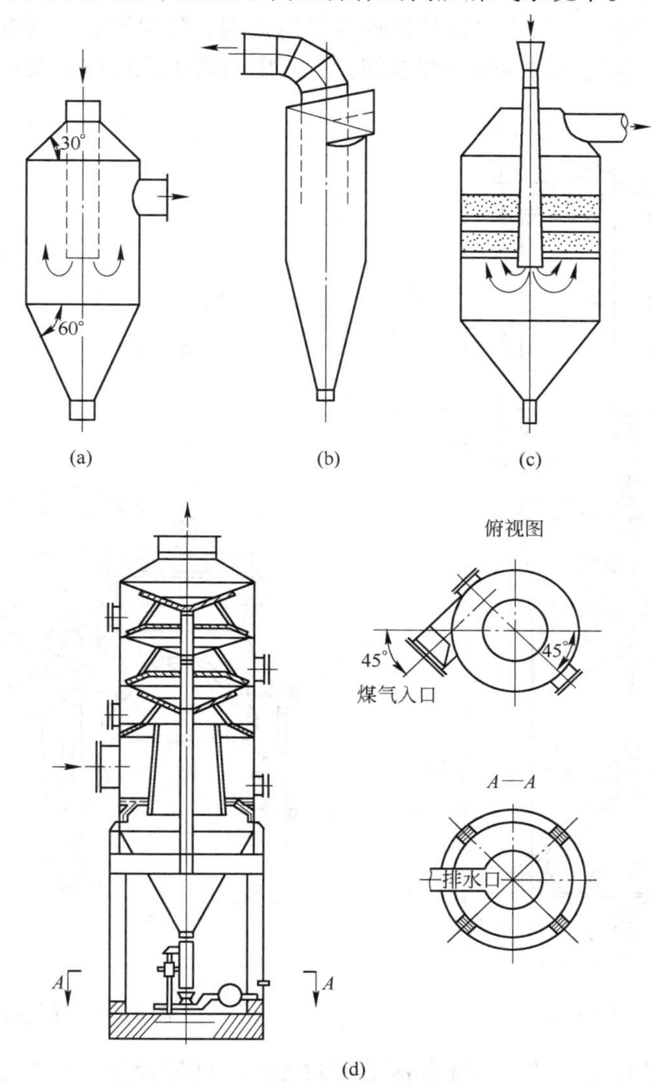

图8-18　脱水器的类型

（a）重力式脱水器；（b）旋风式脱水器；（c）填料式脱水器；（d）挡板式脱水器

8.2.1.3　煤气遮断阀

煤气遮断阀（见图8-19）是当高炉休风时，迅速使煤气系统和高炉系统隔开的装置。它安装在高炉炉顶煤气下降管与重力除尘器上部圆管相交处的下方。平时提起，使煤气系统与高炉相通。

该阀属双锥形盘式阀。高炉正常生产时阀体提到滤线位置，其开闭方向与气流方向一致，煤气入口与重力除尘器的中心导管相通，落下时遮断。操纵煤气遮断阀的装置可手动或者电动，通过卷扬钢绳传动进行开关。开关灵活，不怕积灰。为了避免冲击，阀的运动速度控制在0.1~0.2m/s。

8.2.1.4 煤气放散阀

煤气放散阀（见图8-20）是当高炉休风时，迅速地将煤气排放于大气中的设备。在高炉炉顶煤气上升管的顶端、小料钟均压放散管的顶端、除尘器的上圆锥体及煤气切断阀圆管的顶端，均装有直径不同的煤气放散阀。大、中型高炉采用揭盖式的盘式阀。

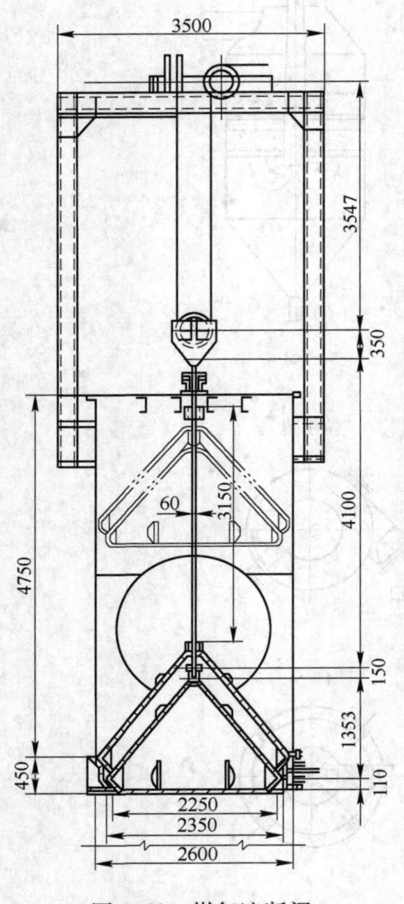

图8-19 煤气遮断阀

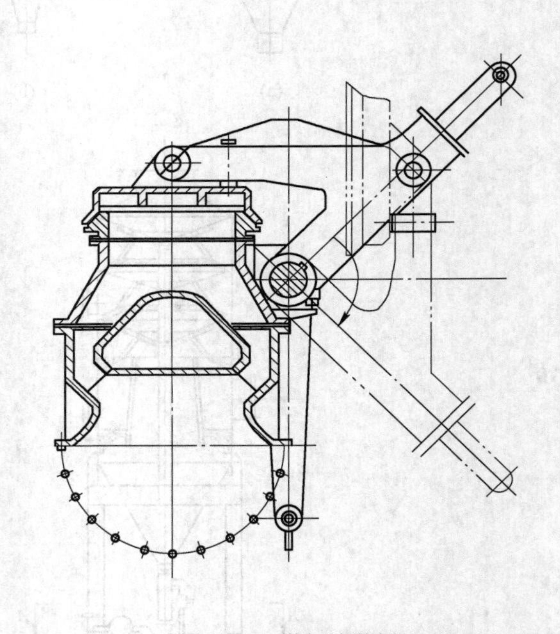

图8-20 煤气放散阀

高压操作时加平衡重压住。阀座和阀盖接触处加焊硬质合金。在阀壳中有防料块飞击的挡帽。一些流量不大、压力较低的煤气管上，一般用构造简单的普通盘式放散阀，如图8-21所示。放散阀点检标准见表8-3。

8.2.1.5 煤气压力调节阀组

调压阀组又称高压阀组，也称减压阀组，是用于高压操作的高炉炉顶调节煤气压力的一种装置。高压操作的高炉，从鼓风机开始到除尘装置，全程处于高压状态。因此在通入煤气总管之前应设置减压装置。其作用是既控制高炉炉顶压力，又确定净煤气总管压力为设定值。此外它还具有降温除尘作用，即一方面是绝热状态下的节流降温，但温降不大，一般为3~5℃；另一方面是向本阀组入口喷雾时除尘，可使清洗后的煤气含尘量从10~20mg/m^{3}降至5~10mg/m^3。

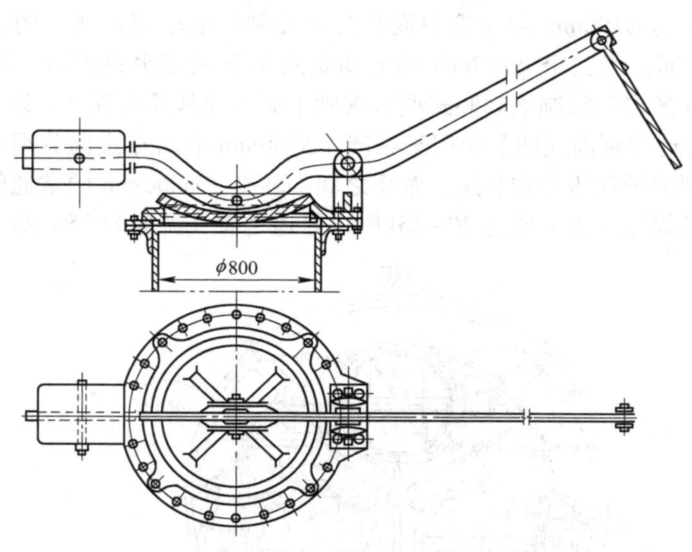

图 8-21 普通盘式放散阀

表 8-3 放散阀点检标准

设备名称	点检部位	点检项目	点检方法	点 检 基 准	点检周期	备注
放散阀	阀体	阀盖、销轴	目视	不窜动	周 2 次	休风看
		阀盖、阀座接触面	休风看	无杂物、接触严、密封圈完好		
		N_2 吹扫小孔	休风看	畅通、未堵塞		
	传动	钢绳	观察	不起刺	周 2 次	
		各部滑轮	观察	不断股		
	连接螺栓	阀各部螺栓各法兰	敲试	紧固、齐全	周 2 次	
		密封	观察	不漏气		
	阀	密封性能	观察	不漏气	周 2 次	
	链条	链条重砣	观察	不脱焊、砣不落地	周 2 次	
	管道	上升管道	观察	不裂焊、不漏气	周 2 次	
		管道各人孔	观察	不漏气、螺丝紧固		
操纵卷扬机	电动机	地脚螺栓	敲试	齐全、不松动	周 2 次	
		接手	观察	同心、螺栓齐全、不窜动		
		运行	听、看	无异响		
	减速机	地脚螺栓	敲试	紧固、齐全	周 2 次	
		润滑油	看油标	油位正常、油不变质		
		密封处	观察	不漏油		
		卷筒	观察	钢丝卡、不脱不破裂		

调压阀组的构造如图 8-22 所示，阀组配置情况与煤气管道直径有关，详见表 8-4。以 ϕ2150mm 的煤气主管为例来说明调压阀组的组成，它由四个调节阀和一个常通管道组成。在断开的净煤气管道上用五根支管连通，其中三根内径为 ϕ750mm 的支管中设有电动蝶式

调节阀，一根内径为 ϕ400mm 的支管中设有自动控制的电动蝶式调节阀，另一根内径为 ϕ250mm 的支管常通。当三个 ϕ750mm 的电动蝶式调节阀逐次关闭后，高炉进入高压操作。这时 ϕ400mm 的自动控制电动蝶式调节阀则不断变动其开启程度，以维持稳定的炉顶压力。ϕ400mm 自动控制蝶式调节阀用于细调，ϕ750mm 电动蝶式调节阀用于粗调或分挡调节，以实现不同的炉顶压力和高压、常压之间的转换，ϕ250mm 的常通管起安全保护作用。调压阀组后的煤气压力一般为 20~35kPa，管道中煤气流速为 15~20m/s。

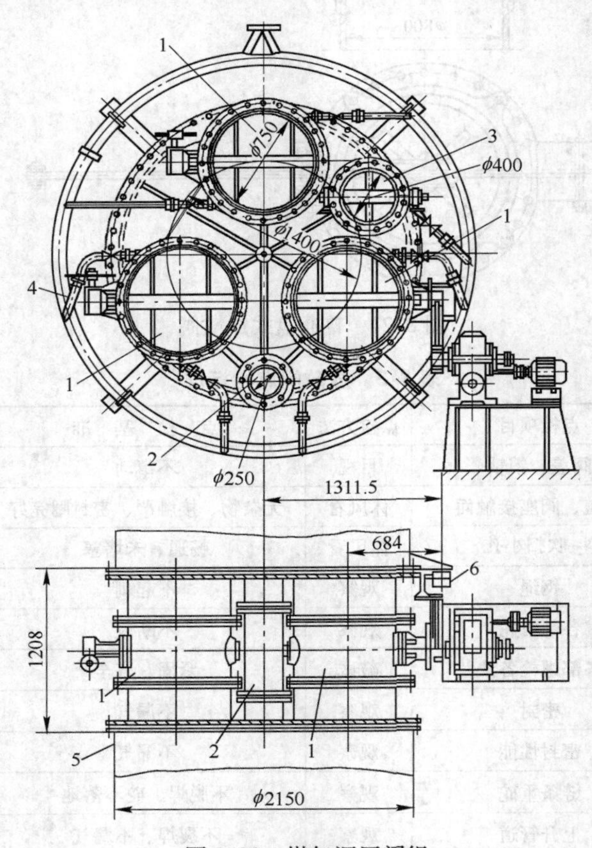

图 8-22 煤气调压阀组

1—电动蝶式调节阀；2—常通管；3—自动控制蝶式调节阀；4—给水管；5—煤气主管；6—终点开关

表 8-4 调压阀组配置情况

序号	煤气主管直径/mm	调压阀组的配置	重量/kg	高炉容积/m^3
1	ϕ1720	ϕ600×3 电动蝶式调节阀 ϕ300×1 自动控制蝶式调节阀 ϕ250×1 常通管	4642	620
2	ϕ2150	ϕ750×3 电动蝶式调节阀 ϕ400×1 自动控制蝶式调节阀 ϕ250×1 常通管	6142	1000~1500
3	ϕ2300	ϕ600×4 电动蝶式调节阀 ϕ500×1 自动控制蝶式调节阀 ϕ250×1 常通管	9400	2516

8.2.1.6 荒煤气管道

高炉煤气由炉顶封板引出，经导出管、上升管、下降管进入除尘器，如图 8-23 所示。

导出管的数目由高炉容积而定。大、中型高炉均用 4 根沿炉顶封板四周对称布置，出口处的总截面积不小于炉喉截面积的 40%，导出管与水平面的倾斜角大于 50°，一般大、中型高炉为 53°，以保证灰尘不致沉积堵塞而返回炉内。为减少灰尘带出量，导出管口煤气流速不宜过大，通常为 3~4m/s。

导出管上部（成对地合并在一起）的垂直部分的管道称为上升管。其管内煤气流速为 6~8m/s，总截面积为炉喉截面积的 25%~35%。上升管垂直高度的设计，以保证下降管具有一定的坡度为准则。

由上升管通往除尘器的一段下降管，为避免煤气中的灰尘在下降管沉积堵塞，下降管总截面积为上升管总截面积的 80%，同时保证下降管倾角大于 40°。

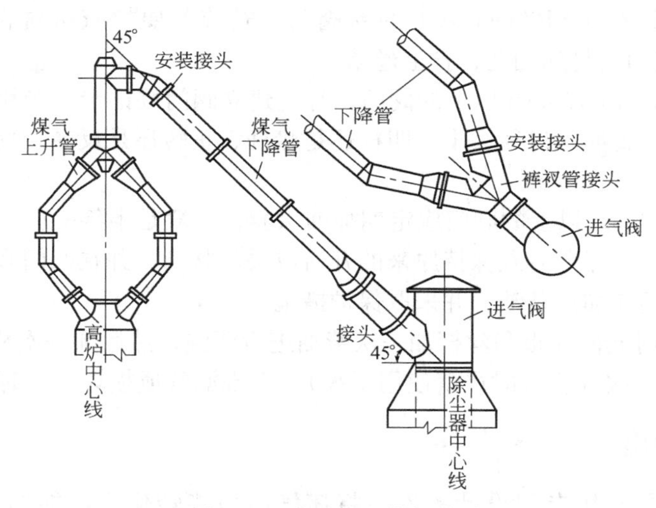

图 8-23 高炉炉顶煤气管道

8.2.2 煤气净化附属设备的检修及维护和保养

对煤气管道及附属设施，每班至少巡查一次，并做好记录，发现破损及时检修及维护。

8.2.2.1 煤气管道检查及维护内容

（1）检查管道是否漏气（包括人孔、膨胀器、法兰、水槽），清除周围杂物和冻结。

（2）检查排水器是否有堵塞现象，如堵塞，应立即检修。要保持排水器溢流，外壳无锈蚀。

（3）检查开闭器、放散管是否有变化。

（4）检查管道及支架是否接触，支架有无倾斜和下沉，接地线是否良好。

（5）检查管道周围有否堆放易燃物、爆炸物，是否有违章建筑物（包括敷设电线），有否利用管道吊装物件及拴拉网绳。

（6）检查平台走梯是否完整，危险警告牌是否挂好。

（7）所有煤气放散阀每月应打开放散 1~2min，放掉存水，保持灵活好用。

（8）排水器每半年清扫一次。

（9）巡回检查时应同时检查动火许可证，发现无动火证并在煤气区域动火的应立即制止动火。

（10）煤气管道伴随敷设的管道，应遵守以下规定：水管、蒸汽管、压缩空气管、氮气管、氢气管、天然气管、油管及氧气管可与煤气管道伴随敷设；禁止在煤气管道上敷设有腐蚀性液体的管道；禁止在煤气管道上或支架上设暂时性或永久性的电线（供煤气管道本身使用的电线除外）；在现有煤气管道上或支架上增设管道时，必须取得煤气设备主管单位的同意，并应经过计算，有审批手续；煤气管道外表面至增设管道保温层外表面的距离不小于300mm，若管道直径为300mm时，其间距可等于管道的直径；油管和氧气管道不准敷设在同一侧，应分别敷设在煤气管道的两侧。

8.2.2.2 煤气管道上阀门的检查维护和保养

（1）所有公称通径DN100mm以上的新阀门，安装前要检查拆洗保养，要换盘根，DN150mm以上的阀门要打加油孔，拧上丝堵。

（2）所有地下的DN150mm以上的阀门，都应建立阀门登记卡，卡片上应标明阀门的地理位置、投入运行日期、口径大小、明杆还是暗杆、正转还是反转、立式还是卧式、转数多少等。

（3）所有DN150mm以上的阀门应定期加油保养，一般是半年一次，有特殊情况需要时要每季度加油一次。保养后须保持原来的开启或关闭状态，并在阀门登记卡上注明加油保养日期。明杆阀门应加涂黄油，并采取保护措施。

（4）阀门加油时光向阀板和丝杆加一次柴油进行清洗，然后加一次机油润滑。

（5）每周检漏一次（查漏时严禁使用明火），发现漏气或损坏应及时检修或维护。

8.3 煤气透平发电

煤气透平发电是利用专门设计的透平将煤气压力能转化为电能的一种装置（简称TRT）。

一座4000m^{3}的高炉装设煤气透平发电机组可回收13000kW以上的电能，而且通过透平的煤气还可以照常使用。利用高炉煤气压力能发电与火力发电相比，不仅降低电的单价，而且节约投资，不必像火力发电那样，建设锅炉和烟囱，也不必建设贮运燃料的场地，是属于没有公害的发电。据估计，煤气透平发电后，不到两年就可回收投资，其经济效益是显著的。

8.3.1 煤气压力能回收系统

煤气压力能回收系统可分为湿式和干式两种。

（1）湿式煤气压力能回收系统。湿式煤气压力能回收系统装在洗涤塔后面，其结构如图8-24所示。它的特点是：煤气比较干净，被水气所饱和，其内部装设有专门的喷水装置，可以使透平内发生很强的冷凝效果，同时可以清洗叶片，以防叶片积污和磨损。湿式煤气系统比较简单，通常煤气通过一级或二级文氏管洗涤器后，进入透平的煤气中的粉尘及时用水冲洗除去，不会使透平腐蚀和堵塞，比干式系统更为可靠，故世界上新投产的高炉煤气压差发电设备大多采用湿式系统。

（2）干式煤气压力能回收系统。图 8-25 所示是干式煤气压力能回收系统。干式与湿式相比具有如下特点：

1）透平设施安装在重力除尘器和旋风除尘器之后。

2）为防止因煤气绝热膨胀引起湿度下降而产生黏结作用，要求进入透平煤气温度必须达到 170℃左右。

3）设有煤气燃烧装置，当温度达不到 170℃左右时，可利用该装置燃烧部分煤气，产生的废气混入煤气流中，从而使煤气发热值降低，产生不利作用。

4）由于透平机中不设喷水装置，从而减少了污染，简化了流程。

5）从能源方面说，由于透平机入口煤气温度干式比湿式提高 10℃，透平出力相应提高 3%，炉顶余压发电的经济效益提高 40%。因此，目前国外正在推广干式煤气压力能回收系统。

6）由于干式和湿式透平设施均并联在半精细除尘和精除尘装置之后，透平机因定期检修或其他原因必须停产时，只要关闭其设备入口和出口处的有关切断阀，对高炉生产不会产生任何影响。

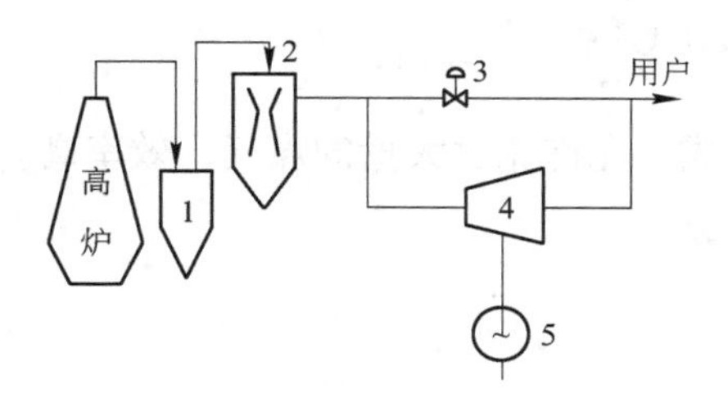

图 8-24　湿式 TRT 工艺流程图
1—重力除尘器；2—文氏管洗涤器；
3—调压阀组；4—煤气透平；5—发电机

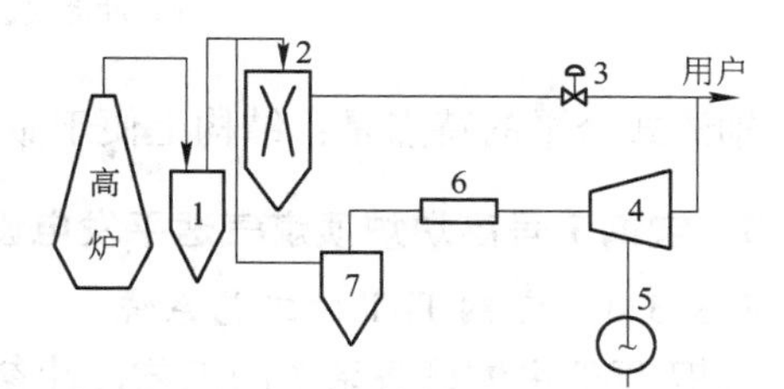

图 8-25　干式 TRT 工艺流程
1—重力除尘器；2—文氏管洗涤器；
3—调压阀组；4—煤气透平；5—发电机；
6—燃烧器；7—旋风除尘器

8.3.2　煤气透平发电机的结构类型及其工作原理

煤气透气发电机是利用煤气产生膨胀并把能量转化为机械能来进行发电的一种装置。其按结构类型的不同可分为向心式和轴流式两大类。

8.3.2.1　向心式透平机的工作原理

图 8-26（a）所示为离心压缩机的工作原理。它由电动机带动，气体由中部轴向进入，然后沿径向离心流出，出口压力 P_2 大于入口压力 P_1。图 8-26（b）所示为向心式透平机的工作原理。其工作过程是离心压缩机的逆向过程，气体以压力 P_2 沿径向流入透平的动叶，推动工作叶轮转动，然后带动发电机

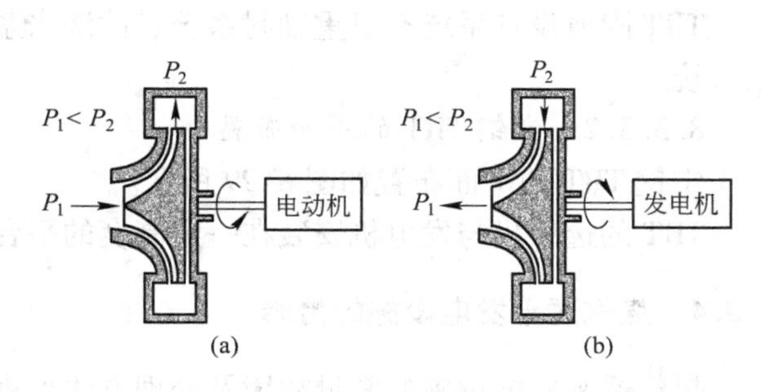

图 8-26　离心压缩机和向心式透平机的工作原理

发电。

该种透平机的特点是：结构简单，运行可靠，但效率较低。

8.3.2.2 轴流式透平机的工作原理

轴流式透平机是由一系列静叶叶栅和装有动叶叶栅的工作叶轮彼此串联而成。其工作原理如图8-27所示。气体（压力P_2）流经动叶时，其动量发生变化而产生一个气动力F，推动工作叶轮旋转。气体压力转化为机械能，出口压力P_1小于入口压力P_2。若轴流式透平的动叶流道的通流面积做成不变的（见图8-27a），称为冲动式透平；动叶流道的通流面积是逐渐收缩的（见图8-27b），称为反动式透平。

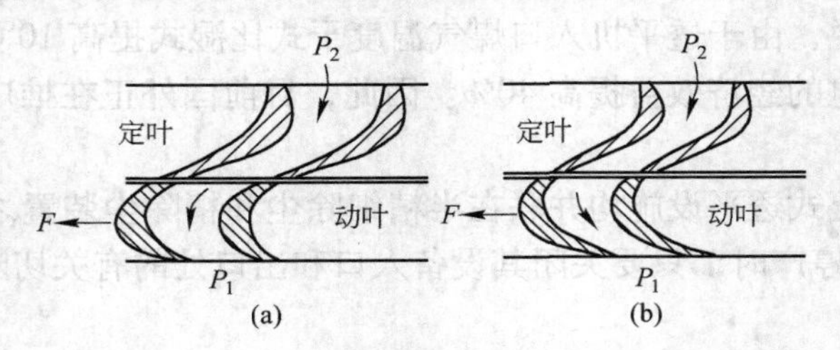

图8-27 轴流式透平的叶栅
（a）冲动式透平；（b）反动式透平

轴流式透平的特点是：结构上便于做成多级形式，允许流过大量的煤气，效率高。

8.3.3 宝钢1号高炉炉顶煤气透平发电设备

8.3.3.1 宝钢TRT的工艺系统

宝钢TRT主体设备系统的工艺设计参数如下：

通过最大高炉煤气量	670000m³/(h·台)
入口管交接点煤气压力	215.7kPa（表压）
出口管交接点煤气压力	12.75kPa（表压）
入口煤气温度	55℃
高炉煤气相对湿度	100%
煤气中机械水含量	7g/m³以下
入口煤气含尘量	10mg/m³以下
出口煤气含尘量	3mg/m³以下
额定发电能力	17440kW

宝钢TRT高炉煤气系统如图8-28所示。

TRT附属设备系统有双重轴封系统、冲洗水系统、润滑油系统、控制油系统、气体吹扫系统。

8.3.3.2 宝钢TRT的平面布置

宝钢TRT的平面布置如图8-29所示。

TRT的透平机与发电机安装在一定高度的平台上，平台上设隔音防雨罩等装置。

8.3.4 煤气透平发电设施的检修

煤气透平发电设施的常见故障及处理方法见表8-5。

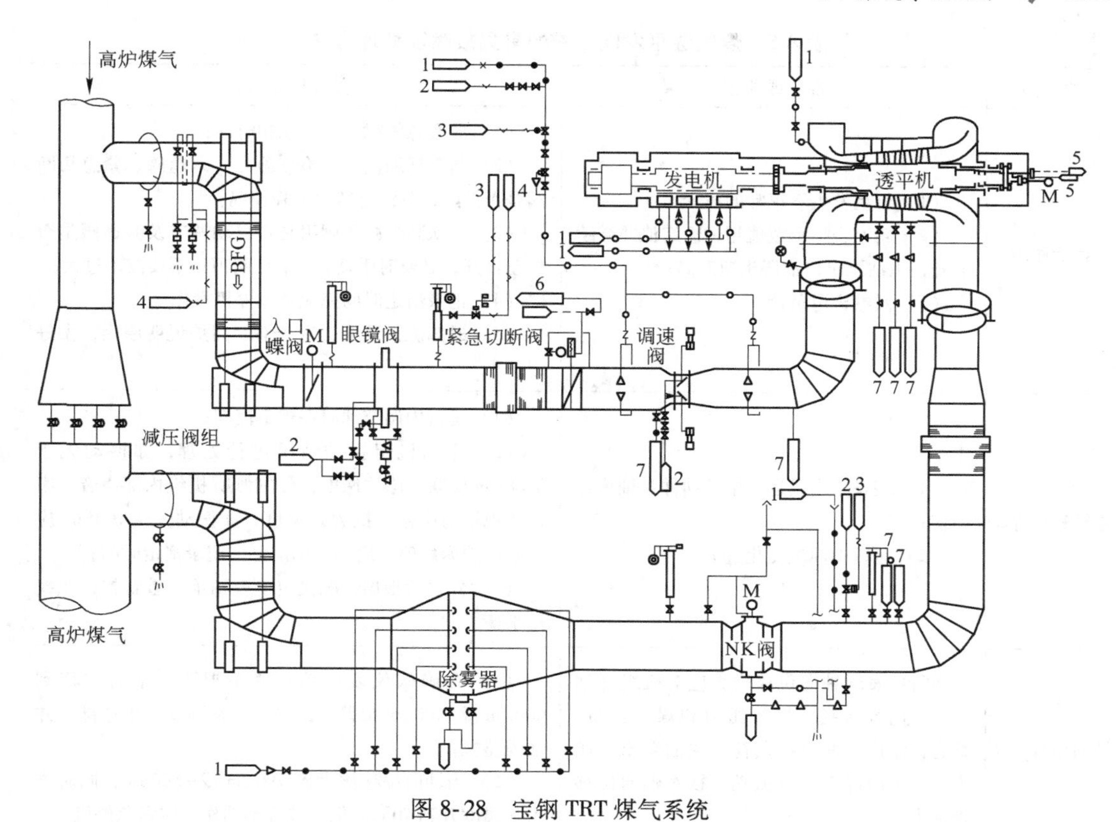

图 8-28　宝钢 TRT 煤气系统

1—工业用水；2—氮气；3—仪表氮气；4—蒸汽；5—润滑油；6—控制油；7—回收水

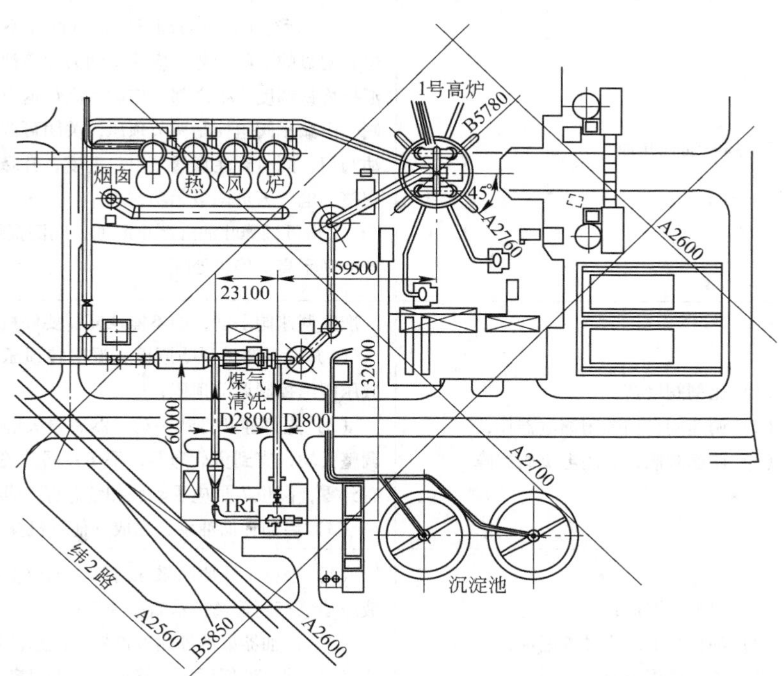

图 8-29　宝钢 TRT 与高炉位置关系平面布置

表8-5 煤气透平发电设施的常见故障及处理方法

故　障	现象或原因	处 理 方 法
转子超速	（1）机组发生不正常的声音； （2）转速表指示数值超过额定值并继续上升，主油泵出口油压迅速升高； （3）发电机甩负荷	（1）应紧急停机，注意脱扣时间； （2）启动辅助油泵，检查静叶、调速阀、紧急切断阀是否关闭，并注意转速下降情况； （3）确认高炉减压阀组是否自动调节及旁通阀是否自动打开，必要时手动打开，控制顶压不要波动过大； （4）记录惰走时间完成其他停机操作； （5）通知炼铁调度、生产部、高炉说明原因，做好记录
主轴径向振动	（1）装备不当或运行中转动件、轴承等损伤； （2）运行中油温变化过大	（1）运行中调节油温在规定范围； （2）根据机组振动情况进行处理，如振动大于0.08mm应联系炼铁调度，仔细倾听机组内部声音，密切监视轴向位移、推力瓦温度；如振动大于0.1mm应联系高炉紧急停机启动辅助油泵，记录惰走时间； （3）停机后根据情况决定检查轴承，重新找正或找动平衡
轴向位移增大	运行中发现轴向位移增大应对机组详细检查，内容包括：煤气压力和煤气流量、推力瓦温度、发电机负荷、主油泵出口压力、机组内部声音及振动、核对轴向位移指示表	（1）在确认仪表指示正确情况下，轴向位移到600μm或-300μm报警，此时应汇报调度及生产部，并加强监视； （2）当轴向位移增大到790μm或-500μm，同时推力瓦温度升到70℃而保护装置不动作，应紧急停机
可调静叶油缸漏油	可调静叶油缸漏油	（1）运行中发现可调静叶油缸漏油不严重，油箱油位有明显的下降趋势，应注意动力油箱油位及时补油并汇报炼铁调度、生产部，应联系高炉退出转顶压自动控制，由减压阀组控制调节顶压，关闭可调静叶阀台进出油阀门，同时要注意透平出口温度，升降负荷用调速阀调整，电气人员调整无功； （2）可调静叶油缸严重漏油，应汇报炼铁调度、生产部联系高炉停机处理
TRT正常停机时调速阀不动作	（1）比例阀堵塞； （2）调速阀自动关闭继电器坏； （3）调速阀阀台关闭电磁阀故障	恢复调速阀手动，如不能恢复需要停机： （1）联系高炉说明原因，退出转顶压自动控制，由减压阀组控制调节顶压； （2）先将静叶打到手动，然后慢关静叶负荷，电气调整无功，直到负荷降零，手切并网开关停机，如果没有到零，岗位人员应手动脱扣危急保安器进行停机； （3）启动辅助油泵，完成其他停机操作
液压油箱油位低报警	（1）冷油器漏油； （2）油箱外部压力油管漏油； （3）油位低误报警	（1）根据上述原因采取对策，油位低误报警迅速将液压油泵打到现场指示启动油泵； （2）冷油器漏油停用冷油器并注意油箱温度； （3）油箱外部压力油管漏油，向油箱加油，找出漏油部位并设法消除

续表 8-5

故 障	现象或原因	处 理 方 法
氮气系统压力下降	（1）氮压机故障系统压力下降； （2）氮气管道破裂	（1）根据原因采取对策，氮气主管压力下降至130kPa操作人员应联系高炉降低机组负荷，电气人员注意调节无功，直至机组转入电动运行，以使TRT各区域煤气泄漏值保持在规定范围； （2）运行中氮气主管压力突然降低，造成氮封处煤气泄漏，TRT应迅速联系高炉降低机组负荷直至转入电动运行，及时汇报炼铁调度询问氮气下降原因，汇报环能公司生产部； （3）机组降低负荷或转入电动运行后，TRT值班人员随时注意监视各区域煤气报警值在规定范围内，如各区域煤气泄漏值仍超过规定值或电动运行半小时后，氮气系统仍不能恢复正常，应与环能公司及炼铁调度联系停机隔离煤气处理
发电机系统失电	由于种种原因引起二站联络柜35号（或本站系统联络柜4号）跳闸引起系统失电	应立即检查机组是否联跳，同时通知高炉，手动打开旁通阀（若未打开），进行其他停机操作；通知有关部门处理
发电机低压失电	由于低压两段失电，引起发电机紧急停机；自动化由UPS电源供电；直流屏供给操作电源；事故照明灯自动供给照明	迅速通知高炉，同时注意高炉顶压变化及旁通是否打开，检查所有设备是否正常，确认无误后，立即通知调度及时恢复低压母线正常运行方式；若有问题，立即通知有关部门处理
发电机进相运行	（1）系统电压因故突然升高或有功负荷增加，而使励磁电流自动降低； （2）自动励磁调节器失灵或误动； （3）励磁系统的其他设备故障	（1）由于设备原因而造成进相时，只要发电机尚未出现振荡或失步现象，应迅速降低有功功率，同时迅速提高励磁电流（即调整无功功率）使机组脱离进相状态，然后查明励磁电流降低原因； （2）由于设备原因而不能使发电机恢复正常，应争取及早解列，以防对系统电压造成影响
发电机着火	发电机冒烟着火时，从端盖窥视孔、风道或风冷小室等处可以看到冒出明显的烟气、火星，并能闻到绝缘烧焦的气味；发电机着火的主要原因是由于发热引起的	（1）发电机着火时，应立即与系统解列，切除励磁屏控制开关“KK”置“零”位，保持转速在300r/min，立即将消防水接入灭火装置（注意：值班人员必须确知发电机已解列灭磁且有关电源已隔绝后）再喷水灭火； （2）若消防栓无水，应立即从窥视窗（打坏玻璃）用1211灭火器灭火； （3）发生冒烟着火应立即通知调度、高炉及安环科，并在消防人员赶赴现场后，对邻近的带电设备煤气设备要交代清楚，配合消防人员进行灭火工作

续表 8-5

故 障	现象或原因	处 理 方 法
发电机 并网开关跳闸	现象：声音报警，并网开关绿灯亮，发电机所有表计回零，励磁屏输出电压，电流为零，励磁系统联跳； 原因： （1）发电机内部或外部故障引起保护装置正确动作跳闸； （2）机组失磁保护动作； （3）透平机故障引起联锁跳闸； （4）人员误磁或误操作，继保误动作等原因	（1）注意观察透平机是否联跳，旁通是否打开；若未跳或未开，应迅速手拍紧急停机按钮，打开旁通并通知高炉注意调整。通知炼铁调度及生产部； （2）同时检查励磁系统是否联跳，若未跳，应迅速手动按“灭磁”按钮灭磁，切除励磁屏控制开关“KK”置“零”位； （3）立即查明原因，通知炼铁调度及生产部值班人员，组织处理； （4）仔细检查发电机及全部附属设备有无损坏等（通过听、看、闻、摸感官及仪表检查）； （5）若因外故障引起跳闸，注意观察，低压母联是否自投，UPS是否正常； （6）通知有关单位处理
非同期并列	现象： （1）发电机并网瞬间，定子电流表指示突然升高后剧烈摆动； （2）定子电压表指示下降并来回摆动； （3）发电机本体发出“吼”声并产生强烈振动； 危害：发电机非同期并列能产生很大的冲击电流造成发电机损坏，并对系统产生强烈冲击引起振荡； 原因： （1）发电机并网时，未满足电压、频率、相位角相等三个条件； （2）检查后的发电机没有核相； （3）同期回路装置损坏	（1）发生非同期并列，操作人员应立即切并网开关，迅速手动按“灭磁”按钮灭磁，切除励磁屏控制开关“KK”置“零”位； （2）将机组改为检修状态，全面检查发电机，并测量定子绝缘，在查明发电机确实无损后，经批准方可重新启动
发电机失磁	（1）励磁屏输出电流指示近于零或等于零； （2）励磁屏输出电压指示异常； （3）无功负荷指示反向（负值）有功负荷降低并摆动； （4）定子电压指示降低，定子电流指示升高并摆动； （5）失磁后，透平机转速略有升高； （6）计算机发出“发电机失磁”报警信号	（1）检查发电机是否由于整流桥熔断器熔断造成的；励磁屏旋转整流熔断指示灯亮； （2）励磁系统故障； （3）由于励磁系统开关受振动等原因而失磁；根据情况，应立即降有功负荷，调整励磁电流；若不能很快处理，应停机处理，未查明原因，不得再次启动
变压器 过流保护	计算机发出“所用变保护”报警信号，5号柜送变压器开关跳闸，低压Ⅰ段跳闸，母联自投指示亮灯	注意检查Ⅰ段所带设备是否正常运行状态，还是已倒Ⅱ段运行；直流屏、励磁屏是否正常，将停了的设备重新启动，把变压器改为检修状态进行全面检查，查明消除故障，测量合格后投入运行

续表 8-5

故　障	现象或原因	处 理 方 法
变压器着火	变压器着火	（1）应首先切断电源，未断开之前严禁灭火； （2）迅速用灭火器灭火，并通知有关部门； （3）若油溢在变压器顶盖上着火时，应打开下部事故放油阀放油，使油位低于着火处；若变压器内部故障引起着火，则不能放油，以防变压器发生严重爆炸； （4）用1211灭火器并立即通知炼铁调度、高炉及安环科，并在消防人员赶赴现场后，对邻近的带电设备煤气设备要交代清楚，配合消防人员进行灭火工作

8.3.5 煤气透平发电设施的节能与经济效益

设置 TRT 的目的就是大力利用高炉煤气物理能——压力能和热能，进行能源回收。

高炉车间设置 TRT 后，回收的电能完全能满足车间本身需电量（鼓风机耗电除外）。

若全国 $1000m^3$ 以上高炉装备 TRT 的话，全年可发电达 5~7 亿度。

大型高炉装备 TRT，以宝钢为例，年发电量约 1.42 亿度，其技术经济指标见表 8-6，中型高炉装备 TRT，以梅山铁厂为例，年发电量约 1200 万度，折合标准煤可节约 5000t。国产湿式 TRT 的技术经济指标见表 8-7。

表 8-6　宝钢 TRT 技术经济指标

项　　目		数 量	备　注
TRT 通过的最大煤气量/$m^3 \cdot h^{-1}$		670000	
机组额定发电能力/kW		17440	
机组全年发电量/亿度		约 1.42	
机组动力消耗	耗水量/$t \cdot h^{-1}$	200	
	耗氮气/$m^3 \cdot h^{-1}$	900	
	耗电量/ $kW \cdot h^{-1}$	210	
	耗蒸汽/$t \cdot h^{-1}$	1	吹扫时用
机组占地面积/m^2		1200	
机组建筑面积/m^2		60	现场电气室
机组设备重量/t		约 350	
机组材料重量/t		约 210	

表 8-7　国产湿式 TRT（配 $1000m^3$ 高炉）技术经济指标

项　　目	数　量	项　　目	数　量
高炉有效容积/m^3	1060	透平机入口机械水含量/$g \cdot m^{-3}$	≤7
高炉炉顶压力/MPa	0.12	透平机设计点出力/kW	1700
高炉煤气量/$m^3 \cdot h^{-1}$	约 17×10^4	年工作小时/h	7000
透平机入口处煤气压力/MPa	0.1	年发电量/$kW \cdot h$	1190×10^4
透平机出口处煤气压力/MPa	0.01	总投资/万元	249
透平机入口处煤气含尘量/$mg \cdot m^{-3}$	≤10	投资回收期/年	3.7

复习思考题

8-1 高炉煤气为什么要进行除尘？
8-2 除尘的基本原理是什么？
8-3 重力除尘器的结构、工作原理和特点是什么？
8-4 洗涤塔的作用、构造和工作原理是什么？
8-5 文氏管的构造和工作原理是什么？
8-6 静电除尘器的结构、工作原理和特点是什么？
8-7 干式布袋除尘器的工作原理是什么？
8-8 煤气净化附属设备有哪些？其作用是什么？
8-9 煤气透平发电的意义是什么？煤气透平发电的工作原理是什么？

9 渣铁处理设备

随着高炉向大型化方向发展，高炉每日产生数千吨甚至上万吨液体渣铁，因此，高炉冶炼对炉前设备和工艺操作提出的要求也越来越高：

（1）渣铁处理设备机械化程度要高；

（2）设备应具有很高的工作可靠性；

（3）设备处理能力大、寿命长、作业率高；

（4）便于维护检修；

（5）能进行远距离控制。

渣铁处理设备（iron and slag treatment system）包括炉前设备和辅助工具、铁水处理设备和炉渣处理设备。新建的大型现代化高炉还设有更换风口和弯头的自动化机械设备。

9.1 炉前设备和辅助工具

9.1.1 出铁场与风口工作平台

9.1.1.1 风口工作平台

风口工作平台与出铁场是紧密联系在一起的。在风口的下面，沿高炉炉缸四周设置的工作平台为风口工作平台。操作人员要通过风口观察炉况，更换风、渣口，放渣，维护渣口、渣沟，检查冷却设备以及操作一些阀门等。为了操作方便，风口平台一般比风口中心线低1.5m左右。除上渣沟部位要用耐火材料砌筑一定的高度外，其他部位应保持平坦，只留卸水坡度。为了铁口操作的需要风口平台在此断开，新建的大型高炉在铁口上方安装一可移动的平台便于与风口工作平台连成一片。风口工作平台和出铁场的结构有两种。一种是实心的，两侧用石块砌筑挡土墙，中间填充卵石和沙子以渗透表面积水，防止铁水倒流到潮湿地面，造成“放炮”。这种结构主要用于炉前铸铁的小高炉。另一种是架空的，它是支持在钢筋混凝土柱子上的预制板上，上面填沙，表面立砌一层砖，并成一定的坡度以利于排水。

9.1.1.2 出铁场

出铁场布置在出铁口方向的下面。一般高炉设一个出铁场，大高炉可设2~3个出铁场。出铁场除安装开铁口机、泥炮等炉前机械设备外，还布置有主沟、铁沟、下渣沟、挡板、沟嘴、撇渣器、炉前吊车、贮备辅助料和备件的贮料仓及除尘降温设备。

出铁场的铁沟和渣沟与地面应保持一定的坡度，以利于渣铁水的流淌和排水。一般以车间内铁轨轨面标高为零点，出铁场最远的一个流嘴标高要允许渣铁罐车及牵引车从流嘴下顺利通过。

A 渣铁沟和撇渣器

（1）主沟。从出铁口到撇渣器之间的一段距离称为主沟。主沟是一个壁厚为80mm

的铸铁槽，内铺砌115 mm厚的黏土砖，上面覆盖捣固的炭素耐火泥。主沟短会使渣铁来不及分离。从出铁口到撇渣器主沟的宽度是逐渐扩张的，以便于降低渣铁的流速，有助于渣铁分离，在铁口附近宽为1m，撇渣器处为1.4m左右。图9-1所示为主沟与砂口（撇渣器）的构造。主沟沟衬损坏时的清除和修补工作十分困难，劳动条件差，有条件的地方可采用整体调换的办法。

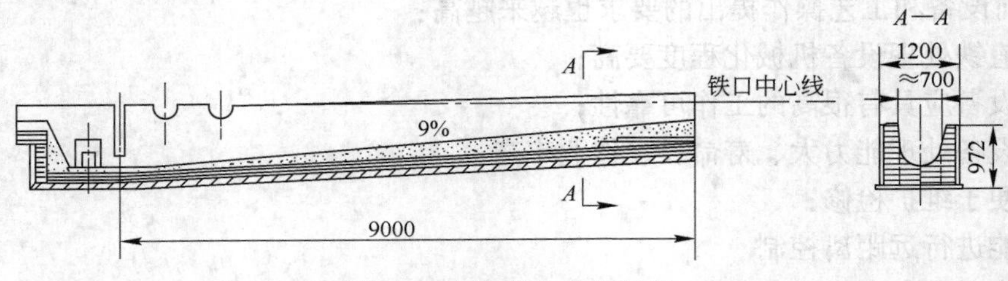

图9-1 主沟及渣铁分离器

(2) 撇渣器（渣铁分离器）。撇渣器又称砂口或小坑，它是保证渣铁分离的装置。它利用渣铁密度不同，用挡渣板把渣挡住，铁水从下面穿过，达到渣铁分离的目的。为了改善劳动条件减轻劳动强度，近几年来，人们对砂口做了许多改进工作，如活动砂口、双砂口、使用新型耐火材料等，延长了砂口的使用寿命。

(3) 铁沟和渣沟。铁沟结构与主沟相同，其上端和撇渣器的出铁小井相接，下端与各流嘴相连，坡度一般为6%~7%，在流嘴处达10%，但宽度比主沟窄。渣沟是80mm厚的铸铁槽，上面捣一层垫沟料（河砂），不必砌砖，这是因为，渣液导热性差，冷却时会自动结壳，不会烧坏渣沟。因为炉渣的流动性比铁差，所以渣沟的坡度比较大。

摆动式渣铁沟维护内容如下。

1）摆动式铁沟的维护：按时进行修补烘干；及时清理工作平台的残渣铁；经常检查机械设备运转情况；严格执行操作规程。

2）摆动式渣沟的维护：定期检查机械设备的运行情况；及时清理工作平台残渣；摆动式渣沟按时进行修补；操作时按规定角度进行不能违规超标。

(4) 流嘴。流嘴是指铁水从出铁场的铁沟进入到铁水罐的末端那一段。其构造与铁沟类同，只是悬空位置的部分不易炭捣，常用炭素泥砌筑。小高炉出铁量不多，可用固定式流嘴；大高炉渣沟与铁沟及出铁场长度要增加，为了缩短渣铁沟的长度，进而缩短出铁场的长度，所以采用摆动式流嘴。

摆动铁沟流嘴如图9-2所示，它由曲柄连杆装置、沟体、摇枕、底架等组成。内部有耐火砖的铸铁沟体支持在摇枕上，而摇枕套在轴上，轴通过滑动轴承支撑在底架上，在轴的一端固定着杠杆，通过连杆与曲柄相连，曲柄的轴颈联轴节与减速机的伸出轴相连，开动电动机，经减速机、曲柄带动连杆，促使杠杆摆动，从而带动沟体摆动。沟体的摆动角度由主令控制器控制，并在底架和摇枕上设有限制开关，为了减轻工作中出现的冲击，在连杆中部设有缓冲弹簧。在采用摆动铁沟时，需要有两个铁水罐并列在铁轨上，可按主罐列和辅助罐列来分。主罐列第一个铁水罐装满后，操作摆动机构，让沟体倾向辅助罐列罐位，此时主罐列在绞车作用下移动一个罐位，然后摆动铁沟又转向主罐列第二个空铁水罐装铁水，周期进行，直到出铁结束。

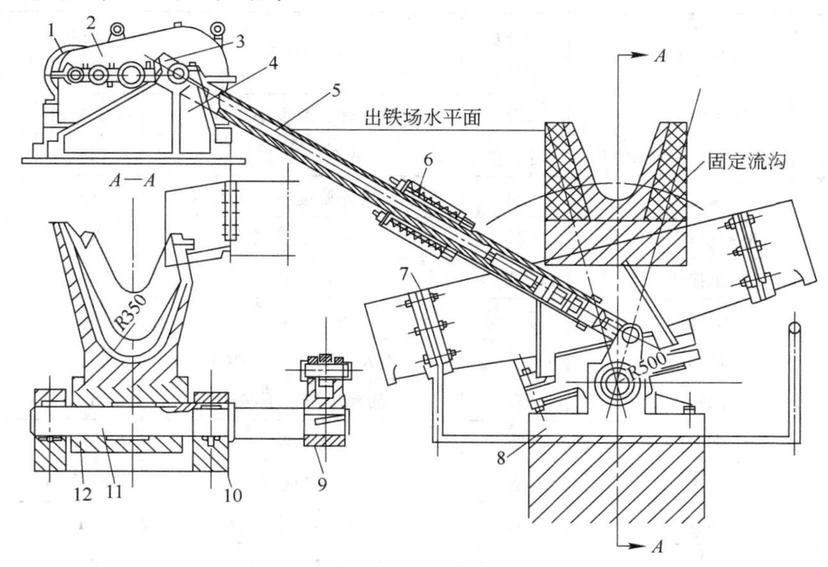

图 9-2 摆动铁沟

1—电动机；2—减速机；3—曲轴；4—支架；5—连杆；6—弹簧缓冲器；7—摆动铁沟沟体；8—底架；9—杠杆；10—轴承；11—轴；12—摇枕

一般有条件的钢铁企业都将炉渣冲成水渣，但有的是用渣罐运输的，这种情况同样也可以采用摆动式渣沟流嘴（见图 9-3）。它由传动装置、流槽本体及支座部分组成，电动机通过减速机转动链轮，而链轮转动一个角度后，就把两端引出的链条一端卷进一端放出，这样就使流槽本体以支座为支点摆动，在低位工作的同时，高位流嘴下的渣罐车由专用绞车或机车移动一个罐位的距离。

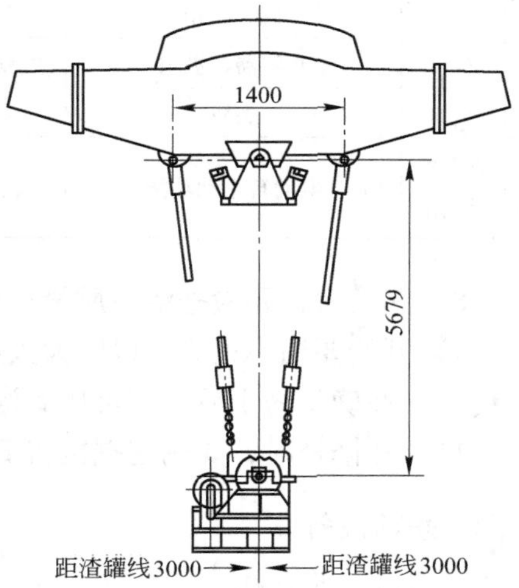

图 9-3 摆动渣沟

摆动铁沟流嘴的点检标准见表 9-1。

B 主铁沟、撇渣器、摆动流嘴的修补与浇注

（1）浇注的前一天，要提前检查所用设备、工具，检查材料是否好用、齐全，模具刷上废机油。

（2）放掉残铁后，用挖掘机将旧料清理掉，见砖。

（3）用高压风将沟底吹扫干净。

（4）放好模具，并用圆钢和主沟帮焊牢。

（5）浇注料用搅拌机拌匀后，倒入沟中并用振动电动机振实（不是自流式浇注料要用振动辊）。

（6）浇注完后，要根据凝固情况，起模。

（7）起模前要用锤振动内模，使模具和浇注料脱离。

表 9-1 摆动铁沟流嘴的点检标准

设备名称	点检部位	点检项目	点检方法	点检标准	点检周期	操作者
传动装置	电动机	轴承润滑	看	润滑良好，温度小于65℃	运转时8h	岗位工
		接手、安全罩、地脚螺栓	看、摸	齐全、不松动	8h	岗位工
		温度	摸	电动机壳温度不大于65℃	8h	岗位工
		电动机声音	听	声音无异常	8h	岗位工
	制动器	闸机接手	试	灵活、可靠	开动前	岗位工
	减速机	螺丝	看、摸	齐全、紧固	8h	岗位工
		轴承	摸	不大于65℃，不烫手	8h	岗位工
		润滑	看	油标中位，不漏油	8h	岗位工
		声音	听	无异响	8h	岗位工
连杆机构	摆动座	轴承	看	润滑良好	运转时8h	岗位工
		座身	看	不变形、不开裂	8h	岗位工
	拉杆	铰链	看、试	润滑良好、无变形	8h	岗位工
摆动流槽	槽体与流嘴	内衬、外壳	看	内衬无烧毁、脱落，外壳完整	8h	岗位工
电气装置	电气元件	接触器、开关	看	无烧坏、接点接触良好	开动前	岗位工
		控制压扣	试	操作灵活、定位准	开动前	岗位工
		开闭器、极限	试	定位准、无卡住	开动前	岗位工
		连线	看	无破损，无绝缘老化现象	开动前	岗位工
手动装置	离合器手动闸	电动转手动功能	试动	灵活、动作可靠	开动前	岗位工

(8) 起模后，要检查浇注质量。如有气孔，气孔处要破坏重浇。

(9) 开始要用小火烤，以防大火爆裂（爆裂厚度大于50mm要重新浇注）。

(10) 在确认烤干后，方可用此沟出铁。

(11) 在修补时，要用挖掘机将旧料表面100~150mm破坏后，再浇注（操作同上）。

9.1.2 炉前设备

9.1.2.1 开口机

开口机按动作原理分为钻孔式、冲击式和冲钻式三种。

开口机必须满足下列要求：开孔钻头应在出铁口中开出一定倾斜角度的直线孔道，孔径小于100mm；打开出铁口时，不应破坏铁口内的泥道；打开铁口的一切工序应机械化，并能远距离操作，保证操作人员安全；为了不妨碍炉前其他设备的操作，开口机外形应尽可能小，并能在开口后迅速撤离。

A 钻孔式开口机

钻孔式开口机（见图9-4）的机构比较简单，通常由吊挂开口机的走行梁、旋转机构、递进机构三部分组成。其工作时，钻杆一边旋转一边进风，当吹屑中带铁花时，说明已接近终点，此时应退出钻杆，捅孔出铁。

钻杆旋转机构见图9-5。其两级齿轮减速箱分为两段，一段是和电动机轴直接连接，另一段和钻杆连在一起，再用一对平行杆将两段齿轮紧锁，并利用这段平行杆吊挂和调整中心位置。

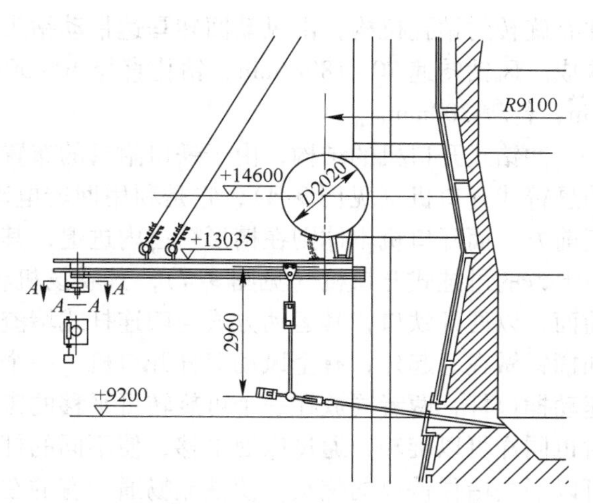

图9-4 开铁口机

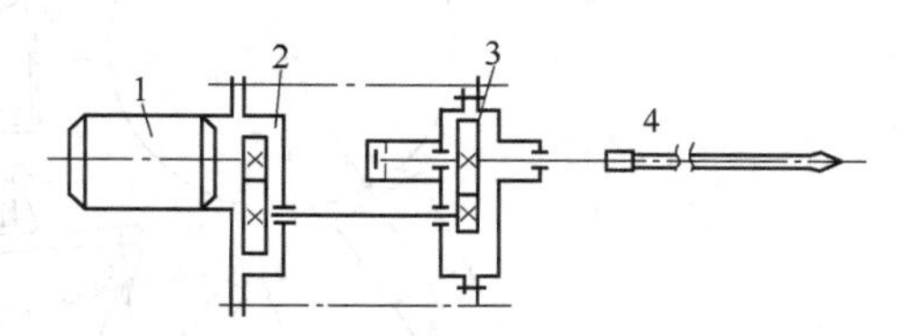

图9-5 钻孔式开铁口机旋转机构

1—电动机；2，3—齿轮减速器；4—钻杆

在接近钻杆的连接轴处有一个风盒子（见图9-6）。风从风盒子外壳上的固定进风孔吹入，通过连接轴圆周上的四个进风孔，送进钻杆中心孔道，从钻头中心小孔吹出来。既旋转又通风的装置是端面密封，或称机械密封。密封盒的外壳是浮搁在转动轴上的，但和减速机机壳固定，并不转动，弹簧盘2通过滑键8随连接轴6转动，借弹簧4将胶圈3压紧在黄铜摩擦片上，将1压紧在外壳法兰5上。构件1、2、3、4都随轴转动，但外壳不转，从而达到管子进风的目的，其密封之一是*AC*面，是被压紧的胶圈3密封，更重要的是*AB*摩擦面，这就是端面密封的特点。这是两个加工的十分光洁的、压紧的、相对转动着的平面，中间开有油槽，作密封面上的润滑，它对0.5~0.8MPa的压缩空气或更大压力的水有良好的密封效果。

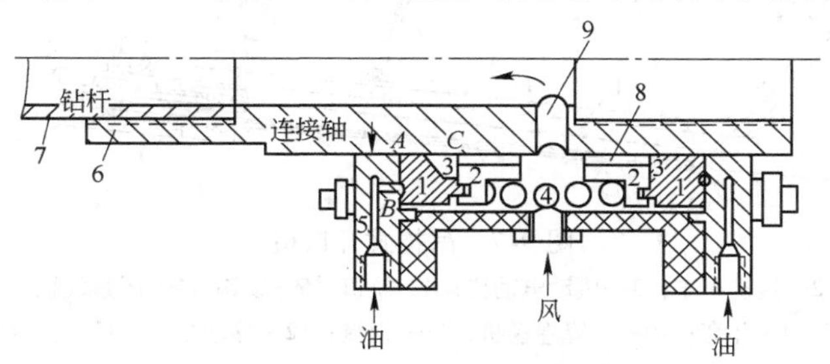

图9-6 开铁口机风盒子端面密封

1—黄铜摩擦片；2—弹簧盘；3—胶圈；4—弹簧；5—外壳法兰；
6—连接轴；7—钻杆；8—滑键；9—进风孔

开口机钻杆直径有50mm和60mm两种，用厚壁无缝钢管做成，钻头用铜焊的YT5硬质合金。一般钻杆分成四段，即钻头、进入铁口内的短杆（这段易变形，经常更换）、主杆和带有密封的空心连轴。钻杆又直又长，故加工接头时中心要求准确，否则一弯曲，转动时就会跳动，甚至使电动机跳闸。钻杆转速为300~400r/min，电动机功率为4.5kW。钻杆是能够迅速拆换的。

B 冲钻式开口机

冲钻式开口机用压缩空气作为动力，气压为0.4~0.8MPa，其钻头以冲击运动为主，并有旋转的钻孔机构，由风动回转马达带动钻头凿孔，用气锤式风缸驱动的钢钎打击装置构成。风钻转速70~180r/min，钻孔直径40~50mm，气锤式风缸的打击次数达200~800r/min，行程300mm。

冲钻式开口机的结构，由于铁口附近的布置不同一般有两种。一种是安装在铁口外侧的悬臂式开口机（见图9-4），它是利用回转电动机将悬臂梁下的槽形轨道，转到铁口的正前方，而开口机本体则在槽形轨道内进退，其运动方式类似于电炮。另一种是安装在铁口上方的吊挂式开口机（见图9-7），其卷扬机将槽形轨道和开口机本体一起固定在铁口前面，以便开铁口，其运动方式与四连杆式堵渣机相近。开口机本体构造中，除上述风钻和捅钎做在一起外，有全风动双杆开口机，一个风动的旋转凿杆和一个长行程风缸驱动的速动捅口杆，两者同放在一个可旋转可平移的床面上，床面像电炮一样有固定支托，工作时也同样可以旋转，通过床面平移，使不同的杆对中。它除了具有钻孔和捅开铁口外，还可以捅去堵住铁口的焦炭，使铁流畅通。有的在开口机本体上还装有送入氧气的机构，以便必要时用氧气烧开铁口。

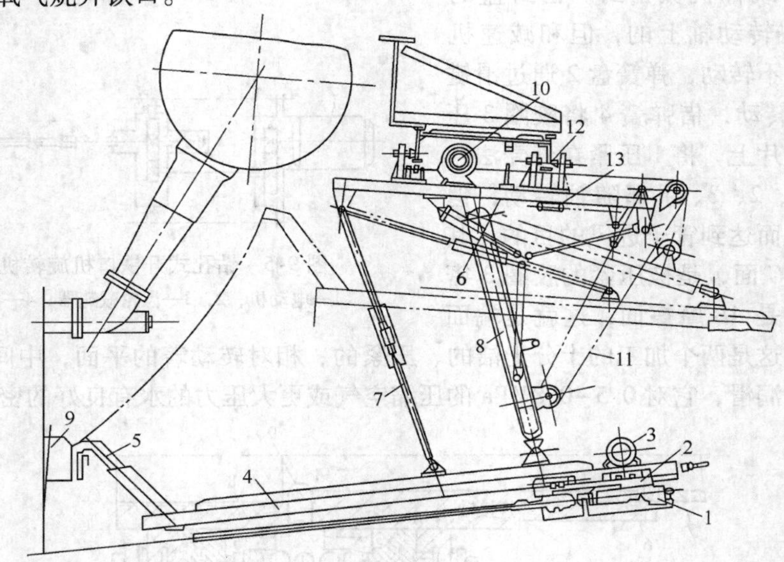

图9-7 吊挂式开口机

1—钻孔机构；2—送进小车；3—风动电动机；4—轨道；5—锁钩；6—压紧气缸；7—调节连杆；8—吊杆；9—环套；10—升降卷扬机；11—钢绳；12—移动小车；13—安全钩气缸

C 开口机的维护检查

使用开口机之前，必须认真检查以下各项，发现问题及时处理。

（1）电气设备操作运转是否正常；

（2）各减速机连接螺栓是否松动；

（3）各传动钢绳是否起刺，连接是否牢固；

（4）钻头、钻机是否损坏，钻杆是否弯曲，钻杆法兰连接螺栓是否齐全，是否拧紧；

（5）悬挂开口机大梁的支座转轴是否磨损，吊挂开口机大梁的吊挂钢绳是否磨损腐蚀；

（6）通风用的风管，接头是否牢固。

钻铁口时，严禁钻漏烧坏开口机。

D 某高炉开口机点检标准

某高炉开口机点检标准见表9-2。

表9-2 开口机点检标准

设备名称	点检部位	点检项目	点检方法	点检基准	点检周期
回转机构	大轴承	平衡状况	动态观察	无异声	周
	连接螺柱	紧固状况	敲打	紧固、齐全	周
	液压缸	渗油	观看	无渗油	周
打击装置	气缸	漏气状况	听、看	不漏气，不松动	周
	进排气管	漏气状况	听、看	不漏气，不松动	周
旋转装置	主传动轴	运动状况	试、听	运行无卡阻	周
	传动齿轮	运动状况	试、听	灵活，无卡阻	周
	进排气管	漏气否	试、听	不漏气	周
进退机构	进气管道	漏气否	看、听	不漏气	周
	链条	间隙	看	间隙不超标，无裂缝	周
	风动马达螺栓	紧固状况	敲打	不松动	周
操作阀台	操作阀	指针显示	看	显示正确	周
	工作台	漏油否	看	无渗漏	周

9.1.2.2 堵铁口泥炮

泥炮是堵铁口的专用设备。高炉堵铁口的泥炮有两种形式，即电动泥炮和液压泥炮。

对泥炮的基本要求：泥炮工作缸应有足够的容量，保证供应足够的堵铁口耐火泥，能一次堵住出铁口；活塞应具有足够的推力，用以克服较密实的堵口泥的最大运动阻力，并将堵口泥分布在炉缸内壁上；炮嘴应有合理的运动轨迹，泥炮到达工作位置时应有一定的倾角，而且炮嘴进入出铁口泥套时，应尽量沿直线运动，以免损坏泥套；工作可靠，能进行远距离操作。

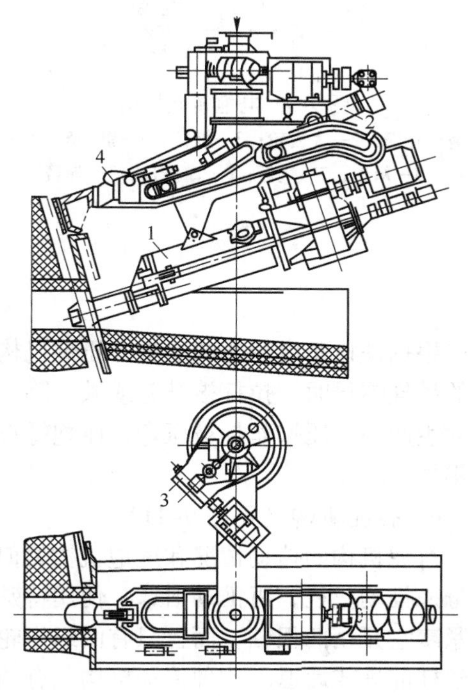

图9-8 0.4m³电动泥炮装置
1—打泥机构；2—压炮机构；3—转炮机构；4—锁炮机构

A 电动泥炮的构造与工作原理

电动泥炮主要由转炮机构、压炮机构和打炮机构组成（见图9-8）。

a 转炮机构（见图9-9）

炮柱3固定在基础的地脚螺丝上，炮柱外壳1通过滚动轴承套在炮柱3上，带有炮架的炮柱外壳，可以绕固定炮柱3转动。电动机及其减速系统安装在炮柱外壳上，减速系统是蜗轮蜗杆和一级齿轮减速，电动机带动蜗杆7、蜗轮6及小齿轮5转动。与小齿轮5啮合的大齿轮2与炮柱是用键固定的，因此传动结果是整个驱动系统包括悬臂吊架一起围绕大齿轮2和炮柱转动。蜗轮6和小齿轮5虽是同一轴，但它们之间的传动是由弹簧9压紧摩擦片8来进行的。摩擦片浸在油内，可以防止由于阻力大而损坏回转机构。当炮身旋转撞在锚钩板上时，摩擦片就会打滑，从而起到良好的保护作用。在使用时还可装置回转极限位置的限位开关，延长回转机构的使用寿命。

当转炮到一定位置时，必须锁炮，否则在打泥时由于反作用力作用泥炮会后退，炮泥堵不住铁口。可用撞上去的锚钩自动落入固定在炉壳上的钩槽来锁炮，当炮返回时，需用行程为50mm的电磁铁带动钢丝绳将锚钩拉起。

b 压炮机构（见图9-10）

压炮机构由转动着的丝杠上能活动的螺母来带动。吊挂小车7通过滑轮悬挂在吊架8上面的导槽10里面，导槽能够使下面悬挂的泥炮倾斜17°~18°。当电动机转动时，通过伞齿轮减速器1带动压炮丝杠6，使其推动固定在小车前轮上的压炮螺母，小车向前推进，泥炮口紧贴铁口然后打泥。当电动机反转时，小车向后退，炮身转平。

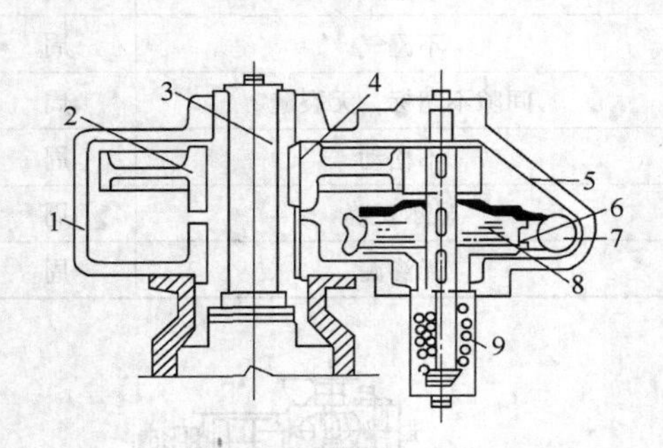

图9-9 电炮转炮机构

1—炮柱外壳；2—大齿轮；3—炮柱；4—键；5—小齿轮；6—蜗轮；7—蜗杆；8—摩擦片；9—弹簧

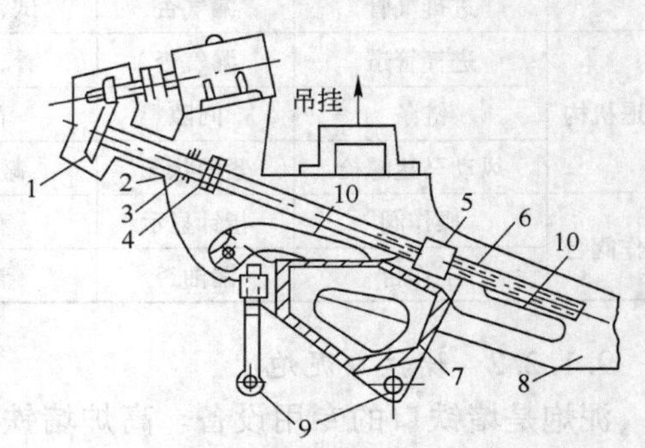

图9-10 电炮压炮机构

1—伞齿轮；2—轴台；3—推力轴承；4—螺母和锁母；5—青铜压炮螺母（梯形螺纹）；6—压炮丝杠；7—吊挂打泥部分的小车（压炮小车）；8—吊挂在转炮悬臂上的炮架；9—吊挂打泥部分的孔；10—导槽

根据铁口角度变化的要求，压炮机构在吊挂炮身的后拉杆上，有一段细纹，当旋转其上的吊挂螺母时，拉杆被升起或被下降，这就是改变炮身倾角，但调整幅度是有限的。在实际生产中，压炮丝杠被压弯，压炮螺母被灰尘磨损打滑的现象时有发生，所以要及时更换零件。

c 打泥机构（见图9-11）

打泥机构的传动情况和压炮机构类似，也是用螺母丝杠来传动，不同的是它用转动的螺母来推动丝杠，再推动活塞。使用特殊的三级减速箱，一般减速箱要用四根轴，为了结构紧凑它只用两根轴，而且只有两组齿轮，最后被传动的轴是个铜螺母，铜螺母转动时能使丝杠前进或后退。这种传动机构只有两组齿轮，每组一大一小是咬死的，即齿轮1和齿轮2、齿轮3和齿轮4分别死接在一起，只是在轴上滑动，这种称为套筒式的减速箱，只有主传动轴6和小齿轮5，以及最后的大齿轮7和大铜螺母8用键连接。大铜螺母最后是

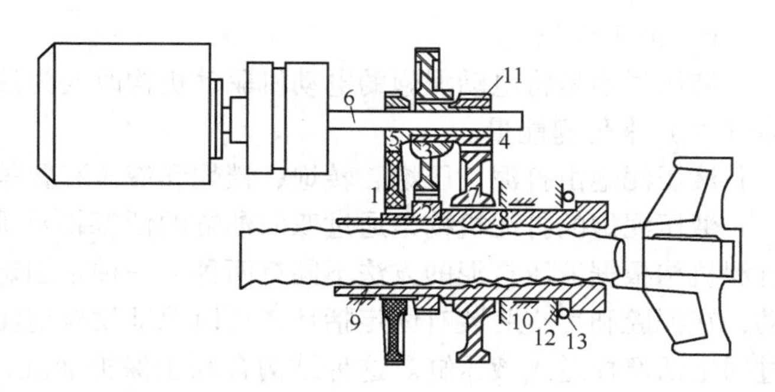

图 9-11 电动泥炮打泥机构

1~4—齿轮；5—小齿轮；6—主动轴；7—大齿轮；8—大铜螺母；9，10—钢套；11—铜套；12—止推轴台；13—止推轴承

通过单线粗牙锯齿形螺纹的连接来推动丝杠前进，为了使丝杠有力向前，铜螺母设有止推轴承装置 13，铜螺母前后设有径向的滚动轴承支撑，并在螺母前后套上钢套 9 和 10，所以钢套 9、10 和铜螺母 8 及主动轴上的铜套 11 都成为易损的零件。

泥缸前部的过渡套管和炮嘴可一起绕铰接轴线往一边转开，这样可从泥缸前端装入或挖出炮泥，正常的装泥口应设在泥缸上面的后部泥饼之前。

表 9-3 是我国生产的电动泥炮的技术特性。

表 9-3 国产电动泥炮的技术特性

参 数	50t	100t	160t	212t
泥缸有效容积/m^3	0.3	0.3	0.5	0.4
泥缸直径/mm	550	550	650	680
活塞推力/kN（t）	504（50.4）	1080（108）	1600~1650（160~165）	2120（212）
活塞对泥炮的压力/MPa	2.1	4.5	5	8
活塞行程/mm	1250	1220	1505	1510
活塞前进时间/s	37.5	52	78	113
炮嘴吐泥速度/m·s^{-1}	0.45	0.323	0.36	0.2
打泥机构电动机功率/kW	20	32	50	40
压炮的压紧力/kN	84	84	120	248
压炮所需时间/s	11.5	11.5	9	13.3
炮身倾斜角/（°）	17	17	17	
压紧机构电动机功率/kW	20	20	25	26.5
回转 180°所需时间/s	10.5	10.5	14	11.3
回转机构电动机功率/kW	6	6	6	6.2
锁紧机构电磁铁吸力/N	700	700	980	
总质量/kg	13500	11955	20453	
适用条件	（<1000 m^3）常压	（约 1000 m^3）高压	（1300~1500 m^3）高压	（1500~2000 m^3）高压

电动泥炮基本上能满足生产的要求，但在实际使用中还存在不少问题：外形尺寸大，特别是太高，妨碍出铁口附近的换风口操作；泥缸活塞推力不足，特别是采用无水炮泥时；丝杠及螺母的磨损太快，丝杠还容易顶弯，而更换螺母又十分困难；更换压紧机构的螺母和其他零件比较困难。

B 液压泥炮

液压泥炮是将电动泥炮的电动机驱动机构改变为液压传动机构。液压传动机构是用液体（油）来传递能量。

液压泥炮由打泥、压炮、转炮、锁炮和液压装置等机构组成。

液压泥炮的打泥机构是通过双向油缸的活塞推动泥缸活塞前进，来完成打泥工作的。打泥机构根据液压打泥的方法不同有两种。一种是固定的液压活塞杆，而打泥活塞往复运动，在泥腔和后空腔装有固定括环，可以保证没有炮泥窜到液压缸的活塞杆区域内，油通过固定活塞杆进入液压缸。这种结构有利于保护油缸，减少维修，延长油缸的使用寿命。另一种是采用固定的液压缸，而打泥活塞直接固定在活塞杆上一同做往复运动，因此，活塞杆要进入泥腔内，在那里容易被炮泥弄脏，可能影响到液压密封的寿命。

锁炮装置是把锚钩机构固定在转炮装置的架子上，锚钩座固定在基础上。在泥炮旋转至铁口位置后，锚钩背的斜坡在前进中从挡板上滑起，炮转正后落下，通过弹簧作用，将锚钩锁紧在锚钩座上，然后才可以打泥。在打完泥后转炮之前，先将高压油通入锁炮油缸，使活塞缸前进，推动锚钩转起，即可摘钩。

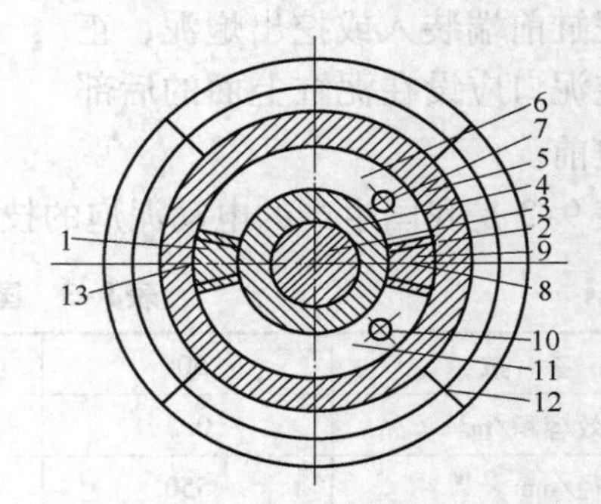

图 9-12 液压泥炮的回转油缸工作原理

1—转动块；2—密封块；3—固定的中心轴；4—固定轴套；5—回转缸体；6—油腔1；7，10—进（回）油口；8，13—连接键；9—固定块；11—油腔2；12—连接螺栓

过去转炮是通过油压马达使小齿轮转动，从而带动大齿轮和整个炮架旋转，而现在我国280t液压泥炮上使用了回转油缸（或叫摆动油缸），原理如图9-12所示。油缸给油之后，转动块1通过键和回转缸体5一起转动，缸体的转角小于230°、大于180°，回转缸体可以带动炮架旋转，表9-4为液压泥炮的技术性能。

表 9-4 液压泥炮的技术性能

适用高炉容积/m³	型 号	泥缸推力/kN	泥塞压力/MPa	泥缸有效容积/m³	泥缸直径/mm	炮嘴直径/mm
1000	YP270-25/55	2700	11.4	0.25	550	160
1200	KD240	2400	12.2	0.23	500	145
1800	KD300	3140	16	0.28	580	150
2500	BG400	3970	15	0.28	580	150
3200	BG400	5010	19.6	0.27	570	150
5000	KD700	7100	25	0.34	600	150
	YP600E	6177	21.8	0.31	600	170

液压泥炮的液压传动系统包括动力、执行、控制等机构及其他辅助部分。液压泥炮的安全保护装置有溢流阀、电接点压力表。溢流阀为压力控制阀，当液压回路的压力达到该阀的调定值时它将部分或全部液压油溢回油路，使回路的压力保持为调定值；当液压系统因某种原因压力继续升高时，电接点压力表发出信号，并发出事故铃声，同时停泵。

目前，在国内中小型高炉上采用一种YP60-13/40液压泥炮（见图9-13）。其立柱1

的高度只有481mm，并且倾斜安装在倾角为22.5°的基础上，这样，炮身在回转时沿着倾斜的平面轨迹运动。转炮油缸2通过曲柄摇杆机构推动转臂回转，允许回转角度为130°，炮身滑套在转臂端部的球面轴承3中可做轴向滑动。球面轴承3是为了安装和使用调节炮口位置而设置的，它允许在任意方向±5°范围调节，调好后再用螺栓7固定。在炮身回转到位后，由安装在球面轴承上的一对压炮油缸5送进炮身，使炮嘴快速平稳地压紧泥套，再开动打泥油缸6完成打泥堵口任务。这种矮炮具有质量轻、结构简单、使用时动作快、进炮平稳、操作可靠的特点。

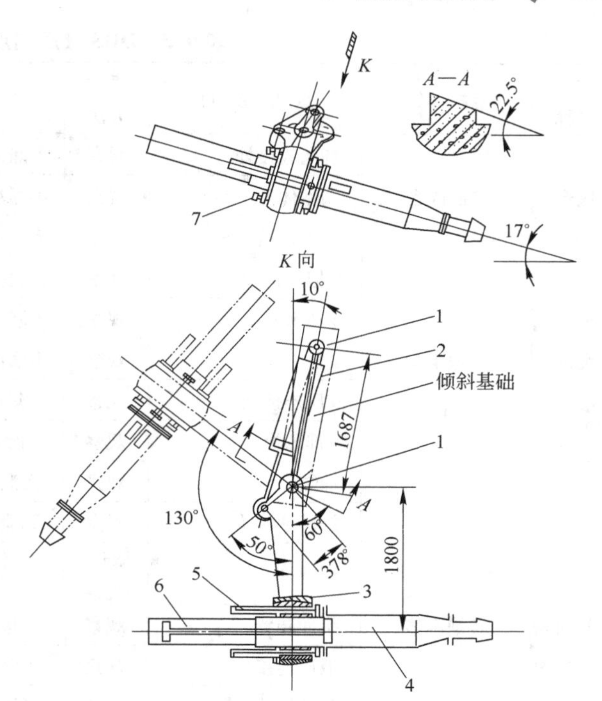

图9-13 YP60-13/40液压矮泥炮机构

1—立柱；2—转炮油缸；3—球面轴承；4—泥缸；5—压炮油缸；6—打泥油缸；7—定位螺栓

C 泥炮的检查维护

电动泥炮的检查维护：

（1）电炮操作必须严格执行操作规程，杜绝各安全装置运转时超过极限。

（2）严禁将冻泥块或干硬泥块装入泥筒内，清理干净活塞后面的残渣及硬泥以防止打泥时拉坏传动螺母或顶弯拉杆。

（3）应保持炮嘴完整炮头内壁光滑，发现炮泥结焦黏结时要及时抠掉。

（4）严禁用凉炮嘴堵铁口，防止发生爆炸，应用之前应先烘烤炮嘴。

（5）泥筒内定期加油润滑，压炮和打泥机构的传动螺杆及丝母定期注油。各装置机械部分定期检修更换。特别是压炮丝母要定期更换。

（6）电气线路要保持干燥，定期检查、维护更换。

液压泥炮的检查维护：

（1）定期检查维护液压系统各阀门、仪表，保证完好。

（2）操作液压泥炮时必须保证油压，不得低于规定压力，液压油管路、接头处不得漏油，保证电气线路畅通，油泵工作正常。

（3）液压系统内液压油应保持清洁干净，滤油设备要定期清扫，确保洁净无异物、污垢。

（4）注意检查泥缸中活塞是否倒泥，倒泥严重时应及时处理。

（5）液压油温不许超过60°。

（6）其他检查维护方法按电动泥炮执行。

某高炉DDS液压炮点检标准见表9-5。

9.1.2.3 堵渣口机

堵渣口机的作用是不放渣时将渣口堵上。通常采用气动、电动或液压驱动的堵渣口机。

表 9-5 DDS 液压炮点检标准

设备名称	点检部位	点检项目	点检方法	点检基准	周期	执行者
阀台	控制阀台	各阀连接处	观察	不漏油	每周两次	专业点检
		阀本体	观察	不漏油，手柄灵活		
		管路连接	观察	无松动，无泄漏		
泥炮	泥炮本身	泥炮保护板	观察	无烧损，无明显变形	每周两次	专业点检
		冷却水套	观察	不漏水		
		油缸	观察	不漏油		
		液压连接处	观察	不漏油		
		各部螺栓	观察	无松动，齐全		
回转机构	转炮本体	油缸	观察	无泄漏	每周两次	专业点检
		旋转油接头	观察	无泄漏		
		调节杆	敲打、观察	螺母无松动		
		缓冲装置	观察	卡板无松动，不脱焊		
		液压连接	观察	不漏油		
		各部螺栓	敲打	紧固，不松动		
		基座	动态检查	稳固，无晃动，无位移	每周一次	
干油润滑	各油点	润滑情况	观察	油点畅通，有油	见给油标准	专业点检
液压站	油箱	油位，油温	观察	油位正常，不超过55℃	每周两次	专业点检
	主油泵	运行情况	动态检查	打压稳定，无异常振动，无异响		
	滤油器液压	过滤网	观察	无背压		
	连接	活节头、法兰	观察	无漏油		
	循环油冷却系统	运行情况	动态检查	电动机运转正常，水管，油管畅通		

A 连杆式堵渣机

目前，国内外堵渣口机结构类型颇多，我国广泛使用的是平行四连杆机构堵渣口机（见图9-14）。其主要部分是铰接的平行连杆4，四连杆的下杆延伸部分是带塞头1的塞杆，平行四连杆的每一根斜杆都用两根引杆与支承框架3连接起来，支承框架固接于高炉炉壳上。堵渣口机结构原理如图9-15所示。当堵头堵上后，塞杆 EF 保持水平，AB 和 CD 杆连线交点 O 落在 E 点的铅垂线上，即 $OE \perp EF$，也就是说 O 点为 B、D、E 的瞬心。当塞杆堵渣口时是在一个垂直平面内运动，其运动轨迹近似一条直线，可视为绕瞬时中心 O 转动。

用压缩空气传动时，气缸11（见图9-14）通过钢绳8将塞杆拉出，并提起连杆机构。当从气缸上部通入压缩空气时，气缸活塞向下运动，从而带动操纵钢绳8，钢绳拉着连杆机构绕固定心轴7回转，整个机构被提起而靠向框架3，在四连杆机构被提起的位置，用钩子9把机构固定住。

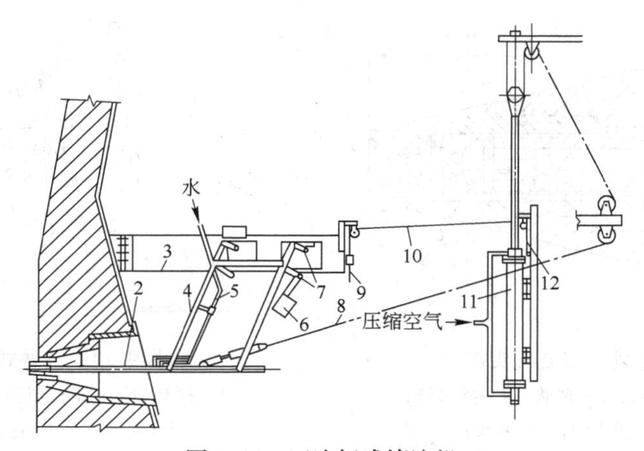

图 9-14 四连杆式堵渣机

1—塞头；2—塞杆；3—框架；4—平行四连杆；5—塞头冷却水管；6—平衡重锤；7—固定心轴；8—操纵钢绳；9—钩子；10—操纵钩子的钢绳；11—气缸；12—钩子的操纵端

堵渣口时，把压缩空气通入气缸下部，活塞上升，钢绳 8 松弛，然后操纵钢绳 10，使钩子脱钩，此时连杆机构在自重和平衡重 6 的作用下，向下伸入渣口，塞头紧紧堵住小套。近年来许多高炉将压缩空气气缸改为电动机卷筒驱动方式。对塞杆和塞头进行冷却的冷却水从管子 5 通入，为了避免楔住，塞头和渣口小套都应具有 0.1°～0.15°的锥度。

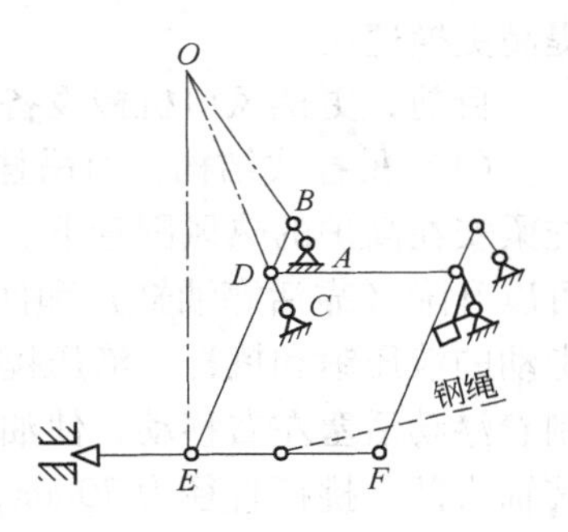

图 9-15 堵渣口机构原理

为了避免堵住渣口后塞头前端凝壳现象的发生，我国设计出结构简单的通风塞头（见图 9-16）。它在塞头上钻 ϕ10mm 小孔，不断吹出压缩空气，使之结不成渣壳，当塞杆提起，熔渣随即流出。如果需将渣口堵死结壳，只需缓缓关闭压缩空气即可。为了防止炉渣倒灌，通风口端面上设有逆止阀，通风堵头和焊接在风管上的挡板将逆止阀压紧，一旦逆止阀被渣灌死，可以拧下更换，操作简单又安全。

连杆式堵渣口机的优点是可以远距离操作，易于制造，比较安全等。其缺点是：外尺寸太大，机构受渣液辐射加热，容易变形；铰接点比较多，容易磨损；操纵堵渣口机的钢绳和连杆等妨碍炉前操作机械化；使用时塞杆不能断冷却水，堵口时塞口不能断风等。基于连杆式堵渣口机的上述缺点，现在国内已淘汰而用液压折叠式结构来代替。

液压折叠式堵渣机（见图 9-17）由摆动油缸 1、连杆 2、堵渣机杆 3、连杆 4、滚轮 5 和弹簧 6 组成。液压折叠式堵渣机堵渣杆也可安装通风堵头，即液压通风式堵渣机。

B 堵渣机的检查维护

（1）注意观察堵渣机塞杆和渣口中心线是否在同一垂直平面内，若不是则及时调整。

（2）注意观察堵渣机杆是否平直，保证不能弯曲。

（3）经常检查堵渣机的水压及风压是否正常。

（4）注意观察堵渣机钢绳是否起刺，应定期更换。

（5）注意观察堵渣机各机械部件工作是否正常，要定期注油、定期更换有关部件。

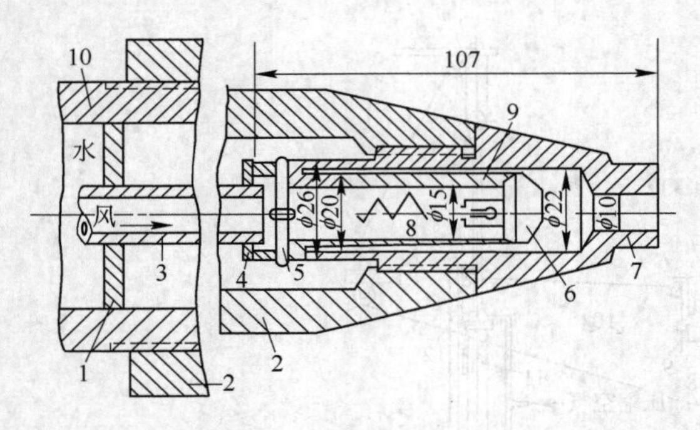

图9-16 通风式堵渣机头部

1—挡水板；2—机塞；3—风管；4—挡风管；5—销子；6—逆止阀；7—塞头；8—弹簧；9—逆止阀座；10—堵渣机杆

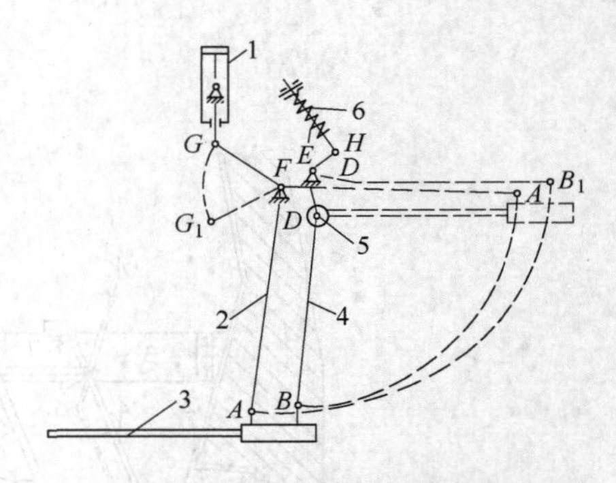

图9-17 折叠式堵渣机

1—摆动油缸；2—连杆；3—堵渣机杆；4—连杆；5—滚轮；6—弹簧

9.1.2.4 换风口机

炉前换风口的作业，由于温度高，场地窄，风口装置部件质量大，更换工作十分困难，人工换风口既不安全又影响生产率。采用机械化更换风口，既可减轻劳动强度，又能提高更换速度。

目前，更换风口机械设备按其结构大致可分为吊挂式和炉台走行式两种。

（1）吊挂式结构：由吊挂架、吊挂小车、主柱、伸缩壁和挑杆组成（见图9-18）。吊挂梁安在高炉的热风围管下。吊挂小车由电动机驱动，上面装有吊起弯头的卷扬机。主柱可以升降（靠活塞油缸）和回转。伸缩壁由行程为1m的活塞油缸驱动，在伸缩壁上面有走动的液压锤和挑杆。液压锤分为装风口锤和卸风口锤，两锤结构完全一样，均靠油路控制着浮动活塞左右移动，使油腔内的油进出，高压氮气被压缩或迅速膨胀，推动锤头打击芯轴头部。挑杆直径为70mm，端头做成倒钩状，以备换风口时应用。

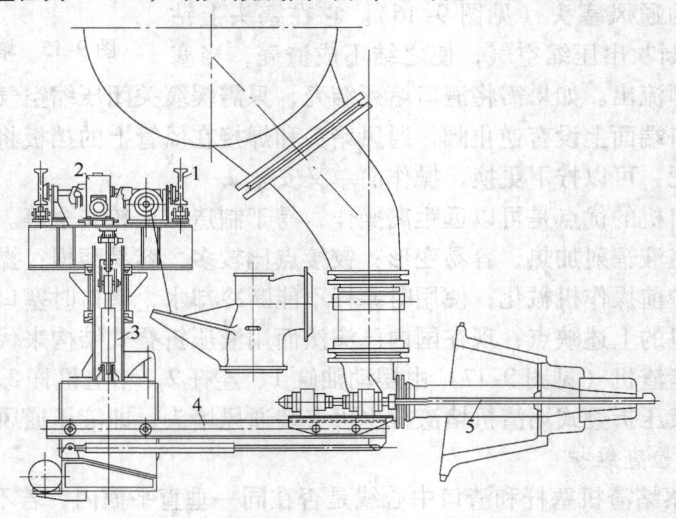

图9-18 吊挂式换风口机

1—吊挂梁；2—吊挂小车；3—立柱；4—伸缩臂；5—挑杆

（2）炉台走行式：它可以更换弯管、直吹管及风口（见图9-19）。

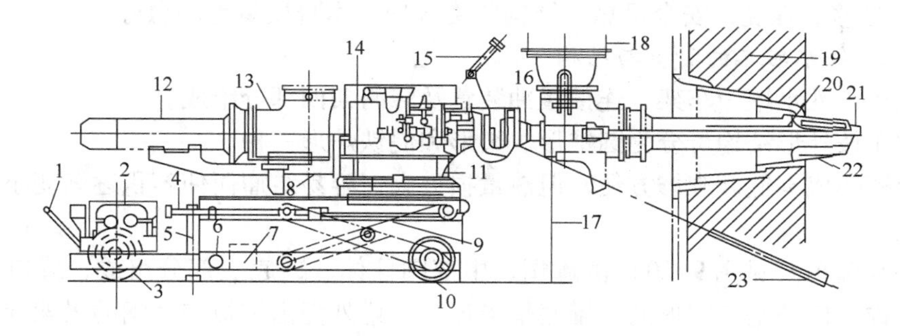

图 9-19 IHI 更换风口装置（炉台走行式）

1—操纵柄；2—驱动机构；3—驱动轮；4—前后移动油缸；5—液压千斤顶；6—液压泵（P_g=7MPa，电动机 1.5kW）；7—油箱；8—换风口装置的连杆；9—机构前后移动的行程；10—轮子（两个）；11—左右移动油缸（行程±100mm）；12—直吹管；13—进风弯管；14—旋转台；15—钩子倾斜油缸；16—空气锤气缸；17—旋转台提升高度；18—进风支管；19—高炉内衬；20—安装风口时钩子的位置；21—更换风口时钩子的位置；22—风口；23—取新风口时钩子的位置

9.1.2.5 炉前吊车

为了减轻炉前劳动强度，大中型高炉均应设置桥式横跨炉前出铁场的吊车，吊运炉前常用耐火材料及更换炉体设备，清理渣铁沟等。

炉前桥式吊车的结构由大车走行、小车走行、卷扬起重机和辅助卷扬机等组成。吊车起重能力根据炉前最重设备来确定。对于小型高炉，应该设置单轨吊车。

炉前吊车的检查维护：

（1）经常检查吊车钢绳是否起刺、磨损、定期更换。

（2）定期注油，定期清扫灰尘。

（3）吊物时严禁斜吊斜拽。

（4）炉前吊车应有专人按规程负责操作。

（5）吊车不使用时必须将电源切断，不准带电停放。

9.1.2.6 炉前其他使用工具

炉前清理、修理渣铁沟及更换冷却设备常用的主要工具有铁锹、夹钳、大锤、手砣、扁铲、泥叉、堵耙、钢钎、楔子、手钻、长短大钩、链式起重机（电葫芦）等。

9.2 生铁处理设备

高炉生产的铁水需送往炼钢车间用于炼钢，或送往铸铁车间铸成铁块。所以生铁处理设备包括运送铁水的铁水罐车和铸铁机等。

9.2.1 铁水罐车

9.2.1.1 对铁水罐车的要求

铁水罐车作为运输铁水的工具对其要求如下：

（1）单位长度上有最大的容量，以保证最大的装入量。

（2）足够的稳定性，重心要低于枢轴，保证运行平稳，同时应容易翻罐。

（3）外形合理，适合保温，热损失小，便于承受应力且维修方便。

（4）有足够的强度，安全可靠，结构紧凑合理，本身质量愈轻愈好。

9.2.1.2 铁水罐车的种类与结构

铁水罐车由铁水罐、车架、连接缓冲装置及转向架四部分组成。

铁水罐车按外形结构可分为圆锥形、梨形和混铁炉形三种。

圆锥形罐体成本低，维修方便，但热量损失大，容易结瘤而使容积逐渐变小，通常用在小高炉上。

梨形铁水罐车（见图9-20）由罐帽、中部圆柱体、罐底三部分组成，罐口是个不正规的截头圆锥，口部是椭圆形的，罐底呈半球形。罐外壳由钢板与铸钢的吊架焊接，内衬耐火砖。在砖衬和罐壳之间填石棉板绝热。在吊架上铸有起吊用的耳轴及供铁水罐坐于车架上的支轴。与吊架铸在一起的还有供铁水罐在铸铁机前方支柱上倾翻回转的支爪。罐下部铆有（或焊接）吊耳座，吊耳座上装有销轴，供铁水罐翻转时卷扬机吊钩提升用，罐嘴用螺钉连接在铁水罐口上。

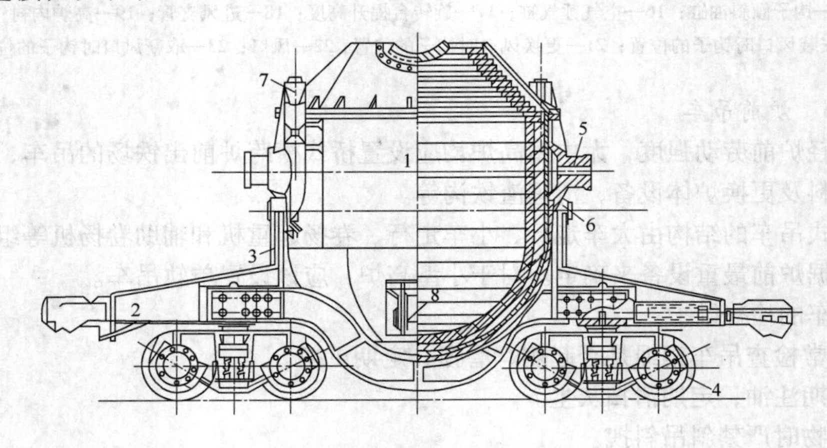

图9-20 梨形铁水罐车

1—罐体；2—车架；3—吊架；4—车轮；5—吊轴；6—支轴；7—支爪；8—吊耳座销轴

车架由两个向下弯曲的梁连接起来的平台组成，它与铸钢支座用螺栓连接起来，能承受全部载荷。中部箱形梁用厚钢板焊接而成，它应具有足够的强度和刚度。转向架是用竖直的铰链把车架和四轮双轴小车连在一起的导框式结构，双轴小车为滚动轴承式轴箱无制动式。连接缓冲装置是常用的上开车钩和缓冲器。

混铁炉形铁水车，又叫鱼雷形铁水车。其保温性能好、残铁形成小、有利于进行铁水预处理，是目前铁水罐车中最好的一种。

大型混铁炉形铁水车的车体是由两段圆锥体中间夹圆柱体组成（见图9-21），在两端有耳轴，分别由轴承支承，轴承安装在轴承座的支架上，而支架是通过圆心盘的平衡梁坐落在复式转向架上。为了装入和倒出铁水，车体中部设有流铁嘴，整个车体为全焊接结构。罐内砌保温砖衬，厚度在300~400mm，直接受铁水冲刷的部位厚度可达到500~600mm，有时在圆筒的上部采用较薄的炉衬以节约耐火材料。倒出铁水时最大倾翻角度为120°~145°。倾翻速度为两级，高速用于炼钢车间，用交流电动机驱动，低速用于铸铁机铸铁块，可用直流电动机驱动。为了防止停电事故，铁水车安装有从倾翻位置到复原位置的手动或自动装置。在厂内运行的铁水车，采用大轴压、低速，所以可不设制动装置，单靠机车制动；有些铁水车惯性较大，可在一部分轴上设制动装置。表9-6、表9-7所列分别是国产ZT铁水罐车的主要技术性能和混铁炉形铁水车基本参数与尺寸。

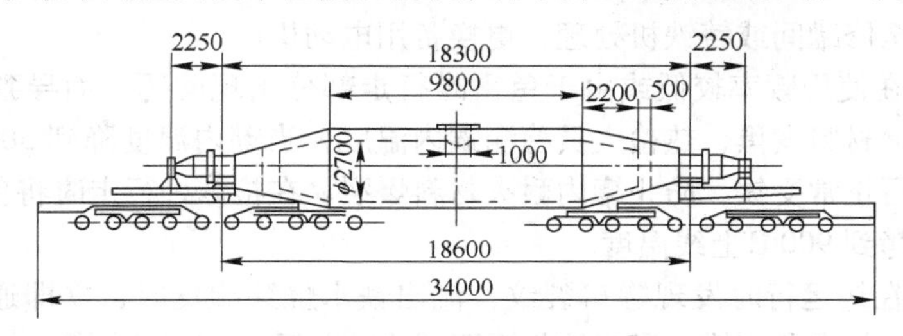

图9-21 420t混铁炉式铁水罐车

表9-6 国产ZT系列铁水罐车的主要技术性能

型　号	ZT-35-1	ZT-65-1	ZT-65-2	ZT-100-1	ZT-140-1
配用高炉/m^3	100~255	255~620	255~620	620~1513	1513~2516
配用起重机/t	50，75/20	100/30，125/32	100/30，125/32	125/32，140/32	180/90/16，255/75/16
配用倾翻卷扬机/t	30	60	60	60	80
铁水罐容量/t	35	65	65	100	140
满载时铁水与罐总重/t	46.4	85.5	87	127.94	170.8
铁水罐两吊轴中心距/mm	3050	3620	3620	3620	4250
轨距/mm	1435	1435	1435	1435	1435
两转向架中心距/mm	3700	4160	4100	4200	5380
两车钩舌内侧距/mm	6580	8200	7000	8200	9550
车钩中心至轨面高/mm	880	880	880	880	880
通过轨道最小曲率半径/m	50	60	60	75	100
负载的最大运行速度/$km \cdot h^{-1}$	20	20	20	20	20
在道岔处最大运行速度/$km \cdot h^{-1}$	10	10	10	10	10

表9-7 我国混铁炉形铁水车基本参数与尺寸

型　号		ZH-80-1	ZH-180-1	ZH-260-1	ZH-320-1	ZH-420-1
配用高炉/m^3		300~620	620~1200	1800~2500	2500~4000	4000以上
容量/t	新砖衬	80	180	260	320	420
	旧砖衬	95	206	306	373	488
自重/t		74	160	220	272	370
轨距/mm		1435	1435	1435	1435	1435
轴向架台数/台		2	4	4	8	8
轴数/根		6	12	12	16	20
最大轴压/t		30	30	40	40	40
走行速度/$km \cdot h^{-1}$		30	30	30	30	30
通过轨道最小曲率半径/m		100	120	120	120	150

9.2.1.3 鱼雷罐突发事故处理

(1) 鱼雷罐在炼钢倒铁作业、铸铁机翻铁作业或翻渣间翻渣作业时不能转动，首先检查鱼雷罐抱闸是否能正常打开，如不能正常打开，可能是抱闸头出现异常，回翻渣间或修罐间更换抱闸头。如能正常打开，仍无法转动罐体，可能是电动机出现异常，出现以上情况，热检人员立即通知电器人员检查，迅速组织检修队伍，联系厂调、区调，空罐甩至翻渣间，重罐甩至修罐间或铸铁机处理，更换备用电动机。

（2）鱼雷罐在使用频率较低或由于鱼雷罐行走部分出现问题，而导致鱼雷罐不能正常受铁，罐内耐火材料发黑，热检人员检测罐内温度，当罐内温度降到500℃以下时联系厂调、区调不能再正常受铁，防止罐内耐火材料爆裂。在检修好行走时将鱼雷罐配制烘烤台，将鱼雷罐烘烤到900℃上线温度。

（3）鱼雷罐在线运行时发现罐口裂纹，流出铁水烧穿罐皮时，立即通知厂调、区调按实际情况处理。如有备用罐，翻出渣铁后下线中修处理；如无备用罐，可根据罐口熔损情况，延长使用至备用罐具备上线条件时。如L侧烧穿，对三炼钢两股出铁；如R侧烧穿，对三炼钢三股出铁。如发现罐口裂纹严重，通知厂调、区调，立即下线进行中修及罐口挖补。

（4）鱼雷罐在压罐严重或从高炉受人铁水较凉时，发生罐内铁水冻结时，应立即通知厂调、区调将鱼雷罐配到铸铁机烧罐台，用氧气烧开冻结层，然后将鱼雷罐配到铸铁机进行翻铁，翻出一部分凉铁后，然后将鱼雷罐配到高炉受铁，受完铁后再将鱼雷罐配到铸铁机翻铁，到罐内大部分凉铁翻出，不影响三炼钢倒铁时，才将此罐正常运行。

（5）鱼雷罐在铸铁机或炼钢出铁时发现无垂直或倾翻限位时，通知三炼钢人员将铁水倒净后，空罐甩至翻渣间或修罐间处理。

（6）鱼雷罐在运行中由于放铁过多或高炉流铁嘴散流导致罐口结渣严重，甚至堵塞罐口时，空罐甩至翻渣间处理，重罐甩至铸铁机处理。

（7）鱼雷罐在线运行中如发生罐体打颤现象，如打颤较轻，可直接进行轴瓦润滑，如打颤严重至电流高于正常数值（20A），不管是否有备用罐，翻出渣铁后，直接下线甩至修罐间检修轴瓦。

9.2.2 铸铁机

9.2.2.1 铸铁机的构造

铸铁机是把铁水铸成铁块的专用设备。它是一条向上倾斜的装有许多铁模、链板以及传动装置的特殊循环链带（见图9-22）。它环绕着高低两端两只星形大齿轮转动。位于高端的星形大齿轮为主动轮，由电动机和减速箱驱动；位于低端的星形大齿轮为导向轮，其轴承位置可以移动，以便调节链带的松紧度。

链带有滚轮固定式和滚轮移动式两种。二者相比，滚轮固定式滚轮轴是固定的，每个环节上有两个铁模，故长度长些，接点大为减小，容易润滑，运行平稳，铁水喷溅少，备件消耗小；但制造维修复杂，需要滚珠轴承等配套件，链板为铸钢件，一次性投资大，运行中链带掉道后不易处理，所以，一般用于大型炼铁厂。滚轮移动式正好相反，容易制造，但运行状况不好，国内多用于中小型炼铁厂，国外已淘汰。

铸铁机配有的辅助设施包括铁罐倾翻装置、铁罐车牵引装置、铁水流槽、铁块冷却装置、铁块敲打脱模装置、铁模清扫干燥预热装置、灰浆制备与喷涂装置等。

铸铁机要有足够的长度和适当的运行速度，以保证铸出质量良好的铸铁块，其生产能力取决于链带的速度和倾翻卷扬速度以及设备作业率等因素。链带运行速度一般为5～

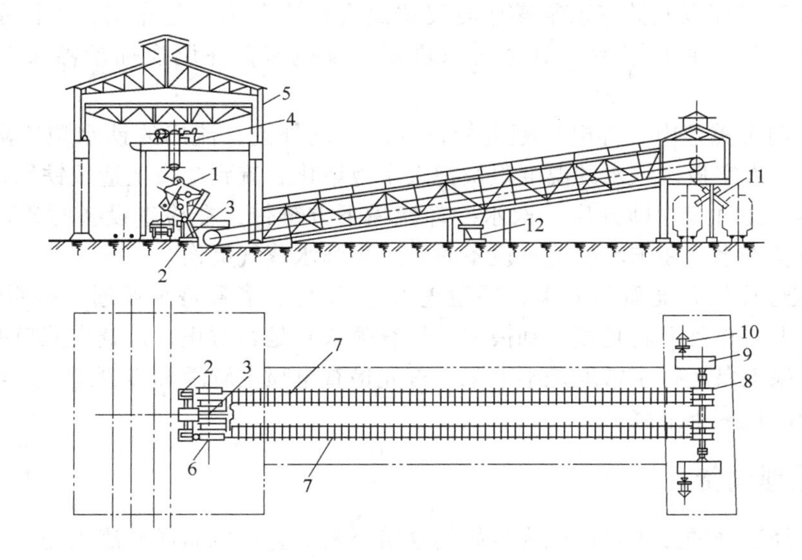

图 9-22 铸铁机布置

1—铁水罐；2—前方支柱；3—流铁槽；4—倾翻机构；5—厂房；6—星形轮；7—运输带；
8—卸铁机构；9—减速器；10—电动机；11—导向槽；12—喷灰装置

15m/min，速度太慢，生产能力下降；速度过快，则冷却速度不够，容易产生铁块“中空”现象，使铁损增加，铁块质量差，同时设备容易磨损。铸铁机太短，冷却不好；太长，不利于铁模预热，模子温度不够，喷浆效果差，容易粘模。铸铁块一般为 25～35kg，有的把铸铁机铁模改造成小铁模，铁块重 5kg 左右，这对化铁炉有利，可以降低焦比。

9.2.2.2 铸铁机性能

表 9-8 是国内外应用的部分铸铁机性能。

表 9-8 铸铁机特性

项　目	君津厂	和歌山厂	LZ-60-2 型	LZ-44-1 型
铸铁机形式	滚轮固定式	滚轮固定式	滚轮移动式	滚轮固定式
生产能力/$t \cdot d^{-1}$	7200	3600	2900	2500
链条带数/条	2	2	2	2
链条长度/m	64.8	46.2	60.4	44.4
链条速度/$m \cdot min^{-1}$	15.0	14.4	15	12.8
链条斜角	8°10′	9°10′30″	6°54′	6°54′
铁块重量/kg	30	26	25～35	25～35
电动机功率/kW			30	22

9.2.2.3 铸铁机突发故障处理

（1）在铸铁时由于各种原因造成的铁锅、大沟、三叉口、流嘴损坏或漏铁时，指挥主控室回罐，停机，将铁水清扒干净，进行冷却，清理损坏位置，然后用炮泥或耐火材料修补损坏位置，要压实后用少量铁水或煤气把修补处烤干。

（2）铸铁过程中链带突然发生掉道，要及时回罐，停机，冷却，清理，后用机械设备起道器、钢钎，人工把链带复位，后检查掉道原因进行清理调整。

（3）铸铁时主控室人员在正常操作时突然出现翻罐系统不起作用，主控室人员要把操作开关回到零位，通知平台人员查看联机器及配电室，并调换插接器及时通知电器人员。

（4）铸铁时突然停电，停电后罐内的铁水继续向外流，流出的铁水顺着浇满的铁模全部流在下面的人字板，铁水的温度很快把人字板熔化后流到链带上造成铁水、铁模、链带连接成一体，此时应立即开启一次水冷却流嘴下方链带，在检查设备时确认流嘴、铁模、链带无滴答铁水，在末轮处检查设备时防止高温水蒸气烫伤。

（5）翻铁过程如遇气喷不上浆，要检查U形管及上浆管是否畅通，查看浆的温度；如遇喷浆系统上浆正常但就是喷不到模内，检查喷浆管是否对正，检查出浆口有无回铁盖在出浆口；如果电泵运行正常就是不上浆，首先检查电喷主管道和竖管道有无堵塞，检查喷池是不是积渣过多不上浆。

9.3 炉渣处理设备

高炉炉渣经适当的处理可以成为良好的建筑材料。它可以做成矿渣水泥、渣砖、泡沫渣和渣棉。

9.3.1 水渣

9.3.1.1 冲渣工艺流程

炉前水力冲渣一般有沉淀池沉渣法、拉萨法、InBa法等。

（1）沉淀池沉渣法（见图9-23）。熔渣流入水渣沟时，被设置在渣沟底部的喷嘴喷出的高压水淬成渣粒，经冲渣沟流入沉淀池沉淀。水渣用抓斗吊车吊到水渣堆场，等待装车运走，过滤后的冲渣水循环使用。这种方法的优点是工艺简单，但沉淀池的占地面积大，需要大型吊车捞渣和装车，蒸汽大，侵蚀设备，危害人身，特别是冬季，吊车作业困难，容易酿成事故。

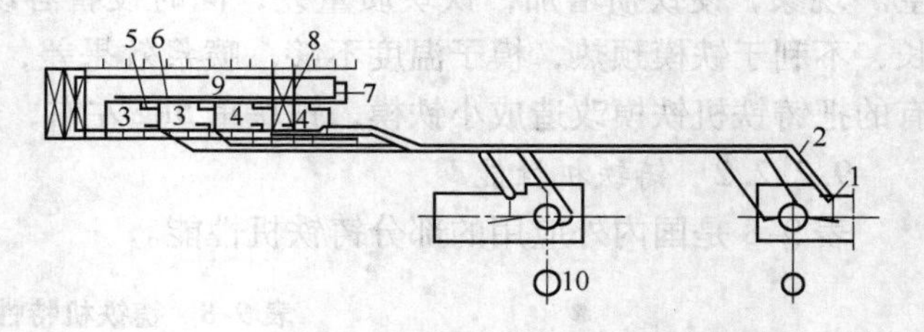

图9-23 两座1000m³高炉水冲渣工艺布置

1—熔渣沟；2—冲渣沟；3—1号高炉沉淀池；4—2号高炉沉淀池；5—挡渣墙；6—溢流沟；7—沉淀池；8—10t桥式抓斗吊车；9—水渣堆场；10—除尘器

（2）渣仓沉淀法（见图9-24）。这种工艺通常称为“拉萨法”，常用于大型高炉。熔渣在渣沟端部用高压水淬化成水渣，渣水混合物在搅拌槽下部用水渣泵送到脱水槽，脱水后的水渣装车外运，冲渣水经沉淀、冷却后循环使用。拉萨法使用闭路循环水，具有占地面积小，处理渣量大，水渣运输方便和有利于改善环境等优

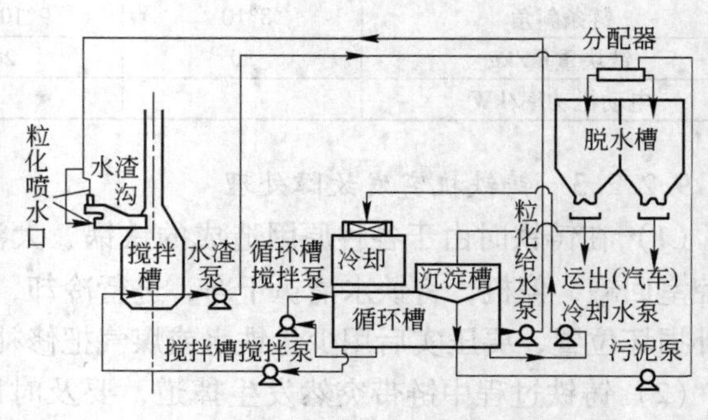

图9-24 拉萨法冲制水渣流程

点。但其缺点是电耗大，工艺设备比较复杂，渣泵、输送渣浆管道磨损厉害。

（3）InBa 法和 TyNa 法（见图 9-25）。熔渣经粒化器粒化后，渣水混合物经冲渣沟流入接受槽撞击冲击板而进一步粉碎、冷却，再经漏斗进入渣水分配器均匀地分布在转鼓内进行脱水，固定在转鼓内壁上的轴向刮板在转鼓旋转时，将渣粒从转鼓下部提升到转鼓顶部，并卸于胶带上运出；经转鼓过滤后的水，汇集于热水槽内，冷却后由粒化泵加压参加冲渣水循环。为提高转鼓筛网的过滤功能，在转鼓旋转过程中用喷射冲洗水和压缩空气不停地对它进行反复冲洗。

经水淬或机械粒化后的水渣流到转鼓脱水器进行脱水，前者称为 InBa（因巴法），后者称为 TyNa 法（图拉法）。

InBa 法和 TyNa 法工艺主要特点是设备布置紧凑灵活，占地面积小，炉前冲渣环境好；投资小；冲渣水密闭循环，自动化程度高，可靠性强；容易检修维护等。

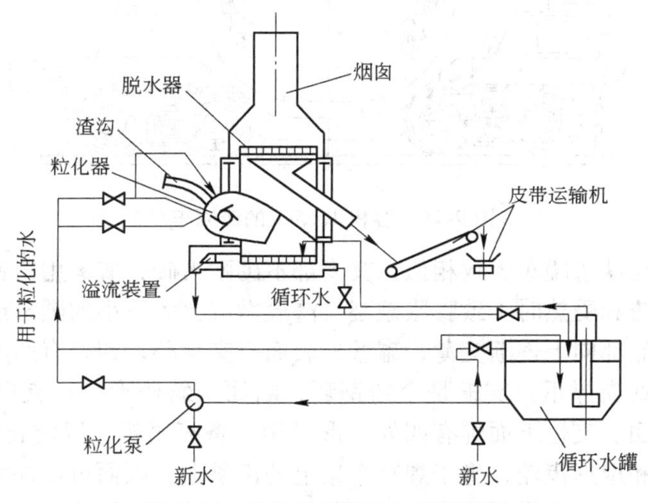

图 9-25 图拉法水淬渣工艺流程图

9.3.1.2 冲渣设备

（1）A 喷嘴。喷嘴（也叫冲渣嘴、粒化头）是高炉水力冲渣的主要设备。它一般用钢管或异径钢管做成扁口形式，冲渣时水流方向和熔渣方向应一致。喷嘴结构使喷出的高压水成带状，并大于渣流宽度。喷嘴上沿与熔渣下沿有 200～300mm 的距离，用耐火砖砌上。

（2）冲渣沟。冲渣沟是将水淬后的炉渣，借助于冲水使其输送到沉淀池的装置。为了保证顺利输送应保证冲渣沟具有一定的坡度，同时保证具有足够的水量、水压。当冲渣沟必须拐弯时要有足够大的曲率半径，一般不小于 10m。若曲率半径过小，渣水混合物在拐弯处呈螺旋运动，产生涡流，水速变小，渣粒将在此处沉积堵塞通路，造成跑渣事故。

冲渣沟在靠近喷嘴 10～15m 处，一般为钢板结构，钢板厚 8～12mm，其余部位为钢筋混凝土结构。大型高炉冲渣沟通常采用铸铁衬板做内衬，也有采用铸石板的，以提高渣沟的耐磨性和寿命。冲渣沟的断面形状一般为 U 形。

熔渣水淬处理主要包括水淬、输送、脱水过滤三个环节。水的作用是冲击熔渣并使熔渣击碎急冷而粒化为水渣以及在水力的作用下将水渣送往沉渣池。所以合适的渣水比与水量、水压以及渣沟坡度等因素有关。实践表明，高炉渣水比为1∶（8~10）比较合理，当采用全部循环供水时，每吨熔渣需补充1t以下的水量。

为了水渣粒化与安全防爆，冲嘴处水压应保证在0.2~0.4MPa。

9.3.2 渣罐车

有的企业由于高炉附近场地窄小，所以使用渣罐车（见图9-26）把熔渣运到远离高炉的矿渣场或冲制成水渣。

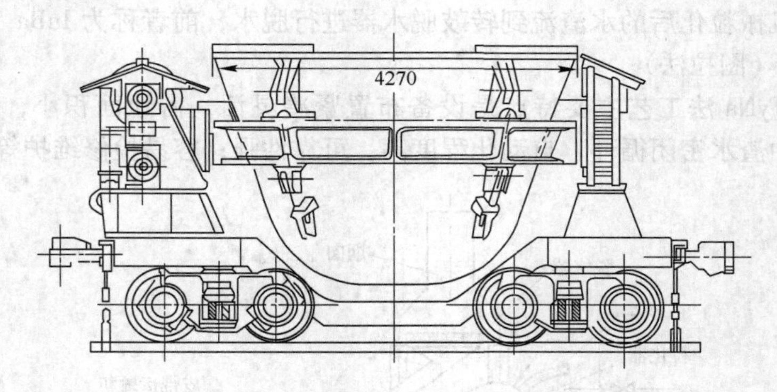

图9-26 容积16.5m^3的渣罐车

渣罐车的结构与铁水罐车大致相似，其内部不砌耐火砖，渣罐用铸钢铸成。为了便于清除罐内凝结的炉渣和受热时不致膨胀破裂，渣罐做成上大下小的圆形或椭圆形，纵断面为圆锥形，罐壁从底部向上逐渐变薄，罐壁外表面有支承环，四处有凸起的平台座置于支框上，下部铸有四处支撑爪。支框是个铸钢环，断面呈斜槽形，在支框上表面有四处平台，渣罐即坐在上面。支框下面焊有四处叉形吊架，备有销板，以防止倾翻时渣罐脱出。支框两端装有滚轮和扇形齿轮，坐于焊有车架上的齿条上，因而可以在齿条上回转。

使用渣罐前，应将其内表面涂上一层石灰水；倒渣前要把抓轨器抓牢，以防翻车。通常，渣罐倾翻116°即可将渣倒净。

复习思考题

9-1 叙述风口工作平台和出铁场的布置情况。

9-2 如何进行摆动式渣、铁沟的维护？

9-3 开口机有哪几种类型？开口机的维护检查内容包括哪几方面？

9-4 对堵铁口泥炮的基本要求是什么？泥炮的检查维护内容包括哪几方面？

9-5 炉前其他使用工具有哪些？

9-6 对铁水罐车的要求是什么？铁水罐车有哪几种形式，各有何特点？

9-7 如何处理高炉炉渣？试阐述各种处理方法。

10 喷 吹 设 备

高炉喷吹用的燃料（fuel injection）有固体燃料、液体燃料和气体燃料。各种燃料可以单独喷吹，也可以混合喷吹。

10.1 固体燃料喷吹

高炉喷吹的固体燃料主要是煤粉，其次为焦粉等。煤粉又包括无烟煤粉和烟煤粉。我国绝大多数高炉以喷吹煤粉为主，并提倡喷吹烟煤。

10.1.1 煤粉的制备

煤粉制备包括原煤装卸、贮运、磨煤、干燥和煤粉收集等。煤粉制备工艺流程见图 10-1。

原煤由厂外运来后卸入原煤槽，经皮带运输机、除铁器、锤式破碎机进行初级破碎运到煤粉车间的原煤仓。再用圆盘给料机加入到球磨机中，并用引风机引 200℃左右的烟气（或热风）吹入球磨机。热风一方面作为干燥剂，将煤粉干燥；另一方面作为载粉气体，将磨碎后的煤粉从球磨机中抽出带到粗粉分离器分离，不合格的粗粉返回球磨机，细粉随风送入一、二级旋风分离器，收集的细粉送入细粉仓。细粉管上安有锁气器（见图 10-2），其功能是密封卸煤，当有煤粉下落时，靠煤粉的重力压开阀板，没有煤粉时自行关闭，防止漏气。从二级旋风分离器出来的风仍含有煤粉，经排煤机加压，进入布袋收尘器。布袋收尘器下部有圆筒形阀，细粉通过它落入细粉仓。从布袋收尘器排除的风由排气管放散到大气中。

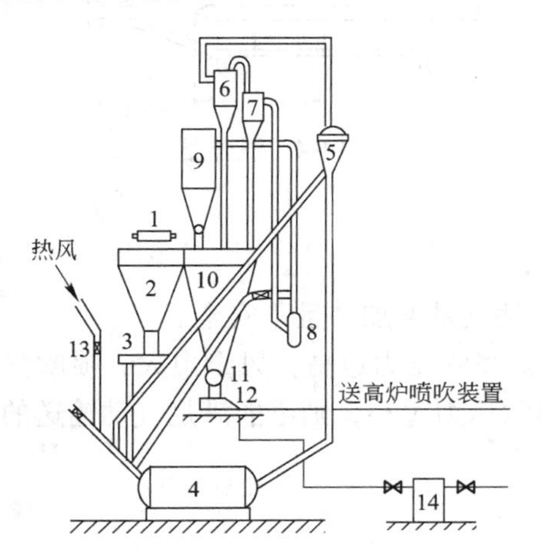

图 10-1 煤粉制备工艺流程

1—原煤皮带；2—原煤仓；3—圆盘给料机；4—球磨机；5—粗粉分离器；6—一级旋风分离器；7—二级旋风分离器；8—排煤机；9—布袋收尘器；10—细粉仓；11—圆筒阀；12—螺旋泵；13—热风阀门；14—压缩空气罐

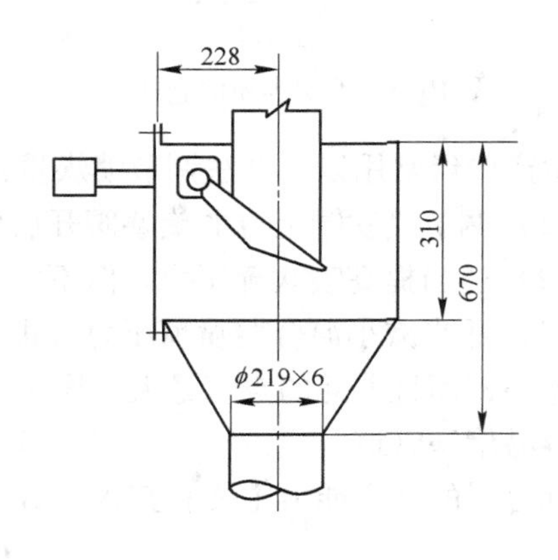

图 10-2 锁气器

煤粉制备的主要设备是磨煤机，选择它的依据是煤的可磨性系数。该系数可用下式表示：

$$煤的可磨性系数=\frac{标准煤磨到一定细度的耗电量}{试验煤磨到相同细度的耗电量}$$

磨煤机按结构和原理不同有球磨机和中速磨煤机两种。中速磨煤机（也称风扫磨）比球磨机具有更多的优势，尤其是用于喷吹烟煤的高炉。

一般新磨好的煤粉水分约为1%，温度60~80℃，煤粉粒度小于180网目（0.088mm）占80%以上。

10.1.2 煤粉的输送

从煤粉仓到高炉附近的喷吹罐、从喷吹罐到风口，煤粉都用气动输送。气动输送有两种方式：仓式泵和螺旋输送泵。

仓式泵是一个带有压力的喷吹罐（见图10-3）借压差给煤，给煤量是粉煤料柱上下压力差的函数，煤粉进入混合器后用压缩空气向外输送，可直接用于向高炉喷吹。

混合器是仓式泵的出口，可以采用焊接件或铸件（见图10-4）。混合器的喷嘴长度要合适，一般固定在135~175mm，以便保证输送煤粉量及浓度的要求，否则会影响煤粉的正常输送。

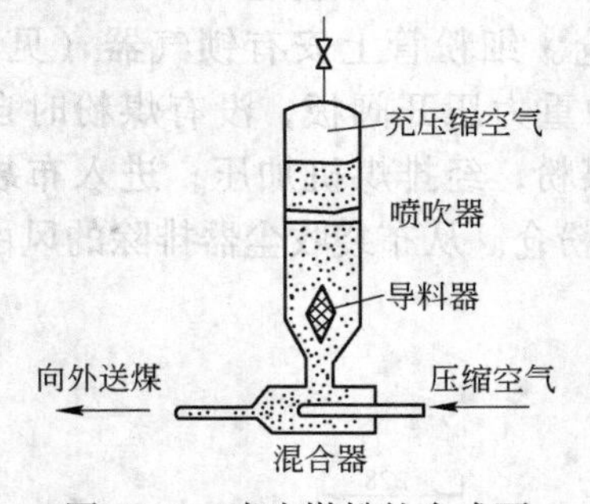

图10-3 喷吹煤粉的仓式泵

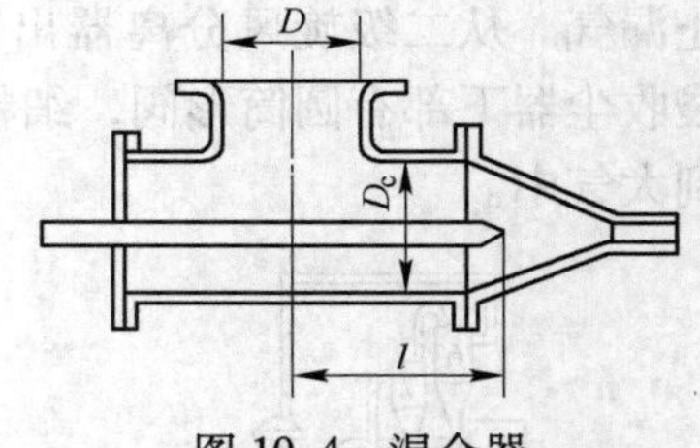

图10-4 混合器

生产中经常用以下办法调节喷煤量：

（1）调节喷吹罐上方的旋塞阀开启角度。

（2）适当提高喷吹罐压力。但不宜过高，否则耗气量增加并且不安全。

（3）适当减小混合器喷嘴压力（即喷吹压力）。喷吹压力愈高，风量愈大，喷吹量及浓度愈小，而且消耗的空气量大，操作不稳定；喷吹压力过小，则不能满足气动输送的要求，容易堵塞管道。

混合器的生产能力主要和其入口直径有关：

$$Q=K\pi D^2/4$$

式中 Q——混合器喷射能力，m^3/h；

D——混合器入口直径，cm；

K——系数，即每平方厘米混合器入口面积每小时通过的煤粉量，$m^3/(h\cdot cm^2)$。

螺旋输送泵（见图10-5）是常压喷吹系统中广泛采用的设备。当煤粉制备车间与喷吹装置距离较远时，它是用管道输送煤粉的主要设备。

其工作原理是煤粉在重力作用下，由煤粉仓（或喷吹罐）底部阀门进入料箱，由电动机带动螺旋杆旋转，将煤粉压入混合室，借助于通入混合室的压缩空气将煤粉送出，可以用转速来调节给煤量，也可以防止压缩空气倒流进入煤粉仓。

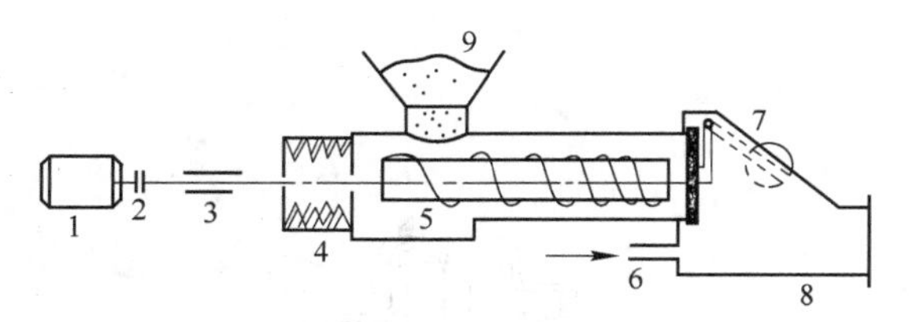

图 10-5 螺旋泵构造示意图

1—电动机；2—联轴节；3—轴承座；4—密封装置；5—螺旋杆；6—压缩空气入口；7—单向阀；8—混合室；9—煤粉仓

螺旋泵分进料箱、螺旋轴、混合室三大部分。煤粉在螺旋泵中，由于螺距逐渐变小而被压紧，压缩比即最大螺距与最小螺距之比 1.4~1.6 比较合适，过小容易出现倒风现象，过大电动机过载。喷嘴的安装位置要合适，以保证混合室内不积灰、不堵塞。螺杆尾部安装有效的双面机械密封。单向阀压盖依靠重锤作用随给料量而摆动，当螺旋没有煤粉供给时，压盖依靠重锤作用而自行关闭。

与仓式泵相比，螺旋泵的特点是：体积小，设备较简单，不用压力贮煤罐，故较安全；但由于需要机械传动，维护量大、耗电大，且输送压力不高，不适于高压操作的高炉使用。而仓式泵由于无机械传动，故工作时噪声小，输送量和输送能力大，能耗较小，但体积较螺旋泵大，多适用于高压操作的高炉。

螺旋泵的生产能力与螺旋直径有关，其性能见表 10-1。

表 10-1 不同规格螺旋泵的生产能力

螺旋直径 ϕ/mm	70	85	100	125	150	190
当 n=960r/min 时的产量/$kg \cdot h^{-1}$	650	1200	2000	4000	6500	14000
风量/$m^3 \cdot h^{-1}$	65	120	200	400	650	1400
一般浓度/$kg \cdot kg^{-1}$	12	12	12	12	12	12
混合室压力（≤）/MPa	0.3	0.3	0.3	0.3	0.3	0.3
电动机型号	JO62-6	SO72-6	JO73-6	JO82-6	SO83-6	JO93-6
功率/kW	7	14	20	28	40	55

10.1.3 煤粉喷吹

喷吹装置包括集煤管、贮煤罐、喷吹罐、输送系统及喷枪。它按喷吹罐工作压力可分为常压喷吹装置和高压喷吹装置两种。

（1）常压喷吹装置。喷吹用的煤粉管处于常压状态下，由罐下面的输煤泵向高炉喷吹，煤粉从喷吹管送到高炉，经分配器分给各风口喷枪。由于煤粉罐未充压，所以输煤泵出口压力不允许过高，否则容易向煤粉罐倒风。通常，操作压力为 0.13~0.15MPa，煤粉浓度为 8~15kg/kg。常压喷吹装置设备简单，安全性较好，故常用于中小型高炉。

（2）高压喷吹装置。喷吹罐一直在高压状态下工作（0.3~0.4MPa），按仓式泵的原理向高炉喷吹煤粉，常用于大中型高压操作的高炉上。我国的高压喷吹设备大致有双罐重叠双系列（见图 10-6a）和三罐重叠单系列（见图 10-6b）两种形式。

1）双罐重叠双系列：其贮煤罐和喷吹罐上下相连，贮煤和喷吹作业交替进行，贮煤时下钟阀关闭上钟阀打开，贮煤罐和煤粉回收系统连通，处于常压状态，以便接受煤粉。

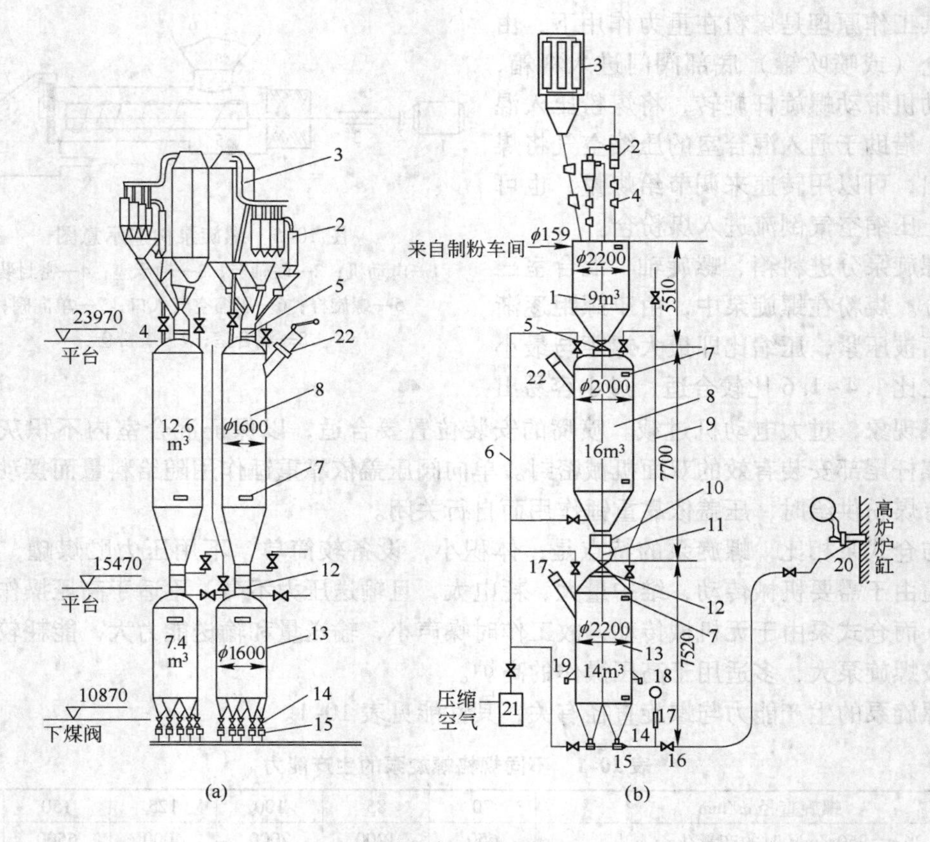

图 10-6 高压喷吹装置

(a) 双罐重叠双系列系统；(b) 三罐重叠单系列系统

1—收集罐；2—旋风分离器；3—布袋收尘器；4—锁气器；5—上钟阀；6—充气管；7—同位素料面测定装置；8—贮煤罐；9—均压放散管；10—蝶形阀；11—软连接；12—下钟阀；13—喷吹罐；14—旋塞阀；15—混合器；16—自动切断阀；17—引压器；18—电接点压力计；19—电子秤承重元件；20—喷枪；21—脱水器；22—爆破膜及重锤阀

罐内煤粉装满后，停止输煤，上钟阀关闭。向高炉喷吹煤粉时，先向贮煤罐充压，使下钟阀上下均压，再打开下钟阀向高炉输煤。罐内煤粉喷吹完后，进行泄压，装煤。为了保证下煤畅通，在贮煤罐的下部安装有纺锤形的导料器，料满和料空的信号由安装在罐体外上部和下部的 Co^{60} 放射源和计数器发出，有的用电子秤压头连续发出料重信号。

2）三罐重叠单系列：是在贮煤罐上又加上一个收集罐，收集罐、贮煤罐和喷吹罐上下重叠起来，收集罐处于常压状态。

喷吹罐有效容积一般按向高炉持续半小时的喷吹量来设计，即换罐周期为半小时，必须大于贮煤罐装一次煤的时间和泄气等辅助时间之和。其有效容积是指在规定的最高与最低料面之间的容积，在最低料面之下需保留 2~3t 煤粉，最高料面离顶部球面转折处为 800~1000mm。

贮煤罐有效容积一般为喷吹罐有效容积的 1.1~1.2 倍，贮煤罐的最低料面应在钟阀以上。贮煤罐有效容积过大，对调剂缓冲有利，但容易产生带粉关闭现象，对关下钟阀不利。

收集罐的有效容积应保证（在上钟阀关闭时，即由贮煤罐向喷吹罐加煤粉时）贮存送来的煤粉。

分配器是煤粉喷吹装置中的重要设备，其分配是否均匀，对稳定高炉炉况、提高煤粉喷吹量、改善高炉技术经济指标起着重要作用。目前常用的分配器是瓶式分配器（见图10-7），煤粉混合物由下部垂直进入瓶式分配器中，再从侧面水平分流，因垂直进入可以免受重力影响而产生偏析，煤粉在横断面上的分布只受气流速度的影响，由于横断面上的等速线是同心圆，在相同扇形面积内的煤粉量理应相等，实践证明也是比较均匀。也有的高炉采用盘式或空心锥式分配器。

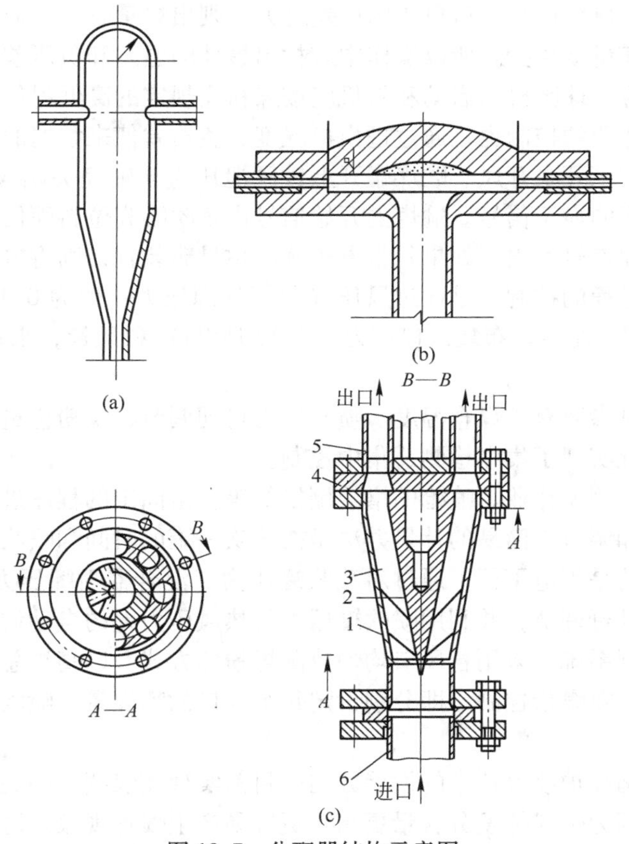

图10-7　分配器结构示意图
（a）瓶式；（b）盘式；（c）锥式

喷枪是把煤粉从直吹管（或风口）吹入炉内的设备。煤粉从喷吹罐下的混合器经分配器进入喷煤支管，再用一段胶皮管与喷枪相连，这样既容易插枪，又可在热风倒流时只烧断胶皮管，不会倒流进入煤粉罐。

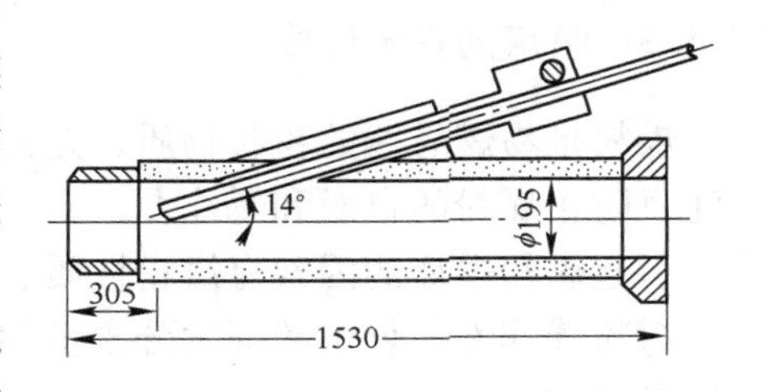

图10-8　喷枪及其插入装置

喷枪本身一般为内径12~15mm的普通冷拔无缝钢管或耐热钢管。喷枪一般斜插在直吹管上，交角为13°~14°（见图10-8），插入位置应保证煤粉流股与风口不摩擦，否则容易损坏风口。喷枪插入插座后用旋转的压紧机构固定，前后位置可以调节，短期停喷时，不必拔出喷枪，只是空吹压缩空气，如果需要拔出时，靠固定在插座上的球形逆止阀将喷吹口自动关闭。也有采用直插式和风口固定式喷煤枪。

10.1.4 喷煤的计量与控制

制粉系统的主要计量参数有球磨机进出口温度、球磨机进出口压差、热风压力、布袋分离器各处温度、系统中的氧含量以及阀门开度等。

当煤的温度一定时，球磨机进出口温差小而出口温度高时，可增大煤粉量；当煤的可磨性系数一定时，出口负压与入口负压的压差越大，则出煤量越多，而越湿的煤、越难磨的煤，球磨机的出煤量就越少。所以操作中应找出最佳的温差和负压差值来加以控制。为了保证煤粉正常供应，球磨机的启动和停机应按煤粉仓规定的高低料位来控制。

对中速磨煤机作业的控制也是通过进出口温度、负压差值来掌握的。

输煤部分从螺旋泵开泵开风、贮煤罐开上钟阀泄压直至输完关闭应按程序自动进行，并要有各阀开闭状况的显示信号。输煤的开始信号由喷吹罐高位料面信号发出，停止信号由贮煤罐的高位料面信号发出。如果是带电子秤的称量罐装置，则将电子秤的称重复合信号自动给出。输煤过程的控制，是通过风压（包括气源压力一般为 0.4MPa、螺旋泵混合室压力一般为 0.1MPa 左右、布袋入口压力一般为 1MPa）和风量，来掌握合适的风速和输送浓度。

喷吹部分的检测参数有贮煤仓温度、喷吹压力自动调节、煤粉称量、空气流量及报警联锁装置。有的系统实现了集中检测、集中控制。

对喷吹罐装煤、倒换作业、喷枪的增减倒换等等，由固定的程序进行自动控制。对于喷入煤粉量的计量和调节，简易的计量办法是按喷吹一罐的时间和喷吹罐的可装煤粉量来平均计算，较准确的是用电子秤。通过对喷吹罐压力、混合器喷嘴压力、喷吹支管压力、热风压力等的关系进行调节，并利用喷吹罐压力与热风压力差的自动调节系统来完成。也可以用总喷吹量控制系统，采用各风口均匀分配煤粉的方式，以高炉总喷煤量为设定值进行工作；或单个风口喷煤量控制，即分别设定每个风口的喷煤量，喷吹总量为各个风口喷煤量的总和。

喷吹烟煤是我国高炉喷煤技术的发展方向，目前实现烟煤喷吹的关键是解决喷吹烟煤工艺的安全问题，因为烟煤挥发分含量更高，更容易产生爆炸现象。国内外高炉烟煤防爆系统的构成主要有两大类：一是使用药剂抑爆的烟煤喷吹系统；二是以降低工艺过程中氧浓度为主的烟煤喷吹系统。

10.1.5 喷煤的安全设施

煤粉是易燃易爆的粉状物质，尤其是在密闭的高压容器内，安全问题十分突出。所以应注意防止煤粉的自燃和爆炸。

引起煤粉爆炸的因素有煤粉性质、系统中存在空气和火源。

煤粉爆炸性与煤中的挥发分含量和煤粉粒度有关。挥发分含量越高、煤粉粒度越细则越容易爆炸。

系统中的氧含量降低到 15%~16%，可防止爆炸。

控制火源是生产中防止爆炸的关键。火源有煤粉自燃和外来火源两种。

防止煤粉爆炸的措施如下：

（1）控制系统中的氧含量低于16%。制粉系统的干燥介质用热风炉烟气或干燥炉烟气；喷吹罐和仓式泵采用氮气充压。

（2）系统中避免出现积粉。为了避免积粉产生自燃现象，喷吹系统中不允许有死角存在，系统中凡有可能产生积粉处，应用氮气、蒸汽定时吹扫；长期停喷时，要把全系统中的各部分煤粉用尽并吹扫干净；应有一定的输送速度，避免煤粉在管道中沉降。为了防止热风倒流，喷吹管道系统设置安全自动切断阀。

（3）设置仪表监测。在制粉系统、喷吹系统安装温度监测报警系统，并设置联锁保护装置，一旦温度升高即可迅速处理；在系统中设置氧分析仪，监视系统中气体的氧含量，一旦发现系统中氧含量偏高应采出有关措施。

（4）设置防爆孔。系统中的各个环节均应设置防爆孔。防爆孔一般设在罐体的侧面，防爆孔面积应不小于系统容积的1%（即$0.01m^2/m^3$）。

（5）设置消防装置。厂房内应设有消防装置以备紧急状态下使用。

10.1.6　喷吹系统一般故障及处理

喷吹系统一般故障及处理见表10-2。

表10-2　喷吹系统一般故障及处理

故　障	现　　象	处　　理
流化器堵塞	下煤不畅，混后压力波动大，不易上提	倒罐清理流化器
炉前分配器堵塞	混后压力和炉前压力同时升高，煤量减少	关下煤阀、流化阀、补压阀，及时与高炉联系处理
主管道堵塞	混后压力高，炉前压力低，枪内不见煤	通知高炉关枪，开放散，管道分段清理至疏通后为止
喷吹罐不下煤	混后压力低，提不到正常喷吹压力，罐重不动	清理流化器
喷吹系统突然停电		（1）岗位人员到现场确认下煤阀是否关闭，系统是否处于送风状态； （2）下煤阀没有关闭要手动关闭，使系统处于送风状态防止高炉烧枪； （3）立即联系电工检查停电原因，明确处理好后，联系高炉恢复喷煤
气动阀不动作	（1）气缸动作但阀体不动，管道不通为气缸与阀体脱开； （2）气动阀现场手动开关正常，但电动不动作有两种原因：1）电路故障，2）滑阀堵塞或起源压力不足	（1）如阀体脱开应立即联系钳工来更换； （2）如电路有故障，联系电气查找原因并处理； （3）如气动阀滑阀堵塞，岗位人员立即更换； （4）如滑阀压力不足，岗位人员应立即查找原因并处理
倒罐后下煤不畅	倒罐后，混后压力长时间提不上来，下煤缓慢炉前压力偏低	可开关下煤阀几次，观察流化压力是否正常，可手动将二级下煤阀的排污阀打开放散流化板间的污物

10.2 液体和气体燃料喷吹

10.2.1 液体燃料喷吹

高炉喷吹的液体燃料有重油、柴油、焦油和沥青等。

10.2.1.1 重油喷吹工艺流程及设备

高炉喷吹重油设备由进油设备、储油设备、过滤器、喷油泵、计量装置、加热器、喷油管、回油管及喷枪等组成，工艺流程如图10-9所示。

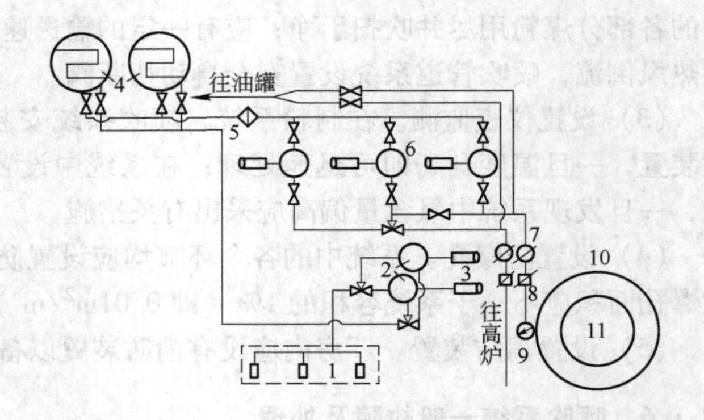

图10-9 重油喷吹工艺流程

1—油罐车；2—卸油泵；3—电动机；4—储油罐；5—过滤器；6—送油泵；7—自动压力计；8—自动流量计；9—压力表；10—环管；11—高炉

(1) 储油罐。油罐车将重油运到油站后，连接卸油管，启动卸油泵，使重油卸入储油罐。通常有两个储油罐，其中一个送油，另一个升温脱水。由于重油黏度较大，油罐中装有蛇形管保温装置，保证重油温度在90~110℃。

(2) 过滤器。重油含有一定数量的机械杂质和固体沉积物，为保证送油泵安全运转，防止油枪雾化喷嘴堵塞，因此必须在泵前安装过滤器。清扫时，通入蒸汽反吹，杂物从排污管排走。当油渣和杂物多时，可在卸油泵前后各装上一只过滤器。

(3) 喷油泵。喷油泵的作用是将油提高到一定的压力送往高炉。为了保证喷油系统正常工作，一般安装两台，一台工作一台备用，也可以使卸油泵和送油泵倒换使用，以增加系统的灵活性。

(4) 管道的保温与加热。输油管道一般采用无缝钢管或焊接钢管，其直径可依据油量和选用的流速来确定。连接油站和高炉的输油管道需要保温，输油管（送油管和回油管）与蒸汽保温管并行，外面再用泡沫混凝土保温。部分重油经回油管返回油罐，一是使整个供油系统在任何情况下都油有在管内流动，避免因存在死段而产生凝固堵塞管道；二是调节、稳定供油系统压力，使高炉喷嘴平稳的工作。

(5) 喷枪与喷嘴。喷油枪通常与煤粉喷枪一样斜插在直吹管上，插入角度11°~14°，其材质是耐热钢管。另外，喷枪也可以从风口窥视孔盖插入。喷嘴安装在喷枪的前端，它按雾化方式不同可分为用雾化剂雾化的高压喷嘴和不用雾化剂的机械雾化喷嘴。雾化剂有压缩空气、高压蒸汽和氧气三种。

(6) 检测与自动调节。检测与自动调节的目的是避免供油系统油温和油压波动，从而保证计量精度和雾化质量。

10.2.1.2 其他液体燃料的喷吹

喷吹焦油的流程与喷吹重油的流程基本相同。但由于焦油的凝固点高黏度大、密度大，所以要求系统温度高，喷嘴直径也要大一些。如果喷吹沥青则温度应更高一些。

10.2.2 气体燃料喷吹

高炉喷吹的气体燃料有天然气、焦炉煤气和裂化还原气等。

10.2.2.1 天然气喷吹流程

天然气喷吹流程如图 10-10 所示。天然气送到总配气站，再输送到调压站，压力下降到所需的 0.25MPa 左右，再由流量自动调节阀调节到高炉所需的流量，经围管、支管、风口喷入炉内。总管上装有自动切断阀，当天然气压力低于 0.18MPa 或热风压力低于 0.07MPa 时，自动切断天然气并通入蒸汽。

天然气喷枪由风口一侧插入，与风口夹角 30°，离风口前端距离为 137mm，喷嘴管直径根据喷吹量而定，一般为 ϕ12mm、ϕ20mm、ϕ30mm 几种。

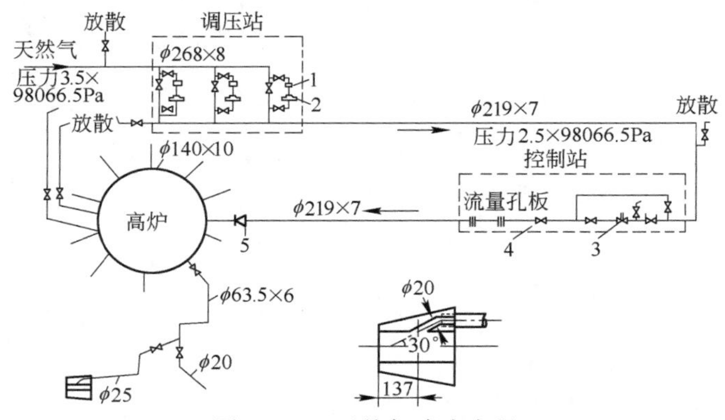

图 10-10 天然气喷吹流程

1—过滤器；2—调压器；3—流量自动调节阀；4—自动调节阀；5—ϕ150mm 逆止器

10.2.2.2 焦炉煤气喷吹流程

焦炉煤气的喷吹工艺流程如图 10-11 所示。焦炉煤气由气压机（煤气加压机）加压送到高炉旁经风口端的喷嘴喷入炉内。气压机出口压力为 0.3~0.6MPa，到达风口平台时应比热风压力高 0.1MPa 左右，以保证有较大的速度喷入炉内，从而加强与鼓风的混合和充分燃烧。气压机后设有储气罐以稳定煤气压力。

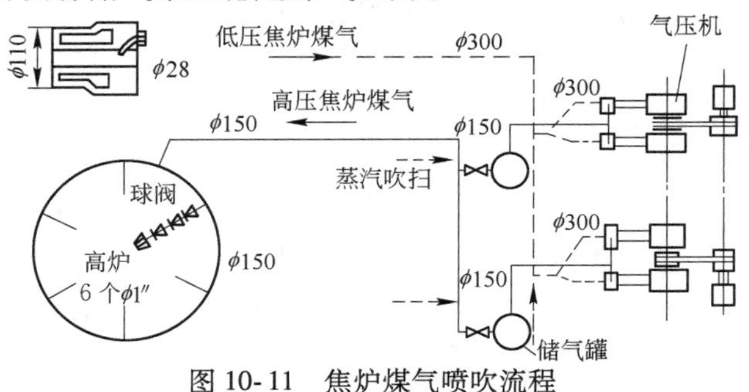

图 10-11 焦炉煤气喷吹流程

复习思考题

10-1 高炉喷吹燃料有哪几种？各有何特点？

10-2 喷吹煤粉的安全措施有哪些？

第3篇　炼钢设备

11　氧气转炉炼钢设备

11.1　氧气转炉炼钢设备概述

现代钢铁联合企业包括炼铁、炼钢、轧钢三大主要生产厂。其中炼钢起着承上启下的作用，它既是高炉所生产铁水的用户，又是供给轧钢厂坯料的基地。炼钢车间的生产正常与否对整个钢铁联合企业有着重大影响。

转炉（converter 或 convertor），一般指可以倾动的圆筒状吹氧炼钢容器，由炉体、炉体支撑装置和倾动设备组成。转炉炉壳为钢板焊接结构，呈圆筒形，内部砌有耐火材料炉衬，由工作层、永久层和充填层三部分组成。转炉吹炼时靠化学反应热加热，不需外加热源，是最重要的炼钢设备。

氧气顶吹转炉炼钢（oxygen top-blowing converter steelmaking）是由转炉顶部垂直插入的氧枪将工业纯氧吹入熔池，以氧化铁水中的碳、硅、锰、磷等元素，并发热提高熔池温度从而将原料熔化冶炼成为钢水的转炉炼钢方法。它所用的原料是铁水加部分废钢，为了脱除磷和硫，要加入石灰和萤石等造渣材料。炉衬用镁砂或白云石等碱性耐火材料制作。所用氧气纯度在99%以上，压力为0.81~1.22MPa。

氧气转炉炼钢的特点是冶炼周期短，加上目前设备的大型化、生产的连续化和高速化，它达到了很高的生产率，但是原料的供应、出钢、出渣吞吐量大，兑铁水、倒渣、出钢、浇注等操作频繁。这就需要足够的设备来完成这些工序，而这些设备的布置和车间内各种物料的运输流程必须合理，才能够使生产顺利进行。

11.1.1　氧气转炉车间的组成

炼钢生产包括冶炼和浇注两个基本环节。因此氧气转炉车间主要包括原料系统（铁水、废钢、散状料的存放和供应）、加料系统、冶炼系统和浇注系统，此外还有炉渣处理、烟气的净化与回收、动力（氧气、压缩空气、水、电等的供应）、拆修炉等一系列设施。

车间的各项工艺操作，都是以转炉冶炼为中心的。各种原材料都汇集到转炉，冶炼后的产品、废弃物再从转炉运走。以吊车、皮带运输以及各种车辆作联结的纽带，使之构成一个完整的生产系统。其各作业系统的设备组成如图11-1所示。

（1）转炉主体设备：由炉体、炉体支撑装置和倾动设备组成，是炼钢的主要设备。

（2）供氧设备：包括供氧系统和氧枪。氧气由制氧车间经输氧管道送入中间储气罐，然后经减压阀、调节阀、快速切断阀送到氧枪。氧枪设备包括氧枪本体、氧枪升降装置和

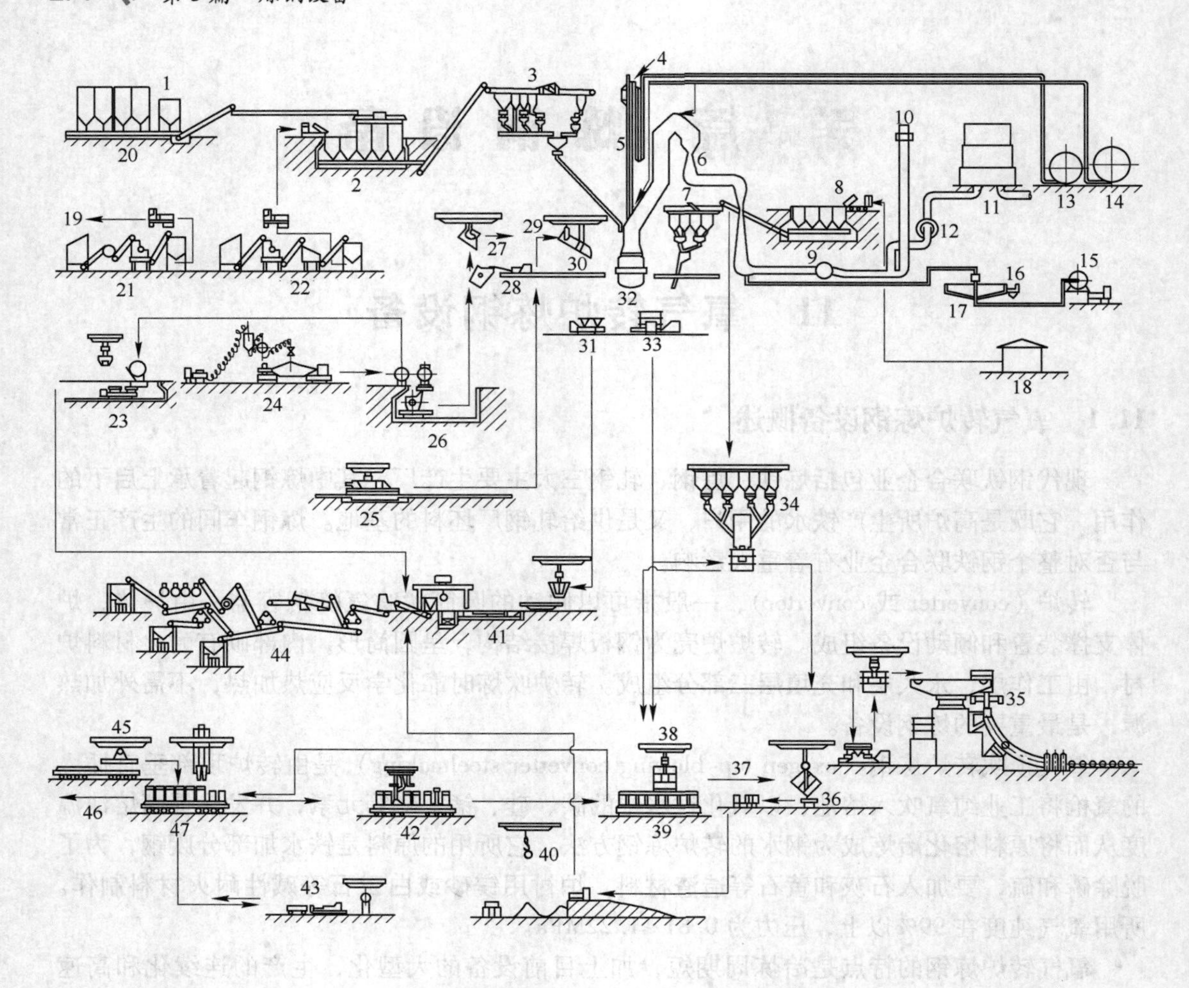

图 11-1 氧气顶吹转炉炼钢生产工艺流程图

1—中间料仓；2—散状材料地下料仓；3—高位料仓；4—氧枪；5—副枪；6—烟气净化系统；
7—铁合金高位料仓；8—铁合金地下料仓；9—风机；10—烟囱；11—煤气柜；
12—水封逆止阀；13—氧气罐；14—氮气罐；15—脱水槽；16—集尘水槽；17—沉淀水槽；
18—铁合金贮存场；19—烧结厂；20—石灰料仓；21—氧化铁皮处理设备；
22—萤石处理设备；23—铁水倒渣间；24—铁水脱硫间；25—废钢堆积场；26—铁水倒罐坑；
27—兑铁水；28—扒渣机；29，30—装废钢；31—渣罐车；32—转炉；33—钢包车；
34—钢水脱气间料仓；35—连铸设备；36—渣罐；37—自装卸车；38，39—钢锭浇注；
40—落锤；41—钢渣处理间；42—锭模准备间；43—锭模修理间；44—钢渣回收场；
45—底板准备间；46—初轧厂；47—脱模间

换枪装置。

（3）铁水供应系统设备：由铁水储存、铁水预处理、运输和称量等设备组成。

（4）废钢供应设备：废钢在装料间由电磁起重机装入废钢槽，废钢槽由机车或起重机运至转炉平台，然后由炉前起重机或废钢加料机加入转炉。

（5）散状料供应设备：散状料是指炼钢过程中使用的造渣材料和冷却剂，通常有石灰、萤石、矿石、石灰石、氧化铁皮和焦炭等。散装料供应系统设备包括地面料仓、将散状料运至高位料仓的上料机械设备和自高位料仓将散状料加入转炉的称量和加料设备。

（6）铁合金供应设备：在转炉侧面平台设有铁合金料仓、铁合金烘烤炉和称量设备。出钢时把铁合金从料仓或烘烤炉卸出，称量后运至炉后，通过溜槽加入钢包中。

（7）出渣、出钢和浇注系统设备：转炉炉下设有电动钢包车和渣罐车等设备。浇注系统包括模铸设备和连铸设备。

（8）烟气净化和回收设备：烟气净化设备通常包括活动烟罩、固定烟道、溢流文氏管、可调喉口文氏管、弯头脱水器和抽风机等。净化后含大量 CO 的烟气通过抽风机送至煤气柜加以储存利用。

（9）修炉机械设备：包括补炉机、拆炉机和修炉机等。

11.1.2 氧气转炉车间的布置

炼钢车间的各主要作业是在车间的主跨间及辅助跨间完成的。主跨间由加料跨、转炉跨、浇注跨组成，辅助跨间包括整模、脱模、精整等。另外还需设制氧、原料的焙烧、动力、炉衬材料准备等附属车间。

按生产规模不同，炼钢车间可分为大型、中型、小型三类，因此车间的布置形式有单跨式、双跨式、三跨式及多跨式。近年来随着大、中型氧气转炉车间的发展和改进，三跨及多跨车间成为比较通用的类型。而且一般按照从装料、冶炼、出钢到浇注的工艺流程，顺序排列为加料跨、转炉跨和浇注跨。如我国某厂 300t 转炉炼钢车间就是一种较为典型的布置形式，如图 11-2 所示，它由加料跨、转炉跨和四个浇注跨组成。

加料跨内主要进行兑铁水、加废钢和转炉炉前的工艺操作。一般在加料跨的两端分别布置铁水和废钢两个工段，并布置相应的铁路线。

转炉跨内主要布置转炉及其倾动机构，以及供氧、散状料加入、烟气净化、出渣出钢和拆修炉等系统的设备和设施。转炉跨的作业方式有三吹二和二吹一两种。前者是在转炉跨布置三座转炉，平时两座吹炼，一座维修；后者是在转炉跨布置两座转炉，一座吹炼，另一座维修。三吹二的作业方式由于可以有效地利用各种设备，因而得到广泛的应用。随着转炉炉龄和作业率的不断提高，特别是溅渣护炉技术的应用，转炉跨的作业方式已由三吹二逐渐变成三吹三了。在转炉跨有时还布置有钢水炉外处理装置。

浇注跨将钢水通过钢锭模车或连铸机，浇注成钢锭和铸坯。根据浇注方式不同，在浇注跨有纵向车铸方式（见图 11-3）与横向车铸方式（见图 11-4），或者是备有连续铸钢机的全连铸方式（见图 11-5）。同时采用模铸和连铸的车间在布置上也有两种方式：一种是连铸与纵向车铸结合的方式，另一种是连铸与横向车铸结合的方式（见图 11-6）。钢锭模准备（脱模、整模等）工作在车间以外的厂房或另一跨间内进行。在转炉车间的周围设有废钢装料间、储存辅助原料的料仓和将辅助原料运送到转炉上方的传送带，此外还有铁水预处理设备、转炉烟气处理装置以及转炉炉渣处理等多种辅助设备。

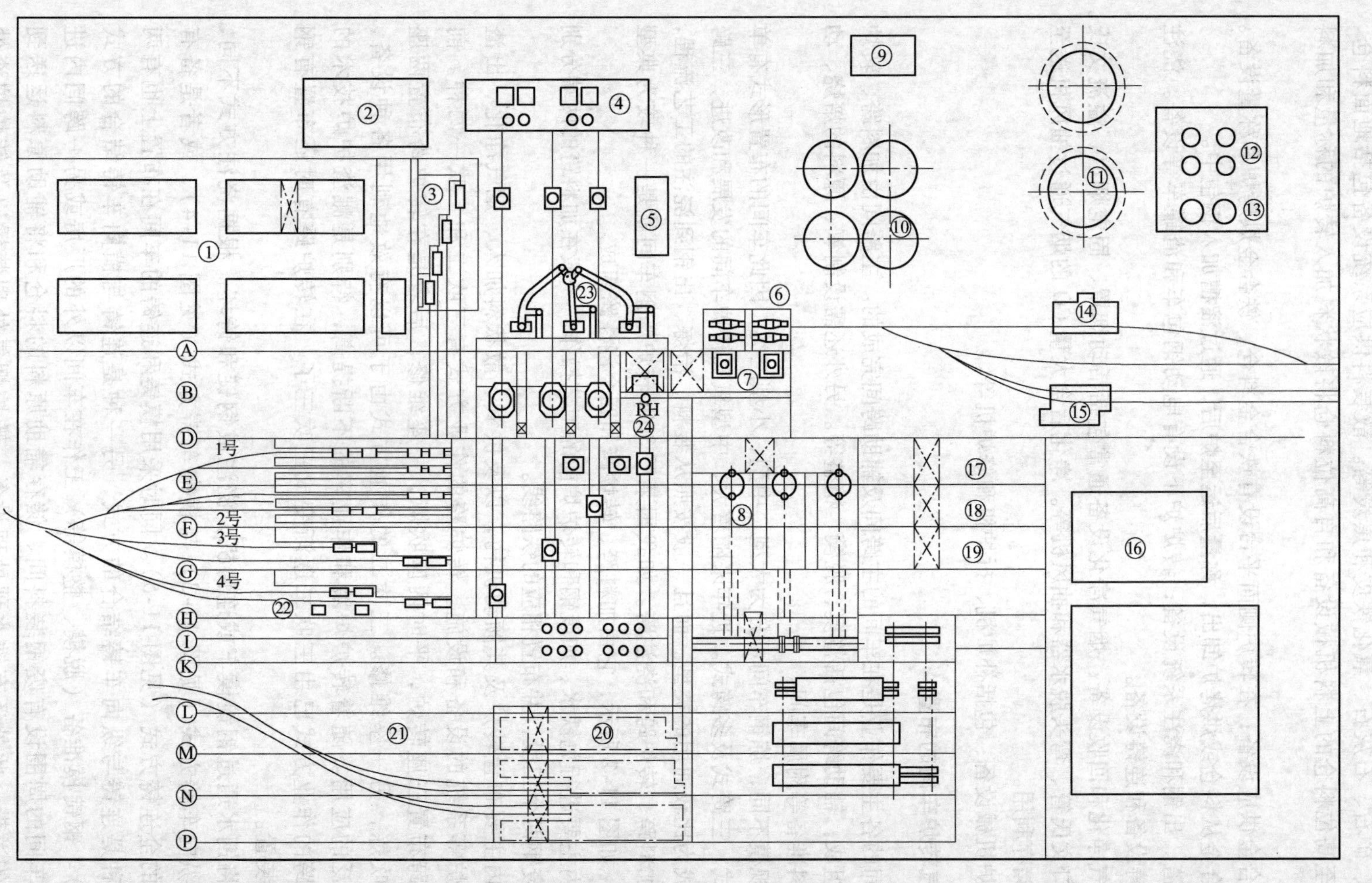

图 11-2　某厂 300t 转炉车间平面布置图

A-B—加料跨；B-D—转炉跨；D-E—1号浇注跨；E-F—2号浇注跨；F-G—3号浇注跨；G-H—4号浇注跨；H-K—钢罐修砌跨；1—废钢堆场；2—磁选间；3—废钢装料跨；4—渣场；5—电气室；6—混铁车；7—铁水罐修理场；8—连铸跨；9—泵房；10—除尘系统沉淀池；11—煤气柜；12—贮氧罐；13—贮氮罐；14—混铁车除渣场；15—混铁车脱硫（铁水预处理）；16—萤石堆场；17—中间包修理间；18—二次冷却夹辊修理间；19—结晶器道辊修理间；20—冷却场；21—堆料场；22—钢包干燥场；23—除尘烟囱；24—RH 真空处理

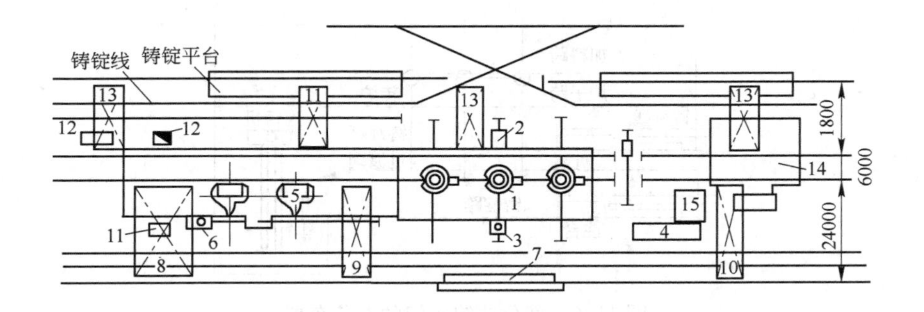

图 11-3 纵向车铸车间平面图

1—转炉；2—钢水罐车；3—渣罐车；4—废钢槽架；5—混铁炉；6—铁水罐车；7—中央操纵室；8—铁水吊车；9—吊车；10—磁盘吊车；11—铁水罐修罐坑；12—钢水罐修罐坑；13—铸锭吊车；14—连续浇注区；15—废钢坑

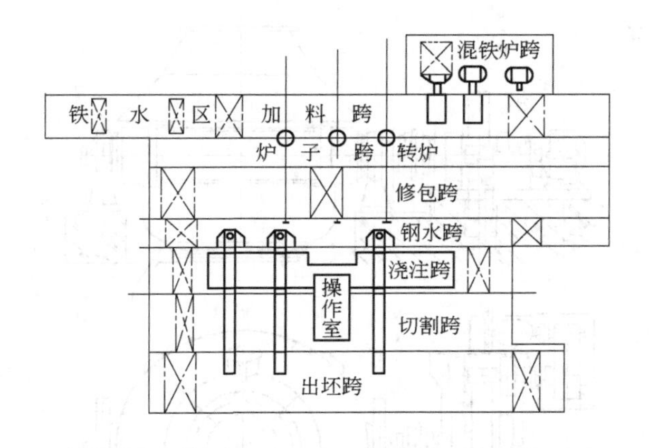

图 11-4 横向车铸布置

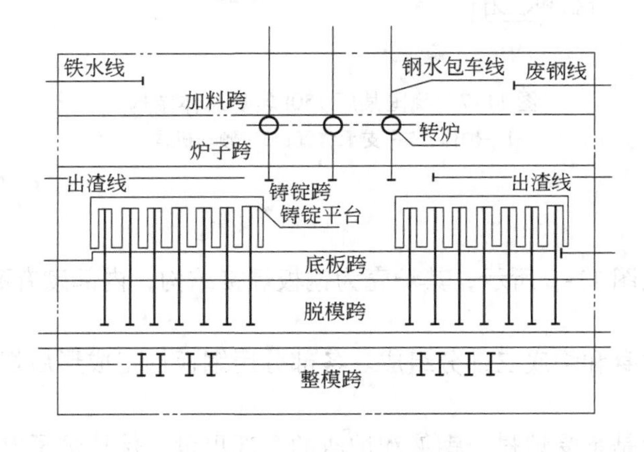

图 11-5 横向布置的全连铸车间

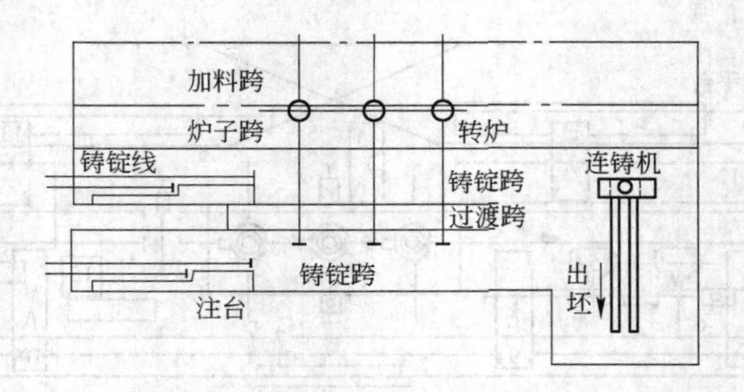

图 11-6 部分连铸车间的工艺布置

11.2 转炉及倾动设备

氧气顶吹转炉总体结构如图 11-7 所示。它由炉体、支撑装置及倾动机构组成。

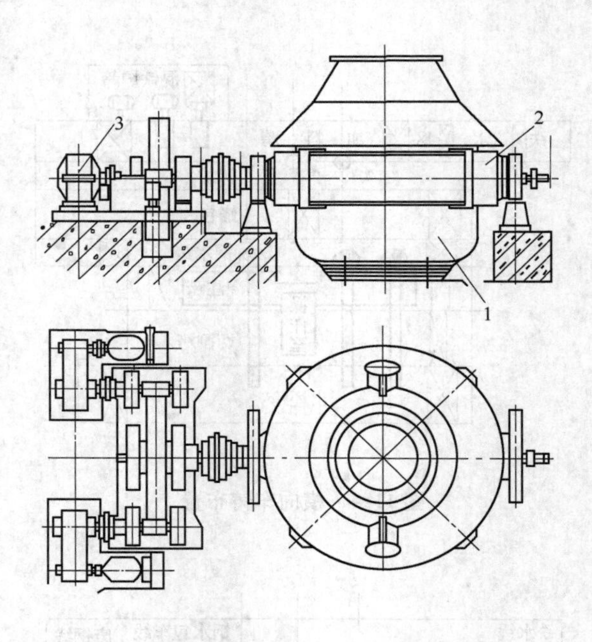

图 11-7 我国某厂 150t 转炉总体结构

1—炉体；2—支承装置；3—倾动机构

11.2.1 转炉炉体

转炉炉体结构如图 11-8 所示，其炉壳为钢板焊接结构，内部砌有耐火材料炉衬。

11.2.1.1 炉壳

炉壳由炉帽、炉身和炉底三部分组成。各部分用钢板加工成形后焊接或用销钉连接成整体。

炉壳的作用主要是承受炉衬、钢液和炉渣的全部重量，保持炉子有固定的形状，并承受转炉倾动时巨大的扭矩。炉壳在工作时，还要受到加料特别是加废钢和清理炉口结渣时的冲击，受到炉子受热时产生的热应力和炉衬的膨胀应力。所以要求炉壳必须有足够的强

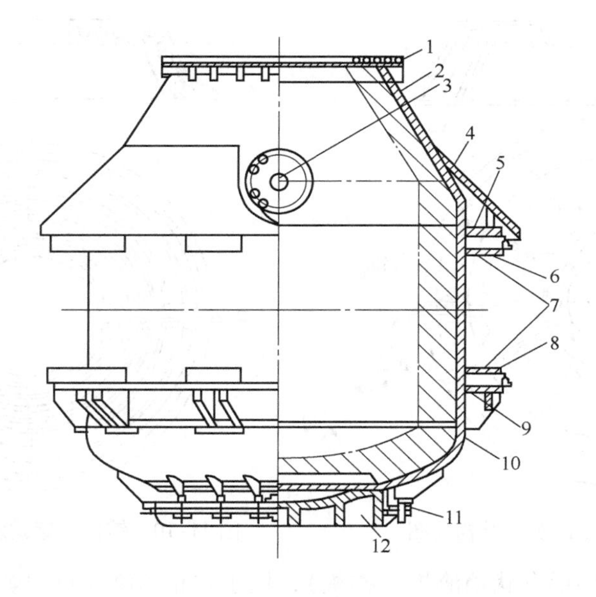

图 11-8 转炉炉壳

1—水冷炉口；2—锥形炉帽；3—出钢口；4—护板；5，9—上下卡板；
6，8—上下卡板槽；7—斜块；10—圆柱形炉身；11—销钉和斜楔；12—活动炉底

度和刚度，避免因产生裂纹和变形造成炉壳的损坏。

炉壳的材质应有良好的焊接性能和抗蠕变的性能。一般使用普通锅炉钢板（如 20g），或采用低合金钢板（如 16Mn 等）。

钢板厚度多按经验确定，见表 11-1。炉帽、炉身和炉底三部分由于受力不同，应使用不同厚度的钢板，其中炉身受力最大，使用钢板最厚。小炉子为了简化取材，使用相同厚度的钢板。

表 11-1 不同容量转炉炉壳钢板厚度

转炉容量/t	<6	30	50	120	150	300
炉帽/mm	16	30	45	55	55	70
炉身/mm	16	30	55	70	70	85
炉底/mm	16	30	50	60	60	75

炉帽部分的形状有截锥形和半球形两种。半球形的刚度好，但制造时需要做胎模，加工困难；而截锥形制造简单，一般用于 30t 以下的转炉。

在吹炼过程中，炉口受炉渣和炉气冲刷侵蚀，容易损坏变形。为了保持炉口的形状，提高炉帽寿命和便于清除炉口处结渣，目前普遍采用水冷炉口。水冷炉口有水箱式（见图 11-9）和铸铁埋管式（见图 11-10）两种结构。水箱式水冷炉口是用钢板焊成的，在水箱内焊有若干块隔板，使进入水箱的冷却水形成蛇形回路，隔板同时起筋板作用，增加水冷炉口的刚度。这种结构的冷却强度大，并且容易制造，但比铸铁埋管式容易烧穿。铸铁埋管式水冷炉口是把通冷却水的蛇形钢管埋铸于铸铁内。这种结构冷却效果稍逊于水箱式，但安全性和寿命比水箱式炉口高，故应用十分广泛。

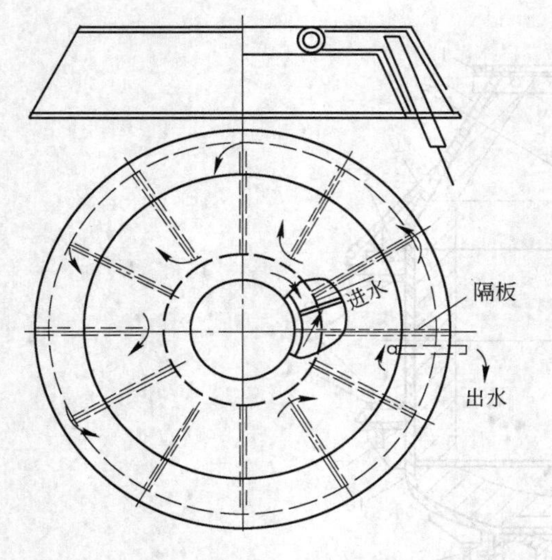

图 11-9 水箱式水冷炉口结构简图

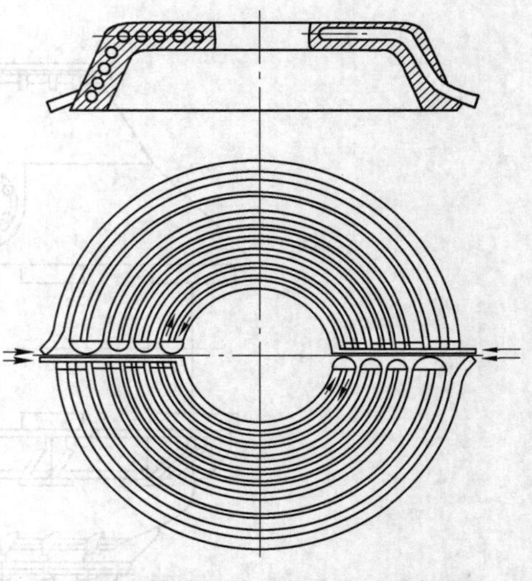

图 11-10 铸铁埋管式水冷炉口结构简图

炉帽通常还焊有环形伞状挡渣板（裙板），用于防止喷溅物烧损炉体及其支撑装置。

炉身一般为圆筒形。出钢口通常设置在炉帽和炉身耐火炉衬交接处。

炉底根据熔池形状不同也有球形和截锥形之分。截锥形炉底制造和砌砖都较为简便，但其强度不如球形好，故只适用于中小型转炉。大型转炉均采用球形炉底。

炉帽、炉身和炉底三部分的连接方式因修炉方式不同而异。有所谓“死炉帽，活炉底”、“活炉帽，死炉底”和整体炉壳等结构形式。小型转炉的炉帽和炉身为可拆卸式，用楔形销钉连接。这种结构适用于上修形式。大中型转炉炉帽和炉身是焊死的，而炉底和炉身是采用可拆卸式的，这种结构适用于下修法，炉底和炉身多采用吊架，T字形销钉和斜楔连接。有的大型转炉是焊接的整体炉壳。

11.2.1.2 炉衬

A 炉衬组成

转炉炉衬由永久层、填充层和工作层组成。

永久层紧贴着炉壳钢板，通常是用一层镁砖或高铝砖侧砌而成，其作用是保护炉壳。修炉时一般不拆除炉衬永久层。

填充层介于工作层与永久层之间，一般用焦油镁砂或焦油白云石料捣打而成。此层的作用是减轻炉衬膨胀时对炉壳的挤压，而且也便于拆除工作层残砖，避免损坏永久层。

工作层直接与钢水、炉渣和炉气接触，不断受到物理的、机械的和化学的冲刷、撞击和侵蚀作用，另外还要受到工艺操作因素的影响，所以其质量直接关系到炉龄的高低。国内中小型转炉普遍采用焦油白云石质或焦油镁砂质大砖砌筑炉衬。为提高炉衬寿命，目前已广泛使用镁质白云石为原料的烧成油浸砖。我国大中型转炉采用镁碳砖。图 11-11 为某厂 150t 转炉综合砌砖示意图。

B 炉衬砌筑

（1）砌筑顺序。转炉炉衬砌筑顺序是先测定炉底中心线，然后进行炉底砌筑，再进行炉身、炉帽和炉口的砌筑，最后进行出钢口炉内和炉外部分的砌筑。

（2）砌筑要求。1）背紧、靠实、填满、找平，尽量减少砖缝；2）工作层实行干砌，砖缝之间用不定型耐火材料填充、捣打结实；3）要注意留有一定的膨胀缝。

C 提高炉衬寿命的措施

（1）提高耐火材料质量。遵循高纯度、高密度、高含碳量的方针，适当提高 MgO 含量，控制好衬砖的结构，广泛采用镁碳砖。

（2）采用均衡炉衬、提高砌炉质量 严格按砌炉要求砌炉，提高砌炉质量。均衡炉衬，对侵蚀最严重的部位，如装料侧、渣线区、炉底等，使用优质耐火砖或加厚砌砖厚度；在侵蚀较轻的部位，则采用普通镁质白云石砖或减薄砌砖厚度。

（3）改进工艺操作。加强生产管理，改善入炉原料质量，控制好炉渣碱度和氧化性，供氧制度和温度制度合理，防止喷溅，缩短冶炼周期，准确地控制吹炼终点等。

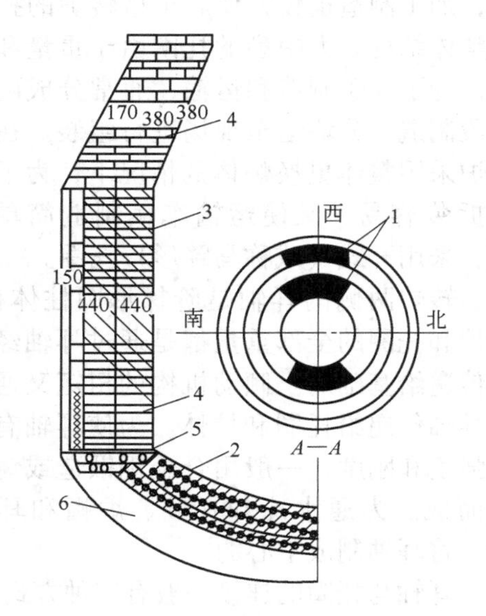

图 11-11 转炉砌砖图

1—镁白云石烧成油浸砖；2—合成高钙镁砖；3—高档镁碳砖；4—中档镁碳砖；5—低档镁碳砖；6—永久层

（4）转炉热态喷补。转炉热态喷补有预修法和维修法两种。预修法是以预防转炉内衬损坏为目的，在转炉的一个炉役中，从开始到结束有计划地进行喷补；维修法是以修补为目的，在炉役后期炉衬因损坏暴露出永久层耐火材料时及时地进行局部修补。

（5）激光监测。利用激光测量技术可以得到炉衬剩余厚度，找出炉衬薄弱点以及炉衬厚度变化趋势等重要信息。对这些重要信息进行分析，可以作出一系列的正确判断和决策。

（6）采用溅渣护炉技术。溅渣护炉即在转炉出钢后调整终渣成分，采用高压氮气通过氧枪或另一只喷枪吹渣，使炉渣附着在炉衬上形成炉衬的保护层，从而减轻炼钢过程中对炉衬的机械冲刷和化学侵蚀，达到保护炉衬提高炉龄的目的。

溅渣护炉的供氮系统主要包括高压球罐、氮气增压机、截止阀、逆止阀、快速切断阀、压力调节阀、流量调节阀和供氮管路以及仪表和控制设备等。

11.2.2 转炉支撑系统

转炉支撑系统包括托圈与耳轴、耳轴轴承座等。托圈与耳轴连接，并通过耳轴坐落在轴承座上，转炉则坐落在托圈上，炉体的全部重量通过支撑系统传递到基础上，如图11-7所示。

11.2.2.1 托圈与耳轴

托圈和耳轴是用来支撑炉体并使之倾动的构件。它们在工作中除承受炉壳、炉衬、钢水和炉渣以及自重外，还要承受由于频繁启动、制动、兑铁水和加废钢等操作产生突然冲击的应力。

托圈（见图 11-12）结构必须具有足够的强度、刚度和冲击韧性。托圈的断面形状有开口形和闭口形。一般中等容量以上的转炉都采用重量较轻的钢板焊接结构。其断面为箱形框架，因为封闭的箱形断面受力好，托圈中切应力均匀，还可以直接通入冷却水冷却托圈，加工制造也较方便。小型转炉的托圈做成整体结构。大中型的托圈由于重量和尺寸大，为了便于制造和运输，通常分成两段或四段制造，分块运至现场进行组装。在大型转炉采用整体更换炉体的情况下，为了使炉体拆装容易，又使运输车辆制造简单、便宜，采用开式（或称马蹄形）托圈。

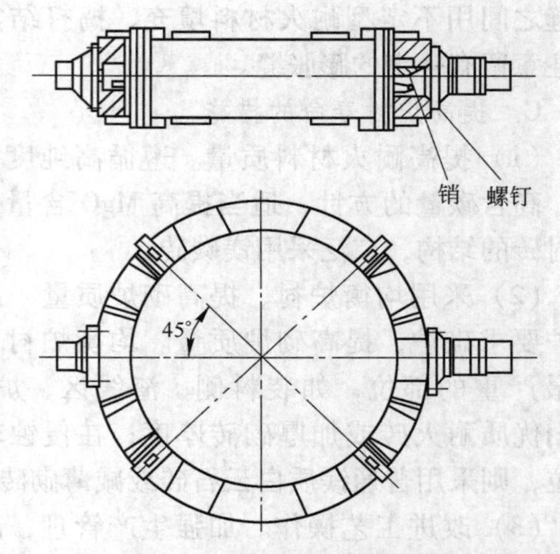

图 11-12 大型转炉剖分式焊接托圈

转炉两侧的耳轴是阶梯形圆柱体构件。转炉和托圈的全部重量都是通过耳轴经轴承座传递给基础的。倾动机构的扭矩又通过一侧耳轴传递给托圈和炉体。为使耳轴有足够的强度和刚度，一般用合金钢锻造或铸造加工而成。为通水冷却托圈、炉帽和耳轴本身，将耳轴制成空心的。

耳轴与托圈的连接一般有三种方式：法兰螺栓连接、静配合连接和耳轴与托圈直接焊接。直接焊接结构简单，重量轻，机械加工量小，安装方便。

11.2.2.2 炉体与托圈连接装置的基本形式

（1）支撑夹持式。它的基本结构是沿炉壳圆周固接着若干组上、下托架，托架和托圈之间有支撑斜垫板。炉体通过上、下托架和斜垫板夹住托圈，借以支撑其重量，如图 11-13 所示。炉壳与托圈膨胀或收缩的差异由斜楔的自动滑移来补偿，并不会出现间隙。

（2）吊挂式连接式。这类结构通常是由若干组拉杆或螺栓将炉体吊挂在托圈上。

1）法兰螺栓连接（见图 11-14）：这种连接是早期小型转炉应用的。在炉壳上部周边焊接两个法兰，在两法兰间加垂直筋板组成加强箍，以增强炉体刚度。下法兰上均布着8~12个长圆螺栓孔，通过螺栓（或圆销）与托圈连接。此种结构简单，便于活炉座的炉体更换，但解决径向膨胀问题不够理想。

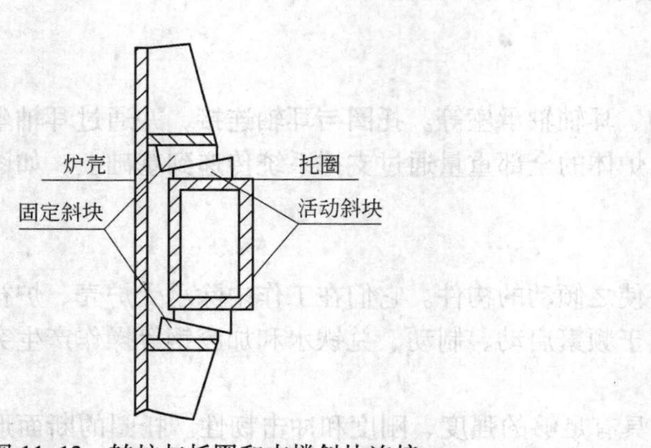

图 11-13 转炉与托圈和支撑斜块连接

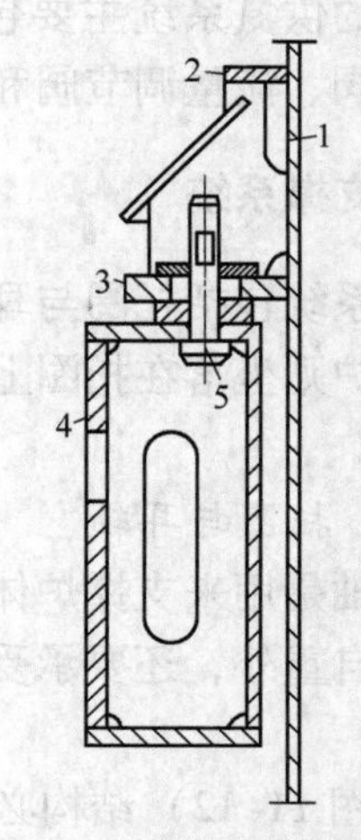

图 11-14 法兰螺栓连接
1—炉壳；2，3—法兰；4—托圈；5—螺栓

2）自调螺栓连接装置：也叫三点球面支撑装置。图 11-15 是某厂 300t 转炉自调螺栓连接装置的结构原理图。在炉壳上部焊接两个加强圈，炉体通过加强圈和三个带球面垫圈的自调螺栓与托圈连接在一起。这种结构工作性能好，能适应炉壳和托圈的不等量变形，载荷分布均匀，结构简单，制造方便，维修量少。

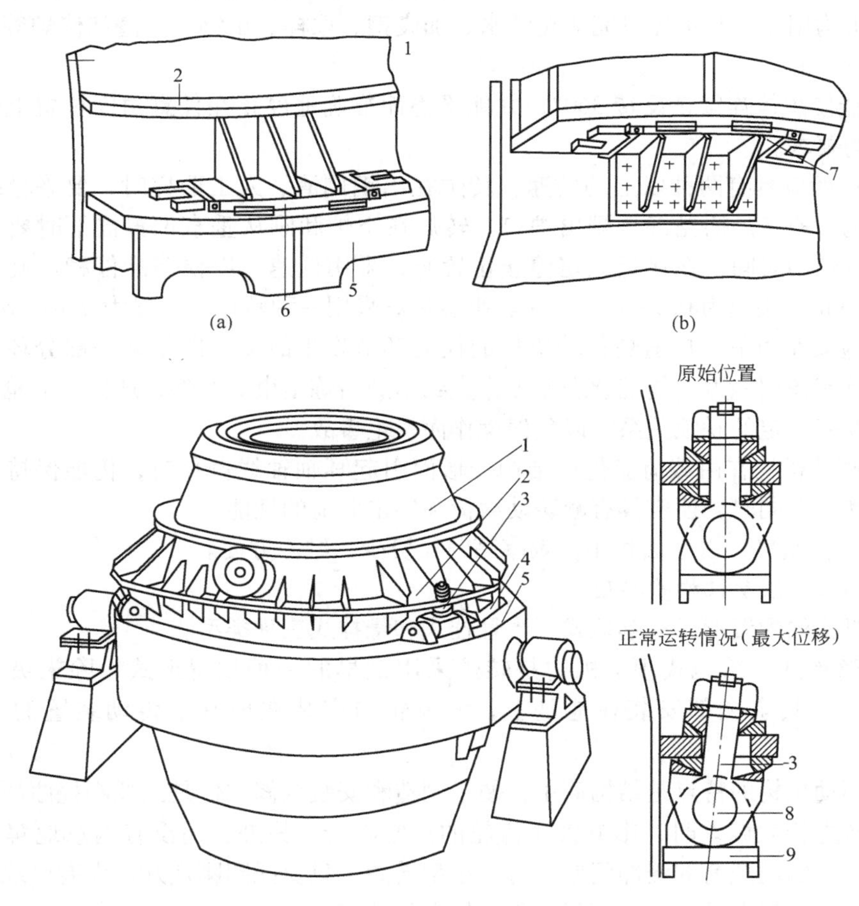

图 11-15 我国某厂 300t 转炉自调螺栓连接装置

1—炉壳；2—加强圈；3—自调螺栓装置；

4—托架装置；5—托圈；6—上托架；7—下托架；8—销轴；9—支座

11.2.2.3 耳轴轴承装置

耳轴轴承工作特点是：负荷大，转速低，工作条件恶劣（高温、多尘、冲击），经常处于局部工作状态，启动制动频繁，由于托圈在高温、重载下工作，耳轴会产生轴向伸长和挠曲变形。因此，耳轴轴承必须有足够的刚度和抗疲劳极限，有良好的适应变形的能力，并要求轴承外壳和支座有合理的结构，安装、更换容易，而且经济。

托圈在重载高温下工作要发生挠曲变形，使耳轴在轴向有伸缩并发生偏转。因此耳轴轴承必须有适应此变形的自位调心和游动性能。由于驱动侧耳轴与倾动机构直接相连，耳轴轴承的轴向是固定的，而非驱动侧轴承则设计成轴向可游动的。无论是传动侧还是游动侧轴承，普遍采用滚动轴承，一般均用重型双列向心球面滚珠轴承。其他形式轴承装置还有复合式滚动轴承装置、铰链式轴承支座和液体静压轴承。

11.2.3 转炉倾动机构

11.2.3.1 对倾动机构的要求

倾动机构用于转动炉体以完成兑铁水、加废钢、取样、出钢、倒渣和修炉等操作，它应具有如下性能：

（1）能使炉体连续正反转360°，并能平稳而准确地停止在任意角度位置上，以满足工艺操作的要求。

（2）一般应具有两种以上的转速，转炉在出钢倒渣、人工取样时，要平稳缓慢地倾动，避免钢、渣猛烈摇晃甚至溅出炉口。转炉在空炉和刚从垂直位置摇下时要用高速倾动，以减少辅助时间；在接近预定停止位置时，采用低速，以便停准停稳。慢速一般为0.1~0.3r/min，快速为0.7~1.5r/min。小型转炉采用一种转速，一般为0.8~1r/min。

（3）应安全可靠，应避免传动机构的任何环节发生故障，即使某一部分环节发生故障，也要具有备用能力，能继续进行工作直到本炉冶炼结束。此外，还应与氧枪、烟罩升降机构等保持一定的联锁关系，以免误操作而发生事故。

（4）倾动机构在由载荷变化和结构变形而引起耳轴轴线偏移时，仍能保持各传动齿轮的正常啮合，同时，还应具有减缓动载荷和冲击载荷的性能。

（5）结构紧凑，占地面积小，效率高，投资少，维修方便。

11.2.3.2 倾动机构的类型

倾动机构的配置形式有落地式、半悬挂式和悬挂式三种类型。

（1）落地式。落地式倾动机构是转炉采用最早的一种配置形式，除末级大齿轮装在耳轴上外，其余全部安装在地基上，大齿轮与安装在地基上传动装置的小齿轮相啮合。

这种倾动机构的特点是结构简单，便于制造和安装维修。但是当托圈挠曲严重而引起耳轴轴线产生较大偏差时，影响大小齿轮的正常啮合。另外，还没有满意地解决由于启动、制动引起的动载荷的缓冲问题。对于小型转炉，只要托圈刚性好，尚有可取之处，对于大、中型转炉存在设备占地面积和重量较大的缺点。

落地式又分为全齿轮传动、蜗轮蜗杆-齿轮传动和行星齿轮传动三种形式。

（2）半悬挂式。半悬挂式倾动机构是在落地式基础上发展起来的，它的特点是把末级大、小齿轮通过减速器箱体悬挂在转炉耳轴上，其他传动部件仍安装在地基上，所以叫半悬挂式。悬挂减速的小齿轮通过万向联轴器或齿式联轴器与主减速器连接。当托圈变形使耳轴偏移时，不影响大、小齿轮间正常啮合。其重量和占地面积比落地式有所减小，但占地面积仍然比较大，它适用于中型转炉。

（3）悬挂式。悬挂式倾动机构是将整个传动机构全部悬挂在耳轴的外伸端上，末级大齿轮悬挂在耳轴上，电动机、制动器、一级减速机都悬挂在大齿轮的箱体上。为了减小传动机构的尺寸和重量、使工作安全可靠，目前大型悬挂式倾动机构均采用多点啮合柔性支承传动，即末级传动是由数个（四个、六个或八个）各自带有传动结构的小齿轮驱动同一个末级大齿轮，整个悬挂减速器用两端铰接的两根立杆通过曲柄与水平扭力杆连接而支承在基础上。

悬挂式倾动机构的特点是：结构紧凑，重量轻，占地面积小，运转安全可靠，工作性能好；多点啮合由于采用两套以上传动装置，当其中1~2套损坏时，仍可维持操作，安全性好；由于整套传动装置都悬挂在耳轴上，托圈的扭曲变形不会影响齿轮副的正常啮合；柔性抗扭缓冲装置的采用，使传动平稳，有效地降低机构的动载荷和冲击力；但是全悬挂机构进一步增加了耳轴轴承的负担，啮合点增加，结构复杂，加工和调整要求也较高。新建大、中型转炉采用悬挂式的比较多。

11.3　吹氧装置及副枪装置

吹氧装置由氧枪、氧枪升降装置和换枪装置三个基本部分组成。与吹氧装置紧密相连的是供氧系统。

供氧系统由制氧机、压缩机、储气罐、输氧管道、测量仪、控制阀门、信号联锁等主要设备组成，如图11-16所示。

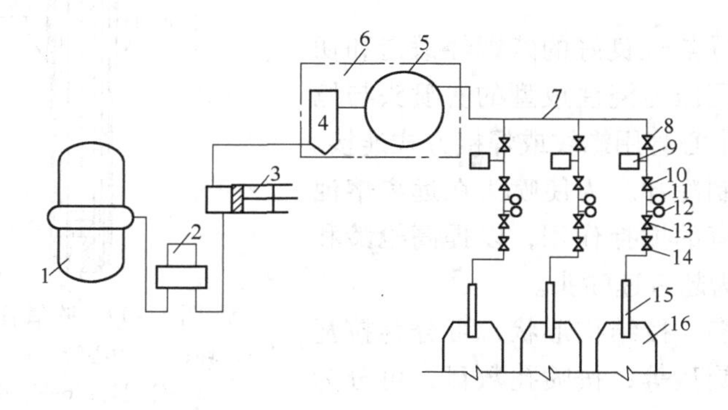

图11-16　供氧系统流程图

1—制氧机；2—低压储气罐；3—压气机；4—桶形罐；5—中间储气罐；6—氧气站；7—输氧总管；8—减压阀；9—流量计；10—氧气流量调节阀；11—工作氧压；12—低压信号联锁；13—快速切断阀；14—手动切断阀；15—喷枪；16—转炉

转炉炼钢要消耗大量的氧，因此现代钢铁厂都有相当大规模的制氧设备。工业制氧采取空气深冷分离法，先将空气液化，然后利用氮气与氧气的沸点不同，将空气中的氮气和氧气分离，这样就可以制出纯度为99.5%的工业纯氧。

制氧机生产的氧气，经加压后送至中间储气罐，其压力一般为 $(25\sim30)\times10^5$ Pa，使用时经减压阀可调节到需要的压力（$6\times10^5\sim15\times10^5$ Pa）。减压阀的作用是使氧气进入调节阀前得到较低和较稳定的氧气压力，以利于调节阀的工作。吹炼时所需的工作氧压是通过调节阀得到的。快速切断阀的开闭与氧枪联锁，当氧枪进入炉口一定距离时（即到达开氧点时），切断阀自动打开；反之，则自动切断。手动切断阀的作用是当管道和阀门发生故障时快速切断氧气。

11.3.1　氧枪

11.3.1.1　氧枪的结构

氧枪又名喷枪或吹氧管，担负着向熔池吹氧的任务。因其在高温条件下工作，故氧枪采用循环水冷却的套管结构。氧枪由喷头、枪身及尾部结构所组成，如图11-17所示。

枪身由三层同心套管构成，中心管通氧经喷头喷入熔池，冷却水从中心管与中层管间的间隙进入，经由中层管与外层管间的间隙上升而排出。枪身的三层套管一般均用无缝钢管。为保证枪身三个管同心装套，使水缝间隙均匀，在中层管和中心管的外管壁上，沿长度方向焊有若干组定位短筋，每组三个短筋均布于管壁圆周上。枪身上端与尾部结构连接，下端与喷头连接。

尾部结构是指氧气及冷却水的连接管头（法兰、高压软管等）以及把持氧枪的装置、吊环等。

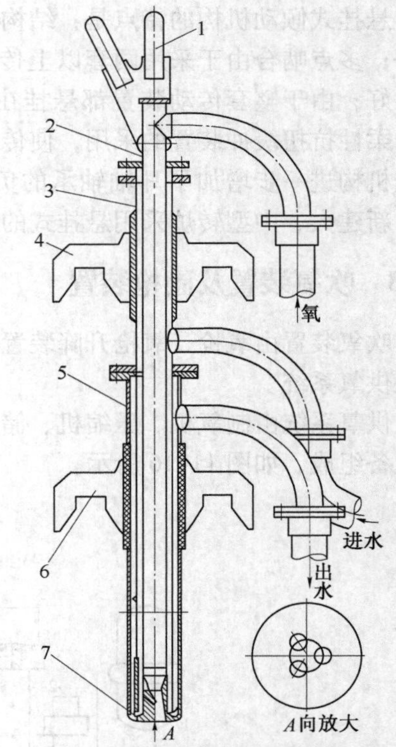

图 11-17 吹氧管的基本结构

1—吊环；2—中心管；3—中层管；4—上托座；5—外层管；6—下托管；7—喷头

11.3.1.2 喷头

喷头通常采用导热性良好的紫铜经锻造和切削加工制成，也有用压力浇注成型的。喷头与枪身外层管焊接，与中心管用螺纹或焊接方式连接。喷头内通高压水强制冷却。为使喷头在远离熔池面工作也能获得应有的搅拌作用，以提高枪龄和炉龄，所用喷头均为超音速喷头。

喷头的类型很多，按结构形状，可分为拉瓦尔型、直筒型、螺旋型等；按喷孔数目，可分为单孔、三孔和多孔喷头；按吹入的物质，可分为氧气喷头、氧-燃气喷头和喷粉料的喷头，如图11-18～图11-22所示。

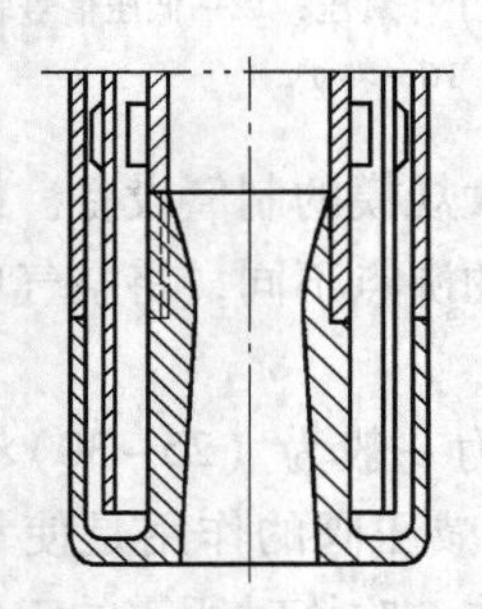
图 11-18 单孔拉瓦尔喷头

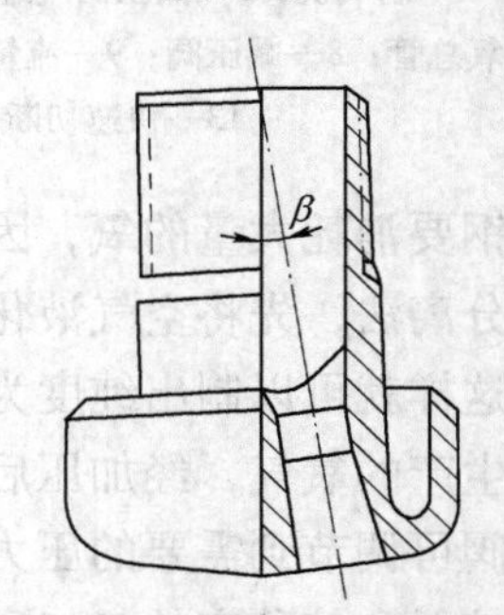

图 11-19 三孔拉瓦尔型喷头

拉瓦尔型喷头能有效地把氧气的压力能转变为动能，获得较稳定的超音速射流，在相同穿透深度下，其枪位较高，大大改善了氧枪的工作条件，因此得到广泛应用。直筒型喷头在高压下获得的超音速流股是不稳定的，而且超音速段较短，主要用于喷石灰粉法。螺旋型喷头能加强熔池面的搅拌，但结构复杂，寿命短，故应用不普遍。氧-燃气喷头则主要用于帮助熔化废钢，以提高转炉废钢用量。

拉瓦尔型喷头是收缩-扩展型喷头，其截面最小处为喉口，其直径称为临界直径或喉口直径。

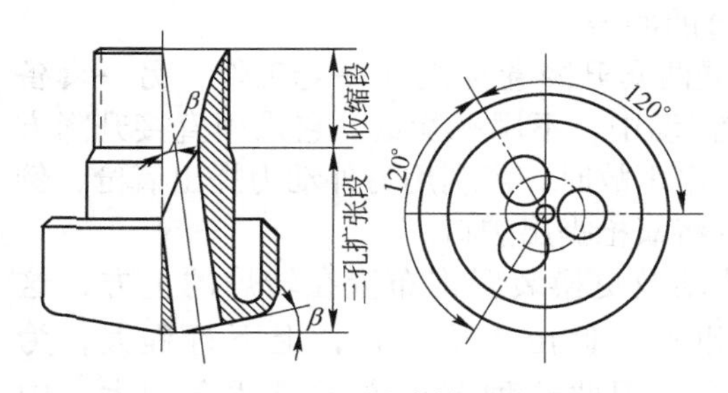

图 11-20　三孔直筒型喷头

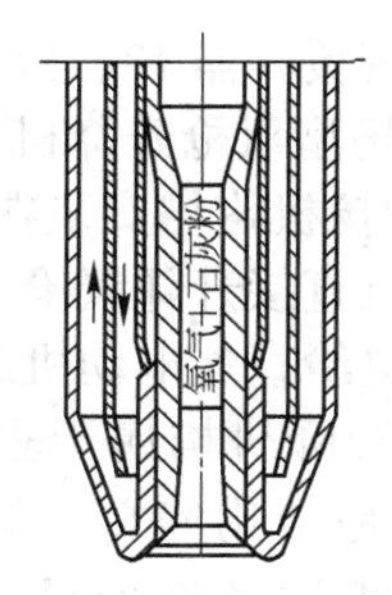

图 11-21　长喉氧-石灰喷头

拉瓦尔喷头的工作原理是：高压低速的气流经收缩段时，气流的压力能转化为动能，气流获得加速度，当气流到达喉口截面时，气流速度达到音速。在扩张段内，气流的压力能除部分消耗在气体的膨胀上外，其余部分继续转化为动能，使气流速度继续增加。在喷头出口处，当气流压力降到与外界压力相等时，即获得了远大于音速的气流速度。喷头出口处的气流速度（v）与相同条件下音速（c）之比，称为马赫数 M，即 $M=v/c$。目前国内外喷头出口马赫数大多在 1.8~2.2 之间。

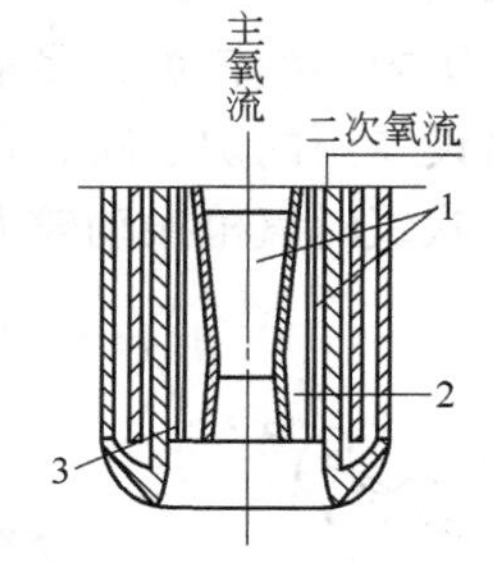

图 11-22　氧、油、燃喷头
1—氧气；2—供煤气；
3—供重油

氧气转炉发展初期，采用的是单孔喷头，随着炉容量的大型化和供氧强度的不断提高，单孔喷头由于其流股与熔池的接触面积小，存在易引起严重喷溅等缺点，不能适应生产要求，所以逐渐发展为多孔喷头。其中最常用的为三孔拉瓦尔喷头。

11.3.2　氧枪升降机构和换枪机构

为了适应转炉工艺变化的要求，一炉钢吹炼过程中需要多次升降氧枪以调整枪位，因此对氧枪的升降机构和更换装置提出以下要求：

（1）应具有合适的升降速度并可以变速。冶炼过程中氧枪在炉口上应快速升降，以缩短冶炼周期。当氧枪进入炉口以下时则应慢速升降，以便控制熔池反应。目前国内大、中型转炉，快速为 30~50m/min，慢速为 3~6m/min；小型转炉仅有一档速度，一般为8~15m/min。

（2）氧枪应严格沿铅垂线升降，升降平稳，控制灵活，停位准确。

（3）安全可靠。有完善的安全装置，当事故停电时，氧枪可以从炉内提出；当钢绳等零件破损断裂时，氧枪不坠入熔池；有防止其他事故和避免误操作所必需的电气联锁装置和安全措施。

（4）能快速换枪。

11.3.2.1　氧枪的升降机构

（1）单卷扬型氧枪升降机构（见图 11-23）。这种机构采用间接升降方式，即借助平衡重来升降氧枪。氧枪 1 装在升降小车 2 上，升降小车沿固定导轨 3 升降。平衡重 12 一方面通过平衡钢绳 4 与升降小车连接，另外还通过升降钢绳 9 与卷筒 8 联系。卷扬机提升平衡重时，靠氧枪系统重量使氧枪下降。

当出现断电事故时，由气缸 7 顶开制动器 6 后，平衡重随即把氧枪提起。如果气缸顶开制动器后不能继续工作或是由于升降机构钢绳意外破断时，平衡重加速下落，故在行程终点处设有弹簧缓冲器13，以缓和事故时平衡重的冲击。

（2）双卷扬型氧枪升降机构。这种机构设置两套升降卷扬机（一套工作，另一套备用）。这两套卷扬机构均安装在横移小车上，在传动中，不用平衡重。它采用直接升降方式，即由卷扬机直接升降氧枪，当该机构出现断电事故时，需利用另外动力提出氧枪，例如用蓄电池供电给直流电动机或利用气动马达等将氧枪提出炉口。

以上氧枪升降机构属于垂直布置，所有传动及更换装置都布置在转炉的上方，这种方式的优点是结构简单、运行可靠、换枪迅速。但由于枪身长，上下行程大，为布置上部升降机构及换枪设备，要求厂房要高，因此这种布置方式只适合于大、中型氧气转炉车间。

国内小型转炉大多采用旁立柱式（旋转塔型）升降装置，如图11-24所示。它不需要另设专门的炉子跨，占地面积小，结构紧凑。其缺点是不能装置备用氧枪，换枪时间长，吹氧时氧枪振动较大，氧枪中心与转炉中心不易对准。

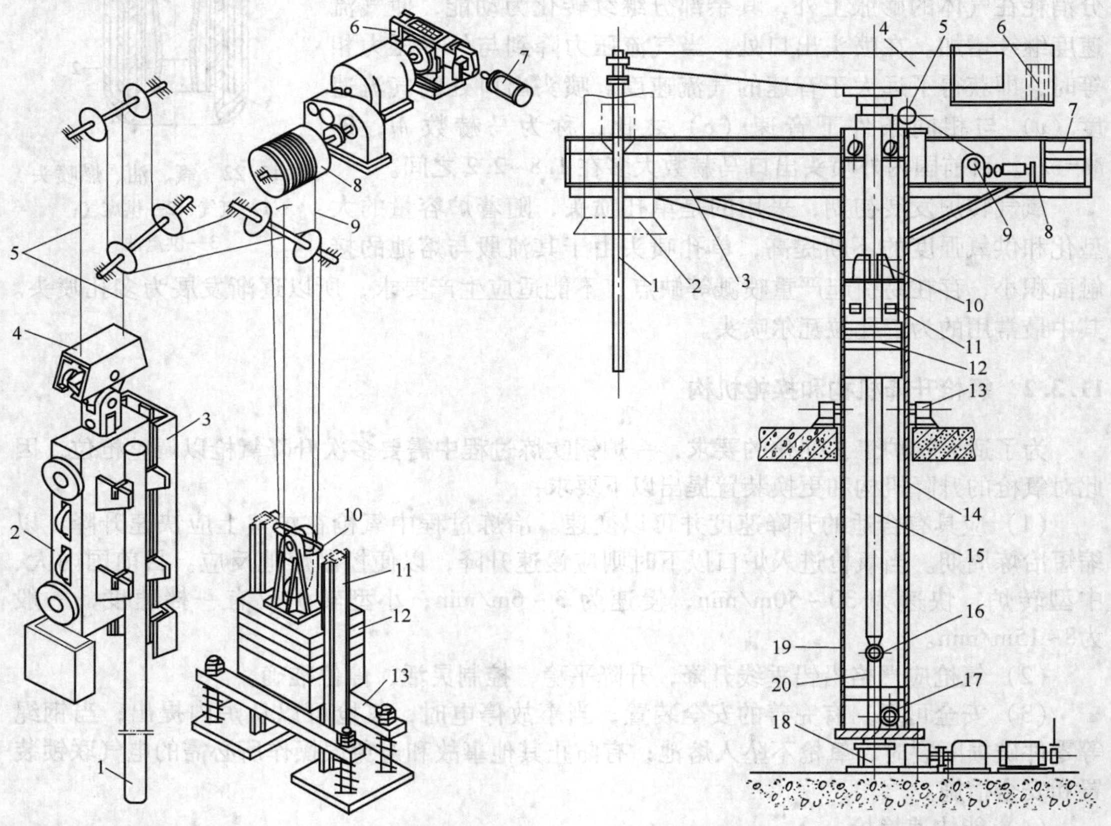

图11-23 某厂50t转炉单卷扬型吹氧装置升降机构

1—氧枪；2—升降小车；3—固定导轨；4—吊具；5—平衡钢绳；6—制动器；7—气缸；8—卷筒；9—升降钢绳；10—平衡杆；11—平衡重导轨；12—平衡重；13—弹簧缓冲器

图11-24 旁立柱式（旋转塔型）氧枪升降装置

1—氧枪；2—烟罩；3—桁架；4—横梁；5，10，16，17—滑轮；6，7—平衡重；8—锤；9—卷筒；11—导向辊；12—配重；13—档轮；14—回转体；15，20—钢丝绳；18—同心推力轴承；19—立柱

11.3.2.2 氧枪各操作点的控制位置

在氧枪的行程中有几个特定位置，称作操作点。图11-25为某厂120t转炉氧枪在行

程中各操作点的标高（距车间地平轨面的距离）。

氧枪各操作点控制位置的确定原则：

（1）最低点。最低点是氧枪下降的极限位置，其位置决定于炉子的容量。对于大型转炉氧枪最低点距熔池面应大于400mm，而对于中、小型转炉应大于250mm。

（2）吹氧点。此点是氧枪开始进入正常吹炼的位置，又称吹炼点。这个位置与炉子容量、喷头类型、供氧压力等因素有关，一般根据生产实践经验确定。

（3）变速点。在氧枪上升或下降到此点，就进行自动变速。此点位置的确定主要是保证安全生产，又能缩短氧枪升降所占的辅助时间。在变速点以下，氧枪慢速升降，在变速点以上快速升降。

（4）开氧点和停氧点。氧枪下降至开氧点应自动开氧，上升至停氧点应自动停氧。开氧点和停氧点位置应适当，过早开氧或过迟停氧都会造成氧气浪费。氧气进入烟罩也会有不良影响。过迟地开氧或过早地停氧也不好，易造成喷枪粘钢和喷头堵塞。一般开氧点和停氧点可以确定在变速点同一位置，或略高于变速点。

（5）等候点。等候点也称待吹点，位于炉口以上。此点位置的确定应使氧枪不影响转炉的倾动。过高会影响氧枪升降所占的辅助时间。

（6）最高点。最高点是氧枪在操作时的最高极限位置，最高点应高于烟罩上氧枪插入孔的上缘。检修烟罩和处理氧枪粘钢时，需将氧枪提高到最高位置。

（7）换枪点。更换氧枪时，需将氧枪提升到换枪点，换枪点高于氧枪的操作最高点。

氧枪的行程分为有效行程和最大行程。

氧枪的有效行程＝氧枪最高点标高－氧枪最低点标高

氧枪的最大行程＝换枪点标高－氧枪最低点标高

11.3.2.3 换枪机构

换枪机构的作用是在氧枪损坏时，能在最短时间里将备用氧枪换上投入工作，而不至于影响转炉生产。

图11-26为横移小车式换枪装置。该机构主要由横移小车、横移小车传动装置、氧枪升降

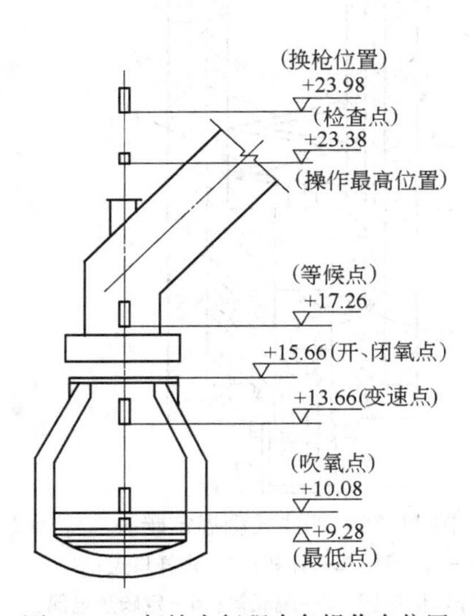

图11-25 氧枪在行程中各操作点位置

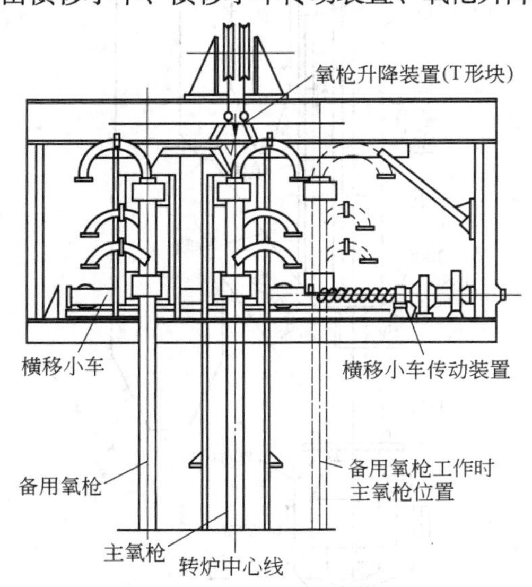

图11-26 横移小车式换枪装置

装置（T形块）组成。在换枪装置上并排安设了两套氧枪升降小车，其中一套工作、一套备用。当需要更换氧枪时，可以迅速将氧枪提升到换枪位置，驱动横移小车，使备用氧枪小车对准固定导轨，备用氧枪可以立即投入生产，整个换枪时间约为一分半钟。

此种换枪机构存在的问题是，横移小车定位不准，定位销的插进或拔出需人工进行，换枪时间长而且不安全。为此，我国300t转炉在横移小车上设置运行机构，利用行程开关及锁定装置定位。此装置结构简单，定位准确，可以保证实现换枪的远距离操作。

11.3.3 副枪装置

所谓副枪是相对于氧枪（主枪）而言的，它是设置在氧枪旁的另一根水冷枪管。用副枪能快速检测熔池钢水温度、碳含量、氧含量及液面高度，并且能在不倒炉情况下取样。副枪已被广泛用于转炉冶炼计算机动态控制系统。采用副枪可有效地提高吹炼终点命中率，提高转炉产量、质量、炉龄及降低消耗，此外劳动强度也大为改善。

副枪装置主要由枪管、探头、副枪升降机构及给头装置等部分组成，如图11-27所示。枪管由四层无缝钢管组成，中心为探头运行通道，第二层为导线与吹压缩空气通道，三、四层为进出水管路。副枪升降机构与氧枪类似，由导轨、升降小车和卷扬机构等组成。给头装置有一个圆柱形储仓，内可装9个探头，仓内探头可做水平旋转，由一马达带动凸轮机构完成。另有一马达带动链轮链条，固定在链条上的压舌可将探头由储仓压入枪管。仓内有一齿铝盘通过检测器进行探头计数。

探头采用侧注式样杯结构，由测温定碳头、样杯、外层保护纸管以及连接用导电环四大部分组成，如图11-28所示。

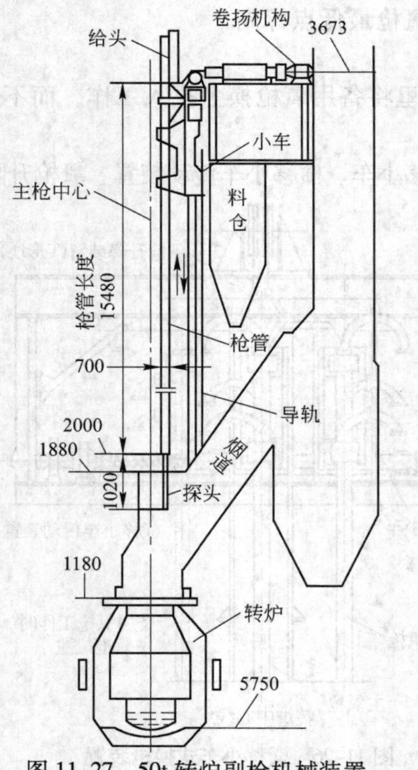

图11-27 50t转炉副枪机械装置

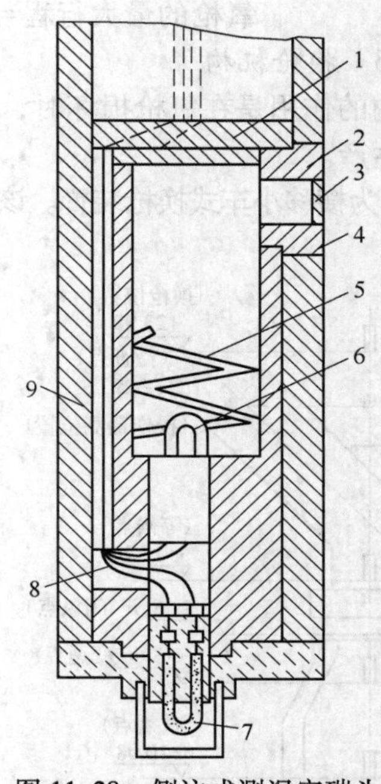

图11-28 侧注式测温定碳头

1—压盖环；2—样杯；3—进样口盖；4—进样口保护套；5—脱氧铝；6—定碳热电偶；7—测温热电偶；8—补偿导线；9—保护纸管

测温定碳头是由两个快速微型热电偶组成，样杯与进样口由耐火材料制成，样杯是用来贮存金属试样并完成结晶定碳任务的。样杯内加入适量金属铝脱氧，进样口挡片是为防止探头穿过渣层时钢渣进入样杯而设置的。补偿导线从热电偶冷点一直贴着纸管内壁由探头顶部穿出纸管，在纸管外壁做成订书钉形状，以便与枪管头部的导电环连接。由于副枪是中心走头，因此探头外形必须是正规的圆柱体，而且尺寸要求比较严格。

11.4 供料设备

转炉炼钢的供料系统主要包括铁水的供应、废钢的供应、散状材料及铁合金的供应等设备。

11.4.1 铁水供应设备

目前转炉炼钢一般采用高炉铁水热装，供应设备有混铁炉、混铁车、铁水罐车。在无高炉铁水的小型转炉车间，则采用化铁炉供应铁水。

11.4.1.1 混铁炉供应铁水

采用混铁炉供应铁水时，高炉铁水经铁水罐车由铁路运入转炉车间加料跨，用铁水吊车将铁水兑入混铁炉内。当转炉需要铁水时，混铁炉将铁水倒入转炉车间的铁水罐内，经称量后用铁水吊车兑入转炉。

混铁炉的作用主要是贮存并混匀铁水的成分和温度。因为高炉出铁的时间和数量与转炉需要往往不一致，采用混铁炉后有助于解决上述矛盾。另外，高炉每次出的铁水成分和温度往往有波动，尤其是几座高炉向转炉供应铁水波动更大，采用混铁炉后可使供给转炉的铁水相对稳定，有利于实现转炉自动控制和改善技术经济指标。采用混铁炉的缺点是：一次投资较大；比混铁车多倒一次铁水，因而铁水热量损失较大。

混铁炉炉身为圆筒形，如图 11-29 所示。外壳用20~40mm厚的钢板制作，炉身和炉顶分别用镁砖和黏土砖砌筑，炉壳与炉衬之间为绝热层，受铁口在顶部。混铁炉的一侧设出铁口兼作出渣口。也有出铁口和出渣口分设于混铁炉两侧的。混铁炉一般采用齿轮和齿条传动的倾动机构，在混铁炉两端和出铁口的上方分别设燃烧器，用煤气或重油等燃烧加热。高炉铁水带入混铁炉的低碱度含硫炉渣用扒渣机从出渣口扒除，以免带入转炉。

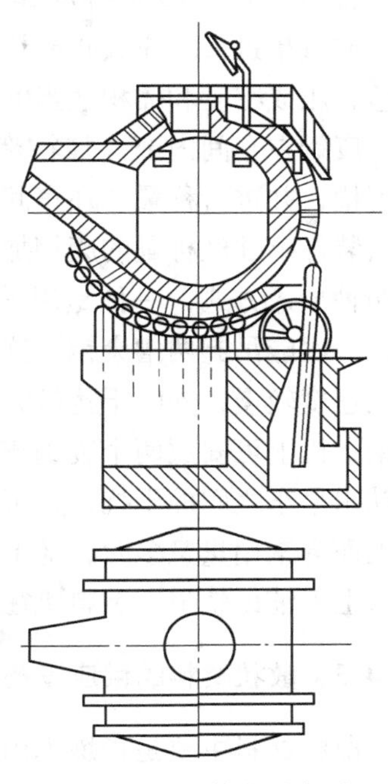

图 11-29 混铁炉示意图

混铁炉容量取决于转炉容量和转炉定期停炉期间的受铁量。目前国内标准混铁炉系列为 300t、600t、900t、1300t。世界上最大容量的混铁炉达 2500t。

11.4.1.2 混铁车供应铁水

混铁车即混铁炉型铁水车，又称鱼雷罐车，见图9-21。混铁车兼有运送和贮存铁水两种作用，实质上是列车式的小型混铁炉，或者说是混铁炉型铁水罐车。

采用混铁车供应铁水时，高炉铁水出到混铁车内，由铁路机车将混铁车牵引到转炉车间倒罐坑旁。转炉需要铁水时，混铁车将铁水倒入坑内的铁水罐中，经称量后由铁水吊车兑入转炉。如果铁水需要预脱硫处理时，则先将混铁车牵引到脱硫站脱硫，再牵引到倒罐坑旁。

采用混铁车供应铁水比采用混铁炉省投资，铁水在运输过程中散热降温比较少，铁水的粘包损失也较少，并有利于进行铁水预处理（预脱硫、磷、硅）。随着高炉大型化和采用精料等，混铁炉使铁水成分波动小的混合作用已不明显。故近几年来，新建大型转炉车间多采用混铁车。世界上已经有600t的混铁车投产。

11.4.1.3 铁水罐车供应铁水

采用铁水罐车供应铁水时，高炉铁水出到铁水罐内，由铁路运进转炉车间，转炉需要时倒入转炉车间铁水罐内，称量后兑入转炉。这种供铁方式设备最简单，投资最省。但是铁水在运输和待装过程降温较大，特别是用一罐铁水炼几炉钢时，前后炉次的铁水温度波动较大，不利于稳定操作，还容易出现粘罐现象，当转炉出现故障时铁水不好处理。

采用这种供铁方式的是一些小型转炉车间。为了减少热损失，铁水罐应有保温措施，加保温盖和保温剂，特别要注意空罐的保温。

11.4.1.4 化铁炉供应铁水

化铁炉供应铁水是在转炉车间加料跨旁边建造2~3座化铁炉，熔化生铁向转炉供应铁水。化铁炉也可以使用一部分废钢作原料。这种方式供应的铁水温度便于控制，并可在化铁炉内脱除一部分硫。其缺点是额外消耗燃料、熔剂，增强熔损，需要管理人员较多，因而成本高。它适用于没有高炉或高炉铁水不足的小型转炉车间。

11.4.2 废钢供应设备

转炉原料的10%~30%是废钢，加入转炉的废钢体积和重量都有一定要求。如果体积过大或重量过大，应破碎或切割成适当的重量和块度。密度过小而体积过大的轻薄料，应打包，压成密度和体积适当的废钢块。

废钢在车间内部（加料跨一端）或车间外部（废钢间）分类堆放，用磁盘吊车装入废钢槽，并进行称量。在车间外装槽时，需用运料车等将废钢槽运进到原料跨。

装好槽并经称量的废钢加入转炉时尽可能迅速，尽量避免与其他作业相互干扰。目前有两种加入方式：一种是用吊车装废钢，可用铁水吊车装；也可用专门设置的废钢吊车装，一次能吊起两槽废钢。这种方式的平台结构和设备都比较简单，吊车还可以共用，但装入速度较慢，同时干扰较大。另一种方式是用设置在炉前或炉后平台上的地上加料机装废钢，机上可安放两个废钢槽，它可以缩短装废钢的时间，减轻吊车的负担，避免装废钢与铁水吊车之间的干扰，并可使废钢料槽伸入炉口以内，减轻废钢对炉衬的冲击。炉子容量大而废钢用量又多时，地上装料机的优越性显得更为突出。但用地上废钢装料机时，在平台上需铺设轨道，装料机往返行驶，易与平台上的其他作业发生干扰。

11.4.3 散状材料的供应设备

散状材料主要是指炼钢用造渣剂和冷却剂等，如石灰、白云石、萤石、矿石、氧化铁皮和焦炭等。转炉散状材料供应的特点是品种多，用量大，又要在冶炼过程中分批加入，要求加入及时，数量准确，而且工作可靠。

散状材料由火车或汽车运到转炉车间，分卸入主厂房外面散料间的低位料仓内。每隔一定时间，用胶带运输机将各种散状材料，分别从低位料仓运到转炉上方相应的高位料仓内。将需加入炉内的散状材料，分别通过每个高位料仓下面的称量料斗和振动给料器运到汇集料斗，然后沿着溜槽加入到转炉内。图 11-30 为这种给料方式的示意图。

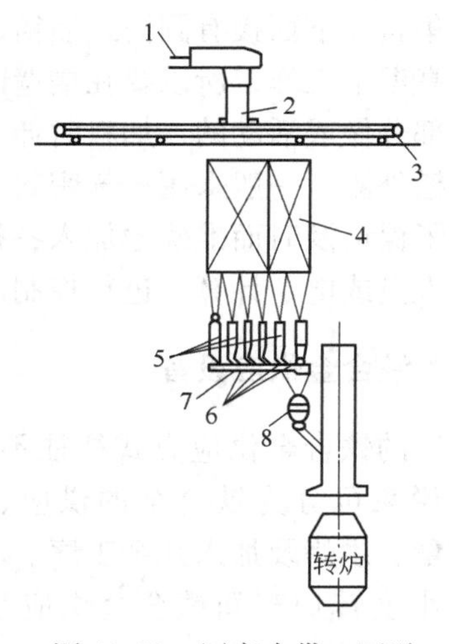

图 11-30 固定皮带、可逆皮带上料示意图

1—固定皮带运输机；2—转运漏斗；3—可逆活动皮带机；4—高位料仓；5—分散称量漏斗；6—电磁振动给料器；7—汇集皮带运输机；8—汇集漏斗

11.4.3.1 进料系统

低位料仓兼有贮存和转运的作用，其数目和容积，应保证转炉连续生产的需要。它一般布置在主厂房外，布置形式有地上式、地下式和半地下式三种。地下式较为方便，便于火车或汽车在地面上卸料，故采用的较多。

11.4.3.2 输送系统

目前在大、中型转炉车间，散状材料从低位料仓运输到转炉上的高位料仓，都采用胶带运输机。它安全可靠，输送能力大，上料速度快。为避免厂房内粉尘飞扬污染环境，有的车间对胶带运输机整体封闭，同时采用布袋除尘器进行胶带机通廊的净化除尘。有的车间在高位料仓上面，采用振动运输机代替敞开的可逆活动胶带运输机配料，并将称量的散状材料直接加入汇集料斗，取消汇集胶带运输机。也有的车间散状材料的水平运输采用胶带运输机，垂直输送则用斜桥料斗或斗式提升机。这种输送方式占地面积小，并可节约胶带，但维修操作复杂，而且可靠程度较差。还有的车间用吊车直接把地面上的散状材料提升到高位料仓内。这种方式上料不连续，可靠程度差，厂房结构复杂。

11.4.3.3 给料系统

高位料仓的作用是临时贮料，保证转炉随时用料的需要。一般高位料仓内贮存 1～3 天的各种散状材料，但石灰容易受潮，在高位料仓内只贮存 6～8h。每个转炉配备的料仓数量不同车间各有差异，少的只有 4 个，多的可达 13 个，料仓大小也不一样。料仓的布置形式有独用、共用和部分共用三种。独用式可以保证该炉正常生产；共用式可以减少高位料仓的数目（但容积要相应加大），还可以处理独用料仓无法处理的停炉残料（特别是石灰）。

高位料仓下部出口处安装有电磁振动给料器。电磁振动给料器由电磁振动器和给料槽两部分组成。接通电源后，由于电磁作用产生机械振动，使散状材料进入称量料斗。当达到要求的数量时，电磁振动给料器便停止振动从而停止给料。一般在每个料仓下面都配置有独用的称量料斗，以准确地控制每种料的加入量。也有的转炉采用集中称量，在高位料仓下面集中配备一个称量漏斗，各种料依次叠加称量。这种方式设备少，布置紧凑，但准确性较差。

汇集料斗的作用是汇总批料，集中一次加入炉内。称量好的各种料进入汇集料斗暂存。汇集料斗下面接有圆筒式溜槽，中间有气动或电动闸板。溜槽下部伸入转炉烟罩内的部分在高温下工作，所以要在槽壁内通水冷却保护。也有的溜槽外面部分是固定的，而伸入烟罩部分做成活动的，加料时伸入烟罩，加完后便提升回来。这种方式为防止煤气和火焰从溜槽外溢，一般采用氮气密封。

为了保证及时而准确地加入各种散状材料，给料、称量和加料都在转炉的中央控制室由操作人员或电子计算机进行控制。

11.4.4 铁合金供应设备

各厂的铁合金供应方式往往不同，但总的说来可分为铁合金的供应、贮存、称量、烘烤及加入几个工序。

中小型转炉车间铁合金供应系统如图11-31所示。

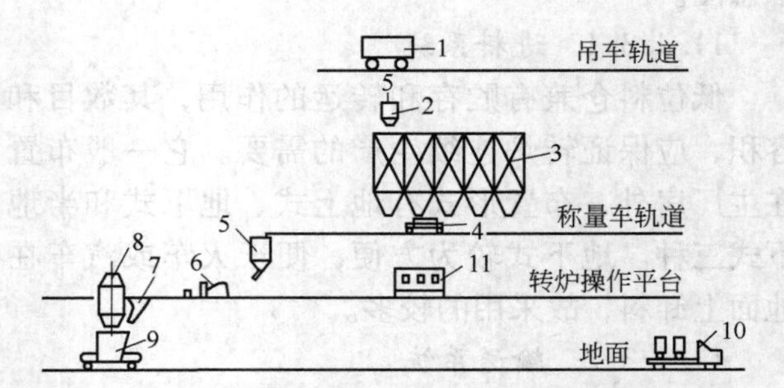

图11-31 常用的中小型转炉车间铁合金供应系统

1—吊车；2—自卸形式料罐；3—铁合金料仓；4—称量车；5—中间料斗；6—叉式翻斗车；7—铁合金流槽；8—转炉；9—钢包车；10—汽车；11—铁合金烘烤炉

常规用的铁合金在合金库用汽车或平板车运至转炉车间，用吊车将铁合金从自卸式料罐卸入铁合金料仓，需要时用烘烤炉烘烤，用叉式车运至铁合金溜槽，再加入钢包内。不需要烘烤的铁合金用称量车送到中间料斗，再用叉式车送往钢包。

大型转炉车间采用类似于散状材料系统的“地面料仓—胶带运输机—高位料仓”的方式。铁合金从料仓中用电磁给料器卸入称量料斗，称量后卸到胶带运输机上，然后运到中间料斗，再通过振动给料器直接卸入铁合金溜槽，加入钢包内。此种系统工作可靠，运输量大，机械程度高，特别适用于铁合金用量大的情况。

11.5 烟气处理设备

氧气转炉炼钢过程中向熔池吹氧，使金属中的一系列元素氧化，同时放出大量热量。碳氧反应产生大量CO和CO_2气体，这正是氧气转炉高温炉气的基本来源。炉气中除CO和CO_2主要成分外，还夹着大量氧化铁、金属铁和其他氧化物粉尘。这股高温含尘气流冲击炉口时，或多或少吸入部分空气使CO燃烧，炉气成分等均发生变化。通常将炉内原生的气体称为炉气，炉气出炉口后则称为烟气。

11.5.1 氧气转炉烟气特点和处理方法

11.5.1.1 转炉烟气的特点

（1）成分和数量变化大。在转炉炼钢过程中，吹炼初期碳的氧化速度慢，因而炉气量也较少。随着吹炼的继续进行，到吹炼中期碳的氧化速度增大，产生的炉气量增多，炉气成分不断变化。脱碳速度的变化规律是：吹炼前、后期速度小；吹炼中期脱碳速度达最大值，且炉气CO成分所占百分比也达最高值（85%~90%）；在停吹时，炉气量为零。这种剧烈的变化，使转炉的烟气净化和回收复杂化。

（2）温度高：转炉炉气从炉口喷出时的温度与炉内反应和工艺操作制度有关，其波动范围较大，一般在1450~1800℃，平均约1500℃。因此转炉烟气净化系统中，必须有冷却设备，同时还应考虑回收这部分热量。

（3）含有大量微小的氧化铁等烟尘。在氧气射流与熔池直接作用的反应区，局部温度可高达2300~2500℃，造成一定数量的铁和铁的氧化物蒸发，形成极细的烟尘，这就是从炉口喷出的棕红色的浓烟。烟尘中还包括一些被炉气夹带出的散状材料粉尘和随着喷溅带出的渣粒等。

氧气转炉的烟尘量约为金属料装入量的0.8%~1.3%，炉气中的含尘量（标态）平均为60~80g/m^3。烟尘中主要是铁氧化物，含铁量高达60%以上。

由于转炉烟尘粒度细，必须采用高效率的除尘设备才能有效地捕集这些烟尘，这也是转炉除尘系统比较复杂的原因之一。

综上所述，氧气转炉的烟气，具有温度高、烟气量大、含尘量高且尘粒微小、有毒性与爆炸性等特点。若任其放散，可飘落到2~10km以外，造成严重的大气污染，危害人身健康和农作物生长。根据国家《大气污染物排放综合排放标准》规定，氧气顶吹转炉烟尘排放标准是：转炉排放烟气的含尘量（标态）不大于150mg/m^3。所以必须对转炉烟气进行净化处理。对转炉烟气若加以回收利用，回收煤气、回收余热和回收烟尘，则可收到可观的经济效益。

11.5.1.2 转炉烟气的处理方法

对转炉炼钢过程中产生的数量大、温度高和CO含量很高的炉气有两种处理方法：燃烧法和未燃法。

（1）燃烧法。燃烧法是当炉气离开炉口进入烟罩时，使其与大量空气混合，使炉气中CO完全燃烧。利用过剩空气和水冷烟道对烟气冷却，经除尘后排入大气。这种方法不能回收煤气，而且由于吸入空气量大，进入净化系统的烟气量大大增加，设备占地面积大，投资和运转费用比未燃法高。但因不回收煤气，烟罩结构和净化系统的操作、控制较简单，系统运行安全。

（2）未燃法。未燃法是在炉气离开炉口进入烟罩时，通过控制炉口压力或用氮气密封，使空气尽可能少地进入炉气，仅令其中0~20%的CO燃烧。出口后的烟气仍含有50%~70%的CO。这种烟气经冷却净化后即为转炉煤气，可以回收作为燃料或化工原料，每吨钢可以回收煤气（标态）60~70m^3。此法由于烟气CO含量高，需注意防爆防毒，要求整个除尘系统必须严密，其控制水平也较高。但由于其废气量少，整个冷却、除尘系统设备体积较小，又可回收大量煤气及部分热量，故近几年来国内外都采用此种方法。

两种方法的烟尘成分和粒度分布如表11-2和表11-3所示。

表11-2 氧气转炉的烟尘成分 %

除尘方法	FeO	Fe_2O_3	Fe	TFe	SiO_2	MnO	CaO	MgO	P_2O_5	C
未燃烧	67.16	16.20	0.58	63.40	3.64	0.74	9.04	0.39	0.57	1.68
燃烧法	2.30	92.00	0.40	66.50	0.80	1.60	1.60	—	—	—

表 11-3 转炉炼钢烟尘的粒度分布

未燃法		燃烧法	
粒度/μm	%	粒度/μm	%
>20	16.0	>1	5
10~20	72.3	0.5~1	45
5~10	9.9	<0.5	50
<5	1.8		

由表可见转炉炼钢的烟尘主要是铁的氧化物，含铁量高达60%以上，可回收作高炉烧结矿或球团原料，也可作转炉用冷却剂；燃烧法烟尘粒度比未燃法更细，小于1μm的占95%，因而净化更为困难。

11.5.2 烟气净化系统设备组成

净化系统可概括为烟气的收集与输导、降温与净化煤气回收、废气抽引与放散等几部分。

11.5.2.1 烟气的收集与输导

A 烟罩

烟气的收集装置有活动烟罩和固定烟罩两种形式。

在未燃法净化系统中，活动烟罩和固定烟罩之间用水封连接，如图11-32所示。活动烟罩的主要作用是使烟气顺利地进入烟罩，并能很好控制吸入的空气量，以提高回收煤气的质量。

活动烟罩按结构的不同有单烟罩和双烟罩两种。单烟罩又有闭环式（氮幕法）（见图11-33）和敞口式（微压差法）两种。闭环式活动烟罩的特点是烟罩下部罩裙口径略大于水冷炉口外径，降罩后的最小缝隙为50mm左右，通过向炉口与烟罩之间的缝隙吹氮气密封来隔绝空气。敞口式活动烟罩的特点是采用较大的罩裙，下口为喇叭形，降罩后能将炉口全部罩上，能容纳瞬时变化较大的烟气量，使之不外逸，但需要设置较精确的微压差自动调节系统。双烟罩由中间的主烟罩和环绕主烟罩周围的环状副烟罩组成，两罩同步升降，如图11-34所示。主烟罩用来回收CO含量较高的煤气。副烟罩用来收集主烟罩溢出的烟气及吸入空气，经副系统冷却净化后排入大气。此方式吹炼时，烟气外溢较少，对改善车间的环境条件有利，但其结构复杂，厂房高度增加，因此各国极少采用。

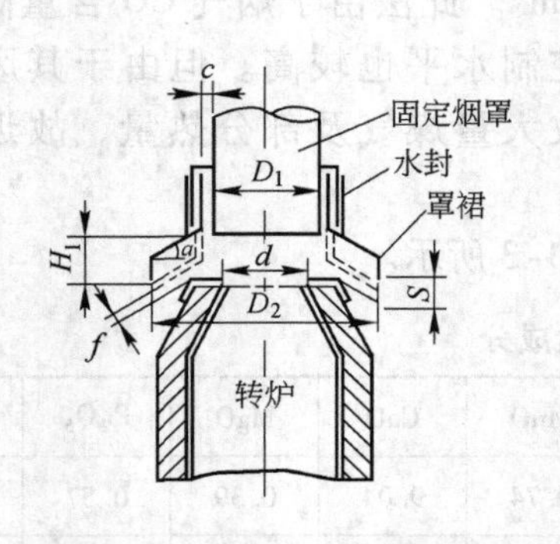

图11-32 未燃法单烟罩示意图

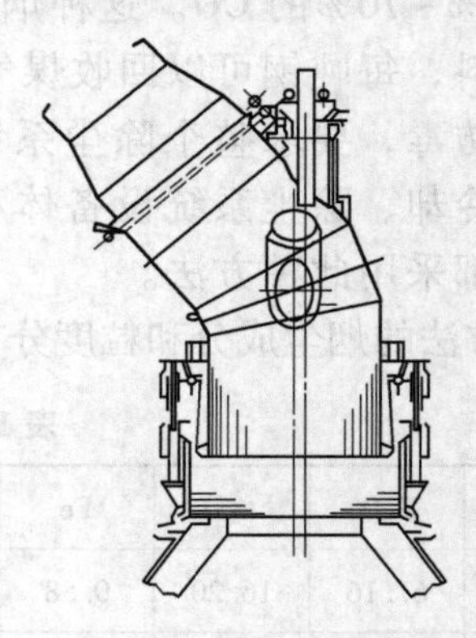

图11-33 闭环式单烟罩

在固定烟罩上，设有加料孔、氧枪插入孔以及密封装置（氮气或蒸汽密封）。

燃烧法一般均不设活动烟罩，而仅设固定烟罩。烟罩上口径等于烟道内径，下口径大于上口径，其锥度大于60°。

固定烟罩的冷却有箱形水冷、排管水冷和汽化冷却等形式。汽化冷却固定烟罩具有耗水量小、不易结垢、使用寿命长等优点，在生产中使用效果良好。

活动烟罩的冷却，一般采用排管式或外淋式水冷。排管式结构效果较好。外淋式水冷烟罩具有结构简单、易于维修等优点，多为小型转炉厂采用。

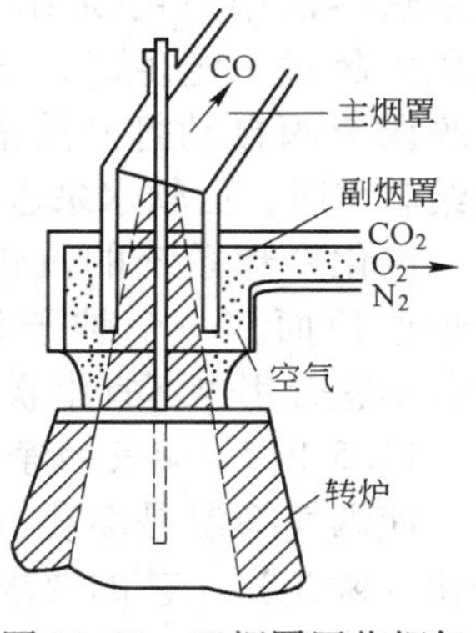

图 11-34 双烟罩回收烟气

B 烟道

烟气的输导管道又称烟道，它兼冷却烟气、回收余热的作用。为了保护设备和提高效率，烟道必须对通过的烟气进行冷却，使烟道出口处烟气温度低于900℃。烟道冷却形式有水冷烟道、废热锅炉和汽化冷却烟道三种。

水冷烟道由于耗水量大、余热未被利用、容易漏水、寿命低，现在很少采用。废热锅炉由辐射段和对流段组成（见图 11-35），适用于燃烧法，可充分利用煤气的物理热和化学热生产蒸汽，废热锅炉出口的烟气可降至300℃以下；但是，锅炉设备复杂，体积庞大，自动化水平要求高，又不能回收转炉煤气，因此，采用的也不多。

目前国内新设计的转炉均采用汽化冷却烟道（见图 11-36）。它与废热锅炉不同，没有对流段，只有辐射段。烟道出口的烟气温度在900~1000℃，因而回收热量较少。但其烟道结构简单，适用于未燃法煤气的回收操作。汽化冷却烟道是由无缝钢管排列围成的烟道。汽化冷却器的用水，要经过软化和除氧处理。

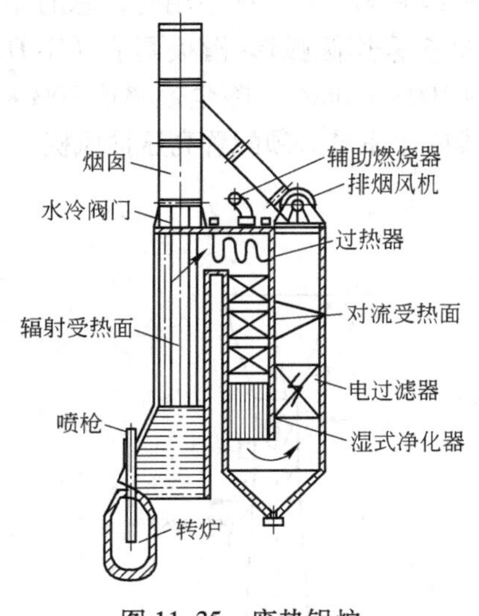

图 11-35 废热锅炉

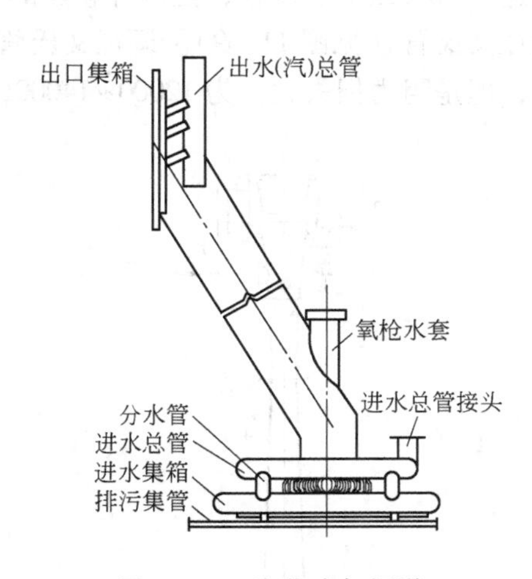

图 11-36 汽化冷却烟道

图 11-37 为汽化冷却系统流程。汽化冷却烟道内由于汽化产生的蒸汽同水混合，经上升管进入汽包，使汽水分离后，热水经下降管到循环泵，又送入汽化冷却烟道继续使用。当汽包内蒸汽压力升高到（6.67~7.85）$\times 10^5$Pa 时，气动薄膜调节阀自动打开，使蒸汽进

入蓄热器供用户用使用。当蓄热器的蒸汽压力超过一定值时，蓄热器上的气动薄膜调节阀自动打开放散。当汽包需要补给软水时，由软水泵送入。

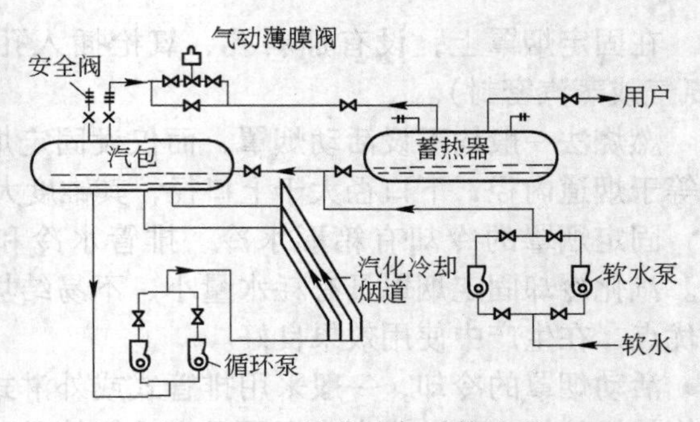

图 11-37 汽化冷却系统流程

汽化冷却系统的汽包布置高度应高于烟道顶面。一个炉子设有一个汽包，汽包不宜合用也不宜串联。

11.5.2.2 烟气的净化与降温

使烟气降温是净化（除尘）系统和净化（除尘）工艺的要求。烟气温度高，严重影响设备寿命，尤其是抽风机无法适应。

烟气除尘设备是系统的关键设备。由于转炉烟尘粒度小、浓度高，一般多采用多级除尘。初级除尘设备去除烟尘中的粗颗粒，次级除尘设备（包括脱水器）去除微细烟尘。

除尘器的任务在于使悬浮于烟气中的尘粒从烟气中分离出来，以达到净化烟气的目的。炼钢除尘器按其工作原理有离心除尘（如旋风除尘器）、过滤除尘（如滤袋除尘器）、静电除尘（如静电除尘器）、洗涤除尘（如文氏管除尘器）等。目前，转炉炼钢应用最普遍的是湿法的文氏管除尘器。

A 文氏管除尘器

文氏管作为转炉炼钢除尘器常用图 11-38~图 11-41 等几种形式。内喷式溢流文氏管的主要作用是降温和粗除尘，调径文氏管一般用于除尘系统的第二级除尘，其作用主要是进一步净化烟气中粒度较细的烟尘（又叫精除尘），也可起到一定的降温作用。在国内外的湿法双文氏管除尘系统中，一般都将第二级文氏管的喉口调节与炉口微压差的调节机构进行联锁，由可调喉口文氏管直接控制炉口的微压差。当第一级和第二级串联使用时，总的除尘效率可达 99.8%以上。现在，国内外新建的氧气转炉车间多采用圆弧形-滑板调节（R-D）矩形调径文氏管（见图 11-39）。调径文氏管喉口速度为 100~120m/s，除尘效率达 90%~95%以上，但是阻力损失大，为 12000~14000Pa。因而这类除尘系统必须配置高压抽风机。

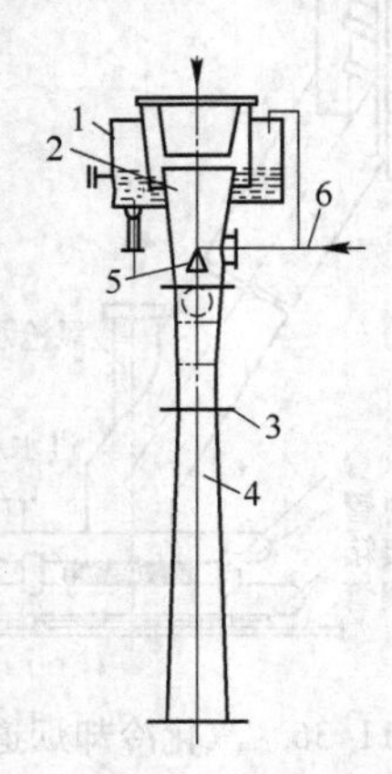

图 11-38 定径圆形内喷文氏管

1—溢流水封；2—收缩管；3—腰鼓形喉口（铸件）；4—扩散管；5—碗形喷嘴（内喷）；6—溢流供水管

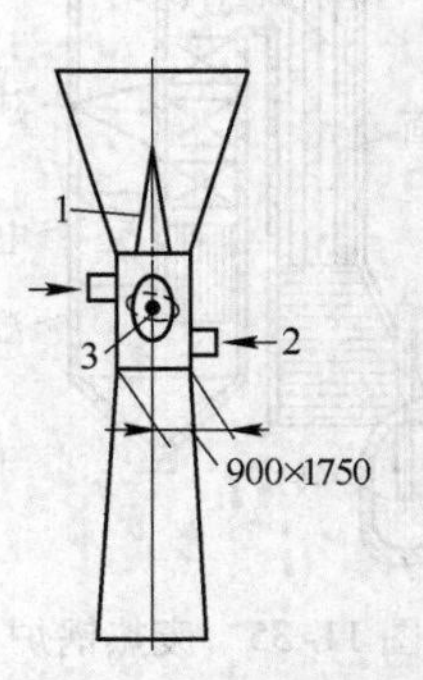

图 11-39 圆弧形-滑板调节（R-D）文氏管

1—导流板；2—供水；3—可调阀板

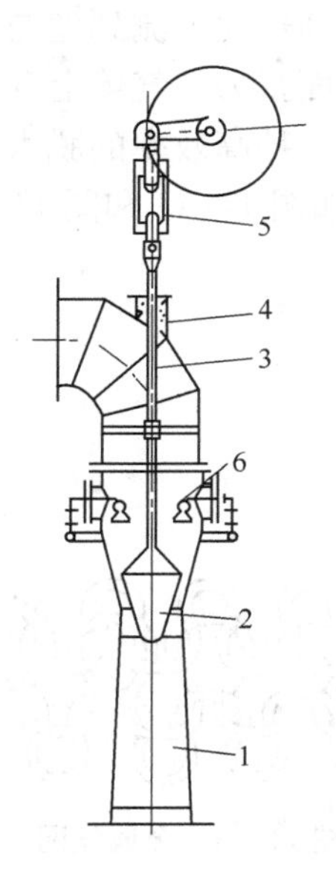

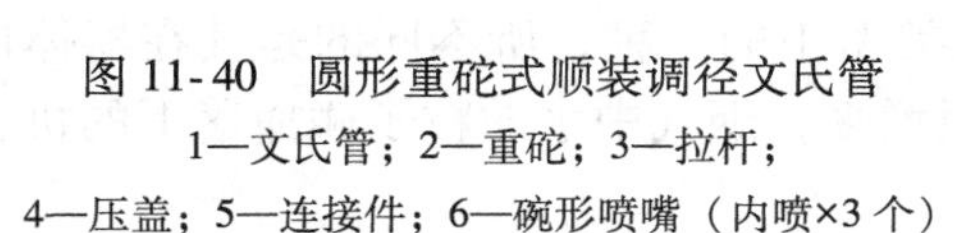
图 11-40 圆形重砣式顺装调径文氏管
1—文氏管；2—重砣；3—拉杆；
4—压盖；5—连接件；6—碗形喷嘴（内喷×3 个）

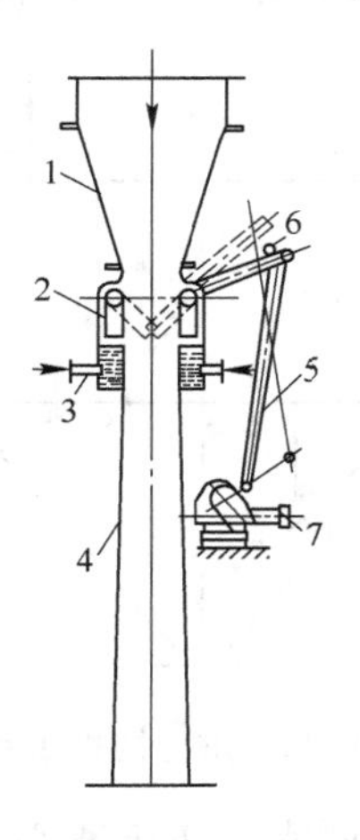

图 11-41 矩形翼板式调径文氏管
1—收缩段；2—调径翼板；3—喷水管；4—扩散管；
5—连杆；6—杠杆；7—油压缸

B 脱水器

脱水器的作用是把文氏管内凝聚成的含尘污水从烟气中分离出去。烟气的脱水情况直接影响除尘系统的净化效率、风机叶轮的寿命和管道阀门的维护等。脱水效率与脱水器的结构有关。转炉炼钢常用脱水器形式见表 11-4。

表 11-4 脱水器形式

脱水器类型	脱水器名称	进口气速 v/m · s^{-1}	阻力 Δp/Pa	脱水效率/%	使用范围
重力式脱水器	灰泥捕集器	12	200~500	80~90	粗脱
撞击式脱水器	重力挡板脱水器	15	300	85~90	粗脱
	丝网除雾器	≈4	150~250	99	精脱
离心式脱水器	平旋脱水器	18	1300~1500	95	精脱
	弯头脱水器	12	200~500	90~95	精脱
	叶轮旋流脱水器	14~15	500	95	精脱
	复式挡板脱水器	25	400~500	95	精脱

灰泥捕集器是重力式脱水器的一种，其结构类似于重力除尘器（见图 8-5）。气流进入脱水器后因流速下降和流向的改变，靠水自身重力作用实现气水分离。重力式脱水器对细水滴的脱除效率不高，但其结构简单，不易堵塞，一般用作第一级脱水器。

重力挡板脱水器（撞击式）是利用气流做 180°转弯时水雾由于自身重力而分离下来，另有数道带钩挡板起截留水雾之用。重力挡板脱水器结构见图 11-42。

丝网除雾器（撞击式）用以脱除较小雾状水滴。夹带在气体中的雾粒以一定的流速与丝网的表面相碰撞，雾粒碰在丝网表面后被捕集下来并沿细丝向下流到丝与丝交叉的接头处聚成液滴，液滴不断变大，直到其本身重量超过液体表面张力与气体上升浮力的合力时，液滴就脱离丝网沉降，达到除雾的目的。丝网除雾器是一种高效率的脱水装置，能有效地除去2~5μm的雾滴。丝网编织结构与丝网除雾器结构如图11-43和图11-44所示。

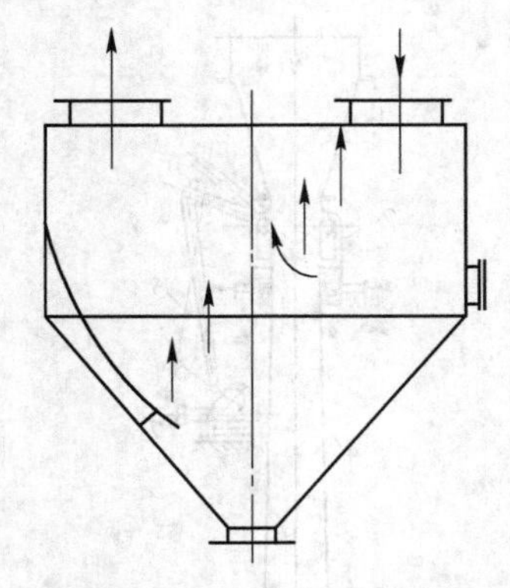

图11-42 重力挡板脱水器

图11-43 金属丝网

复式挡板脱水器属于离心式（旋风）脱水器类型中的一种，所不同的是其在器体内增加了同心圆挡板，见图11-45。由于器体内挡板增多，烟气中水的粒子碰撞落下的机会也更多，脱水效率提高。

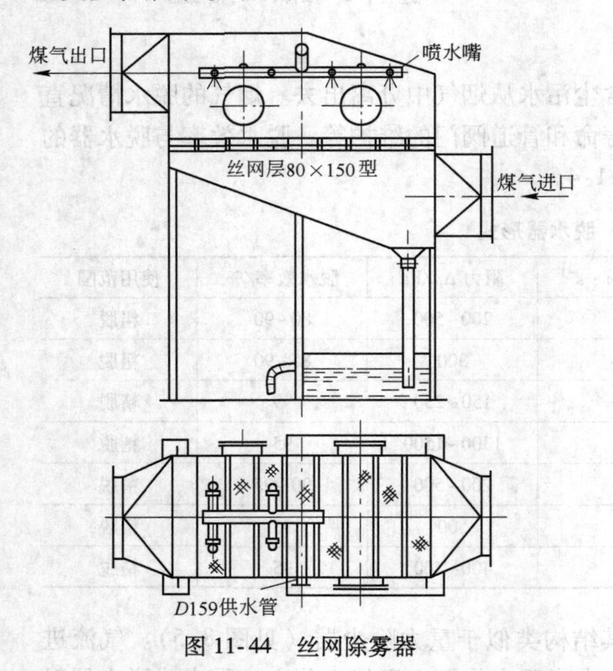

图11-44 丝网除雾器

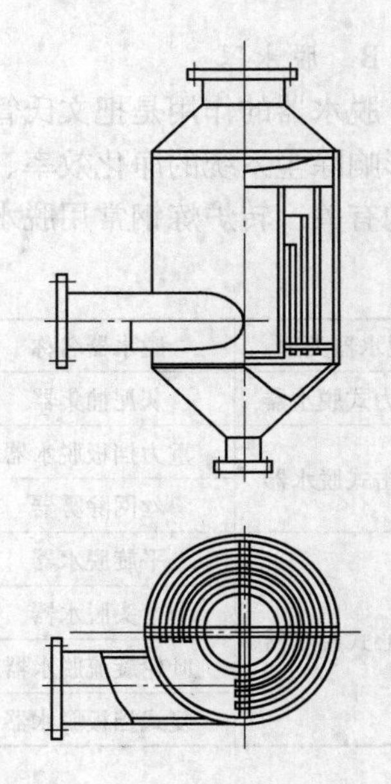

图11-45 复式挡板脱水器

对于弯头脱水器，当含污水滴的气流进入脱水器后，因受惯性与离心力作用，水滴被甩至脱水器的叶片及器壁上沿壁流下，通过排水槽排走。弯头脱水器按其弯曲角度不同，有90°和180°两种，其结构如图11-46和图11-47所示。弯头脱水器能较好地分离大于30μm的水滴。弯头脱水器中叶片多，脱水效率高，反之效率则低。但叶片多容易堵塞。

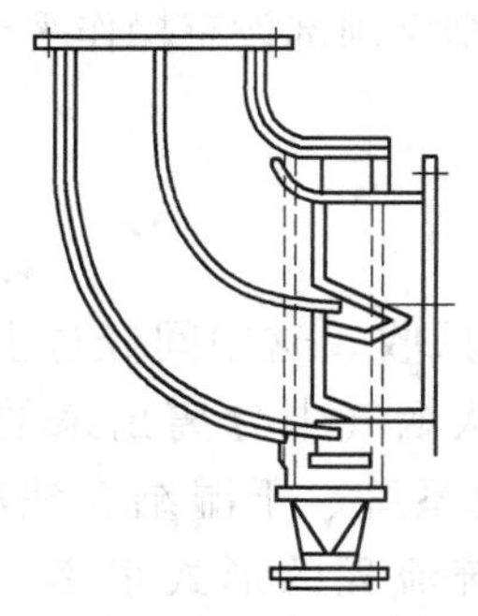

图 11-46 90°弯头脱水器

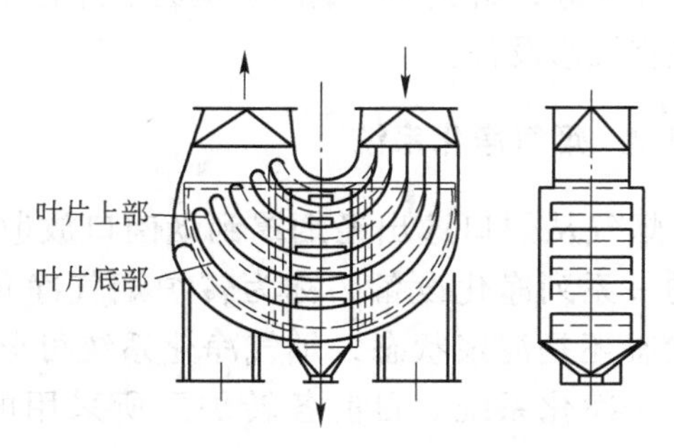

图 11-47 180°弯头脱水器

此外还有叶轮旋流脱水器、挡水板水雾分离器等，它们可用在转炉湿法除尘系统作最后一级脱水设备。

11.5.2.3 煤气的回收设备

煤气回收时，系统必须设置煤气柜与回火防止器等设备。

煤气柜是转炉煤气回收系统中主要设备之一，它可以起到贮存、稳压、混合三个作用。由于转炉回收煤气是间断的，同时每炉所产生的煤气成分又不一致，为连续供给用户成分、压力、质量稳定的煤气，必须设煤气柜来贮存煤气。

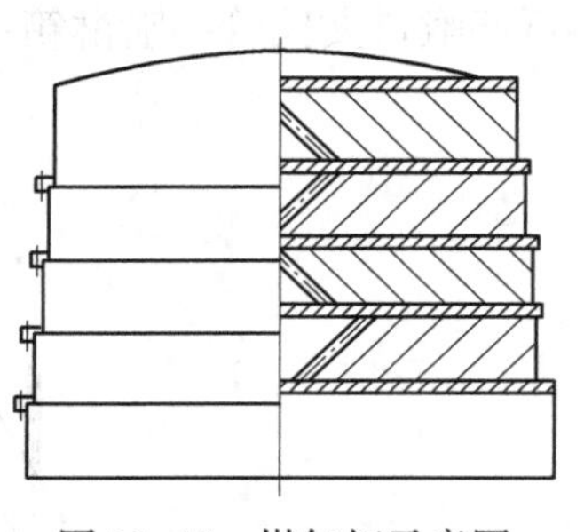

图 11-48 煤气柜示意图

煤气柜的种类很多，转炉常用的是低压湿式螺旋预应力钢筋混凝土、满膛水槽式煤气柜。其构造如图 11-48 所示。它犹如一个大钟形罩扣在水槽中，随着煤气的进出而升降，并利用水槽使柜内煤气与外界空气隔断来贮存煤气。煤气柜一般由一节至五节组成，从上面顺序称为钟罩（内塔）、二塔、三塔……外塔。水槽可以置入地下，这样可以减小气柜的高度和降低所受风压。

三通切换阀用作转炉煤气回收与放散的切换。对三通切换阀的要求是密闭性强，动作迅速、灵敏。常用的三通切换阀有三种形式，即球形阀、双联三通切换阀、箱式水封三通切换阀。

水封逆止阀是煤气回收管路上的止回部件，其设在三通切换阀后，用来防止煤气倒流。

11.5.2.4 抽引与放散设备

抽引装置是为克服净化系统阻力而设置的。系统阻损大小是选择风机类型的主要依据之一。系统阻力损失（即风机前的总负压）低于 16578.9Pa，则一般采用 8-18 型低压风机；当系统总阻力损失大于 22563Pa，则采用 D 型高压风机。

用于“未燃法”回收烟气的除尘风机，其通常工作条件是：进入的介质温度为 35～65℃，含尘量（标态）为 100～150mg/m^3，含 CO 约为 60%，气体的相对湿度为 100%，并含有一定量的水滴。

在烟气放散时，采用烟囱抽引。在燃烧法的烟气净化系统中废气从烟囱排出。未燃法的烟气净化回收系统在非回收期时，将不合乎回收规格的煤气从烟囱（燃烧后）排出。

目前国内转炉厂的放散烟囱均为钢质结构。每座转炉一根，然后几座转炉的放散烟囱架设在一起，组成一座烟囱。烟囱上部有点火装置时，在烟囱顶部设有操作平台和梯子以便检查维修设备。

11.5.3 烟气净化系统

烟气从炉口逸出经烟罩到烟囱口放散或进入煤气柜回收，这中间经过上节所介绍过的一系列净化设备，称为转炉烟气净化系统。根据从烟气中分离出来的烟尘是干燥状态还是泥浆状态，烟气净化系统可分为全湿法净化系统、干湿结合法净化系统、全干法净化系统。目前各转炉厂所采用的净化回收系统流程的形式很多，现举两个有代表的例子。

11.5.3.1 全湿法“双文”净化系统

图11-49为某厂30t氧气转炉全湿法“双文”净化回收系统，该系统应用炉口微压差法进行转炉煤气回收，流程如下：

转炉烟气→活动烟罩、固定烟罩→汽化冷却烟道→溢流定径文氏管→重力挡板脱水器→可调喉口文氏管→喷淋箱→复挡脱水器→三通切换阀→水封逆止阀→煤气柜。

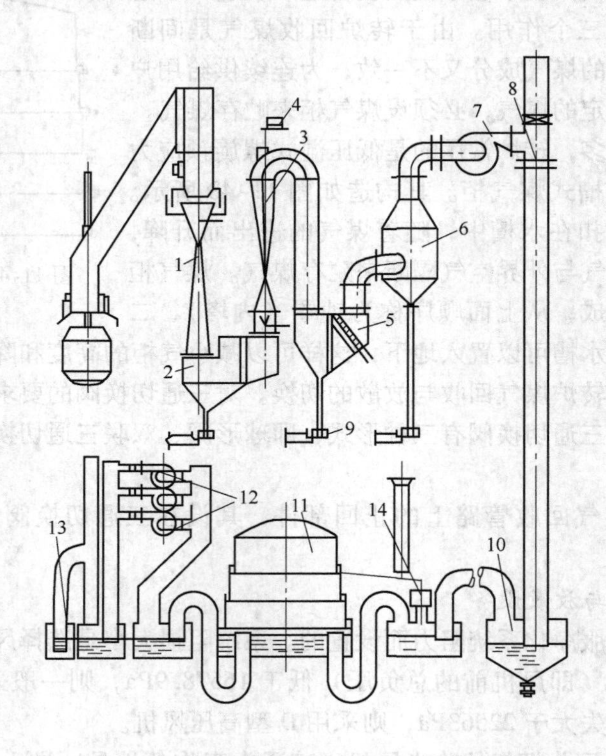

图11-49 某厂30t转炉烟气净化回收系统

1—溢流文氏管；2—重力脱水器；3—可调喉口文氏管；4—电动执行机构；5—喷淋箱；6—复挡脱水器；7—D700-13鼓风机；8—切换阀；9—排水水封器；10—水封逆止阀；11—10000m³贮气柜；12—D110-11煤气加压机；13—水封式回火防止器；14—贮气柜高位放散阀

高温烟气经过冷却烟道，降至900℃左右，再进入二级串联的内喷文氏管除尘。第一级溢流定径文氏管将烟气降温至70~80℃并进行粗除尘，第二级可调喉口文氏管进行精除尘,含尘量（标态）达 100mg/m³以下，烟气温度降至 67℃左右。“二文”后的喷淋箱和复挡脱水器进一步用水洗涤煤气并脱水。

在煤气回收过程中，为了提高煤气质量和保证系统安全，在一炉钢吹炼的前、后期采用燃烧法（提升烟罩）不回收煤气。在吹炼中期进行煤气回收操作。

该系统的优点是：（1）净化效率较高，煤气质量能达到作为燃料和化工原料的要求；（2）采用汽化冷却烟道能节约大量冷却水，并回收烟气物理热生产蒸汽。但是该系统总阻损较高，需使用高速风机，除电耗较高外，其叶轮磨损也较快。

11.5.3.2 OG 法烟气净化回收系统

图 11-50 为 300t 转炉 OG 法净化系统工艺流程图。

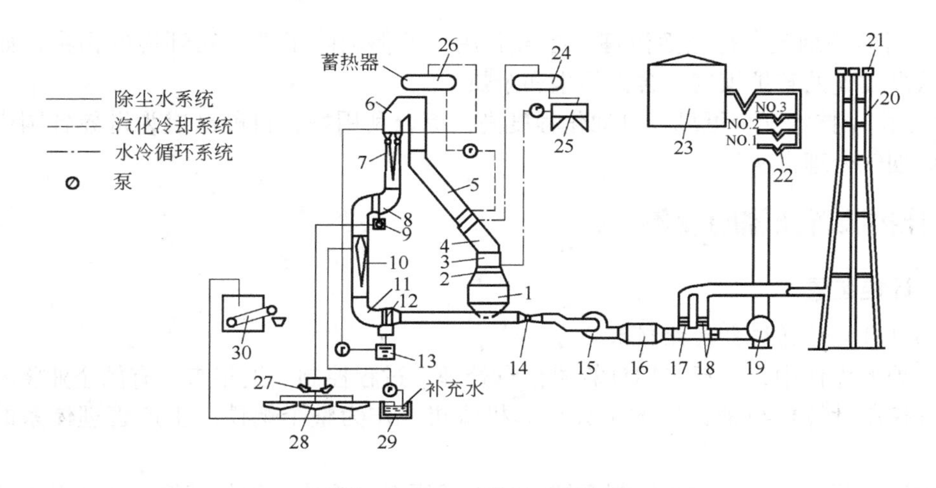

图 11-50 OG 装置流程图

1—转炉；2—活动裙罩；3—下部烟罩；4—上部烟罩；5—下部锅炉；6—上部锅炉；7—第一级文氏管；8—弯管脱水器 1；9—水封槽 1；10—第二级文氏管；11—弯管脱水器 2；12—水雾分离器；13—水封槽 2；14—文氏管流量计；15—引风机（配液力偶合器）；16—消声器；17—旁通阀；18—三通切换阀；19—水封逆止阀；20—放散烟囱；21—点火装置；22—V 形水封阀；23—煤气柜；24—膨胀水箱；25—空冷式热交换器；26—汽包；27—粗颗粒分离槽；28—浓缩池；29—集水槽；30—压力式过滤脱水机

OG 装置主要由烟气冷却、烟气净化、煤气回收和污水处理等系统组成。

烟气冷却系统由活动裙罩、下烟罩、上烟罩、下部锅炉和上部锅炉组成。其中活动裙罩、下烟罩和上烟罩采用循环热水冷却装置；而下部锅炉和上部锅炉采用强制循环汽化冷却装置。高温烟气通过烟气冷却系统后，烟气的温度由 1450℃降至 1000℃以下，然后进入烟气净化系统。

烟气净化系统包括两级文氏管、90°弯头脱水器和水雾分离器。第一级文氏管采用手动可调喉口文氏管，烟气温度由 1000℃降至 75℃，使大部分粗颗粒随污水进入 90°弯头脱水器而排出，从而达到粗除尘的目的。第二级文氏管采用 R-D 型自调喉口文氏管，控制波动的烟气以变速状态通过喉口，以达到精除尘的目的。在此过程烟气温度继续下降，一般可达 67℃左右。经第二级文氏管除尘后的烟气通过 90°弯管脱水器进行脱水外，再通过挡板水雾分离器，进一步分离烟气中的剩余水分，然后通过流量计由抽风机送入转炉煤气回收系统。

烟气由三通切换阀进行切换，分别进行回收或放散。吹炼初期和末期由于烟气中一氧化碳含量不高，所以通过放散烟囱燃烧后排入大气放散，在回收期时，煤气经水封逆止阀，V形水封阀和煤气总管送入煤气柜。

该系统的主要特点是：

(1) 净化系统管道化，流程简单，设备少，有利于安全生产和工艺布置。

(2) 采取一系列安全措施，如采用水封、氮封来保证系统的密闭性，并设有安全阀进行泄压以及用氮气吹扫煤气系统等，运行安全可靠。

(3) 采用炉口微压差装置配合转炉闭罩吹炼，提高了回收煤气的数量和质量，也提高了除尘效率，此外还设置了时间顺序控制装置和气体连续分析装置，使转炉吹炼自动控制。

(4) 对转炉烟气实行全面治理，综合利用，不但消除了烟气对环境的污染，而且回收了大量高质量的转炉煤气、含铁粉尘和余热。

OG法由于技术安全可靠，自动化程度高，综合利用好，目前已成为世界各国广泛应用的转炉烟气处理方法。

11.6 计控装置及辅助设备

11.6.1 计控装置

11.6.1.1 计算机自动控制系统

在转炉的操作中，广泛采用计算机信息处理、过程控制。近年来，有的企业将转炉车间的过程控制计算机与钢铁厂的中央计算机联机，作为整个钢铁厂生产管理体系的一个环节。

转炉炼钢厂的全盘自动化控制系统，由包括原料、冶炼、炉外精炼、浇注及生产管理等全部工艺环节在内的若干子系统构成。其中，转炉冶炼的自动控制系统是主要子系统。

转炉冶炼计算机自动控制系统包括计算机系统、电子称量系统、检测调节系统、逻辑控制系统、显示装置及副枪设备等。

用于转炉炼钢过程自动控制的电子计算机由中央处理装置（CPU）、存放数据和程序的存储器、从外部获取信息输入设备和向使用者传递计算和处理结果的输出设备构成。

转炉冶炼的计算机控制系统通常应具备如下的功能：工艺过程参数的自动收集、处理和记录；根据模型计算铁水、废钢、辅助原料、铁合金和氧气等各种原料用量；吹炼过程的自动控制；人-机联系，包括用各种显示器报告冶炼过程和向计算机输入信息，控制系统自身的故障处理；生产管理，包括向后步工序输出信息以及打印每炉冶炼记录和报表等。图11-51所示为典型的转炉计算机控制系统。

氧气转炉炼钢自动控制系统中，利用计算机对冶炼过程控制的目标是使吹炼终点同时达到预定的成分和温度。吹炼过程的自动控制流程各步骤见图11-52。

11.6.1.2 音频化渣仪

A 音频化渣仪的组成及其工作原理

音频化渣仪又称声纳化渣仪，由拾音探头、音强水平检测仪、A/D转换板及计算机等组成，见图11-53。其中拾音探头由集音管、环境噪声屏蔽室、拾音器、屏蔽导线等组成。

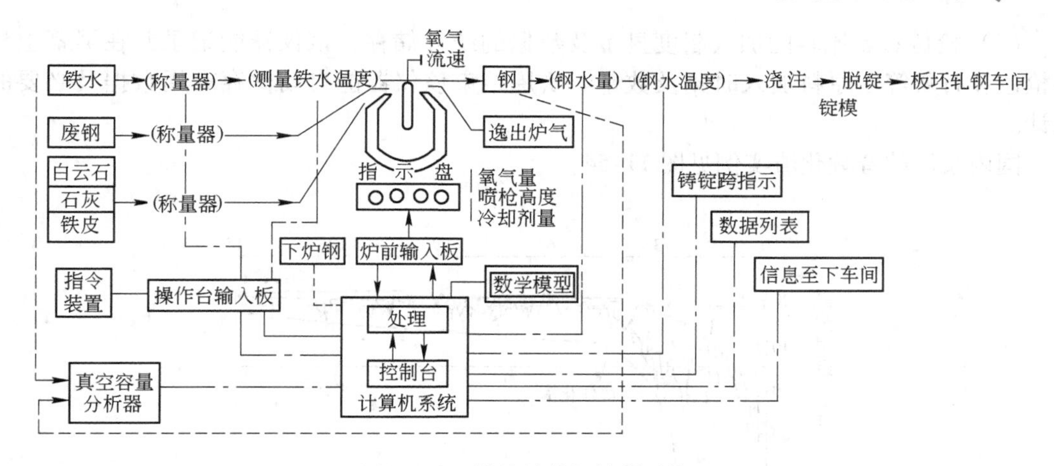

图 11-51 转炉计算机控制系统

在转炉炉口一侧的水冷挡板上开孔，并装设集音管，取出炉内造渣时的噪声，并有效地排除环境的干扰。拾音器则将采集到的噪声转换成电信号，送至音强水平检测仪放大。即从拾音器来的信号，首先经过输入级进入前置放大，再送至选频滤波器，将代表造渣特征的频率信号放大处理，通过 A/D 转换板送计算机进一步处理。经计算机处理后的数据以曲线和图像方式显示在屏幕上。

B 音频化渣仪的功能

(1) 音强值的跟踪显示：在转炉开吹后，仪器进入监控状态，在微机彩色的屏幕上显示出在线跟踪的音强水平曲线以及日期、炉号、时间。

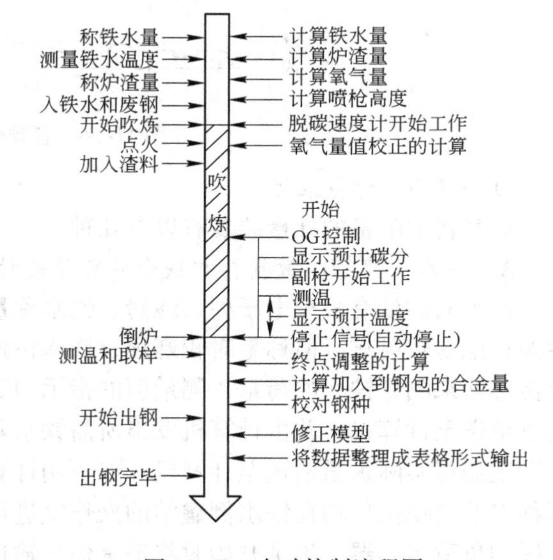

图 11-52 自动控制流程图

(2) 喷溅或返干预警线的自动设置：开吹 2min 后，屏幕上能自动画出炉渣的喷溅和返干预警线，当音强信号低于喷溅预警线或高于返干预警线时，微机就发出蜂鸣报警，并用中文在屏幕上提示。喷溅和返干预警线并不是定值，而是随氧压（或氧气流量）枪位、入炉炉料状况、炉龄等因素而变化的。

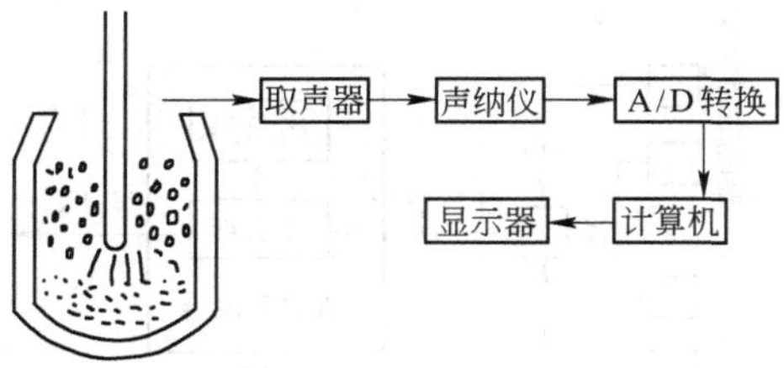

取声器 → 声纳仪 → A/D 转换 → 计算机 → 显示器

图 11-53 吹炼噪声测定示意图

(3) 最佳化渣区的自动设置：开吹 2min 后，微机在屏幕上自动设置喷溅和返干预警线的同时，自动画出“最佳化渣区”即“最佳泡沫乳化区”，也就是炉渣乳化程度适当，既无喷溅也不返干、碱度合适、流动性较好、脱磷速度较高的造渣区域。

（4）枪位和副原料的加入制度显示及数据的统计储存：该仪器能记录并在屏幕上显示枪位和石灰等副原料加入时刻及数量。吹炼结束该仪器能自动储存有用数据及必要的统计。

国内某厂的音频化渣实例见图11-54。

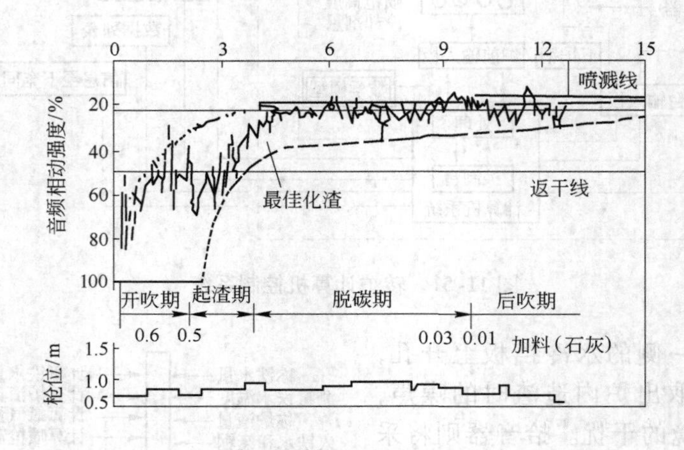

图11-54 音频化渣实例图

11.6.1.3 计量装置

氧气转炉配备的计量装置有以下几种。

A 铁水、废钢、散状料和铁合金重量的计量装置

铁水的称量有吊车电子秤、地磅、铁水称量台车几种形式。吊车电子秤方便，但可靠性差；地磅较可靠，但称量时较麻烦；铁水称量台车较为理想。铁水称量台车采用四只负荷传感器来测量铁水的荷重，测量值的指示为数字显示。铁水罐在受铁水前，先将铁水罐的重量送至计算机，并由计算机发出所需铁水重量的指令在受铁操作室里显示。受铁水完毕后还需将实际重量输送至计算机。如不用计算机设定时，也可用人工手动设定。铁水台车称量的监视操作均在铁水倒罐站的操作室进行。废钢输送台车称量的传感元件采用四点支撑的负荷传感器。称量开始时将毛重信号输送至计算机，然后每次装料时，称量装置将实际称量重量信号输给计算机，并将其称量值与目标值的偏差值显示在操作盘和显示器上。

废钢输送台车称量装置原理见图11-55。

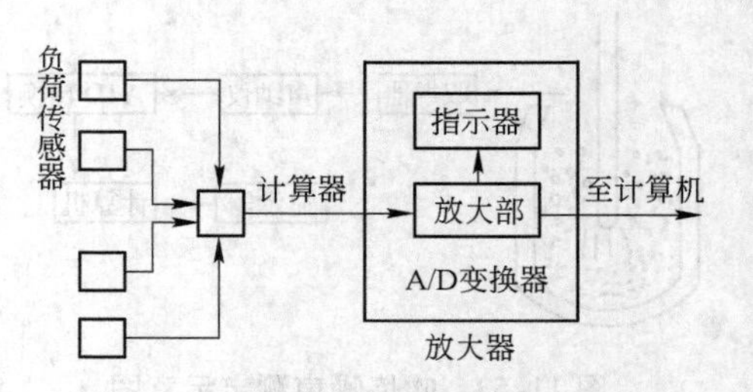

图11-55 废钢输送台车称量原理图

辅助原料及铁合金的称量形式有皮带秤、料斗秤、中间料斗秤三种。

皮带秤称量系统，负荷传感器将测得的皮带单位长度上的重量变换成电信号，最后显示输送物料的瞬时值和累计值；还将称量信号送至炉前仪表盘上进行显示；此外还对输送量进行控制。

料斗秤仪表装置对投入转炉内的辅助原料和铁合金进行称量。中间料斗秤仪表装置对辅助原料和铁合金投入到中间料斗的重量进行称量。称量料斗的关键部件是电子秤，它主要由一次仪表一压力传感器和二次仪表一调整和放大部分所组成。

B 流量、压力及温度测量装置

氧气、烟气、氧枪及烟气处理设备的冷却水，除尘用水、锅炉蒸汽等均要进行流量、压力及温度的测量。

供氧系统除设置减压、流量调节系统外，还测定吹炼过程中的吹氧压力，该信号送至计算机并由记录仪记录；当吹氧压力低于设定值时，发出报警信号并同时使烟气净化系统停止工作。

氧枪冷却水系统主要记录氧枪入口或出口的水流量，也可记录显示氧枪进水流量差值；此外还测量氧枪出水温度；当进出水流量差值及出水温度大于规定值时，发出报警信号同时使烟气净化系统紧急停止工作。

从前，铁水和钢液温度的测定是采用消耗式热电偶由人插入熔体中进行的。但近年来，在铁水罐、钢包内采用自动测温取样装置，在转炉使用副枪等实现了测量自动化。

C 氧枪枪位测量自动化

操作台上设有氧枪定位信号灯，其准确定位安装在炉旁柱子上的滑动标尺来指示，滑动标尺在每次开新炉前进行调整一次，同时把备用氧枪的尺寸也测量并记录好，以便冶炼中更换时调整升降标尺。

D 铁水、钢液、炉渣以及烟气的成分、浓度的分析装置

铁水、钢液和渣样通过风动送样装置被迅速送入分析室，通常用发光光谱分析仪分析铁和钢的样品，用 X 光荧光光谱仪分析渣样。

烟气中 CO 和 CO_2的浓度分析用红外气体分析仪进行。氧的分析采用磁力氧分析仪进行。

11.6.1.4 转炉炉前仪表及操作台

在转炉对面建有转炉炉前仪表室，也称中央控制室或主操作室。如某厂在三座转炉对面靠近加料跨的外侧建立的炉前仪表室，长 84m，宽 12m，室内对应三座转炉分别设置操作台及仪表盘，在 2 号炉与 3 号炉操作台之间为工程员域（即调度员工作区域）。室内每座转炉操作区域内，前面设有七台装置，其中三台是电气及仪表的操作台（包括 OG 操作盘、副枪操作盘、散状材料加入中央监视操作盘），另外四台是计算机系统装置（其中设定显示盘有两台，记录打字机有两台）；有两台工业电视用以监视氧枪孔及副枪探头装卸。后面设有五块仪表盘，其中两块是 OG 仪表盘（包括一块模拟盘）、一块转炉仪表盘、一块副枪监视盘和一块散状材料称量机仪表盘。在 1 号设炉和 2 号炉后面立设仪表盘之间，还设置了五块公用仪表盘（即三座转炉公用仪表盘），其中设有铁合金输送中央监视操作盘、散状材料输送中央监视操作盘、OG 监视盘、公用仪表盘及转炉二次除尘和铁水系统除尘操作监视盘各一块。在工程员域内，设置了六台计算机系统装置，其中一台系统监视盘，两台出钢计划设定显示盘（包括一台显示预定出钢计划、一台显示操作中实际出钢计划），两台记录打字机及一台卡片读取装置；还设有一台工业电视供工程调度用。另外，在工程员域内还设置电视摄像机，将反映出钢计划的两块调度黑板向 22 个监视场所进行显示。在炉前仪表室内还设置了四台冷风机组及通讯呼唤用扩音器等。

11.6.2 辅助设备

11.6.2.1 筑炉机械

顶吹转炉炉衬的修砌方法分为上修和下修。

下修时，转炉炉底是可拆卸的，筑炉机械和炉衬材料由转炉下方进入炉内。下修法的主要机械是炉底车与修炉车。

上修时，筑炉机械和炉衬材料都是从转炉上方——炉口进入炉内。上修法所使用的主要机械是筑炉塔。

（1）炉底车。炉底车由顶盘、升降液压缸、液压电气系统和车体四部分组成（见图11-56）。采用下修法的转炉炉底是活动连接。进行修炉时首先要把炉底卸掉，卸掉炉底的设备通常是炉底车。拆炉时用起重机把炉底车运至炉下钢包车轨道上，由钢包车拖至待修的炉底下方。通过升降液压缸的操作，升起炉底车的顶盘，把直立着的炉底托住，把炉底与炉身的连接拆开。然后下降顶盘并把炉底从炉体正下方运出。炉身修好后，仍用炉底把修好的炉底运至炉下，升起顶盘使炉底与直立的炉身吻合，并以一定的压力使之与炉体压紧，再用丁字形销钉和楔块把它们连接起来。炉底车不工作时由起重机运至专门地点停放。

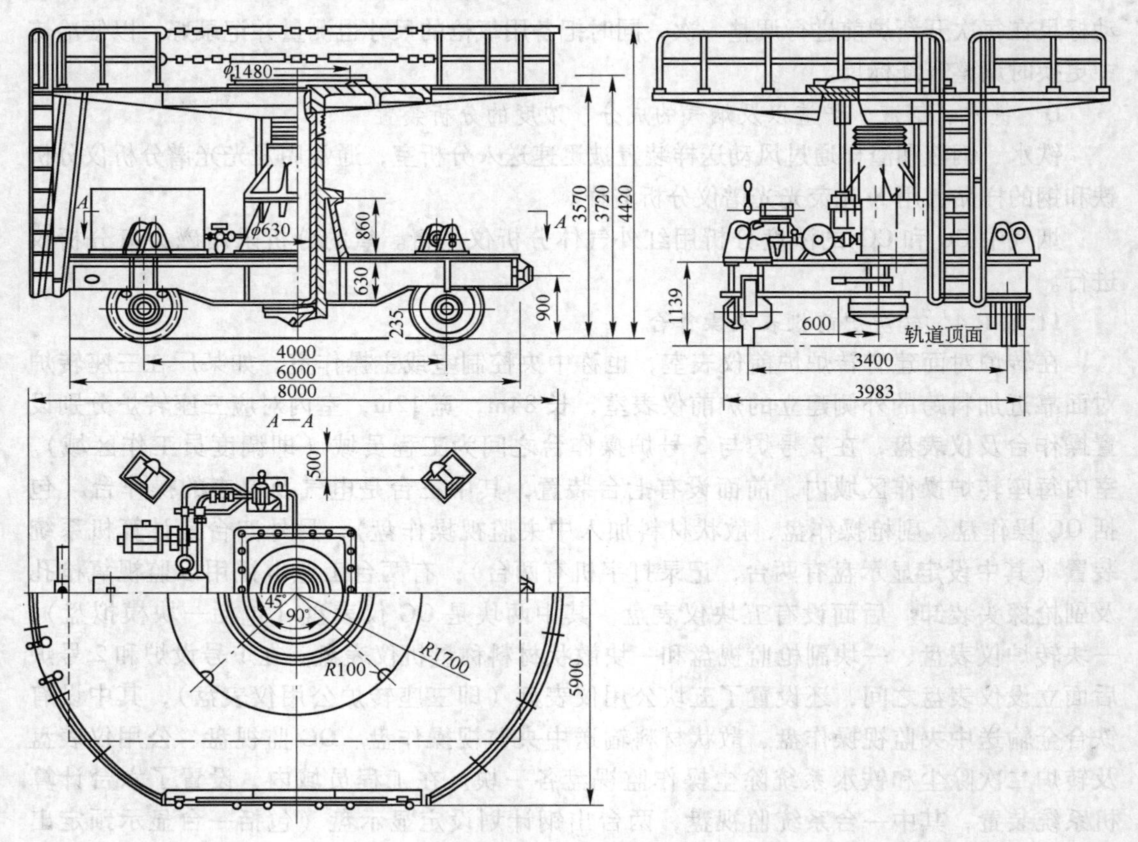

图11-56 50t转炉炉底车

（2）修炉车。修炉车也是在炉底钢包车运行的轨道上工作，同样由电动钢包车拖动。某厂50t转炉修炉车结构见图11-57。它由车体、工作平台、液压起重机、平台升降液压系统、平台支撑液压系统卷扬系统等组成。修炉车工作时，工作平台借助液压升降系统从炉身下口进入炉内，停在所需要的高度上进行工作。炉衬砖放在铁笼内，由叉车送至修炉车固定受料辊道上，然后水平移至升降辊道上，通过运砖卷扬系统将升降辊道升至接近工作平台的高度，由液压起重机将炉衬砖吊起放在平台上，然后沿炉身圆周自下而上逐层砌筑。

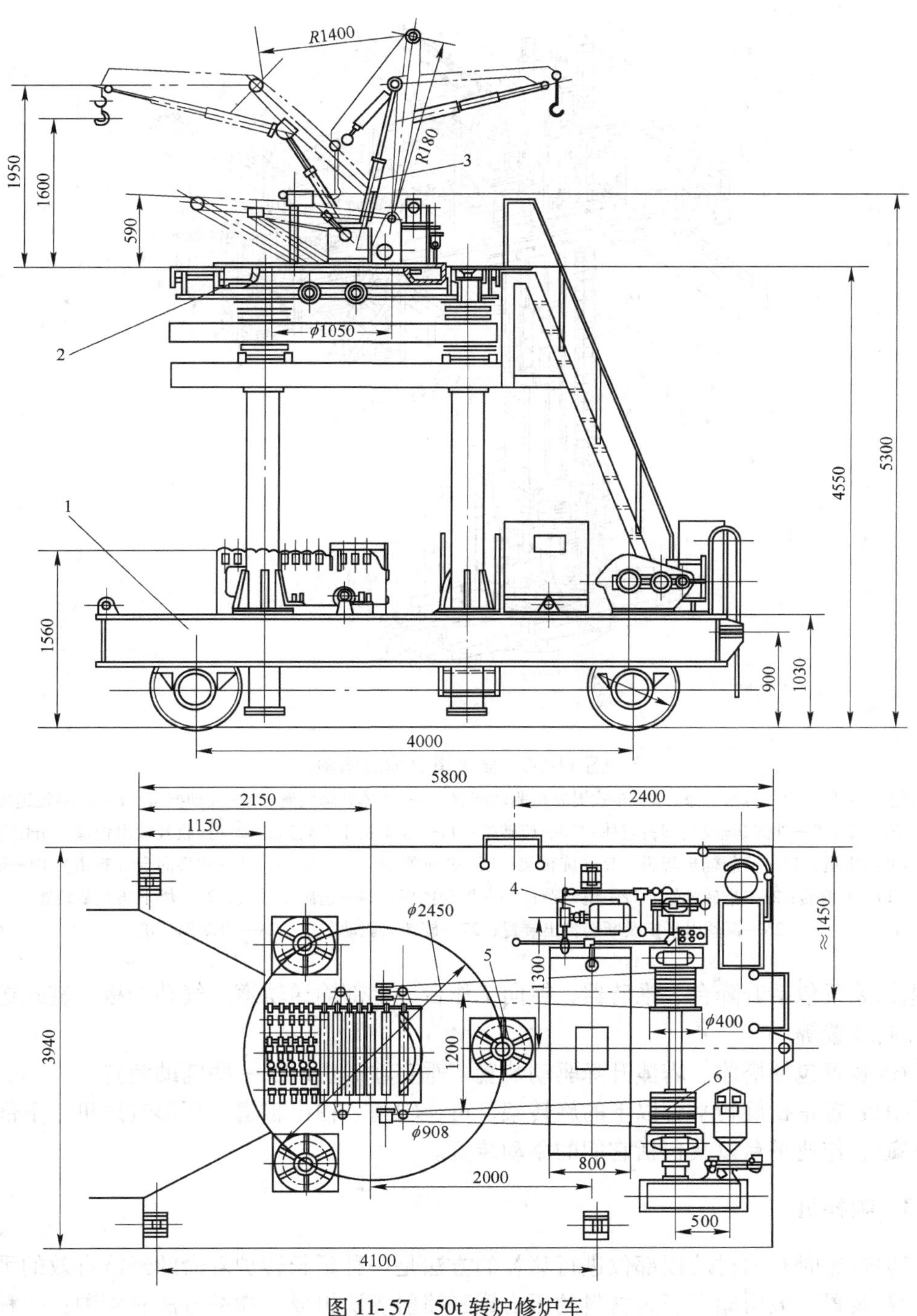

图 11-57 50t 转炉修炉车

1—车体；2—工作台；3—液压起重机；4—平台升降液压系统；5—平台支撑液压缸；6—卷扬系统

（3）筑炉塔（修炉塔）。筑炉塔的结构如图11-58所示，按照砖的送进顺序，设备可大致分为供给装置、输送装置和分配装置三大部分，其他还有一些辅助设施，如支撑筑炉塔用的筑炉塔台车、辅助作业用的电动葫芦、通风设施和照明设施等。

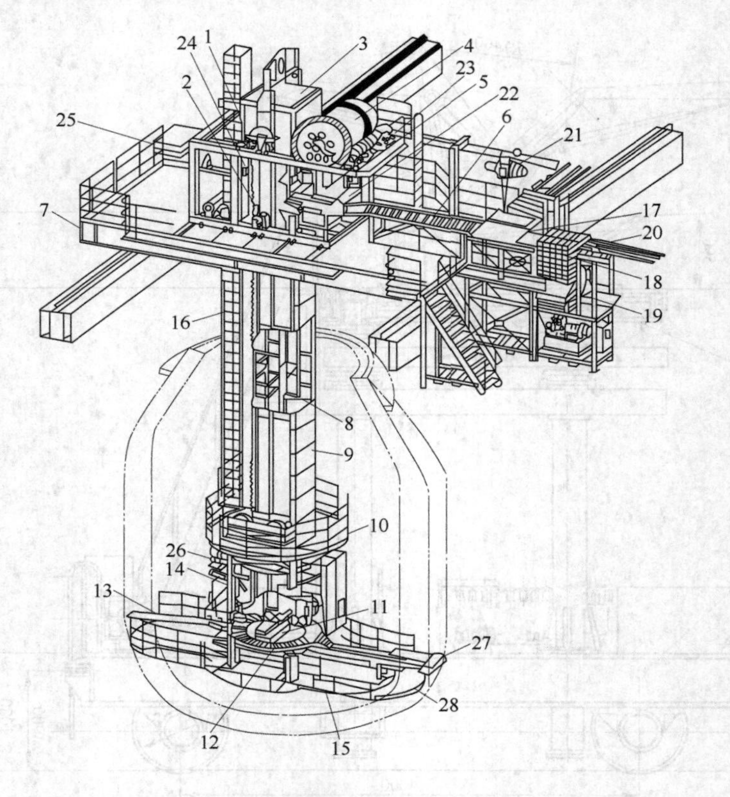

图11-58 修炉塔总体结构图

1—棘爪辊（棘爪）；2—棘齿齿条；3—斗式提升机驱动装置；4—塔体升降装置；5—气动挡板；6—倾斜辊道输送器；7—修炉塔台车；8—斗式运输机；9—塔体；10—旋转架；11—起重机小车轨道；12—接收及输出辊道（分配辊道）；13—环形输出辊道；14—倾斜输出辊道；15—旋转架；16—作业平台；17—梯子；18—砖换向台（辊道）19—炉衬砖；20—升降台；21—推砖油缸；22—电葫芦；23—气动挡板；24—送砖皮带机；25—塔下落止坠装置；26—钢丝绳平衡及断裂检出装置；27—旋转架驱动装置；28—自动砌砖机

供给装置包括升降台、推砖器、换向工作台、上部输送轨道、气动挡板、链式送砖机以及控制装置等。

输送装置包括塔体、塔体升降驱动装置、垂直输送机以及一些辅助装置。

分配装置是指旋转平台以下的旋转架、可逆辊道、输出辊道、环形输送机、下部水平输送辊道、作业平台以及包括它们的驱动装置。

11.6.3 喷补机

转炉热态时对内衬熔损部位进行喷补的方法是一种延长转炉寿命的经济有效的手段。

喷补装置一般由储存压送材料的压力罐和喷射嘴所组成。喷补方法有两种：一种是半干法，一种是湿法。半干法是将喷补料以干态喷出，在喷嘴处再与水混合；湿法是将喷补料预先调成泥浆，然后喷补。目前采用较多的是半干法。为了改善作业条件使喷补省力化，开发了一种自走式自动喷粉设备。该喷补机是柴油驱动的自走行式，可以进行高温湿法喷补，它的喷管可以上下左右转动和伸缩动作。车上有喷补料料斗和水箱，依靠车上自行生产的压缩空气将喷补料和水一同喷入进行喷补，喷入的水还可作为高温下操作喷管的冷却水之用。喷补能力为60~120kg/min。

对喷补材料的要求是：应具有黏结性、烧结性和耐蚀性。转炉采用的喷补材料，一般是以含有SiO_2为1%~5%的氧化镁烧结块为基料的原料，再添加特殊黏结剂如磷酸盐、硅酸盐、苏打等材料。干法和湿法的喷补材料，主要不同点是颗粒度结构组织不同。干法的粗粒较多，而湿法的偏于微粒和粉状。表11-5所示即其一例。

表11-5 两种喷补料的特性表 %

喷补法	组成成分			粒度分布		水分
	MgO	CaO	SiO_2	1.0mm	1.0mm以下	
湿法	91.0	1.0	3.0	10	90	15~17
半干法	89.7	4.7	2.5	25	75	10~17

11.6.4 挡渣装置

为了限制炉渣进入钢包，国内外普遍采用挡渣出钢技术。挡渣出钢的方法有挡渣球、挡渣塞、U形虹吸出钢口、气动挡渣多种形式。目前，国内使用最多的是挡渣球。

挡渣球是一个密度介于钢水和熔渣之间的圆球，由耐火材料和铁块制成。某厂挡渣球的构造见图11-59，球的中间部位为方钢坯，将方坯的尖角切去，切下来的尖角焊于钢坯六个平面的中心部位，在一个尖角上绕上直径为5~6mm的钢丝作吊索用，然后在钢坯的外面涂以不定型的耐火材料，使之成为球状体，然后进行干燥。成品挡渣球密度为4.33g/cm^3，小于钢液而大于熔渣的密度，通常挡渣球的密度选择在4.2~5.0g/cm^{3}之间，进入钢水的深度为球直径的1/3左右。

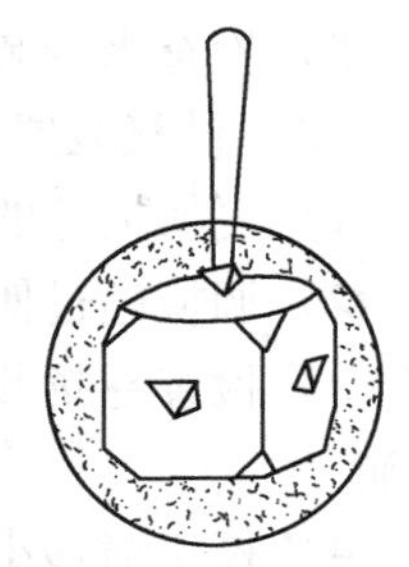

图11-59 挡渣球的构造图

挡渣球是在出钢过程加入转炉的，应在出钢结束前的1min左右加入到出钢口上方的炉渣中，为此某厂专门设计了高架悬挂式挡渣球插入装置，整套的挡渣球插入装置主要由框架升降装置、悬臂行走装置、挡渣球升降装置、挡烟板升降装置等几部分设备组成。

挡渣球插入装置在日常工作时，系根据预先编制好的程序进行联动运转，但在必要时也可解除程序在机旁进行手动操作。

11.7 转炉设备的检查维护

11.7.1 转炉设备运行中的检查维护

转炉设备在生产运行过程中应做到每班至少一次进行检查维护。检查维护内容包括：

（1）注意查看转炉炉体与托圈连接的三个铰接球面支撑装置、炉体、托圈挡块和三组限位块，转炉炉体与托圈不允许有上、下窜动现象。

（2）经常注意查看炉壳是否局部过热。

（3）经常注意查看水冷炉口、炉底与炉身的连接销有无松动和脱落。

（4）经常注意查看各制动器是否松动。

（5）经常注意查看稀油站工作是否正常，油量是否充足，有无断油现象。

（6）经常注意查看各减速箱油位是否正常。

（7）经常注意查看各冷却水箱进出水水量等是否正常。

11.7.2 转炉设备停炉后的检查维护

（1）炉体部分。

1）检查炉体变形、脱焊情况，发现问题及时处理。

2）检查炉口水箱及罩裙，变形时应修补或整体调换。

3）检查炉底是否需要修补或整个报废更换。

4）检查炉体与托圈连接的三个铰接球面支撑装置螺母是否松动，与托圈的焊缝是否有裂纹。

（2）倾动设备。

1）检查各运转的连接螺栓有无松动。

2）检查各润滑点及管道是否漏油。

3）检查各制动瓦、联轴器齿形磨损情况，是否需要更换。

4）检查稀油站，清洗滤油器，调换压力表。

5）检查水冷装置，更换密封圈，清洗回水过滤器。

（3）供氧装置。

1）更换损坏的氧枪胶管，调换氧枪，调整氧枪标尺后接上。

2）调换超过使用标准的钢丝绳以及损坏的滑轮。

3）检查卷扬设备，调换超过使用标准的制动瓦、齿型联轴器、轴承等，添加润滑油。

4）校正横移小车定位槽。

5）调整升降小车、氧枪夹紧装置。

6）拆检气动松闸机构。

（4）活动烟罩及提升装置

1）清除活动烟罩水封槽集灰。

2）调换超过使用标准的提升链、钢丝绳、接头以及损坏的滑轮。

3）检查卷扬机调换超过使用标准的制动瓦、齿型联轴器、轴承等，添加润滑油。

（5）水箱挡渣板及管道。

1）检查、修补或更换水箱。

2）检查、修补各挡渣板、炉后封顶挡板。

3）检查各水管、压力表、阀门等装置工作是否正常，否则更换。

（6）控制与联锁。

1）检查各设备的联锁动作，并调整联锁状态下的正确位置。

2）整修控制、联锁装置的指示讯号。

3）清洁、吹扫控制设备。

11.7.3 转炉设备的日常点检

转炉设备日常点检项目、内容和标准见表 11-6。

表 11-6 某炼钢厂转炉岗位日常点检卡

区域：转炉倾动系统　　　　　　　　年　　月　　日

序号	点检部位	点检内容	点检标准	点检周期	设备状态		点检方法		点检记录		
					运转	停止	五感	仪器	白班	中班	夜班
1	操作台	按钮、指示灯、手柄	无犯卡，无松动，接触良好	1/S							
		外观	表面无损坏、防尘设施齐全	1/S							
		主令开关	线路无磨损、信号正常	1/S							
2	一次减速机	整机	平稳无杂音、润滑良好	1/S							
		液压制动抱闸	动作灵活、不渗油	1/S							
		结合面	无漏油	1/D							
		结合面螺栓	无脱落松动	1/D							
		轴承	无异响，温度正常	1/W							
		机壳	无裂纹，清洁	1/D							
		连接螺栓	无断裂松动	1/S							
		联轴器	无缺损裂纹，运行平稳	1/D							
3	二次减速机	整机	平稳、无杂音	1/S							
		结合面	无漏油	1/D							
		结合面螺栓	无脱落松动	1/D							
		机壳	无裂纹，清洁	1/D							
4	制动器	摩擦片	无明显磨损	1/D							
		轴销	无明显磨损变形	1/D							
		制动轮与闸皮	间隙合适	1/D							
		整机	制动灵活可靠	1/D							
		螺栓	无断裂松动	1/S							
		闸轮	无裂纹	1/S							
5	润滑油	稀油泵	运行平稳，无杂音	1/S							
		供油压力	正常	1/S							
		油位	正常	1/D							
		甘油润滑	正常	1/D							
		润滑油	油温正常	1/D							
6	扭力杆	关节轴承	运行平稳，无杂音	1/D							
		轴承座	无裂纹，清洁	1/D							
		扭力杆	无擦伤、划痕、氧化、裂纹	1/D							
		连接螺栓	无松动脱落	1/D							

续表 11-6

序号	点检部位	点检内容	点检标准	点检周期	设备状态		点检方法		点检记录		
					运转	停止	五感	仪器	白班	中班	夜班
7	耳轴装配	轴承座	无裂纹，清洁	1/D							
		轴承	无异响，温度正常	1/D							
		润滑	进回油管路畅通、无泄漏	1/D							
		地脚螺栓	无松动断裂	1/D							

区域：转炉炉体系统

序号	点检部位	点检内容	点检标准	点检周期	设备状态		点检方法		点检记录		
					运转	停止	五感	仪器	白班	中班	夜班
1	水冷炉口	水冷炉口	无变形、无漏水	1/S							
		连接螺栓	无松动、缺少	1/W							
		进回水管	无漏水	1/S							
2	炉壳	炉壳	无变形、无开裂	1/D							
		裙板及支架	无裂纹、无开焊	1/S							
		炉底吹氩	无松动、无缺少	1/S							
3	托圈	球铰部位	无松动、无开焊	1/D							
		定位块限位块	无脱落开焊	1/S							

区域：活动烟罩系统

序号	点检部位	点检内容	点检标准	点检周期	设备状态		点检方法		点检记录		
					运转	停止	五感	仪器	白班	中班	夜班
1	减速机	整机	运行平稳，无杂音	1/D							
		结合面	无漏油	1/D							
		结合面螺栓	无松动脱落	1/D							
		轴承	无杂音，温度正常	1/D							
		油位	油位正常	1/D							
2	制动器	主令开关	防护紧固良好	1/S							
		摩擦片	无明显磨损	1/D							
		轴销	无明显磨损变形	1/D							
		制动轮与闸皮	间隙合适	1/D							
		整机	制动灵活可靠	1/D							
		螺栓	无断裂松动	1/D							
		闸轮	无裂纹	1/D							
3	链条卷筒钢丝绳	链条	无严重磨损	1/M							
		卷筒	无裂纹，无严重磨损	1/M							
		钢丝绳	润滑良好，无断丝	1/M							
		绳卡	无松动	1/M							

续表 11-6

区域：炉前炉后炉下设备

序号	点检部位	点检内容	点检标准	点检周期	设备状态		点检方法		点检记录		
					运转	停止	五感	仪器	白班	中班	夜班
1	挡火门	电动机	无异常声音，温度正常	1/D							
		减速机	运行平稳，无杂音	1/D							
		车轮	运行平稳，无卡阻	1/D							
		道轨	无严重开焊变形	1/D							
		本体	无严重开焊变形	1/D							
2	大梁	炉前大梁	无变形，无开焊	1/W							
		炉后大梁	无变形，无开焊	1/W							
3	护板	斜护板	无严重变形开焊，无脱落	1/S							
		渣沟护板	无脱落	1/S							
		隔热板	无严重变形开焊	1/S							
4	钢包车渣罐车	轴承及端盖	无异常声音，渗油	1/D							
		声光报警器	铃声、灯光工作正常	1/S							
		操作台及控制柜	按钮无犯卡，无松动，接触良好，表面无裂纹损坏	1/S							
		卷筒电缆	桥架有盖板，电缆无损伤烧伤	1/S							
		螺栓	无松动脱落	1/S							
		车轮	运行平稳，润滑良好	1/D							
		本体	无严重开焊变形	1/D							
		减速机	运行正常，油位适中	1/D							
		道轨	无开焊变形	1/D							

区域：下料系统

序号	点检部位	点检内容	点检标准	点检周期	设备状态		点检方法		点检记录		
					运转	停止	五感	仪器	白班	中班	夜班
1	料仓	仓体	无裂纹开焊	1/S							
		料斗	无漏料开焊	1/S							
2	给料机	给料机	振料标准，给料流畅	1/S							
3	给料小车	电动机	无异响，温度正常	1/S							
		减速机	润滑良好，无杂音	1/D							
		轴承	润滑良好，无杂音	1/D							
		螺栓	无松动脱落	1/D							
		皮带	不漏料、不漏芯、不跑偏	1/D							
		卷筒	运转灵活无杂音	1/D							
		小车	无严重开焊变形	1/D							
		漏斗	无严重开焊变形无漏料	1/D							
		托辊	运转灵活	1/D							
		调心托辊	调节灵活	1/D							
4	插板阀	限位开关	信号正常、线路无破损	1/S							
		插板阀	运行正常，无卡阻	1/S							

续表 11-6

序号	点检部位	点检内容	点检标准	点检周期	设备状态		点检方法		点检记录		
					运转	停止	五感	仪器	白班	中班	夜班
5	合金小车	合金小车	运行平稳无杂音	1/S							
6	合金溜槽	合金溜槽	无严重开焊变形	1/S							
7	下料管	下料管	无严重开焊变形、不漏料	1/S							

区域：氧枪系统

序号	点检部位	点检内容	点检标准	点检周期	设备状态		点检方法		点检记录		
					运转	停止	五感	仪器	白班	中班	夜班
1	氧枪升降小车	电动机	无异常声音，温度不高于85℃	1/D							
		液压制动抱闸	动作灵活不渗油	1/D							
		氧枪限位	信号正常	1/S							
		编码器	信号正常	1/S							
		压辊 滑轮	运行平稳，无严重磨损	1/D							
		氧枪防坠装置	可以可靠运行	1/W							
		小车本体	无变形开焊	1/W							
		螺栓	无松动脱落	1/D							
		润滑装置	无堵塞，可正常工作	1/D							
2	氧枪	氧枪	无漏水，无严重偏斜晃动	1/S							
		金属软管	无漏点	1/S							
3	卷筒	螺栓	无断裂松动	1/S							
4	制动器	摩擦片	无明显磨损	1/D							
		轴销	无明显磨损变形	1/D							
		制动轮与闸皮	间隙合适	1/D							
		整机	制动灵活可靠	1/D							
		螺栓	无断裂松动	1/D							
		闸轮	无裂纹	1/D							
5	减速机	润滑	油位适中	1/M							
		整机	运行平稳，无异常杂音	1/M							
		齿轮	无塑性变形	1/Y							
		轴承	平稳无杂音	1/M							
		联轴器	正常	1/M							
		地脚螺栓	无脱落松动	1/D							

续表 11-6

序号	点检部位	点检内容	点检标准	点检周期	设备状态		点检方法		点检记录		
					运转	停止	五感	仪器	白班	中班	夜班
6	横移机构	定位销	运行平稳无卡阻，底座无松动开焊	1/D							
		传动装置	传动平稳	1/W							
		小车本体	无变形开焊	1/W							
		车轮	润滑良好，无杂音	1/W							
7	钢丝绳	钢丝绳	润滑良好，无断丝	1/W							
8	刮渣器	刮刀	无缺失	1/S							
		本体	间隙合适，可靠运行	1/S							
重要情况说明：									点检人员	点检人员	点检人员

说明：Y—年，M—月，W—周，D—日，S—班；○—选定的设备状态，△—选定的点检方法，正常打“√”、异常打“×”

复习思考题

11-1　氧气转炉炼钢车间有何特点？氧气转炉车间由哪些系统组成？

11-2　试根据图 11-1 说明氧气转炉炼钢生产应有哪些主要设备。试根据图 11-2 和图 11-3 说明该车间的布置情况。

11-3　转炉炉壳由哪几部分组成？并简述它们的作用、形状及要求。

11-4　水冷炉口有哪两种结构？各有何特点？

11-5　转炉炉衬由哪几部分组成？各部分采用什么耐火材料？

11-6　炉体的支撑系统包括哪些装置？简述它们的结构及连接方式。

11-7　对转炉倾动机构有何要求？转炉倾动机构有哪几种类型？各有何特点？

11-8　供氧系统由哪些主要设备组成？

11-9　简述氧枪的结构。喷头有哪些类型？为何三孔拉瓦尔喷头能得到广泛应用？

11-10　简述对氧枪升降机构和换枪机构的要求及工作原理。

11-11　在氧枪的行程中有哪些操作点？

11-12　副枪有何作用？其基本结构是怎样的？

11-13　氧气转炉的铁水供应方式有哪几种？废钢装入有哪两种方式？各有何特点？

11-14　散状材料供应系统包括哪些主要设备？简述其供应流程。

11-15　氧气转炉烟气有何特点？采用燃烧法和未燃法处理转炉烟气有什么不同？

11-16　转炉烟罩的主要作用是什么，有哪几种类型？

11-17　转炉烟道有何作用？烟道冷却方式有哪几种？

11-18　煤气柜、三通切换阀、水封逆止阀的作用是什么？

11-19　全湿法“双文”净化系统流程是怎样的？该系统有何特点？

11-20　OG 法净化系统流程是怎样的？该系统有何特点？

11-21 转炉计算机控制系统由哪些系统组成，有何功能？

11-22 音频化渣仪由哪几部分组成？它有哪些功能？

11-23 转炉有哪些计量装置？转炉炉前有哪些仪表盘和操作台？

11-24 目前筑炉机械有哪些？简述它们的组成及工作过程。

11-25 喷补方法有哪几种？对喷补材料有何要求？

11-26 挡渣球有何作用？它的结构是怎样的？

12 电弧炉炼钢设备

12.1 电弧炉炼钢设备概述

电弧炉（electric arc furnace）炼钢是靠电极和炉料间放电产生的电弧，使电能在弧光中转变为热能，并借助辐射和电弧的直接作用加热并熔化金属和炉渣，冶炼出各种成分的钢。

随着炼钢技术的不断发展，炼钢电弧炉的形式也在不断地发展变化，但大致可以分为以下几类：

（1）根据炉衬的耐火材料不同，电弧炉可以分成碱性电弧炉和酸性电弧炉。碱性电弧炉的炉衬用碱性耐火材料，用镁砖、白云石砖砌筑，或用镁砂、焦油沥青混合物打结而成；炉盖大都用高铝砖砌筑；冶炼时造碱性渣，造渣材料以石灰为主，能有效地去除钢中的有害元素磷、硫；能生产各种优质钢和合金钢，特别是高合金钢只能用碱性电弧炉冶炼。所以碱性电弧炉应用较广。

酸性电弧炉的炉衬用酸性耐火材料，用硅砖砌筑，或用石英砂与水玻璃打结而成。炉盖用硅砖砌筑；冶炼过程不能去除磷、硫，所以酸性电弧炉炼钢所用原料的磷、硫应低于成品钢的要求，这限制了酸性电弧炉的应用。但酸性电弧炉生产率高，钢液的铸造性能好，钢的成本低。酸性电弧炉主要用于铸钢厂。

（2）根据电弧炉的电源的不同，电弧炉可分为交流电弧炉和直流电弧炉。直流电弧炉的技术研究始于19世纪70年代，但长期以来，由于没有大功率整流设备，直流电弧炉的生产、应用受到限制，在近百年的电弧炉的发展历史中，三相交流电弧炉一直占主导地位。到目前为止，现在广泛应用的三相交流电弧炉存在着一系列严重缺点，如功率因数低、电弧稳定性差、对电网冲击大、噪声大、环境污染严重、电极和电能消耗高等。20世纪70年代以来，大功率可控硅整流装置日趋完善，在工业中获得应用，直流电弧炉重新获得发展。

现在，直流电弧炉技术发展迅速，主要是它与三相电弧炉相比有如下优点：

1）石墨电极消耗大幅度减少（减少1/3~1/2）；

2）冶炼周期短，熔炼单位电耗可降低5%~10%；

3）直流电弧燃烧稳定，对前级电网造成电压闪烁仅为相同功率交流电弧炉的30%~50%；

4）噪声水平可降低10~15dB，减少环境污染；

5）上部为单电极的直流电弧炉可以消除电弧偏吹及炉壁热点现象，也可减少耐火材料的消耗和金属料消耗；

6）具有电磁搅拌作用。

（3）根据电弧炉功率水平的高低，电弧炉分为（低功率、中等功率）普通功率（RP）、高功率（HP）、超高功率（UHP）电弧炉。电弧炉功率水平用变压器的额定容量（kV·A）与电炉公称容量（t）或实际出钢量（t）之比来表示。

1981年国际钢铁协会建议的电炉分类标准为（大于50t电炉）：

低功率电炉　100~200kV·A/t
中等功率电炉　200~400kV·A/t
高功率电炉　400~700kV·A/t
超高功率电炉　700~1000kV·A/t

随着变压器容量的增加，电炉功率水平提高，电炉生产率提高，电耗降低，见表12-1。

表12-1　70t电炉提高功率水平生产率和电耗的影响

功率水平	输入功率/MW	电弧功率/MW	熔化期时间/min	电耗/$kW \cdot h \cdot t^{-1}$	热效率	电效率	总效率	生产率/$t \cdot h^{-1}$	生产率提高/%
一般功率	20	17.4	129	538	0.70	0.87	0.61	27	100
高功率	30	26	76	465	0.80	0.87	0.70	41	150
超高功率	50	40	40	417	0.895	0.87	0.78	62	230

到2012年底，我国钢铁企业拥有近360座电炉，其中70t及以上电炉能力占电炉炼钢总能力超过52%，100t及以上电炉占总能力的近1/3，最大电炉容量高达220t。

我国重点大中型钢铁企业电炉装备情况见表12-2。

表12-2　我国重点大中型钢铁企业电炉装备情况

年　份	座数	100t以上	50~99t	11~49t	10t及以下
2005	159	12	32	76	39
2006	152	17	36	70	29
2007	149	21	48	54	26
2008	142	24	52	46	20
2010	136	26	51	49	10

表12-3　2005~2010年我国电炉钢产量及电炉钢比例

年　份	2005	2006	2007	2008	2009	2010
产量/万吨	5286	4420	5482	6341	5576	6630
比例/%	12.5	10.5	11.9	12.4	9.7	10.4

12.2　电弧炉的炉体构造

电弧炉的炉体构造主要是由冶炼工艺决定的，同时又与电炉的容量、功率水平和装备水平有关。基本结构如图12-1所示。

炉体是电弧炉的最主要的装置。它用来熔化炉料和进行各种冶金反应。电弧炉炉体由金属构件和耐火材料砌筑成的炉衬两部分组成。

12.2.1　炉体的金属构件

炉体的金属构件包括炉壳、炉门、出钢槽和电极密封圈等。

12.2.1.1　炉壳

炉壳是由不同厚度的钢板焊接而成的金属壳体。它除了承受炉衬和炉料的全部重量外，还要承受顶装料时产生的强大冲击力，同时还要承受因炉衬热膨胀而引起的热应力。通常，炉壳大部分区域的温度约为200℃。炉衬局部烧损时炉壳温度更高。因此，要求炉壳有足够的机械强度和刚度。

炉壳包括炉身、炉壳底和加固圈三部分，如图12-2所示，一般是用钢板焊接而成。所用钢板厚度与炉壳内径有关，根据经验大约为炉壳内径的1/200。

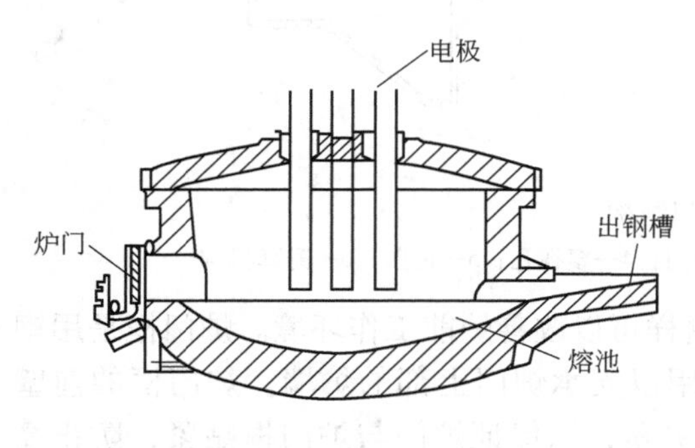

图12-1　电弧炉炉体构造

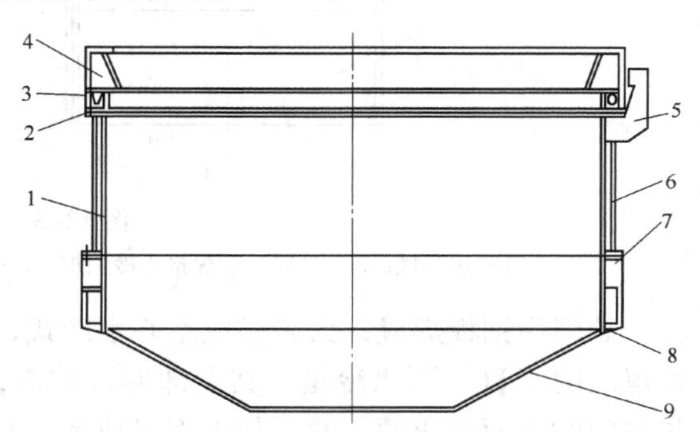

图12-2　炉壳、炉盖圈简图

1—炉身；2—加固圈；3—凸圈；4—炉盖圈；5—止挡块；6—炉身冷却水道；7—连接螺栓；8—炉体回转导轨；9—炉壳底

炉身通常做成圆筒形。炉壳底有平底、截锥形底和球形底三种。球形底较合理，它的刚度大，所用耐火材料最少，所以国外许多大型电炉都采用球形底，但球形底制造比较困难，成本高。锥形底虽刚度比球形差，但较易制造，所以目前应用仍较普遍。平底最易制造，但刚度较差，易变形，砌筑时耐火材料消耗较大，已很少采用。炉壳上沿的加固圈用钢板或型钢焊成，在大中型电炉上都采用中间通水冷却的加固圈。有的电炉在渣线以上的炉壳均通水冷却，使炉壳变成一个夹层水冷却壳。在加固圈上部有一个砂封槽，使炉盖圈插入槽内，并填以镁砂使之密封。为了防止炉子倾动时炉盖滑落，炉壳上安装阻挡用螺栓或挡板。

若炉底装有电磁搅拌装置时，炉壳底部钢板应采用非磁性耐热不锈钢或弱磁性钢。

在炉壳钢板上钻有许多分布均匀的透气小孔，以排除烘烤时的水分。

12.2.1.2　炉门

炉门供观察炉内情况及扒渣、吹氧、取样、测温、加料等操作用。通常只设一个炉门，与出钢口相对。大型电弧炉为了便于操作，常增设一个侧门，两个炉门的位置互成90°。

炉门装置（见图12-3）包括炉门、炉门框、炉门槛及炉门升降机构。对炉门的要求是：结构严密，升降简便、灵活，牢固耐用，各部件便于装卸。

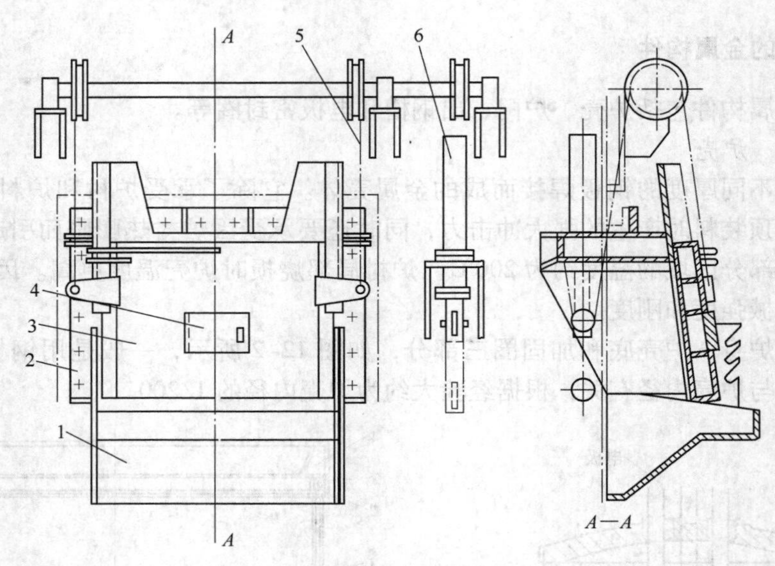

图 12-3 炉门结构

1—炉门槛；2—“Π”形焊接水冷门框；3—炉门；4—窥视孔；5—链条；6—升降机构

炉门用钢板焊成，大多做成空心水冷式，这样可以改善炉前工作环境。炉门框是用钢板焊成的“Π”形水冷箱。其上部伸入炉内，用以支承炉门上部的炉墙。炉门框的前壁与炉门贴合面做成倾斜的，与垂直线成8°~12°夹角，以保证炉门与炉门框贴紧，防止高温炉气、火焰大量喷出，减少热量损失和保持炉内气氛，同时在炉门升降时还可起到导向作用，防止炉门摆动。炉门槛固定在炉壳上，上面砌有耐火材料，作为出渣用。

炉门升降机构有手动、气动、电动和液压传动等几种方式。3t以下的小炉子一般采用手动升降机构，它是利用杠杆原理进行工作的。气动的炉门升降机构其炉门悬挂在链轮上，压缩空气通入气缸带动链轮转动而打开炉门，在要关闭时将压缩空气放出，炉门依靠自重下降而关闭。电动和液压传动的炉门升降比气动的构造复杂，但能使炉门停在任一中间位置，而不限于全开闭两个极限位置，有利于操作并可减少热损失。

12.2.1.3 炉盖圈

炉盖圈用钢板焊成，用来支承炉盖耐火材料。为了防止变形，炉盖圈应通水冷却。水冷炉盖圈的截面形状通常分为垂直形和倾斜形两种。倾斜形内壁的倾斜角为22.5°，这样可以不用拱脚砖，如图12-4所示。

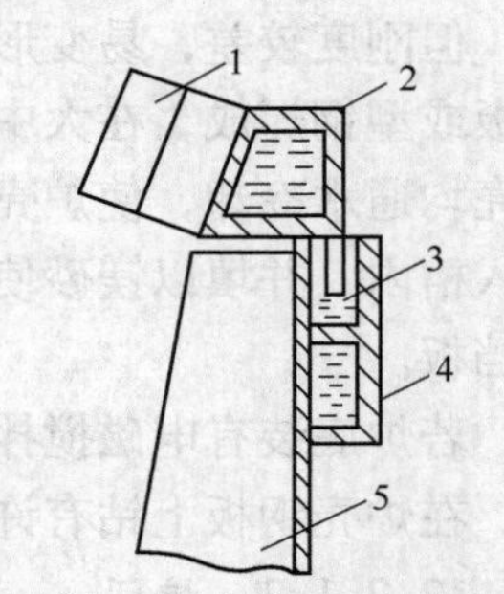

图 12-4 倾斜形炉盖圈

1—炉盖；2—炉盖圈；3—砂槽；4—水冷加固圈；5—炉壁

炉盖圈的外径尺寸应比炉壳外径稍大些，以使炉盖全部重量支承在炉壳上部的加固圈上，而不是压在炉墙上。炉盖圈与炉壳之间必须有良好的密封，否则高温炉气会逸出，不仅增加炉子的热损失和使冶炼时造渣困难，而且容易烧坏炉壳上部和炉盖圈。在炉盖圈外沿下部设有刀口，使炉盖圈能很好地插入到加固圈的砂封槽内。

12.2.1.4 出钢口和出钢槽

出钢口正对炉门，位于液面上方。出钢口直径为120~200mm，冶炼过程中用镁砂或碎石灰块堵塞，出钢时用钢钎将口打开。

出钢槽由钢板和角钢焊成，固定在炉壳上，槽内砌有大块耐火砖，目前大多数厂采用预制整块的流钢槽砖砌成，使用寿命长，拆装也方便。出钢槽的长度在保证顺利出钢的情况下，尽可能短些，以减少出钢时钢液的二次氧化和吸收气体。为了防止出钢口打开后钢水自动流出及减少出钢时对钢包衬壁的冲刷作用，出钢槽与水平面成8°~12°的倾角。

在现代电弧炉上已没有出钢槽，而采用偏心炉底出钢。

12.2.1.5　电极密封圈

为了使电极能自由升降和防止炉盖受热变形时折断电极，要求电极孔的直径比电极的直径大40~50mm。但电极与电极孔之间这样大的空隙会造成大量的高温炉气外逸，不仅增加热损失，而且使炉盖上部的电极温度升高，氧化激烈，电极变细而易折断，因此需采用电极密封圈。此外，电极密封圈还可冷却电极孔四周的炉盖，延长炉盖寿命，而且有利于保持炉内的气氛，保证冶炼过程的正常进行。

电极密封圈的形式很多，常用的是环形水箱式，它是钢板焊成的。有些电炉上采用无缝钢管弯成的蛇形管式密封圈（见图12-5），这种密封圈密封性差，易被烧坏，现在已很少采用。国外尚有采用气封式电极密封圈的（见图12-6），从气室喷出压缩空气或惰性气体冷却电极，并阻止烟气逸出。

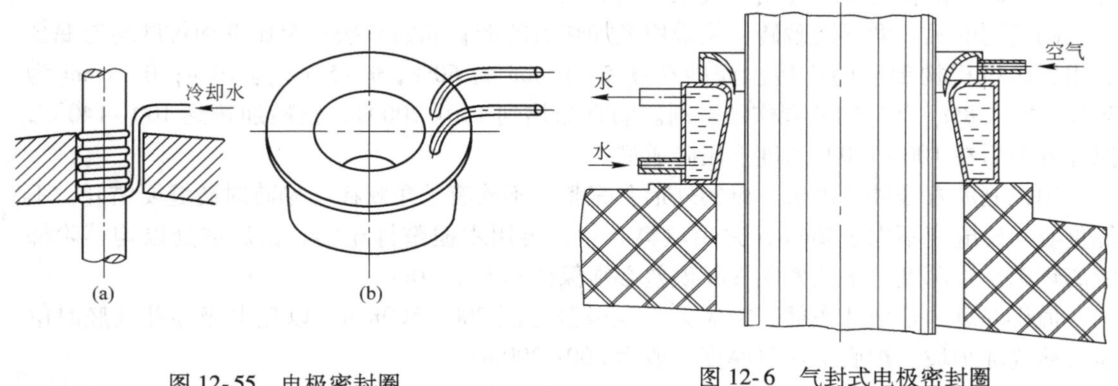

图12-55　电极密封圈
（a）蛇形管式；（b）环形水箱式

图12-6　气封式电极密封圈

为避免密封圈内形成闭合磁路而产生涡流，大型电弧炉的密封圈用无磁性耐热钢板制作。密封圈及其水管应与炉盖圈或金属水冷却盖绝缘，以免导电起弧使密封圈击穿。

12.2.2　电弧炉炉衬

炉衬指电弧炉熔炼室的内衬，包括炉底、炉壁和炉盖三部分。炉衬的质量和寿命直接影响电弧炉的生产率、钢的质量和成本。

炉衬所用的耐火材料有碱性和酸性两种。目前绝大多数电弧炉都采用碱性炉衬。碱性炉衬结构如图12-7所示。

12.2.2.1　炉底的结构和砌筑

炉底炉坡除经受弧光、高温、急冷急热的作用或渣钢侵蚀与冲刷外，还承受熔渣和钢液的全部重量及顶装料的振动与冲击，还有氧化沸腾或还原精炼各种物化反应的作用以及吹氧、造渣、搅拌等操作不当的影响。

炉底自下而上由绝热层、砌砖层和工作层三部分构成。

绝热层的作用是减少通过炉底的热损失。在炉底钢板上先铺一层10~15mm的石棉板，其上平砌轻质黏土砖或硅藻土砖（65mm），有些厂在石棉板和轻质黏土砖之间铺一层硅藻土（厚度小于20mm）。

砌砖层的作用是保证熔池的坚固性，防止漏钢。一般2~4层用镁砖砌筑，砌筑方法有平砌和侧砌两种。镁砖必须干砌。相邻两层的砖缝应互成45°或60°角，以避免砖缝重合。砖缝不大于1.5mm，砌后应用不大于0.5mm的镁砂粉填缝，用木槌敲打砖面使其充填密实。

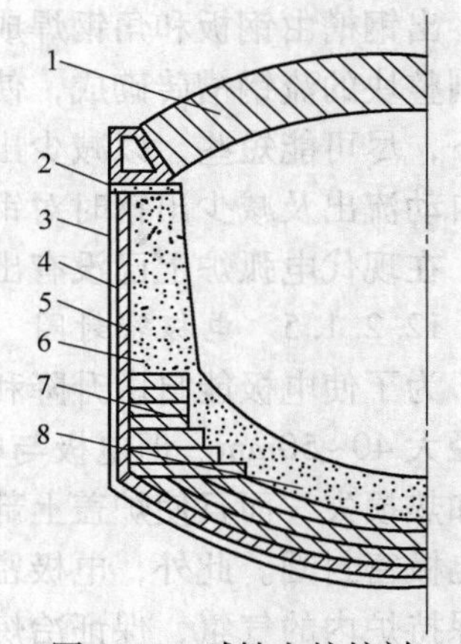

图12-7 碱性电炉炉衬
1—高铝砖；2—填充物（镁砂）；3—钢板；4—石棉板；5—黏土砖；6—镁砂打结炉壁；7—镁砖永久层；8—镁砂打结炉底

工作层直接与钢液和炉渣接触，化学侵蚀严重、机械冲刷强烈、热负荷高，故应充分保证其质量。

工作层砌筑一般采用砖砌或打结成型两种方法。因打结成型存在劳动条件恶劣、效率低、密度低、质量不稳定等缺点，故目前普遍推广砖砌炉底工作层。

砌筑用的机制沥青镁砂砖，是采用经加热后的沥青和镁砂按一定比例和粒度均匀混合后用压砖机机构制成的小砖。镁砂粒度5~10mm为60%；1~5mm为10%；0~1mm为30%。加入8%~10%的沥青作结合剂。沥青加热到150~200℃，镁砂加热到100~140℃，搅拌混匀后在100~120℃温度下压砖成型。

用机制沥青镁砂砖砌筑，砖的外形要完整，不能有缺角缺棱。砌砖时砖缝要错开，不能重叠。砖缝应不大于2mm，并用填料塞紧，再用木槌敲打充实。在炉坡处以均等阶梯距离环砌熔池深度，熔池各圈直径误差必须保证不大于20mm。

值得注意的是熔池底部直径应大于电极极心圆300~500mm，以免电极穿井到底时电弧直接烧坏炉坡。炉底工作层厚度一般为200~300mm。

采用打结成型的炉底，沥青镁砂的加工制作工艺参数基本与机械小砖相同，打结使用风锤压力为0.6~0.7MPa，打结要分层进行，每层厚度以20~30mm为宜，炉底打结总厚度为250~300mm。

冶炼低碳钢需用无炭炉衬，此时采用卤水镁砂砖砌筑或卤水镁砂打结炉底。

12.2.2.2 炉壁的结构和砌筑

炉壁除承受高温、急冷急热作用外，还受气、烟尘、弧光辐射作用或料罐的碰撞与振动等，又由于渣线部位与熔渣和钢液直接接触，化学侵蚀、渣钢的冲刷相当严重。因此要求炉壁在高温下具有足够的强度、耐蚀性和耐急冷急热性。

炉壁的结构分为绝热层和工作层。绝热层紧靠炉壳，用石棉板和黏土砖砌筑，通常在炉壳钢板处铺一层10~15mm厚的石棉板，再竖砌一层65mm的黏土砖，砖缝不大于1.5mm。黏土砖层的砌制可用卤水混合黏土为泥料抹缝，待干燥后再进行工作层的砌筑或打结。

常见的炉壁工作层的砌筑方法有砖砌法、大块镁砂打结砖装配法、整体打结三种。

砖砌碱性炉壁多用镁砖、镁铬砖、镁铝砖，目前国内普遍采用沥青镁砂砖、卤水镁砂砖、烧结镁砖和镁碳砖。其中镁碳砖主要用于渣线部位。整体打结炉壁则使用镁砂，上部炉壁可用一部分或全部废镁砂或白云石。

炉壁工作层一般采用机制楔形小砖砌筑，小砖的大小头应与炉壁直径相吻合，这样才能使砖缝相互挤紧。炉壁砌砖从出钢孔中心开始，然后向两侧平砌，收砖位置尽可能摆在低温区部位。炉内出钢孔与炉外出钢槽之间的连接应特别仔细，避免砍砖，砖缝填紧。出钢槽底面与出钢孔下沿齐平，并上斜1°~3°。出钢孔内侧一般是用方砖侧砌成矩形。有的厂采用钢包水口座砖（一级高铝砖）代替出钢孔内侧砌砖取得了好的效果。

大块镁砂砖一般是用焦油（沥青）混合镁砂打结成砖，打结操作及要求与炉底炉坡的打结相同，只不过这种砖的预制是在钢模的胎具中分层打结成块，每层厚度300~350mm为宜。为了提高渣线寿命，该部位可掺入15%的电极粉。当打结到离顶部还有1/4时，应插入铁环以便吊运。大块镁砂砖不能砍磨，因此设计的砖形和尺寸要准确。为了便于装配，一般常设计成三大块和一小块（用于炉门框上）。大块镁砂砖的运输和存放应注意防潮，存放时间不宜过长，以免强度降低。装配时也是干砌，先在炉坡平台上垫铺一层30mm厚的镁砂，然后码放大块镁砂砖并尽量靠近炉壳，面向炉膛处要对齐，背向炉膛处和其他缝隙用沥青镁砂混合物充填。

整体打结的材料，配比与炉底相同，技术操作和质量要求也与炉底相同。为了节省镁砂，在不同高度上可以采用不同质地的材料，在炉壁的上部可采用一部分或全部废镁砂或白云石。打结用专用的铁胎具，使用前应预热，条件允许时还可采用蒸气保温。

12.2.2.3 *炉盖的结构和砌筑*

电弧炉炉盖的工作条件十分恶劣，长期处于高温状态，并且受到温度激变的影响，受到炉气和粉末造渣材料的化学侵蚀，受到炉盖升降的机械振动作用。近年来，随着炼钢电炉容量扩大与单位功率水平的提高，炉盖的使用条件变得更加苛刻，炉盖用耐火材料亦随之发生变化。

目前，国内电弧炉炉盖普遍采用一级或二级高铝砖砌筑。

炉盖的砌筑在拱形模子上进行。砌好的炉盖中心必须与电极心圆的中心对准，砖缝要小，可干砌也可湿砌。砌筑方法有树枝形砌法、环形砌法和人字形砌法，如图12-8所示。其中人字形砌法应用较普遍。

炉盖也可以用耐火混凝土整体打结制作。

12.2.3 水冷炉衬

电弧炉使用耐火材料砌筑，其使用寿命受到限制。电弧炉单位功率水平的提高，导致电弧炉内热负荷的急剧增加，炉内温度分布的不平衡加剧，从而大幅度地降低了电弧炉炉衬的使用寿命，因此采用水冷挂渣炉壁和水冷炉盖已成为提高超高功率电弧炉炉衬使用寿命、促进超高功率电弧炉技术发展的关键技术。

各种形式的水冷挂渣炉壁和水冷炉盖，都具有一定的散热能力和相应的挂渣能力，它可以成倍地提高电弧炉炉衬和炉盖的使用寿命，大幅度地降低耐火材料消耗，而且运行安全可靠。

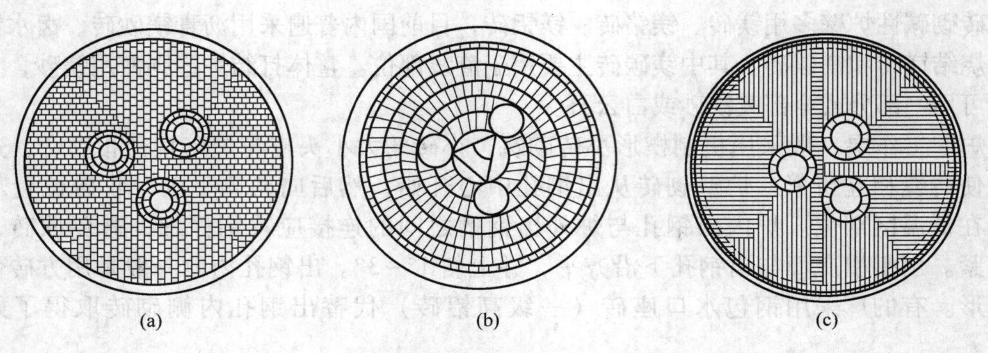

图 12-8 炉盖砌筑形式示意图

(a) 树枝形砌法；(b) 环形砌法；(c) 人字形砌法

电弧炉水冷挂渣炉壁的结构分为铸管式、板式或管式、喷淋式等。

12.2.3.1 铸管式水冷挂渣炉壁

铸管式水冷渣炉壁结构如图 12-9 所示。其内部铸有无缝钢管的水冷却管，炉壁热工作面附设耐火材料打结槽或镶耐火砖槽。该结构的特点是：

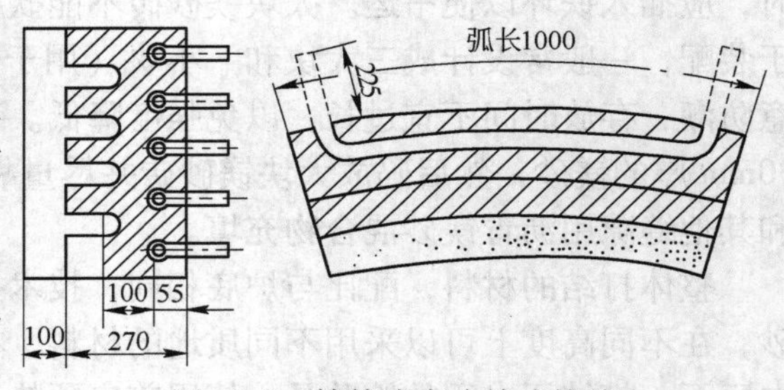

图 12-9 铸管式水冷挂渣炉壁

(1) 具有与炉壁所在部位的热负荷相适应的冷却能力，适于炉壁热流为 55.5kW/m^2的条件。

(2) 结构坚固，具有较大热容量，能抗击炉料撞击和因搭料打弧以及吹氧不当所造成的过热。

(3) 具有良好的挂渣能力，易于形成稳定的挂渣层，适应炉内热负荷的变动，通过挂渣层厚度的变化，调节炉壁散热能力与炉内热负荷相平衡。

(4) 管式冷却，冷却速度快，不易结垢。

12.2.3.2 板式或管式水冷挂渣炉壁

(1) 板式水冷却挂渣炉壁：用锅炉钢板焊接，水冷壁内用导流板分隔为冷却水流道，其流道截面可根据炉壁热负荷来确定，热工作表面镶挂渣钉或挂渣的凹形槽（见图 12-10）。

(2) 管式水冷挂渣炉壁：用锅炉钢管，两端为锅炉钢管弯头或锅炉钢铸造弯头，由多支冷却管组合而成水冷挂渣炉壁（见图 12-11）。

板式或管式水冷挂渣炉壁结构的特点是：

(1) 适用于炉壁热流 0.22～1.26MW/m^2的高热负荷，适用于高功率和超高功率电弧炉。

(2) 具有一定厚度的钢结构的板式或管式水冷壁，其结构坚固，能承受炉料撞击或炉料搭接打弧以及吹氧不当造成的过热。

(3) 具有良好的挂渣能力，通过挂渣厚度调节炉壁的热负荷。

(4) 利用分离炉壳，易于水冷壁更换，同时可将漏水引出炉外，以保证水冷挂渣炉壁的安全操作。

电炉冷却板的典型安置方式见图 12-12。

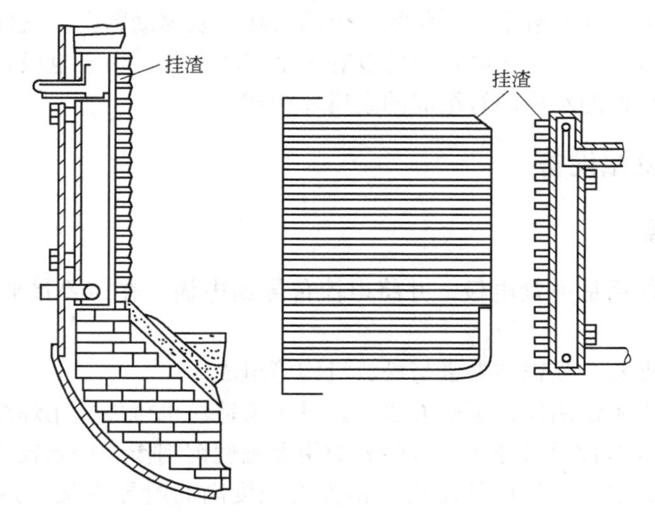

图 12-10 板式水冷挂渣炉壁

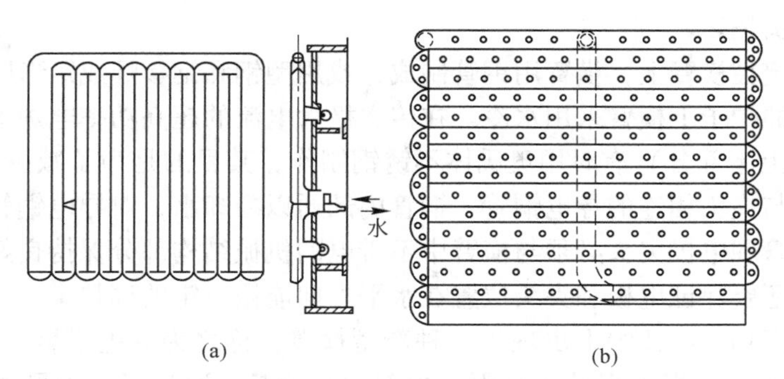

图 12-11 管式水冷挂渣炉壁
(a) 密排垂直管；(b) 密排水平管

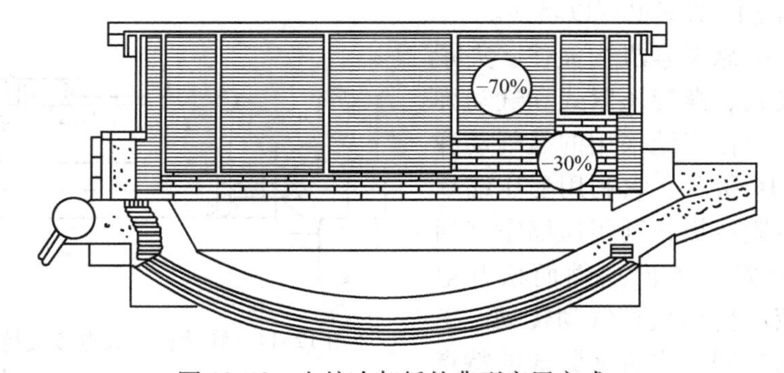

图 12-12 电炉冷却板的典型安置方式

12.2.3.3 水冷炉盖

电弧炉水冷炉盖的结构主要是管状的，如图 12-13 所示。根据水冷却管的布置，水冷炉盖结构可分为管式环状、管式套圈和外环组合式、管式环状水冷与耐火材料组成式等。

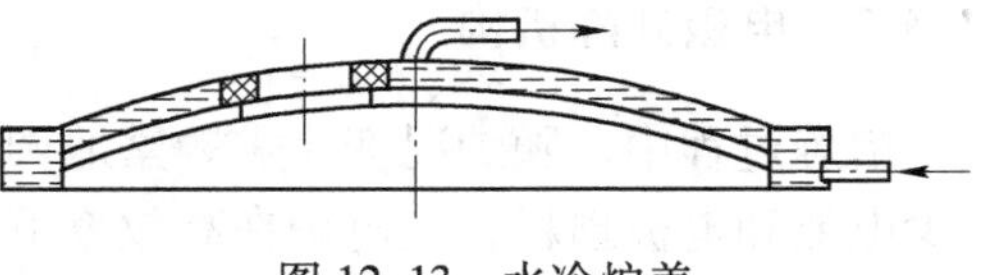

图 12-13 水冷炉盖

水冷炉盖根据需要开设数个孔，包括3个电极孔、装辅助料孔、气体排放孔等。三相交流电弧炉需3个电极孔，直接电弧炉可以有1个或3个孔。由于电极自身被加热，电极孔应由具有良好导热性的水冷却管组成的金属环构成。

12.3 电弧炉的机械设备

12.3.1 电极夹持器

电极夹持器的作用是夹紧电极，并将电流传导给电极，在需要接放电极时可方便地松开。

电极夹持器由夹头、横臂和夹紧与松放机构等组成。

电极夹头可用钢和铜制作，制造方法可以采用铸造法也可以采用焊接法。大部分夹头是铜铸件，中间铸有钢管通水冷却。有些夹头用无磁性钢制作以得到较高的强度。普通钢板焊接的夹头虽然成本低，但电损增高。铬青铜强度高而电导率又可达纯铜的70%，已被广泛用作制造电极夹头。电极夹头和电极接触表面需良好加工，接触不良或有凹坑可能引起打弧而使夹头烧坏。

电极夹头固定在横臂上，横臂用钢管制成，或用型钢和钢板焊成矩形断面梁，并附有加强筋。在较大的炉子上横臂采用水冷。在传送极大电流的超高功率电炉上，中间相的横臂（包括立柱的上半部分）有时用奥氏体不锈钢制作，其目的是为了减少电磁感应发热。横臂上还设置了与夹头相连的导电铜管，铜管内部通以冷却水，对导电铜管和电极夹头进行冷却。导电铜管和电极夹头必须与横臂中不带电的机械结构部分保持良好的绝缘。

横臂的结构还要保证电极和夹头位置在水平方向能做一定的调整。

近年来在超高功率电弧炉上出现了一种新型横臂，称之为导电横臂。它用铜-钢复合板或铝-钢复合板制成，断面形状为矩形，内部通水冷却，取消了水冷导电铜管、电极夹头与横臂之间众多的绝缘环节，使横臂结构大为简化，减少了维修工作量，并减少了电能损耗，向炉内输送的功率也可以增加。

电极在夹头中靠夹紧机构夹住。夹紧机构有钳式、楔式、螺旋压紧式和气动弹簧式多种形式。现在广泛采用的是气动弹簧式，如图12-14所示。它利用受压缩螺旋弹簧的张力夹紧电极，利用压缩空气通过杠杆机构将弹簧反方向压缩而松开电极。也可利用液压传动代替气动传动，工作原理与气动的相同。弹簧夹紧式的特点是操作简便，劳动强度小。

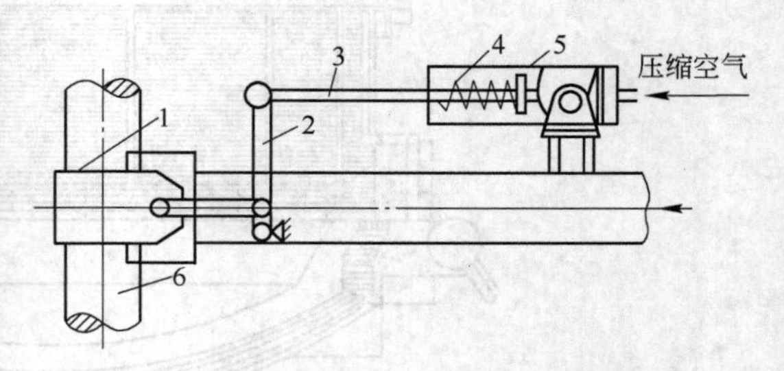

图12-14 弹簧拉杆式电极夹持器示意图

1—拉环；2—杠杆机构；3—拉杆；4—弹簧；5—气缸；6—电极

12.3.2 电极升降机构

冶炼过程中，随炉况变化需频繁地调节电极与炉料间的相对位置，以缩短熔化时间，减少电能和电极损耗，使电炉在高效率下工作，为此对电极升降机构提出以下要求：

（1）电极升降灵活，启、制动快，系统的惯性越小越好。

（2）升降速度合适，且能自动调节。在熔化期炉料塌料时，能迅速提起电极，减少断路跳闸次数。但提升速度也不能太快，太快易引起系统振动。下降速度要慢一些，以免电极碰撞炉料或插入钢水中，产生短路或引起钢水增碳。

12.3.2.1 电极升降的类型

电极升降机构按横臂与立柱结构不同可分为升降小车式和活动立柱式两种类型，如图 12-15 所示。

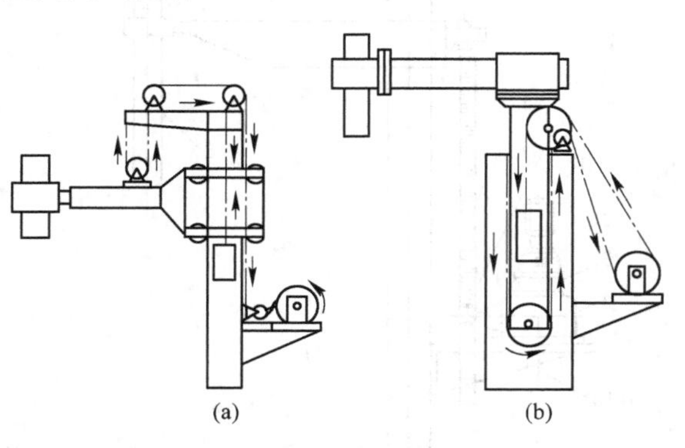

图 12-15 电极升降装置类型
（a）固定立柱式；（b）活动立柱式

（1）升降小车式（固定立柱式）：三根立柱下端固定于旋转平台或摇架上，顶端用横梁连接，以增加刚性，横臂一端装有四个或八个滚轮，相当一个升降小车，沿立柱上下升降，滚轮沿立柱上导轨滚动。其特点是结构简单，升降重量轻，适用于小吨位电炉。

（2）活动立柱式：横臂和立柱连接成一个“┌”形支架，立柱插入在固定的框架内，框架固定在炉体的摇架上，框架内装有两组导向滚轮，活动立柱沿滚轮上下升降。这种形式的优点是，相同的电极升降行程，整个炉子的高度较小，便于电极夹持器的合理布置，适合采用各种传动方式；缺点是活动立柱升降的重量大，所需的升降功率及惯性也大。

12.3.2.2 电极升降机构的传动方式

电极升降机构有电动和液压传动两种方式。电动传动的升降机构如图 12-16 所示，通常用电动机通过减速机拖动齿轮条或卷扬筒、钢丝绳，从而驱动立柱、横臂和电极升降。为减小电动机的功率常用平衡锤来平衡电极横臂和立柱自重。电动传动既可用于固定立柱式，也可应用于活动立柱式。目前国内采用交流电动机调节器取代直流电动机调整，交流变频调速也日趋流行。

液压传动升降机构如图 12-17 所示，升降液压缸安装在立柱内，升降液压缸是一柱塞缸，缸的顶端用柱销与立柱铰接。当工作液由油管经柱塞内腔通入液压缸内时，就将立柱、横臂和电极一起升起，油管放液时，依靠立柱、横臂和电极等自重而下降。调节进出油的流速就可调节升降速度。液压传动一般只适用于活动立柱式。液压传动系统的惯性小，启、制动和升降速度快，力矩大，在大中型电炉上已广泛采用。

12.3.3 炉体倾动机构

电炉的倾动机构，应能使炉体向出钢口方向倾动 40°~45°，向炉门方向倾动 10°~15°。倾动速度为每秒 0.5°~1.0°，并随炉子容量加大而减慢。倾动时应平稳可靠，停位准确，无翻炉危险。出钢时出钢槽终端在水平方向和垂直方向位移要小，以免钢包前后上下移动距离较大，倾动机构的布置要安全，当炉底烧穿漏钢或扒渣溢渣时，不影响倾动机构的正常运转。

倾动机构可分为侧倾和底倾两种类型，侧倾类型已极少采用。具有底倾机构的炉子要装在专门的扇形摇架上，根据扇形摇架支承形式，底倾又大致分为两类：

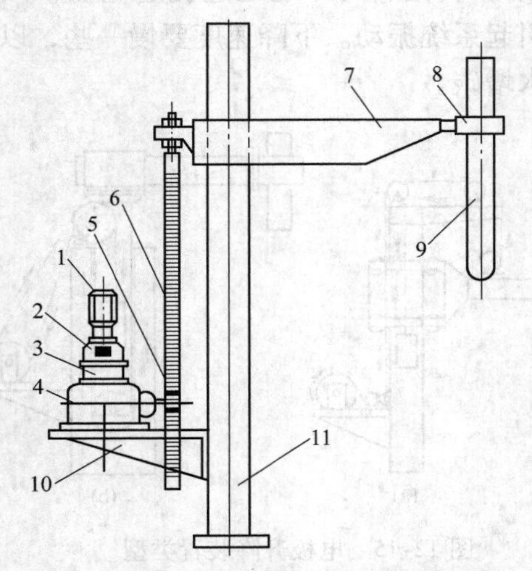

图 12-16 电动传动式电极升降机构

1—电动机；2—转差离合器；3—电磁制动器（抱闸）；4—齿轮减速箱；5—齿轮；6—齿条；7—横臂；8—电极夹持器；9—电极；10—支架；11—立柱

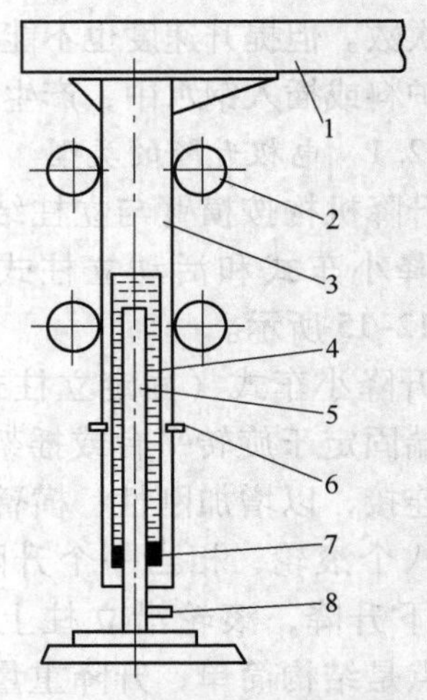

图 12-17 液压传动的电极升降机构简图

1—横臂；2—导向滚轮；3—立柱；4—液压缸体；5—柱塞；6—销轴；7—密封装置；8—油管

（1）扇形摇架支承在两对大托轮（或称辊轮）上。倾动时摇架沿托轮滚动，出钢槽末端的轨迹是圆弧，如图 12-18 所示。这种机构采用电动机传动，电动机经减速器带动传动齿轮，传动齿轮带动扇形齿轮，扇形齿轮带动摇架，整个炉子随摇架倾动。这种机构的优点是稳定度大，缺点是构造庞大，倾动时出钢槽末端水平位移大，且向炉子下方位移，钢包需做相应调整。这种机构适用冶炼和浇注在同一跨间的情况。其传动设备都在炉底下，当炉底漏钢时机构容易被损坏，需注意防护。

（2）扇形摇架支承在水平底座上。倾动时摇架的扇形板沿底座滚动，出钢槽末端的轨迹是摆线。这种形式的倾动机构可采用液压传动，也可采用丝杆或齿条传动。液压传动较平稳可靠。液压倾动机构如图 12-19 所示，倾动时工作液进入液压缸，液压柱塞杆推动

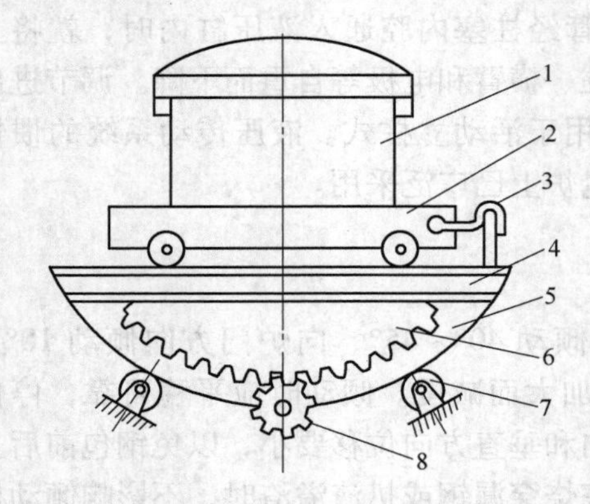

图 12-18 机械传动式倾炉机构图

1—炉体；2—行走小车；3—锁紧机构；4—炉架；5—扇形摇架；6—扇形齿轮；7—托轮；8—驱动齿轮

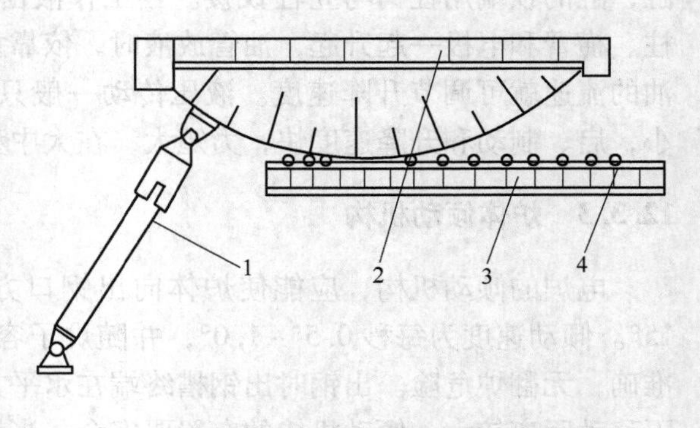

图 12-19 液压倾动机构示意图

1—油缸；2—摇架；3—底座；4—导钉

摇架沿水平底座滚动，带动炉体倾动，为防止摇架和水平底座发生相对滑动，在它们的接触面上分别加工成一排孔（导钉孔）和与之配合的凸出物（导钉）。这种倾动机构出钢时钢槽末端向前移动，且水平位移小，适于冶炼和浇注分别在两个跨间的情况，而且制造和安装都较方便，应用较多。

12.3.4 炉顶装料系统

目前除少数小型炉子还采用炉门手装外，大都采用机械化顶装料。顶装料能缩短装料时间，减少热损失，减轻劳动强度，并且可以充分利用炉膛的容积和装入大块炉料。

12.3.4.1 炉顶装料的类型

根据装料时炉盖和炉体相对移动的方式不同，炉顶装料可分为炉盖旋转式、炉体开出式和炉盖开出式三种类型。

（1）炉盖旋转式。炉盖旋转式电炉，一般都有一个悬臂架（顶架），电极升降系统都装在悬架上，炉盖吊挂在悬臂架上面。装料时先升高电极和炉盖，然后整个悬臂架连同炉盖和电极系统向出钢口-变压器房一侧旋转 70°~90°，以露出炉膛进行装料，如图 12-20 所示。这种结构的优点是旋转部分重量较轻，炉子全部金属结构重量最小，动作迅速；缺点是炉子中心与变压器的距离较大，增长了短网的长度。这种炉子国外和国内新建的电弧炉普遍采用。

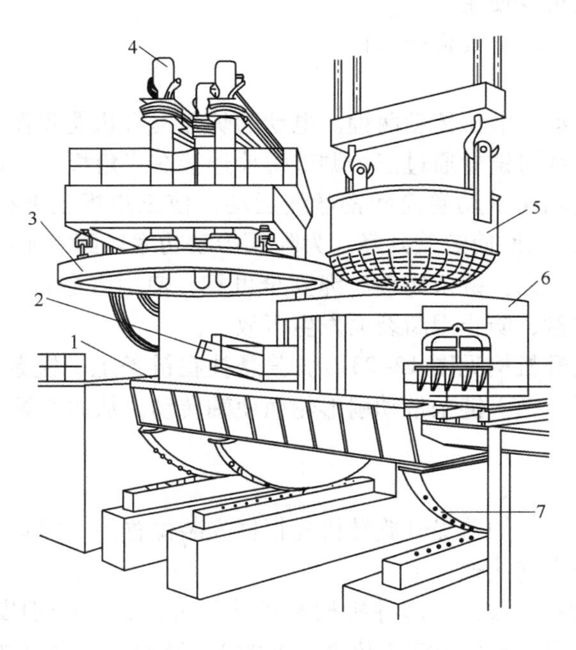

图 12-20 炉盖旋转式电炉

1—电炉平台；2—出钢槽，3—炉盖；4—石墨电极；5—装料罐；6—炉体；7—倾炉摇架

（2）炉体开出式。这种炉子的炉体装在电动台车上，或者装在液压推动的活动架上，炉盖通过一套提升装置悬挂在龙门架上，龙门架固定在倾动摇架上。炉前工作台是可移动的。装料时先升起电极和炉盖，同时将工作平台移走，炉体向炉门方向开出，如图 12-21 所示。这种机构的优点是不加长短网，龙门架可以和倾炉摇架连成一体；其缺点是开出部

分重量大，又受炉料的机械冲击，因而要加强进料处的地基和加大炉体开出机械的功率。炉前操作平台需移动，整个炉子金属结构重量大。

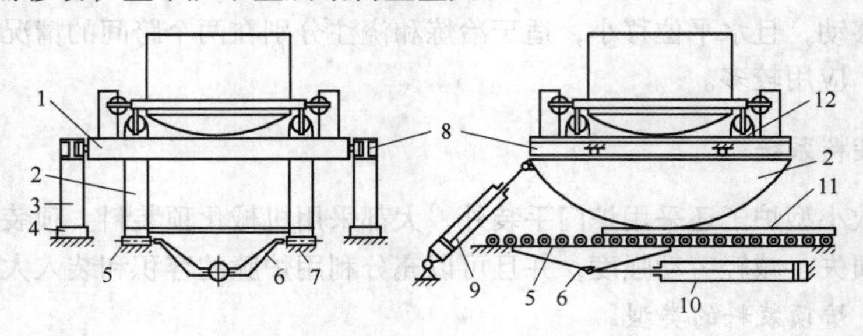

图12-21 炉体开出式电炉
1—摇架；2—内弧形板；3—外弧形板；4，8—导轨；5—滚子；6—架子；7—导槽；9—倾动液压缸；10—炉体开出液压缸；11—移动梁；12—导轮

(3) 炉盖开出式。这种形式的电炉，炉盖悬挂在龙门架上，电极升降机构与龙门架连接在一起，龙门架下面的车轮装于倾动摇架的轨道上。装料时，先将炉盖和电极升起，然后龙门架连同炉盖、电极升降系统一同顺道向出钢槽方向开出。这种结构的优点是开出部分重量较轻；缺点是电极和炉盖行走时受到振动，容易损坏，并需加长短网，增加了电损失。目前这种电炉已很少使用。

12.3.4.2 炉盖提升和炉盖旋转机构

A 炉盖提升机构

炉盖提升机构有电动和液压传动两种。电动的炉盖提升机构见图12-22。炉盖由链条分三点悬挂，三根链条绕过链轮通过三个调节螺栓连接在三角板上。传动系统安装在桥架的柱子上。电动机通过减速带动卷筒和钢丝绳运动，使三角板上下移动（也可通过螺杆带动三角板上下移动），从而使炉盖升降。为降低传动功率还配有平衡锤。采用链条传动的原因是炉顶上部温度较高。链条比钢丝绳安全可靠，使用寿命长，而且链条的挠性好。使用时需注意链条的质量，防止因断裂而发生事故。

液压传动的炉盖提升机构见图12-23。炉盖悬挂在链条上，链条固定在轴的链轮上。当液压缸通入工作液时，牵引链条带动扇形轮而使轴转动，从而使炉盖升降。整个结构安装在龙门架上。

B 炉盖旋转机构

对于炉盖旋转式电炉，炉盖提升旋转机构根据安装位置的不同有三种不同的形式，即落地式、共平台式和炉壳连接式。

(1) 落地式（基础分开式）。这种机构和炉体是分开的，分别安装在各自的基础上（见图12-24）。这种机构一般采用液压传动，如图12-25所示，炉盖的升降和旋转是利用支座上的“S”形导槽。连接顶头的柱塞上装有滚轮，滚轮沿“S”形槽滚动。当工作液推动柱塞向上运动，液轮处在“S”形槽下端的直线段时，炉盖就上升，而当滚轮进入“S”形槽的曲线段时，炉盖则边上升边旋转。

这种机构的优点是炉盖旋开后与炉体无任何机械联系，所以装料时的冲击振动不会波及炉盖和电极。其缺点是成本较高，加工制造较困难，而且由于炉体和升转机构的基础下沉不一致，会造成设备脱节。

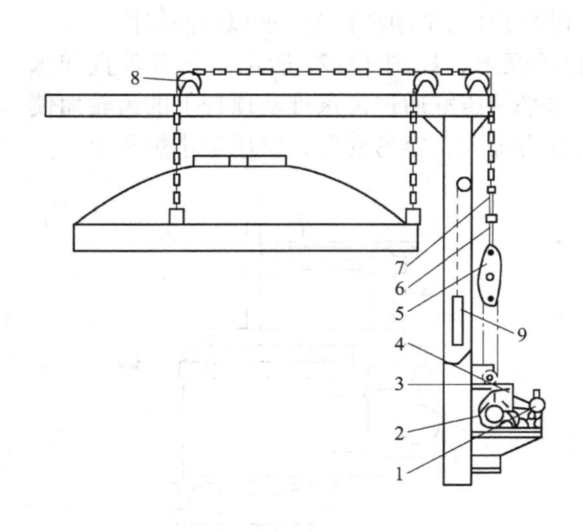

图 12-22 电动炉盖提升机构

1—电动机；2—减速箱；3—卷筒；4—定滑轮；5—动滑轮；6—三角板；7—调节螺丝；8—链轮；9—平衡锤

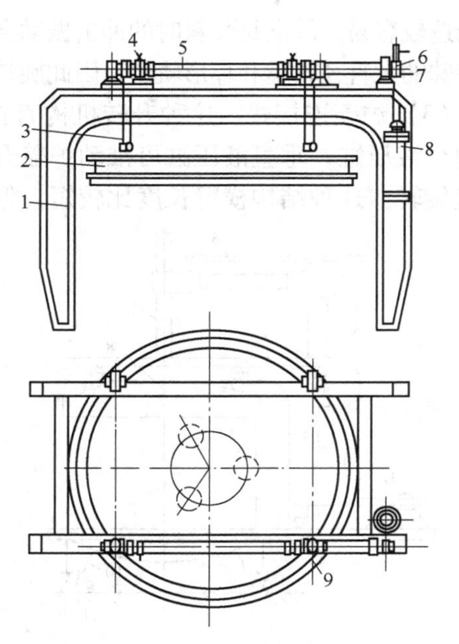

图 12-23 液压传动炉盖提升机构

1—龙门架；2—炉盖；3—链条；4—轴承；5—轴；6—扇形轮；7—牵引链条；8—液压缸；9—链轮

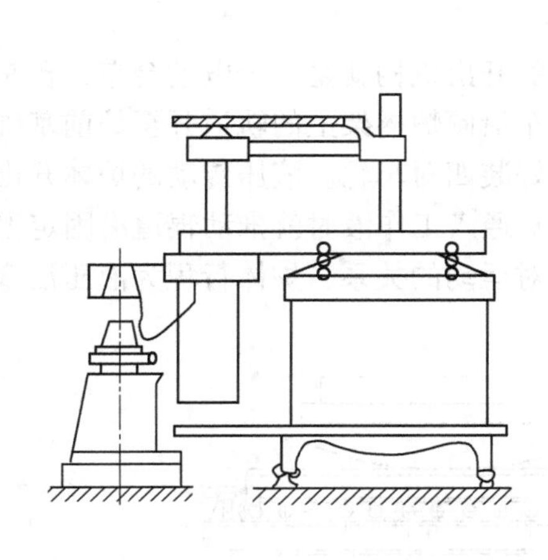

图 12-24 落地式顶装料炉

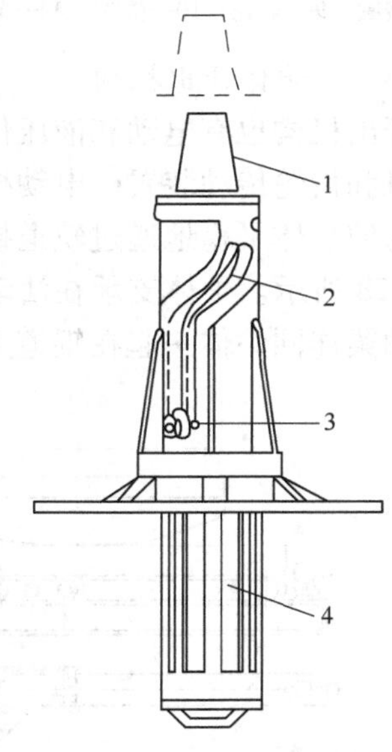

图 12-25 液压传动的炉盖升旋机构

1—顶头；2—“S”形槽；3—液轮；4—液压缸

（2）共平台式（整体基础式）。这种升转机构和炉体一起安装在倾炉摇架的平台上。在悬臂架上有炉盖提升机构，悬臂架下装有滚轮，悬臂架在炉盖升起后围绕旋转轴旋转，使炉盖转开，见图 12-26。

这种机构的优点是金属构件较多，且没有像第一种结构形式那样的大型铸造壳体，因此加工制造较容易；缺点是装料时的冲击振动会波及炉盖和电极，从而影响它们的使用寿命，并需要特殊的大直径轴承和环形轨道，因此旋转中心到炉子中心的距离较大，所以短网较长。

（3）炉壳连接式。这种升转机构直接装在炉壳上，如图12-27所示。它有垂直和水平两个液压缸，垂直液压缸可推动炉盖升降，水平液压缸通过齿条推动顶杆上的齿轮而使炉盖旋转。这种结构横臂长度比较短，但炉壳受力很大，容易变形，仅用于小炉子上。

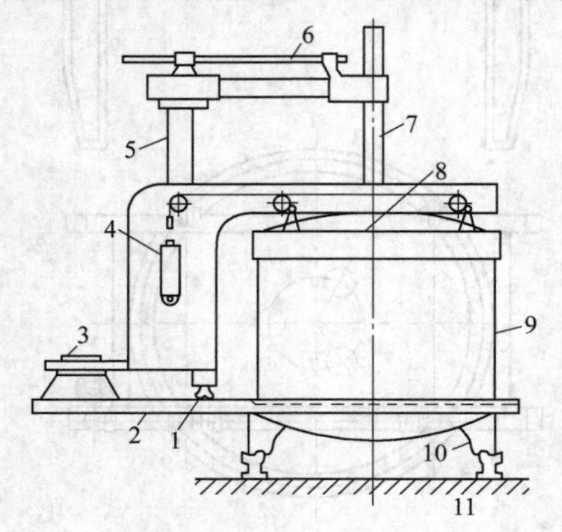

图12-26 共平台式顶装料炉

1—平台上轨道；2—炉子平台；3—枢轴连轴承；4—炉盖提升机构；5—立柱；6—横臂；7—电极；8—炉盖圈；9—炉壳；10—摇架；11—轨道

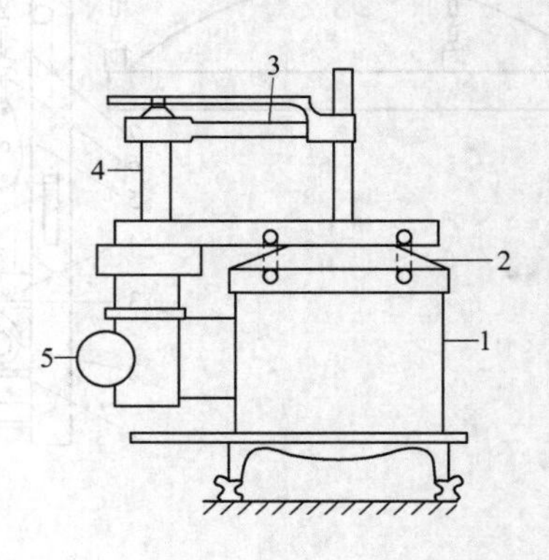

图12-27 炉壳连接式顶装料炉

1—炉体；2—炉盖；3—横臂；4—立柱；5—升降机构

12.3.4.3 炉体开出机构

炉体开出机构也有电动和液压传动两种。电动的开出机构就是一个电动台车，台车上装有电动机和齿轮传动装置，电动机驱动车轮，台车沿倾炉摇架上的轨道开至炉前基础的轨道上。为使炉体平稳地通过轨道接缝处，台车最好装四对车轮。液压传动的炉体开出机构如图12-28所示。炉体支承在活动梁上。当液压缸通入工作液时就推动辊道沿固定梁滚动，而活动梁连同炉体一起在辊道上移动，由于相对运动的关系，炉体行程为液压活塞行程的2倍。

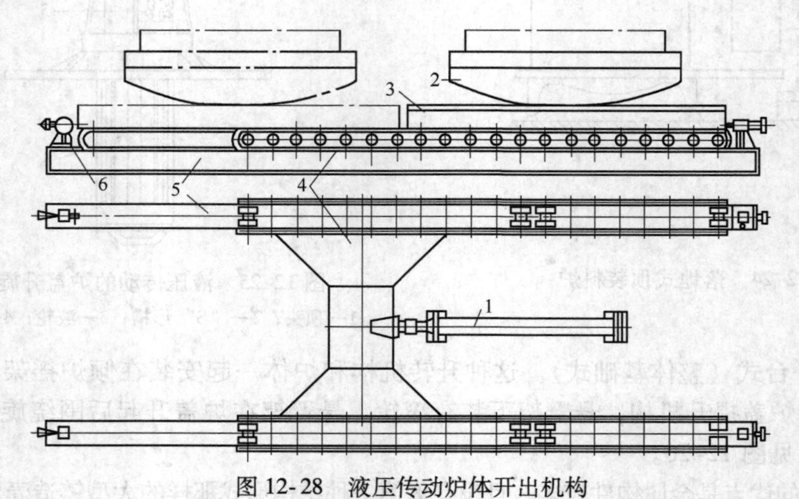

图12-28 液压传动炉体开出机构

1—液压缸；2—炉体扇形架；3—活动架；4—辊道；5—固定梁；6—炉体移动限位装置

12.3.4.4 料罐

炉顶装料是将炉料一次或分几次装入炉内，为此必须事先将炉料装入专门的容器内，然后通过这一容器将炉料装入炉内，这一容器通常称作料罐，也称料斗或料筐。料罐主要有两种类型：链条底板（见图 12-29）和蛤式（见图 12-30）。目前国内大多数采用蛤式。

（1）链条底板式料罐。这种料罐上部为圆筒形，下端是一排三角形的链条板，链条板下端用链条或钢丝绳串联成一体，用扣锁机构锁住，并成一个罐底。料罐吊在起重机主钩上，扣锁机构的锁杆吊在副钩上。装料时将罐吊至炉内，用副钩打开罐底，炉料跌落至炉膛内。料罐的直径比熔炼室直径略小，以免装料时撞坏炉墙。

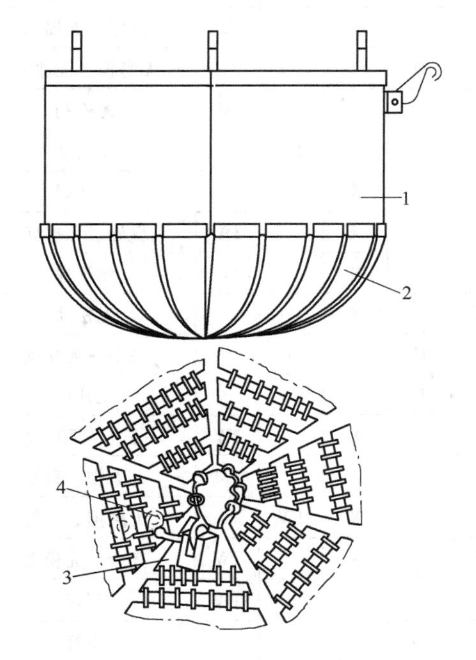

图 12-29 链条底板式料罐

1—圆筒形罐体；2—链条板；3—脱锁挂钩；4—脱锁装置

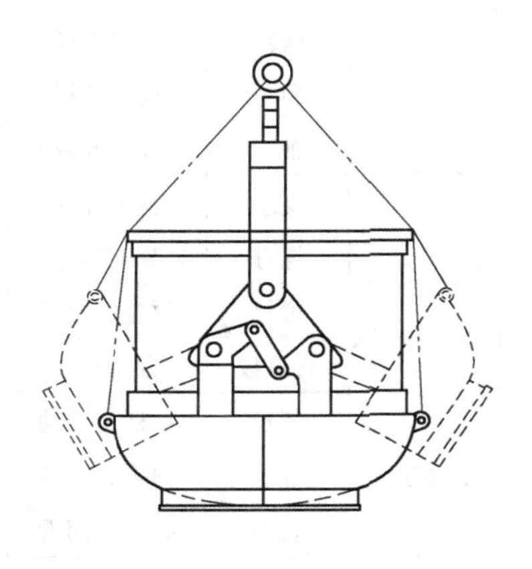

图 12-30 蛤式料罐

这种料罐的优点在于装料时料罐可进入炉膛中，吊至距炉底 300mm 的位置，减轻了炉料下落时的机械冲击。其缺点是每次装完料后需将链条板重新串在一起，劳动强度大，链条板和扣锁机构易被烧损或被残钢焊住，维修量大，同时这种料罐需放在专门的台架上。

（2）蛤式（抓斗式）料罐。这种料罐的罐底是能分成两半而向两侧打开的颚，两个颚靠自重闭合，用起重机的副钩通过杠杆系统可使颚打开。

这种料罐的优点是能在一定程度上控制料罐底打开的程度，以控制炉料下落速度，同时不需要人工串链条板和专门的台架。其缺点是料罐不能放入炉内，只能在熔炼室的上部打开罐底，炉料下落时的机械冲击大，装料时易损坏炉底。

12.3.5 电弧炉机械设备的点检标准

电弧炉机械设备的点检标准见表 12-4。

表 12-4 电弧炉的机械设备点检标准

电弧炉		点检项目	点检内容	点检方法	点检工具	点检时期		点检周期		点检基准
装置名	点检部位					生产	维修	生产	维修	
炉盖提升部分	连杆机构	连杆	磨损、变形	目测			X		1M	无磨损、无变形
		轴承	润滑、磨损	目测			X		1W	良好、无损坏
		螺栓	有无松动	工具	扳手		X		2W	无松动
	吊耳部分	拨叉	扭曲、开焊	目测			X		1W	无变形、无开焊
		销轴	磨损	目测			X		1S	完好
	提升缸	轴承	润滑、磨损	目测			X		1W	良好、无损坏
		管道	磨损、泄漏	目测		O		1D		无磨损、无泄漏
	水冷框架	螺栓	有无松动	工具	扳手		X		2W	无松动
炉盖旋转	旋转轮	旋转轮	紧固程度	工具	扳手		X	1D		无松动
		导轨	有无开焊	目测			X	1W		无开焊
	旋转缸	轴承	润滑、磨损	目测			X		1W	良好、无损坏
		支座	有无开焊	目测			X		1W	无开焊
	旋转中心	螺母	紧固程度	工具	扳手		X	1D		无松动
电极升降	油缸支撑座	螺栓	数量、松动	工具	扳手	O		1W		齐全、无松动
		支撑板	有无开焊	目测		O		1W		无开焊
	导向轮	螺栓	数量、松动	工具	扳手		X		2W	齐全、无松动
		轴承	磨损、润滑	目测			X		1M	无磨损、良好
		表面	磨损、润滑	目测			X	1W		无磨损、良好
	导电横臂	螺栓	数量、松动	工具	扳手		X		2W	齐全、无松动
		绝缘板	损坏情况	目测			X		1W	完好
		横臂	是否泄漏	目测		O		1D		完好
	油缸支座	螺栓	数量、松动	工具	扳手		X		1W	无松动
		油管接头	紧固程度	工具	扳手		X		1W	无松动
电极夹紧部分	导电卡头	导电铜板	打弧、漏水	目测		O			2W	无打弧、无漏水
		连接处	漏水	目测		O		1S		无漏水
		卡头软管	漏水	目测		O		1S		无漏水
		电极抱手	打弧、漏水	目测		O			1W	无打弧、无漏水
		抱手护板	数量、打弧	目测		O			1W	无打弧
炉体倾动部分	倾动缸	支座	有无开焊	目测			X		2W	无开焊
		销轴	磨损	目测			X	1D		完好
		轴承	润滑、磨损	目测			X		1W	良好、无损坏
	平衡销	支座螺栓	数量、松动	工具	扳手		X		2W	齐全、无松动
		支座	有无变形	目测		O		1D		无变形
	牙月轨	蘑菇头	啮合状况	目测			X		2W	良好
		本体	有无开焊	目测			X		1M	无开焊

续表 12-4

电弧炉		点检项目	点检内容	点检方法	点检工具	点检时期		点检周期		点检基准
装置名	点检部位					生产	维修	生产	维修	
炉体倾动部分	倾动道轨	底脚螺栓	数量、松动	工具	扳手		X		2W	齐全、无松动
	炉体基础		有无裂缝	目测			X		1M	无裂缝
	摇篮部分		有无开焊	目测			X		1M	无开焊
出钢系统	出钢口托板	托板表面	有无烧损	目测			X		1W	完好
		托板销轴	磨损、润滑	目测			X		1M	完好
		连接耳	有无开焊	目测			X		1M	无开焊
		轴承	损坏、润滑	目测			X		1M	完好
	出钢口转轴	两端轴承	润滑、损坏	目测			X		2W	润滑好、无损坏
		支座螺栓	数量、松动	工具	扳手		X		2W	齐全、无松动
		插销	磨损	目测			X		2W	无磨损
	出钢口气缸	销轴	磨损、润滑	目测			X		2W	无磨损、良好
		轴承	损坏、润滑	目测			X		2W	无损坏、良好
		气管接头	漏气	目测		O			1W	无漏气
水冷系统	大炉盖	活接	漏水、松动	工具	扳手	O			1S	无漏水、无松动
		法兰处	漏水、松动	工具	扳手	O			1S	无漏水、无松动
		管道	漏水、开焊	工具	扳手	O			1S	无漏水、无松动
		旋转接头	是否灵活	目测		O			1S	转动灵活
	所有炉壁	活接	漏水、松动	工具	扳手	O			1S	无漏水、无松动
		金属软管	漏水	目测		O			1S	无漏水
		挂钩	开焊	目测			X		2W	无开焊
		挂耳	开焊、螺栓	工具	扳手		X		1W	无开焊、无松动
		球阀	开启灵活	工具	扳手		X		1M	灵活到位
	炉体总进出水	法兰处	漏水、松动	工具	扳手	O			1S	无漏水、无松动
		管道	漏水、开焊	工具	扳手	O			1S	无漏水、无松动
	水冷渣门框		有无漏水	目测		O			1D	无漏水
	偏心区盖板		有无漏水	目测		O			1D	无漏水
	水冷框架	本体	有无漏水	目测		O			1D	无漏水
		法兰处	螺栓紧固	目测		O			1W	齐全，无松动
	第四孔烟道	管道	有无漏水	目测		O			1D	无漏水
		斜铁	是否锁紧	工具	锤子		X		1W	锁紧良好
	弯烟道	连接管道	有无漏水	目测		O			1D	无漏水
		本体	有无漏水	目测		O			1D	无漏水
	直烟道	连接管道	有无漏水	目测		O			1D	无漏水
		本体	有无漏水	目测		O			1D	无漏水
	C-O 枪	本体	有无漏水	目测		O			1D	无漏水

续表 12-4

电弧炉		点检	点检	点检	点检	点检时期		点检周期		点检基准
装置名	点检部位	项目	内容	方法	工具	生产	维修	生产	维修	
水冷系统	横臂	水管	有无漏水	目测		O			1D	无漏水
		快速接头	有无松动	手试		O			1W	无松动
	短网水管	水管	有无漏水	目测		O			1D	无漏水
		快速接头	有无松动	手试		O			1W	无松动
	短网水箱		集水是否畅通	目测		O			1D	集水畅通
	水阀门		有无渗漏	目测		O			1W	无渗漏
	水排		有无渗漏	目测		O			1W	无渗漏
钢包车	减速机		工况、润滑	目测			X		1W	工作平稳无异声
	联轴器		是否可靠	目测			X		1W	可靠、无振动
			磨损、啃轨	目测			X		1M	无磨损、无啃轨
	车轮	本体	有无松动	工具	扳手	O			1D	无松动
	车体	螺栓	变形	目测			X		1Y	无变形、无开焊
	缓冲垫		损坏、变形	目测			X		1D	无损坏、无变形

说明：Y—年，M—月，W—周，D—日，S—班；点检时期：O—点检中点检，X—停止中点检

12.4 电弧炉的电气设备

电弧炉炼钢是靠电能转变为热能使炉料熔化并进行冶炼的，电弧炉的电气设备就是完成这个能量转变的主要设备。

电弧炉的电气设备主要分为两大部分，即主电路和电极升降自动调节系统。

12.4.1 电弧炉的主电路

由高压电缆至电极的电路称电弧炉的主电路，如图 12-31 所示。主电路的任务是将高压电转变为低压大电流输给电弧炉，并以电弧的形式将电能转变为热能。主电路主要由隔离开关、高压断路器、电抗器、电炉变压器及低压短网等几部分组成。

12.4.2 隔离开关和高压断路器

隔离开关和高压断路器都是用来接通和断开电弧炉设备的控制电器，可统称为高压开关设备。

12.4.2.1 隔离开关

隔离开关主要用于电弧炉设备检修时断开高压电源，有时也用来进行切换操作。

常用的隔离开关是三相刀闸开关（见图 12-32），基本结构由绝缘子、刀闸、拉杆、转轴、手柄和静触头组成。隔离开关没有灭弧装置，必须在无负载时才可接通或切断电路，因此隔离开关必须在高压断路器断开后才能操作。电弧炉停、送电时开关操作顺序是：送电时先合上隔离开关，后合上高压断路器；停电时先断开高压断路器，后断开隔离开关。否则刀闸和触头之间产生电弧，会烧坏设备和引起短路或人身伤亡事故等。为了防止误操作，常在隔离开头与高压断路器之间设有联锁装置，使高压断路器闭合时隔离开关无法操作。

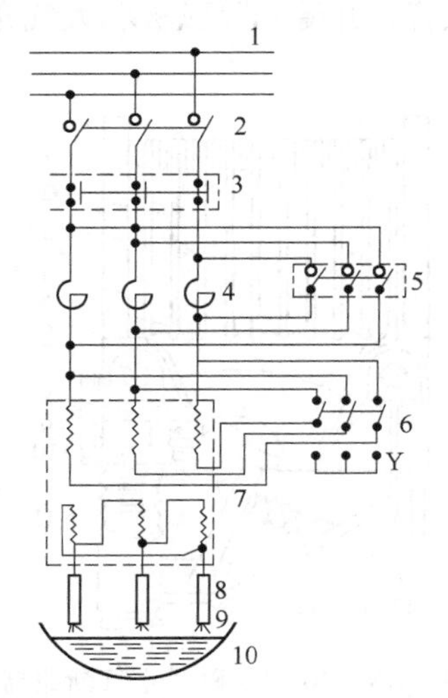

图 12-31 电弧炉主电路简图

1—高压电缆；2—隔离开关；3—高压断路器；
4—电抗器；5—电抗器短路开关；6—电压转换开关；
7—电炉变压器；8—电极；9—电弧；10—金属

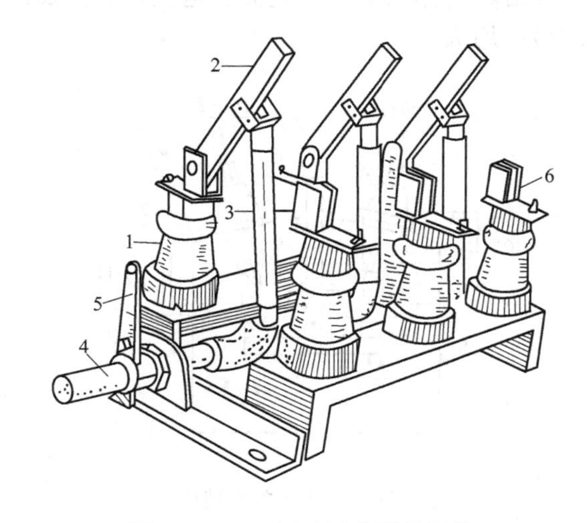

图 12-32 三相刀闸式隔离开关

1—绝缘子；2—刀闸；3—拉杆；
4—转轴；5—手柄；6—夹子

隔离开关的操作机构有手动、电动和气动三种。当进行手动操作时，应带好绝缘手套，并站在橡皮垫上以保证安全。

12.4.2.2 高压断路器

高压断路用于高压电路在负载下接通或断开，并作为保护开关在电气设备发生故障时自动切断高压电路。高压断路器具有完善的灭弧装置和足够大的断流能力。

在电炉冶炼的开始和终了，在冶炼过程中调压、扒渣、接长电极等操作时，都需操作断路器使电炉停电或通电。可见高压断路器的操作是极其频繁的。电弧炉对高压断路器的要求是：断流容量大，允许频繁操作，工作安全可靠，便于维修和使用寿命长。

电弧炉使用的断路器有以下几种。

（1）高压油开关。油开关的结构如图 12-33 所示，油开关的触头浸泡在绝缘性良好的变压器油中，以防止氧化，并使触头得到散热，以及保证高压触头间和对地绝缘的可靠。触点的动作靠电磁力完成。当负载下的高压断路器断开时，开关装置的各触点之间便会产生电弧，电弧对接触点有破坏作用。变压器油在电弧作用下分解和蒸发而产生大量蒸气，迫使电弧熄灭。

油开关的优点是制造方便，价格便宜。但由于触点每动作一次都要产生电弧，部分油料分解碳化、油色混浊和变黑，导致油的绝缘性能降低。同时油的分解还产生大量气体，且其中 70%是易燃易爆的氢气。因此油开关触头每动作 1000 次左右需进行换油和检修触头。油开关由于寿命短、维护工作量大、有火灾和爆炸的危险，有逐渐被淘汰的趋势。

（2）电磁式空气断路器。电磁式空气断路器又称磁吹开关，其灭弧装置为磁吹螺管式。电磁式空气断路器的结构如图 12-34 所示，三相高压电源分别连接静弧触头和动弧触头的尾部，且并列安装在同一基础上。当触头分开产生电弧后，便在压气皮囊喷出的气体和强磁场的作用下，使电弧迅速上升、拉长进入电弧螺管，并受到隔弧板和大气介质的冷却最后熄灭。

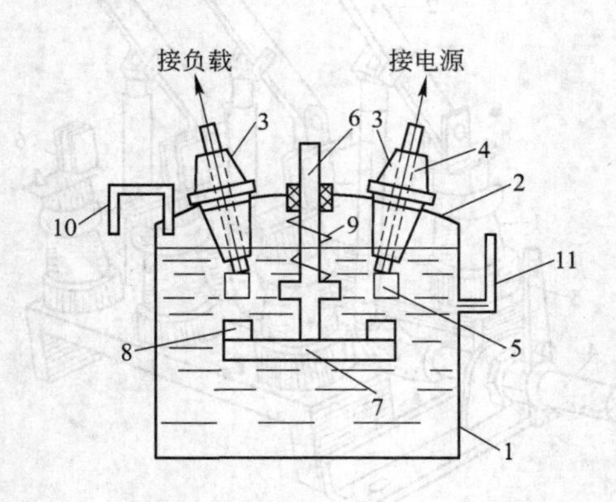

图 12-33 油开关构造图

1—钢箱；2—盖子；3—套管绝缘子；4—铜导电杆；5—固定接触子；6—活动杆；7—铜横条；8—活动接触子；9—弹簧；10—排气管；11—油表管

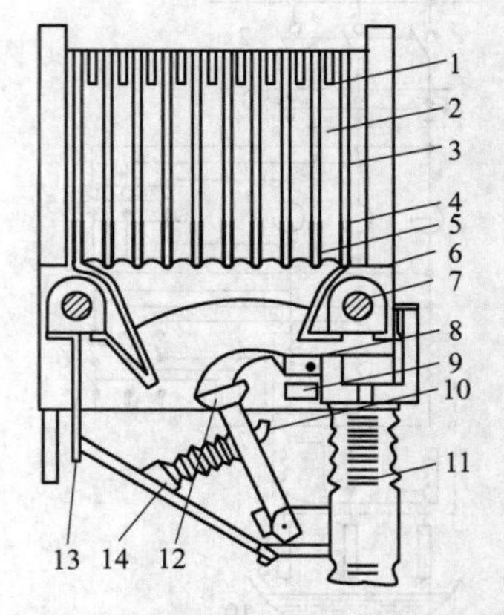

图 12-34 CN2-10 型电磁式空气断路器的结构

1—冷却片；2—电弧螺管；3—隔弧板；4—H 型小弧角；5—V 型小弧角；6—引弧角；7—双 II 型磁系统；8—静弧触头；9—主触头；10—喷嘴；11—绝缘子；12—动弧触头；13—硬连接；14—压气皮囊

电磁式空气断路器与油开关相比，其开关时间短，不会发生起火、爆炸及产生过电压现象，工作平衡可靠，适于频繁操作。但触头及灭弧室频繁受电弧烧蚀，所以必须定期维修更换。

(3) 真空断路器。真空断路器是一种比较先进的高压电路开关，可以较好地满足功率不断增大的要求。在电弧炉上已被推广使用。

真空断路器的绝缘介质和灭弧介质是高真空。当触头切断电路时，触头间产生电弧，在电流瞬时值为零的瞬间，处于真空中的电弧立即被熄灭。真空断路器的外形见图 12-35。它通常采用落地式结构，上部装有真空灭弧室，下部装有操作机构，操作机构通过一套连杆使三个真空弧室同时接通或断开。真空灭弧室由动触头、静触头、屏蔽罩、动导电杆、静导电杆、波纹管和玻璃外壳等组成。

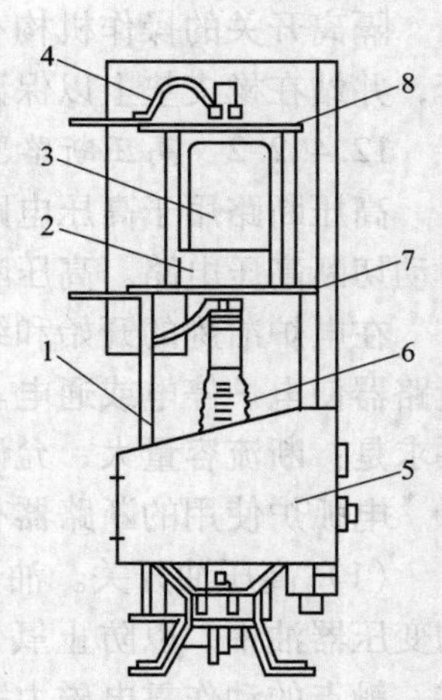

图 12-35 真空断路器

1—绝缘杆；2—绝缘碗；3—真空灭弧室；4—绝缘隔板；5—外罩；6—绝缘子；7—绝缘撑板；8—压板

真空断路器在运行时应特别注意观察真空灭弧室的真空度是否下降。如当灭弧室内出现氧化铜颜色或变暗失去光泽时，就可间接判断真空度已下降。此外通过观察分闸时的弧光颜色也可判断真空度是否下降，正常情况下电弧呈蓝颜色，真空度降低后则呈粉红色。当发现真空度降低时，应及时停电检查、处理。

12.4.3 电弧炉变压器和电抗器

电弧炉变压器是电弧炉的主要电气设备。其作用是降低输入电压，产生大电流供给电弧炉。

12.4.3.1 电弧炉变压器的特点及构造

电炉变压器负载是随时间变化的，电流的波动很厉害。特点在熔化期，电炉变压器经常处于冲击电流较大的尖锋负载。电炉变压器与一般电力变压器比较，具有如下特点：

(1) 变压比大，一次电压很高而二次电压又较低。

(2) 二次电流大，高达几千至几万安培。

(3) 二次电压可以调节，以满足冶炼工艺的需要。

(4) 过载能力大，要求变压器有20%的短时过载能力，不会因一般的温升而影响变压器寿命。

(5) 有较高的机械强度，经得住冲击电流和短路电流所引起的机械应力。

电炉变压器主要由铁芯、线圈、油箱、绝缘套管和油枕等组成。铁芯的作用是导磁，它用含硅量高、磁导率高、电阻率大的硅钢片叠成，并两面涂漆以减小损耗。电炉变压器的铁芯大多采用三相芯式结构，芯式结构消耗材料较少，制造工艺又较简单。二次线圈接成△形，这样可减小短路时线圈的机械应力；一次线圈为方便调压可接成Y形或△形。装配好的线圈和铁芯浸在油箱内的油中。变压器油起绝缘和散热作用。线圈的引出线接到油箱外部时要穿过瓷质绝缘套管，以便将导电体与油箱绝缘。油箱上部还有油枕，它起储油和补油作用。油枕上还设有油位计和防爆管。

12.4.3.2 电弧炉变压器的调压

电弧炉变压器调压的目的是改变输入电弧炉的功率，以满足不同冶炼阶段电功率的不同需要。

电炉变压器的调节是通过改变线圈的抽头（线圈匝数）和接线方法（Y形或△形）来实现的。由于二次侧电流很大，导线截面也相应很大，不容易实现线圈的改变，因此调压只在一次侧进行。变压器一次线圈既可接成Y形，也可接成△形，改变它的接线方式就可方便地进行调压。例如，将一次线圈由△形改成Y形时，二次电压将变为原来的$1/\sqrt{3}$。改变变压器的接线方法只能获得两级电压调节。为获得更多的电压级数，一次线圈带有若干抽头。利用这些抽头可改变一次线圈的匝数，从而改变二次电压值。二次电压的最低值可为最高值的1/3。带切换开关的变压器接线原理见图12-36。

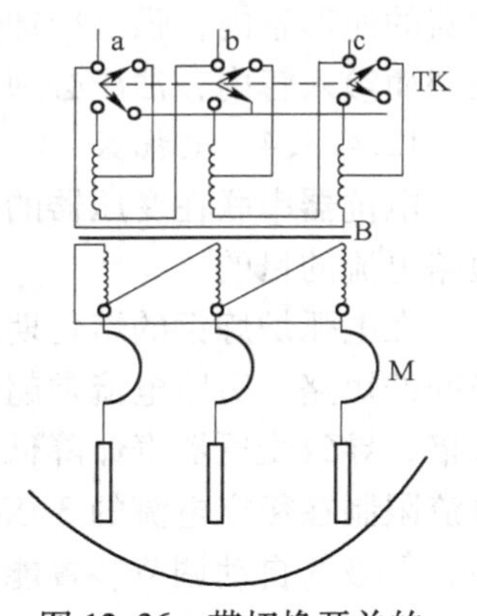

图12-36 带切换开关的变压器接线原理图

a，b，c—高压线；TK—切换开关；B—电炉变压器；M—水冷电缆

中小型电炉变压器较多使用无载调压装置，调压在断电状态下进行。变压器的Y-△切换常借助于换压隔离开关进行。变压器的抽头切换常使用无载分接开关，调压级数为4~6级。调压操作装置有手动、电动、气动三种。大型电炉变压器，因二次电压级数较多（可达10级以上），为了提高生产率、减少电炉热停电时间、减少变压器频繁通断对电网的不利影响，要求采用有载调压，调压时无需断电。有载调压使用有载分接开关，并借助于电力传动装置自动进行。

12.4.3.3 电弧炉变压器的冷却

变压器在运行中，一部分电能转变为热能，引起铁芯和线圈发热。如果温度过高，会使绝缘材料变质老化，降低变压器的使用寿命。当线圈严重过热，绝缘损坏厉害时，可造成线圈短路，使变压器烧坏。因此对变压器的最高允许温升有一明确标准。所谓温升就是变压器的工作温度减去它周围环境温度之差。当环境温度为35℃时，其允许温升为：线圈55℃，油顶层45℃。

为降低变压器的温升值，需要对变压器进行冷却，冷却的方式有油浸自冷式和强迫油循环水冷式两种（见图12-37）。

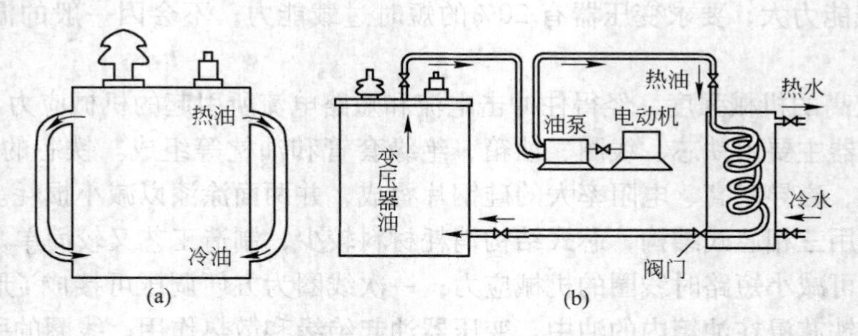

图12-37 电弧炉变压器的冷却方式示意图

（a）油浸自冷式；（b）强迫油循环水冷式

油浸自冷式的线圈和铁芯浸在油箱中，油受热上浮进入油管，被空气冷却，然后再从下部进入油箱。

强迫油循环水冷式变压器的铁芯和线圈也浸在油箱中，用油泵将变压器热油抽至水冷却器的蛇形管内，强制冷却，然后再将油打入变压器油箱内。为了保证冷却水不致因油管破裂而渗入管内，油压必须大于水压。

12.4.3.4 电抗器

电抗器串联在变压器的一次侧，其作用是使电路中感抗增加，以达到稳定电弧和限制短路电流的目的。

在电弧炉炼钢的熔化期经常由于塌料而引起电极间的短路，短路电流常超过变压器额定电流的许多倍，导致变压器寿命降低。串联电抗器后，短路电流限制在额定电流的3倍以下。在这个电流范围内，电极的自动调节装置能够保证提升电极降低负载，而不致跳闸停电，也起到了稳定电弧的作用。

电抗器的导磁体不同于变压器的导磁体，它分成许多单独的铁芯环，这些铁芯由轭铁互相连接起来，如图12-38所示。铁芯环用胶布板做的衬垫分隔开，这使电抗器的磁路不易饱和，在大电流下仍具有很大的感抗。

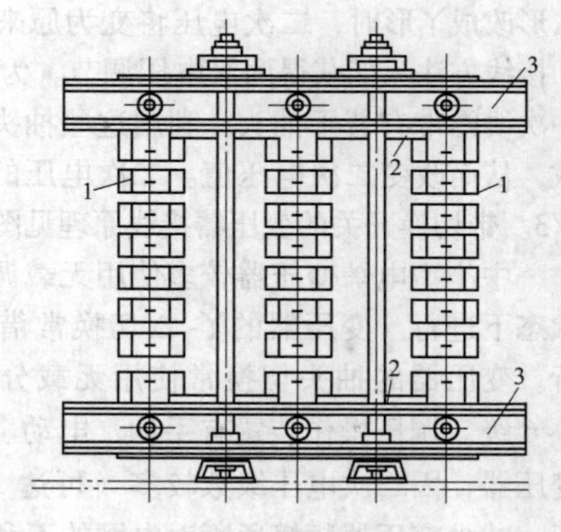

图12-38 电抗器结构图

1—铁芯环；2—轭铁；3—轭铁的压梁

电抗器具有很小的电阻和很大的感抗。能在有功功率损失很小的情况下，限制短路电流和稳定电弧。但是，因为它的电感量大，使无功功率消耗增加，降低了功率因数，从而影响了变压器的输出功率，因而电抗器的接入时机和使用时间必须加以控制，一旦电弧燃烧稳定，就必须及时切除，以减少无功功率损耗。

电抗器与电炉变压器一样，同处于重负荷工作状态下，对它也有热稳定性和机械强度的要求。电抗器也需要冷却和维护。小炉子的电抗器可装在电炉变压器箱体内部，大些的炉子则单独设置电抗器。对 20t 以上的电炉则因主电路本身的电抗百分数已经很大，无需专门设置电抗器。

12.4.4 短网

短网是指从电炉变压器低压侧引出线至电极这一段线路。这段线路为 10~20m，但导体截面很粗，通过的电流很大，短网中的电阻和感抗对电炉装置和工艺操作影响很大，在很大程度上决定了电炉的电效率、功率因数以及三相电功率的平衡。

短网的结构如图 12-39 所示，主要由硬铜母线（铜排）、软电缆和炉顶水冷导电铜管三部分组成。电极有时也算做短网的一部分。由于短网导体中电流大，特别是经常性的冲击性短路电流使导体之间存在很大的电动力，所以目前绝大多数电弧炉的短网采用铜来制造。

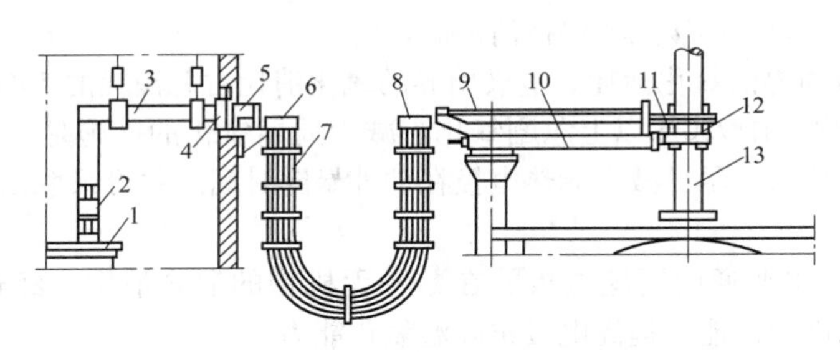

图 12-39 中小容量电弧炉短网结构

1—炉子变压器；2—补偿器；3—矩形母线束；4—电流互感器；5—分裂母线；
6—固定集电环；7—可绕软电缆；8—移动集电环；9—导电铜管；10—电极夹持器横臂；
11—供给电极夹板的软编线束；12—电极夹持器；13—电极

因为在短网中通过巨大的电流，减小短网中的电阻和感抗，对减小电能损失具有重大意义。一般从隔离开关至电极这段主电路上的电能损失为 7%~14%，短网上的电能损失占 4.5%~9.5%，电极上的电能损失为 2%~5%。为了减少短网的电阻和感抗，要尽量缩短短网的长度；各接头处要紧密连接，尤其是电极与夹头，电极与电极之间应该紧密连接，以减少接触电阻；导体要有足够大的截面，而且一般采用管状和板状导体以减少电流的集肤效应，短网的各相导体之间的位置尽可能互相靠近，但导体与粗大的钢结构应离得远一些；尽可能采用水冷电缆。

12.4.5 电极

电极的作用是把电流导入炉内，并与炉料之间产生电弧，将电能转化为热能。电极要传导很大的电流，电极上的电能损失约占整个短网上的电能损失的 40%。电极工作时受到高温、炉气氧化及塌料撞击等作用，工作条件极为恶劣，所以对电极提出如下要求：

（1）导电性能良好，电阻系数小，以减少电能损失。

（2）在高温下具有足够的机械强度。

(3) 具有良好的抗高温氧化能力。

(4) 几何形状规整，且表面光滑，接触电阻小。

目前绝大多数电弧炉均采用石墨电极。石墨电极通常又分为一般功率和高功率电极，其理化指标要求不一样。

电极的价格很贵，其消耗直接影响钢的生产成本。国家规定的电极消耗指标为6kg/t钢，但由于各厂情况不一样，所以电极消耗指标也相差很大。电极消耗的主要原因是折断、氧化、炉渣和炉气的侵蚀以及在电弧作用下的剥落和升华。为了降低电极消耗，主要应提高电极本身质量和加工质量，缩短冶炼时间，防止因设备和操作不当引起的直接碰撞而损伤电极。降低电极消耗的具体措施是：

(1) 减少由机械外力引起的折断和破损，避免因搬运和堆放、炉内塌料和操作不当引起的折断和破损，尤其重点保护螺纹孔和接头的螺纹。

(2) 电极应存放在干燥处，谨防受潮。受潮电极在高温下易掉块和剥落。

(3) 接电极时要拧紧、夹牢，以免松弛脱落。有的厂在电极连接端头打入电极销子加以固定。还有的厂在两根电极的缝间涂抹黏结剂，也可防止电极松动。另外，对接电极时，用力要平衡、均匀，连接处要保持清洁。

(4) 减少电极周界的氧化消耗。电极周界的氧化消耗占总消耗的55%~75%。石墨电极从550℃开始氧化，在750℃以上急剧氧化。减少周界氧化的措施是：加强炉子的密封性，减少空气侵入炉内；尽量减少赤热电极在炉外暴露时间。并可采取以下几种石墨电极保护技术：

1) 浸渍电极，将普通的石墨电极放在数种无机物的混合液中，经过一定的工艺处理，改善原石墨电极的性能，提高电极抗高温氧化能力。

2) 涂层电极，又分为导电涂层与非导电涂层两大类。导电涂层的涂料是铝和碳化硅的混合物，经过一定的工艺处理，电极的电阻率下降，表面形成一很强的隔氧层，可有效地防止炉气氧化。非导电涂层电极所用涂料，一般为陶瓷化涂覆材料，在低温或高温下，能在电极表面形成良好的陶瓷膜，从而使石墨电极的氧化损耗大大降低。

3) 水冷复合电极，该电极由上下两部分组成，上部为钢制水冷电极柄，下部为普通石墨电极，上下部之间由水冷钢质接头连接，见图12-40。

4) 水淋式电极，在电极夹头下方采用环形喷水器向电极表面喷水，使水沿电极表面下流，并在电极孔上方用环形管（风环）向电极表面吹压缩空气使水雾化（见图12-41），在降低电极温度的同时，又能减少侧壁的氧化，从而降低了电极消耗。生产实践表明，电极喷淋冷却技术，结构简单，投资少；操作方便，易于维修，可节约电极20%，且使炉盖中心部位耐火材料的寿命提高3倍。

近年发展起来的直流电弧炉技术，其最大优越性之一就是降低石墨电极的消耗。国外直流电弧炉的运行结果表明，可降低石墨电极消耗40%~50%。

12.4.6 电极升降自动调节装置

电弧炉输入的功率在二次电压一定的情况下是随电弧长度的变化而改变的。这是因为电弧长度与二次电流有关，电弧长则电流小，电弧短则电流大。冶炼过程中，由于炉料熔化塌料、钢水沸腾等原因，电极与炉料之间的电弧长度不断地发生变化。特别是熔化期电

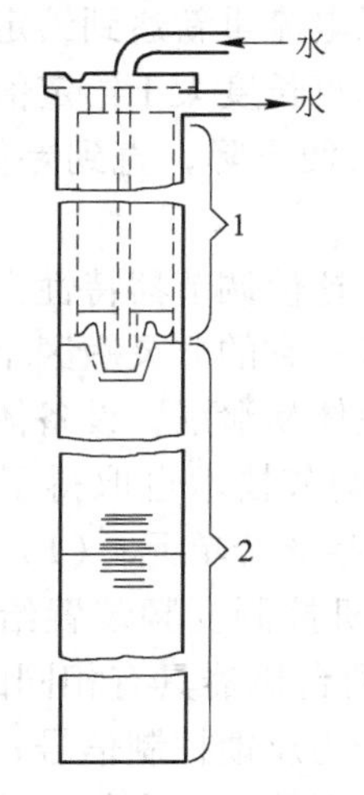

图 12-40 水冷复合电极
1—水冷电极柄；2—石墨电极

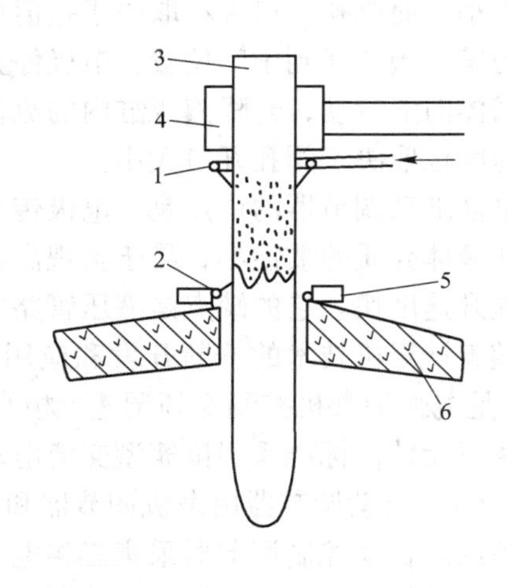

图 12-41 水淋式电极
1—水环；2—风环；3—石墨电极；4—电极卡头；
5—电极水冷密封圈；6—炉盖

弧极不稳定，经常发生断弧和短路现象，不利于电弧炉的正常工作。

电极自动调节装置的作用就是快速调节电极的位置，保持恒定的电弧长度，以减少电流波动，维持电弧电压和电流比值的恒定，使输入功率稳定，从而缩短冶炼时间和减少电能消耗。

常用的电极自动调节器有电动机放大机式、可控硅-直流电动机式、可控硅-交流力矩电动机式、可控硅-电磁转差离合器式、电液随动式等。近年来，又研制成功交流调速式和微机控制的调节器等新型调节器，表 12-5 列出常用电极自动调节器性能指标。

表 12-5 常用电极自动调节器性能指标

调节器形式	电极最大提升速度/m·min^{-1}	不灵敏区/%	滞后时间/s
电动机放大机式	0.5~1.2	±15	0.4~0.8
可控硅-直流电动机式	1.2~1.5	±（10~15）	0.3~0.4
可控硅-交流力矩电动机式	3~4	±（10~15）	0.1~0.2
可控硅-电磁转差离合器式	4	±（9~15）	0.2~0.3
电液随动式	4~6	±（6~10）	0.15~0.3
交流变频调速式	4	±（1~3）	

生产中对电极的提升速度有一定要求，尤其在塌料以及提升电极旋开炉盖时更为重要，这时提升速度，对于小炉子来说，一般要求为 4m/min，而大炉子，一般为 6m/min。从表 12-5 可知电液随动式调节器性能比较好。

电液随动式调节器的构成如图 12-42 所示。电弧电压和电弧电流经测量比较后，其差值信号送入液压伺服阀线圈。当炉子在规定电弧长度工作时，差值信号为零，线圈中无电流，伺服阀不动作。当电弧长度小于给定值时，电流信号将大于给定值，送入线圈中的差值信号使阀杆向上运动，工作液流入升降液压缸，使电极上升。电极上升速度取决于阀孔开口大小，而阀孔开口大小取决于差值信号的大小。当电弧电流重新达到给定值时，差值信号为零，阀芯回到中间位置，电极停止运动。相反，如电流长度大于给定值，则差值信号使阀体向下运动，升降液压缸内的流体流回储液槽，电极便下降，直到差值信号为零。下降速度也取决于阀孔开口大小。

电液随动调节器的优点是：电极传动系统不需要配重，这使调节器特性大为改善；伺服阀和液体介质的惯性小，易于实现高精度、高速度的调节；它的非灵敏区小，滞后时间短、提升速度快。它的缺点是液压管路复杂，维修量大，液体易泄漏，设备体积大。

随着计算机技术的不断开发和应用，电弧炉电极自动调节技术也取得了新成果。图12-43是电弧炉微机控制变频调速电极自动控制系统，它包括3个单元：（1）拖动电极升降的执行元件，标准系列鼠笼型交流电动机；（2）应用微机控制变频装置给交流电动机供电；（3）自动调节器由微机调节器和电子调节器构成，两台机器具有相同的控制功能，互为备用。自动控制调节器采集三相电弧电流和短网电压作为反馈控制信号，按照冶炼工艺要求设计控制程序，根据各冶炼期的不同设定值进行程序运算，输出频率给定信号和电

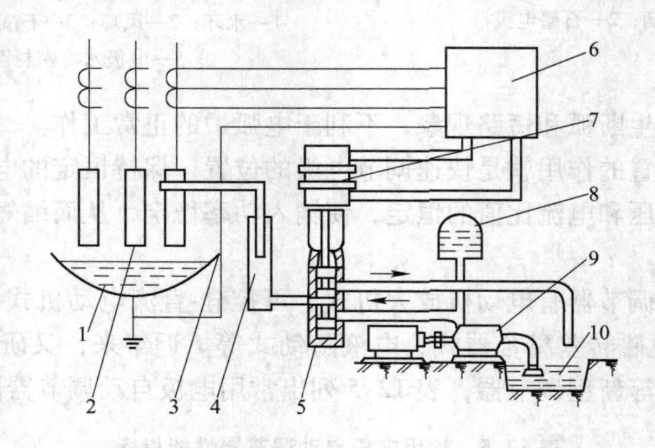

图12-42 电液随动系统工作原理示意图

1—熔池；2—电极；3—电极升降装置；4—液压缸；5—伺服阀；
6—电气控制系统；7—伺服阀线圈；8—压力罐；9—液压泵；10—储液槽

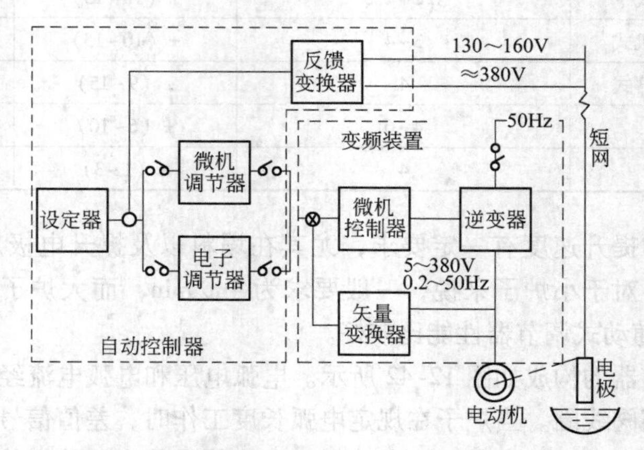

图12-43 电弧炉微机控制交流电动机变频无级调速自动控制系统单相简化原理框图

动机运转指令信号，独立地分相自动控制 3 台电动机拖动 3 根电极调节其与炉料之间的距离，实现系统恒流控制。

该系统是一个直接数字控制、数字设定、数字显示、数字保护的交流电动机变频调速系统，具有故障少、控制精度高、结构紧凑、性能优越等优点。

随着人工智能技术的应用和发展，出现了智能电弧炉，实现了将人工智能技术应用于改善电极电流工作点的设定和控制。近年来也有用可编程序控制器 PLC 作为电极调节器的控制单元，使用效果也很好。

12.4.7 电弧炉电气设备的点检标准

电弧炉电气设备的点检标准见表 12-6。

表 12-6 电弧炉电气设备的点检标准

电炉		点检项目	点检内容	点检区分			点检方法	点检工具	点检时期		点检时期		点检基准
装置名	点检部位	点检部位		生产	定期	长期			生产	维修	生产	维修	
高压配电室	高压配电柜	隔离开关	触点		O		操作,目视					X	触头无氧化
		绝缘	套管、瓷瓶		O		目视					X	绝缘良好
		断路器	触头		O		操作,目视					X	动作准确、可靠
		母线接头	温度		O		测温仪		O		1W		连接牢固、无过热
		操作机构	连接部位		O		操作					X	动作灵活、准确
		电压互感器	外观、接线		O		目视					X	接线良好
		仪表、指示	显示		O		目视		O		1D		指示准确
		继电保护	接线		O		目视					X	接线良好、可靠
	照明	日光灯	照明		O		目视			X			照明良好
变压器部分	电炉变压器	声音			O		听		O			X	无异常声音
		变压器油	油温		O		目视		O				油温小于 65℃
		硅胶	颜色		O		目视		O				无变色
		油泵	声音		O		目视		O				运行正常
		瓦斯继电器	动作		O		目视			X			动作可靠
		高压套管	连接		O		目视	测温仪		X			无积尘、安装牢固
		仪表	指示		O		目视		O				指示准确
		避雷器	接线、固定		O		目视			X			连接牢固
		接地线	电阻值		O		目视			X			接地良好
		冷却水	温度、流量		O		目视		O				水压低于油压、水温和流量正常
		变压器一次	连接、固定、温度		O		目视	测温仪		X		1W	连接牢固、无变色现象温度正常
		变压器二次	软连接、温度		O		目视	测温仪		X		1W	连接牢固、无振动温度正常

续表 12-6

电炉		点检项目	点检内容	点检区分			点检方法	点检工具	点检时期		点检时期		点检基准
装置名	点检部位	点检部位		生产	定期	长期			生产	维修	生产	维修	
变压器部分	电炉变压器	分级操作箱	接触器		O		目视			X			接线牢固
		互感器	外观、接线		O		目视			X			接线牢固
		接线端子箱	接线		O		目视			X			接线牢固
		油枕	油位		O		目视		O				油位正常
		滤油操作箱	接触器		O		目视			X		1M	接线牢固
		油泵操作柜	接触器、指示灯		O		目视			X			指示正常、接线牢固
		振动	声音		O		听		O				无异常声音
		日光灯	照明		O		目视			X		1W	照明良好
主控室	PLC 柜	PLC 模板	接线、外观	O	O		目测		O			S	接线牢固
		继电器	接线、可靠	O	O		目测		O	X		S	可靠、吸合良好
		断路器	接线、外观	O	O		目测		O			S	动作准确、可靠
		稳压电源	接线、固定	O	O		目测		O			S	接线牢固、可靠
		仪表	指示	O	O		目测		O			S	指示正确
	电控柜	空气开关	接线、外观	O	O		目测		O	X		S	可靠、牢固
		接触器	接线、外观	O	O		目测			X		S	吸合良好、触头无氧化
		母线	固定、颜色	O	O		目测		O	X		S	无变色、变形
		按钮	接线、固定	O	O		目测		O			S	接线良好
		指示灯	固定、指示	O	O		目测		O			S	指示正确
		隔离开关	接线、颜色	O	O		目测		O	X		S	触头无过热、变色
		热继电器	接线、可靠	O	O		目测		O	X		S	无氧化、接线紧固
出钢口操作台	操作台	按钮	接线、固定	O	O		目测		O			S	接线良好
		指示灯	固定、指示	O	O		目测		O			S	指示正确
		端子接线	良好	O	O		目测		O	X		S	紧固
液压站	液压站	电动机	温度无积尘	O	O		目测		O	X		S	不过热、接线牢固
		接线箱	接线无积尘	O	O		目测		O	X		S	接线牢固
		按钮	接线、固定	O	O		目测		O	X		S	接线可靠
		转换开关	灵活、可靠	O	O		目测		O	X		S	灵活、可靠
变压器回水泵	配电	电动机	温度、无积尘	O	O		目测		O	X		S	不过热、接线牢固
		接触器	接线、吸合情况	O	O		目测			X		S	吸合良好、触头无氧化
		电缆	是否老化	O	O		目测		O	X		S	不老化

续表 12-6

电炉		点检项目	点检内容	点检区分			点检方法	点检工具	点检时期		点检时期		点检基准
装置名	点检部位	点检部位		生产	定期	长期			生产	维修	生产	维修	
氧枪	配电	电动机	温度、无积尘	O	O		目测		O	X		S	不过热、接线牢固
		接触器	接线、吸合情况	O	O		目测			X		S	吸合良好、触头无氧化
喷粉罐	操作箱	按钮	接线、固定	O	O		目测		O			S	接线良好
		指示灯	固定、指示	O	O		目测		O			S	指示正确
		端子接线	良好	O	O		目测		O	X		S	紧固
		PLC	接线、外观	O	O		目测			X		S	接线牢固、控制可靠
		稳压电源	接线、外观	O	O		目测		O	X			接线牢固

说明：M—月，W—周，D—日，S—班；点检时期：O—点检中点检，X—停止中点检

12.5　电弧炉炼钢辅助装置

为了减轻炼钢炉前的劳动强度和改变生产环境，以及正确控制冶炼过程中的各个环节，电弧炉炼钢除其主要设备在更新换代而外，它的辅助设备也在不断地改进与增加。这里就常见的主要辅助设备作一简单介绍。

12.5.1　水冷装置

为了提高电弧炉的使用寿命和改善劳动条件，电弧炉的许多部位是用水冷却的。通常用水冷却的部位有电极夹持器、电极密封圈、炉壳上部、炉门框、炉门盖、炉盖圈等。有些电弧炉还采用了水冷炉壁和水冷炉盖。

水冷构件的出水口设在构件的最高处，而进水管设在最低处或在构件内延伸至最低处，使冷却水从构件最下部流入，最上部流出。这样布置的原因是冷却水在通过高温区后，水温高，甚至有少量蒸气产生，由于热水比冷水轻，水蒸气更轻，只有当出水管布置在构件的上部，才能使这些热水，蒸气顺利排出，保证热量迅速散去，使构件冷却均匀。如果出水管在下面或低于构件上部水平面时，有一部分热水和蒸气上升到构件上部形成“汽袋”，热水和蒸汽不能顺利排出，冷水不能顺利进入构件，构件上部易受热损坏，严重时会产生因水大量汽化造成构件内压力过大而爆裂。因此，进出水管的位置一定要合理（见图 12-44）。使用时进出水管不能接反。考虑到水冷构件有蒸汽产生，出水管断面应比进水管断面稍大些。所有水冷构件和进出水管都应安装在钢水面以上，以免漏钢时遭受损坏和引起事故。

每个冷却构件应有单独的进水阀门，以便调节水流量和更换水冷件。为防止阀门故障或操作失误而造成出水堵塞，一般不设出水阀门。冷却水系统还应设有便于观察的排水箱（或集水槽），以检查冷却水的循环情况及测量水的流量和温度。在水的循环过程中还要有水净化处理措施。现代电弧炉水冷系统还有监控装置，对水温、水压和水量分别进行监控。

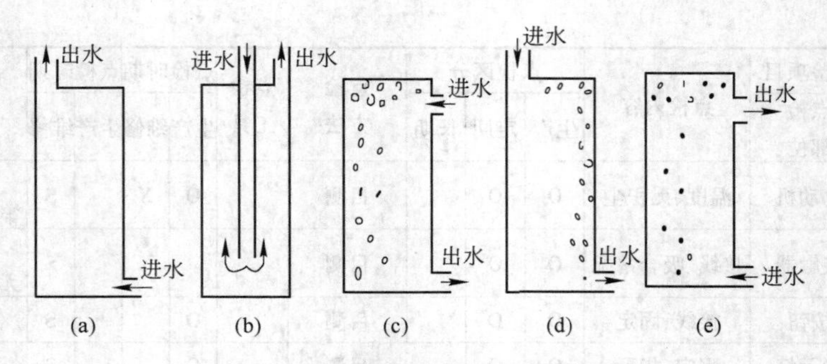

图 12-44 进出水管的合理布置

(a)，(b) 正确；(c)~(e) 不正确

12.5.2 排烟除尘装置

电弧炉在整个冶炼过程中均产生烟气，不同时期烟气量不同：氧化期吹氧时，烟气量最大；其次是熔化期；还原期最小。另外烟气量还与排烟方式有关，炉内排烟方式生产 1t 钢时为 500~1200m^3/h，温度为 1000~1400℃。炉外排烟方式因空气混入，生产 1t 钢时为 5600~9000m^3/h，排烟温度为 100~160℃。电弧炉烟气的主要成分是 CO、CO_2、N_2、O_2。

烟尘主要是在熔化期和氧化期产生的，其主要成分是 Fe_2O_3 和 FeO 以及锰、硅、铝、钙等氧化物，粒度大多为 1μm。烟尘量主要取决于废钢质量和吹氧强度，一般每吨钢为 10~15kg，烟尘浓度为 4.5~8.5g/m^3。大量的烟尘对车间环境和人体健康影响很大，所以必须设有排烟除尘装置。

电弧炉的排烟除尘装置，一般由烟尘排出系统、烟尘调节系统和烟尘净化系统三部分组成。

12.5.2.1 烟尘排出系统

目前国内外采用的电弧炉排烟方式很多，大致可归纳为炉内排烟、炉内外结合排烟、全封闭罩和电弧炉内排烟结合几种。

A 炉内排烟

炉内排烟是在电弧炉炉盖上的适当位置设置一个排烟孔（俗称第四孔），将水冷排烟弯管插入其中，直接从炉内引出烟气，见图 12-45。

炉顶水冷弯管与净化设施的水冷排烟管道相对衔接，并设有活动套管来调节控制其间距，水冷弯管能随电炉一起倾动。

炉内排烟方式具有排烟量小、排烟效果好、可以加快脱碳速度、缩短氧化期、降低电耗等优点，在还原期可调节套管间距，减少炉内排烟量，使炉内处于微正压状态，以保证还原气氛。国内外炼钢电弧炉采用炉内排烟已取得了明显的技术经济效果。

B 炉外排烟

炉外排烟是烟气在炉内正压作用下，由电极孔或炉门不严密处逸散于炉外后，再加以捕集的排烟方式。炉外排烟的烟气量要比炉内排烟大得多。

电弧炉炉外排烟方式很多，已使用的主要有屋顶烟罩（见图 12-46）、整体封闭罩、侧吸罩和炉盖罩（见图 12-47）等。实践证明较有成效的是电弧炉整体封闭罩。此方法是将电弧炉置于封闭罩内，罩内壁四周设有隔音、隔热、泄爆等措施，罩壁留有必要的开启孔洞和门窗，以使电弧炉冶炼工序，即加料、出钢、吹氧、加合金料、更换电极、测温取样及设备维修等均可正常进行，而不影响工艺操作。排烟口设在烟罩顶部适当位置，连接排烟管道至烟气净化设施。

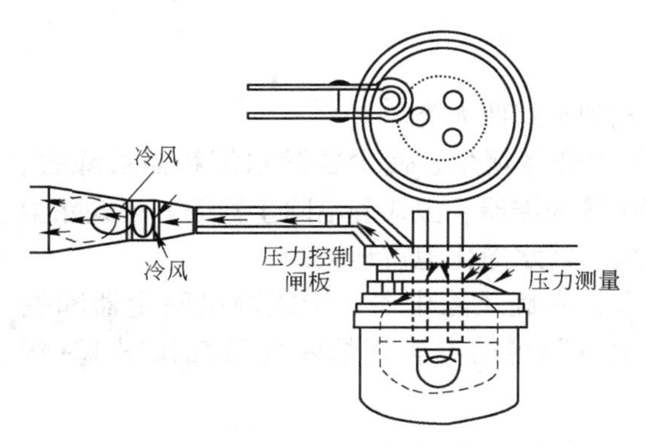

图 12-45 电弧炉直接排烟

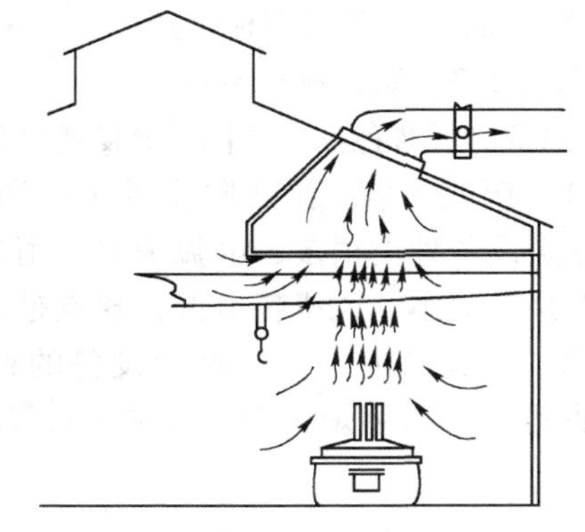

图 12-46 车间天篷大罩（屋顶排烟罩）

C 炉内外结合排烟

（1）屋顶排烟罩和电弧炉炉内排烟相结合（见图 12-48），这是当前国际上普遍采用的电弧炉排烟方式。此方法最有效地保证了厂区内外环境污染控制。其排烟设施由屋顶烟罩和炉内第四孔排烟两者相结合，以炉内排烟为主。屋顶烟罩处于电弧炉上方的屋架，专收集电弧炉出钢和装炉料时散发的烟气。

图 12-47 炉外排烟罩（炉盖罩）

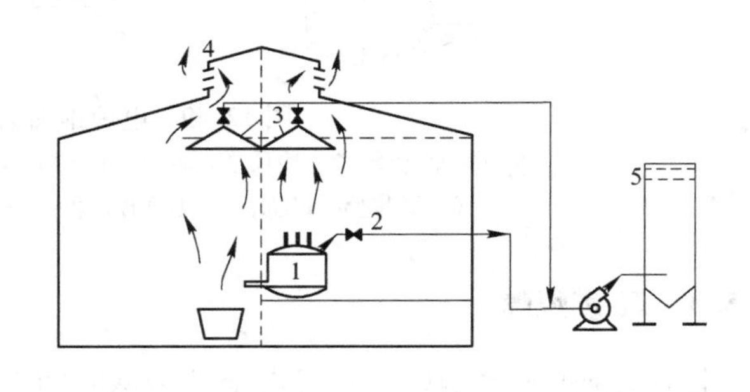

图 12-48 直接排烟和天篷大罩排烟相结合

1—炉子；2—直接除尘；3—天篷大罩；4—天窗；5—布袋过滤

（2）全封闭罩和电弧炉炉内排烟相结合，这也是国际上采用较多的电弧炉排烟方式。在正常操作时，排烟设施是以电弧炉炉内排烟为主，当电弧炉出钢、加料时则以全封闭烟罩为主。在电弧炉炉内排烟时，炉体各孔隙外漏的烟尘也由全封闭烟罩捕集。

12.5.2.2 烟尘调节系统

烟尘调节的目的首先是保证除尘操作的安全。因为电弧炉烟尘中含有浓度很高的一氧化碳和氢等可燃性气体，有发生爆炸的危险，所以必须调节烟尘，使烟气成分中可燃气体的浓度不处于爆炸的极限范围，及时地把烟气中的可燃气体燃烧掉。其次是保证除尘操作顺利进行。因为从电炉中直接抽出废气温度很高，需要经冷却后才能进行净化处理。此外，为了保证除尘操作的高效率，有时需要调节废气的湿度。

从炉内抽出的高温烟气经水冷夹层管道进入烟气燃烧室，使烟气所含的CO几乎燃尽，然后进入水冷夹层烟道，此时烟气温度降至650℃进入空气冷却器，使烟气温度再降至350℃左右进入单层钢板管道。

12.5.2.3 烟尘净化系统

根据除尘的特点，烟尘净化装置可分为湿式和干式两大类。

(1) 湿式除尘。湿式除尘的工作原理是用水洗涤烟尘，使尘粒随水沉积而被除去。湿式除尘设备种类很多，电弧炉上常用的有文氏管洗涤器、湿式静电除尘器等。湿式除尘的优点是占地小，风机耗电低；缺点是用水量大，污水净化池占地大。

(2) 干式除尘。干式除尘设备的种类很多，有旋风除尘器、干式静电除尘器和袋式过滤器等。采用炉内外结合排烟，滤袋除尘器除尘的电炉排烟除尘系统如图12-49所示。

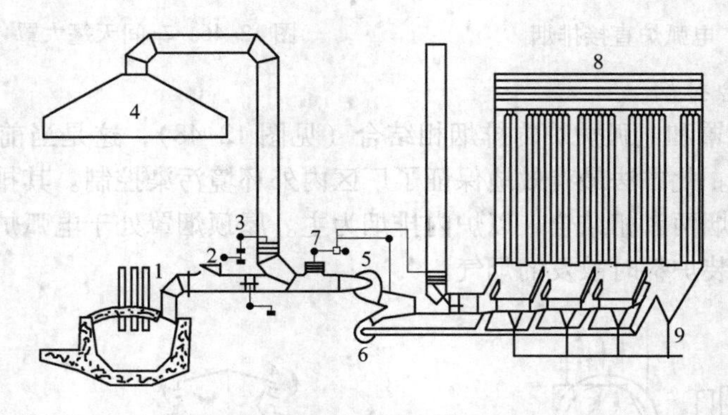

图12-49 电炉排烟除尘系统

1—炉顶排烟弯管；2—冷风进入翻板；3—换向翻板；4—顶篷大罩；5—主风机；6—滤袋反吹风机；7—温度控制器；8—滤袋室；9—积尘卸出

12.5.3 氧-燃烧嘴

电炉炼钢过程废钢熔化时间占全炉冶炼时间一半以上，熔化期电耗占总电耗的70%左右，因此强化熔化期的熔化过程对缩短总冶炼时间及降低吨钢电耗有着重要作用。采用氧-燃烧嘴助熔技术是增产节电最有效的措施之一。

在炉子上增设氧-燃烧嘴，增加了炉子的输入功率，因此提高了炉料的熔化速度。尤其是当烧嘴对准炉内冷区时，能更快、更有效、更均匀地熔化炉料。熔化速率的提高节省了电能和电极，并提高了产量。国内生产实践表明，采用氧-燃烧嘴助熔技术可降低吨钢电耗70~100kW·h，缩短冶炼时间20~30min。经济效益是显著的。

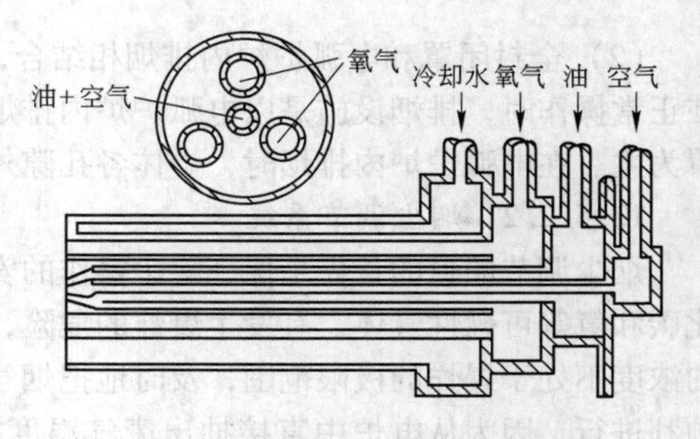

图12-50 氧-油烧嘴的结构简图

氧-燃烧嘴的结构取决于使用的燃烧料。对于油（轻油或重油）、天然气、煤粉或焦炭粉，其烧嘴结构完全不同。图 12-50 为一种氧-油烧嘴的结构。

根据我国能源结构的特点，国内研制开发了氧-煤（粉）烧嘴，如图 12-51 所示。该烧嘴为以空气为载气的输送煤粉的中心管和氧气分为旋流和直流的双氧道烧嘴。这种烧嘴既能保证在出口处形成回流区，以利于点火，又能在其外部形成约束火焰的直流氧气射流，以增加火焰出口动量，提高其穿透能力。

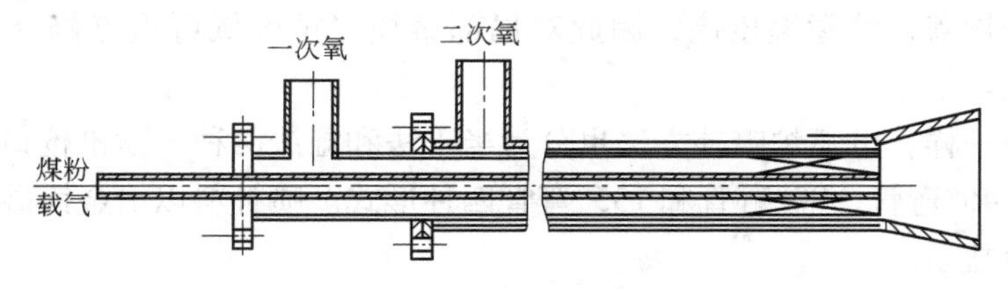

图 12-51　氧-煤（粉）烧嘴的结构简图

氧-燃烧嘴是安装在炉门、炉壁，还是安装在炉盖上，要视具体炉子而定。

在炉门上安装的氧-燃烧嘴系统适用于小炉子，因为小炉子上单个烧嘴火焰能有效地达到 3 个冷点区。炉门安装投资最少，且操作灵活。

炉盖安装氧-燃烧嘴适于炉壁不能安装烧嘴的炉子（因机械设备干扰或炉壁上没有合适的地方）。对于使用大量造泡沫渣操作的炉子，炉盖烧嘴能避免炉壁烧嘴出现的灌渣现象。

大多数电弧炉氧-燃烧嘴安装在炉壁上，烧嘴被安装在靠近冷点区处，可提供穿透冷点区的最佳角度，传热效率最高。三支烧嘴平面布置如图 12-52 所示，原则上正对着三相电极中间的冷点区，烧嘴与水平面成 20°~30°。

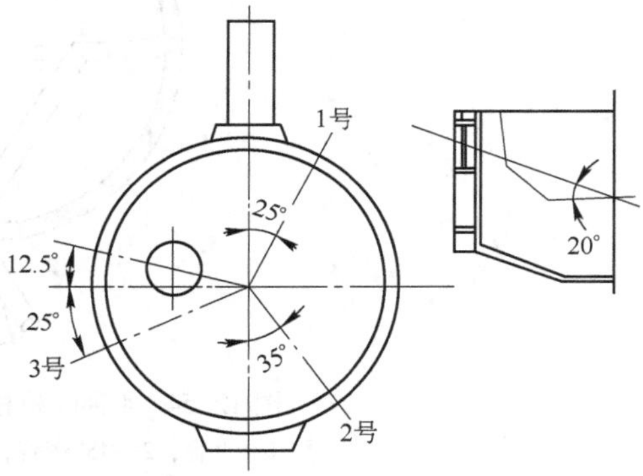

图 12-52　氧-煤（粉）烧嘴布置示意图

12.5.4　补炉机

电弧炉在冶炼过程中，炉衬由于受到高温作用以及钢水冲刷和炉渣侵蚀而损坏，因此每次熔炼后应及时修补炉衬。人工补炉的劳动条件差、劳动强度高、补炉时间长、补炉质量受到一定限制，因此现在广泛采用补炉机进行补炉。

补炉机的种类很多，主要有回转式补炉机和风压式喷补机两种。

回转式补炉机如图 12-53 所示，由立柱、横臂、贮料斗、中间漏斗、回转布料嘴等几部

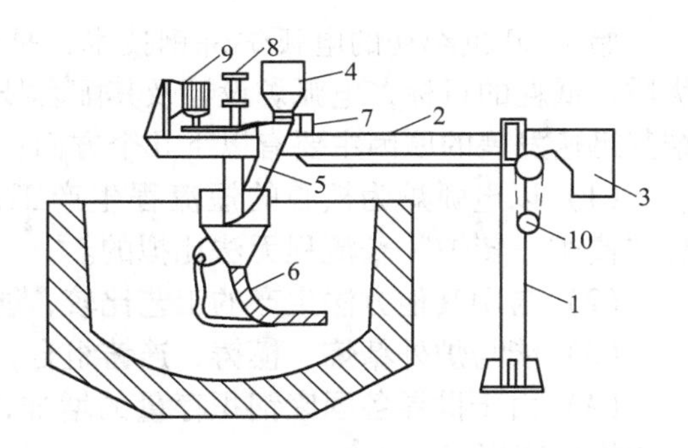

图 12-53　回转式补炉机示意图

1—立柱；2—横臂；3—平衡锤；4—贮料斗；5—中间漏斗；6—布料嘴；7—贮料斗启闭气缸；8—布料嘴斗降气缸；9—回转电动机；10—横臂旋转电动机

分组成。补炉时，炉体开出或炉盖转开，补炉机横臂旋转至炉子上方，使布料嘴回转的中心对准炉子的中心。由于布料嘴回转，补炉材料在离心力作用下，被均匀地抛向炉臂，从而达到补炉的目的。回转式补炉机经改进后还能给定方向局部修补。其缺点是无法喷补炉底，并且炉膛散热快，对补炉不利。

风压式喷补机是利用压缩空气的力量将补炉材料喷射到炉衬上。从炉门插入喷枪喷补，由于不打开炉盖，炉膛温度高，因此对局部熔损严重区域可重点修补，并对维护炉坡、炉底也有效。

和转炉喷补一样，电弧炉喷补方法也分为半干法和湿法两种。喷枪枪口如图12-54所示，包括直管、45°弯管、90°弯管和135°弯管四种形式。喷补料以冶金镁砂为主，黏结剂为硅酸盐和磷酸盐系。

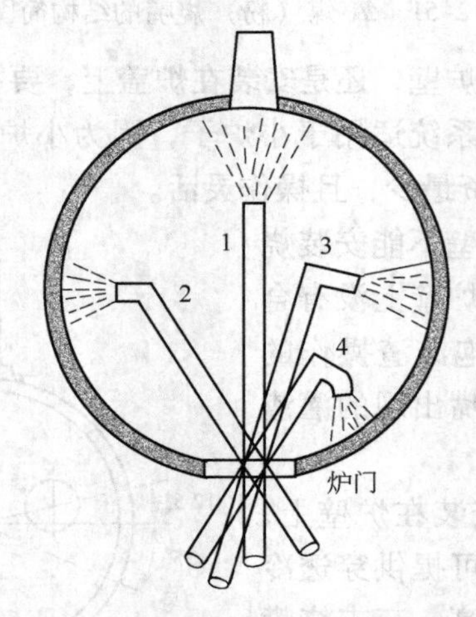

图12-54 4种喷枪枪口喷补炉衬部位示意图

1—直管；2—45°弯管；3—90°弯管；4—135°弯管

12.6 其他电弧炉设备

始于20世纪初的电弧炉炼钢技术，是当今国际钢铁生产发展的热点。为实现高产、优质、低耗的目标，电弧炉设计及其配套技术日趋完善，新型电弧炉不断开发和推广。总结其迅速发展的原因主要有以下几个方面：

(1) 以电弧炉为核心的短流程生产工艺，投资省、占地少、建设期短、生产率高，是“高炉—转炉”长流程无法比拟的。

(2) 与用其他方法生产的工艺比较，能耗低，减少50%左右。

(3) 能与炉外精炼、模铸、连铸组合，生产出适合市场需求的各类优质钢材。

(4) 由于世界各国废钢积存量的增加，加之金属化球团生产的发展，进一步促进电弧炉推广应用。

(5) 随着生产技术的发展，电弧炉生产已过渡到全钢种范围，且其以短流程的高效率、灵活性、低成本、高质量，在市场竞争中显示出巨大的活力。

(6) 世界上电弧炉工艺、技术，近阶段取得了突破性进步，为电弧炉生产的发展，提供了坚实基础。

综观现代电弧炉技术的发展，它具有如下三个特点：

（1）能显著地提高冶炼生产率，缩短冶炼时间。

（2）提高热、电效率，大幅度降低能量消耗。

（3）提高各类化学能的输入比例，增强电弧炉的利用系数。

目前国内外现代电弧炉技术正在朝“五大化”方面发展，那就是：生产高效化、供电直流化、熔炼简单化、操作智能化、钢水纯净化。

12.6.1 超高功率电弧炉

12.6.1.1 超高功率（UHP）电弧炉的特点

超高功率电弧炉具有如下特点：

（1）具有最佳的电炉容量。我们知道电弧炉的生产能力决定于炉容量与单位输入功率（见图12-55）。在单位功率水平相同时，生产能力随容量增大而提高。容量过小，不仅生产效率低，技术经济指标差，而且配备钢水炉外精炼设施也较困难。电弧炉变压器容量的配备一般用单位功率水平来衡量。而超高功率电弧炉的最大特点就是单位功率水平高（见表12-7）。在炉料熔化期，熔化每吨炉料所需的最大功率称为单位功率水平。超高功率操作，就是用增加单位功率水平的方法来缩短熔化和升温时间，从而提高生产率。

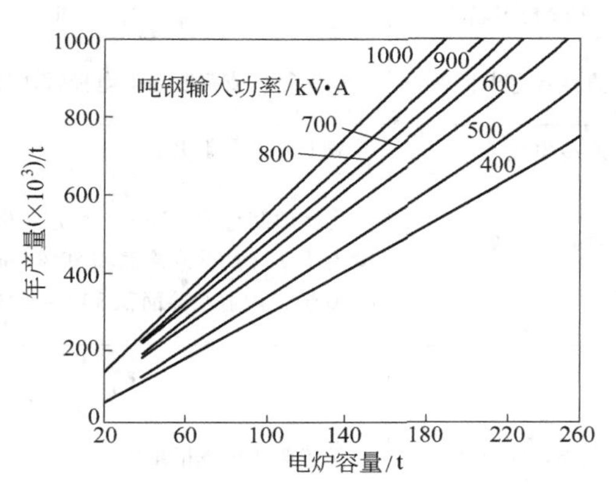

图12-55 电炉的年产量与单位输入功率和炉容量之间的关系

表12-7 电弧炉吨钢变压器容量及小时生产率的发展情况

指标	1960年以前（第一代电炉）	20世纪60年代（第二代电炉）	20世纪70年代（第三代电炉）	20世纪80年代至今（第四代电炉）
变压器配置水平（吨钢）/kV·t^{-1}	200	400~500	650~800	800~1000
出钢至下炉出钢时间/min	240~360	120~150	80~95	55~60
生产率（100t电炉）/t·h^{-1}	15~25	30~40	60~80	~100

（2）改进和完善电弧炉的生产工艺以及配套装置，如长弧泡沫渣冶炼、二次精炼、氧-燃烧嘴、全液压传动、管式水冷炉壁和水冷炉盖以及偏心炉底出钢等。

电弧炉单位功率水平的提高，将导致炉内热负荷急剧增加，炉内温度不平衡分布将加剧，大幅度降低炉衬的使用寿命。为提高电弧炉耐火材料使用寿命，科学工作者与冶金学家除了开发出泡沫渣冶炼工艺及水冷炉壁设备之外，同时还开发出各类新型优质的耐火材料。

就目前国内情况而言，耐火材料可简单地分为如下几个大类：

1）炉顶用耐火材料：使用高铝砖砌筑或高铝散状料预制。

2）炉墙用耐火材料（包括部分炉坡）：使用不同特性值、不同黏结剂压制而成的镁碳砖（固定碳在14%左右）。

3）炉底捣打用耐火材料：绝大多数钢厂使用高钙、高铁、高镁烧成镁砂（MgO-CaO-Fe_2O_3系列）自密实料进行捣打。也有ABB形式的炉底，用导电砖进行砌筑。

12.6.1.2 超高功率电弧炉的相关装置和设备

由于超高功率电弧炉技术在近期得到飞快发展，其不仅使得电弧炉的单位功率水平愈来愈高，而且随着功率水平的提高，各项配套技术也在相继开发，并日益得到完善与发展。

从表12-8可以看出超高功率电弧炉的相关装置和设备情况。

表12-8 超高功率电弧炉配套技术概况

配套技术名称	功 能	效 果
直接导电电极臂	铜钢复合或铝制导电电极臂代替大电流水冷铜管	降低电抗，提高输入功率，简化设备与水冷系统，减轻重量，便于维护
水冷电极	减少电极氧化损失	电极耗量降低20%~40%
管式水冷炉壁、水冷炉盖	代替炉壁与炉盖砌砖，测定炉壁热流量控制最佳输入功率（炉壁水冷面积80%~90%，寿命4000~8000炉，炉盖水冷面积80%~85%，寿命4000炉）	电炉由短弧操作可改为长弧操作，功率因数由0.707提高至0.75~0.83，电炉生产率提高10%，耐材耗量降50%，吨钢成本降低
偏心炉底出钢	代替普通出钢槽出钢	无渣出钢，留钢操作，倾炉角度减小20°~30°，短网长度缩短2m，提高输入功率，缩短冶炼时间5~9min，减少二次氧化与温降，降低出钢温度30℃，节电20~25kV·A/t
氧-燃烧嘴	消除炉内冷点，补充热能，亦可往炉内供氧	熔化均匀，缩短冶炼时间20~30min，节电50~60kV·A/t
炉门喷碳粉设施	吹氧同时往炉渣喷碳粉，形成泡沫渣，实现埋弧熔炼	电炉高功率因数长弧操作，提高输入功率与热效率，缩短冶炼时间，延长炉役寿命
吹氧机械	吹氧助熔，提供碳、磷氧化所需氧源，制造泡沫渣	加速熔化，完成氧化期任务，节电80~100kV·A/t，改善劳动强度
补炉机械	往炉内投加补炉料	改善劳动条件，提高补炉质量，缩短补炉时间
机械化加料系统	往炉内与钢包加料实现自动化操作	缩短冶炼时间，改善劳动条件
第4孔加密闭罩除尘系统	净化一、二次烟尘，并降低电炉的噪声危害	改善环境条件，排放气体含尘量小于$1500mg/m^3$，电炉作业区噪声降至90dB以下
废钢预热	利用第4孔出热烟气预热废钢回收热量	废钢预热温度达200~300℃，缩短冶炼时间3~5min，节电20~40 kV·A/t
冶炼过程计算机自动控制	配料最佳化，电炉热平衡计算，最佳输入功率控制，车间电负荷调节，合金计算，吹氧计算，控制各设备动作，与上位管理计算机联网进行生产管理	实现冶炼生产的最佳技术经济指标
无功功率静止式动态补偿	消除或减弱电炉冶炼中电负荷波动电压闪变与谐波对电网的危害	将电炉对电网造成的污染控制在可以接受的范围内

12.6.1.3 设备的维护

一般超高功率电弧炉设备维护由下列几大部分组成：

(1) 机械维护：电极升降、电极夹持器、炉盖旋转、炉体倾动、偏心炉底出钢（或出钢槽出钢）、快速倾动返回、炉门开闭、EBT 操作平台、碳氧喷枪及烧嘴。

(2) 电气维护：高压操作机构（接地、隔离、高压等开关）、变压器、整流器、电抗器、补偿装置、负载点。

(3) 液压维护：增压系统（泵、油箱、蓄能器等）、控制面板及液压缸。

(4) 仪表维护：温度检测仪表及热电偶；流量、压力仪表；各种计量参数的采集、处理；计算机处理及通讯系统。

12.6.2 直流电弧炉

12.6.2.1 直流电弧炉的特点

A 直流电弧炉的结构特点

直流电弧炉成套设备如图 12-56 所示。

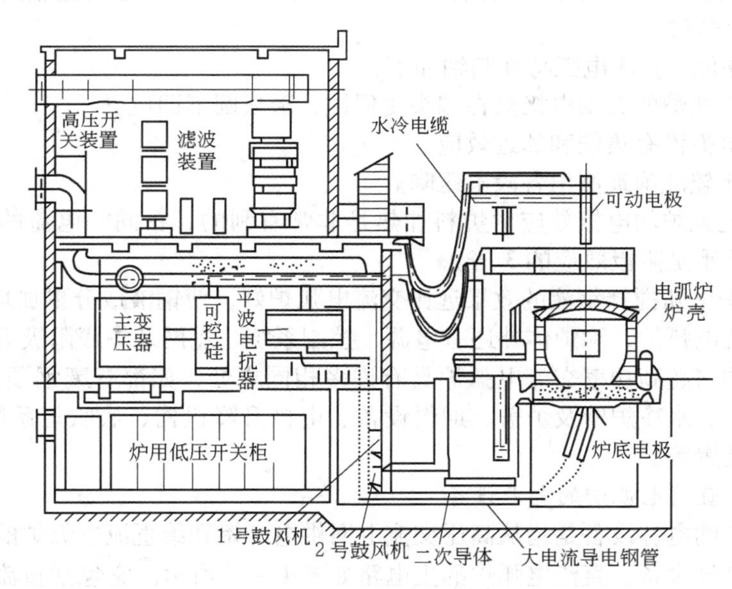

图 12-56 直流电弧炉成套设备简图

(1) 交流电弧炉系三根石墨电极，而直流电弧炉炉顶中心只有一根石墨电极（负极）和一个相对应的炉底电极（正极），因而电极横臂、把持器、立柱和电极升降控制装置均为一套，但增加炉底电极、冷却与测温系统。

(2) 因作用在立柱，线路支架等磁场力非常小，可使横臂冷却水消耗和炉体损耗降低。

(3) 由于炉壳内径比交流电弧炉小，采用偏心底出钢结构，可以使炉体倾动角减小，出钢时间缩短，钢水氧化机会减少，钢液质量和生产率得到提高。

(4) 底电极形式是直流电弧炉的关键部件和技术发展最关注的焦点。其包括挠性二次导体的设置、底电极冷却系统、维护和检修台架、底电极和炉壳间的绝缘等。

B 直流电弧炉的电弧特性

交流电弧炉的电弧存在以下几个问题:

(1) 交流电弧自然地每秒过零点100次，在零点附近熄灭，然后再在另一半波重新燃烧，因而交流电弧稳定性差。

(2) 交流电弧的阳极和阴极不断地在石墨电极和炉料之间交替，由于阴极热电子上射的电离因素不同，因此电弧的电流波形的正负半波发生严重畸变。

(3) 交流电弧炉有三根电极，三相交流电弧弧焰由于受电磁力的影响，总是不断地改变方向，朝离心方向飘移，电弧在石墨电极的外侧燃烧，因而石墨电极烧损不均匀，端头外侧受侵蚀，并出现开裂剥落，同时又造成炉壁热点，使炉衬烧损不均匀。

直流炉的电弧具有如下显著的优点:

(1) 直流电弧不通过零点，没有周期性的点燃和熄灭现象，所以电弧稳定。

(2) 直流电弧炉的石墨电极作为阴极，底电极作为阳极，极性固定不变，电弧产生的热大部分集中在阳极(即炉料上)。

(3) 直流电弧炉一般为单根电极，只有一根电弧在炉子中心垂直燃烧，没有三相之间的干扰和功率转移。

综合上述评价，直流电弧特性归纳如下:

(1) 直流电弧炉的石墨电极只在端头受侵蚀，形成圆形凹坑。

(2) 直流电弧没有集肤和邻近效应。

(3) 可以比较准确地测出各段电压降。

(4) 直流电弧炉的电极效应对炉料加热是非常有利的，在同一电流的情况下，阳极效应产生的热几乎是阴极效应的3倍。

(5) 直流炉电弧搅拌钢液的效果远比交流电弧炉好，使钢液成分更加均匀。

典型的直流电弧炉，除炉体外还有电源、控制系统、短网及炉底阳极等设备。

直流电弧炉与超高功率交流电弧炉具有许多相同之处，如都有废钢预热设备、氧-燃烧嘴、水冷氧枪、水冷炉壁及炉盖、加料设备、电极升降机构、底吹氩系统、除尘设备、偏心炉底出钢装置等。

12.6.2.2 直流电弧炉的电源设备

直流电弧炉的电源设备是指从高压交流电网供电开始到给直流电弧炉的电极供以直流电为止的整个电气设备。直流电弧炉的主电路如图12-57所示。它包括整流变压器、整流器、直流电抗器、高次谐波滤波器等电气设备。其中电源系统是直流电弧炉中最重要的电气设备，而整流装置又是电源系统的关键设备。

A 整流变压器

a 直流电弧炉的整流变压器与交流电弧炉的炉用变压器不同

当可控硅(晶闸管)整流供电时，将吸收大量变动的无功功率，并使电网中含有大量的高次谐波，对电网供电质量不利。故大容量的整流变压器原边可接成三角形或星形，副边有两个绕组，一组接成三角形，一组接成星形，两个线圈的相位角相差30°。这样可避免供电电压波形畸变和负载不平衡时中点的浮动，尤其是对消除三次谐波有很大的作用，此外还可限制无功功率消耗，使平均功率因数高于0.7。以12倍数为脉冲数的整流用变压器，仅需一组高频滤波器便可吸收电网中存在的高次谐波。

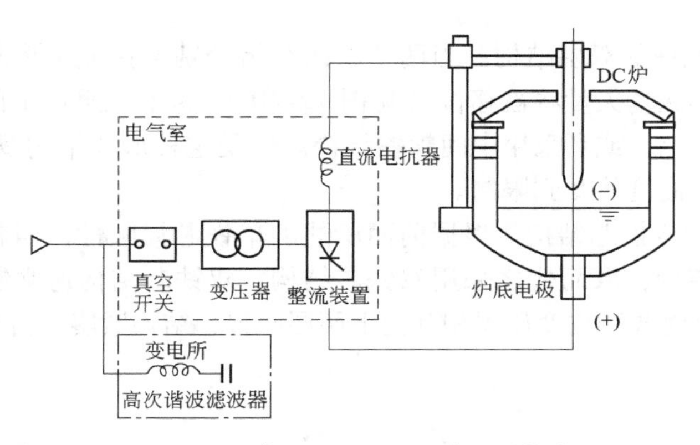

图 12-57 直流电弧炉电源装置的构成

b 对直流炉用的整流变压器要求

(1) 大的二次电流。

(2) 能承受谐波电流成分所产生的附加涡流损耗和局部过热。

(3) 变压器的二次绕组一般采取多相式或复合式布置。

(4) 较宽的二次电压调节范围。

(5) 连续的满负荷电流。

c 整流变压器的结构形式

在直流电弧炉用的变压器设计中，通常采用芯式和壳式两种基本结构（见图 12-58）。

这两种结构形式的主要区别是变压器绕组相对于铁芯的布置位置不同。目前世界上直流电弧炉用的整流变压器，一般都采用芯式结构。芯式结构的变压器又可分成如下三种结构形式。

(1) 双层结构。一般整流变压器为 12 脉冲，通常被设计成具有一个公用铁芯和两个二次绕组的结构形式，其中一个绕组在上面，另一个绕组在下面，这种结构被称为双层结构（见图 12-59）。其中一个二次绕组被接成星形，另一个则接成三角形时，两个低压绕组的匝数比应该尽可能靠近 $1:\sqrt{3}$。

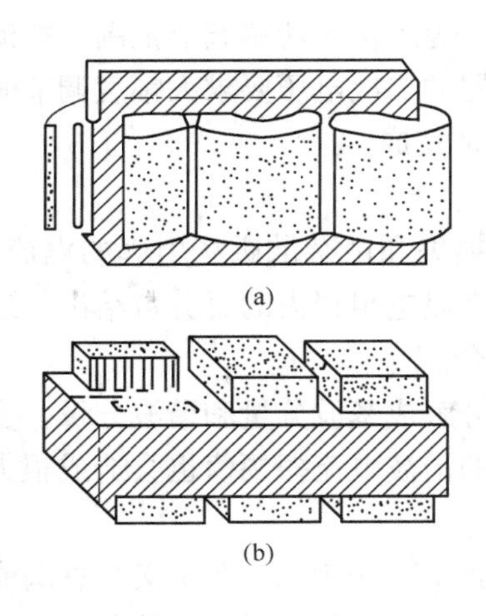

图 12-58 芯式和壳式铁芯结构
（a）芯式铁芯；（b）壳式铁芯

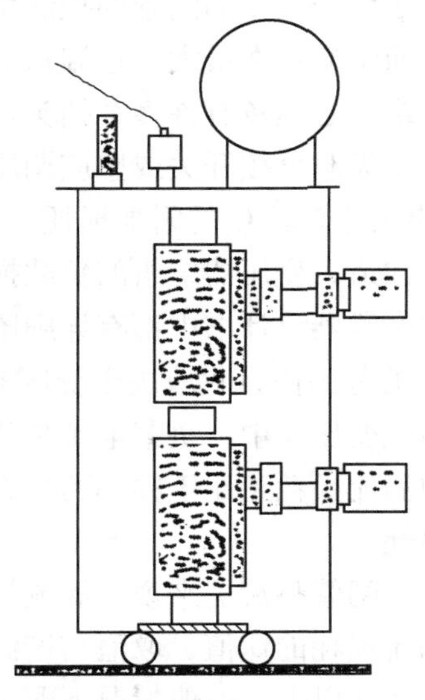

图 12-59 双层变压器结构

（2）带有中间轭铁的双层结构。当两个一次绕组分别连接成星形和三角形时，在同一铁芯柱中感应出的磁场矢量将被移位（见图12-60）。为了克服这个问题，两个绕组应布置在各自的铁芯柱上，或者采用中间轭铁结构。但是这种形式结构复杂，制造成本高，对于超大容量来说，高度将受到限制。

（3）两个独立的双铁芯结构。根据前面所述的单铁芯局限性，当超过一定的功率范围时将不宜采用此结构，取而代之采用双铁芯结构。双铁芯结构通常制成背靠背的形式（见图12-61），两个壳式结构变压器相互上下两层布置，结构紧凑，占地面积小。

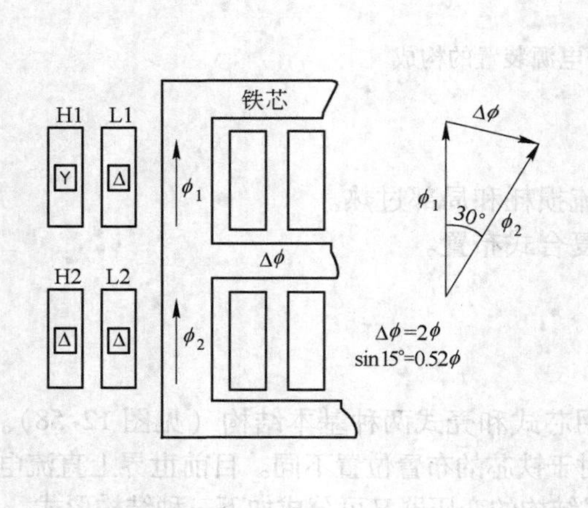

图12-60 带中间轭铁的双层铁芯

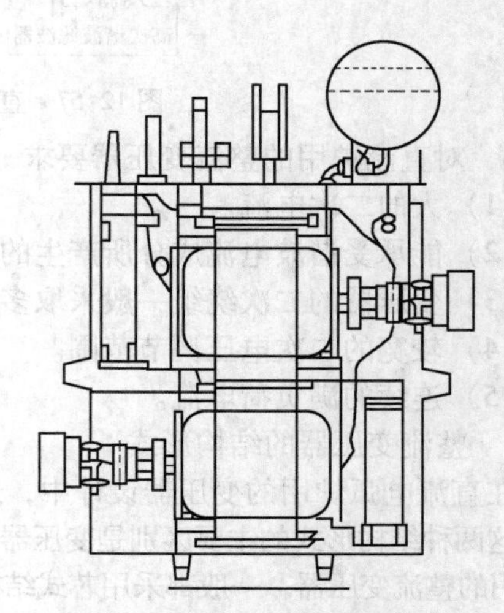

图12-61 双铁芯壳式结构

d 直流电弧炉变压器的电压调节

自晶闸管元件应用到整流器中，整流变压器的电压调节就变成非常简单。在晶闸管整流器中，借助于改变晶闸管的控制角，就可实现电压的连续调节。可是，为了不使谐波成分太大，通常避免在最大的控制角下运行。有鉴于此，为了扩大功率调节范围，整流变化器的一次绕组必须备有许多个抽头。因此，当该变压器的二次电压要求大幅度调节时，还必须借助于无载分接开关或感应调压器（直接调压）来完成。

e 谐波电流产生的附加损耗

我们知道，变压器绕组的负载损失可细分为电阻损失和由杂散磁场引起的涡流损失，这在每本变压器设计书中都有详细阐述。涡流损失通常以电阻损失的百分数给出，通常在小于20%的范围内，它取决于变压器的形式和使用场合。

在整流变压器中，负载电流是非正弦形，可将它分解成基波分量和谐波分量。变压器的绕组中涡流损耗正比于频率的平方，因此即使很小的谐波电流振幅值也会造成很大的附加涡流损耗。

对于晶闸管整流器来说，涡流损耗可用“放大因素 F”来表示。F 定义为总涡流损耗与工频涡流损耗的比值，取值与谐波频率以及电流是否连续有关，对于可控制流电路，其最大值可达9以上，一般情况下取 $F=4\sim7$。

当整流器运行时其涡流损耗也可用放大因素乘人工频涡流损耗。为避免“发热”问题的产生，可以减少单报导线的尺寸，如采用连续式变位电缆（CTC）制成绕组。

f 过电压保护和监控

由于高压开关频繁动作，特别是真空开关切换速度快，引起严重的操作过电压问题，电弧炉变压器频繁地承受电路切换时的浪涌冲击，将引起变压器绕组产生的一系列外部和内部过电压，因此大多数变压器都装有 *RC* 吸收电路和吸收浪涌冲击的放电器组（见图 12-62）。

过电压保护装置的设计要根据供电系统参数和变压器参数来进行，即选取参数数值是非常重要的。

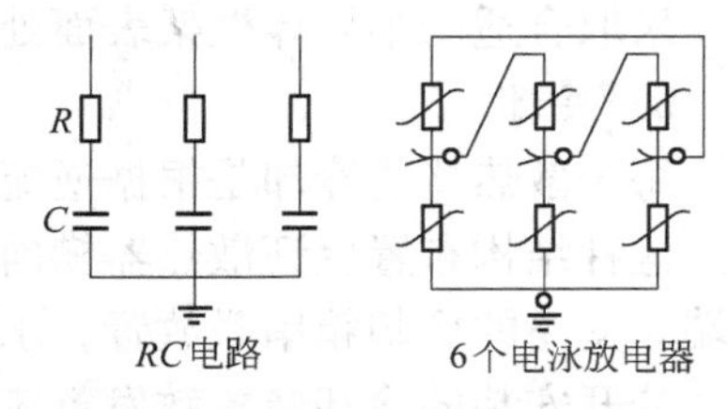

图 12-62 电弧炉变压器的过电压保护

g 目前国内外大钢厂一般变压器简介

目前国内外一般大型直流电弧炉的变压器均是根据最现代化的规范设计和制造的，以确保长的使用寿命和高效率。

整流变压器系统由两台单独的变压器组成。

二次套管安装在两侧壁内，由抗磁钢制成。侧壁安装套筒使变压器的二次绕组和整流器之间连接线变得非常短，从而减少了无功功率和有功功率损耗。

二次绕组分别为三角形和星形接法，导致一次绕组侧产生 12 脉冲的总反应电流。电流控制是通过粗调用的卸载抽头和微调用的可控硅进行的。二次绕组利用交叉的单根导线组成，从而使这些导线中的电流分配均匀，杂散损失低。

高压套管安装在变压器箱的顶部，配置有支撑托架，以安装站级浪涌放电器。高电流的二次接线柱安装在侧面，以便与整流器紧密连接。

B 直流电弧炉的整流设备

直流电弧炉供电方式有两种基本方式：二极管整流和可控硅（晶闸管）整流。

前者利用变压器的抽头来调压，为限制短路电流在变压器的高压侧接有限流电抗器。但因其在技术上存在许多缺点，而且在经济上与采用晶闸管整流比较，节省的投资很少（约 0.6%），因此很少采用。

后者其低压侧串有直流电抗器来抑制动态短路电流，虽然价格较高，但因在技术先进性和平滑可连续可调性方面有突出的优点，因此直流电弧炉一般都采用晶闸管整流。

采用晶闸管整流，可利用其动态负载特性来稳定电弧的工作点。它可直接控制电弧电流。这种电弧电流和电弧电压能独立控制的优点可将工作短路电流限制在设备额定值或预选的电流值内。因为对电流控制时，晶闸管响应时间极短，在 3ms 内。因此仅在低压侧直流回路内串入直流电抗器即可。晶闸管整流供电几乎不需变压器抽头切换来调压，仅安装线圈切换或无励磁电动调压装置即可。变压器的二次电压最高值至少比交流电弧炉提高 20%。

大型直流电弧炉供电系统要求整流器具有非常高的额定功率值。其中能用 6 脉冲桥式接线作为整流器的基本电路（也可两台 6 脉冲桥式基本电路并联运行，得到 12 脉冲）。

现代整流器大都采用挤压空心铝材作导体，铝导体同时也用于冷却，能很好适应电弧炉操作的苛刻条件。在循环回路中使用去离子水冷却晶闸管和熔断器。可以使用水-水或水-空气换热器散发热量。借助于加泵式换热器得到一个备用冷却系统，可以进一步提高设备的利用率。

a 一般整流器的结构

由三相基本单元构成6脉冲接线，根据整流器的设备布局，12脉冲接线由两个双层或四个基本单元组成。每个基本单元的支路含有两个互相绝热的并联散热器，安在前面的是半导体元件，背面装着相应的专用熔断器。将圆盘形半导体元件安在散热器的两侧，圆盘形半导体元件位于同一水平，并有一个共用的固定装置。由于在两侧的圆盘元件需要冷却，在散流器相反侧上发出的热由冷却箱散发。

采取合适的半导体框架表面处理来保证并联元件之间良好的电流分布。

b 冷却

每个散热器的冷却是根据逆流原理，即冷却液先从底部到顶部，然后再向下流过散热器。这种结构布置保证散热器横向平均温度恒定，并可以将所有冷却水管道放到散热器的底端。支路的冷却箱串联放置，水的入口和出口也在底部。

分开安装的冷却装置散发整流器的热损失，使用无泄漏损失的自润滑无密封垫的泵在循环管路系统内循环冷却水。在冷却管路支管上安装一个软化器来保持最合适的冷却水低电导率，可以保证不发生电腐蚀，而且绝缘能力足够高。

采用合适的换热器，可用淡水或空气作二次冷却整流器的冷却液。换热器都装有所需的监控装置，如流量、液面、电导率的监测器。

c 整流器的保护装置

保护装置共由三大部分组成。

(1) 保护内部短路：半导体元件的阻塞能力下降会产生整流变压器中相到相的完全短路。与半导体元件串联的HRC熔断器能够在晶闸管元件达到机械短路强度之前截断这个破坏电流。

(2) 保护过电压：由于半导体元件的空穴蓄电效应，会周期出现过电压，由配给每个晶闸管元件的电容性电网来抑制这种过电压。另外因开关操作、接地损坏或雷击，在供电系统中会出现过电压，并经过变压器进入整流器，这些过电压均可由合适的RC电网吸收。

(3) 接线保护：在冷却装置中，监控冷却液的温度和流量。此外在每个装配晶闸管的散热器和每条冷却管路的每个冷却箱上都装有热动开关，当达到温度极限时断开装置。

d 目前国内钢厂使用情况简介

一般转换成直流是通过2台整流器进行的，这2台整流器并联，以便进行12脉冲操作。它们的设计适合于使用圆片形可控硅。整流器完全用铝制成所有的进线接线柱和出线接线柱均为焊接。螺钉式接头专用于保险丝。

整流器的几何形状和半导体元件的位置与合适的表面处理确保了并联元件之间的极佳电流分配。基本装置的每个分支包括两块平行的散热片，它们相互之间是绝缘的。安装在正面散热片的是半导体元件，后背散热片上装有合适的专用保险丝，圆片形半导体元件，安装散热片的一侧产生的热通过水箱散发，各个元件和散热片之间均匀接触压力是通过支持装置的特殊设件来确保的。

每个散热片的冷却是根据对流原理进行的。每一分支的冷却箱是串联的。冷却水在闭路系统中，通过无泄漏的自润滑无密封盖泵循环。冷却装置的位置可以任意选择。它们配置所有必需的监控装置，例如流量和液位及温度监控器。两台整流器共用的一个控制柜。

同时整个整流器装置将配备有设备生水用的泵、扩展容器、过滤器阀、仪表和热交换器。

C 电抗器

直流电抗器（DCL）主要用于两个目的：

（1）在电弧炉发生短路时，将短路电流限制到整流器可接受的数值，从而保护晶闸管整流器，避免过载。

（2）减轻电弧负荷的波动以降低对供电系统的影响，可使直流电流平滑。

一般直流电抗器多采用干式空心型，并大多采取纯水直接冷却绕组。

目前国内外大钢厂均在每个并联的整流装置安装有独立的电抗器。电抗器是用中空导体构成、并采用水冷。在两端设置有接线端子或焊接垫，冷却回路与相互连接的母线管或电缆相连接。

D 高次谐波滤波器

因为直流电弧炉使用大容量整流装置，所以必须消除整流器产生的高次谐波。一般在供电线路上装有可改善功率因素的高次谐波滤波器。

由于电弧炉的负荷特性是功率因数低，负荷波动剧烈，产生大量的谐波电流和三相不平衡而引起的负序电流，必然会对电网产生电压波动和电压畸变。如果它们在公共连续点处超过规定的允许值时就必须采取相应措施加以抑制，静止式的动态无功装置是目前最普遍采用的一种有效方式。它不仅可以改善电网质量，带来社会效益，还可提高功率因数，降低炼钢电耗和增加钢的产量。

经过滤波后，一般能达到“短路容量的无功冲击所引起的电压波动值在国际规定的1.6%以内”或“高压线母线在电弧炉炼钢时综合电压总畸变率小于2%”。

由于晶闸管整流装置和其他种种外界因数的影响，实际上谐波的发生是比较复杂的。假如注入结点的谐波分量值超过一定的规定值，则在高压侧需设滤波装置加以限止。至于电弧炉所产生的谐波电流分量也同时利用此装置加以限止。

一般来讲，滤波器并联在变压器的一次侧，高频滤波器可保证电流、电压波形畸变系数小于1%。一个谐波滤波电路调成为一个针对三阶次谐波的滤波器。每组包括一个电容器组、电抗线圈，通过电容、电抗参数的合适配置，每一组可抑制设定阶次高次谐波电流的产生。

12.6.2.3 直流电弧炉的电极调节装置

当电弧炉变压器的电压级和整流电源装置确定后，输入到炉内的功率就取决于电极调节器的工作状态。电极调节器的作用是迅速地检测出电弧参数，经过信号放大环节和电气系统，控制执行环节带动电极上下移动，保证电弧在最有利的电气工作制度下稳定燃烧。因此要求电极调节器灵敏度高，稳定性好，电极响应时间短，电极升降速度快，使电弧始终维持在最佳的工作状态。

直流电弧炉的电极调节装置有两种形式：可控硅（晶闸管）的交流电动机式电极调节器和液压式电极调节器。

对于20t以上的直流电弧炉宜采用液压式电极调节器。其信号测量环节基本与可控硅交流电动机式电极调节器相同，其余部分与交流电弧炉使用的液压式电极调节器类同。

由于单电极直流电弧炉只有一根电极，故只需一相调节器，其电气线路及执行机构均比三相交流炉的调节器要简化得多。由于直流电弧炉在电流控制时，其电极调节器的应答速度比交流炉快50倍，因此电流非常稳定，基本不会发生交流电弧炉常见的过电流跳闸现象。但因电弧电压的控制实行与交流电弧炉同样的电极升降，相对应答速度较慢。因此在控制上优先利用电流控制，而电压控制作为二次控制。详见电极调节图12-63。

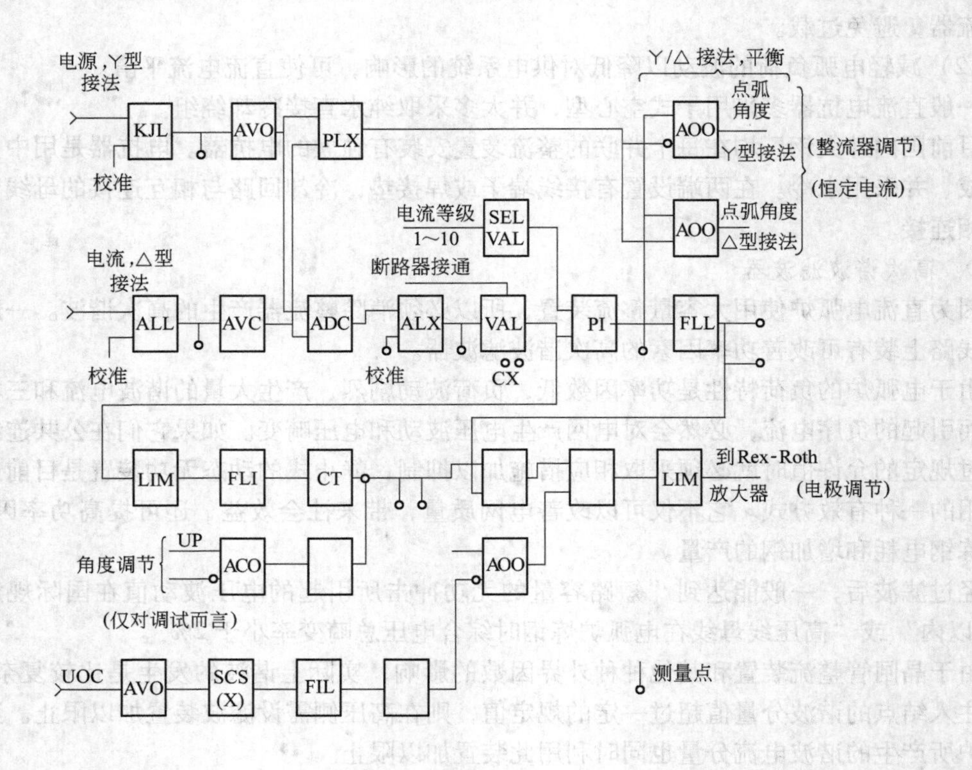

图12-63 电极调节方块图

12.6.2.4 直流电弧炉的短网结构

从电弧炉变压器二次侧出线端开始到电极燃弧端这段大电流线路称为短网。它包括补偿器、铜母线、挠性电缆、横臂上导电铜管、电极以及各段之间的固定连接座、活动连接座和电极夹持器等几部分。

单电极直流电弧炉只有一相短网。由于短网不存在集肤效应和临近效应，在铜排、铜管、水冷电缆、电极上电损失较小，故周围不需要采取非磁性材料。相对地其石墨电极的上下窜动也要比交流小得多。电极的电流密度也因没有集肤效应，要比交流电弧炉的高得多。为了减少短网电阻和电抗一般可采用下列措施：

(1) 尽量减短短网长度，特别是软电缆的长度要恰到好处。

(2) 按经济电流密度来选择铜导体截面。

(3) 改善接触连接，减小接触电阻。

(4) 采用大截面水冷电缆。

(5) 电气连接可靠，漏水几率大大减小。

(6) 要求拆装方便，水冷电缆的弯曲半径要小。

12.6.2.5 直流电弧炉的炉底电极及绝缘装置

对于直流电弧炉来说，炉底电极作为电弧电流的正极，炉底端子是必不可少的，其形态的大小、结构的差别不但对钢液搅拌效果影响较大，而且对整个电弧炉操作的稳定控制也有极大的影响。

A 炉底电极的类型

炉底电极是直流电弧炉的关键设备。目前尽管国内外采用多种形式的炉底电极，但总体上可分为四大类别：

（1）导电耐火材料炉底电极，由瑞典 ABB 公司提供。

（2）钢质多触针型炉底电极，由德国 GHH 公司提供。

（3）水冷钢棒型炉底电极，由法国 CLECIM 公司以及德国 DEMAG 公司提供。

（4）多触片型炉底电极，由奥地利 ALPINE 公司提供。

不同形式的底电极综合比较与评价见表 12-9。

表 12-9 不同形式炉底电极的综合比较与评价

评价项目	评价角度	炉底电极形式			
		水冷钢棒式	多触针式	多触片式	导电炉底式
安全性	漏钢的可能性	无	无	无	无
	（万一）漏钢后的安全	最危险	较危险	较危险	较危险
导电性	导电的保证	金属棒导电	金属触针导电	金融触片导电	耐火材料导电
绝缘问题	铅对策	铅可通过设在炉壳与炉底之间的沟槽流出，绝缘材料不与铅接触	采用隔板阻止铅对绝缘材料的破坏，同时在炉底增加排铅小孔	绝缘材料设在炉壳的中下部，铅无法与之接触	绝缘材料设在靠近炉壳，铅会向炉底中心聚积，不与绝缘材料接触
搅拌	熔池搅拌状况	较好	较好	较好	最好
电弧偏弧	偏弧对策	不同二次导体供给大小不同的电流（最有效）	改变二次导体布线方式（较有效）	不同二次导体供给大小不同电流（最有效）	改变二次导体布线方式（较有效）
炉子吨位/t	最大吨位	190	180	120	160
冷却方式及允许电流密度	冷却方式	水冷	空冷	空冷或自然冷却	空冷
	允许电流密度/$A \cdot cm^{-2}$	50	100	100	0.5~1.8
砌筑与修补	砌筑复杂程度	简单	复杂	复杂	简单
	是否修补	可以	研制中	研制中	可以
	更换电极难易	易	易	易	易

续表 12-9

评价项目	评价角度	炉底电极形式			
		水冷钢棒式	多触针式	多触片式	导电炉底式
启动方式	冷（重新）启动方式	金属棒接在底阳极上，使之突出耐火材料	碎废钢铺在底阳极上	新炉使金属触片突出耐火材料；碎废钢铺在底阳极之上	ABB 公司推荐；从其炉子倒入一部分钢水；烧嘴先熔化部分钢水
寿命	消耗速度 /mm·炉$^{-1}$	1.0	0.5	0.3~0.6	≈1.0
	寿命（最高记录）/炉	2760	1100	1200	4000
炉底电极费用	成本	适中	适中	适中	较高
	维修费用 /美元·t^{-1}	< 0.3	0.15~0.20	0.25	< 0.6

B 炉底电极应具备的功能

炉底电极应具备的功能和要求见表 12-10。

表 12-10 炉底电极的基本功能及要求

基本功能	功能要求
导电功能	电阻小；保证导电性；保证电绝缘性
钢液保持功能	不发生钢液渗漏（即使发生渗漏，也要保证绝对安全）；寿命长；维修方便，易更换；热损失少
其他有关功能	钢液搅拌力大；偏弧小

C 炉底电极消耗机理

对于直流电弧来说，炉底电极作为电弧电流的正极，石墨电极为负极。而炉底电极由固定在钢板上钢针（或钢棒）与其周围的耐火材料构成（导电炉底是用导电耐火材料砌筑而成的）。随着炉料熔化的进行，钢针（或钢棒）的顶端处于熔融状态，随着炉底耐火材料损耗，炉底下降，导电的钢针（或细棒）变短，其下降幅度与耐火材料消耗同步，同时与底电极冷却也有一定的关系。

D 直流电弧炉炉底电极的绝缘装置

直流电弧炉的炉底和整流器的正极相连，它是电弧炉的一个高效导电部位，因此应与接地的炉壳绝缘。合理的炉底绝缘和长的使用寿命是提高电弧炉性能指标的保证。特别是废钢炉料中含有一定量的铅，在炼钢过程中，会聚集到炉底，对绝缘造成破坏。

（1）导电式炉底电极（ABB 型）：该炉底有一个垂直的环形法兰，它由焊到炉壳上的环形槽支撑着。在槽子、法兰下面垫着间隔相等的纤维强化陶瓷块。槽、陶瓷块和法兰之间的空隙用一种耐火捣打剂填充。周边位置高出炉衬最低点，避免金属渗漏（铅）引起的短路。

（2）水冷式炉底电极（见图 12-64）：此炉底电极由三部分组成，第一部分是一个圆形钢棒，导电钢棒焊在铜帽上；第二部分是套在钢棒的袖砖（一般为套砖、碱性镁质耐火材料，有特殊质量要求）；第三部分是绝缘材料，将炉底钢板和水冷铜套绝缘开。该装置防止“铅”的对策，是在炉底壳和炉底电极之间安装环状的沟槽，铅可以从沟槽流出，而不破坏炉体绝缘。

（3）空冷多触针和触片型炉底电极（见图12-65、图12-66）：为保证炉底电极与接地的炉壳绝缘，空冷多触针式与多触片式炉底电极一样，将绝缘材料的位置放在炉壳与底电极交接之处。同时触针式采用隔离板来阻止铅与绝缘接触，同时在炉底增加排铅小孔。多触片式将绝缘材料放在炉壳中部和下部某个位置，确保铅沉淀不会对绝缘材料产生影响。

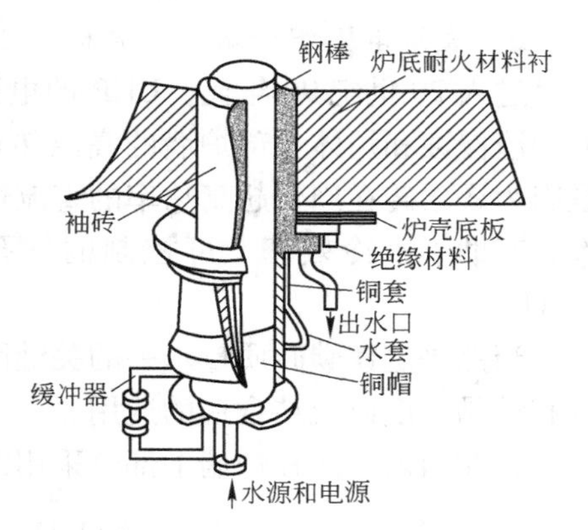

图12-64 水冷式炉底电极

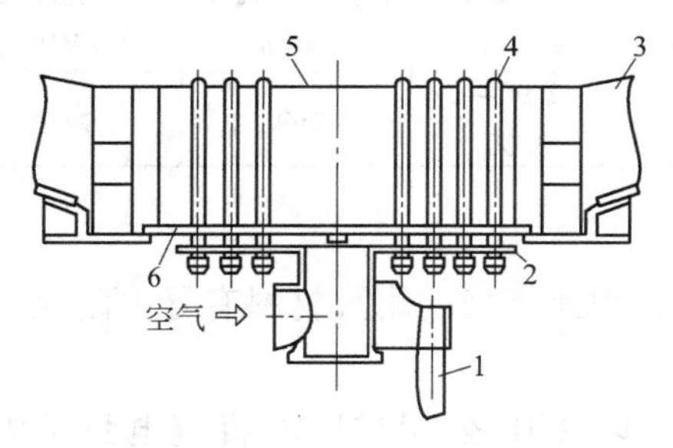

图12-65 130t直流炉的触针型底电极

1—水冷电缆；2—导电板；3，5—耐火材料；4—触针；6—炉底板

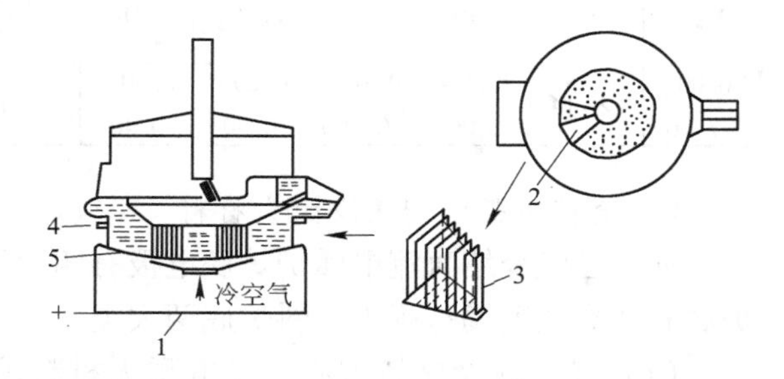

图12-66 奥钢联的触片型炉底电极结构示意图

1—DC电缆；2—扇形阳极；3—触片；4—底壳绝缘；5—普通不导电整体耐火材料

12.6.2.6 直流电弧炉炉衬及耐火材料

A 直流电弧炉盖及耐火材料

早年我国炉盖一直采用高铝砖砌筑，特别是在1956年，唐钢耐火材料厂生产的高铝砖在抚钢15t电炉上使用，其寿命已达到150~200炉。在随后短短的几年内，全国所有的电弧炉炉盖都改用了高铝砖。但由于该砖不便于生产大型特异砖，在砌筑时易造成砖与砖之间接触松紧程度不一，应力分布不均匀，影响到炉盖使用寿命。

随着直流电弧炉的发展，国外纷纷用扩大刚玉质捣打料来提高炉盖使用寿命，再加上UHP的应用，要求耐火材料必须具有良好的高温力学性能、耐侵蚀、抗热振性好以及体积稳定等特点，更促使炉盖耐火材料使用要求提高。目前我国的炉盖中心三角区域都采用了刚玉浇注料（见图12-67），其Al_2O_3含量不小于92%，取得了较好的效果，寿命高达120炉以上。

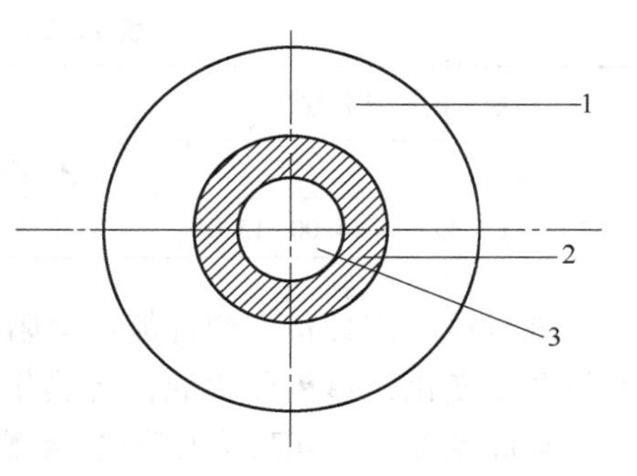

图12-67 炉盖耐火材料图

1—水冷炉盖；2—刚玉浇注料；3—电极孔

B 直流电弧炉炉墙及耐火材料

进入20世纪90年代，UHP的电弧炉炉墙几乎全部采用镁碳砖砌筑，以解决渣线上的炉渣侵蚀和炉体上部炉墙的高温热蚀及FeO的气氛侵蚀。直流电弧炉也同样如此，这是因为镁碳砖在当代超高功率的直流炉上体现了高的抗热振性、极好的抗渣性、高的热导率、有助于水冷效率、可控制的气孔尺寸和分布（显气孔率较低）等优越性，见表12-11。

当然决定镁碳砖质量水平的关键因素仍是砖中的镁砂纯度和晶体结合状态、石墨的纯度和结晶程度以及结合剂的选用。

目前国内一般在炉墙上部位采用沥青结合镁碳砖，炉墙下部位采用树脂结合镁碳砖。

表12-11 一般镁碳砖的物理化学特性

各成分的质量分数/%						物理性能			
MgO	C	CaO	Al_2O_3	Fe_2O_3	SiO_2	显气孔率/%	体积密度/$g \cdot cm^{-3}$	常温耐压强度/MPa	常温抗折强度/MPa
76.00~77.00	12~14	1.00~2.00	0.10~0.20	0.20~0.30	0.30~0.40	≤7	2.90~3.00	≥40	≥14

C 直流电弧炉炉底及耐火材料

前面已经介绍直流电弧炉炉底电极有四种形式，因此带来的耐火材料有导电耐火材料炉底和非导电型捣打耐火材料炉底两大类。

（1）导电耐火材料炉底。导电耐火材料炉底（以ABB公司推广的直流电弧炉为代表）的主要特点为：使用导电耐火材料作为正阳极的炉底电极，然后再由此炉底电极传导直流电流。

其炉型特点是：用普通的砌砖衬技术，将三层导电的镁碳耐火砖砌筑在炉底的一块铜板上面（该铜板是炉子的正极），然后用石墨膏抹平任何不平整之处。导电镁碳砖砌筑下面的二层砖，应保持水平，砖与砖要求紧密。至于炉底镁碳砖砌好后，上面可覆盖一层捣打导电的耐火材料。

该砖的理化性能典型见表12-12。

表12-12 导电镁碳砖的物理化学性能

各成分的质量分数/%		物理性能			
MgO	C	气孔率/%	体积密度/$g \cdot cm^{-3}$	耐压强度/MPa	1400℃抗折强度/MPa
82.00~83.00	14.00~15.00	1.20	2.90	37.00	6.00

该材料应该具备下列性能：电阻尽可能小（10^{-3}~$10^{-4}\Omega \cdot m$），均匀稳定，即比电阻不随温度变化；热传导率低；抗热化学和热物理学的蚀损系数高，寿命长，消耗低。

其优点如下：实现大面积电接触；可采用普通砌砖方法和维修制度；能保证质量稳定，不出事故。

（2）非导电型捣打耐火材料炉底。非导电型捣打耐火材料为炉底的直流电弧炉（以德国的GHH、DEMAG，法国的CLECIM以及奥地利ALTINE等代表）的炉底耐火材料，（捣打料）其炉底电极分别用金属触针、水冷金属棒或网状。

该炉型的特点是无论是金属触针还是金属棒，其材质是用低碳钢分别连接在炉底的集电板上。炉底用捣打自密型耐火材料打结。随着使用过程中耐火材料的熔损，导电金属材料也相应缩短。

该耐火材料必须具有下列性能：能在适当的温度下，烧结成坚实的整体；具有良好的高温结构强度；具有最佳粒度组成；能控制烧结炉底的气孔率大小和气孔径分布，从而确保最低的渗透。

炉底捣打料的理化性能指标见表 12-13。

表 12-13 非导电型炉底捣打料的理化性能

各成分的质量分数/%				物理性能			
MgO	CaO	Fe_2O_3	SiO_2	使用温度/℃	体积密度/$g \cdot cm^{-3}$	粒度/mm	灼减/%
84.00	7.10	7.00~8.00	0.50~1.50	>1750	2.90~3.10	0~6	0.2

直流电弧炉炉底的结构一般分为绝热层、保护层和工作层三层。

（1）绝热层：是炉底最下层，其作用是降低电弧炉的热损失，并保证缩小熔池上下钢液的温度差距。一般是铺一层石棉板再平砌一层绝热砖。

（2）保护层：其作用是保护溶池的坚固性，防止漏钢，通常用烧成镁砖砌筑。

（3）工作层：直接与钢液接触，热负荷高，化学侵蚀严重，机械冲刷严重，应使用优质耐火材料。该层可分打结、振动（适合散状捣打料）及砌筑（适合导电耐火砖）。

D 直流电弧炉出钢口及耐火材料

直流电弧炉一般都用偏心炉底出钢，其出钢口位于炉壳突出部分——出钢箱底部，利用出钢口开闭机构和炉体倾动机构，实现顺利出钢和留钢留渣操作。出钢口类似钢包水口，所用的耐火材料与大型碱性转炉所用管式出钢口砖一样，其材质为优质镁碳砖。电炉装料前出钢口填入 MgO-SiO_2混合填料，使其自然充填牢固。一般国内外均采用镁质橄榄石作为填料。

12.6.2.7 直流电弧炉的控制设备

一般直流电弧炉控制系统是以可编程序逻辑控制（PLC）为基础的，它具有对下列各项进行全面控制和检查的基本功能。

（1）控制项目：高压开关装置、整流变压器、整流器、冷却水系统及炉子冷却板的温度、炉子的移动、液压站、底电极温度与绝缘等、安全联锁装置、报警系统以及各类有关工艺参数的采集。同时包括以电极定位装置为控制单元的电压控制回路和以可控硅整流器为控制单元的电流控制回路。

（2）控制方式：各种控制设备的设置均在控制室的主控制台及面板内。一般来说一个操作台配备两个彩色监控器，键盘（或鼠标）安装在主控制室内。通过监控器和键盘（或鼠标）对电弧炉的运行及各环节主要参数进行全面的控制和监控。向辅助装置供电的低电压系统放置在炉子控制室内。位于出钢口旁的是个附加的辅助控制台，用于控制炉子倾斜动作。如用于炉底电极调换的控制，一般放在出渣炉门的一侧，这样便于观察。

直流电弧炉控制模式见图 12-68。

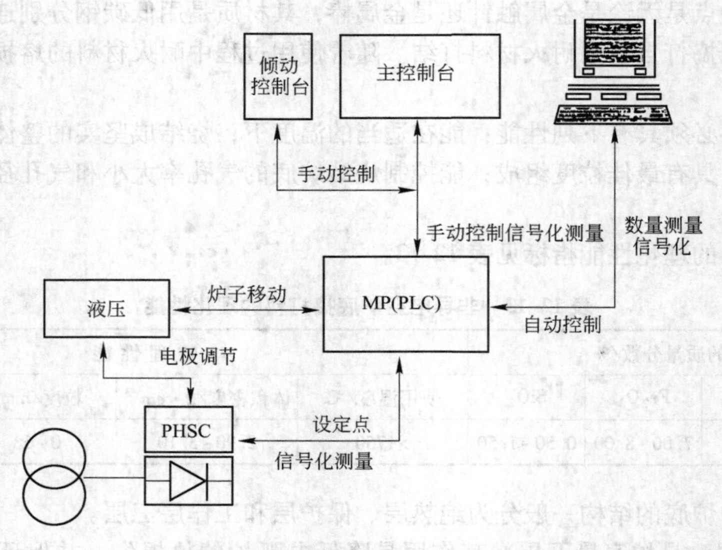

图 12-68 直流电弧炉控制方块图

12.6.3 偏心炉底出钢电弧炉

偏心炉底出钢技术是一种应用较为广泛、无渣出钢效果好的出钢方法，它克服了中心炉底与出钢槽出钢方法的缺点，解决了无渣出钢和留钢、留渣问题，因此世界上发展很快。目前国内新建的电弧炉一般都是偏心炉底出钢，也有不少的老电弧炉正在改造为偏心炉底出钢。

偏心炉底出钢电弧炉如图 12-69 所示。

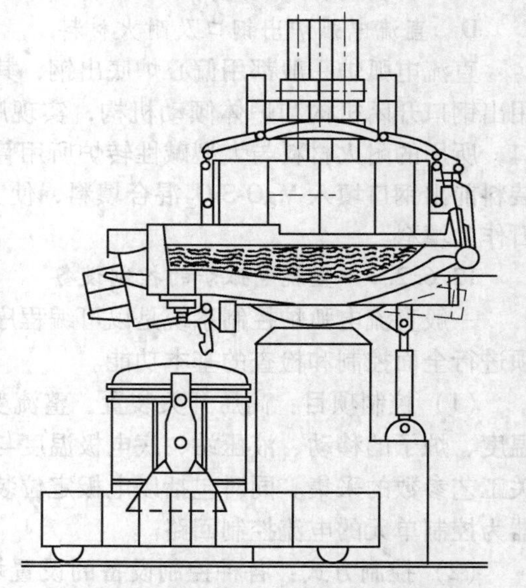

图 12-69 偏心炉底出钢电弧炉示意图

12.6.3.1 *无渣出钢技术的产生和发展*

炉外精炼在电弧炉炼钢中应用之后，为了防止电弧炉氧化性炉渣的不利影响，最初采用了一些电弧炉出钢前、后的除渣技术。但是这些技术都存在着增加劳动强度、恶化劳动条件、增加工序和设备、温度损失大以及不利于钢包炉密封等缺点，因而生命力不强。

1970 年为了提高电弧炉炉壁寿命，同时最大地输入电能，德国蒂森特钢公司开始了新一代水冷炉壁的实验研究，为了充分发挥这种水冷件的特点，该公司大胆地进行了炉底改造，取消原出钢槽，将出钢口安装在炉底中心部位，使炉壁的水冷获得高度一致。出钢前，打开炉底出钢口盖板，炉内的钢液和炉渣就会全部流入放在炉子下部的钢包里。炉子不需要倾动就可出钢。但这种方法存在着两个致命的缺点，即不能实现无渣出钢和留钢、留渣操作，因而其发展受到限制。但是，改变出钢口为垂直向下，标志着出钢方式的突破。该公司继续与“德马克”冶金技术公司、丹麦特殊钢厂合作，把中心炉底出钢口移到炉壳的突出部分——出钢箱，成功地开发出偏心炉底出钢法（EBT，Eccentric Bottom Tapping），并于1983年1月在丹麦特殊钢厂投入生产。偏心炉底出钢法是目前最理想的出钢方式。

在偏心炉底无渣出钢法的基础上，世界上又在出钢系统上做了许多开发工作，使无渣出钢技术更趋完善和多样化。

（1）SBT法（Side Bottom Tapping）：由美国Whiting开发的侧面炉底出钢法，为美国Lectromelt公司出售的出钢口塞棒装置都是虹吸出钢法的改型，即虹吸出钢口加塞棒开关出钢口。

（2）HOT法（Horizontal Tapping）：加拿大Empco公司开发的水平无渣出钢法，有偏心出钢箱，出钢口水平布置在钢液下，出钢过程由类似于浇注采用的滑动水口装置控制。

（3）OBTIF法（Off-Centre Bottom Tapping）：美国Fuch公司开发的偏位炉底出钢法，能够实现留钢、留渣操作。它类似于偏心炉底出钢法，但没有出钢箱；又类似于中心炉底出钢法，但出钢口角度大，偏离炉底中心位置较远。

（4）SG法（Slide Gate）：1980年9月，出钢口滑阀式出钢在欧洲成功地用于平炉上，根据这一经验，美国特钢公司Texas厂将滑动阀门（Slide Gate）出钢法应用于220t的电弧炉上，实现无渣出钢。出钢过程由滑板的运动来控制钢流。

各种出钢法的比较见表12-14。

表12-14 无渣出钢法的比较

出钢法	水冷面积/%	出钢角/(°)	出钢口角/(°)	炉容量	短网长度	出钢槽
虹吸	65	20~30	18~30	不变	缩短	缩短
EBT	90	10~12	垂直，0	+10%	缩短	无
SBT	90	10~20	18~30	不变	缩短	缩短
OBT	90	5~10	45	不变	缩短	无
HOT	95	5~8	水平，0	+8%	缩短	无
SG	90	5~10	5	不变	缩短	无

最近冶金工作者为了能得到高质量的钢水，采取了多种措施，使出钢时钢液与渣液分开。上述几种方法都具有下面几个特点：出钢时炉体倾动角度小，钢水以最短途径流入钢包；增大了炉内的水冷炉壁面积，缩短了熔化时间；无渣出钢，提高钢水的纯洁度；扩大了炉子的容积；非常均匀的能量吸收，减少非生产时间；钢水不接触出钢槽，钢流稳，裸露面小，减少钢液二次氧化。

12.6.3.2 设备的特点与要求

由于偏心炉底出钢技术是一种无渣出钢效果较好的方法，故国内外大量钢厂，均先后推广与应用了此项技术，该项技术得到了迅速的发展。与传统电弧炉相比，偏心炉底出钢电弧炉有许多不同的特点和要求。

（1）炉壳外形。偏心炉底出钢电弧炉炉壳上部仍为圆形，下部带有突出的圆弧形出钢箱。电弧炉平时必须把炉子倾45°左右，才能把钢水出完，而偏心炉仅倾15°就可基本倒清钢水，这样可以避免钢水与水冷炉壁的接触，也可以大面积地采用水冷炉壁，从而提高炉衬的寿命。一般水冷炉壁由若干块水冷件组成，水冷件更换非常方便，同时一旦发现水冷件漏水，PLC 将进行自动报警。

（2）炉底。偏心炉底出钢的电弧炉炉底设计成浅盘状，以确保无渣出钢的效果。其炉底的形状与以往的出钢槽电弧炉相比，其近出钢箱部位的炉底形状显得较为平坦，这样有利于出钢。从工艺角度特别要求出钢箱与炉底中心的炉底耐火材料有一个类似流线形的连接。

（3）出钢口。偏心炉底出钢的电弧炉，其出钢口位于炉壳的突出部分——出钢箱的底部，利用出钢口开闭机构和炉体倾动机构实现顺利出钢及留钢、留渣操作。出钢口底部密封盖的开启和关闭机构有两种形式。

1）第一种形式：如图 12-70 所示，将密封盖固定在一个空心轴上，轴内通水冷却，轴安装在电弧炉摇架下部，用液压缸或气缸将轴快速转动到一定角度，即可实现出钢口开启和关闭。

2）第二种形式：如图 12-71 所示，以一种类似钢包底部的滑动水口底板，用液压缸将底板平移，从而实现出钢口的开启和关闭。

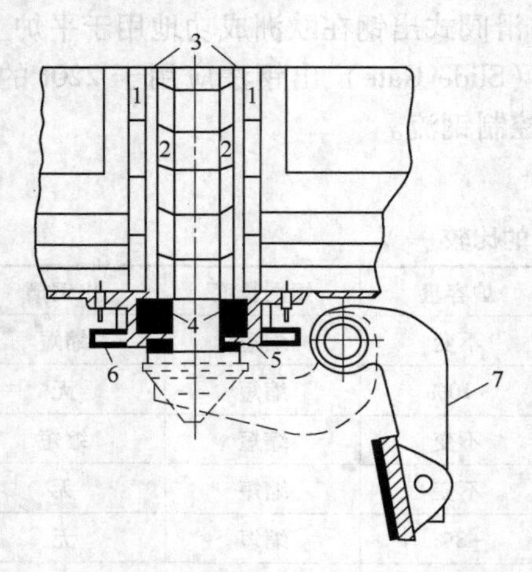

图 12-70　EBT 电弧炉出钢口结构

1—出钢口座砖；2—出钢口消耗袖砖；3—填充物；4—尾砖；5—隔离环；6—水冷环；7—底盖系统

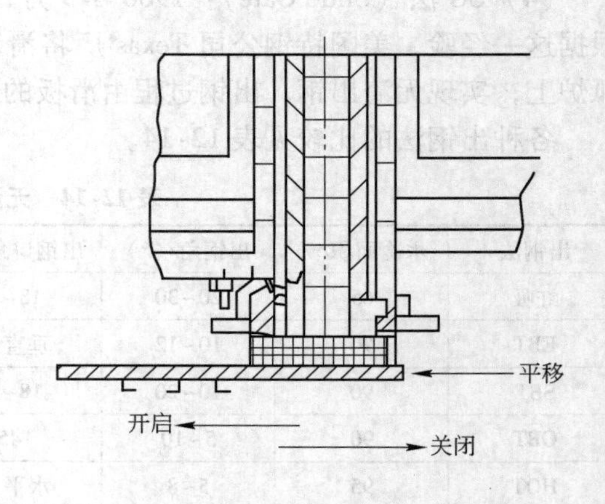

图 12-71　EBT 电弧炉出钢口开关机构示意图

（4）对倾动设备的要求。一般的偏心炉底出钢电弧炉，向炉门可倾动 10°~12°，向出钢口最大倾动 15°。另外由于在倾动时炉体和钢水的重心位置向出钢口方向偏移，因此倾动的力矩相对地增大。同时为了防止炉内氧化渣卷入，使炉内保留一部分钢水，应确保炉体迅速回倾。一般的回倾速度约为 3°/s。只有保证做到了这一点，才能有好的无渣出钢效果。

12.6.3.3　*炉底的砌筑及耐火材料*

炉底砌筑的质量好坏，直接影响偏心炉炉底的寿命、偏心炉出钢是否流畅以及钢流是否集束和炉内氧化渣是否卷入钢包内。特别是炉底到出钢口间的坡度，将直接对偏心炉底出钢带来一定的影响。

一般偏心炉炉底砌筑的步骤如下：

（1）全面检查 EBT 机构动作及设备是否完好，同时检查炉壳的尺寸是否与图纸相符。

（2）分别砌炉底的永久层和保险层，并在炉壳上作好记号。

（3）按图纸要求将出钢口座砖砌好，再砌筑炉墙、炉坡等，最后打结炉底。

炉底的耐火材料一般采用不定型的捣打料，炉底的工作性质是要求所用的材料能在一定的温度下烧结成坚实整体，具有良好的高温结构强度。

至于出钢口，一般使用品位较高的镁碳砖组成，使其具有很高的抗钢水冲刷性，并不与填料作用，也不与钢水反应。

12.6.3.4 设备的维护

（1）机械设备：应保证炉体倾动各限位的动作灵活；出钢机构，不得有变形、卡死现象，开关灵活自如；倾动部分的保险销孔完好；EBT 平车正常行驶与到位。

（2）液压设备：确保管路通畅，同时确保炉体倾动和 EBT 正常开启，出钢顺利。

（3）PLC 控制系统：保证 PLC 控制系统正常，CRT 画面准确反应，及时了解炉体倾动的各位置，与 EBT 的机构工作情况，并按要求实行“自锁”。

（4）电气设备：确保与炉体倾动及出钢过程相关联的各种阀门、电控设备能正常进行。

12.6.4 底吹电弧炉

电弧炉炼钢过程中存在一个不足之处是熔池内部及钢渣之间的搅拌作用差，致使传质、传热速率低，从而带来熔化速度和氧化反应速度慢，钢液成分和温度不均匀，脱硫、脱磷速度低，工人劳动强度大，能耗高、冶炼时间长等一系列问题，因此在生产中实用的电弧炉搅拌技术是十分必要的。

电弧炉底吹炼钢技术具有成本低，操作方便，搅拌效果好等优点，并由此产生了一系列极其有益的冶金效果。它可缩短冶炼时间 2~10min，降低能量消耗 10~35kW · h/t，提高脱硫、脱磷能力，促进合金均匀化，冶炼不锈钢时可促进去碳保铬，增加合金的收得率，减少合金用量并可大大降低工人劳动强度。

12.6.4.1 底吹电弧炉的设备特点

底吹电弧炉系统主要由炉底供气元件、底吹气源、气体输送管道、底吹气体控制装置等组成，如图 12-72 所示。

首先从底吹气源、气体输送管道来看：由于供气元件是与气室连接而成，炉底砖将其牢固地压紧，它不仅可防止供气元件上浮，而且当出现偶然无法控制的侵蚀时也可保证安全。供气元件和座砖之间是用一种特殊混合料填实，这种混合料在高温侧被牢固地烧结，而在低温侧却仍保持最初的颗粒结构，从而更换容易。

其次从供气的气源来说，必须注意管路与控制元件和设备的密封问题。

最后必须确保控制系统对底吹的气体流量和压力实行调节与控制，并进行气体分流、各种气体切换以及各种参数测试等。

12.6.4.2 炉底供气元件的品种和结构

底吹电弧炉的供气元件选择一般与底吹气体种类有关。

电弧炉底吹氧气等氧化性气体时一般采用双层套管喷嘴。一般，由内管吹氧化性气体，外环管吹保护气体。

至于只吹一种惰性气体的电弧炉则采用“直孔塞”——简称 DPP 系统（见图 12-

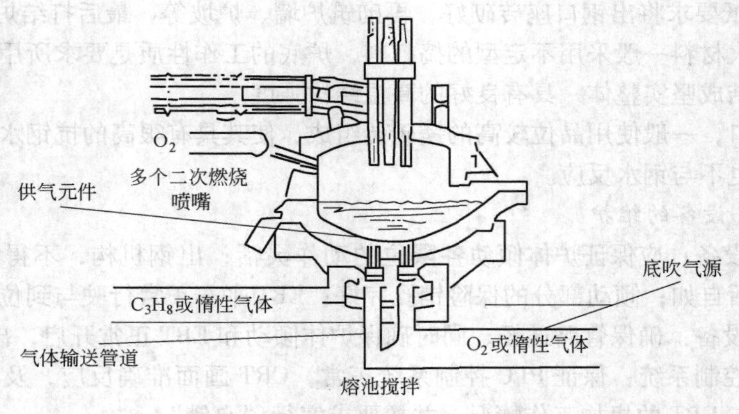

图 12-72 底吹电弧炉示意图

73)。从1985年开始它被引用到偏心炉底出钢，这种系统约有20个孔，$D\approx 1\text{mm}$，元件更换方便。在炉底上装置3支，其位置与电极错开（见图12-74）。

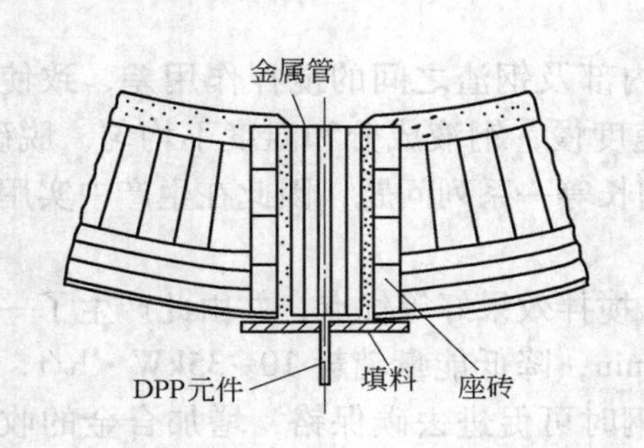

图 12-73 电弧炉中的DPP系统

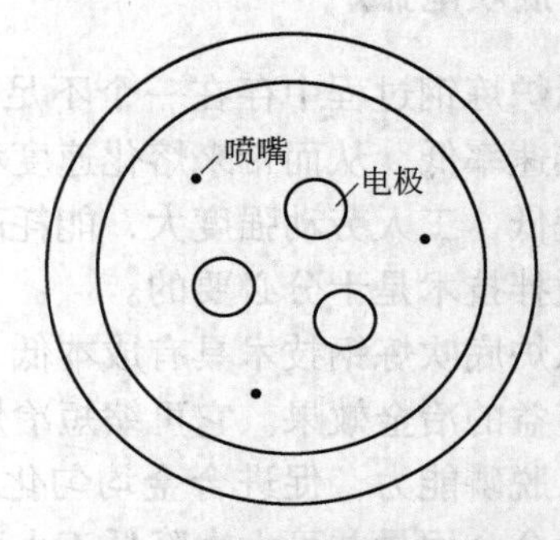

图 12-74 炉底喷嘴布置示意图

这种接触式DPP因与钢水直接接触，所以侵蚀速度很高，尽管易于更换，但也影响作业率，而且劳动强度太高。对此日本有两个大钢厂联合提出新型长寿命的供气元件，其由复孔透气砖代替了以往的细金属管复孔塞，用弥散型代替以往的狭缝型元件。

12.6.4.3 底吹管路控制系统

电弧炉底吹管路控制系统（见图12-75）的作用是对底吹气体流量和压力实行调节和控制，并进行气体分流、各种气体切换以及各种参数测试等。它分为手动机械控制、电动调节控制和计算机自动控制三种方式。

目前在冶金行业中采用前两种较多。

12.6.4.4 底吹电弧炉的类型

最近底吹电弧炉炼钢技术发展很快，已在普通电弧炉、偏心炉底出钢电弧炉、超高功率电弧炉等中开发应用，并与顶吹O_2、喷煤粉、二次燃烧及氧化物熔融还原直接合金化等技术相结合、使电弧炉炼钢工艺更加完善。

(1) 普通电弧炉中底吹气体。这种工艺的特点就是在普通电弧炉中采用底吹新工艺，通过装在炉底的喷嘴（供气元件）向炉内吹气搅拌，从而达到缩短冶炼时间和降低能耗

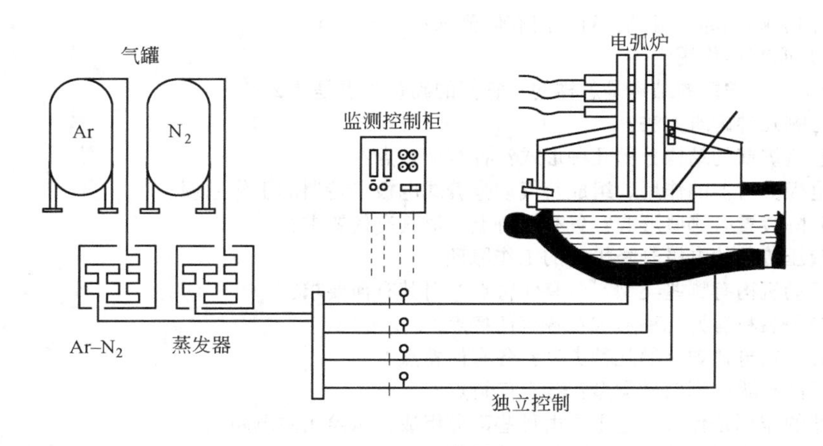

图 12-75 底吹搅拌控制系统示意图

的效果。

（2）超高功率电弧炉中底吹气体（见图 12-76）。一般超高功率电弧炉的主要作用是熔化废钢，而精炼过程则是移到炉外精炼装置中进行。在该电弧炉中采用底吹气体的目的就是促进废钢快速熔化。

（3）偏心炉底出钢电弧炉中底吹气体（见图 12-77）。目前世界各国有较多钢厂采用底吹搅拌技术，它们的供电系统均采用超高功率，然而它们的炉底喷嘴布置方式却不同，特别是它们在出钢口附近增加一个底吹供气元件后，取得了更加好的效果。

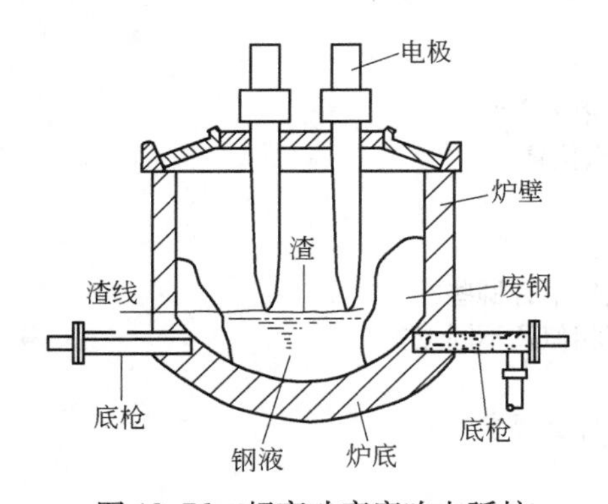

图 12-76 超高功率底吹电弧炉

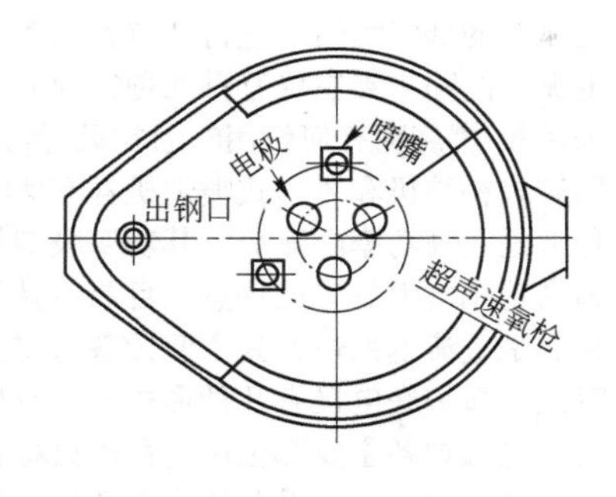

图 12-77 140t 偏心炉底出钢电弧炉的炉底喷嘴布置

复习思考题

12-1 简述炼钢电弧炉的发展概况。

12-2 最新研制的电弧炉有哪些类型，有何特点？

12-3 为什么电弧炉炼钢通常使用碱性电弧炉？

12-4 直流电弧炉与三相电弧炉相比有哪些优点？

12-5 简述电弧炉的炉体结构。

12-6 炉壳为何要有足够的强度和刚度？炉壳由哪几部分组成？

12-7 整个炉门有哪几部分组成？对炉门有何要求？
12-8 电极密封圈有何作用？
12-9 电弧炉炉底、炉壁的结构是怎样的？它们的砌筑要求是什么？
12-10 炉盖有哪几种砌筑方法？
12-11 水冷挂渣炉壁的结构分哪几种形式？各有何特点？
12-12 简述电极夹持器的作用、组成及气动弹簧式电极夹持器的工作原理。
12-13 电极升降装置有哪些形式？各有何特点？对其有何要求？
12-14 说明液压传动的电极升降机构的工作原理。
12-15 炉体倾动机构有哪些类型？各有何特点？对其有何要求？
12-16 电弧炉顶装料有哪几种形式？各有何特点？
12-17 炉盖旋转式电弧炉有哪几种类型？各有何特点？
12-18 装料用的料罐有哪两种类型？各有何特点？
12-19 主电路的作用是什么？它主要由哪些部分组成？试绘出主电路图。
12-20 隔离开关的作用是什么？应如何正确操作？
12-21 高压断路器的作用是什么？目前使用的主要有哪几种类型？
12-22 电弧炉变压器有何特点？
12-23 电弧炉变压器调压的原理是什么？
12-24 电弧炉变压器为何要进行冷却，如何冷却？
12-25 电抗器的作用是什么？
12-26 什么是短网？短网由哪几部分组成？怎样减轻短网的电阻和感抗？
12-27 对电极有何要求？如何减少电极消耗？
12-28 电极升降为何要进行自动调节？常用的电极自动调节器有哪几种？
12-29 电弧炉通常哪些部位是水冷的？
12-30 水冷构件应怎样合理布置？
12-31 电弧炉的排烟方式有哪几种？各有何特点？
12-32 电弧炉的烟气为何要进行调节，如何调节？
12-33 电弧炉的除尘器主要有哪几种？为何袋式除尘器应用最广？
12-34 采用氧-燃烧嘴有何作用？通常氧-燃烧嘴安装在什么位置？
12-35 回转式补炉机和风压式喷炉机各有何特点？
12-36 什么是超高功率电弧炉？其功率级别是怎样划分的？
12-37 超高功率电弧炉有何特点？目前与其相配套的先进技术有哪些？
12-38 什么是直流电弧炉？其主要设备与交流电弧炉有何相似及不同点？
12-39 直流电弧炉底电极有几种形式？各有什么特点？
12-40 直流电弧炉各主要部位用何种耐火材料？对它们有什么要求？
12-41 直流电弧炉常见的设备故障有几种？如何防止？
12-42 为什么要无渣出钢？无渣出钢有哪些形式？目前国内外绝大多数钢厂采用何种形式？
12-43 为什么要采用底吹电弧炉？设备特点是什么？

13 炉外精炼设备

将转炉（converter）、平炉（open hearth furnace）或电炉（electric arc furnace）中初炼过的钢液移到另一个容器中进行精炼的炼钢过程，叫“二次炼钢”，也叫炉外精炼（secondary refining）。初炼是炉料在氧化性气氛的炉内进行熔化、脱磷、脱碳和主合金化。精炼是将初炼后的钢液在真空、惰性气体或还原性气氛的容器中进行脱气、脱氧、脱硫，去除夹杂物和进行成分微调等。

13.1 炉外精炼方法简介

目前炉外精炼的方法有十多种，炉外精炼设备有三十余种。精炼基本操作不外乎抽真空、搅拌、电弧加热，加入添加料、渣的精炼、吹入气体等，它们的相互结合可构成各种炉外精炼设备，见图 13-1。各种炉外精炼设备见图 13-2。炉外精炼方法可大致分为三类：真空精炼法、非真空精炼法（气体稀释法）、喷射冶金及合金元素特殊添加法。

13.1.1 真空精炼法

真空精炼法包括以下 9 种。

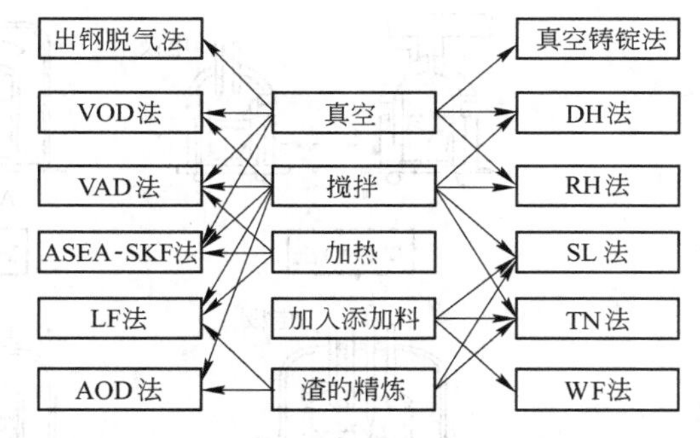

图 13-1 炉外精炼不同基本操作的结合

（1）滴流脱气法。钢水从真空室上方钢包或中间包以流束状下落到真空室时，由于其周围压力急骤下降而使钢水流束膨胀，表面积增大，这样溶解在钢水中的气体就容易逸出而达到除气的目的。

1）倒包法。其过程是先把钢包放在真空室中，并且通过铝板（或阀门）把连通口封闭。倒包浇注前，预先把真空室抽真空。浇注开始后，铝板被钢水熔化（或开启阀门）而使钢水注入真空室的钢包中。

2）出钢脱气法。钢水由炼钢炉出来通过中间包直接流入抽真空的钢包中。

3）真空浇注法。该法与倒包法的不同之处就在于这里用钢锭模代替了真空室中的钢包。

（2）钢包脱气法。装有钢水的钢包放入真空室，然后将真空室抽成真空。由于真空室内的压强下降，因此气体可以从钢水中逸出，从而达到除气的目的。对吨位较大的钢包，因受钢水本身静压力的影响，钢包底层气体不易逸出，则须用惰性气体搅拌，以提高其除气效果。

（3）真空提升脱气法（DH 法）。其真空室下部有一吸钢管，当把吸钢管插入钢水后，真空室被抽成真空，使真空室与外界有压力差，钢水在此压力差的作用下，沿吸钢管升入真空室而达到除气目的。当压力差一定时，钢包与真空室之间的液面差保持不变，然后提升真空室（或下降钢包），便有一定量的钢水返回到钢包里。DH 法就是这样将钢水经过吸钢管分批送入真空室内进行脱气处理的。真空室经多次升降，就可使全部钢水得到

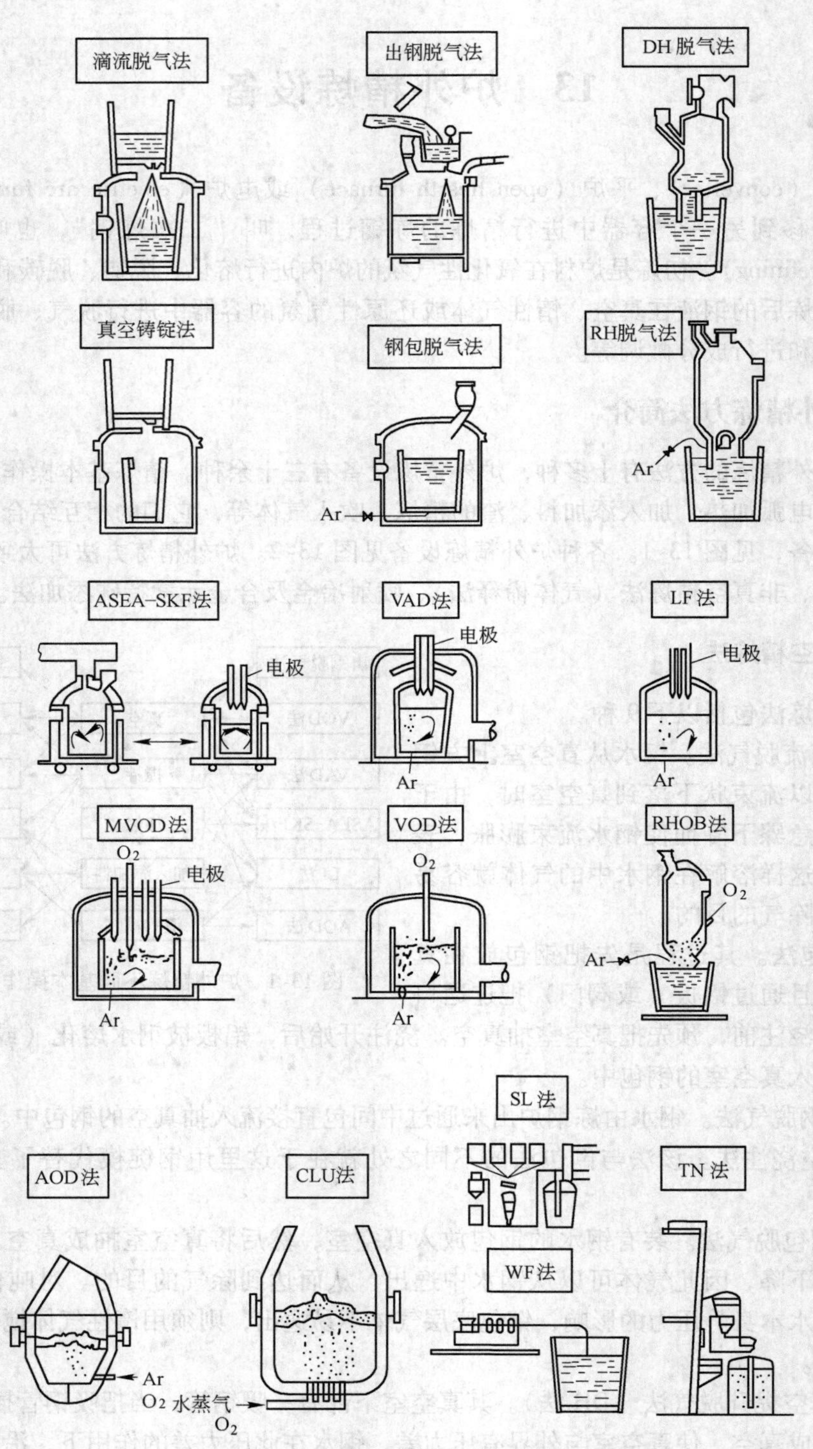

图13-2 各种炉外精炼设备示意图

处理。

(4) 真空循环脱气法（RH法）。其真空室下部有两个伸入钢水中的管，即上升管和下降管。通过上升管侧壁吹入氩气，由于氩气气泡的作用，钢水被带动上升到真空室进行除气。除气后的钢水由下降管返回到钢包里。这样钢包中的钢水连续地通过真空室进行循环，从而达到脱气的目的。这种方法设备简单，故广泛用于工业生产。

（5）钢包真空精炼法（ASEA-SKF法）。此法的特点是将真空装置和电弧加热装置组合在一起，并配备电磁搅拌装置。因为能够加热，这对钢包内造渣脱硫、大幅度调整成分和温度等，创造了极为有利的条件。

（6）真空电弧加热脱气法（VAD法）。该法是在真空条件下用电弧加热，并以钢包底部的多孔砖吹氩搅拌。因为它具备良好的脱硫和脱气条件，故适于精炼各种合金钢。

（7）钢包炉精炼法（LF法）。该法是采用碱性合成渣、埋弧加热、吹氩搅拌，在还原气氛下精炼。其特点是设备简单，投资费用低，操作灵活和精炼效果好，因此被广泛采用。LF炉本身不具备真空系统，现在一些厂家给LF炉增加了真空功能，出现LFV炉，它可以用高碳铬铁代替微碳铬铁炼超低碳不锈钢。

（8）真空吹氧脱碳法（VOD法）。这种精炼法是在真空室内由炉顶向钢液吹氧，同时由钢包底部吹氩搅拌钢水，精炼达到脱碳要求，停止吹氧，提高真空度进行脱氧，最后加Fe-Si脱氧。它可以在真空下加合金、取样和测温。VOD法可以与电炉、氧气转炉双联生产不锈钢，这对冶炼超低碳、超低氮不锈钢十分有利。其主要缺点是设备费用较高。日本应用此法时包底设两个以上透气砖，加大吹氩量改进为强搅拌真空吹氧脱碳法（SS-VOD法）。德国还开发了转炉真空吹氧脱碳法（VODC法）。

（9）真空循环脱气吹氧法（RH-OB法）。该法是氧气转炉生产不锈钢的一种精炼方法，即在RH设备上装设氧枪，能使转炉冶炼的低碳钢液加入高碳铬铁后，在RH-OB装置中吹氧去碳精炼成不锈钢。

13.1.2 非真空精炼法（气体稀释法）

非真空精炼法包括以下3种：

（1）氩氧脱碳法（AOD法）。AOD法是一种在非真空条件精炼不锈钢的方法。它是在大气压力下向钢水吹氧的同时，吹入惰性气体（Ar、N_2），通过降低CO分压p_{CO}以实现脱碳保铬目的的重要精炼方法。目前，世界主要采用AOD法生产不锈钢，占总产量75%。AOD法可用廉价的高碳铬铁和返回钢生产低碳和超低碳不锈钢，设备简单，操作方便，基建投资低。但操作费用较高，其主要原因是氩气和耐火材料消耗大。

（2）汽氧脱碳法（CLU法）。CLU法基本上与AOD法类似，为了减小p_{CO}，不采取昂贵的氩气而代之以廉价的水蒸气。水蒸气接触钢水后分解成氢和氧，起降低p_{CO}作用，促进钢中碳氧反应。而且水蒸气分解时会吸收大量的热，在吹炼时无需再采取其他制冷措施，就可以使钢水温度保持在1700℃以下，这对提高炉衬寿命十分有利。精炼终期吹氩以去氢，氩消耗仅为AOD法的1/10。

AOD与CLU法共同优点为：可以用廉价的高碳铬铁生产超低碳不锈钢。CLU有节约氩气，提高炉龄的优点。CLU的不足之处是由于吹炼温度较低，铬的氧化比AOD法高。为了还原渣中的Cr_2O_3，硅铁消耗比AOD法高。

（3）钢包吹氩法（Gazal法）。钢包吹氩是目前应用最广泛的一种简易炉外精炼方法。钢包吹氩的方式基本上分为两种，一种是使用氩枪，另一种是使用透气砖。采用底部透气砖吹氩搅拌比较方便，可以随时吹氩，一般都采用底部吹氩的方法。钢包吹氩可以均匀钢液的温度、成分，降低非金属夹杂物含量，改善钢液的流动性。大气下钢液吹氩处理具有设备简单、操作容易、效果明显等优点，但其流量受到一定的限制。为了进一步提高钢液质量，人们在钢包上加盖吹氩处理以减少大气的氧化作用，从而出现了各种密封或带盖吹氩处理钢液的工艺，如密封吹氩法（SAB 法）、带盖钢包吹氩法（CAB 法）和成分调整密封吹氩法（CAS 法）。

13.1.3 喷射冶金及合金元素特殊添加法

（1）钢包喷射冶金。钢包喷射冶金就是用氩气作载体，向钢水喷吹合金粉末或精炼粉末，以达到调整钢的成分、脱硫、去除夹杂物和改变夹杂物形态等目的。它是一种快速精炼手段，目前在生产中应用的方法主要是 TN 法和 SL 法。

（2）喂线技术（WF 法）。

喂线技术是将合金芯线通过喂线机，以 80~300m/min 的速度插入钢液中，以达到脱氧、脱硫、合金微调和控制夹杂物形态的目的。

喂线用的合金芯线中广泛应用 CaSi、Ca-Si-Ba。此外易氧化元素（B、Ti、Zr）和控制硫化物形态的元素（Se、Te）均可用喂线法加入。喂线技术合金收得率高而且稳定，设备简单，操作方便。它为向钢液中加钙提供了有效技术，代替了喷枪喷吹技术。

炉外精炼方法根据有无补偿加热装置，又可分为钢包处理型和钢包精炼型两类。钢包处理型的特点是精炼时间短（10~30min），精炼任务单一，不设补偿加热装置。这类方法可进行钢液脱气、脱硫、成分微调、夹杂物变性等。真空循环脱气法（RH 法）、钢包真空吹氩精炼法、钢包喷粉处理（TN、SL 法）、喂线法（WF 法）等均属此类。钢包精炼型的特点是精炼时间长（60~120min），具有多种精炼功能，有补偿加热装置或升温手段，始于优质合金钢及超级合金及超纯钢种生产。真空吹氧脱碳法（VOD 法）、真空电弧加热脱气法（VAD 法）、钢包精炼炉法（LF 法、ASEA-SKF 法）等均属此类，氩氧脱碳法（AOD 法）也归此类。

13.2 常用的炉外精炼设备

13.2.1 RH 法和 RH-OB 法设备

13.2.1.1 RH 法设备

RH 法设备的特征是在脱气室的下部设有与其相通的两根环流管，脱气处理时将环流管插入钢液，靠脱气室抽真空的压差使钢液由管子进入脱气室，同时从两根管子之一（上升管）吹入驱动气体（通常为氩气），利用气泡泵原理引导钢水通过脱气室和下降管产生循环运动并在脱气室内脱除气体。它将真空精炼与钢水循环流动结合起来，见图 13-3。最初 RH 装置主要是对钢水脱氢，后来增加了真空脱碳、真空脱氧、改善钢水纯洁度及合金化等功能。RH 法具有处理周期短，生产能力大，精炼效果好的优点，非常适合与大型转炉相配合。

图 13-4 为 RH 真空处理设备系统示意图。它主要由真空脱气室、真空室加热设备、升降和旋转设备、合金加料设备、真空泵系统和电气设备测量控制仪表等部分组成。

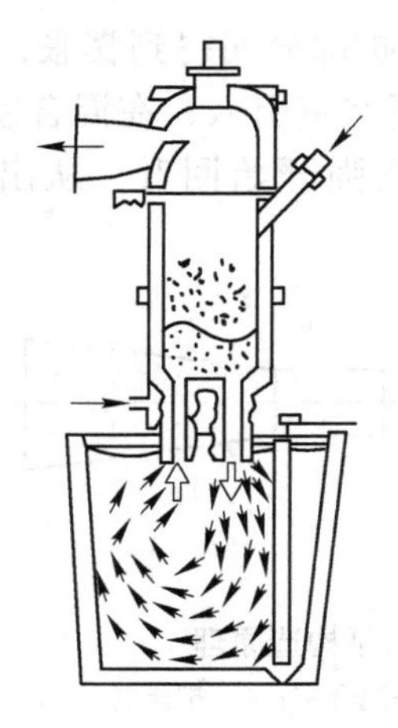

图 13-3 RH 脱气示意图

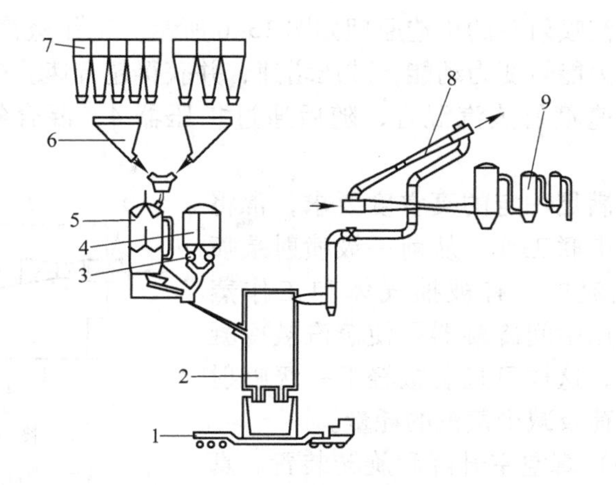

图 13-4 真空处理设备系统示意图

1—钢包车；2—真空室；3—旋转给料器；4—小料斗；5—双料钟漏斗；
6—称量漏斗；7—合金料仓；8—蒸汽喷射泵；9—冷凝器

(1) 真空室（脱气室）。对真空室的要求是：应使钢水在真空室中有足够长的停留时间和足够大的脱气表面积，脱气过程中热损失要小，同时要易于维护，生产率要高。

真空室的构造见图 13-5。真空室的外壳为焊接的钢制圆柱形容器，它由上部、下部和插入管三部分组成，各部分之间用法兰互相连接。真空室内部衬有耐火材料。在上升管的法兰结合处，安有钢管，驱动氩气或反应气体由此通入，脱气室的顶盖上设有加合金用的圆孔、烘烤脱气室的排烟孔及窥视孔。脱气室的中、上部两侧有排气孔与抽气系统相连。

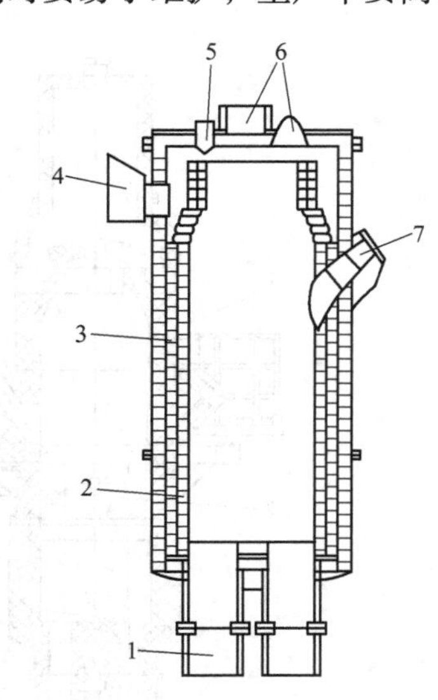

图 13-5 真空室

1—插入管；2—真空室下部；3—真空室上部；
4—排气管；5—加合金的连接管；6—窥视孔；
7—加热设备连接管

(2) 加热装置。为了减少真空处理中钢液温度下降和防止溅铁黏附在槽内耐火材料上，真空槽要进行预热。可采用各种气体或液体燃料通过预热孔喷入燃烧的方式进行预热，也可采用插入电加热器的方式进行预热。

(3) 合金添加装置。合金加料装置可参看图 13-4。在厂房上部有合金料仓若干个，每个料仓下口处有电磁振动给料器，可使合金进入称量漏斗，当合金达到预定重量后，可将其送入真空室顶部的双料钟真空漏斗内，再经电磁振动给料器、溜槽加入到真空室内。合金加入真空室时，是通过双层料钟来进行密封的，因此加料是在真空条件下进行的。

(4) 真空泵系统。钢水真空处理不需要太高的真空度，一般真空度在 13.33～133.32Pa 就能满足生产工艺的要求。真空泵系统参看图 13-4，它一般由 4～6 级蒸汽泵、几个中间冷凝器及相应的控制仪表、闸阀管道等组成。

蒸汽喷射泵的构造原理如图 13-6 所示。工作蒸汽通过喷嘴渐扩部分而得到膨胀，蒸汽的压力能转变为动能，减压增速，并获得超音速。被抽气体从真空室引入，在混合室 3 内与高速喷射蒸汽混合，随后通过扩压器 4，混合气体压缩，压强开始回升，从出口喷出。

为满足一定的真空度要求，常将喷射泵串联工作。从前一级喷射泵喷出的气流中，有被抽气体和工作蒸汽。采用中间冷凝器是使蒸汽被冷凝后排出，这样可显著减轻下一级喷射泵的负荷及减少蒸汽的耗量。

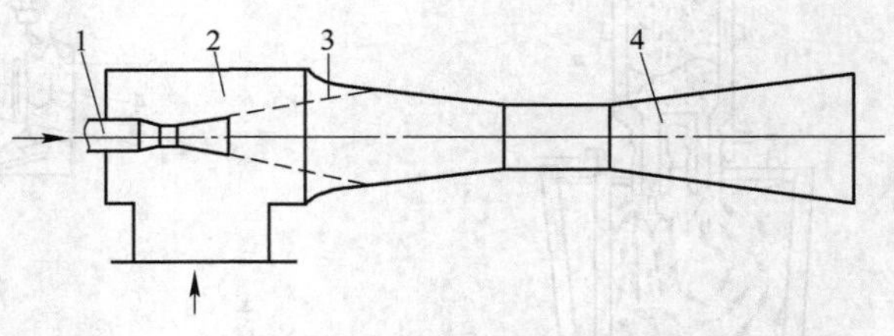

图 13-6 蒸汽喷射泵构造原理

1—喷嘴；2—真空室；3—混合室；4—扩压器

（5）真空室升降和旋转装置。真空处理时，真空室需转动到处理位置上方，然后降下将插入管插入钢水中，这种方法称为上动法。上动法的真空室需具有升降机构和旋转机构，如图 13-7 所示。真空室 1 通过金属结构悬挂在两个上摆动臂 2 和两个下摆动臂 3 上，摆动臂可绕轴 10 转动，摆动臂后部有平衡重 11。真空室升降机构 6 固定在旋转平台 4 上。电动机通过减速器转动两个相同的小齿轮，再转动两个弧形齿轮 5。弧

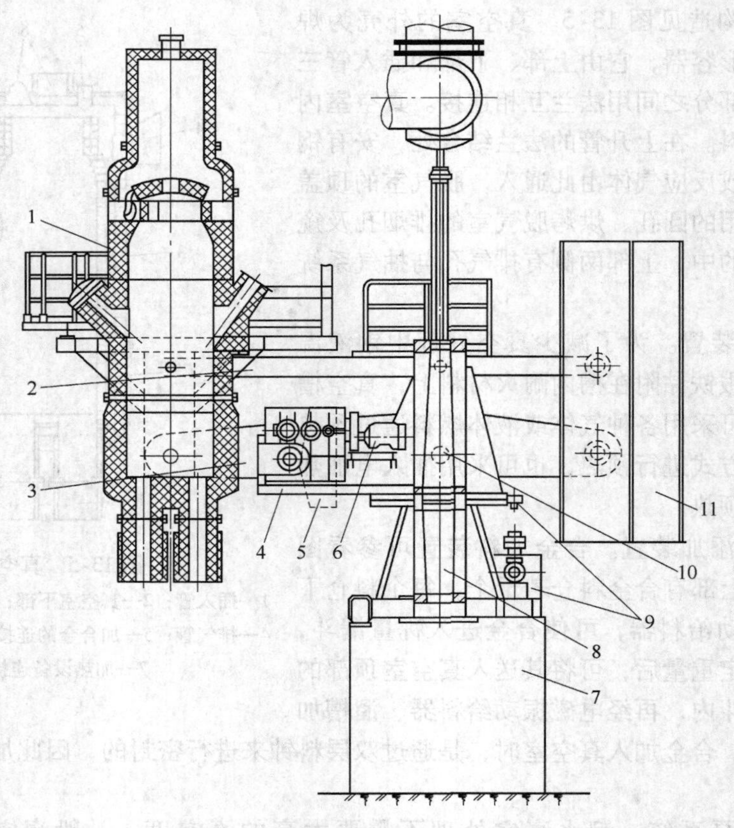

图 13-7 真空室升降和旋转机构

1—真空室；2—上摆动臂；3—下摆动臂；4—旋转平台；5—弧形齿轮；6—升降机构；7—设备基础；8—立柱；9—旋转机构；10—摆动臂转轴；11—平衡重

形齿轮固定在下摆动臂上，因而摆臂绕轴 10 摆动，达到升降真空室的目的。真空室的旋转是通过电动机、减速器和开式齿轮传动使旋转平台 4 绕立柱 8 转动来达到。

下动法常用液压装置来升降钢包。在钢包车上面有一个托盘，钢包和托盘可以一起升降。液压缸安装在真空室正下方的地平线下。当钢包车开过来对准处理位置后，后动液压缸将托盘顶起，使钢包上升到正常处理位置。

上动法较适用于小型设备，当钢包容量较大时，一般采用下动法为宜。

13.2.1.2 RH-OB 法设备

RH-OB 法是在 RH 装置上加设一套吹氧设施，在低真空的情况下，向钢水吹入一定数量的氧气，进行强制脱碳，用以生产低碳不锈钢、超低碳钢或者铝镇静钢。

图 13-8 为 RH-OB 法示意图。

RH-OB 法的吹氧喷嘴采用的是不锈钢双层套管形式，内管吹氧用，外管通氩气或者氮气作为冷却用，外管表面涂以耐火材料。吹氧喷嘴设置在两个循环管的垂直位置。吹氧喷嘴中心线距脱气室底部耐火材料为 150mm。

对于已有 RH 真空处理设备的工厂，将其改造成为 RH-OB 法，基本上不需要基建投资，在现有的 RH 真空处理设备上稍加修改即可实现。

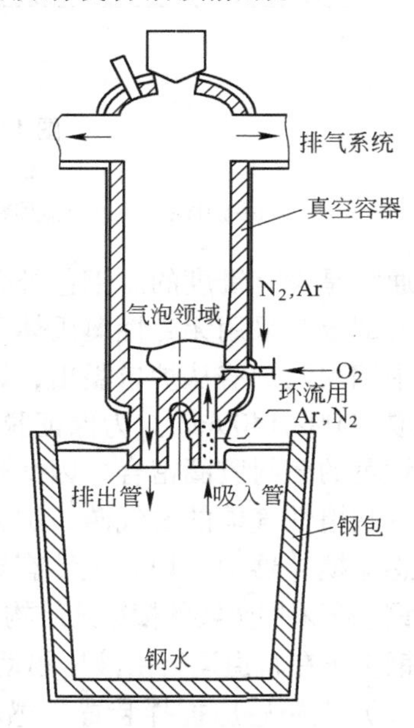

图 13-8 RH-OB 法示意图

13.2.2 ASEA-SKF 炉（钢包精炼炉）设备

瑞典的 ASEA 公司和 SKF 公司共同合作，于 1965 年建成第一座 30t 的 ASEA-SKF 精炼炉，其设备概貌如图 13-2 所示。该法的特点是同时具备真空装置和加热装置，可以完成真空脱气、电弧加热和感应搅拌钢液等工作。

ASEA-SKF 炉设备及配备的辅助设施主要包括：由非磁性材料制作的配有真空密封结构的钢包，电极加热炉盖和变压器，水冷电磁感应搅拌器及其变频器，与真空泵相连的真空密封盖，吹氧枪，铁合金加料系统，冷却水系统以及提供压缩空气和氮气的装置，设备运转的机电和液压动力系统，测温、取样、操作仪表等。

（1）钢包精炼炉设备结构形式。钢包精炼炉设备结构形式分为固定式钢包炉和移动式钢包炉，见图 13-9。固定式钢包炉即钢包放在固定的电磁搅拌装置中，加热炉盖与真空炉盖交替旋转与钢包炉口盖合。移动式钢包炉即钢包炉和电磁感应搅拌装置均放在钢包车上，移动钢包车使钢包分别与固定在一定位置的加热炉盖或真空炉盖盖合，而加热炉盖或真空炉盖只相对于钢包车做上下移动。移动式钢包炉虽然多了一台钢包车，但从设备布置、生产操作来看是比较合适的，因此目前大部分采用移动式钢包炉。固定式钢包炉只用于吨位较小的炉子。

（2）钢包炉炉体及钢包车。钢包炉炉体与普通钢包相似，外壳由钢板制成，内衬耐火材料，直径也与普通钢包大致相同，只是比一般的钢包要高些。钢包外壳的形状是圆柱

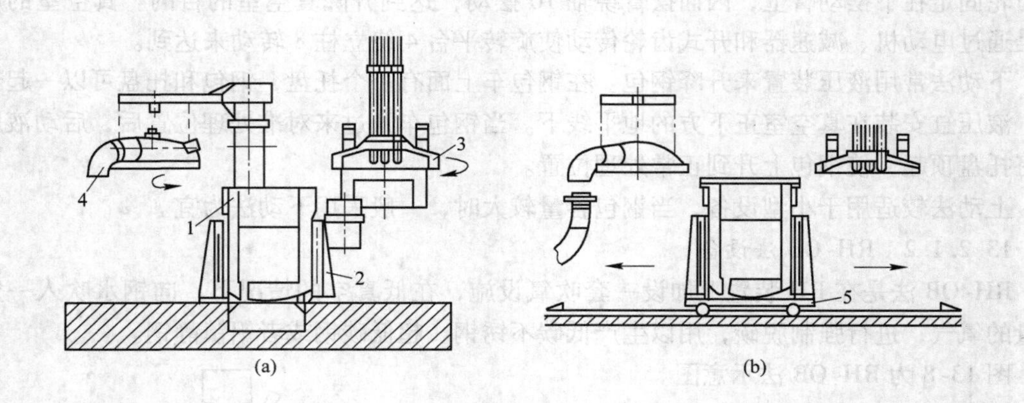

图 13-9 钢包精炼炉设备结构示意图

（a）固定式钢包炉；（b）移动式钢包炉

1—炉体；2—感应搅拌装置；3—电弧加热装置；4—真空密封炉盖；5—钢包车

形，通常是没有锥度的。钢包外壳材料，为了适应感应搅拌，让磁场穿透外壳，被搅拌器包围的部分需采用无磁性奥氏体不锈钢板，其他部位采用碳素钢板。为了避免脱气及搅拌过程中钢水及炉渣从炉口溢出，熔池面至炉口之间要有一定的沸腾空间，其自由空间高度一般取 1000~1400mm。为保证脱气时的真空密封效果，炉口做成水冷凸缘，其上表面与真空炉盖的密封胶圈密合，因此要求加工平整，以防漏气。包底通常设滑动水口，需要时还设有吹惰性气体的透气砖。炉壳上部设有取样孔，两侧装有耳轴。为了便于炉体放入圆筒形感应搅拌器中，炉壳上装有导轨。

钢包车采用坚实的横梁式结构，电磁搅拌装置和钢包炉都装在钢包车上，钢包炉是可倾动的，钢包车在轨道运行由液压驱动。车上还装有对准位置用的定位装置以及电子称量系统。

（3）电磁感应搅拌装置。感应搅拌的目的是使钢水充分脱气，加速渣、钢化学反应及金属夹杂物的上浮，保证合金成分和钢水温度均匀。

感应搅拌装置主要由变压器、低频变频器和感应搅拌器组成。一般要求频率为 0.5~3Hz，钢水运动速度约 1m/s。

变压器一般采用油浸式自然冷却三相变压器，变压器经过水冷电缆将交流电供给变频器。目前采用可控硅低频变频器，由可调式配电盘调整电源的频率和输入功率，以达到不同要求的搅拌强度。

感应搅拌器形式常用的有两种：一种是圆筒形，也称为固定型；另一种是片形，也称单向型。搅拌器的各种布置及其造成钢流的流动状态见图 13-10。（a）为圆筒形搅拌器及其效果；（b）为一片单向型搅拌器及产生的效果；（c）是两片单向型搅拌器使用同一个磁力方向时所引起的双回流，（d）则是两片单向型搅拌器串联时造成单一回流的情况。

圆筒形搅拌器的缺点是产生搅拌的双回流，增加了流动阻力。一片单向型搅拌器可以只产生一个单向循环流，但力量较弱。而两片单向型搅拌器使用同一个磁力方向时，将产生一个类似圆筒形搅拌器的双回流。当把其中一个电流方向倒过来，即串联时产生单向旋流，流动阻力小，搅拌力大，可提高搅拌效果。

目前一般都采用单向型搅拌器，中小型钢包炉采用单片，大容量钢包炉采用两片单向

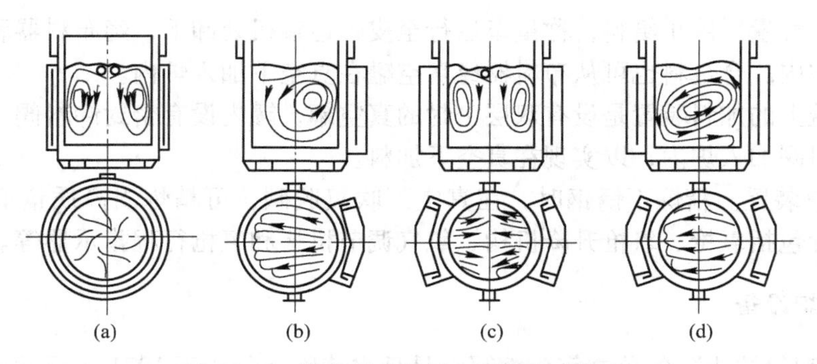

图 13-10 搅拌器的位置和钢水流动状态

型搅拌器。

（4）真空脱气装置。真空脱气装置由真空密封炉盖和真空泵构成。真空密封炉盖结构如图 13-11 所示。真空炉盖盖口为水冷凹槽法兰圈，内设有密封胶圈与炉口凸缘相盖合，在胶圈下面设有防热挡板，炉盖离开炉体后防热板自动挡在胶圈上。炉盖上还设有窥视孔及电视摄影孔，用以观察炉内反应情况。采用真空吹氧脱碳精炼低碳钢时，可装设吹氧装置。

真空泵一般采用四级蒸气喷射泵，工作真空度为 66.7Pa。

（5）电弧加热装置。钢包精炼炉的电弧加热设备与一般电弧炉相似。图 13-12 为加热状态示意图，电极通过炉盖插入炉内。由于加热的目的只是为了补偿在运送钢水、脱气、造渣及合金化过程中钢水的热量损失，它与电弧炉相比所需功率较小，因此所用的电极较细，变压器的容量较小。加热炉盖上设一个加料口。钢水加热速度一般为 2.5～3.5℃/min。电极控制采用液压调节系统。电极最大提升速度为 120mm/s，下降速度为 80mm/s。

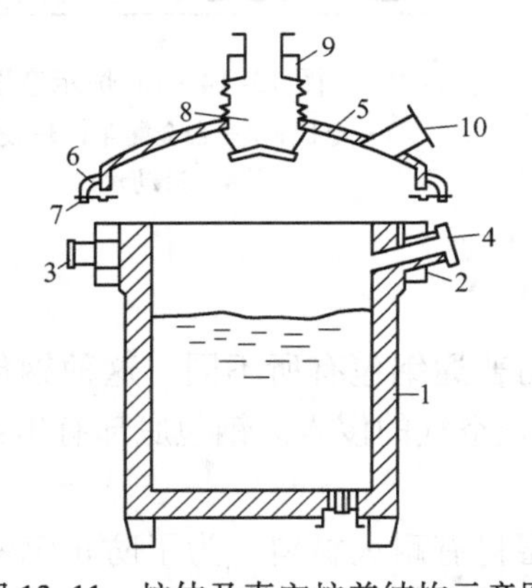

图 13-11 炉体及真空炉盖结构示意图

1—炉壳；2—凸缘；3—耳轴；4—取样孔；5—真空密封炉盖；6—密封胶圈；7—防热挡板；8—真空管道；9—活动密封；10—窥视孔

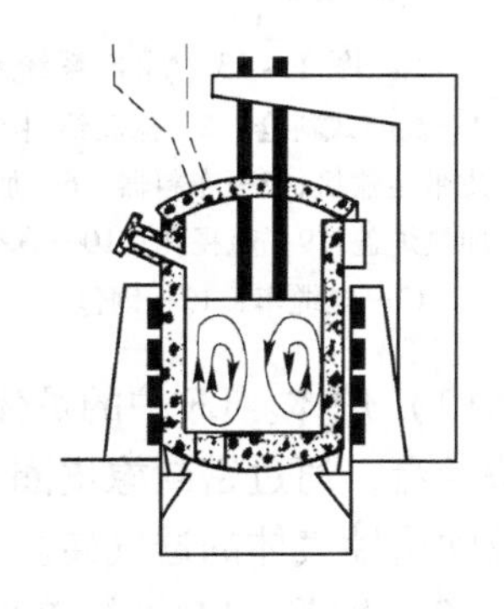

图 13-12 ASEA-SKF 精炼炉加热状态示意图

（6）加料系统。钢包精炼炉的加料系统见图 13-13，它包括料仓、振动给料器、称量车、皮带运输机、布料器和加料器等。

合金料仓大多采用高架式布置，根据精炼配料的需要量，合金料经给料器装入自动称量漏斗车内，称量后停止给料，称量车运行至皮带运输机处卸下，经布料器和加料孔将合金加入钢包炉内。合金料也可从布料器经真空罐在真空下加入炉内。

真空炉盖上的加料装置是设有双层密封的真空罐，罐内设有密封卸料阀。合金料倒入罐内通过卸料阀加入炉内，以实现在真空下加料。

（7）吹氧装置。精炼不锈钢时，在真空下吹氧脱碳，可精炼出高质量低成本的不锈钢。吹氧装置包括氧枪、氧枪升降机构、氧气调节机构和氧枪行程指示器等。

13.2.3 LF炉设备

LF系“钢包炉法”的英文字头缩写，是日本特殊钢公司于1971年开发创造的。此法采用碱性合成渣、埋弧加热、吹氩搅拌，在还原性气氛下精炼。LF炉由钢包、炉盖、包底吹氩系统、加料装置、电极和电极加热系统等组成，见图13-14。

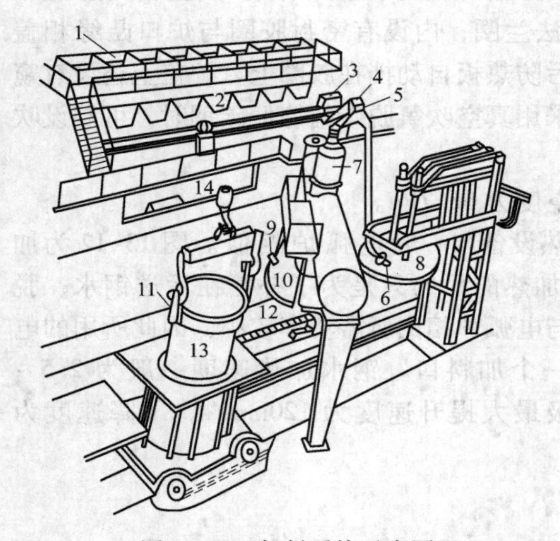

图13-13 加料系统示意图

1—高架式料仓；2—振动给料器；3—称量车；4—皮带运输机；5—布料器；6—加料孔；7—真空罐；8—加热炉盖；9—窥视孔；10—真空炉盖；11—吊耳；12—电缆车；13—钢包炉；14—操纵室

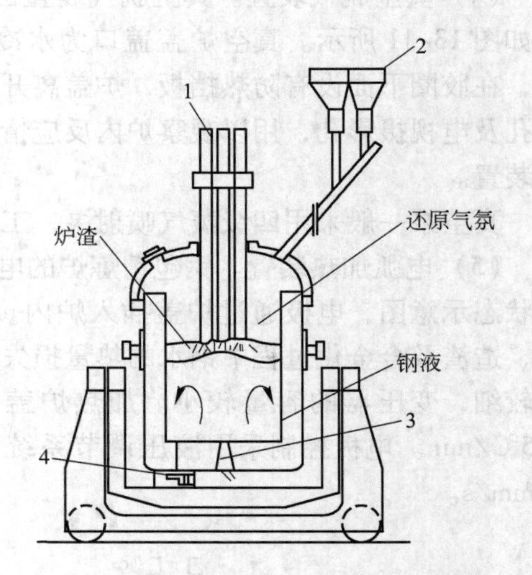

图13-14 LF炉示意图

1—电极；2—合金漏斗；3—透气砖；4—滑动水口

（1）炉体。LF炉的炉体是一个钢包，但与普通钢包有所不同。这种钢包的上口有水冷法兰盘，通过密封橡皮圈与炉盖密封，以防止空气的侵入。钢包底部有出钢用的滑动水口及吹惰性气体的透气砖。

（2）炉盖。LF炉炉盖是水冷的，炉盖内层衬有耐火材料。为了防止钢液喷溅引起炉盖与包体的粘连，在炉盖下还吊挂了一个防溅挡板。

整个水冷炉盖在四个点上用可调节的链钩悬挂在门形吊架上，吊架上有升降机构，可根据需要调整炉盖的位置。

有真空脱气系统的LF炉，除上述加热盖以外，还有一个真空炉盖与真空系统相连，用来进行钢液脱气。

LF炉的两种炉盖上都设有合金加料口、渣料加料装置及测温或取样装置。

（3）电弧加热装置。LF 炉所用的电弧加热系统，与炼钢电弧炉相同，由三根石墨电极与钢液间产生的电弧作为热源，故加热设备也与电炉基本相同。其不同之处是 LF 炉内无熔化过程，而且采用的是埋弧加热方法，所以与电炉相比，可采用较高的二次电压。

（4）加料装置。LF 炉一般在加热工位的炉盖上设合金及渣料料斗，通过每个料斗的导向阀，定量地加入所需的合金或渣料。

有真空系统的 LF 炉，一般在真空室盖上设合金和渣料的加料装置，其结构基本上同加热时所用，只是在各接头处均需加上真空密封阀。

（5）除渣装置。LF 炉精炼功能之一是靠还原性白渣精炼。为此，在 LF 炉精炼之前，必须将氧化性渣去掉。因此，LF 炉必须具备除渣的功能。除渣的方式有两种：

1）当 LF 炉采用多工位操作时，可在放钢包的钢包车上设置倾动、扒渣装置。当钢包车开到扒渣工位时，即可进入扒渣操作。

2）如果 LF 炉采用固定位置、炉盖移动形式时，则需把钢包倾动装置设在 LF 炉底座上，在精炼前先扒渣，加新渣料，再加热精炼。

（6）真空泵。同其他的钢包精炼炉一样，LF 炉所采用的真空泵大多数也为蒸汽喷射泵，与机械泵相比，喷射泵更适用于冶金过程。因为它不必顾虑排气温度、抽出气体中的微小渣粒及金属尘埃等，而且还具有机械泵无法比拟的巨大排气能力。蒸汽喷射泵的抽气能力取决于处理的钢水量、钢种及处理时间。LF 炉的极限真空度一般采用 66.7Pa（0.5mmHg）。

（7）喷粉装置。LF 炉精炼时常采用喷粉设备对钢液进行脱硫、净化及微合金化等操作。喷粉设备包括钢包盖、喷枪、粉料分配器和粉料料仓等。喷粉采用高纯氩气做载流气体。

（8）LF 炉的计算机控制。其主要功能有：

1）进行冶金模型计算，连续地估算钢水温度、成分、重量等，并且由此计算产生合金添加量、电极加热、吹氩数据、喂丝数据的设定值。

2）进行炉次生产过程的动态跟踪（对合金加料、电极加热、吹氩、喂丝系统进行生产数据实时跟踪记录）。

3）最佳炉渣成分计算和渣料添加量计算。

4）氩气流量的计算和控制。

5）进行重要的设备状态监视和重要的事件监视，包括操作监视、添加料监视、故障监视等。

6）通过与化验中心计算机的数据通讯，实现完成生产计划的接收，化验数据的实时接收。

7）通过与转炉、连铸系统的网络连接，完成重要的生产数据传递。

8）处理、打印生产报表。

LF 炉的总体布置如图 13-15 所示，设有扒渣工位、真空脱气工位、加热工位及喷粉工位。

LF 炉与其他钢包炉相比投资少，设备上技术难点少，由于真空脱气、包底透气砖吹氩及电弧加热都是成熟的技术，设备的可靠性大，维修工作量小。

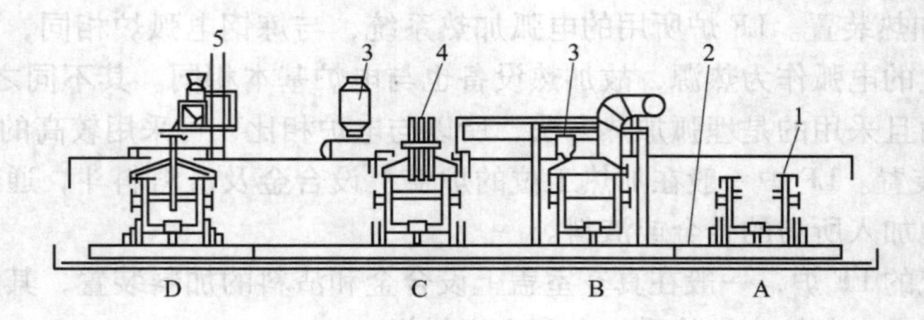

图 13-15 LF 炉总体布置

1—钢桶；2—电动台车；3—合金料斗；4—电极；5—粉末供给装置；
A—扒渣及称重；B—真空脱气；C—电弧加热；D—喷粉

13.2.4 VOD 炉设备

VOD 是"吹氧真空脱碳法"英文字头缩写，是西德 EW 公司 1967 年发明的。世界上第一台 VOD 炉的结构如图 13-16 所示。它是由真空罐、钢包、真空泵、氧枪、加料系统、终点控制仪表和取样测温装置等组成。

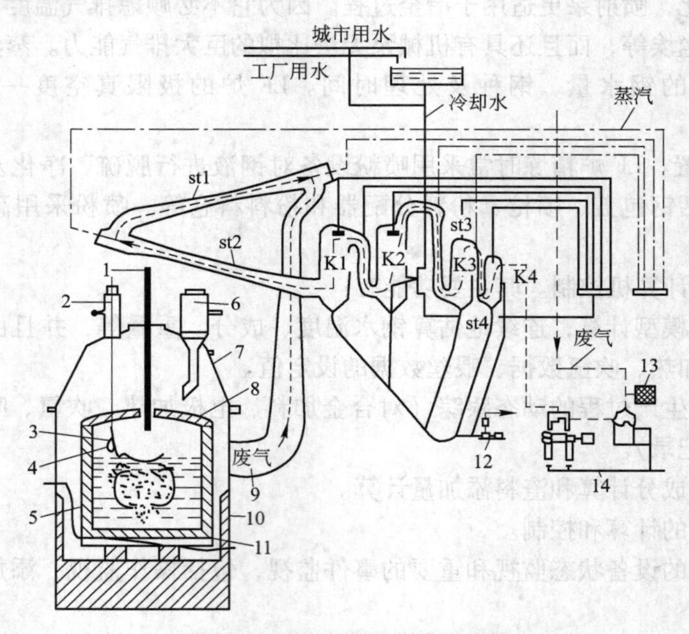

图 13-16 VOD 炉的设备示意图

1—氧枪；2—取样，测温；3—热电偶；4—样模；5—钢桶；6—合金料仓；7—罐盖；8—防溅盖；9—废气温度测量；10—真空罐；11—滑动水口；12—冷却水泵；13—EMK 电池；14—水环泵；st1～st4—蒸汽喷射泵；K1～K4—冷凝器

（1）真空罐。VOD 炉在结构上有两种形式：一种是罐式，即钢包置于真空罐内进行精炼；一种是桶式，即钢包本身加真空室盖，并在其中进行精炼，不设真空罐。两种方式各有优缺点，但实践使人们认识到罐式 VOD 的优越性是完全可以弥补其缺点的。真空罐的结构参数决定于容量。为了防止漏钢，真空罐下应设防漏盘，其容量应能容纳全炉钢水和炉渣，以免损坏罐体。罐式 VOD 炉密封结构有水汽密封和充氮双密封两种形式。为了减少钢渣喷溅和防止罐盖过热，在精炼钢包和罐盖之间设有防溅盖。

（2）钢包。由于VOD炉有罐式和桶式的区别，钢包的结构也有所不同。罐式的钢包不设密封法兰，钢包的自由空间可以比较小。桶式VOD炉的钢包为了密封应设有法兰，为保护法兰，其自由空间比前者要加高25%~50%，往往要求有1.5~2m的自由空间以承受激烈的沸腾。和罐式VOD炉一样，为了预防钢渣喷溅，桶式钢包除了包盖之外，也应另设防溅盖。包衬目前多采用镁铬砖或镁白云石砖。为了加速脱碳，一般将透气砖装于包底中心部位。

（3）真空泵。因向真空室吹入氧气进行脱碳时，会产生大量CO气体，必须及时抽出，所以和其他精炼设备相比，VOD所配的真空泵抽气能力应该大一些。

（4）氧枪。VOD炉的氧枪可分为两种类型：一种是普通钢管或在钢管上涂耐火材料的消耗式氧枪；另一种为水冷非消耗式氧枪。后者又分为直管和拉瓦尔式两种。目前拉瓦尔氧枪用得较多，因为它使用起来稳定可靠，寿命很长，可以有效地控制气体成分，可以增强氧气射流压力。

（5）加料系统。VOD炉的加料系统设于真空室盖上，采用多仓式真空料仓，于加料前预先将料加入料仓，在精炼过程中按工艺要求分批将料加入炉内。

（6）吹炼终点控制仪表。为了控制VOD炉吹炼过程，一般采用以氧浓差电池为主，废气温度计和真空计为辅的废气检测系统。在备有红外线气体分析仪和热磁式定氧仪的VOD炉上，也可以利用吹炼过程中炉气的CO、CO_2和O_2含量变化来判断吹炼终点。

13.2.5 钢包吹氩及CAB、CAS-OB设备

13.2.5.1 钢包吹氩设备

钢包吹氩是目前应用最广泛的一种简易炉外精炼方法。它可以均匀钢水的温度和成分，脱除钢水中的气体和非金属夹杂物，改善钢水的浇注性能，同时设备简单、投资少、操作方便。一般钢厂都规定连铸钢水必须经过吹氩处理。

钢包吹氩的方式基本上分为顶吹和底吹两种方式。

顶吹是从钢包顶部向钢水内垂直插入一根吹氩枪吹氩精炼，氩枪是由厚壁钢管和高铝或黏土袖砖组成，顶端装有一个透气砖，氩气由钢管引入经透气砖吹入钢水中。氩枪装在平台上并由机械带动升降。有些钢厂在炼钢车间内安装一个吹氩台，如图13-17所示。

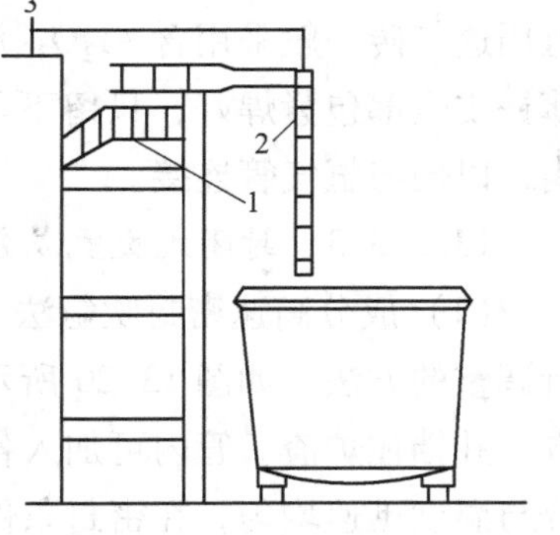

图13-17 吹氩台
1—吹氩平台；2—氩枪；3—流量计

底吹是在钢包底部安装透气砖，氩气通过透气砖吹入钢水中。吹氩用的透气砖是由高铝质材料制成，其形状如截头圆锥，外面包有钢套。钢套底部焊有空心螺栓，如图13-18所示。用钢套包住透气砖，是为了防止氩气从透气砖的边上跑掉，使全部氩气从透气砖上面流出以搅拌钢液。透气砖安装的最佳位置是在钢包底半径的中心。对容量大的钢包可采用多孔式透气砖，增强对钢液的搅拌能力。实践表明，采用底部透气砖吹氩，设备简单，适应性强，搅拌效果好；可随时吹氩，可在出钢结束吹氩，也可在出钢过程中吹氩，甚至可在钢包移动过程中吹氩。它适用于对钢液质量有较高要求的场合，特别是当钢液还须进一步精炼时，一般都采用底部吹氩的方法。

透气砖的安装方式有内装式和外装式两种。钢包内衬使用寿命和透气砖寿命同步，可采用内装式。外装式便于更换透气砖，劳动条件较好。

在钢包吹氩过程中，需要进行合金成分的微调、测温及取样等操作，为此在吹氩点还设置有测温、取样及铁合金加入装置，并设有操作台，进行吹氩压力和流量的调整等操作。

13.2.5.2 带盖钢包吹氩法（CAB法）设备

带钢包盖加合成渣吹氩精炼的CAB法的示意图见图13-19。

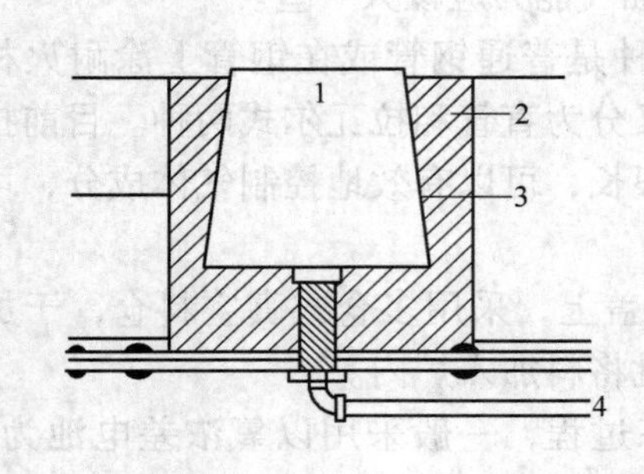

图13-18 透气砖安装图

1—透气砖；2—耐火泥；3—钢套；4—通氩管

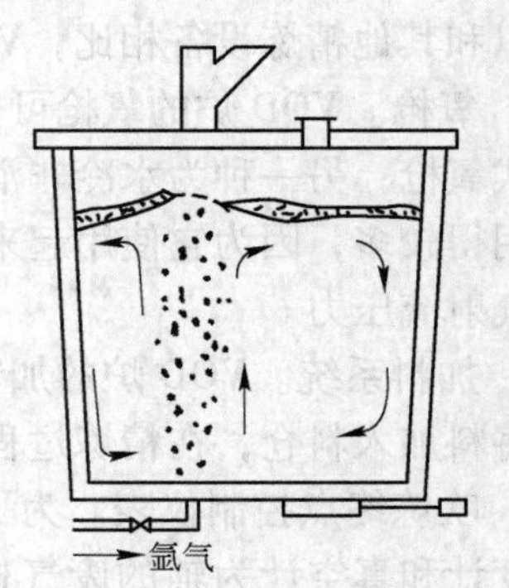

图13-19 CAB法示意图

带盖钢包吹氩法所用钢包，其浇钢口必须采用滑动水口。钢包盖外壳为钢板焊成，内衬耐火材料。盖上一般有测温孔、窥视孔及合金加入口。合金加入口要求设在吹氩口的上方，这样有利于合金的均匀熔化。钢包内衬一般采用熔点高、性能比较稳定的高铝砖。吹氩用透气砖一般采用含 Al_2O_3 大于85%的高铝砖。在使用时，透气砖周围先用0.5mm的薄铁皮全部包紧焊好，只留下与钢液接触的一端不包铁皮，与此相对的另一端焊有吹氩嘴，以便与氩气管连接。

13.2.5.3 封闭式吹氩成分微调法

（1）成分高速密封吹氩法（CAS法）。CAS法是用来在钢包内对钢液合金元素含量进行调整的方法。如图13-20所示，将一个带盖的耐火材料管隔离罩插入钢液内吹氩口上方，并挡住炉渣。管内可加入各种合金元素进行微合金化。由于钢液受底部吹氩搅拌，成分与温度迅速均匀，在密封条件下受氩气保护的合金收得率很高，对镇静钢而言钛收得率100%、铝回收率85%。

（2）吹氧升温精炼法（CAS-OB法）。CAS-OB法是在CAS装置上加一支氧枪，并在过程中加铝调温，如图13-21所示。CAS-OB法的设备由底吹氩系统、合金称量及加入系统、隔离罩（耐火管）及升降机构、氧枪及升降机构、烟气净化系统、自动测温取样装置等组成。

CAS-OB法的精炼作用是：均匀钢液成分和温度，加热钢液，微调合金成分，降低钢中气体和非金属夹杂物等。由于加热是采用化学热法，故升温速度快，同时省掉电弧加热设备。这是一种既经济又高效率的精炼方法。

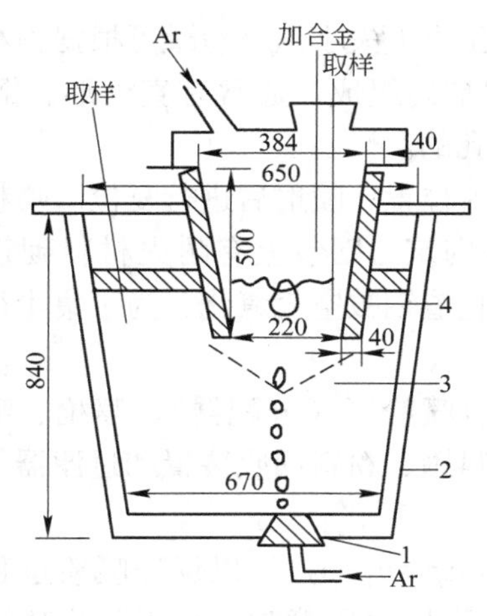

图 13-20 CAS 法示意图

1—透气砖；2—钢包；3—装入钢包时的挡渣帽；
4—高铝耐火材料管

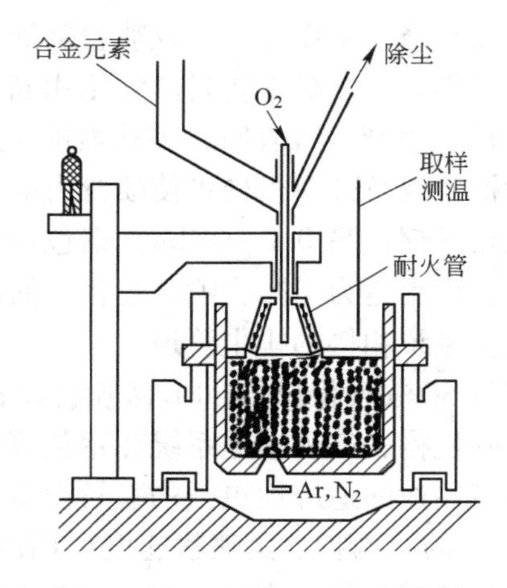

图 13-21 CAS-OB 吹氧升温精炼法

13.2.6 钢包喷粉设备

钢包喷粉是利用氩气作载体，将粉料直接喷射到钢包中钢液深部的一项技术。钢包喷粉主要以提高质量为目标，可以脱氧、脱硫、改变夹杂物形态和微量合金化等，也能改善钢的浇注性能及机械性能，对于电炉还可以缩短冶炼时间。它是一种快速精炼手段，与其他炉外精炼方法相比具有设备简单、投资少、操作费用低、灵活性大等优点，所以是目前提高钢质量最有效的方法之一。目前生产中应用的钢包喷粉方法主要有 TN 法和 SL 法，其设备如图 13-22 和图 13-23 所示。

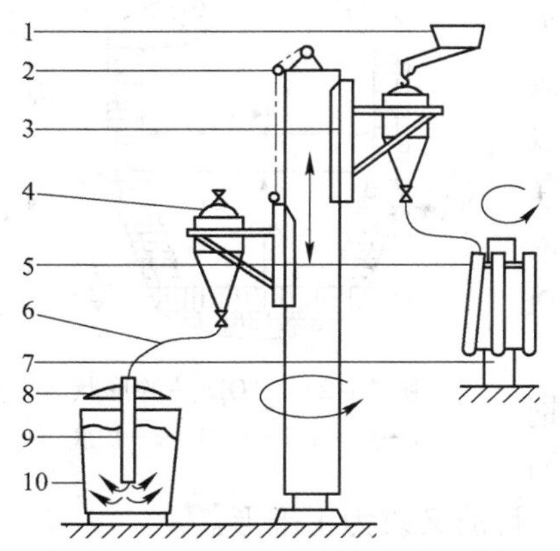

图 13-22 TN 法喷粉设备示意图

1—粉剂给料系统；2—升降机构；3—可移动悬臂；
4—喷粉罐；5—喷枪；6—喷吹管；7—喷枪架；
8—钢包盖；9—工作喷枪；10—钢水包

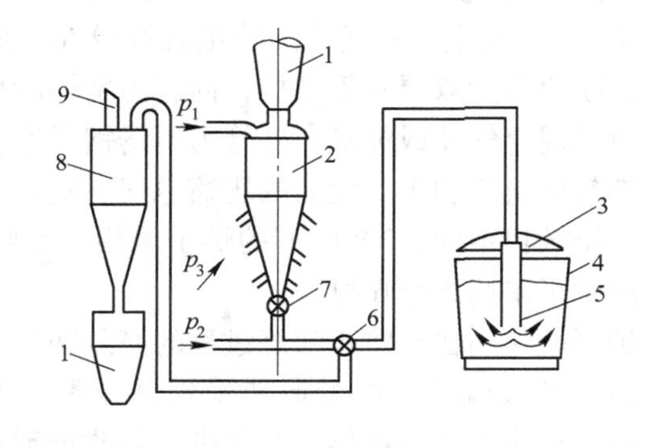

图 13-23 SL 法喷粉设备示意图

1—密封料罐；2—分配器；3—钢包盖；4—钢水包；5—喷枪；
6—三通阀；7—喷嘴；8—分离器收粉装置；9—过滤器；
p_1—分配器压力；p_2—喷吹压力；p_3—松动压力

（1）TN 法喷粉设备。TN 法设备较简单，由喷粉罐、喷枪、喷枪旋转及升降机构、给料系统、气体输送系统和钢包等组成。其特点是喷粉罐容积小，可装在悬臂上与喷枪一起旋转和升降，操作方便；且喷粉罐到喷枪距离短，压力损失小。喷粉罐可根据物料特性全流态或部分流态输送物料。喷枪由特殊钢管和特制袖砖组成，通常有直筒形、倒 Y 形和倒 T 形。生产实践表明，多孔喷枪使用效果优于单孔的。

喷枪放置及升降机构可使喷枪由准备位置进入喷射位置，喷射后进行复位。喷粉用钢包要比普通钢包高 0.2～0.3m，钢包内衬用白云石砖砌筑。钢包上有耐火材料砌筑的包盖，主要作用是为了减少喷吹过程中的热量损失和防止渣钢被空气氧化，为了集尘往往装有与除尘系统相接的排尘管道。

（2）SL 法喷粉设备。SL 法喷粉设备较完善，除有喷粉罐（分配器）、喷枪、喷枪旋转及升降机构、气体输送系统和钢包等外，还有密封料罐、粉料回收装置和过滤器等。它是一种多用途的适应性更强的喷粉设备。

SL 法的结构特点是喷粉速度可用压差原理控制（$\Delta p = p_1 - p_2$），以保证喷粉过程顺利进行，当喷嘴直径一定时，喷粉速度随压差而变化，采用恒压喷吹，利于防止喷溅与堵塞；另一特点是设有粉料回收装置，当更换粉料时可将分配器中残存的粉料通过三通阀送至粉-气分离器回收。使用该装置还可进行假喷试验，从而获得顶气、流态化和喷口气体的压力与流速的最佳数据。SL 法钢包采用烧成的黏土砖或高铝砖作内衬。

13.2.7 AOD 炉设备

AOD 法（即氩氧脱碳法）是 1968 年美国联合碳化物公司（UCC）发明的不锈钢精炼技术。AOD 炉设备一般由炉子本体、供气系统、供料系统、除尘系统和控制系统五部分组成。

（1）炉子本体。AOD 炉类似于氧气转炉，炉子本体由炉体、托圈、支座和倾动机构组成。

图 13-24 为 AOD 炉型图。炉体由炉底、炉身和炉帽三部分组成。炉底为倒锥形，其侧壁与炉身间夹角为 20°～25°。吹入氩、氧气体的喷枪就埋设在炉底侧壁风口处。喷枪多为双层套管结构，内管为紫铜所作，用以通入氩氧混合气体或纯氩；外管为不锈钢所作，用以通入冷却气体氩氮和干燥无油的压缩空气。随炉子容量不同，喷枪数目不同，20t 以下的炉子采用 3 个喷枪，90t 以上的炉子采用 5 个喷枪。

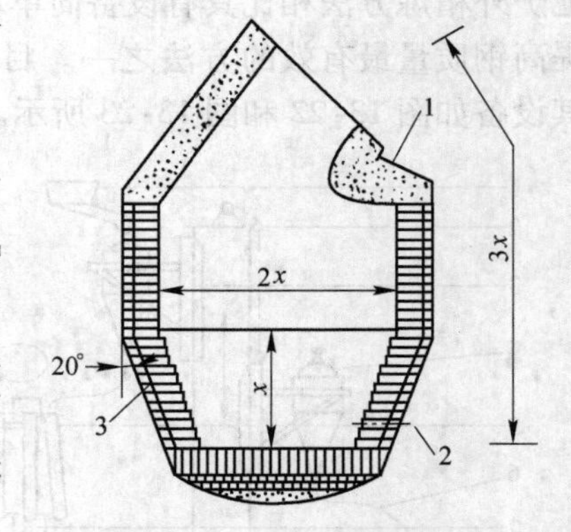

图 13-24 AOD 炉的形状
1—炉帽；2—风口；3—炉底

炉帽的作用在于防止吹炼过程的喷溅和装入初炼钢水时钢水进入风口。炉帽最初采用圆顶形，因砌筑困难，后来逐步改为斜锥形。为了进一步改进砌筑条件，目前又改为正锥形。

AOD 炉的精炼温度高，酸性炉渣作用期长，受高速炉气、炉渣、钢液的涡流冲刷作用剧烈，炉衬蚀损严重。镁钙系耐火材料已成为当今 AOD 炉炉衬耐火材料的首选。近年来通过对 AOD 炉技术和装备的改进，炉衬寿命不断提高，目前 AOD 炉衬寿命平均为 200 次左右。

托圈起支持、倾动和换炉体作用，托圈上设有耳轴，耳轴通过轴承将炉体重量承担于两个支座之上。倾动机构通过电动机和减速装置可使炉体向前后倾动。

（2）供气系统。AOD炉是氩、氧和氮气的使用大户，为了贮存足够的气体，需要分别配置贮存氩、氧和氮气的球罐。为了向AOD炉输送气体，需要铺设相应的管道和配备必要的闸门。在AOD炉上使用着两种气体，一种为按一定比例混合的气体，称工艺气体，另一种为冷却喷枪的气体。为了按一定的压力和比例配备混合气体和冷却气体，需要装设相应的混气包和配气包以及流量计、流量调节阀、压力调节阀等。图13-25为某厂18t AOD炉的供气系统图。供气系统按工艺设定后，可程序控制，也可手动控制。

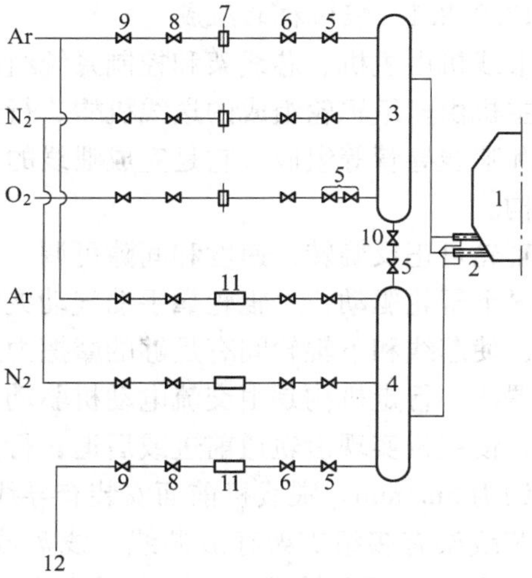

图13-25 18t AOD炉的供气系统

1—18t AOD炉；2—喷枪；3—混气包；4—配气包；5—快速切断阀；6—流量调节阀；7—孔板流量计；8—压力调节阀；9—截止阀；10—止回阀；11—转子流量计；12—无油干燥压缩空气

（3）供料系统。为了减轻劳动强度，使造渣材料（石灰、萤石）和铁合金（硅铁、硅铬）装炉机械化，需要设置足够数量的高位料仓，每个料仓下面装设电磁振动给料器。而为了运送这些材料还需要装置抓斗和皮带运输机等运输工具。

（4）除尘系统。AOD在进行吹氧脱碳时排放的CO、CO_2等气体量极大，由此夹带出的粉尘量也极为可观，如不采取措施消除，势必超过国家规定的粉尘排放标准。AOD炉多采用干式滤袋除尘法。炉气经炉口混合燃烧，冷却到300℃左右，再经混合管二次混风冷却到100℃左右进入滤袋除尘器。烟气经滤袋净化后，由风机抽出，经烟囱放入空气中。如进入滤袋前烟气温度超过120℃，则通过管道上的切断阀控制，烟气经旁通管，再经抽风机进入烟囱而排至空气中，从而保证滤袋除尘器的安全运行。实践结果表明，经除尘后炉气含尘量为45mg/m^3，这说明滤袋除尘器的净化效果是相当理想的。

（5）控制系统。AOD炉的控制系统主要有如下控制功能：

1）对生产过程中各类气体压力、流量和消耗进行显示和控制。

2）对炉体运转动作进行显示和控制。

3）对生产各期工序（包括测温、取样、拉渣等）进行显示和控制。

4）对各类气体管道、阀门的动作，实行自动化控制，并在屏幕上用画面来显示。

除此之外还设有各类打印机，以便记录操作过程中各类工艺参数和消耗指标。其主要控制方式是通过集散控制仪进行控制，通过屏幕进行显示。另外，用PLC来控制AOD炉的倾动角度和各工序的动作。

13.2.8 喂线机

喂线机也称喂丝机，它作为一种炉外精炼装置现已在国内外广泛采用，对于脱氧、脱硫、合金化、改善钢水浇注性能、改变夹杂物形态均有明显效果。喂线机可将包有合金的芯线以一定的速度直接喂入钢包、中间包、中注管或结晶器内钢液中。

13.2.8.1 喂线机的组成

喂线机由主机、芯线架和控制系统组成，如图13-26所示。

主机由多组辊轮组成的送线机构、行走小车和喂线导管等组成。它是完成喂线的执行机构。

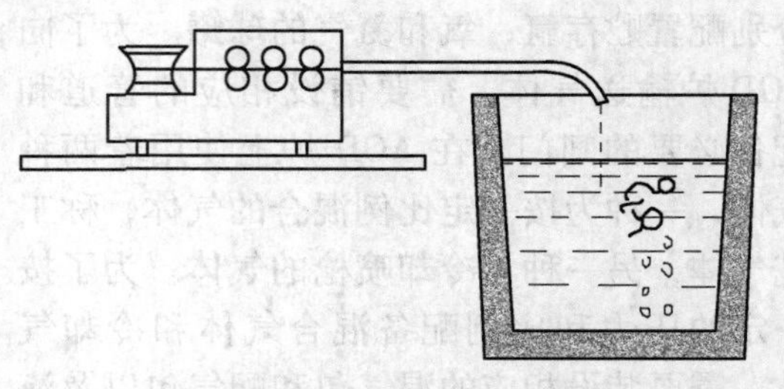

图13-26 喂丝法示意图

辊轮可正反旋转，速度和间隙可调。包芯线靠下辊轮驱动，上辊轮靠手动气动夹紧芯线，使芯线和下辊轮间有足够的摩擦力来实现喂线。行走机构是由交流电动机驱动的小车，使主机实现沿轨道前进或后退，行走速度约为5m/min。喂线机前面安装有导线管装置，导线管可升降，并可拆下更换。

芯线架有多组支架存放芯线，线盘放在线架上，调整拉紧螺栓，线盘将牢固地固定在线架上，即可开始喂线。外抽头线架，放线盘可转动，线架上设有抱闸机构和控制系统。

喂线时，喂线机把芯线从放线盘拉出矫直后经导线管垂直喂入钢液中。为了控制芯线的喂入速度和长度，喂线机上装有显示喂线长度的计数器和速度控制器，整个喂线过程由计算机自动控制。芯线以一定的速度喂入预定长度后，喂线机自动停止工作。控制系统的控制包括小车进出和停开控制、导线管升降控制、芯线夹紧控制、芯线输送速度快慢和停开控制、粉铁比设定和芯线长度设定及喂线速度设定控制等。

13.2.8.2 喂线机的形式

喂线机按喂线根数可分为单线和双线两种。一般双线喂线机比较多，它可同时喂入包芯线和裸铝线，也可以单独喂入其中一根线。

喂线机按放线盘抽头形式又可分为内抽头（放线盘不转）和外抽头（放线盘转动）两类。外抽头式可使用各种不同断面形状的芯线，但必须要注意线架抱闸的同步，设备可靠性要求高，送线动力要大。内抽头式不需要带抱闸的线架，但启动时因芯线拉动的惯性易造成散乱和折断。内抽头式拉线时芯线会扭曲，每抽一圈会扭转360°，这要求芯线的断面必须是圆形。

13.2.8.3 喂线机的性能

几种喂线机的主要功能及其特性参数见表13-1。

表13-1 几种喂线机主要功能及特性参数

生产厂	型号	外形尺寸 /mm	重量 /t	功能	电动机功率 /kW	调速范围 /m·min^{-1}	适用线径 /mm	夹紧装置	控制系统
黑龙江冶研所	WXJ-1	1860×860×1540	1.7	单线或双线喂送	7.5	0~200	6~13 7×3.5 12×6 12×7	电动	单片机控制自动打印
上海钢铁工艺所	WF-2	1100×800×1600	1.7	双线喂送	7.5	0~300	6~13	电动	单片机控制自动打印

续表 13-1

生产厂	型号	外形尺寸 /mm	重量 /t	功能	电动机功率 /kW	调速范围 /m · min^{-1}	适用线径 /mm	夹紧装置	控制系统
河南巩县	WX-123-3B	2000×720×1700	2.98	单线或双线喂送	14	10~400	9~13	电动	微机控制自动打印
上海钢铁工艺所	WF-3	1200×800×1600	2.27	单线或双线喂送	15	60~600	10~18	液压	PLC 微机调频
日本			0.95		5.5	100~300	3~10		

13.3 精炼炉岗位日常点检

精炼炉岗位日常点检内容及标准见表 13-2。

表 13-2 精炼炉岗位日常点检

区域：精炼炉　　　　年　月　日

点检部位		点检内容	点检标准	点检周期	设备状态		点检方法		点检记录		
					运转	停止	五感	仪器	白班	中班	夜班
水冷炉盖及升降装置	室内操作台	按钮、手柄	无犯卡，无松动，接触良好	1/S							
	控制柜	盘面	防护紧固良好	1/S							
	炉盖	主进回水胶管	无漏水	1/S							
		金属软管	无漏水	1/S							
		炉盖本体	无变形、漏水、无积渣	1/S							
		水流量	在许可范围内	1/S							
液压系统	液压油站	油泵	运行平稳、无杂音	1/S							
		液压管路	无漏油	1/S							
		阀件密封	无变形、无漏油	1/S							
		冷却器	无渣、无漏水	1/S							
		系统压力	在许可范围内	1/S							
皮带上料系统	料仓	仓体	无裂纹开焊	1/D							
		漏斗	无裂纹开焊	1/D							
	闸板阀	气缸推杆	无泄漏	1/D							
		气缸推杆	平稳	1/D							
		闸板阀	开关灵活可靠	1/D							
		闸板阀	不漏料	1/D							
		扇形阀连接	无变形开焊	1/D							
	给料器	给料器	振料标准、给料流畅不漏料	1/D							
	减速机	减速机	平稳、无杂音	1/D							
		地脚螺栓	无松动脱落	1/D							

续表 13-2

点检部位		点检内容	点检标准	点检周期	设备状态		点检方法		点检记录		
					运转	停止	五感	仪器	白班	中班	夜班
皮带上料系统	皮带	皮带	不漏料、不漏芯	1/D							
		皮带	不跑偏	1/D							
		调心托辊	调节灵活	1/D							
	卷筒	运行	运转灵活、无杂音	1/D							
		地脚螺栓	无松动脱落	1/D							
	联轴器	螺栓	无松动	1/D							
	行走减速机	减速机	平稳、无杂音	1/D							
		轴承	平稳、无杂音	1/D							
		地脚螺栓	无松动脱落	1/D							
除尘系统	行走机构	车轮	运行平稳	1/D							
		链条	无严重磨损	1/D							
		链条	润滑良好	1/D							
		漏斗	无漏料	1/D							
		漏斗	无变形开焊	1/D							
		轴承	润滑良好	1/D							
	除尘管道	管道	密封良好	1/W							
	除尘集尘罩	减速机	平稳无杂音	1/D							
		链条	润滑良好、无严重磨损	1/W							
		罩体	无开焊缝隙	1/W							
		车轮	运转正常、润滑良好	1/W							
重要情况说明：									点检人员	点检人员	点检人员

说明：W—周，D—日，S—班；○—选定的设备状态，△—选定的点检方法；正常打“√”、异常打“×”

复习思考题

13-1 什么是炉外精炼？炉外精炼的意义是什么？

13-2 试根据图 13-2 简要说明各种精炼方法的特点。

13-3 RH 法主要由哪些设备组成？

13-4 RH-OB 法设备与 RH 法设备有何区别？

13-5 ASEA-SKF 设备有哪些特点？

13-6 LF 法与 ASEA-SKF 法设备有何区别？

13-7 VOD 炉由哪些设备组成？

13-8 钢包吹氩装置有哪两种形式？

13-9 TN 法与 SL 法的设备各有何特点？

13-10 AOD 法供气系统包括哪些设备？

13-11 喂线机的结构是怎样的？

第4篇 铸钢设备

钢水的浇注，一是模铸工艺，成品为钢锭；另一是连铸工艺，成品为连铸坯。

模铸（mould casting）就是把钢水注入钢锭模（ingot mould）中，使之凝固成钢锭。这是一种传统的浇铸方法，操作复杂，生产效率低，劳动条件差，能耗高，原材料消耗大。目前模铸工艺已基本淘汰被连铸取代。

连铸为连续铸钢（continuous casting of steel 或 continuous steel casting）的简称。把各种炼钢方法所得到的成分、温度合格的钢水，连续不断地浇注在一个或一组实行强制水冷并带有“活底”的铜模内，待钢水凝固成一定厚度的凝固壳后钢水便与“活底”粘结在一起，用拉辊咬住与“活底”相连接的装置，这样铸坯就会连续从铜模下口被拉出来，这就是连续铸钢。

14 连铸设备

14.1 连铸概述

14.1.1 连铸的设备组成与发展历程

连铸主体设备主要包括钢包回转台、中间罐及中间罐车、结晶器及其振动装置、二次冷却及拉坯矫直装置、引锭杆及回收装置、切割装置和铸坯输出装置。

亨利·贝塞麦是提出连铸思想的第一人。他在1858年钢铁协会伦敦会议的论文《模铸不如连铸》中提出了这一设想，但一直到20世纪40年代，连铸工艺才实现工业应用。

1933年，德国容汉斯（S. Junghans）奠定连铸在工业上的应用基础。

1950年，容汉斯与联邦德国的曼内斯曼（Menesmen）公司，建成世界上第一台连铸机。

1963~1964年曼内斯曼公司相继建成了方坯和板坯弧形连铸机，对连铸的推广起了很大作用。其后康卡斯特（Concast）公司在瑞士冯·莫斯（Von Moos）厂建设小方坯弧型连铸机，1964年康卡斯特公司设计制造的板坯弧型连铸机在联邦德国的迪林根（Dillinger Huttenwerke）厂投产。中国是从1960年开始试验弧型连铸机，在北京钢铁学院（北京科技大学前身）的附属钢厂建立了试验装置，并浇成200mm×200mm的方形铸坯，1964年在重庆钢铁厂建成一台大型板坯弧型连铸机。

从2008年起我国连铸比一直保持在98%以上，2010年铸坯产量达6.27亿吨，连铸比98.12%。目前我国连铸机的设计作业率80%左右，实际作业率80%~90%，许多连铸机的作业率已经超过90%。近年来，兴澄特钢1000mm特大圆坯连铸机、新余钢铁420mm超厚板坯连铸机和360mm×480mm特大合金钢矩形坯连铸机的投产，展现出我国连铸设备设计、生产和制造水平已经达到了世界先进水平；宝钢宁波钢铁薄带连铸工业线的建设，标志着我国连铸装备技术进步的步伐已经跟上世界潮流。

14.1.2 连铸的特点

与模铸-开坯工艺比较，连铸工艺简化了钢坯生产的工艺流程，钢水至钢材的收得率可提高10%~14%，耐火材料的消耗降低14%，热能消耗降低70%~80%，成本降低10%~20%，占地面积减少近30%。此外，连铸工艺还节约基建投资，改善劳动条件，为炼钢生产向连续化、自动化方向的发展提供了条件。

14.1.3 连铸机型及其特点

连铸机的机型经历了立式、立弯式、弧形、椭圆形和水平式的发展过程，形成了目前多种机型共存的局面。

（1）立式连铸机。立式连铸机是应用最早的一种形式（如图14-1所示）。设备沿结晶器中心线垂直安装。其主要优点是：钢流易于控制，铸坯四面冷却均匀，冷却强度易于控制，铸坯在运行过程中不受矫直应力的影响，铸坯质量好。但铸机很高，向空中或是地下发展困难，设备重量大，投资多，限制了立式连铸机的发展。近年来新建的连铸机已不采用立式。但也有人认为，某些特殊钢种，质量要求很高，只能采用立式连铸机浇注。

（2）立弯式连铸机。为了解决立式连铸机高度太大的问题，发展了立弯式连铸机，如图14-2所示。它的上部与立式连铸机相同，仅下部不同。铸坯通过拉坯机以后，用顶弯装置将铸坯弯曲，然后在水平位置矫直出坯。立弯式的主要优点是：水平方向出坯使铸坯定尺长度不受限制，也便于与轧机相连，为实现连铸连轧创造了条件。但是，铸坯经过先弯曲后矫直两次变形，容易产生裂纹，且高度降低有限。现在新建的连铸机已不用立弯式连铸机机型。

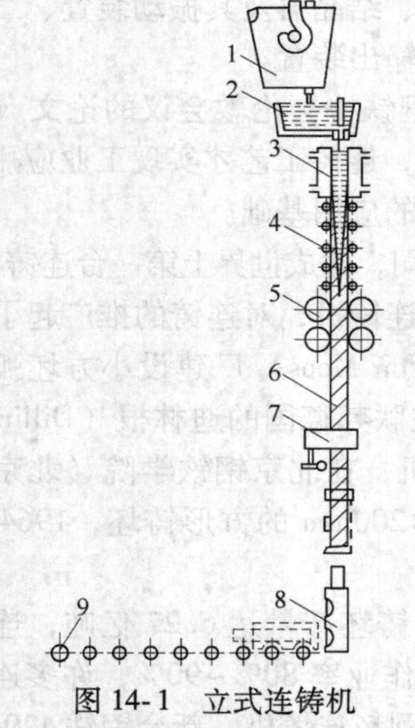

图14-1 立式连铸机

1—钢包；2—中间包；3—结晶器；
4—二次冷却装置；5—拉坯机；
6—铸坯；7—切割设备；8—翻钢机；
9—运输辊道

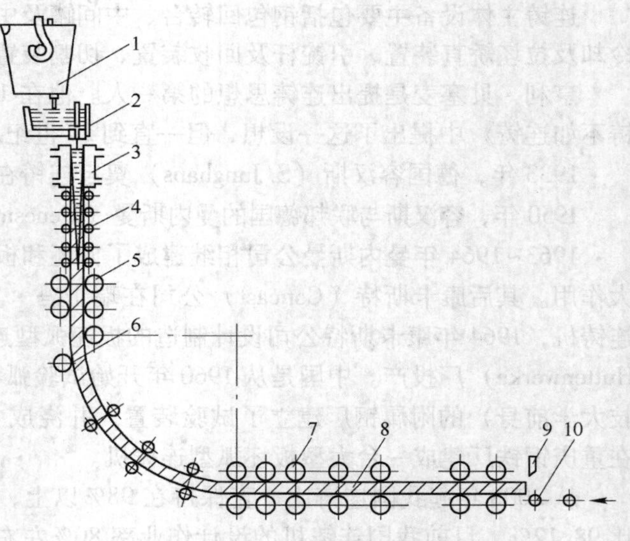

图14-2 立弯式连铸机

1—钢包；2—中间包；3—结晶器；
4—二次冷却装置；5—拉坯机；
6—弯坯装置；7—矫直机；8—铸坯；
9—切割设备；10—运输辊道

（3）弧形连铸机。弧形连铸机是在立弯式连铸机的基础上发展起来的连铸机，如图14-3所示。其结晶器和二次冷却区布置在半径相同的弧线上，弧形铸坯经过二次冷却区以后，在水平位置经矫直机矫直，然后切成定尺。它的主要优点是，在不缩短二次冷却区长度的前提下，显著地降低铸机的高度，同时省去了翻钢机、顶弯机等设备；由于设备重量减轻，投资减少；此外它还有立弯式水平出坯的长处。它的不足之处是钢水在内外弧两侧的凝固条件不同，夹杂物向内弧偏析；铸坯矫直时容易产生内部裂纹。直结晶器弧形连铸机和多点矫直弧形连铸机，基本上克服了上述缺点。弧形连铸机由于优点显著而得到了迅速发展。

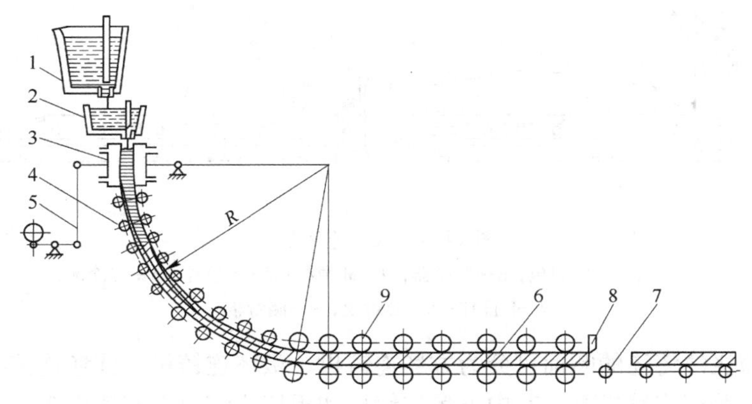

图14-3　弧形连铸机生产流程

1—钢包；2—中间包；3—结晶器；4—二次冷却装置；5—振动装置；6—铸坯；7—运输辊道；8—切割设备；9—拉坯矫直机

（4）椭圆形连铸机。椭圆形连铸机是弧形连铸机的另一种形式，如图14-4所示。椭圆形连铸机的二次冷却区是不同曲率半径的几段弧线组成，进一步降低了铸机高度。与弧形连铸机相比较，它的二次冷却区的设备加工制造及安装调整均较困难，而且由于各段曲率不同，没有设备互换性。椭圆形连铸机又分为低头和超低头连铸机。

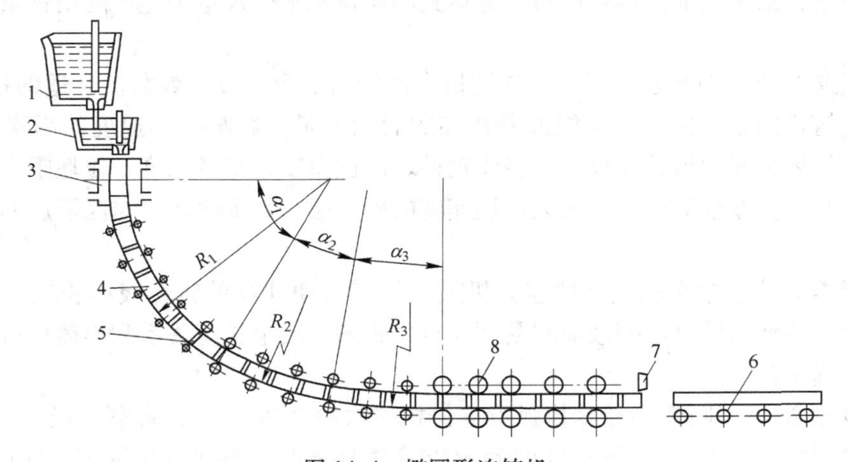

图14-4　椭圆形连铸机

1—钢包；2—中间包；3—结晶器；4—引锭；5—二次冷却装置；6—运输辊道；7—切割设备；8—拉坯矫直机

（5）水平连铸机。水平连铸机的基本特点是它的中间包、结晶器、二次冷却装置和拉坯装置全都放置在地平面上呈直线水平布置，如图 14-5 所示。水平连铸机的优点是机身高度低，适合老企业的技术改造，同时也便于操作和维修；水平连铸机的中间包和结晶器之间采用直接密封连接，这样可以防止钢水的二次氧化，提高钢水的纯净度；钢坯在拉拔过程中无须矫直，适合浇注合金钢。目前水平连铸机处于开发、试验阶段，没有用于生产，但却是一种很有发展前途的连铸机机型。

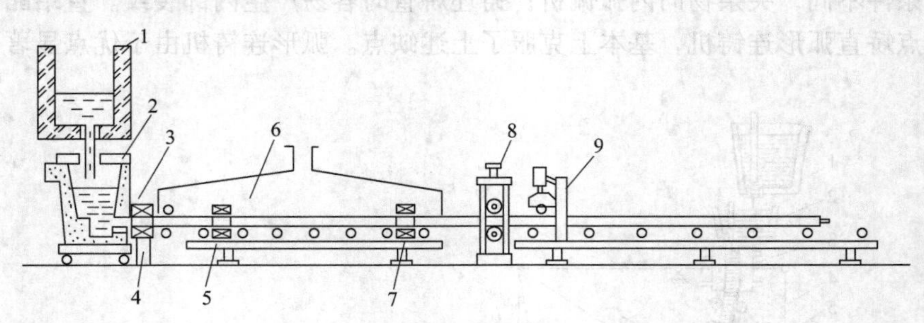

图 14-5 水平连铸机

1—钢包；2—中间包；3—结晶器；4—M 搅拌；5—S 搅拌；6—二冷区；
7—F 搅拌；8—拉矫辊；9—测量辊

连铸机按照浇注铸坯的断面可分为方坯连铸机、板坯连铸机、圆坯连铸机、异型坯连铸机及方、板坯兼用连铸机等，其中方坯连铸机和板坯连铸机在连铸生产中应用最广泛。

14.1.4 连铸机的主要工艺参数

连铸机的主要工艺参数也就是它的基本特性，主要包括铸坯断面形状与尺寸、拉坯速度（拉速）、冶金长度、圆弧半径、连铸机流数和连铸机的生产能力。

（1）铸坯的断面形状和尺寸。铸坯的断面形状和尺寸是连铸机最基本的设计参数，其他设计参数都是依据它来选的。铸坯的断面形状和尺寸是按照下道轧钢工序与成品的形状、规格要求，结合当前连铸生产实际能达到的质量水平以及炼钢生产的出钢量、生产周期等来确定的。

（2）拉坯速度。拉坯速度是决定连铸机生产能力的重要设计参数。合适的拉坯速度，既能发挥连铸机的生产能力，又能改善铸坯的表面质量。影响拉坯速度的因素是多方面的，主要有铸坯的断面形状与尺寸、浇注钢种、浇注温度、机身长度、拉坯阻力以及铸坯出结晶器的凝固壳厚度等因素。最大拉坯速度的确定必须保证铸坯出结晶器后的坯壳有足够的厚度。

（3）冶金长度。冶金长度是按连铸机最大拉坯速度计算的铸坯液相长度，也就是最大拉坯速度下铸坯从结晶器钢液面到凝固终点的距离。冶金长度关系到连铸机机身长度和圆弧半径的确定。

（4）圆弧半径。圆弧半径是指弧形连铸机二次冷却段外弧的曲率半径，单位是米。它影响连铸机机身高度和铸坯厚度的确定以及铸坯质量。圆弧半径的确定应满足铸坯矫直前凝固的需要、设定的表面温度要求以及铸坯内表面矫直时允许的表面延伸率要求。

（5）机数、流数。凡具有独立的传动系统和独立的工作系统，当其他机出现故障，本机仍能照常工作的一组连续铸钢设备，成为一个机组。一台连铸机可以由一个机组或多个机组组成。连铸机流数是指一台连铸机能同时浇注的铸坯总根数。连铸机流数的确定应满足连铸机浇钢能力、浇注周期与炼钢生产能力、钢包容量等。一般说来一机多流有利于发挥设备的生产能力，但这对设备状况、操作水平提出了更高的要求。

（6）连铸机的生产能力。连铸机的生产能力是指一台或多台连铸机在单位时间内的铸坯产量，一般以小时产量表示或年产量表示。连铸机的生产能力主要取决于连铸机的流数、拉坯速度、铸坯断面形状尺寸及连铸作业率等因素。为有效提高连铸机的生产能力，应组织多炉连浇工序，因此炼钢车间必须按照多炉连浇的生产要求，准确、定量向连铸机提供成分、温度合格的钢水，并做到生产均衡、节奏稳定、衔接准确、质量保证。通常连铸机的生产能力应比炼钢炉的生产能力大约10%~20%。在连铸机的设备方面，为确保多炉连浇的实现，可采用钢包回转台、大容量的中间包，并加强防范和遏制设备故障发生等措施。

14.2 连铸主体设备

连铸机的主体设备是指与钢水容器、钢水及铸坯相接触的浇注与加工设备，主要包括：钢包运载设备、中间包及中间包车、结晶器及其振动装置、二次冷却及拉矫驱动装置、引锭杆及回收装置、切割装置和铸坯输出装置。

14.2.1 钢包运载设备

钢包运载设备的任务是将钢包运送到浇注位置，供给中间包所必须的钢水。目前，生产上使用的主要有以下四种形式的设备：

（1）用铸锭吊车吊着钢包进行浇注。这种方式在连铸技术发展初期广泛采用，因为那时的连铸机多装在铸锭跨内，只进行单炉浇注，利用已有的铸锭吊车，可以节省建设投资。但连铸的时间，一般比模铸长，在吊浇时会妨碍其他吊车的运行。为了解决这一问题，研究出了第二种形式。

（2）在浇注平台上设置固定的钢包支座，如图14-6所示。

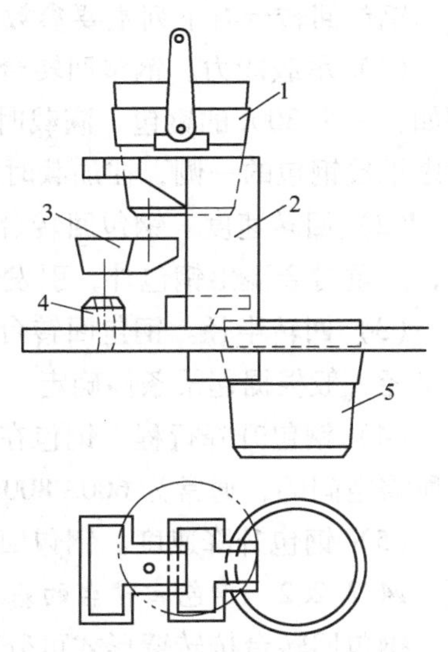

图14-6 固定式钢包支座
1—钢包；2—支座；3—中间包；4—结晶器；5—事故钢包

（3）在浇注平台上配置浇注车。浇注车主要有门式和半门式两种形式。门式浇注车如图14-7所示，浇注车两侧车轮均支承在浇注平台的轨道上。当连铸机不在铸锭跨内，可把它布置在两跨之间。可将钢包支架做成活动小车形式，以便把钢包由铸锭跨直接运送到连铸机的中间包上方进行浇注。与门式浇注车相比，半门式浇注车（见图14-8）用得较多。因为半门式浇注车只有一侧车轮支承在浇注平台上的轨道上，另一侧则支承在厂房柱子或其他结构上。这样既减轻浇注平台负荷，又操作方便。

（4）采用钢包回转台。

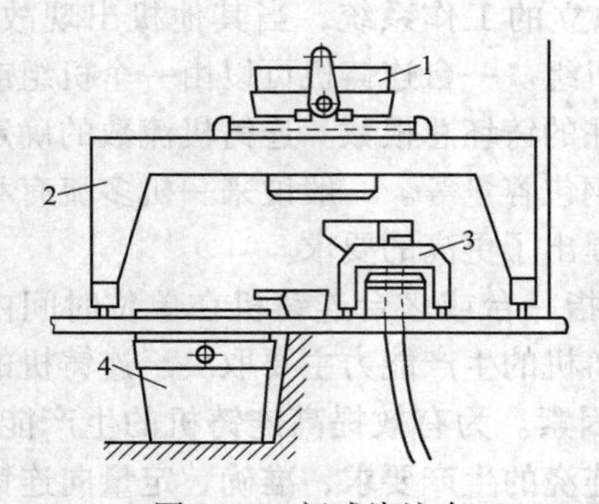

图 14-7 门式浇注车

1—钢包；2—门式吊车；3—中间包；4—事故钢包

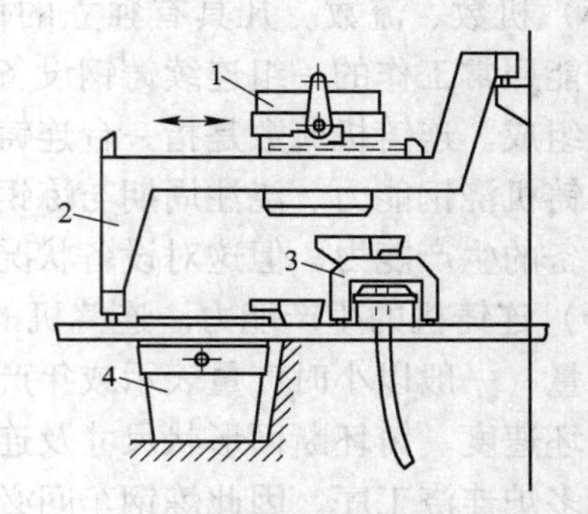

图 14-8 半门式浇注车

1—钢包；2—浇注车；3—中间包；4—事故钢包

14.2.2 钢包回转台

14.2.2.1 钢包回转台的作用和主要参数

钢包回转台设置在炼钢车间出钢跨与连铸浇注跨之间，其作用是存放、支承钢包；浇注过程可以通过转动，实现钢包之间交换并转运至中间包的上方，为多炉连浇创造条件。它是现代连铸中应用较普遍的运载和浇注设备。

钢包回转台有下列主要参数：

（1）承载能力。钢包回转台的承载能力是按转臂两端承载满包钢水的工况进行确定。例如，一个300t的钢包，满载时总重为440t，则回转台承载能力为440×2t。另外，还应考虑承接钢包的一侧，在加载时垂直冲击力引起的动载荷。

（2）回转速度。钢包回转台的回转速度不宜过快，否则会造成钢包内的钢水液面波动，严重时会溢出钢包外，引发事故。一般回转速度为1r/min。

（3）回转半径。钢包回转台的回转半径是指回转台中心到钢包中心之间的距离。回转半径一般根据起吊条件确定。

（4）钢包升降行程。钢包在回转臂上的升降行程，是进行钢包长水口装卸与浇注操作所需空间的，通常为600~800mm。

（5）钢包升降速度。钢包回转台转臂的升降速度一般为1.2~1.8m/min。

14.2.2.2 钢包回转台的基本类型

钢包回转台按转臂形式可分整体直臂式和双臂单独式两类。整体直臂式钢包回转台结构如图14-9所示。这种形式的回转台支承两个钢包的转臂是一个刚性整体，故结构简单，维修方便，成本低，应用广。双臂单独式钢包回转台的结构如图14-10所示。这种形式的回转台支承两个钢包的转臂相互独立，且可分别做回转、升降运动，故操作灵活，但结构复杂，维修困难，成本高。

14.2.2.3 钢包回转台的主要结构、组成

钢包回转台主要由钢结构部分、回转驱动装置、回转夹紧装置、升降装置、称量装置、润滑装置及事故驱动装置等部件组成。

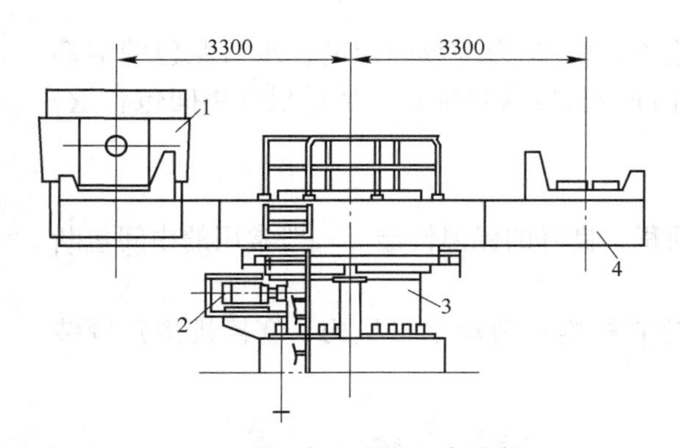

图 14-9 直臂式钢包旋转台
1—钢包；2—传动装置；3—塔座；4—转臂

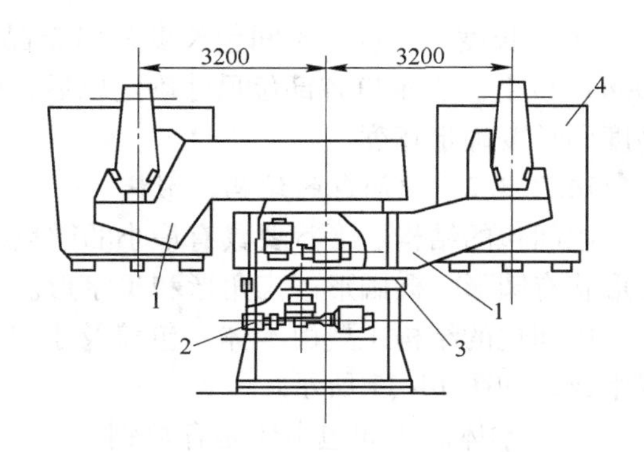

图 14-10 两臂分转式旋转台
1—转臂；2—驱动装置；3—齿轮；4—钢包

14.2.3 中间包

14.2.3.1 中间包的作用与主要参数

中间包的作用是稳定钢流，减少钢流对结晶器中初生坯壳的冲刷；储存钢水，并保证钢水温度均匀；使非金属夹杂物和渣液分离、上浮；在多流连铸机上，中间包把钢水分配给各支结晶器，起到分流的作用；在多炉连浇过程中，中间包内储存的钢水在更换钢包时起衔接作用，从而保证多炉连浇的正常进行。随着对钢坯质量要求的进一步提高，中间包也可作为一个连续的冶金反应容器。

中间包的主要技术参数有容量、高度、内壁斜度、水口直径、水口个数及中心距、长度和宽度等。

（1）容量。中间包容量主要根据钢包容量、铸坯断面尺寸、中间包流数、浇注速度、多炉连浇时更换钢包的时间、钢水在中间包内的停留时间等因素来确定的。一般中间包的容量为钢包容量的20%~40%。在通常浇注条件下，考虑钢包的更换时间，钢水在连浇时中间包内的停留时间为8~10min，以保证夹杂物上浮和稳定注流，中间包向大容量深熔池方向发展。

（2）高度。中间包高度主要取决于钢水在包内的深度要求，一般中间包内钢水的深度为600~1000mm。在多炉连浇时中间包内的最低钢水液面深度不能小于300mm左右，以免钢水产生旋涡并卷入渣液；另外钢水液面至中间包上口之间应留100~200mm的距离。

（3）内壁斜度。中间包内壁有一定的斜度，其作用是有利于清理中间包内的残钢、残渣。一般中间包内壁斜度为10%~20%。

（4）水口直径。中间包水口直径应根据连铸机的最大拉速所需要的钢流量来确定。如水口直径过大，浇注时须经常调整、控制水口开口度，这样会使塞棒塞头承受较大的冲蚀，造成控制失灵发生溢钢事故；如水口直径过小，则会限制拉速，使水口冻结。

（5）水口个数及中心距。中间包水口个数及中心距应根据主机流数、结晶器中心距和结晶器断面大小决定。浇注方坯和矩形坯时，有一个水口对准结晶器中心即可，而浇注宽板坯时，每个结晶器需要2~3个水口浇注，避免一个水口浇注时离水口远的边角处因冷凝较快而产生皱纹，容易拉漏。

（6）长度和宽度。中间包长度是以结晶器的中心距为基数确定的，水口距包壁端部200mm以上。当水口各部位尺寸确定以后，中间包长度就可确定。然后根据中间包容量、高度和长度确定宽度。

14.2.3.2 中间包的结构、形状

中间包的结构、形状要具有最小的散热面积，良好的保温性能。一般常用的中间包断面形状有圆形、椭圆形、三角形和T字形。

中间包的结构主要由本体、包盖及水口控制机构（滑动水口机构、塞棒机构）等装置组成，如图14-11所示。

（1）本体。中间包本体是存放钢水的容器，它主要由中间包壳体和耐火衬等零部件组成。

1）中间包壳体是由钢板焊接而成的箱形结构件。为了使中间包壳体具有足够的刚度，能在高温、重载的环境条件下经烘烤、浇注、吊装、翻包等多次作业不变形，应在中间包壳体外焊接加强箍和加强筋；为了支承和吊装中间包，在中间包壳体的两侧或四周焊接吊耳或吊环；另外还设置钢水溢流孔、出钢孔，在壳体钢板上钻削许多排气孔。

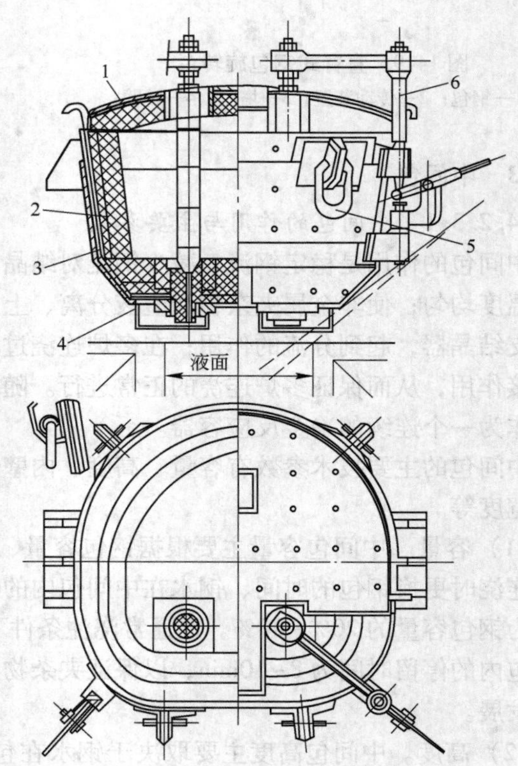

图14-11 三角形中间包简图

1—中间包盖；2—耐火衬；3—壳体；4—水口；5—吊环；6—水口控制机构（塞棒机构）

2）中间包耐火衬由工作层、永久层和绝热层等组成。其中绝热层用石棉板、保温砖砌筑而成；永久层用黏土砖砌筑，或用浇注料整体浇注成型；工作层用绝热板或用耐火涂料喷涂。在出钢孔处砌筑座砖和水口砖。在大容量中间包的耐火衬中还设置矮挡墙和挡渣墙，主要隔离钢包的注流对中间包内钢水的扰动，使中间包内钢水的流动更趋合理，更有利于钢水中非金属夹杂物的上浮，从而提高钢水的纯净度。

（2）包盖。中间包盖的作用是保温、防止中间包内的钢水飞溅，减少邻近设备（譬如钢包底部、钢包回转台转臂、长水口机械手装置等）受到包内钢水高温辐射、烘烤的影响。中间包盖是用钢板焊接而成，其内衬砌筑耐火材料或用耐热铸铁铸造而成。在中间包盖上设置钢水注入孔、塞棒孔、中间包烘烤孔及吊装用吊环。

14.2.3.3 塞棒与水口

（1）塞棒。塞棒是控制钢水注流的装置，与滑动水口比，建立自控模型难度大，并且有断帮不能及时切断钢流的危险。塞棒中心有钢管的棒芯，外套为锆碳质或铝碳质耐火材料，经等静压整体成型，整体塞棒没有砌缝。

（2）滑动水口。滑动水口机构是中间包水口钢流控制的一种形式，其结构主要由上水口和上滑板、下水口和下滑板及中间滑板等组成，如图 14-12 所示。它安装在中间包底部水口座板上，机构中的上、下滑板固定不动，依靠中间滑板的往复移动实现钢水流量的调节和截止。中间滑板的移动由液压传动或螺旋传动机构驱动。

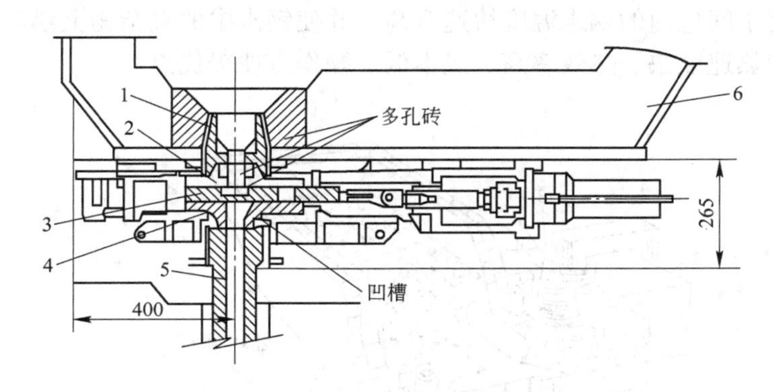

图 14-12　中间包三滑板滑动水口机构简图

1—中间包水口；2—上水口及上滑板；3—中间滑板；4—下水口及下滑板；5—浸入式水口；6—中间包

滑动水口机构工作安全可靠，使用寿命较长，钢流控制精度较高，有利实现自动控制；但自动开浇成功率较低，在浇注后期会产生钢流旋涡，易把中间包内的渣液卷入水口内。

中间包的注流控制系统，既可分别使用，也可同时使用，两者的比较参看表 14-1。

表 14-1　中间包滑动水口机构与塞棒机构比较

水口控制机构	投资费用	维修费用	操作复杂程度	准备复杂程度	自动开浇成功率	自动控制率	结晶器液面稳定性
滑动水口机构	较高	较高	较易	复杂	较低	很高	很好
塞棒机构	较低	很低	较难	容易	很高	很低	较好

经过分析在开浇时可采用塞棒机构，以保证一次开浇的成功率，然后采用滑动水口机构，当浇注后期再采用塞棒机构，以防止中间包内产生钢流旋涡。

（3）浸入式水口。除了部分小方坯连铸机外，其他连铸机都采用浸入式水口加保护渣浇注。浸入式水口形状和尺寸直接影响结晶器内钢水流动的状况，因而也直接关系铸坯的表面和内部质量。目前使用最多的浸入式水口有单孔直筒型和双侧孔式两种。双侧孔浸入式水口其下部侧孔有向上 10°~15°、向下 15°~35°和水平状 3 类；材质有铝碳质和熔融石英质两种。

14.2.3.4　中间包钢水加热装置

中间包加热装置是为中间包冶金新技术服务的。其作用是补偿中间包内钢水在浇注初期、后期及更换期间的温降，补偿正常浇注期间钢水温度的自然温降，使中间包内的钢水温度始终保持在浇注温度附近，这样有利于浇注操作的稳定，提高铸坯的质量。

中间包钢水加热装置主要有感应加热装置和等离子加热装置等。

（1）感应加热装置。感应加热分为有芯感应和无芯感应加热两种，以有芯感应加热居多。感应加热装置一般在中间包上，它主要由中间包的钢流通道、线圈、铁芯及冷却水套等部件组成，如图14-13所示。在中间包一侧底部设置感应加热变压器（铁芯、线圈、感应器）和冷却装置。通电后，加热器由绕在铁芯上的线圈作为初级回路，加热通道内的钢水作为次级回路，由铁芯内产生的磁通在钢水中形成感应电流，在感应电流的作用下，产生热量使中间包内的钢水温度快速升高，并使钢水中的夹杂物上浮。感应加热装置有结构简单、加热速度快、热效率高、成本低、操作方便等优点。

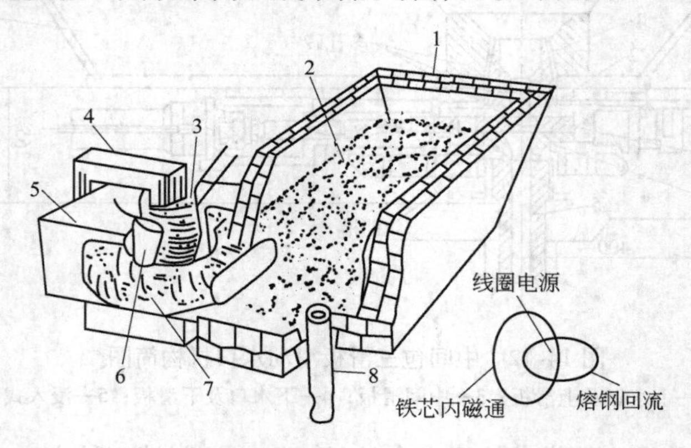

图14-13 中间包钢水感应加热简图
1—中间包；2—钢水；3—线圈；4—铁芯；5—感应器；
6—冷却套；7—钢流通道；8—浸入式水口

（2）等离子加热装置。等离子体被称为物质第四态，是气体在强电场作用下解离生成相等数量的正负离子的物质状态。等离子加热装置一般装在中间包上。它的加热原理是通电后，在两个或多个电极之间放电，常压下等离子弧具有极高温度（3000~5000℃），从而达到加热钢水的目的。等离子加热装置具有加热温度高、精确控制浇注温度、使用调节方便、不会污染环境等优点。

中间包的其他加热方法，如电阻加热、电渣加热法、石墨电极电弧加热以及高温氮气流加热等，还在继续研究中。

14.2.3.5 中间包烘烤装置

中间包烘烤装置是对中间包升温的专用设备，包含对放置在中间包车上的在线中间包进行预热的在线预热装置、对安装在中间包下方的浸入式水口进行加热的水口烘烤装置和对更换内衬后的中间包进行加热升温的维修区干燥装置。其作用是提高中间包内的耐火材料温度；去除其中的水分，减少中间包内钢水的温降和热消耗。它一般安装在连铸平台上，在受钢前，将中间包的耐火衬预热到1100℃。

中间包烘烤装置的结构如图14-14所示。它主要由烘烤烧嘴、转臂、燃气管路系统、空气管路系统、鼓风机及调节控制阀等部件组成。烘烤烧嘴的主要作用是混合燃料介质和助燃介质，点火喷出烘烤火焰，使燃料介质得到充分燃烧。

烘烤介质有燃料介质和助燃介质。燃料介质主要有燃油类和燃气类两种，其中燃油类介质有重油和汽柴油等，燃气类介质有天然气和焦炉煤气等。助燃介质主要有压缩空气、鼓风气和氧气。

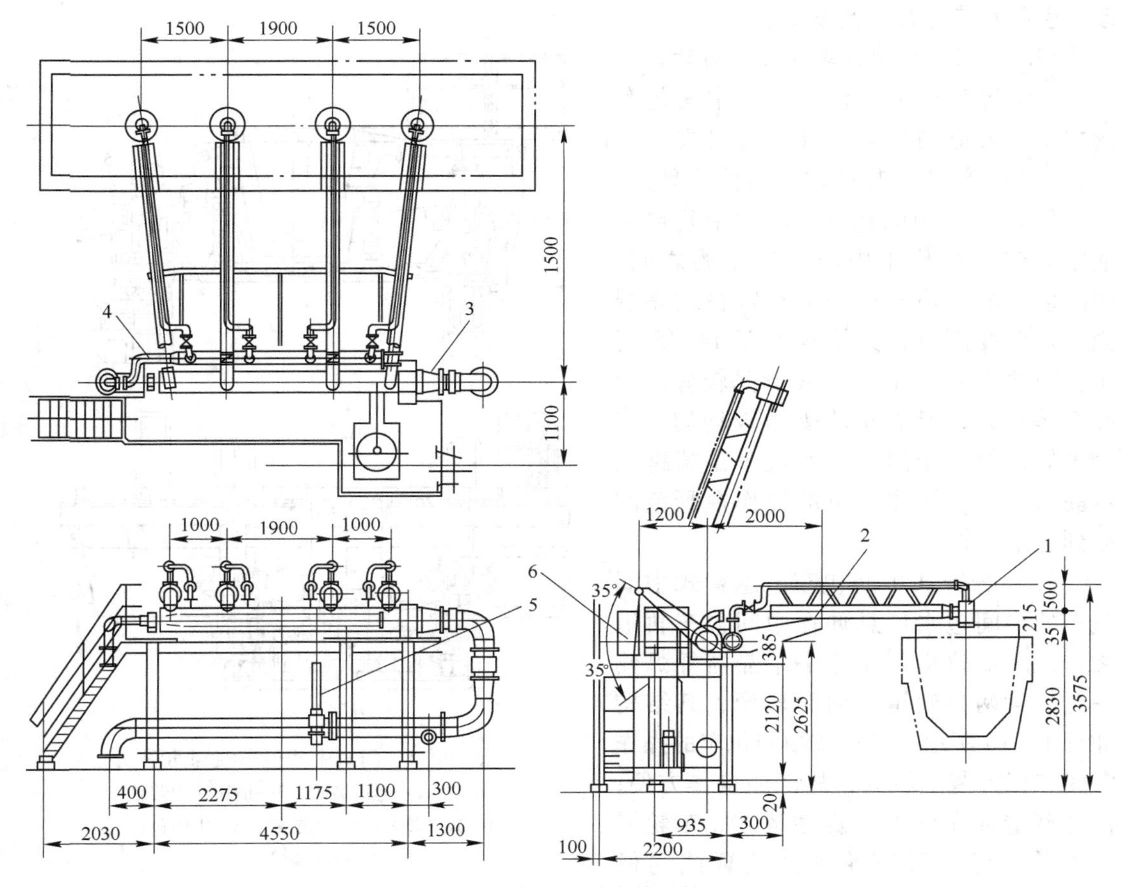

图 14-14 中间包烘烤装置简图

1—烘烤嘴；2—转臂；3—空气管路系统；4—燃气管路系统；5—回转用电动缸；6—配重

14.2.4 中间包车

14.2.4.1 中间包车的作用

中间包车是中间包的支承、运载工具，它设置在连铸浇注平台上，可沿中间包的烘烤位置和浇注位置之间的轨道运行。一般每台连铸机配备两台中间包车，互为备用，当一台浇注时，另一台处于烘烤位置。这样能提高连铸机的作业率，为快速更换中间包、连浇创造条件。开浇前，将中间包放置在中间包车上，进行烘烤；准备开浇时，中间包车将已烘烤的中间包运至结晶器的上方，并使其水口与结晶器对中；浇注完毕或遇故障停浇时，它会载着中间包迅速离开浇注位置。

中间包车还应具有以下功能：

（1）运行功能。中间包车的运行功能包括快、慢速自动转换功能，自动定位功能及安全联锁功能等。中间包车的运行速度为快速 14~30m/min、慢速 1~10m/min。

（2）升降功能。中间包车的升降行程为 300~750mm，以适应中间包的烘烤、水口装置伸入结晶器浇注等需要。

（3）横移对中功能。中间包车的横移对中行程为±30~±80mm，以适应结晶器开口度改变引起水口位置的调整要求。

14.2.4.2 中间包车的类型与结构

中间包车按中间包水口在中间包车的主梁、轨道的位置，可分为门式（半门式）和悬臂式（悬挂式）两种类型。

（1）门式中间包车。门式中间包车的中间包水口位于中间包车主梁之间，中间包车的两根轨道分别布置在结晶器内、外弧的两侧，其结构如图14-15所示。门式中间包车的受载情况较好，因此车体稳定，所有车轮受力较均匀，安全可靠；但由于门式中间包车是骑跨在结晶器上方，操作人员的操作视野范围受到一定限制。

（2）悬臂式中间包车。悬臂式中间包车的中间包水口悬伸在中间包车轨道之外，两根轨道都布置在结晶器外弧侧一侧，且两根轨道的轨距较窄，其结构如图14-16所示。悬臂式中间包车的操作空间和视野范围较大，故浇注操作方便；但悬臂造成车体的稳定性较差、车轮受力不均，可配置车轮平衡装置或防倾护轨。

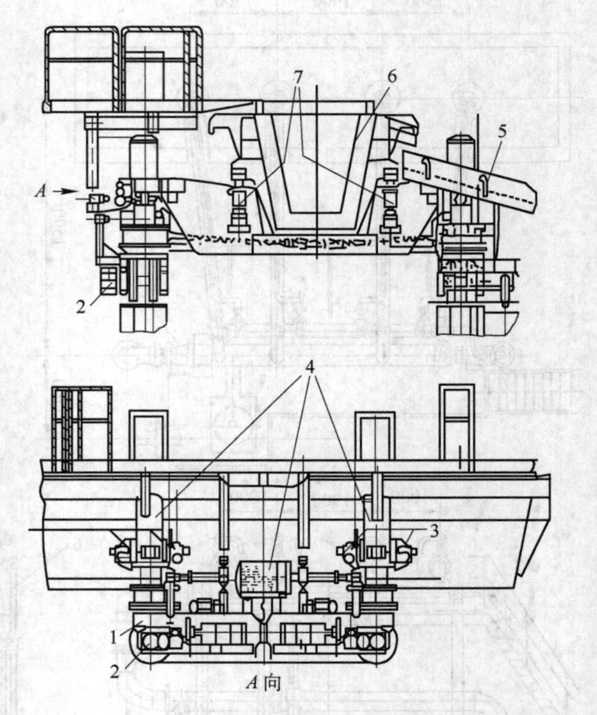

图14-15 门式中间包车结构简图

1—车体；2—运行装置；3—横移对中装置；4—升降装置；5—溢流槽；6—中间包；7—称量装置

中间包车的结构主要由车体、运行装置、升降装置、横移对中装置等零部件组成。

14.2.5 结晶器

14.2.5.1 结晶器的作用、类型

结晶器是连铸机主体设备中一个关键的部件，它类似于一个强制水冷的无底钢锭模。它的作用是使钢液逐渐凝固成所需规格、形状的铸坯，且使坯壳不被拉断、不漏钢及不产生歪曲和裂纹等缺陷，保证坯壳均匀稳定的成长。

中间包内钢水连续不断注入结晶器的过程中，结晶器受到钢水静压力、摩擦力、钢水的热量等因素的影响，工作条件较差。为了保证坯壳质量、连铸生产顺利进行，结晶器应具备以下基本要求：

（1）结晶器内壁应具有良好的导热性和耐磨性。

（2）结晶器应具有一定的刚度，以满足巨大温差和各种力作用引起的变形，从而保证铸坯精确的断面形状。

（3）结晶器的结构应简单，易于制造、拆装和调试。

（4）结晶器的重量要轻，以减少振动时产生的惯性力，振动平稳可靠。

结晶器按其内壁形状，可分直形及弧形等；按铸坯规格和形状，可分圆坯、矩形

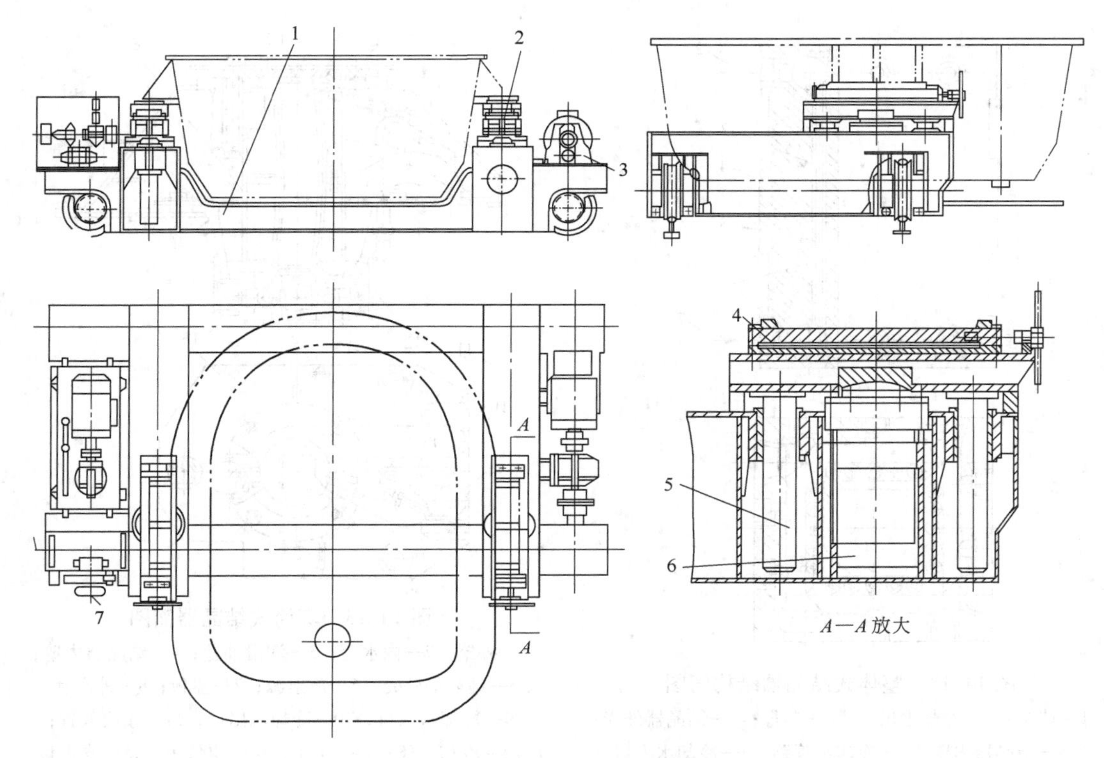

图 14-16 悬臂式中间包车结构简图

1—车体；2—升降装置；3—运行装置；4—微调对中装置；5—导柱；6—液压缸；7—液压传动操纵盒

坯、正方形坯、板坯及异型坯等；按其结构形式，可分整体式、套筒式、水平式及组合式等。

（1）直形结晶器的内壁沿坯壳移动方向呈垂直形，因此导热性良好，使坯壳冷却均匀。该类结晶器有利于提高铸坯的质量和拉坯速度，结构简单，易于制造，安装和调试方便，夹杂物分布均匀；但铸坯易产生弯曲裂纹，使连铸机的高度和投资增加。

（2）弧形结晶器的内壁沿坯壳移动方向呈圆弧形，因此铸坯不易产生弯曲裂纹；但导热性比直形结晶器差，夹杂物分布不均匀，偏向坯壳内弧侧。

14.2.5.2 结晶器的结构与技术

结晶器主要由内壁、外壳、冷却水装置及支承框架等零部件组成。

（1）整体式结晶器的结构。整体式结晶器的结构如图 14-17 所示。结晶器是用整块紫铜或铸造黄铜加工而成，并在其内壁周围钻削许多小孔，作为冷却水通道。整体式结晶器具有刚性好、强度高、寿命长、导热性较好等优点，但耗铜多、制造成本高、维修困难。

（2）套筒式结晶器。套筒式结晶器的结构如图 14-18 所示。结晶器的外壳是圆筒形，用钢材加工而成，内壁用冷拔无缝铜管制成。结晶器的下部安装有辊子，其目的是减少铸坯塌方，得到规整外形尺寸的铸坯，整个结晶器通过支承板安装在振动装置上。结晶器的冷却水通过结晶器下方的入口流入，沿着钢管组成的水套缝隙高速流动，连续均匀冷却铜质内壁，然后带着热量的水从结晶器上方的出口排出。套筒式结晶器结构简单、制造维修方便，广泛用于中小断面的方坯或扁坯连铸机。

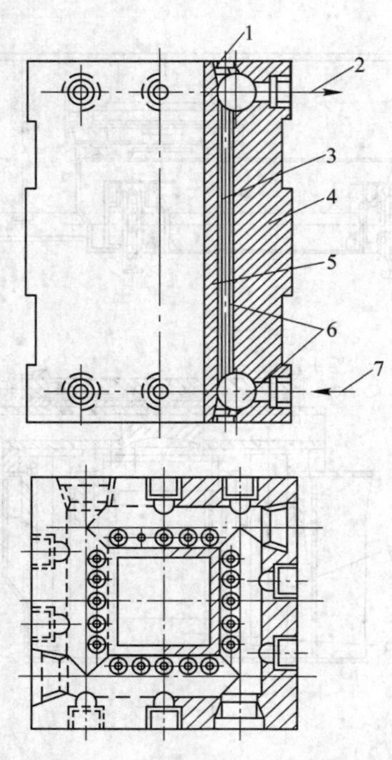

图 14-17 整体式结晶器结构简图

1—堵头；2—冷却水出口；3—芯杆；4—结晶器外壳；5—结晶器内壁；6—冷却水管路；7—冷却水入口

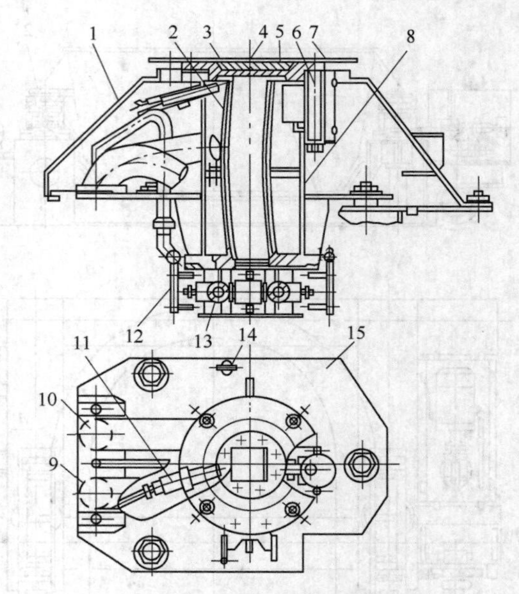

图 14-18 套筒式结晶器简图

1—外罩；2—内水套；3—润滑油盖；4—结晶器内壁；5—结晶器外壳；6—放射源；7—盖板；8—外水套；9—冷却水入口；10—冷却水出口；11—接收装置；12—冷却水环；13—辊子；14—定位销；15—支撑板

（3）组合式结晶器。现代大型连铸机的结晶器都采用组合式，即由四块复合壁板组合而成，每块复合壁板又有内壁及外壁两部分。内壁一般用导热性和塑性良好的紫铜制作，厚度为 20～40mm，要求内壁表面粗糙度 R_a 为 6.3～25μm。结晶器外壁一般用钢板制作，以保证足够的强度和刚度。组合式结晶器结构如图 14-19 所示。结晶器的内外壁之间有通水冷却的水缝，冷却水进出水管分别装在四块壁上，对于板坯结晶器，窄面板设有一根进水管，一根排水管，宽面板上为使冷却均匀可用几根进水管和排水管。

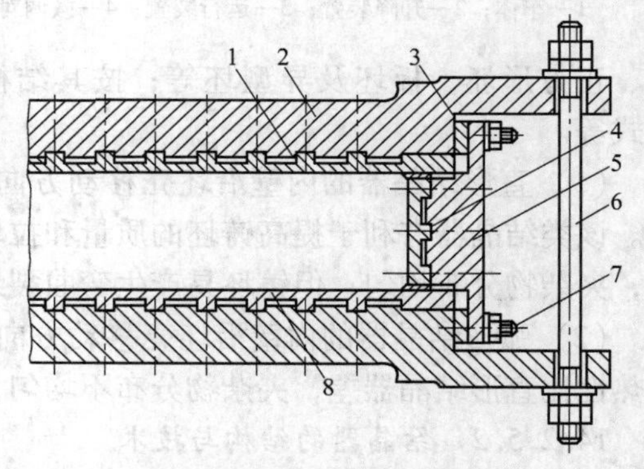

图 14-19 组合式结晶器

1—外弧内壁；2—外弧外壁；3—调节垫块；4—侧内壁；5—侧外壁；6—双头螺栓；7—双头螺栓；8—内弧内壁

（4）多级结晶器。随着拉坯速度的提高，出结晶器下口的铸坯坯壳厚度越来越薄。为了避免变形或出现漏钢事故，采用多级结晶器，它还可以减少小方坯的角部裂纹和菱形变形。多级结晶器即在结晶器下口安装足辊或铜板，足辊间或铜板上喷水冷却。

（5）结晶器在线热调宽技术。结晶器在线热调宽技术是世界板坯连铸领域的核心技术之一，它是在浇注状态下在线改变结晶器内腔的宽度，从而改变浇铸板坯的宽度。采用该技术可避免造成生产时间损失及二次开浇的原材料损耗，从而提升金属收得率和生产作业率，提高铸机产能。结晶器在线热调宽技术按驱动形式分为电动调宽和液压调宽。

（6）漏钢预报系统。漏钢预报系统是一种通过分析分布在结晶器壁上的热电偶采集到的温度变化，得知坯壳破裂处及其扩展，从而检测出漏钢趋势并进行报警的系统。漏钢预报系统主要由两部分组成：检测系统与控制系统。检测系统包括热电偶矩阵、热电偶模块、总线通信网络、PLC 等，主要负责采集实时数据（温度、拉速、液位等）；控制系统包括数据分析处理单元、操作箱、PLC 等，主要负责对数据进行分析，输出分析结果，并通过控制拉速达到消除漏钢隐患的目的。

14.2.5.3 结晶器的参数

结晶器的主要参数包括结晶器的断面形状和尺寸、结晶器长度、倒锥度及水缝面积等。

（1）结晶器的断面形状和尺寸。由于结晶器的坯壳在冷却过程中会逐渐收缩，同时考虑矫直变形的影响，所以结晶器的断面尺寸确定应比铸坯的断面尺寸大 2%~3%。结晶器的断面形状应与铸坯的断面形状相一致，根据铸坯的断面形状可采用正方形坯、板坯、矩形坯、圆坯及异型坯结晶器。

（2）结晶器的长度。结晶器的长度根据铸坯出结晶器时应有的坯壳厚度来确定。若坯壳厚度小，会出现鼓肚，甚至拉漏。对于大断面铸坯，要求坯壳厚度大于 15mm；小断面铸坯为 8~10mm。根据实践，结晶器长度在 700~900mm 比较合适，高效连铸机也有取 1200mm 的。过长，结晶器加工困难，并增加拉坯阻力，结晶器寿命也降低；过短，则不能保证凝固坯壳的厚度，使铸坯表面出现裂纹甚至拉漏。

（3）倒锥度。铸坯在结晶器内由于凝固而收缩，如果结晶器上口和下口的尺寸相同，就会发生下口处凝固的铸坯收缩而离开结晶器壁，两者之间形成气隙。由于气隙的存在，使得这里的导热性能大大降低，由此造成铸坯的冷却也不均匀，有可能出现裂纹和拉漏。结晶器要做成一定的倒锥度，才能适应铸坯的凝固收缩，减少甚至消除气隙的影响。结晶器倒锥度可用式（14-1）表示。

$$\nabla = \frac{F_{下} - F_{上}}{F_{下} L_{m}} \times 100\% \tag{14-1}$$

式中 ∇——结晶器每米长度的倒锥度，%/m；

$F_{下}$——结晶器下口断面积，mm^2；

$F_{上}$——结晶器上口断面积，mm^2；

L_m——结晶器长度，m。

当 $F_{下} < F_{上}$，$\nabla < 0$，称为倒锥度。

倒锥度的选择与很多因素有关。倒锥度如果选择过小，则不能保证没有气隙，太大又会增加拉坯阻力。倒锥度一般取-0.5~-0.9%，小断面坯可无倒锥度。板坯结晶器倒锥度在-0.9%~-1.1%。

（4）结晶器的水缝面积。结晶器的水缝面积是指冷却水流过结晶器水套缝隙横截面的面积。它的计算见式（14-2）。

$$S = \frac{10000Q}{36v} \tag{14-2}$$

式中 S——水缝总面积，mm^2；

Q——结晶器的耗水量，m^3/h；

v——水缝内冷却水的流速，m/s；方坯结晶器水流速 9~12m/s，板坯 3.5~5m/s，结晶器水压 1MPa 左右。

14.2.5.4 钢液面控制装置

为了保证坯壳出结晶器时有一定的厚度，钢液在结晶器内应保持一定的高度。钢液面如果过高，会造成溢钢事故；过低，会造成坯壳拉漏事故。所以必须测定与控制结晶器内钢液面高度。

结晶器钢水液面自动控制主要有磁浮法、热电偶法、同位素法、红外线法等4种方法。

磁浮法和热电偶法主要用于板坯连铸，其优点是成本低廉。

法国 SERT 公司推出的红外线法是对液面的热红外光摄像，再经微计算机作图像处理和分析，其优点是配有直观的图像显示，这是一种新的方法，但它在解决油雾遮挡、保护渣影响及捞渣干扰等方面还需不断完善。

同位素法是一种传统的方法，德国 Berthold 公司及美国 KAY-RAY 公司生产的钴 60 同位素液面计是较著名的。20 世纪 80 年代初美国研制出用同位素铯 137 替代钴 60，使放射水平低于原来的$\frac{1}{20}$，更加保证了使用的安全性。铯同位素和射线探测器放在结晶器的两边，直接测量钢水的高度值，不存在换算误差和干扰误测的现象，减少了数据分析和处理的时间。在这 4 种方法中，精确度最高、稳定性最好的应属同位素方法，因而在国外应用最多。

14.2.6 结晶器振动装置

14.2.6.1 结晶器振动装置的作用及振动规律

结晶器振动装置的作用是使其内壁获得良好的润滑、防止初生坯壳与结晶器内壁发生黏结；改善铸坯的表面质量；当发生黏结时，通过振动能强制脱模消除黏结；当结晶器内的坯壳被拉断，通过结晶器和铸坯的同步振动得到压合。结晶器的振动规律是指振动时，结晶器的振动速度与时间之间的变化规律。结晶器的振动规律有以下四种：

（1）同步振动。结晶器的同步振动规律曲线如图 14-20 中曲线 1 所示。振动装置工作时，结晶器的下降速度与铸坯的拉坯速度相同，即称同步，然后结晶器以三倍的速度上升。由于结晶器在下降转为上升阶段时，加速度很大，会引起较大的冲击力，影响振动的平稳性及铸坯质量。

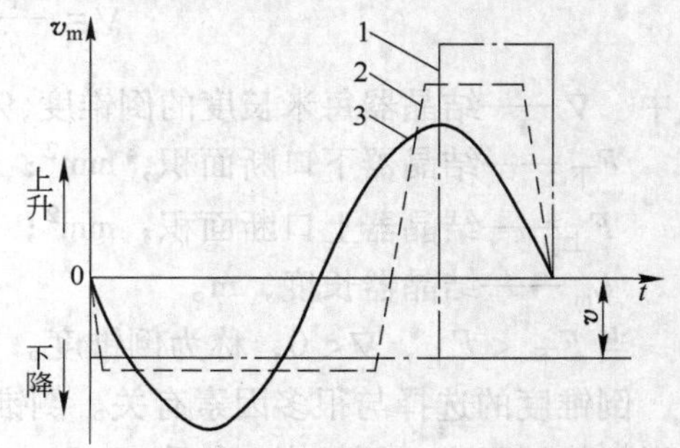

图 14-20 结晶器振动规律曲线

1—同步振动；2—负滑动振动；3—正弦振动

（2）负滑动振动。结晶器的负滑动振动规律曲线如图 14-20 中曲线 2 所示。振动装置工作时，结晶器的下降速度稍高于铸坯的拉坯速度，即称负滑动，这样有利于强制脱模及断裂坯壳的压合，然后结晶器以较高的速度上升。由于结晶器在振动时有一段稳定的运动时间，这样有利于振动的平稳和坯壳的增厚。

（3）正弦振动。结晶器的正弦振动曲线如图 14-20 中曲线 3 所示。振动装置工作时，结晶器的上下振动时间相等，最大振动速度也相同。由于结晶器在振动时，速度一直是变化的，且按正弦规律进行，这样铸坯与结晶器之间都有相对运动，有利于脱模和断裂坯壳的压合；下降转为上升阶段加速度较小，有利于提高振动频率，能减小铸坯的振痕深度。

（4）非正弦振动。结晶器的非正弦规律曲线如图 14-21 所示。振动装置工作时，结晶器的下降速度较大，加速度大，负滑动时间较短；结晶器的上升速度慢，加速度小，时间较长。非正弦振动形式对防止黏结漏钢和改善铸坯表面质量、提高拉速有明显作用。

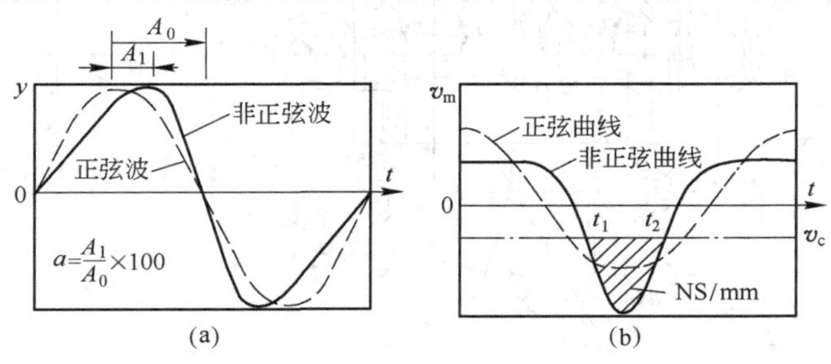

图 14-21 结晶器非正弦振动

（a）振动位移曲线；（b）振动速度曲线

14.2.6.2 振动装置的主要参数

结晶器振动装置的主要参数包括振幅、频率和负滑动时间等。

（1）振幅与频率。结晶器从最高位置下降到最低位置，或从最低位置上升到最高位置，所移动的距离称振动行程，又称冲程。冲程一般称为振幅，单位为 mm。结晶器上下振动一次的时间为振动周期，单位为 s。1min 内振动的次数即为频率。振动装置的振幅和频率是相互关联的，一般频率越高，振幅越小。频率高，则结晶器与坯壳之间的相对滑移量较大，这样有利于强制脱模，防止黏结和提高铸坯表面质量。振幅小，则结晶器内钢液面波动小，这样容易控制浇注技术，使是铸坯表面较光滑。

（2）负滑动时间。结晶器的负滑动是指结晶器下降振动速度大于拉坯速度时，铸坯做与拉坯方向相反的运动，如图 14-22 所示。图中 v_m 为结晶器运动速度，v_c 为拉速，t_m 为负滑动时间。负滑动时间对铸坯质量有重要影响，负滑动时间越长，振痕深度越深，裂纹增加。

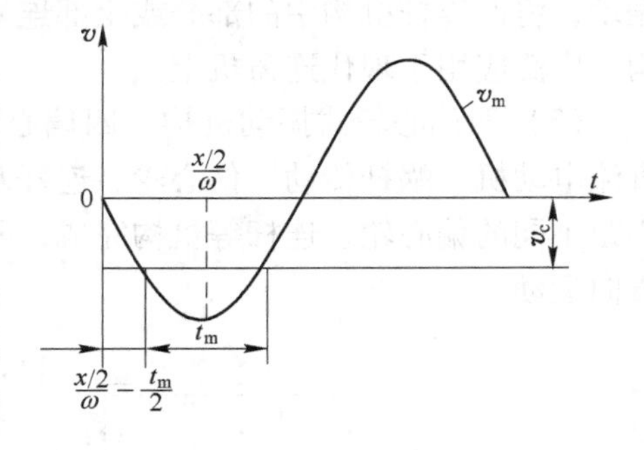

图 14-22 结晶器振动负滑动时间简图

14.2.6.3 结晶器振动装置的结构

结晶器振动装置可使结晶器产生所需要的振动，即使结晶器能沿一定的轨道和规律振动。结晶器振动装置有差动齿轮式、四连杆式和四偏心轮式等多种类型。

（1）差动齿轮式振动机构。差动齿轮式振动机构的结构如图 14-23 所示。振动框架支承在弹簧上。凸轮杠杆机构带动一对互相啮合的扇形齿轮，齿轮带动同轴上的小齿轮转动，小齿轮推动固定在框架两面的齿条使振动框架向下运动，接着利用弹簧力使其上升。结晶器的弧形振动是通过半径不同的扇形齿轮 3、5 的摆动得到的，如扇形齿轮的半径相等则结晶器做直线运动。齿轮 2 及 4 具有相同的节圆半径，4 与 5 装在左边同一轴上，2

与3则装在右边同一轴上。该机构设备紧凑，刚性较好，但要求零部件的尺寸准确。

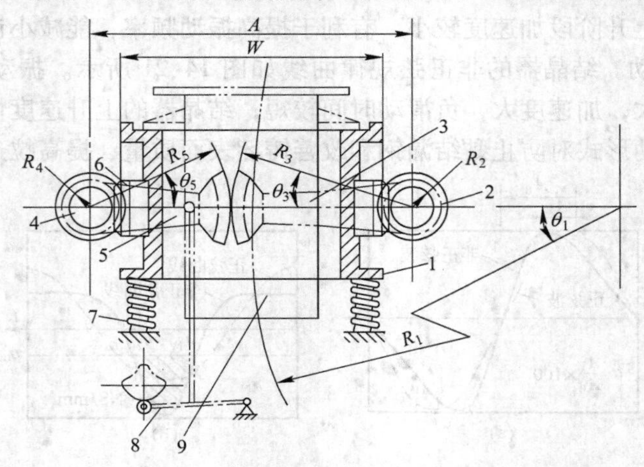

图 14-23 差动齿轮式振动机构

1—振动框架；2，4—小齿轮；3，5—扇形齿轮；6—齿条；7—弹簧；8—凸轮或偏心轮-杠杆式机构；9—结晶器

（2）四连杆式振动机构。四连杆式振动成如图 14-24 所示。这种装置能使结晶器按照连铸机半径进行弧形轨迹的振动。拉杆3由电动机经减速箱、凸轮等传动做往复运动，拉杆3的运动带动连杆4做摆动，连杆5也随着进行摆动，使振动架2能够按一定轨迹振动。设计时只要两连杆的位置及长度准确合理就可以保证振动架按连铸机半径轨迹做弧形振动，将四连杆机构中的部分或全部连杆由刚性杆改为弹簧钢板称为半板簧和板簧振动机构，广泛应用于现代连铸机上。

（3）四偏心轮式振动机构。四偏心轮式振动机构的结构如图 14-25 所示。它主要由直流电动机、蜗杆传动、偏心轮、连杆及振动台等组成。结晶器的弧形运动是利用两对偏心距不同的偏心轮、连杆等机构完成；两条板式弹簧能使结晶器只做弧形摆动，不做其他方向运动。

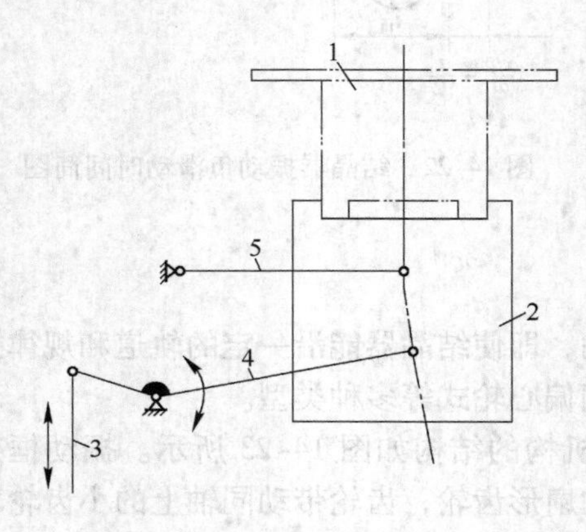

图 14-24 四连杆振动式机构示意图

1—结晶器；2—振动架；3—拉杆；4，5—连杆

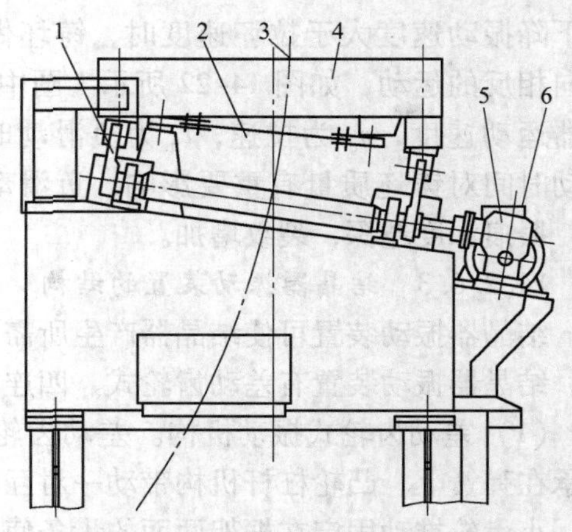

图 14-25 四偏心轮式振动机构

1—偏心轮、连杆；2—定心板式弹簧；3—铸坯外弧；4—振动台；5—蜗杆传动机构；6—直流电动机

14.2.7 二次冷却支导装置

铸坯被拉出结晶器时，坯壳的厚度仅为8~20mm，其内部仍为液态钢水。为使铸坯更快凝固和顺利拉出，在结晶器之后设置了二次冷却支导装置。

二次冷却支导装置的作用是：对拉出结晶器的铸坯进行直接喷水冷却，加速铸坯凝固；对铸坯和引锭杆进行支承和导向，防止铸坯变形；对于带直形结晶器或多曲率半径的弧形连铸机来说，还对铸坯起弯曲或矫直作用。

二次冷却支导装置的结构主要由支承导向装置（若干扇形段）、喷水冷却装置和底座等零部件组成。紧接结晶器下面的扇形段成为第一段，依次向下，一般可分为2~8个扇形段。为了及时排出冷却铸坯产生的大量蒸汽，二次冷却支导装置有箱式和房式结构，目前广泛应用房式结构。

（1）箱式结构。箱式结构是把全部夹辊布置在密封箱体内，如图14-26所示。箱体内安装内弧夹辊，箱座内安装外弧夹辊，然后用螺栓连接将箱盖、箱座固定成密封箱体。箱式结构占用空间小，产生的热蒸汽可直接从密封箱体内抽出，所需风机容量较小，但结构复杂。

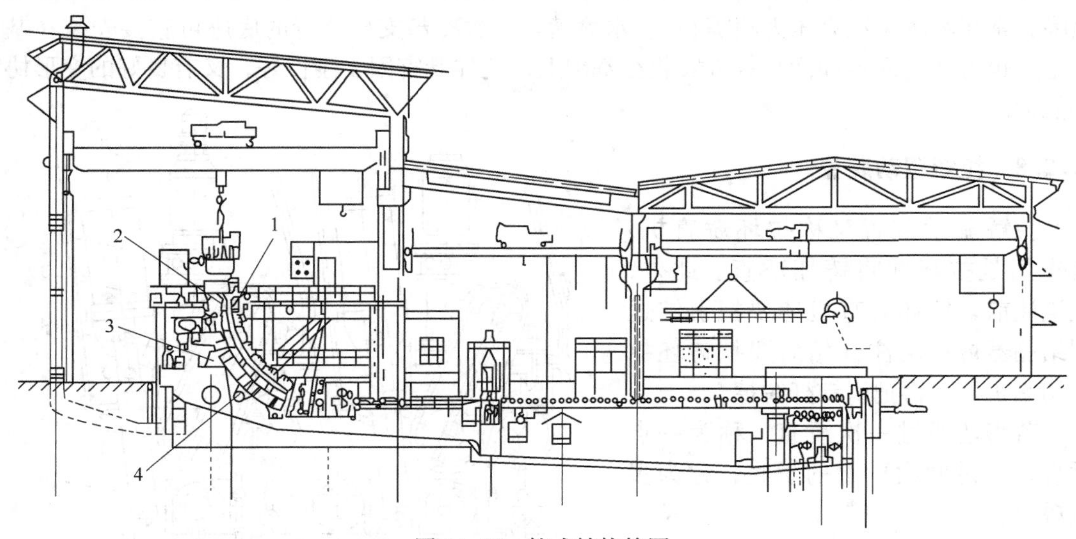

图14-26 箱式结构简图

1—箱盖及内弧夹辊；2—箱座及外弧夹辊；3—固定支座；4—活动铰链

（2）房式结构。现代连铸机多采用房式结构，即整个二次冷却设在四周用钢板围成封闭的喷水室内，以便将冷却铸坯产生的水蒸气集中排出。房式结构的机架结构简单，加工量小，观察设备和铸坯较方便。

扇形段的第一段结构形式有板式和辊式两种。其中板式结构又称为冷却格栅，如图14-27所示，冷却水可以通过格栅上许多交错布置的方孔，喷射到铸坯表面，直接冷却铸坯。板式结构冷却效果良好，能有效防止铸坯产生鼓肚变形，但磨损快，寿命短。辊式结构如图14-28所示。它由许多密排的小直径夹辊组成，这样可以防止铸坯产生鼓肚变形。

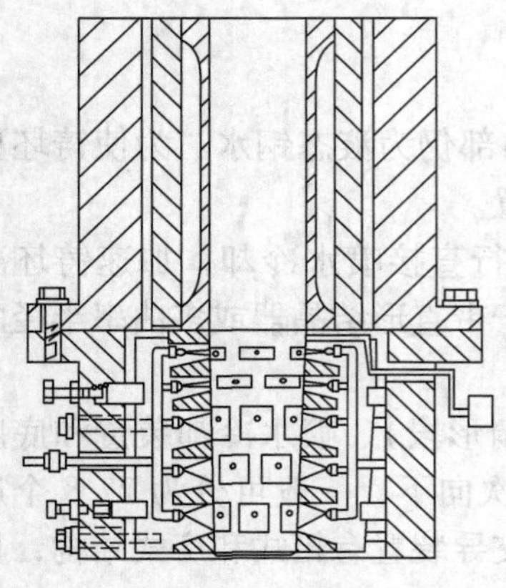

图 14-27 水冷格栅

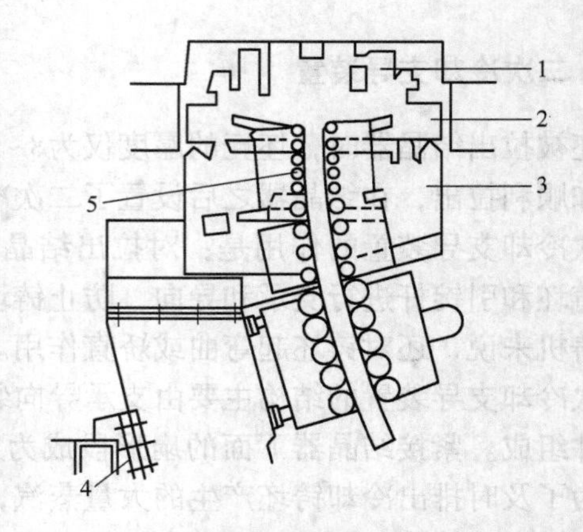

图 14-28 板坯连铸机的辊式支承导向装置

1—结晶器；2—振动台；3—支承导向段；4—基础框架；5—夹辊

二次冷却支导装置与拉矫机连接部位的夹辊，辊距和辊径均较大，它主要承受铸坯的重量。

喷水冷却装置的作用是将冷却水喷到铸坯的表面，加速其凝固。它的主要组成部分是喷嘴，常用喷嘴类型有压力喷嘴和气-水喷嘴。二次冷却支导装置的底座可直接安装在基础上，也可通过固定和活动铰链安装在基础上，这样既牢固、刚性好，又有良好的变形协调能力。

14.2.8 拉矫驱动装置

拉矫驱动装置又称拉坯矫直机，其作用是拉坯并将铸坯矫直。此外，在浇注前，拉坯矫直机还要把引锭送到结晶器内；浇注开始后要把铸坯拉至切割机处，再把引锭杆脱掉。

若铸坯通过一次矫直，称为一点矫直；经过两次以上的矫直，称为多点矫直。

浇注小断面铸坯的连铸机可采用辊数较少的拉坯机，在完全凝固后一点矫直，如采用四辊、五辊（见图 14-29）、六辊或七辊等拉矫机。

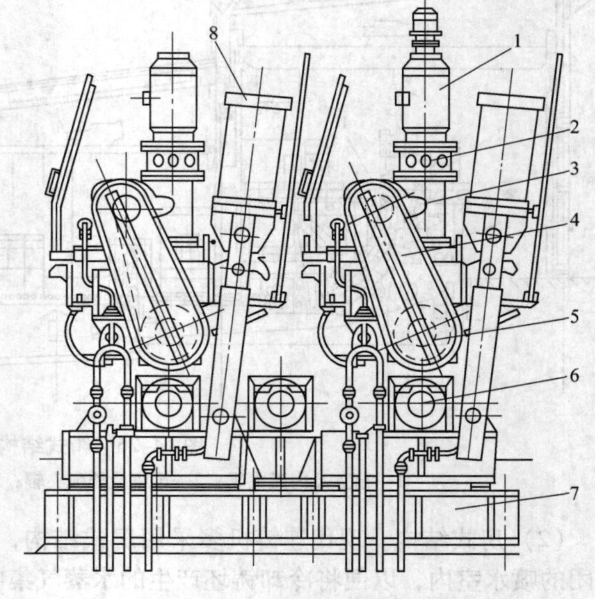

图 14-29 五辊拉矫驱动装置

1—立式驱动电动机；2—制动器；3—齿轮箱；4—传动链；5—上工作辊；6—下工作辊；7—底座；8—压下气缸

在大型板坯和方坯连铸机上采用了多辊式拉矫机（见图 14-30），有十二辊、三十二辊或者更多辊对铸坯进行多点矫直。多点矫直把集中于一点的应变量分散到多个点完成，从而消除了铸坯产生内裂的可能性，有利于实现铸坯带液芯矫直，提高拉坯速度和连铸机生产率。

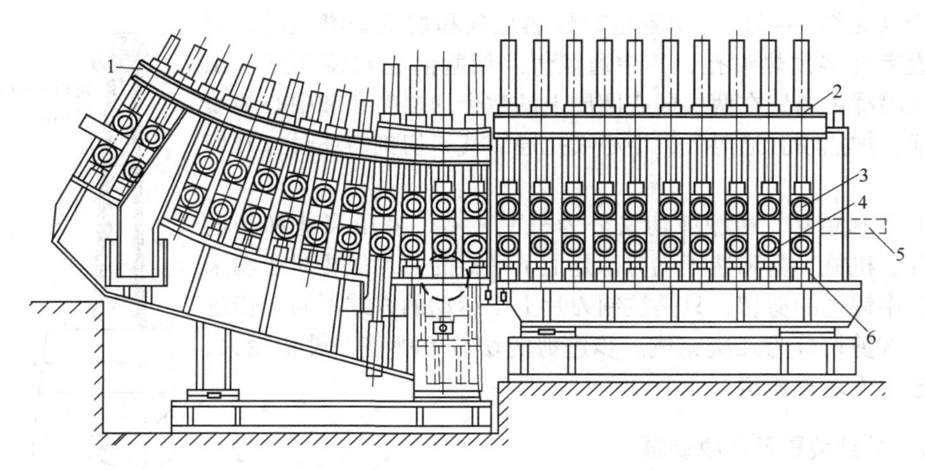

图 14-30 多辊拉矫驱动装置

1—机架；2—压下装置；3—上工作辊；4—下工作辊；5—铸坯；6—升降装置

连续矫直技术是在多点矫直基础上发展起来的。多点矫直虽然能使矫直应力分散到多个点上，降低铸坯每个矫直点的应变量，但是铸坯的每次矫直变形都是在矫直辊瞬间、断续完成的，每个矫直点的应变率仍然较高。连续矫直技术基本原理是铸坯在矫直区应变连续进行，应变率是一个常量，这对改善铸坯质量非常有利。

压缩浇注又称压缩矫直，其基本原理是：在矫直点前设一组驱动辊，给铸坯一定推力；在矫直点后布置一组制动辊，给铸坯一定反推力，铸坯在受压状态下矫直。通过控制可使铸坯内弧侧的拉应力减小甚至为零，从而实现带液芯铸坯的矫直，达到提高拉坯速度和连铸机生产率的目的。压缩浇注无论在多辊矫直机还是五辊矫直机上都可应用。

在连续铸钢中，铸坯在凝固末期，即由二冷区进入矫直区之前，坯壳的鼓肚或收缩都会引起富集 P、S 的未凝固钢水的流动，由此会加剧铸坯中心偏析，严重影响铸坯的内部质量。为了减少铸坯中心偏析和疏松，获得无缺陷铸坯，对带液芯的铸坯采用施加小的压力的工艺方法即轻压下技术。其压下量为铸坯既不产生内部裂纹又会抑制由于凝固收缩而引起的钢水流动，这样可以大大减轻铸坯中心偏析。轻压下有机械应力轻压下和热应力轻压下。机械应力轻压下通过减小二冷辊的间距来完成，或使用夹板轻压下；热应力轻压下是在凝固末端加大喷水量，增加铸坯冷却体积收缩，达到轻压下效果。

14.2.9 切割装置

从拉矫机不断拉出的铸坯，应按照轧机的要求剪成定尺长度。由于铸坯的剪切是在浇注过程中进行的，因此剪切机必须和铸坯同步进行。目前连铸机上多用火焰剪切，有的也曾用过机械剪切。

(1) 火焰剪切机。火焰剪切机是用氧气和燃烧气体产生的火焰（预热焰）来切割铸坯。常用的可燃气体有乙炔、丙烷、天然气、焦炉煤气和氢气等。

氧-乙炔切割装置具有设备重量轻、易于加工制造和初次投资少等优点；但切割时金属损耗大，氧和乙炔消耗量大，另外切割速度较慢。它适用于大型方坯连铸机。

现代大型连铸机采用氧气-煤气（或丙烷、天然气）火焰切割机进行切坯，采用特殊的切割枪（见图14-31）。切割枪有预热烧嘴和切割烧嘴组成，预热烧嘴设有许多预热喷孔，其中通煤气。切割前先对铸坯进行预热。切割喷嘴由布置在两层同心圆周上的数个加热喷孔和中心的喷氧孔组成，加热喷孔通煤气，中心喷孔通氧气，切割铸坯时打开切割嘴。

切割50～600mm厚钢坯

加热喷孔　预热喷孔

图14-31　切割枪

（2）机械剪切。机械剪切又分为机械飞剪、液压飞剪和步进飞剪三种。机械飞剪和液压飞剪都是上下平行的刀片做相对运动来完成运行中铸坯的剪切，只是控制刀片上下运动的方式不同。步进剪是把一次剪切分为几次完成。步进剪的切口不规整，设备庞大，放只用于小方坯连铸机。

14.2.10　引锭装置及回收装置

14.2.10.1　引锭装置的作用、类型和结构

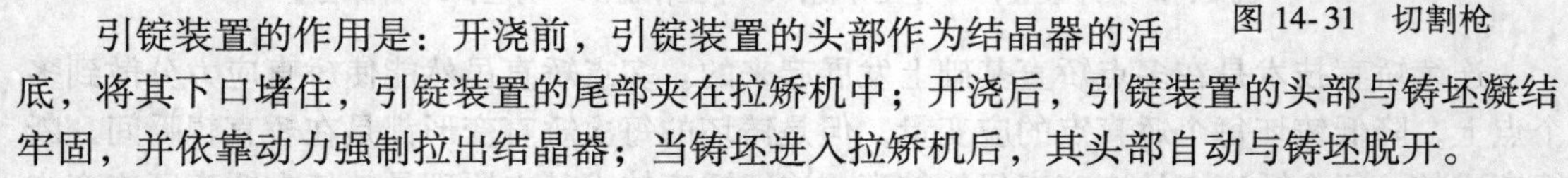

引锭装置的作用是：开浇前，引锭装置的头部作为结晶器的活底，将其下口堵住，引锭装置的尾部夹在拉矫机中；开浇后，引锭装置的头部与铸坯凝结牢固，并依靠动力强制拉出结晶器；当铸坯进入拉矫机后，其头部自动与铸坯脱开。

引锭装置按引锭的安装位置可分为上装式和下装式等两种。上装式是将引锭装置从结晶器上口装入，它可缩短停浇的准备时间。

引锭装置的结构主要由引锭头、引锭杆及连接件等零部件组成。

根据引锭杆的作用，引锭头既要与铸坯连接牢固又要易于与铸坯脱开，因此引锭头的结构有燕尾槽式（见图14-32）和钩头式（见图14-33）等两种。

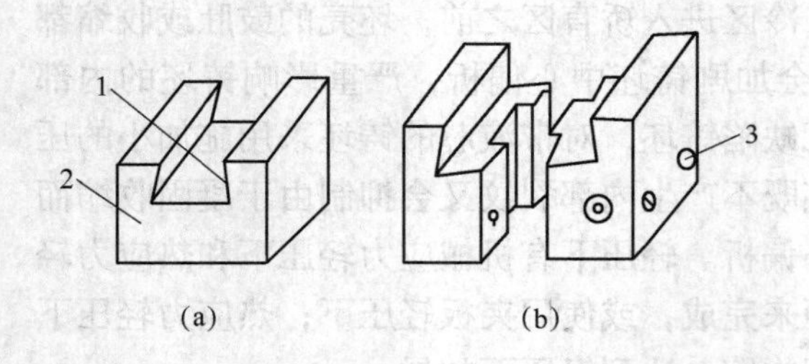

图14-32　燕尾槽式引锭头简图
（a）整体式；（b）可拆式
1—燕尾槽；2—引锭头；3—销孔

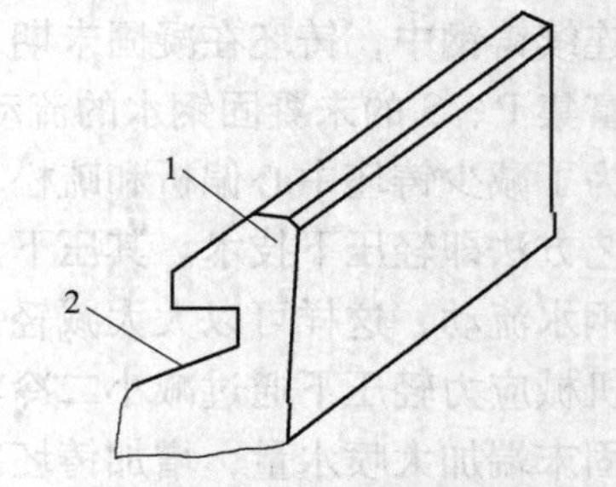

图14-33　钩头式引锭头简图
1—引锭头；2—钩头槽

引锭杆进入二冷支导装置时应呈弧形弯曲，出弧线后应呈直线。因此引锭杆有链式和刚性等两种。链式引锭杆的结构主要由弧形链板、直线链板及销轴等零部件组成；刚性引锭杆是用整根钢棒制成弧形。引锭杆的长度以其头部进入结晶器150～200mm、尾部尚留在拉辊之外300～500mm为宜。

14.2.10.2　引锭回收装置

引锭回收装置包括脱锭装置、导卫装置、防滑落装置、卷扬装置及引锭杆车等，其结构如图14-34所示。

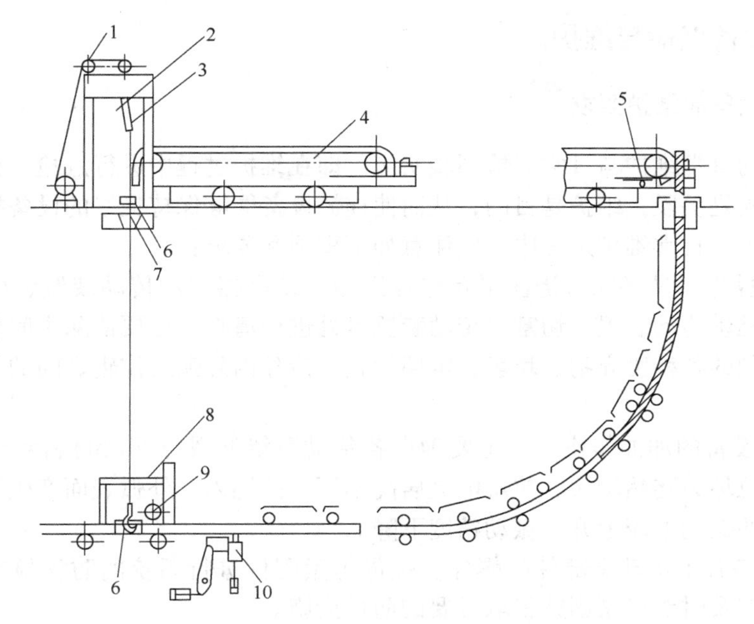

图 14-34 上装式引锭杆回收存放装置

1—卷扬装置；2—挂钩退回装置；3—提升装置；4—引锭杆车；5—插入牵引钩；6—侧导向装置；7—防滑落装置；8—导向装置；9—摆动辊；10—脱锭装置

14.2.11 铸坯输出装置

连铸坯经切割成定尺长度后，需要进行输送，这样才能保证连铸机的连续生产。铸坯输出装置的作用是把切成定尺的铸坯送到精整跨去进行打印、冷却、精整、出坯。铸坯输出装置主要包括输送辊道、铸坯横移装置、冷却设备及铸坯表面清理设备。

（1）铸坯输送辊道。铸坯输送辊道的任务是准确而平稳的输送铸坯。输送辊道一般分为数段，每段有一套传动机构驱动。辊道的传送方式有伞齿轮传动、链条传动等，用链条传动居多。如果通过辊道热送铸坯，在输送辊道上和铸坯侧面设保温罩和加热装置。输送辊道辊面应与拉矫机辊面相当，辊身长度与拉辊辊身长度相当，多用花面辊道，辊道速度应大于拉坯速度。

（2）铸坯横移设备。铸坯横移设备主要包括推钢机和拉钢机。其作用是将铸坯从辊道上横移到冷床上，或收集起来，以备吊车将铸坯吊走。

（3）冷却设备。冷却设备是用来冷却铸坯。它主要包括冷床移动空冷和强制冷却装置等。冷床起冷却和收集铸坯的作用，一般采用钢轨和型钢来制作。当冷床上的铸坯堆放到一定数量后，便用吊车或其他专用工具将之运走。

为了减少铸坯的冷却时间和减少冷床所占面积，可采用强制冷却设备。当铸坯在有辊道（或链带）输送时，能接受辊道（或链带）周围喷出的冷却水的冷却。

（4）铸坯表面清理设备。连铸生产时会产生表面缺陷，如不及时清理，则会在轧制过程中造成钢材的表面缺陷。常用的铸坯清理装置有火焰清理机、氧-乙炔手工割炬、手提砂轮机及风铲等。

14.3 连铸设备点检与维护

14.3.1 连铸设备的维护要求

连铸设备的日常维护与日常点检同步实施，即在维护过程中进行点检、在点检过程中进行维护，点检是手段，维护是目的，从而使连铸设备能够保持良好的设备技术状况。

连铸设备进行日常维护过程中，应注意如下事项和要求：

(1) 连铸操作人员必须对浇注平台作业区域、结晶器振动传动装置、拉矫驱动传动装置、引锭杆驱动传动装置、切割机传动装置等处进行清扫，还要清除中间包车轨道及行程限位装置周围的各种废弃物、垃圾，定期检查、清除内外弧工作辊之间的氧化铁皮、渣皮的堆积。

(2) 连铸设备的加油作业，一定要确保各传动系统润滑点润滑材料到位，否则会造成轴承缺油，拉坯力陡然增大、拉矫电流居高不下，铸坯内、外弧表面产生擦伤，结晶器振动传动装置的振动电流上升、振动精度下降。

(3) 对设备各个运动类部件的螺栓、螺母等紧固件进行系统的防松检查。一旦发现有松动现象，应及时予以紧固并采取必要的防松措施。

(4) 操作人员要经常对设备进行必要的调整作业，例如结晶器窄面板锥度的测量、调整，引锭杆车终点限位开关位置的调整，引锭杆的对中操作调整，切割机的割矩对中调整等。通过这些调整可以使设备处于一种良好的工作运转状态，确保浇注生产正常进行，防止设备发生不必要的意外损伤。

(5) 连铸平台的浇注作业区要确保照明充足、视野良好，在行走通道上无障碍物，各种生产、作业的必需物品要有序摆放在指定区域，中间包车的各种测温枪必须有序摆放在规定位置。

(6) 连铸设备在完成各个浇注周期运转后，经常利用转换准备进行小修理，使设备及时得到恢复、调整至良好或最佳设备状态，然后再投入下一个周期的浇注运转生产中。

14.3.2 连铸系统岗位日常点检

连铸系统岗位日常点检见表14-2~表14-4。

表14-2 出坯系统岗位日常点检

区域：出坯系统　　　　年　月　日

序号	点检部位	点检内容	点检标准	点检周期	设备状态		点检方法		白班点检记录	中班点检记录	夜班点检记录
					运转	停止	五感	仪器			
1	出坯辊道	电动机减速机	无异响，无松动	1/D	○	—	△	—			
		联轴器	联轴器良好	1/D	○	—	△	—			
		传动轴	联轴器良好	1/D	○	—	△	—			
		辊道架	无变形	1/D	—	○	△	—			
		轴承	润滑良好	1/D	○	—	△	—			
		辊面	无冷钢	1/D	○	—	△	—			
		管路	无泄漏	1/D	○	—	△	—			

续表 14-2

序号	点检部位	点检内容	点检标准	点检周期	设备状态		点检方法		白班点检记录	中班点检记录	夜班点检记录
					运转	停止	五感	仪器			
2	翻钢机	拨爪	无变形	1/W	○	—	△	—			
		轴承座螺栓	紧固无松动	1/D	○	—	△	—			
		轴承座润滑	良好	1/D	○	—	△	—			
		联轴器螺栓	紧固无松动	1/D	○	—	△	—			
		底座大梁	无变形	1/W	—	○	△	—			
3	移坯车	电动机及减速机	无异响，无松动，润滑良好	1/D	○	—	△	—			
		轴承座螺栓	紧固无松动	1/D	○	—	△	—			
		轴承座润滑	良好	1/D	○	—	△	—			
		制动轮	表面无严重磨损	1/D	○	—	△	—			
		制动瓦	无严重磨损	1/D	○	—	△	—			
		车轮	转动灵活	1/D	○	—	△	—			
		车轮润滑	良好	1/D	○	—	△	—			
		轨道	无松动	1/W	○	—	△	—			
4	翻转冷床	同步轴	动作平稳	1/D	○	—	△	—			
		连接板	动作平稳	1/D	○	—	△	—			
		轴套	无严重磨损	1/W	○	—	△	—			
		柱销	无严重磨损	1/W	○	—	△	—			
		齿板	无严重磨损	1/W	○	—	△	—			
		道轨	无明显变形	1/W	—	○	△	—			
		固定螺栓	紧固、无松动	1/D	○	—	△	—			
		存放大梁	无严重磨损、变形	1/D	○	—	△	—			
5	过渡冷床	支座及横梁	无变形，无松动	1/D	○	—	△	—			
		滑轨	无变形，无松动	1/D	○	—	△	—			
6	拨钢机	油缸	动作灵活，无泄漏、松动	1/D	○	—	△	—			
		轴承座	无变形无松动，润滑良好	1/D	○	—	△	—			
		拨爪	无变形无松动，拨钢正常	1/D	○	—	△	—			
7	热送辊道	电机减速机	无异响无松动，润滑良好	1/D	○	—	△	—			
		辊道	无变形无松动，润滑良好	1/D	○	—	△	—			
		冷却装置	无泄漏，无堵塞	1/D	○	—	△	—			
		电缆装置	无破损，防护完好	1/D	○	—	△	—			
重要情况说明：									点检人员	点检人员	点检人员

说明：Y—年；M—月；W—周；D—日；S—班；H—时；○—选定的设备状态；△—选定的点检方法；点检记录正常打“√”、异常打“×”

表14-3 拉钢系统岗位日常点检

区域：拉钢系统 年 月 日

序号	点检部位	点检内容	点检标准	点检周期	设备状态		点检方法		白班点检记录	中班点检记录	夜班点检记录
					运转	停止	五感	仪器			
1	大包回转台	基础螺栓	无松动	1/2M	—	○	△	—			
		外部结构	无裂缝、无大的蚀点、无开焊、无变形	1/3M	—	○	△	—			
		减速机	运转正常、无振动、无杂声、无渗漏	1/D	○	—	△	—			
			油位正常在油标中间位置	1/M	○	—	△	—			
		联轴器	同轴度误差不大于0.03、磨损不大于20%	1/W	○	—	△	—			
		齿轮	润滑良好、磨损不大于20%	1/D	○	—	△	—			
		回转轴承	运行无杂声、润滑良好、无振动	1/W	○	—	△	—			
		事故马达	运转正常、无杂声	1/W	○	—	△	—			
		包盖臂	无变形、开焊	1/W	○	—	△	—			
		包盖	无变形、耐材无脱落	1/D	○	—	△	—			
		连接螺栓	螺栓无松动	1/W	○	—	△	—			
		电液推杆	升降是否正常	1/W	○	—	△	—			
		油泵	运行正常，无杂声	1/D	○	—	△	—			
		润滑系统	各润滑点润滑良好、管路无泄漏	1/D	○	—	△	—			
2	中包车系统	按钮	牢固，可靠，正常	1/S	○	—	△	—			
		信号灯	牢固，指示正确	1/S	○	—	△	—			
		转换开关	牢固、动作灵活	1/S	○	—	△	—			
		限位开关	牢固、动作正常	1/D	○	—	△	—			
		减速机	运转正常、无振动、无杂声、无渗漏、油位在油标中间位置	1/W	○	—	△	—			
		制动器	制动可靠	1/W	○	—	△	—			
		液压缸	密封良好，动作平稳	1/W	○	—	△	—			
		车轮	车轮磨损不大于2mm、行走无杂声、润滑良好	1/M	○	—	△	—			
		横向调节	横向调节自如	1/W	○	—	△	—			
		护罩	护罩无变形	1/M	○	—	△	—			
3	煤气烘烤器	管路阀门	管路阀门无漏气堵塞	1/D	○	—	△	—			
		放水包	放水包无积水	1/D	○	—	△	—			
		鼓风机	运转无杂声、正常	1/D	○	—	△	—			
		液压缸	升降自如	1/D	○	—	△	—			

续表 14-3

序号	点检部位	点检内容	点检标准	点检周期	设备状态		点检方法		白班点检记录	中班点检记录	夜班点检记录
					运转	停止	五感	仪器			
4	振动系统	振动	无偏振现象、运行平稳	1/D	○	—	△	—			
		减速机	运转正常、无振动、无杂声、无渗漏、油位在油标中间位置	1/D	○	—	△	—			
		联轴器	连接销无磨损，同轴度符合要求	1/W	○	—	△	—			
		偏心轴	符合定值，动作可靠	1/W	○	—	△	—			
		轴承	连接紧固，润滑良好	1/W	○	—	△	—			
		振动台面	台面无变形	1/W	○	—	△	—			
		连杆机构	无塑性变形	1/W	○	—	△	—			
		本体	弹簧板上无冷钢等杂物	1/D	○	—	△	—			
		螺栓	连接紧固、无松动	1/D	—	○					
		润滑	各轴承部位润滑到位	1/D	○	—	△	—			
		冷却水管	完好、无泄漏	1/D	○	—	△	—			
5	二冷水系统	喷淋管	无松动，无偏斜，喷嘴无堵塞	1/D	○	—	△	—			
		固定装置	固定牢固、无松动	1/D	○	—	△	—			
		本体	无明显变形	1/D	○	—	△	—			
		焊缝	无开焊	1/D	○	—	△	—			
		辊面	无严重磨损	1/D	○	—	△	—			
		辊子	转动灵活	1/D	○	—	△	—			
		基础螺栓	固定牢固	1/W	—	○	△	—			
6	拉矫机	减速机	运转灵活、无噪声、油位油质正常	1/D	○	—	△	—			
		固定螺栓	无松动	1/D	—	○	△	—			
		冷却管路	无堵塞、泄漏	1/D	—	○	△	—			
		润滑	无泄漏	1/D	○	—	△	—			
		水冷护套	无损伤、无松动	1/D	○	—	△	—			
		液压设备	动作平稳，无泄漏	1/S	○	—	△	—			
7	引锭存放装置	引锭头	表面无缺陷	1/D	○	—	△	—			
		连接销	无脱出	1/D	○	—	△	—			
		引锭杆	无裂纹、大变形及表面缺陷	1/D	○	—	△	—			
		链条	无开扣现象	1/D	○	—	△	—			
		支架	无变形、开裂	1/D	○	—	△	—			
		轴承座	润滑良好，转动灵活	1/D	○	—	△	—			
		减速机	平稳、无噪声	1/D	○	—	△	—			
		超越离合器	平稳、可靠	1/D	○	—	△	—			
重要情况说明：									点检人员	点检人员	点检人员

说明：Y—年；M—月；W—周；D—日；S—班；H—时；○—选定的设备状态；△—选定的点检方法；点检记录正常打“√”、异常打“×”。

表 14-4 切割系统岗位日常点检

区域：切割系统　　　　　　　　年　月　日

序号	点检部位	点检内容	点检标准	点检周期	设备状态		点检方法		白班点检记录	中班点检记录	夜班点检记录
					运转	停止	五感	仪器			
1	切前辊道	辊道架	无变形	1/D	—	○	△	—			
		辊面	无冷钢	1/D	○	—	△	—			
		管路	无泄漏	1/D	○	—	△	—			
		水冷护板	无变形，无松动，冷却到位，无堵塞	1/D	○	—	△	—			
2	辅助拉矫机	电动机减速机	无异响，润滑冷却良好，无松动	1/D	○	—	△	—			
		液压系统	无泄漏，动作灵活、可靠	1/D	○	—	△	—			
		冷却管路	无堵塞、无泄漏	1/D	○	—	△	—			
		连接螺栓	无松动	1/W	○	—	△	—			
3	火切机	气缸密封	无泄漏	1/D	○	—	△	—			
		气缸活塞杆	运行良好	1/D	○	—	△	—			
		管路	无异常、泄漏	1/D	○	—	△	—			
		割枪	枪体无漏水，枪嘴无堵塞	1/S	○	—	△	—			
		小车及车轮	表面平整，润滑到位	1/D	○	—	△	—			
		切割枪	无变形，无堵塞，无松动	1/D	○	—	△	—			
		抱夹	转动灵活，润滑到位	1/D	○	—	△	—			
		介质控制箱及配管	无泄漏，无堵塞，动作灵活	1/D	○	—	△	—			
4	输送辊道	电动机减速机	无异响，无松动	1/D	○	—	△	—			
		齿轮	润滑良好	1/D	○	—	△	—			
		联轴器	良好	1/D	○	—	△	—			
		轴承	良好	1/D	○	—	△	—			
		辊面	无冷钢、无破损	1/D	○	—	△	—			
		管路	无泄漏	1/D	○	—	△	—			
		水冷护板	无变形，无松动	1/D	○	—	△	—			
5	氢氧发生器	电解槽	水位中间偏上	1/D	○	○	△	—			
		集气滤水装置	无泄漏，无损坏	1/D	○	○	△	—			
		发生器水封	水位处于中间位置	1/D	○	○	△	—			
		电流	正常范围：250~300A	1/S	○	—	△	—			
		压力	正常范围：0.04~0.09MPa	1/S	○	—	△	—			
		冷却风机	运转正常，无异响，无卡阻	1/D	○	—	△	—			
		安全水封	水位中间偏上，无泄漏，无损坏	1/D	○	○	△	—			
		切割氧压力	正常范围 0.8~1.0MPa	1/D	○	—	△	—			
重要情况说明：									点检人员	点检人员	点检人员

说明：Y—年；M—月；W—周；D—日；S—班；H—时；○—选定的设备状态；△—选定的点检方法；点检记录正常打"√"、异常打"×"

复习思考题

14-1　什么是连续铸钢？连铸机的主要机型有哪些？各有什么特点？
14-2　连铸机的主要工艺参数有哪些？
14-3　钢包回转台有哪些作用？它有哪些主要技术参数？
14-4　中间包有哪些作用？它有哪些主要技术参数？
14-5　中间包有哪些组成部分？
14-6　中间包车有哪些作用？它的组成部分有哪些？
14-7　结晶器的作用有哪些？它的类型有哪些？它的技术参数有哪些？
14-8　结晶器振动装置的作用有哪些？它的常用类型有哪些？
14-9　拉矫驱动装置有哪些作用？
14-10　引锭装置的组成部分有哪些？
14-11　连铸常用的附属设备有哪些？
14-12　对连铸设备有哪些维护要求？

参 考 文 献

[1] 中国钢铁工业“十五”发展概览编辑委员会. 中国钢铁工业“十五”发展概览 [M]. 北京：冶金工业出版社，2006.

[2] 黄大巍. 现代起重运输机械 [M]. 北京：化学工业出版社，2006.

[3] 王雅贞，张岩. 新编连续铸钢工艺及设备 [M]. 北京：冶金工业出版社，2007.

[4] 中国钢铁工业协会. 中国钢铁工业改革开放 30 年 [M]. 北京：冶金工业出版社，2008.

[5] 时彦林，李鹏飞. 冶炼设备维护与检修 [M]. 北京：冶金工业出版社，2008.

[6] 王寒栋. 泵与风机 [M]. 北京：机械工业出版社，2009.

[7] 万新. 炼铁设备及车间设计 [M]. 北京：冶金工业出版社，2009.

[8] 王令福. 炼钢设备及车间设计 [M]. 北京：冶金工业出版社，2009.

[9] 辛连学. 液压与气动技术 [M]. 北京：北京航空航天大学出版社，2010.

[10] 窦金平. 通用机械设备 [M]. 北京：北京理工大学出版社，2011.

[11] 郑金星. 炼铁工艺及设备 [M]. 北京：冶金工业出版社，2011.

[12] 郑金星. 炼钢工艺及设备 [M]. 北京：冶金工业出版社，2011.

[13] 中国金属学会，中国钢铁工业协会. 2011~2020 年中国钢铁工业科学与技术发展指南 [M]. 北京：冶金工业出版社，2012.